U0181809

国家出版基金资助项目

现代数学中的著名定理纵横谈丛书

丛书主编　王梓坤

TRICOMI PROBLEM

Tricomi问题

刘培杰数学工作室　编

哈爾濱工業大學出版社
HITP HARBIN INSTITUTE OF TECHNOLOGY PRESS

内 容 简 介

本书分为四编，详细介绍了特里谷米问题的相关知识，主要包括特里谷米和特里谷米问题、化混合型方程为标准形式、唯一性定理、特里谷米方程的某几类特殊解的研究、对于椭圆半平面中的闭曲线的存在性定理、一般的存在性定理并将它化为积分方程、存在性定理的证明所依归的积分方程的变形等内容.

本书适合高等院校师生及相关专业研究人员参考阅读.

图书在版编目(CIP)数据

Tricomi问题/刘培杰数学工作室编.—哈尔滨：哈尔滨工业大学出版社，2024.3

(现代数学中的著名定理纵横谈丛书)

ISBN 978-7-5767-0130-2

Ⅰ.①T…　Ⅱ.①刘…　Ⅲ.①特里谷米方程　Ⅳ.①O175.28

中国版本图书馆CIP数据核字(2022)第109900号

TRICOMI WENTI

策划编辑　刘培杰　张永芹
责任编辑　刘春雷
封面设计　孙茵艾
出版发行　哈尔滨工业大学出版社
社　　址　哈尔滨市南岗区复华四道街10号　邮编150006
传　　真　0451－86414749
网　　址　http://hitpress.hit.edu.cn
印　　刷　辽宁新华印务有限公司
开　　本　787 mm×960 mm　1/16　印张49.5　字数532千字
版　　次　2024年3月第1版　2024年3月第1次印刷
书　　号　ISBN 978-7-5767-0130-2
定　　价　298.00元

◎代序

读书的乐趣

你最喜爱什么——书籍.

你经常去哪里——书店.

你最大的乐趣是什么——读书.

这是友人提出的问题和我的回答.真的,我这一辈子算是和书籍,特别是好书结下了不解之缘.有人说,读书要费那么大的劲,又发不了财,读它做什么?我却至今不悔,不仅不悔,反而情趣越来越浓.想当年,我也曾爱打球,也曾爱下棋,对操琴也有兴趣,还登台伴奏过.但后来却都一一断交,“终身不复鼓琴”.那原因便是怕花费时间,玩物丧志,误了我的大事——求学.这当然过激了一些.剩下来唯有读书一事,自幼至今,无日少废,谓之书痴也可,谓之书橱也可,管它呢,人各有志,不可相强.我的一生大志,便是教书,而当教师,不多读书是不行的.

读好书是一种乐趣,一种情操;一种向全世界古往今来的伟人和名人求教的方法,一种和他们展开讨论的方式;一封出席各种活动、体验各种生活、结识各种人物的邀请信;一张迈进科学官殿和未知世界的入场券;一股改造自己、丰富自己的强大力量.书籍是全人类有史以来共同创造的财富,是永不枯竭的智慧的源泉.失意时读书,可以使人重整旗鼓;得意时读书,可以使人头脑清醒;疑难时读书,可以得到解答或启示;年轻人读书,可明奋进之道;年老人读书,能知健神之理.浩浩乎!洋洋乎!如临大海,或波涛汹涌,或清风微拂,取之不尽,用之不竭.吾于读书,无疑义矣,三日不读,则头脑麻木,心摇摇无主.

潜能需要激发

我和书籍结缘,开始于一次非常偶然的机会.大概是八九岁吧,家里穷得揭不开锅,我每天从早到晚都要去田园里帮工.一天,偶然从旧木柜阴湿的角落里,找到一本蜡光纸的小书,自然很破了.屋内光线暗淡,又是黄昏时分,只好拿到大门外去看.封面已经脱落,扉页上写的是《薛仁贵征东》.管它呢,且往下看.第一回的标题已忘记,只是那首开卷诗不知为什么至今仍记忆犹新:

日出遥遥一点红,飘飘四海影无踪.

三岁孩童千两价,保主跨海去征东.

第一句指山东,二、三两句分别点出薛仁贵(雪、人贵).那时识字很少,半看半猜,居然引起了我极大的兴趣,同时也教我认识了许多生字.这是我有生以来独立看的第一本书.尝到甜头以后,我便千方百计去找书,向小朋友借,到亲友家找,居然断断续续看了《薛丁山征西》《彭公案》《二度梅》等,樊梨花便成了我心中的女英雄.我真入迷了.从此,放牛也罢,车水也罢,我总要带一本书,还练出了边走田间小路边读书的本领,读得津津有味,不知人间别有他事.

当我们安静下来回想往事时,往往会发现一些偶然的小事却影响了自己的一生.如果不是找到那本《薛仁贵征东》,我的好学心也许激发不起来.我这一生,也许会走另一条路.人的潜能,好比一座汽油库,星星之火,可以使它雷声隆隆、光照天地;但若少了这粒火星,它便会成为一潭死水,永归沉寂.

抄,总抄得起

好不容易上了中学,做完功课还有点时间,便常光顾图书馆.好书借了实在舍不得还,但买不到也买不起,便下决心动手抄书.抄,总抄得起.我抄过林语堂写的《高级英文法》,抄过英文的《英文典大全》,还抄过《孙子兵法》,这本书实在爱得狠了,竟一口气抄了两份.人们虽知抄书之苦,未知抄书之益,抄完毫末俱见,一览无余,胜读十遍.

始于精于一,返于精于博

关于康有为的教学法,他的弟子梁启超说:"康先生之教,专标专精、涉猎二条,无专精则不能成,无涉猎则不能通也."可见康有为强烈要求学生把专精和广博(即"涉猎")相结合.

在先后次序上,我认为要从精于一开始.首先应集中精力学好专业,并在专业的科研中做出成绩,然后逐步扩大领域,力求多方面的精.年轻时,我曾精读杜布(J. L. Doob)的《随机过程论》,哈尔莫斯(P. R. Halmos)的《测度论》等世界数学名著,使我终身受益.简言之,即"始于精于一,返于精于博".正如中国革命一样,必须先有一块根据地,站稳后再开创几块,最后连成一片.

丰富我文采,澡雪我精神

辛苦了一周,人相当疲劳了,每到星期六,我便到旧书店走走,这已成为生活中的一部分,多年如此.一次,偶然看到一套《纲鉴易知录》,编者之一便是选编《古文观止》的吴楚材.这部书提纲挈领地讲中国历史,上自盘古氏,直到明末,记事简明,文字古雅,又富于故事性,便把这部书从头到尾读了一遍.从此启发了我读史书的兴趣.

我爱读中国的古典小说,例如《三国演义》和《东周列国志》.我常对人说,这两部书简直是世界上政治阴谋诡计大全.即以近年来极时髦的人质问题(伊朗人质、劫机人质等),这些书中早就有了,秦始皇的父亲便是受害者,堪称"人质之父".

《庄子》超尘绝俗,不屑于名利.其中"秋水""解牛"诸篇,诚绝唱也.《论语》束身严谨,勇于面世,"己所不欲,勿施于人",有长者之风.司马迁的《报任少卿书》,读之我心两伤,既伤少卿,又伤司马;我不知道少卿是否收到这封信,希望有人做点研究.我也爱读鲁迅的杂文,果戈理、梅里美的小说.我非常敬重文天祥、秋瑾的人品,常记他们的诗句:"人生自古谁无死,留取丹心照汗青""休言女子非英物,夜夜龙泉壁上鸣".唐诗、宋词、《西厢记》《牡丹亭》,丰富我文采,澡雪我精神,其中精粹,实是人间神品.

读了邓拓的《燕山夜话》,既叹服其广博,也使我动了写《科学发现纵横谈》的心.不料这本小册子竟给我招来了上千封鼓励信.以后人们便写出了许许多多的“纵横谈”.

从学生时代起，我就喜读方法论方面的论著.我想，做什么事情都要讲究方法，追求效率、效果和效益，方法好能事半而功倍.我很留心一些著名科学家、文学家写的心得体会和经验.我曾惊讶为什么巴尔扎克在51年短短的一生中能写出上百本书，并从他的传记中去寻找答案.文史哲和科学的海洋无边无际，先哲们的明智之光沐浴着人们的心灵，我衷心感谢他们的恩惠.

读书的另一面

以上我谈了读书的好处，现在要回过头来说说事情的另一面.

读书要选择.世上有各种各样的书：有的不值一看，有的只值看20分钟，有的可看5年，有的可保存一辈子，有的将永远不朽.即使是不朽的超级名著，由于我们的精力与时间有限，也必须加以选择.决不要看坏书，对一般书，要学会速读.

读书要多思考.应该想想，作者说得对吗？完全吗？适合今天的情况吗？从书本中迅速获得效果的好办法是有的放矢地读书，带着问题去读，或偏重某一方面去读.这时我们的思维处于主动寻找的地位，就像猎人追找猎物一样主动，很快就能找到答案，或者发现书中的问题.

有的书浏览即止，有的要读出声来，有的要心头记住，有的要笔头记录.对重要的专业书或名著，要勤做笔记，“不动笔墨不读书”.动脑加动手，手脑并用，既可加深理解，又可避忘备查，特别是自己的灵感，更要及时抓住.清代章学诚在《文史通义》中说：“札记之功必不可少，如不札记，则无穷妙绪如雨珠落大海矣.”

许多大事业、大作品，都是长期积累和短期突击相结合的产物.涓涓不息，将成江河；无此涓涓，何来江河？

爱好读书是许多伟人的共同特性，不仅学者专家如此，一些大政治家、大军事家也如此.曹操、康熙、拿破仑、毛泽东都是手不释卷，嗜书如命的人.他们的巨大成就与毕生刻苦自学密切相关.

王梓坤

目录

第一篇　简介篇

第二篇　基础篇

第三篇 中国学者论特里谷米问题

第四编 历史文献选录

第一篇

简介篇

引言

第1章

2019年高考在举国惊叹中结束,其中数学试卷的难度与数学文化的渗透成为众人关注的焦点.其实在文学作品中数学的出现也是多见的.

《深圳商报》曾举办过一次“2009年度十大好书”评选活动,令人意外的是以难以卒读著称的奇书《万有引力之虹》([美]托马斯·品钦(Thomas Pychon)著,张文宇译,译林出版社,2009)赫然列为第2名(2009年度新浪网好书榜为第6名),这是一部比《尤利西斯》更难读的书,此书因其大胆离奇的情节,天马行空的想象力,出版之后引发广泛关注和争议,誉之者谓之当代文学的顶峰,“20世纪最伟大的文学作品”,毁之者谓之预告世界末日的呓语.按江晓原的说法,阅读此书被称为“阅读自虐”,一是因为这部书作为现代文学中经典之作的巨著，情节复杂，扑朔迷离；二是书中引入了过多的自然科学内容，包括现代物理、高等数学甚至在第 259 页还出现了偏微分方程、火箭工程，以及热力学第二定律所引发的哲学猜想“热寂说”(随着“熵”的单向增加将在全宇宙达到完全的均衡，宇宙即成死寂世界). 虽然有读者评论作者托马斯·品钦有自炫博学之嫌，但毕竟此书进入了畅销书之列，结果更重要，方法可以有多种.

本书就是一本专门介绍偏微分方程中一个著名问题的书，其内容具有现实意义.

据媒体报道，在 2019 年未来论坛·深圳技术峰会上，深圳市副市长王立新称，“大家从最近的形势也看到基础研究对深圳、对中国是非常非常的重要！我们过去讲 20 世纪 80 年代上大学的时候说‘学好数理化，走遍天下都不怕’. 今天我们有必要重提那句口号，就是‘学好数理化，打遍天下都不怕’.”

深圳市副市长的发言应该与任正非此前接受访谈时发表的观点有关，任正非说，“…… 但就我们国家整体和美国比，差距还很大. 这与我们这些年的经济上的泡沫化有很大关系，P2P、互联网、金融、房地产、山寨商品等泡沫，使得人们的学术思想也泡沫化了. 一个基础理论形成需要几十年的时间，如果大家都不认真去做理论，都去喊口号，几十年以后我们不会更加强大. 所以，我们还是要踏踏实实做学问.”

任正非还指出，“中国将来和美国竞赛，唯有提高教育，没有其他路. 教育手段的商品是另外一个事情，

我认为最主要还是要重视教师，因为教师得到尊重了以后，大家都想做教师.”

其实，基础教育和基础研究对国家发展的重要性，本属于一个常识性判断. 当前的形势，让大家意识到基础教育和基础研究的重要性，这恰恰反映出中国的基础教育和基础研究存在严重问题.

深圳市副市长重提“学好数理化，走遍天下都不怕”，将其发展为“学好数理化，打遍天下都不怕”，得到不少共鸣. 但我们还必须解决什么是“学好”这一根本问题.

对于偏微分方程这一数学分支，我们要认识到它完全是源自于西方的，与中国古代科技没有半点关系.

在古代中国，中医学的发展带有鲜明的经验科学特征，例如战国时期成编的《黄帝内经》、明朝时期成书的《本草纲目》等均为典型的经验科学论著. 中医的明显疗效使人们确信此类经验方法的有效性，并在过去几千年的历史长河中不断发展和传承.

人们到中草药行抓药，只见药剂师凭借手感，将几两或几钱的某种草药分成数堆，煎熬中草药时，病人被告知要“温度适中”，或“文火煎药”，但没有被告知具体的温度和升温降温曲线. 中医学用草药治病，但不必知道草药中的具体化学成分. 当年，李时珍知道“用青蒿一把，加水二升，捣汁服”可以治疗疟疾寒热，但他并不知道草本植物青蒿内的化学成分青蒿素的分子式及其精确含量. 当老中医将手中的狗皮膏药放在明火上烘烤后贴在病人患处时，他并不知道此时那张狗皮膏药的实际温度,也不知道药分子向皮肤内扩散的速度和浓度衰减曲线.

从精确科学的角度来看,中国古代发明的狗皮膏药对关节炎等疾病的治疗原理是现代物理学中“原子、分子扩散原理”的最早应用,而扩散原理的偏微分方程

$$\frac{\partial \varphi(\boldsymbol{r},t)}{\partial t}=\nabla \cdot (D(\varphi,\boldsymbol{r})\nabla \varphi(\boldsymbol{r},t))$$

的建立和精确求解则是在牛顿(Newton)和莱布尼茨(Leibniz)发明微积分理论之后完成的.

那么什么是偏微分方程呢?

“风乍起,吹皱一池春水.”平静的湖面会因和风的煦拂而波纹起伏.“大弦嘈嘈如急雨,小弦切切如私语.”琵琶的琴弦在音乐家的弹奏下发出了激动人心的旋律.“夏日消溶,江河横溢,人或为鱼鳖.”高山上的冰雪,因太阳的照射而融化,洪水在奔流,甚至引起了巨大的灾难.历代的诗人们对于各种自然现象,写出了动人心弦的诗篇.

然而对于种种自然现象,人们除了赞赏、伤感、惊惧、激动之外,还不断在研究,企图弄清楚这些现象的规律,使人们对自然界的认识越来越深刻,从而获得改造自然的能动性.

对于自然界的规律,可以用各种不同的手段来描述,这里一定要牵涉某些数量关系.“风之积也不厚,则其负大翼也无力.”这个命题尽管不够科学,也是企图从数量关系上来描述大鹏飞行规律的一种朴素的

想象.不过这类命题还有一个大缺点，就是没有确切地把数量关系表述出来，不像勾股定理那样："勾股各自乘，并之，为弦实，开方除之，即弦也."确切地把直角三角形三边的关系描述出来了.

随着自然科学的进步，人们对自然界的规律了解得就更加准确，能够用一些确定的公式去表示几个量之间的普遍关系，例如，牛顿的万有引力公式：两个质点之间引力的大小与它们的质量乘积成正比，与距离平方成反比，写出来就是

$$F=k\frac{m_1m_2}{r^2} \tag{1.1}$$

人们可以利用这个公式来计算天体之间的引力，或者人造卫星的轨迹.这类公式的特点是能把几个物理量之间的关系确定出来.

然而自然界的规律往往并不如此简单，自然界中有许多连续分布(或者说，经过模型化后是连续分布)的量，例如一个物体的温度，弹性体的应变状态，以及电磁场等.拿物体的温度来说吧，它往往有空间的不均匀性，这就是说，物体各个部分的温度是不一样的，而由于有了温差，就有了热的传导，会使各处的温度随时间而变化，因而需要有一个说明温度的空间分布不均匀性与它随时间而变化的快慢关系的数学工具，写出来就是

$$\frac{\partial T}{\partial t}-a^2\left(\frac{\partial^2 T}{\partial x^2}+\frac{\partial^2 T}{\partial y^2}+\frac{\partial^2 T}{\partial z^2}\right)=0 \tag{1.2}$$

这里$\frac{\partial T}{\partial t}$是温度对时间的偏导数，表示温度变化的快

慢，$\frac{\partial^2 T}{\partial x^2}$ 等是温度对空间坐标的二阶偏导数. 这种把偏导数联系起来的等式就是偏微分方程. 由于偏微分方程可以反映物理量的空间分布和时间变化这二者的相互依赖关系，所以就成为描述物理规律的重要数学工具. 除了热传导现象外，其他如弹性体的变形和平衡，电磁波的传播，电子在原子核外的运动规律等，都可以用偏微分方程来描述. 就是引力理论，经过爱因斯坦（Einstein）的进一步研究，也要用偏微分方程来刻画.

一个偏微分方程，顾名思义，是一个含有偏导数的方程. 当然，导数是对多于一个变量的未知函数求的（如果函数是已知的，我们可以求出导数，从而它就不再出现了. 如果未知函数只依赖于一个变量，我们就把方程叫作常微分方程）. 最简单的偏微分方程是

$$\frac{\partial u(x,y)}{\partial x}=0 \tag{1.3}$$

其中未知函数 u 依赖于两个变量 x, y. 方程（1.3）的解显然是

$$u(x,y)=g(y) \tag{1.4}$$

其中 $g(y)$ 是任意的只依赖于 y 的函数. 尽管这个例子十分简单，但是我们还是应该更为仔细地考察一下. 首先，方程（1.3）的“解”指的是什么呢？你们会说：“那是显然的，我们指的不过是一个函数 $u(x,y)$，当把它代入方程（1.3）时，使方程成立.”但是稍加思考立即得知会出现一些问题，虽然对于这个特殊的方程来说，这些问题是容易解决的.

我们恰恰不能把任何所提出的解代入方程(1.3)：因为我们首先要对这个解进行微分. 因此，为了使得 $u(x,y)$ 是方程(1.3) 的一个解而必须加在 $u(x,y)$ 上的第一个要求是 $u(x,y)$ 具有关于 x 的导数. 第二个要求，方程(1.3) 在 x,y 的哪些值上成立呢？是所有的实数值呢，还是一部分呢？无疑这是必须规定的. 其次，让我们来考察一下我们的“解”—— 等式(1.4). $g(y)$ 是什么样的函数类呢？它一定具有关于 y 的导数吗？或者它甚至可能是间断的呢？或许它根本不必是一个普通意义下的函数，而是一个所谓的“分布”呢(如果你从未听说过“分布”这个名词，那对最后一个说法就不必去理它).

另一个值得注意的事实是，不管我们允许的是什么样的函数类，方程(1.3) 都将会有许多解. 如果想要一个特解，那么我们必须规定附加的限制或“边界条件”.

最后，上述一切的结果是，有了一个偏微分方程，我们还必须知道该方程在什么地方适用，什么函数类可以作为解. 这方面的资料通常是由导出该方程的应用学科所提供的. 但是有一些重要的情形，即从应用来说“边界条件”是什么还不清楚时，那就必须通过对方程的研究来决定“边界条件”. 然后用它们来确定在应用中“有意义”的那些情况.

不用说，可以凭空设想出来的偏微分方程(和方程组) 的数目是无穷多的. 在应用中提出的方程的数目也是不小的. 经验已经向我们表明稍微修改一下方程(例如,改变某一项的符号)就可能使解在性质上完全不同,也就要用完全不同的方法去解这些方程,这就使问题变得复杂了.所以对以下情况不必感到惊讶,即到目前为止我们距离系统地处理偏微分方程还差得远呢.充其量,现在的知识水平可以说只是积累了在特殊情形下所用的特殊的方法(用"技巧"这个词甚至更为恰当).因此任何偏微分方程的论著,不论它多么广博,一定只能限于一个相对来说是较小的课题范围内.

我们选定要讨论的主要是线性偏微分方程,因为它们最容易处理.包含一个未知函数 $u(x_1,\cdots,x_n)$ 的最一般的线性偏微分方程可以写成如下形式

$$\sum_{\mu_1+\cdots+\mu_n\leqslant m} a_{\mu_1+\cdots+\mu_n}(x_1,\cdots,x_n)\frac{\partial^{\mu_1+\cdots+\mu_n}u(x_1,\cdots,x_n)}{\partial x_1^{\mu_1}\cdots\partial x_n^{\mu_n}} = f(x_1,\cdots,x_n) \tag{1.5}$$

其中求和是对所有的非负整数 $\mu_1,\cdots,\mu_n$ 进行的,而 $a_{\mu_1,\cdots,\mu_n}(x_1,\cdots,x_n)$ 和 $f(x_1,\cdots,x_n)$ 是给定的函数(因为我们至今还没有定义什么叫线性方程,所以也可以把方程(1.5)作为线性方程的定义).

任何打算研究偏微分方程的人,只要让他看看方程(1.5)就可能望而生畏了(如果方程(1.5)没有起到这样的效果,那么我们在以后就会做得好些).但是一旦我们经受住这最初的冲击,我们就会明白:写法上稍稍缩短一点就有许多好处.例如,如果我们令 μ 表示多重指标 $\mu=(\mu_1,\cdots,\mu_n)$,其模为 $|\mu|=\mu_1+\cdots+\mu_n$,又设 $\boldsymbol{x}$ 表示向量 $(x_1,\cdots,x_n)$,并记

$$D^{\mu}=\frac{\partial^{|\mu|}}{\partial x_1^{\mu_1}\cdots\partial x_n^{\mu_n}}$$

那么方程(1.5)就变成

$$\sum_{|\mu|\leqslant m}a_{\mu}(\boldsymbol{x})D^{\mu}u(\boldsymbol{x})=f(\boldsymbol{x}) \tag{1.6}$$

方程(1.6)看起来要好得多.

让我们对方程(1.6)考察得更仔细一点.左端包含一些项的和,其中每一项都是一个系数与 u 的一个导数的乘积.我们可以把它看为作用在 u 上的微分算子 A.那么,我们可以把方程(1.6)更简单地写作

$$Au=f \tag{1.7}$$

其中

$$A=\sum_{|\mu|\leqslant m}a_{\mu}(\boldsymbol{x})D^{\mu} \tag{1.8}$$

算子 A 称为线性的,因为对于所有的函数 u_1,u_2 和所有的常数 α_1,α_2

$$A(\alpha_1u_1+\alpha_2u_2)=\alpha_1A(u_1)+\alpha_2A(u_2) \tag{1.9}$$

成立.因为算子 A 是线性的,所以方程(1.7)叫作线性方程.

关于方程(1.6)的解我们指的是什么意思呢?因为方程中包含一直到 m 阶且包括 m 阶在内的导数,看来要求这些导数存在且连续,而当把它们代入方程(1.6)时等号成立是十分自然的.我们就把这作为目前的解的定义.后面,我们将发现,对于解的这个定义进行重大的修改,如果说不是必须的话也是方便的.

我们要求方程(1.6)在什么地方成立呢?显然,方程应在$(x_1,\cdots,x_n)$空间的某个子集 Ω 中成立.这个子集必须具体规定.当然,为使 $u(\boldsymbol{x})$ 的适当阶的导数有定义，$u(\boldsymbol{x})$ 必须在 Ω 的每一点的邻域中有定义. 因为我们要求解在 Ω 中有直到 m 阶的连续导数，就应当给这种函数集合一个名称. 我们用 E^n 表示 n 维坐标空间.

定义 1.1　设 Ω 是 E^n 中的一个集合. 我们用 $C^m(\Omega)$ 来表示在 Ω 中每点的邻域内有定义，且在 Ω 中具有除数不大于 m 的各阶连续导数的一切函数的集合. 如果对于每个 m，函数 u 都属于 $C^m(\Omega)$，u 就叫作无穷次可微的，而且说成是属于 $C^\infty(\Omega)$ 的，即

$$C^\infty(\Omega)=\bigcap_{m=0}^{\infty} C^m(\Omega)$$

对于 $m=0$，我们记作 $C(\Omega)=C^0(\Omega)$. 这就是 Ω 中的连续函数的集合.

但偏微分方程和(1.1) 型的方程不一样，不能直接从它写出未知函数来，而且它往往有许多解. 比如说，要想单从方程(1.2) 知道物体温度的分布和变化，那是不可能的. 我们还需要知道物体处在什么样的环境中，即外界对它施加些什么影响(例如外界保持恒温或处于绝热状态等)，并且需要知道它原来的温度分布如何，才能从方程(1.2) 确定物体温度的分布和变化. 上述这些条件分别称为边界条件和初始条件，有时也通称定解条件或边界条件. 根据边界条件来决定偏微分方程解的问题称为边值问题.

一个偏微分方程要用怎样的边界条件才能把解唯一地定出来? 这是偏微分方程理论中极为复杂的问题，也是最为中心的问题之一. 这种研究已进行了两个多世纪，积累了大量的研究成果，并为各门自然科学和工程技术的发展做出了重要的贡献. 在这里，

我们把最简单又最典型的一些定解问题和边界条件给法列表(表 1.1) 如下：

表 1.1

编号	方程名称	式　　子	定解条件个数(虚线处不给定解条件)	说　　明
Ⅰ	弦振动方程	$\frac{\partial^2 u}{\partial t^2}-\frac{\partial^2 u}{\partial x^2}=0$	1　1 2	下底的 2 表示 $t=0$ 时弦线位置及速度，是 2 个定解条件；两侧的 1 表示弦线两端运动情况(如 u 的值)，各是 1 个定解条件
Ⅱ	热传导方程	$\frac{\partial u}{\partial t}-\frac{\partial^2 u}{\partial x^2}=0$	1　1 1	下底的 1 表示 $t=0$ 时的温度，两侧的 1 表示边界上的状态(如温度)，都是 1 个定解条件

Tricomi 问题

续表1.1

编号	方程名称	式子	定解条件个数（虚线处不给定解条件）	说明
Ⅲ	拉普拉斯(Laplace)方程	$\frac{\partial^2 u}{\partial x^2}+\frac{\partial^2 u}{\partial y^2}=0$	1	方程可表示平面物体的热平衡状态. 1是边界状态（如 u 的值）
Ⅳ	特里谷米(Tricomi)方程	$y\frac{\partial^2 u}{\partial x^2}+\frac{\partial^2 u}{\partial y^2}=0$	1 A B 1	方程可近似地表示某些跨音速的气体流动. 直线 AB 表示 $y=0$，在此线上，只要求 u 的一阶导数连续

此表说明，不同的偏微分方程的定解条件给法是不一样的. 对问题 Ⅰ 来说，有一处要两个边界条件（表示弦的初始位置和初始运动速度），而有些地方却不给边界条件；问题 Ⅲ 处处都要有边界条件，但数目只有一个；问题 Ⅱ 和 Ⅳ 只是在部分边界上各给一个边界条件. 人们也早已明白，对 Ⅰ 中的方程不能提 Ⅲ 中的边界条件，因为对应于这种边界条件的解往往是不

存在的.由此可见,为了将边界条件给得恰到好处,既能保证解的存在,又能使解为唯一,就必须依不同情况,作具体分析.

这样,人们就把偏微分方程划分为若干类型.Ⅰ类方程属于双曲型,Ⅱ类方程属于抛物型,Ⅲ类方程属于椭圆型,此外还有其他各种类型.双曲型方程往往用来描述电磁波和声波的传播,气体的不定常流动和超音速定常流动;椭圆型方程可以描述弹性体的平衡,静电场、温度的定常分布;抛物型方程可以描述热的传导,溶质的扩散等.这几类方程的恰当的边界条件是什么,在20世纪上半叶大体上得到了解决,所讨论的方程可以是多个自变量的,也可以是高阶的[①],比如对 $2m$ 阶的椭圆型方程来说,在一个封闭区域的边界上给了 m 个适当的边界条件,一般就能把解唯一地决定下来.

表中的Ⅳ类方程是20世纪才开始研究的,它产生于气体力学中的跨音速的定常流动,1923年,特里谷米最早系统地研究过它.这类方程称为混合型方程,因为它在一部分区域($y>0$)属于椭圆型,另一部分区域($y<0$)属于双曲型.当气流从亚音速过渡到超音速时,就能导出这类方程.这类方程虽然也有不少人在研究,但大都只限于两个自变数的情形.到20世纪50年代,才有人开始提出要研究多个自变数的混合

① 偏微分方程的阶数是指方程中所包含的未知函数偏导数的最高阶数,表中所列的方程都是二阶的.

型方程的定解问题，但当时没有能深入下去. 在 50 年代后期出现了研究混合型偏微分方程的有效工具，就是弗里德里希(Friedrichs, Kurt Otto, 1901—1983)首先提出的一阶正对称偏微分方程组的理论. 这个理论是研究一阶方程组的(未知函数可以是任意个)，但许多二阶方程可化到这种一阶方程组，从而改变了古典偏微分方程的分类法，这对于研究混合型方程是特别有利的. 弗里德里希本人就曾用它研究了特里谷米方程的定解问题.

在我们学习数学物理方程时曾做过这样的练习：将特里谷米方程

$$yu_{xx}+u_{yy}=0 \tag{1.10}$$

在上、下半平面分别化成标准型.

解 方程(1.10)的特征方程为 $y\mathrm{d}y^2+\mathrm{d}x^2=0$.

当 $y>0$ 时，它可写成 $\mathrm{d}x\pm \mathrm{i}\sqrt{y}\,\mathrm{d}y=0$，其首次积分为 $x\pm \mathrm{i}\,\frac{2}{3}y^{\frac{3}{2}}=c$，于是可作变换

$$\begin{cases}\xi=x\\ \eta=\dfrac{2}{3}y^{\frac{3}{2}}\end{cases} \tag{1.11}$$

经计算可知

$$u_{xx}=u_{\xi\xi}$$

$$u_{yy}=(u_\eta y^{\frac{1}{2}})_y=u_{\eta\eta}y+\frac{1}{2}u_\eta y^{-\frac{1}{2}}=y\left(u_{\eta\eta}+\frac{1}{3\eta}u_\eta\right)$$

于是方程(1.10)在上半平面 $y>0$ 内可化为

$$u_{\xi\xi}+u_{\eta\eta}+\frac{1}{3\eta}u_\eta=0 \tag{1.12}$$

又当 $y<0$ 时，方程(1.10)的特征方程为 $\mathrm{d}x\pm\sqrt{-y}\,\mathrm{d}y=0$，其首次积分为 $x\pm\frac{2}{3}(-y)^{\frac{3}{2}}=c$，引入变换

$$\begin{cases}\xi=x-\frac{2}{3}(-y)^{\frac{3}{2}}\\ \eta=x+\frac{2}{3}(-y)^{\frac{3}{2}}\end{cases}\tag{1.13}$$

可计算得

$$\begin{cases}u_x=u_\xi+u_\eta\\ u_{xx}=u_{\xi\xi}+2u_{\xi\eta}+u_{\eta\eta}\\ u_y=(u_\xi-u_\eta)(-y)^{\frac{1}{2}}\\ u_{yy}=(u_{\xi\xi}-2u_{\xi\eta}+u_{\eta\eta})(-y)-(u_\xi-u_\eta)\cdot\frac{1}{2}(-y)^{-\frac{1}{2}}\end{cases}$$

于是，方程(1.10)在下半平面 $y<0$ 内可化为

$$4yu_{\xi\eta}-\frac{1}{2}(u_\xi-u_\eta)(-y)^{-\frac{1}{2}}=0$$

$$u_{\xi\eta}-\frac{1}{6(\xi-\eta)}(u_\xi-u_\eta)=0\tag{1.14}$$

注　本例中 $y=0$ 为变型线. 当点 (x,y) 从上半平面趋于 x 轴时，方程(1.12)中 $\eta\to0$，则方程(1.12)的系数趋于无限大；又当 (x,y) 从下半平面趋于 x 轴时，方程(1.14)中 $\xi-\eta\to0$，故方程(1.14)的系数趋于无限大，所以标准型(1.12)及(1.14)只是在开的上半平面或开的下半平面有效.

在气体力学中，除了特里谷米方程外，还出现了形为

$$(1-x^2)\frac{\partial^2\phi}{\partial x^2}-2xy\frac{\partial^2\phi}{\partial x\partial y}+(1-y^2)\frac{\partial^2\phi}{\partial y^2}+2ax\frac{\partial\phi}{\partial x}+$$

$$2ay\frac{\partial\phi}{\partial y}-a(a+1)\phi=f(x,y) \tag{1.15}$$

的偏微分方程，这里 a 是常数，$f(x,y)$ 是已知函数. 它在单位圆内是椭圆型的，在单位圆外是双曲型的，所以它是混合型的. 在 20 世纪 60 年代初，我们注意到在力学研究中早已有人讨论过这个方程的某些应用①，并且发现正对称型偏微分方程理论对于这种方程是非常有用的，我们把正对称型方程理论做了一些发展后，就用来讨论这个方程，知道了一批可解的边值问题.

特别引起我们注意的是下面的情况(图 1.1)：讨论平面上一个有界闭区域的边值问题②，这个区域包含单位圆，它的边界的切线都在单位圆外. 我们发现：当 $a>2$ 时，在边界上给了两个条件，方程(1.15) 还能有解，而且解在单位圆(变型线) 上的二阶偏导数也能保持连续. 这样的边值问题和所有的古典情况都大不相同. 对闭区域而言，Ⅰ 在边界上连一个边界条件都不好给，Ⅲ 在边界上只

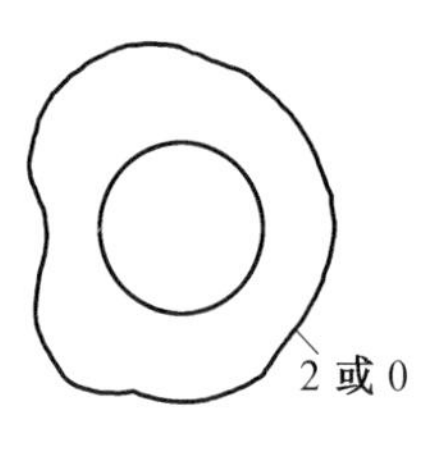

图 1.1

---

① 当时华罗庚教授从微分几何出发，注意到并研究过这个方程当 $a=-1$ 时的情形.

② 当时所得到的结果是关于 n 个自变数的，现在为方便计，只就自变数为 x,y 的情况来叙述.

能给一个边界条件，而现在却给了两个边界条件，还能有解. Ⅳ 在边界上一个边界条件也不能给完全，且只能保证在变型线上有一阶连续偏导数的解，而现在给了多得多的边界条件后，还能有一阶偏导数在区域内处处连续的解. 边界条件给得多了，解的性质却能更好一些. 这是一种边界条件可能给得最多的情形. 同时，我们还发现，当 $a<-1/2$ 时，对同样的区域而言，偏微分方程就只能有一个解，也就是说，不能再给任何边界条件了，方程的解就只是那么一个. 这就是边界条件可能给得最少的情形，这在古典的情况中也是从未出现的. 这样，我们就开始发现了一些以前未曾出现的情形，这些情形不仅在两个自变量时，而且在任意多个自变量时，都会发生. 并且在后来的研究中，我们又发现，这并不是个别的混合型方程(1.15)才具有的特殊性质，而是相当一大类混合型方程都可以有这样的性质.

这样，我们就清楚了，对于一个有界闭区域，某些二阶偏微分方程需要两个边界条件，某些二阶偏微分方程需要一个边界条件，也有一些偏微分方程根本不需要什么边界条件，它在这个区域只有一个解.

于是又可以提出下面的问题：是否只有二阶偏微分方程有这样的性质呢？这个问题也有了明确的回答. 给一个有界闭区域，任意给一个正整数 m，又给一个整数 k，k 可以是 $0,1,\cdots,m$，就一定有 m 阶的偏微分方程

$$Lu = f, f \text{ 是任意光滑函数}^{①} \quad (1.16)$$

使得在区域的边界上给了 k 个边界条件后，解存在而且唯一，这里 L 为常系数微分算子. 从而我们就知道，对于 m 阶偏微分方程，边界条件的给法是十分多样的.

这种事实的发现，更促使我们进一步去研究边值问题. 偏微分方程的种类是非常多的，除了上面所讲的那些外，还有其他许多方程，例如量子力学中的薛定谔(Schrödinger)方程，粘性流体力学中的纳维－斯托克斯(Navier-Stokes)方程，以及从浅水波中开始出现而最近研究得很多的 KdV 方程等，它们都有各自的特性. 同时，边界条件的提法也还有许多别的种类. 例如以水和风的相互作用而言，水和风的运动所满足的微分方程是不同的，但它们的分界面也在运动，在分界面上也应有边界条件. 又如冰的融化，冰和水的界面也在变动，也有相应的边界条件. 凡此种种都有许多问题值得进一步研究. 此外，自 20 世纪 50 年代以来，出现了偏微分方程的一般理论，它的目的是研究偏微分方程的一般性质，以期得出某些带有非常普遍意义的结论. 这些研究已取得越来越多的成果，同时也越来越使人们相信，偏微分方程无论从数学的观点看还是从物理的观点看，都是非常复杂的对象，客观上就包含着多种多样的情况. 在这种一般性的研究中，边值问题的讨论尚是很不充分的. 上述关于边界

① 式(1.16)左边代表一个包含 u 的到 m 阶为止的偏导数的表达式.

条件个数的讨论表明，对于边值问题而言，情况将更加多种多样. 总之，数学物理中的老问题和新问题的研究，偏微分方程本身理论的发展，都使我们感到，偏微分方程这个领域是一个开发不尽的宝藏. 尽管至今为止开发出来的资源已经这样广泛地为人们所利用，已经这样地丰富多彩，但是我们有理由相信，已开发的只能是这个宝藏的一个很小的部分，还有许多更为宝贵的、埋藏得更深的东西，需要我们去发掘. 这将是一个十分困难的任务，需要应用现代数学中各个分支的最新成果，需要创造新的工具，才能有更大的收获.

陈建功论偏微分方程

第2章

在偏微分方程的研究中，陈建功证明了一个重要结论，它促使了二阶椭圆偏微分方程的典型化.

设 $A = A(x,y), B = B(x,y), C = C(x,y)$ 都是区域 D 上的连续函数，$AC > B^2$. 对于椭圆偏微分方程

$$A\frac{\partial^2 u}{\partial x^2} + 2B\frac{\partial^2 u}{\partial x \partial y} + C\frac{\partial^2 u}{\partial y^2} = F\left(x,y,u,\frac{\partial u}{\partial x},\frac{\partial u}{\partial y}\right) \tag{2.1}$$

我们寻求在 D 上的单叶函数 $\zeta(z) = \xi(z) + \mathrm{i}\eta(z)$ 适合于

$$J(z) = \xi_x\eta_y - \xi_y\eta_x > 0 \tag{2.2}$$

并且把方程(2.1)变换为典型的椭圆方程

$$\frac{\partial^2 u}{\partial \xi^2} + \frac{\partial^2 u}{\partial \eta^2} = \Phi\left(\xi,\eta,u,\frac{\partial u}{\partial \xi},\frac{\partial u}{\partial \eta}\right) \tag{2.3}$$

我们知道：这种变换函数 $\zeta(z)$ 的寻求，等价于解拉夫连捷夫(Lavrentiev)的方程组

$$\begin{cases}\alpha\xi_x+\beta\xi_y=\eta_y\\ \beta\xi_x+\gamma\xi_y=-\eta_x\end{cases}\tag{2.4}$$

这里

$$\alpha=A/\sqrt{AC-B^2},\beta=B/\sqrt{AC-B^2},\gamma=C/\sqrt{AC-B^2}$$

陈建功证明了如下结论.

定理 2.1　假如椭圆型偏微分方程(2.1)的系数 A,B,C 在区域 D 上都可以全微分,并且偏导数

$$\frac{\partial A}{\partial x},\frac{\partial A}{\partial y},\frac{\partial B}{\partial x},\frac{\partial B}{\partial y},\frac{\partial C}{\partial x},\frac{\partial C}{\partial y}$$

都属于 $L^2(D)$,那么存在 D 上的单叶函数 $\xi(z)=\xi(z)+i\eta(z)$ 将 D 映照于 ξ 平面上,并且把式(2.1)变换为典型方程(2.3),这一结果刊登在1960年《杭州大学学报(自然科学版)》1－22上.

许多微分方程的边值问题可以化为边界上的积分方程.通过不同途径可得到相应于同一边值问题的不同的边界积分方程.边界归化的方法有很多,冯康先生首创并发展的自然边界归化在这许多方法中有特殊的地位,它完全不同于国际流行的其他边界归化方法,而且它有许多独特的优点,它保持了能量泛函不变量,从而与有限元方法能自然而直接地耦合.与一般边界归化得到的边界积分方程也取决于归化方法及所选择的基本解不同,边界自然积分方程是由原边值问题唯一确定的,即对同一边值问题只能得到同一自然积分方程,这一方程准确反映了此边值问题的互补的狄利克雷(Dirichlet)边值与诺伊曼(Neumann)边值之间的本质联系.

今考察以Γ为边界的区域Ω上的拉普拉斯方程的狄利克雷边值问题

$$\begin{cases}\Delta u=0, \Omega\text{ 内} \\ u=u_0, \Gamma\text{ 上}\end{cases} \tag{2.5}$$

及诺伊曼边值问题

$$\begin{cases}\Delta u=0, \Omega\text{ 内} \\ \dfrac{\partial u}{\partial n}=u_n, \Gamma\text{ 上}\end{cases} \tag{2.6}$$

其中u_n满足相容性条件$\int_\Gamma u_n \mathrm{d}S=0$,且方程(2.6)的解可差任一常数.

通过自然边界归化可得,同一调和函数的这两类互补边值间的关系,即自然积分方程

$$u_n=Hu_0 \tag{2.7}$$

及泊松(Poisson)积分公式

$$u=Pu_0 \tag{2.8}$$

其中H及P分别为边界自然积分算子及泊松积分算子,易见式(2.8)等价于边值问题(2.5),而式(2.7),(2.8)等价于原边值问题(2.6).

在边界Γ上,除了上述边界自然积分算子H外,还可定义拉普拉斯－贝尔特拉米(Beltrami)算子

$$\Delta\Gamma=\frac{\mathrm{d}^2}{\mathrm{d}s^2} \tag{2.9}$$

其中S为Γ上的弧长参数.H与$\Delta\Gamma$分别为Γ上的1阶拟微分算子及二阶微分算子,那么H与$\Delta\Gamma$间是否存在某种关系?

当Ω为上半平面区域及半径为R的圆内或圆外区

域时，余德浩(《自然边界元方法的数学理论》，科学出版社，1993)给出了 H 的表达式及 H 与 $\Delta\Gamma$ 间的关系，即当 Ω 为上半平面时，Γ 为 x 轴

$$H=-\frac{1}{\pi x^2}{}^* \tag{2.10}$$

$$H^2=-\frac{\mathrm{d}^2}{\mathrm{d}x^2}=-\frac{\mathrm{d}^2}{\mathrm{d}s^2}=-\Delta\Gamma \tag{2.11}$$

当 Ω 是半径为 R 的圆内或圆外区域时，Γ 是半径为 R 的圆周

$$H=-\frac{1}{4\pi R\sin^2\dfrac{\theta}{2}}{}^* \tag{2.12}$$

$$H^2=-\frac{1}{R^2}\cdot\frac{\mathrm{d}^2}{\mathrm{d}\theta^2}=-\frac{\mathrm{d}^2}{\mathrm{d}S^2}=-\Delta\Gamma$$

定理 2.2　设 Ω 是以 Γ 为边界的平面单连通区域，H 为调和方程的边界自然积分算子，$\Delta\Gamma$ 为 Γ 上的拉普拉斯－贝特朗(Betrand)算子，则

$$H^2=-\Delta\Gamma$$

这一结论是冯康先生在遗稿中提出，由余德浩完成证明的.

齐民友论偏微算子

第3章

琼·博普蒂斯特·约瑟夫·傅里叶(J. B. J. Fourier)是19世纪法国数学家和数学物理学家.他的工作对数学和物理学产生了很大影响.在数学上,他迈出了19世纪第一大步,而且是真正极为重要的一步;在物理学方面,他的理论和方法几乎渗透到近代物理学的所有部门,支配了整个数学物理学的发展.开尔文勋爵威廉·汤姆森(William Thomson)称傅里叶关于热的工作影响了他在数学物理学方面的全部经历.

数学史专家拉维茨(J. R. Ravets)和格拉顿-吉尼斯(I. Grattun-Guinness)说:"由于人们只注意傅里叶级数和傅里叶积分这两个结果,并在评价它们的推导时使用了不合时代的严格性标准,所以长期把傅里叶的主要成就搞混了."我们最

好把傅里叶的主要成就理解为这样两个方面：第一，把物理问题的公式化表示当作线性偏微分方程的边值问题来处理，这种处理使理论力学扩展到牛顿《原理》所规定的范围以外的领域；第二，他为这些方程的解所发明的强有力的数学工具产生了一系列派生物，并且提出了数学分析中那些激发了 19 世纪及其以后的许多第一流工作的问题.

1822 年傅里叶出版了他的名著《热的解析理论》. 自此，我们有了傅里叶级数、傅里叶积分，总之有了调和分析. 几百年来它们在数学中一直充满着活力向前发展，而且对数学以及其他科学产生了越来越大的影响. 这样的数学分支不多，调和分析毫无疑问是一个例子(也许另一个例子是李(Lie)群). 傅里叶的著作的意义也远远超出了数学本身.

傅里叶在他的书里研究了有限长杆上的热传导方程的混合边值问题

$$\begin{cases}\dfrac{1}{a^2}\cdot\dfrac{\partial u}{\partial t}=\dfrac{\partial^2 u}{\partial x^2}\\ u(t,0)=u(t,l)=0\\ u(0,x)=\varphi(x)\end{cases}$$

通过我们今天熟知的分离变量法，将它的解写成了

$$u(t,x)=\sum_{n=1}^{+\infty}a_n\mathrm{e}^{-(n\pi a/l)^2t}\sin\frac{n\pi x}{l}$$

这样他回答了 18 世纪围绕弦振动方程产生的一场争论：当时即已知道，弦振动方程的通解是 $\varphi(x-ct)$，φ 是任意函数，于是，什么叫任意函数？例如用两个式子在不同区间上定义的函数，如

$$\varphi(x)=\begin{cases}cx, & 0\leqslant x\leqslant x_0<l\\ cx_0+A(x-x_0), & A=cx_0(x_0-l)^{-1}, x_0\leqslant x\leqslant l\end{cases}$$

算不算一个函数？而傅里叶的级数解告诉我们，刻画温度分布的函数，不论其形状如何，都同时可以用一个级数——或者说明其系数所成的序列$\{a_n\}$来表示，如果视n为自变量，并记为ξ，那么$\{a_n\}$也可视为ξ的函数，但ξ限于取整数值. 我们不妨将其记为$\hat{\varphi}(\xi)$，说明它与$\varphi(x)$有关. 如果同一个物理过程可以用两个不同的式子或$\varphi(x)$或$\varphi(\xi)$来表示，那么关于什么是一个函数的争论也就退居后位了.

傅里叶这本书的最后一部分讨论半无限长杆上的温度分布，得到了傅里叶积分，用我们今天的记号来写，即

$$\varphi(x)=(2\pi)^{-n}\int_{-\infty}^{+\infty}e^{i\xi x}\hat{\varphi}(\xi)d\xi \tag{3.1}$$

而

$$\hat{\varphi}(\xi)=\int_{-\infty}^{+\infty}e^{-i\xi x}\varphi(x)dx \tag{3.2}$$

现在我们将此式，即由$\varphi(x)$到$\hat{\varphi}(\xi)$的变换称为傅里叶变换，而将前式称为逆变换. 这样有了一种对偶：$\varphi\leftrightarrow\hat{\varphi}$.

多年来，傅里叶级数与傅里叶积分成了分析数学的核心之一，特别是现在称之为“硬分析”的那一部分. 由它所带来的数学上的贡献有：黎曼(Riemann)积分、勒贝格(Lebesgue)积分，特别是集合论. 从微分运算角度来看，由式(3.1)有

$$\frac{1}{\mathrm{i}}\cdot\frac{\partial}{\partial x}\varphi(x)=(2\pi)^{-n}\int_{-\infty}^{+\infty}\mathrm{e}^{\mathrm{i}\xi x}(\xi\hat{\varphi}(\xi))\mathrm{d}\xi$$

即称微分与乘法对偶. 可见，对偶的概念比一般的对应乃至同构还要丰富，广义函数理论的基石也是对偶. 但这是我们今天的理解. 在当时，人们还只能知道“求导”也可以“看”成一种乘法. 其实这是一个历史久远的思想. 欧拉(Euler)在研究常系数线性常微分方程时，就把它写作

$$\sum_{k=0}^{m}(a_kD^k)y=f(x) \tag{3.3}$$

而

$$y=f(x)/\sum_{k=0}^{m}a_kD^k \tag{3.4}$$

他可以对多项式 $\sum_{k=0}^{m}a_kD^k$ 作因式分解，可以把 $1/\sum_{k=0}^{m}a_kD^k$ 化为分项分式……. 这一切我们在大学二年级课程中都已熟知，并称之为“形式解法”，因为当时人们的理解确实是形式的.

20 世纪 20～30 年代量子物理学的出现不但是科学史上而且是人类思想史上的大革命. 它的出现同时也开辟了数学上的新时期是毫无疑问的，至少，说全部经典的泛函分析都是由量子物理催生的，这不是过分之词. 量子物理要求将经典的物理量量子化，即用算子(自伴的)来表示. 例如 D_{x_j} 表示 x_j 方向的动量，这样，同一个物理状态可以用两种不同的方式来表示(称为表象)：用 x 表示(坐标表象，x 表象)或用 ξ 表示

(动量表象,ξ 表象). 对偶的表象之互相转化可以用傅里叶变换来实现. 所以,调和分析特别是傅里叶变换成了量子物理有效的数学工具. 但在量子物理中,互相对偶的量不能同时准确地测量. 如果 x 与 ξ 的测量分别有误差 Δx,$\Delta\xi$,那么

$$\Delta x\Delta\xi \geqslant h/2\pi,h \text{ 是普朗克(Planck) 常数}$$

这就叫"测不准原理". 测不准关系与算子的不可变换性紧密相关. 所以我们还需要将不可交换性引入调和分析.

以上所述可以说是微局部分析产生的数学和物理背景. 但它作为一种系统的理论出现应该说是 20 世纪 60 年代中期的事,即以拟微分算子的出现为标志. 拟微分算子的直接前身是济格蒙德(Zygmund, Antoni) 和考尔德伦(Calderón, Alberto-Pedro) 所建立的奇异积分算子理论. 奇异积分算子理论是调和分析的重大发展,它一出现,就对解决偏微分方程的重大问题 —— 柯西(Cauchy) 问题的唯一性做出了重大贡献. 拟微分算子的出现又在椭圆算子的指标问题(阿蒂亚 — 辛格(Atiyah, Michael Franas-Singer, Isadore Manual) 指标定理) 的研究上起了重大作用. 它归根结底是调和分析的新发展,而且确实考虑了不可交换性. 微分方程的欧拉形式解法的根本局限如下,即方程的系数 a_k 是常数,所以 a_k 与 D^k 可以交换:$a_kD^k = D^ka_k$. 但若 $a_k = a_k(x)$,则上式不成立. 用现代的语言说,即 $a_k(x)$ 与 D^k 的交换子"乘积" 不为 0

$$[a_k(x), D^k] \neq 0 \tag{3.5}$$

这时形式解法就无能为力了. 所以,傅里叶变换可以用于讨论常系数偏微分方程,而对变系数方程 $\sum_{|\alpha|\leqslant m} a_\alpha(x)D^\alpha u = f$ 就需要用拟微分算子了. 拟微分算子形状上就是推广的傅里叶变换

$$Au(x)=(2\pi)^{-n}\int e^{i\xi x}a(x,\xi)\hat{u}(\xi)d\xi \quad (3.6)$$

$a(x,\xi)$ 称为其象征. 例如,对上述偏微分方程就有

$$\sum_{|\alpha|\leqslant m} a_\alpha(x)\xi^\alpha = f \quad (3.7)$$

因此要建立算子作为一方、象征作为另一方的对应关系. 为适应量子物理的需要,算子的乘积应为不可交换的,与此相应,对象征需要建立一种不可交换的"乘法". 又在求解方程(3.3)时,我们将微分算子的逆形式写为 $1/\sum_{k=0}^{m} a_k D^k$,现在要求 A 之"逆",则应考虑以 $[a(x,\xi)]^{-1}$ 为象征的拟微分算子. 所有这些问题在拟微分算子理论中都得到了完满的解决. 所以,微局部分析,特别是拟微分算子理论,不妨说是量子物理时代的调和分析.

微局部分析理论的出现告诉我们,过去我们是在 $\mathbf{R}^n$ 中的区域 Ω 上讨论偏微分方程,现在应该把 x 与 ξ 放在完全平等的地位,而在 $\Omega\times(\mathbf{R}^n\backslash 0)$ 上讨论它. $\mathbf{R}^n\backslash 0$ 是 ξ 的变化域. $\xi=0$ 总是应该排除的,这与 $\Omega\times(\mathbf{R}^n\backslash 0)$ 的几何构造大有关系,用现代语言来说,即 Ω 的余切丛除去零截面 $T^*\Omega\backslash 0$. 因此,可以说,微局部分析就是在 $T^*\Omega\backslash 0$ 上讨论偏微分算子,首先是它的代数演算.

在余切丛上讨论物理问题，在物理上很早就有先例. 其一是光的波动学说中的惠更斯(Huygens Christiaan)原理. 这个原理简单地说，即光的传播有波前面，波前面的前方是光波影响未到之处，其后方则在光波的影响区域之内，波前的各点又成了新的光源，再产生次级波前. 次级波前的包络面即下一个时刻的新波前. 在这样的几何分析中，波前的法线(在现代数学的语言中应该说是余法线)，起了很关键的作用. 如果从某一点起沿波前面的法线追踪，即得到"射线". 波前面的位置与波前面传播的方向是同样重要的，在这个意义上来说，惠更斯原理是一个微局部的原理:既要考虑波前面上各点的坐标 x，又要考虑该点处波前面的余法线向量 $\boldsymbol{\xi}$. 另一个例子是渐近解的问题. 自从量子物理出现以来，即产生量子力学与经典力学的关系问题. 物理学家很明白，若视普朗克常数为一个小参数 ε，则当 $\varepsilon \to 0$ 时，量子力学就转化为经典力学. 因此，将一个偏微分方程的解按小参数展开，即所谓渐近展开，就成了数学物理中一个重要的方法. 物理学家则称之为 WKB 方法，或几何光学近似、准经典近似等. 但是这种渐近展开时常只是局部有效. 由局部性过渡到整体性有一种障碍，在光学中时常称为焦散现象. 20 世纪 60 年代，苏联数学家马斯洛夫(V. P. Maslov) 指出，这种障碍的出现是因为人们常局限于 x 表象. 如果平等地采用 x 表象与 ξ 表象，或者用混合表象(一部分变元仍为 x，另一部分为 ξ)，则问题自然解决. 其后的傅里叶积分算子理论，也可以

说是这个思想的展开. 这种思想发展至今已成了一个重要的数学分支:半经典(或准经典)分析.

这些在物理上非常明确的思想在数学上一直到20世纪60～70年代才形成完整的数学理论,这与数学工具的发展有密切的关系,上面说过拟微分算子的直接前身是济格蒙德和他的学生考尔德伦所领导的学派在20世纪50年代关于奇异积分算子的研究. 关于准经典近似的工作则必须回到关于解析力学的近代表述,特别是辛几何理论以及相关的拓扑学的研究. 还应该指出,日本数学家佐藤干夫关于超函数理论的研究,以及他所创立的学派所建立的代数分析学,是在实解析函数框架下的微局部分析,它广泛地应用了代数学的最新的发展,正因为微局部分析继承和发展了这样多数学分支的成果,所以有时给人以望而生畏的感觉.

总之,微局部分析不仅是偏微分方程的一个分支,而且是它发展至今的一种观点、一种思想、一种方法. 有许多最新的研究工作,尽管没有说它本身就是微局部分析,但实际上都恰好表现了这种观点、思想和方法. 它的出现至少使整个线性偏微分方程理论改变了面貌. 这方面最完整的概括是赫尔曼德(L. Hörmander)的四卷本巨著 *The analysis of Partial Differential Equations* Ⅰ,Ⅱ,Ⅲ,Ⅳ卷(Springer-Verlag,1985).

齐民友教授所著的《线性偏微分算子引论(上册)》(北京:科学出版社,1984)的序言中曾说过:“这个领域还在迅速发展,看不出有停下来或者放慢步伐的迹象,例如,正当我们用了很大力量来掌握微局部分析时,它却已被人称为'20 世纪 70 年代算法',而到了 20 世纪 80 年代中期的现在,它又发展到新的水平."现在可以说,微局部分析已经成熟了.如果说在 20 世纪 70 年代,还需要建立框架,现在则是需要解决新的具体问题.这样,一方面我们会感到它比较容易掌握了;另一方面则新问题层出不穷.从目前来看,越来越多地与应用数学和其他科学,如物理和力学结合,是一个明显的趋势,我们建议,读者若有可能翻阅一下 1990 年在日本京都召开的国际数学家大会的文集,特别注意 R. Melrose,M. 泰勒(M. Taylor), A. 马杰达(A. Majda),P. L. 利昂斯(P. L. Lions) 等人的报告,若能浏览一下法国 Ecole Polytechnique 的讨论班每年一册的文集和每年一度的 Saint Jean de Mont 会议的论文集,就会对当代偏微分方程理论的这种观点、思想和方法发展的现况有深刻的印象了.

正因为微局部分析还在迅速发展之中,所以我们不可能涉及很多方面,而只挑选了两个问题进行介绍,首先是非线性微局部分析.非线性偏微分方程的解具有线性方程所没有的奇性,这一点首先是黎曼指出的,他在 1860 年研究有限振幅的声波的传播时,第一次提出了"激波"这一名词.激波是一种强奇性,但甚至在弱奇性范围内,无论是从几何角度或从分析角度来看,非线性问题都表现出更为丰富的内容.近年来的事实表明,微局部分析用于非线性偏微分方程是

卓有成效的. 首先需要提出研究的框架，这就是索伯列夫(Sobolev)空间，而所谓奇性即是指解 u 是属于某个索伯列夫空间 $H_{\mathrm{loc}}^{s}(\mathbf{R}^{n})$ 的广义函数，而 s 比较小. 但是索伯列夫空间之元均为 $\mathscr{S}'$ 广义函数，它的奇性可以通过傅里叶变换表现出来，即 x 域中的非光滑性的点(不妨称为“坏”点，其集合即奇支集 sing supp u)，可以用 ξ 域中 $\hat{u}(\xi)$ 的增长性(即缺少急减性质)来刻画，而急减性质的破坏发生在某些我们称之为“坏”的方向上. 把“坏”点与“坏”方向结合起来，就得到很重要的波前集的概念. 把这种做法与惠更斯原理做一个比较是很有趣的. 在讨论非线性偏微分方程的解的奇性时，还不能只停留在波前集的一般概念上，而要着重研究这样一类解，它们是某个索伯列夫空间的元素 u，而且有一个确定的子流形，使 u 在该流形的切向上相对地比较光滑，奇异性则发生在它的余法线方向上. 这种广义函数称为余法分布，其奇性相应地称为余法奇性，这个概念的物理背景是显而易见的.

为了处理这类问题，拟微分算子理论需要进一步发展. 一个途径是研究只有有限光滑性(而不是 C^{∞})的象征. 另一个则是波尼(J. M. Bony)提出的仿微分算子理论. 产生困难的根源仍在广义函数的奇性. 以最简单的非线性运算乘法为例，两个广义函数 u_1，u_2 一般不能相乘，就是因为各个因子的奇性导致的，因此只要对其波前集作一定的限制，就可以合理地定义其乘积. 但现在我们可以更有系统地处理非线性运算. 我们可以在 ξ 域中将 u_1 与 u_2 之奇性分离出来，并对其较“好”的成分进行运算. 这种将 ξ 域中的奇性分离出来的方法早在 20 世纪 30 年代李特尔伍德(Littlewood)与佩利(Paley) 的工作中即已提供. 利用这个工具,波尼和他的学生们建立了仿乘积、仿复合,以及一般的仿微分算子理论. 同时还适应边值问题研究的需要,建立了对某一子流形的切向的仿微分算子理论.

与线性方程情况不同,非线性奇性在相互作用下会产生新的奇性. 举例来说,讨论一个双曲型方程的两解 u_1 与 u_2,它们在(x_1,ξ_1)与(x_2,ξ_2)附近微局部地属于 H^{σ_1} 与 H^{σ_2},这些奇性将沿过(x_j,ξ_j),$j=1,2$ 的次特征传播,而可能在(x_0,ξ) 相遇. 在相遇后这两个奇性很可能并不相消,而在该点附近成为微局部的 σ 阶奇性,且

$$\sigma=\sigma_1+\sigma_2-\frac{n}{2}$$

若(x_0,ξ) 恰好又是特征点,则这个 H^σ 奇性将沿着过(x_0,ξ) 的次特征传播,这样解就出现了新的奇性. 这个领域中至今仍存在大量未解决的问题.

从微局部分析观点来论述非线性问题的,可以参看赫尔曼德 1986 ~ 1987 年在 Lund 大学的一个讲义,对非线性双曲型方程近年来许多重要工作做出了新的概括,还可以参看 M. 泰勒的有关著作,他论述的范围超过了赫尔曼德的讲义.

第二个问题是关于椭圆性问题. 在整个偏微分方程理论中,椭圆型方程(线性和非线性的) 理论是发展得最好的. 自 20 世纪 50 年代末,开始了退化椭圆方程

的研究.这是由于不论在物理、力学或其他数学分支(复分析和微分几何)中都出现了重要的退化椭圆算子.其中一个重要的例子是赫尔曼德的平方和算子

$$A=\sum_{j=1}^{m}X_j^2(x)+X_0(x)+C(x) \qquad (3.8)$$

这里$X_0,X_1,\cdots,X_m$是$\Omega\subset\mathbf{R}^n$上的实的$C^\infty$向量场.这类算子不但包含了椭圆算子,还包括抛物型算子.赫尔曼德的经典结果表明:当$X_0,X_1,\cdots,X_m$满足所谓赫尔曼德条件时,A是亚椭圆算子.其中就有不少退化的椭圆算子.例如

$$X_j=\partial_{x_j},1\leqslant j\leqslant n-1,X_n=x_1\partial_{x_n}$$

它们是满足赫尔曼德条件的.但$\sum_{j=1}^{n}X_j^2(x)=\partial_{x_1}^2+\cdots+\partial_{x_{n-1}}^2+x_1^2\partial_{x_n}^2$是一个具有很强退化性质的退化椭圆算子.

赫尔曼德指出,这种算子是次椭圆(Subelliptic)算子,说m阶算子L是一个次椭圆算子,即对它有以下的所谓次椭圆估计成立

$$\|u\|_{m-\varepsilon}\leqslant C_1\|Lu\|_0+C_2\|u\|_0$$
$$u\in C_0^\infty(\Omega),0<\varepsilon<1 \qquad (3.9)$$

即发生光滑性的损失.如果L是椭圆算子,则式(3.9)对$\varepsilon=0$成立.式(3.9)这种估计(在不同空间中)是研究椭圆方程的基本工具,最早的是绍德尔(Schauder)估计.现在的问题是,若算子L适合式(3.9)而$\varepsilon=0$,L是否一定是椭圆算子?答案是肯定的.

次椭圆算子是一个很重要的类别,可以说它是仅次于椭圆算子的一大类. 因此,自然想把它推广到非线性情况上. 若 A 是拟线性的,即有

$$Au=\sum_{i,j=1}^{m}A_{ij}(x,u,Xu)X_iX_ju+B(x,u,Xu)=0$$

则我们可以用波尼的仿微分算子将它线性化. 如果经过仿线性化后的方程适合赫尔曼德条件,那么 A 仍然是亚椭圆算子.

退化椭圆算子的研究需要对拟微分算子作一个推广,就是应用另一种算子演算(后来赫尔曼德称之为外尔(Weyl) 演算). 定义拟微分算子形如

$$a^w(x,D)u=(2\pi)^{-n}\iint e^{i(x-y)\xi}a\left(\frac{x+y}{2},\xi\right)u(y)\mathrm{d}y\mathrm{d}\xi$$

提出这种算子是为了量子力学的需要,因为它对 x 与 y 有明显的对称性,如果 $a(\cdot,\xi)$ 是实值函数,那么 $a^w(x,D)$ 将是自伴算子,这当然使它在量子力学上特别方便,因为量子化的物理量都应该用自伴算子来表现,它还有许多其他的优点,例如利用它来求逆,将可得到准确逆而非拟逆,等等.

波尼与勒纳(N. Lerner) 在非线性微局部分析中引入外尔演算,是为了提出二次微局部化(以至高次微局部化) 理论. 但是我们可以从另一个角度来看待它,即可发现它对退化椭圆算子乃至次椭圆性的研究是很有好处的. 为此,我们重新来看赫尔曼德的象征类 $S^m_{1,0}$,其中的元适合估计式

$$|\partial_x^\beta\partial_\xi^\alpha a(x,\xi)|\leqslant C(1+|\xi|)^{m-|\alpha|}$$

或

$$|\partial_x^\beta \partial_\xi^\alpha a(x,\xi)| \leqslant C((1+|\xi|^2)^{1/2})^{m-|\alpha|}$$

左方的向量场$\{\partial_x, \partial_\xi\}$构成$T(T^*\Omega)$的一个“典则”的基底，与它对偶的$T^*\Omega$上的度量是

$$\mathrm{d}s^2 = \sum_{i=1}^n (\mathrm{d}x_i^2 + \mathrm{d}\xi_i^2)$$

这是欧几里得(Euclid)度量. 如果我们改用另一个度量

$$\mathrm{d}s^2 = \sum_{i=1}^n (\mathrm{d}x_i^2 + \mathrm{d}\xi_i^2/(1+|\xi|^2))$$

那么与它对偶的向量场是

$$\{\partial_x, \partial'_\xi\} = \{\partial_x, (1+|\xi|^2)^{1/2}\partial_\xi\}$$

如果用这样的向量场，那么$S_{1,0}^m$的基本估计式成为

$$|\partial_x^\beta \partial'^\alpha_\xi a(x,\xi)| \leqslant C(1+|\xi|^2)^{m/2}$$

同样，$S_{\rho,\partial}^m$类相应于度量

$$\mathrm{d}s^2 = \sum_{i=1}^n ((1+|\xi|^2)^\partial \mathrm{d}x_i^2 + (1+|\xi|^2)^{-\rho}\mathrm{d}\xi_i^2)$$

我们要注意，$|\xi|^2$是一个最典型的椭圆算子——拉普拉斯算子Δ的象征. 从几何上看拉普拉斯算子的特点是：对点x的均匀性以及各向同性，我们称为齐性(Homogeneity)而与齐次函数的齐次相区别. 实际上，一致椭圆的二阶偏微分算子

$$\sum_{i,j=1}^n a_{ij}(x)\partial_{x_i}\partial_{x_j} + \sum_{i=1}^n b_i(x)\partial_{x_i} + c(x)$$

即是系数充分规则，且存在两个正常数$c>0$与$C>0$使

$$c|\xi|^2 \leqslant \sum_{i,j} a_{ij}(x)\xi_i\xi_j \leqslant C|\xi|^2$$

成立的算子,这个定义也是以拉普拉斯算子的象征 $|\xi|$ 为标准的.

进一步我们看到索伯列夫空间的定义也是以拉普拉斯算子为基础的.

但是,退化的椭圆算子所对应的度量恰好是非齐性的(Nonhomogeneous). 所以,研究退化椭圆算子的一个途径就是找到一个适用的度量,并且应用外尔演算. 对于

$$p(x,D)=D_{x_1}^2+x_1^{2k}D_{x_2}^2$$

相应的度量就是

$$\begin{aligned}\mathrm{d}s^2=&M^{-1/k}(x,\xi)\langle\xi\rangle^{2/\xi}\mathrm{d}x_1^2+\mathrm{d}x_2^2+\\&M^{-1/k}(x,\xi)\langle\xi\rangle^{-2\delta(1-1/k)}\mathrm{d}\xi_1^2+\langle\xi\rangle^{-2}\mathrm{d}\xi_2^2\end{aligned}$$

其中

$$\langle\xi\rangle^2=1+|\xi|^2, M(x,\xi)=\xi_1^2+x_1^{2k}\xi_2^2+\langle\xi\rangle^{2\delta}$$

$$\delta=(1+k)^{-1}$$

这样,次椭圆性的研究涉及一种新的几何. 其实,很早就有人看到了这一点,例如,纳格尔(A. Nagel)、斯坦因(E. M. Stein) 和韦恩格尔(S. Wainger),我们不妨说将会有一种新的“次椭圆几何”,这当然都要等待今后的研究工作.

附带还要提到,梅尔罗斯(R. Melrose) 曾从几何角度讨论过一般的边值问题,而与外尔演算不同,后者需要的是余切丛上的度量.

至此,我们再回到引言开始时所说的“20 世纪 70 年代算法”问题,这是费弗曼(Fefferman, Charles) 说的. 这是一篇很重要的文章,主旨是讨论如何在余切

从 $T^*\Omega\backslash 0$ 中局部化，并用以将一个一般的拟微分算子对角化，由此解决了许多重要问题．若与李特尔伍德－佩利比较，则 L-P 只是在 ξ 域中局部化．同时在 x 域和 ξ 域中局部化是不可能的，因为这与量子物理的根本原理"测不准原理"矛盾．外尔演算中也会提到测不准原理，还应该提到现在引起人们极大关注的小波理论也是围绕着这个思想而来的，也可以说是一种"微局部"理论．这样说来，"20 世纪 70 年代算法"应该是指微局部分析的初创时期形成的理论，我们不妨称之为"经典的微局部分析"，后来的发展不妨称为"精密的微局部分析"．

苏竞存论偏微分方程

第4章

4.1 偏微分方程(PDE)概况

从米尔诺(Milnor)的例子可以看到,对于希策布鲁赫(Hirzebruch)指标定理之极大重要性,无论就其基本思想或表述方式,都没有问题了.它的意义主要在于它揭示了两个似乎没有什么关系的领域之间的既不明显又不简单的联系.在数学中,其实在一般科学里也一样,一旦发现了这样的现象,就会有新的见地和前景.这是很常见的事.这一方面,我们才得到的希策布鲁赫指标定理只是一个开始.因为我们将要看到,流形的指标另有解释并将导致更深远的结论.这一次将在相差更远的对象,即指标和拉普拉斯方程间建立

联系，最终导致椭圆算子的所谓阿蒂亚－辛格指标理论. 我们在本章中希望解释的归结起来几乎也就是它. 但要走的路还很长，所以我们先从调和函数的基本事实开始.

记住，定义在欧氏空间 $\mathbf{R}^n$ 的区域 D 上的实值或复值函数 $f(x)=f(x_1,\cdots,x_n)$ 称为调和函数，如果它在 D 中满足所谓拉普拉斯方程

$$\Delta f=\frac{\partial^2 f}{\partial x_1^2}+\cdots+\frac{\partial^2 f}{\partial x_n^2}=0$$

这是一类重要的函数，因为它在物理中时常出现. 流体力学是一个典型例子. 下面是数学物理课本中的讲法. 如图 4.1，设空间中充满不可压缩流体，即设其密度 ρ 为常数. 令 $\mathbf{V}=(V_1,V_2,V_3)$ 为速度矢量场，即 $\mathbf{V}=\mathbf{V}(x,y,z)$ 是描述各点速度的矢量值函数. 我们设讨论的是定常态，从而 $\mathbf{V}(x,y,z)$ 不随时间 t 而变，但是是位置变元 (x,y,z) 的函数. 现在讨论三边为 $\mathrm{d}x,\mathrm{d}y,\mathrm{d}z$ 的无穷小长方体. 在 $\mathrm{d}t$ 时间区间中，从右方流出该长方体的质量是

$$V_1(x+\mathrm{d}x,y,z)\mathrm{d}y\mathrm{d}z\cdot\rho\mathrm{d}t$$

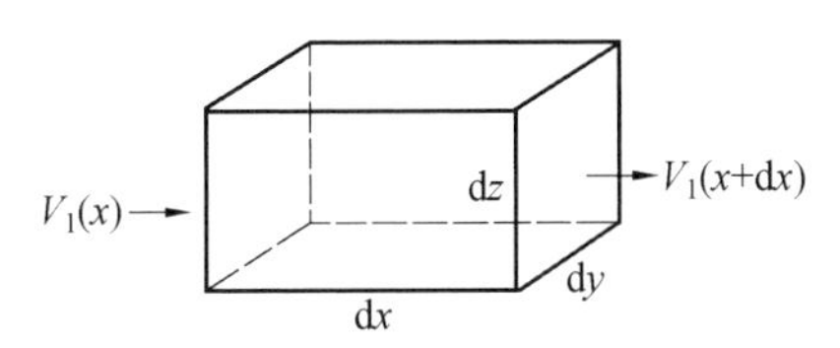

图 4.1

同一时间内从左侧流入的质量则是

$$V_1(x,y,z)\mathrm{d}y\mathrm{d}z\cdot\rho\mathrm{d}t$$

x 方向的净流出量是

$$(V_1(x+\mathrm{d}x,y,z)-V_1(x,y,z))\mathrm{d}y\mathrm{d}z\cdot\rho\mathrm{d}t$$
$$=\frac{\partial V_1}{\partial x}\mathrm{d}x\mathrm{d}y\mathrm{d}z\cdot\rho\mathrm{d}t$$

而单位时间内从单位体积内的总流出量应是

$$\frac{\partial V_1}{\partial x}+\frac{\partial V_2}{\partial y}+\frac{\partial V_3}{\partial z}=\mathrm{div}\,\mathbf{V},\text{设 }\rho=1$$

若在区域 D 中没有源，质量就不会有净增减，于是我们得到“连续性方程”

$$\mathrm{div}\,\mathbf{V}=0$$

如果再设矢量场 $\mathbf{V}$ 可以用势函数 $f=f(x,y,z)$ 表示，即设 f 是一标量函数，且使

$$\mathbf{V}=\mathrm{grad}\,f=\left(\frac{\partial f}{\partial x},\frac{\partial f}{\partial y},\frac{\partial f}{\partial z}\right)$$

连续性方程就成了拉普拉斯方程 $\Delta f=0$.

类似地，在电磁场中也有真空的连续性方程

$$\mathrm{div}\,\boldsymbol{E}=0,\mathrm{div}\,\boldsymbol{H}=0$$

$\boldsymbol{E}$ 和 $\boldsymbol{H}$ 分别是场的电场和磁场强度. 于是势函数又将满足拉普拉斯方程. 所以，拉普拉斯方程是势论的基础.

从偏微分方程(以后都采用标准的缩写 PDE) 观点看来，拉普拉斯方程是所谓椭圆型方程. 读者可能熟悉 PDE 按型的分类及其含义. 虽然这里不能详谈，我们确实需要懂得椭圆性的概念及其直接的推论. 所以我们将就更简单的二维情况回顾一些基本的事实. 一般的两变量二阶线性 PDE 可写成

$$A\frac{\partial^2 u}{\partial x^2}+2B\frac{\partial^2 u}{\partial x\partial y}+C\frac{\partial^2 u}{\partial y^2}+D\frac{\partial u}{\partial x}+E\frac{\partial u}{\partial y}+$$

$Fu+G=0$

系数 $A,B,\cdots,G$ 都是 x,y 的函数，并设有一定的光滑性. 因为我们最终将在光滑流形上讨论问题，所以我们总设它们是 C^∞ 函数. 不论是谁，一看见这个方程就会想到一般圆锥曲线的方程

$$Ax^2+2Bxy+Cy^2+Dx+Ey+G=0$$

(没有 F 项). 由解析几何可知可用平移与旋转将它化为“标准形”. 平移是用来除去一次项，不那么重要. 重要的是最高次项 A,B,C. 最关键的不变量是判别式 $\Delta=B^2-AC$，视其小于 0、等于 0、大于 0 而得椭圆、抛物线与双曲线. 我们对 PDE 也想做这件事. 当然我们不会得出这些曲线. 但若可做类似的化为标准形，则将使方程简化. 例如，拉普拉斯方程显然是椭圆型方程的标准形. 对于 PDE，情况当然比对圆锥曲线复杂，因为系数 A,B,C 是函数而非常数. 这意味着简单地作坐标旋转或线性变换是没有用的. 我们必须准备用一般的微分同胚来变换坐标，在流形上这样做恰好是件好事. 我们也应指出，方程的各型点可以不同，因为 Δ 是函数. 但至少对椭圆和双曲线的情况，型是局部固定的. 我们将只考虑具有最高阶项即“主部”的方程以求简化，于是考虑

$$Au_{xx}+2Bu_{xy}+Cu_{yy}=0 \qquad (4.1)_1$$

(当然采用了标准的简写如 $u_{xx}=\dfrac{\partial^2u}{\partial x^2}$，等等). 结果发现几何上最清楚的情况是双曲线方程，故设在定点 $P_0=(x_0,y_0)\in\mathbf{R}^2$ 附近 $\Delta>0$. 我们心目中的标准形

是$u_{xy}=0$(相应于双曲线 $xy=1$). 设 A,C 尚不为 0,例如 $C\neq 0$. 设用微分同胚 Φ 作坐标变换

$$(x,y)\xrightarrow{\Phi}(\xi,\eta)$$

直接计算可知 $v=v(\xi,\eta)=u(x(\xi,\eta),y(\xi,\eta))=u\circ\Phi^{-1}$ 满足方程

$$\overline{A}v_{\xi\xi}+2\overline{B}v_{\xi\eta}+\overline{C}v_{\eta\eta}=0 \tag{4.1$_2$}$$

其中

$$\begin{aligned}\overline{A}&=A\xi_x^2+2B\xi_x\xi_y+C\xi_y^2\\ \overline{B}&=A\xi_x\eta_x+B(\xi_x\eta_y+\xi_y\eta_x)+C\xi_y\eta_y\\ \overline{C}&=A\eta_x^2+2B\eta_x\eta_y+C\eta_y^2\end{aligned}\tag{4.2}$$

故设法求函数 ξ,η 使 $\overline{A}=\overline{C}=0$. 顺便说一下,易见

$$\begin{aligned}\overline{\Delta}&=\overline{B}^2-\overline{A}\,\overline{C}=(B^2-AC)(\xi_x\eta_y-\xi_y\eta_x)^2\\&=\left|\frac{\partial(\xi,\eta)}{\partial(x,y)}\right|^2\Delta\end{aligned}\tag{4.3}$$

因 Φ 是微分同胚,雅可比(Jacobi) 行列式 $\left|\frac{\partial(\xi,\eta)}{\partial(x,y)}\right|\neq 0$. 又因式(4.3) 中出现平方,故知 PDE 在一点的型在微分同胚下不变.

回到方程 $\overline{A}=\overline{C}=0$. 因 Φ 为微分同胚且 $C\neq 0$,必有 $\xi_x\neq 0$,否则会有 $0=C\xi_y^2\Rightarrow\xi_y=0$ 而 Φ 不是微分同胚. 令 $\lambda=\xi_y/\xi_x$,我们有

$$A/C+2B/C\,\lambda+\lambda^2=0$$

因已设 $\Delta>0$,上述二次方程可以分解因式为

$$(\lambda-W_1)(\lambda-W_2)=0$$

这里

$$W_1=(B+\sqrt{\Delta})/C,W_2=(B-\sqrt{\Delta})/C \tag{4.4}$$

注意方程 $\overline{C}=0$ 和 $\overline{A}=0$ 是一样的.这样,只要找到 ξ,η 使

$$\xi_y - W_1\xi_x = 0,\eta_y - W_2\eta_x = 0 \tag{4.5}$$

且 $\left|\frac{\partial(\xi,\eta)}{\partial(x,y)}\right| \neq 0$ 即可达到目的.

有幸的是,我们已有了处理方程(4.5)的必要工具.考虑 $\mathbf{R}^2$ 上的矢量场 $X=X(x,y)=(W_1(x,y),-1)$.因为 X 显然在 P_0 附近(其实处处都是)非零.由弗罗贝尼乌斯(Frobenius)定理的第一个情况,有一新坐标 (p,q) 使 X 在其中可表示为 $\frac{\partial}{\partial p}$.回顾一下矢量场分量的变换公式.若

$$X = W_1\frac{\partial}{\partial x} - \frac{\partial}{\partial y} = \alpha\frac{\partial}{\partial p} + \beta\frac{\partial}{\partial q}$$

则

$$\alpha = W_1\frac{\partial p}{\partial x} - \frac{\partial p}{\partial y},\beta = W_1\frac{\partial q}{\partial x} - \frac{\partial q}{\partial y}$$

所以 $X=\frac{\partial}{\partial p}$ 就意味着 $\beta=0$,亦即

$$\frac{\partial q}{\partial y} - W_1\frac{\partial q}{\partial x} = 0 \tag{4.6}$$

即 $q=q(x,y)$ 满足方程(4.5)之一.类似于此,也有一个坐标 (r,s) 使得 $Y=(W_2,-1)$ 等于 $\partial/\partial r$.于是函数 $s=s(x,y)$ 满足方程

$$\frac{\partial s}{\partial y} - W_2\frac{\partial s}{\partial x} = 0$$

余下的只需检验

$$(x,y) \overset{\Phi}{\rightarrow} (q(x,y),s(x,y))$$

是否局部微分同胚. 但我们有

$$\begin{vmatrix} \dfrac{\partial q}{\partial x} & \dfrac{\partial q}{\partial y} \\ \dfrac{\partial s}{\partial x} & \dfrac{\partial s}{\partial y} \end{vmatrix} = \left(\frac{\partial q}{\partial x}\right)\left(\frac{\partial s}{\partial x}\right) \begin{vmatrix} 1 & -W_1 \\ 1 & -W_2 \end{vmatrix}$$

我们必有$\dfrac{\partial q}{\partial x} \neq 0$. 否则由式(4.6)有$\dfrac{\partial q}{\partial y} = 0$,而$(x,y) \to (p,q)$不会是微分同胚. 类似地,$\dfrac{\partial s}{\partial x} \neq 0$. 最后,由假设

$$\begin{vmatrix} 1 & -W_1 \\ 1 & -W_2 \end{vmatrix} = W_1 - W_2 = 2\sqrt{\Delta}/C \neq 0$$

至此完成. 将

$$Au_{xx} + 2Bu_{xy} + Cu_{yy} = 0 \tag{*}$$

用一微分同胚$(x,y) \to (\xi,\eta)$化为

$$V_{\xi\eta} = 0 \tag{**}$$

好处是明显的. 可以直接写出方程(* *)之解,其形为

$$v(\xi,\eta) = f(\xi) + g(\eta) \tag{4.7}$$

$f(\xi)$和$g(\eta)$是ξ和η的一元函数. 正是为此我们宁愿用式(* *)而不用“另一个”标准形式

$$u_{xx} - u_{yy} = 0 \tag{***}$$

当然可以由式(* *)变为式(* * *)或反过来,只需用下面的坐标变换即可

$$\xi = x + y, \eta = x - y$$

标准形(4.7)不但使我们能得出方程$(4.1)_1$之解,而且能容易地讨论解的唯一性. 例如,在矢量场即常微分方程情况,我们知道只要已知起始点$u(0) = P_0$

即可确定解 $u(t)$. 现在它显然不对了. 指定一个初始点 $v(\xi_0, \eta_0)$，只能确定 $f(\xi), g(\eta)$ 在一点之值 $f(\xi_0)$，$g(\eta_0)$. 在物理上习惯讨论“初始函数”$u_0(x) = u(x, 0)$，这里变量 y 代表时间. 因为 PDE 是二阶的，还需要指定初速 $u_y(x, 0)$. 从几何上说，就是要有一个流形 $M = \{(x, y) \mid y = 0\}$，而不只是一个点，使 u 及其沿法线方向的导数在 M 上之值是事先给定的. 后一条件并不奇怪. 因为若 u 在 M 上之值已知，则也知道 u 沿切线方向的导数在 M 上之值. 所以根本上说是要确定 u 及其一阶导数在初始子流形 M 上之值. 很清楚，没有理由限制 M，只能是 x 轴. 我们应该可取任意子流形为 M(可以加一个限制，因为我们要求的是在 P_0 附近的局部解，我们显然应要求 M 含有 P_0). 有意思的就在这里. 这里我们并不完全自由. 如果想初始数据(u 及其导数在 M 上之值) 完全自由，M 就不能完全任意. 反过来也一样. 这很容易理解. 例如，若取 M 为曲线 $M = \{(x, y) \mid \xi(x, y) = 0\}$，则由式(4.7) 有

$$v(0, \eta) = f(0) + g(\eta)$$

$$v_\xi(0, \eta) = f'_\xi(0)$$

故法向导数沿 M 之初始值不变. 这样，对于双曲型方程，过任一定点可以分出两曲线 $\xi(x, y) = 0$ 与 $\eta(x, y) = 0$，在其上不能自由指定初始值. 由此，称它们为方程的特征子流形.

特征子流形问题是 PDE 分类的本质. 对这种子流形 $M = \{(x, y) \mid \xi(x, y) = 0\}$，$(\xi_x, \xi_y)$ 是其法向量，它满足方程

$$A\xi_x^2 + 2B\xi_x\xi_y + C\xi_y^2 = 0$$

由于 $\Delta > 0$,它有两个相异解.故抛物型方程只有一个特征子流形,椭圆型方程则没有.因为特征子流形在初始值上的限制,所以没有做好.

在结束双曲型方程前,必须再提一个重要例子,必须讲麦克斯韦(Maxwell)方程组.记住我们已经讲过其中两个,即真空中的 $\mathrm{div}\ \boldsymbol{E} = \mathrm{div}\ \boldsymbol{H} = 0$.它们只不过是守恒律而不是真正重要的.另外两个大家知道是讲电磁感应的(即法拉第(Faraday)电磁感应定律)才是真正本性为动力学的方程.在无源情况下这就是

$$\mathrm{rot}\ \boldsymbol{E} = -\frac{1}{c}\frac{\partial \boldsymbol{H}}{\partial t}, \mathrm{rot}\ \boldsymbol{H} = -\frac{1}{c}\frac{\partial \boldsymbol{E}}{\partial t}$$

将第二个方程对 t 求导,再把第一个方程代入,即有

$$\frac{1}{c^2}\frac{\partial^2 \boldsymbol{E}}{\partial t^2} = -\mathrm{rot}\ \mathrm{rot}\ \boldsymbol{E}$$

但是容易验证

$$\mathrm{rot}\ \mathrm{rot}\ \boldsymbol{E} = \mathrm{grad}\ \mathrm{div}\ \boldsymbol{E} - \Delta\boldsymbol{E}$$

$(\Delta\boldsymbol{E} = (\Delta E_1, \Delta E_2, \Delta E_3))$.再由 $\mathrm{div}\ \boldsymbol{E} = 0$,即得

$$\frac{1}{c^2}\frac{\partial^2 \boldsymbol{E}}{\partial t^2} = \Delta\boldsymbol{E}$$

为简单计,考虑一维情况,即 $E = E_1(x, t)$(记作 $E(x, t)$),有

$$\frac{1}{c^2}\frac{\partial^2 E}{\partial t^2} - \frac{\partial^2 E}{\partial x^2} = 0$$

它又是一个双曲型方程,其特征子流形是

$$\xi = x - ct = \mathrm{const}, \eta = x + ct = \mathrm{const}$$

按前面的讨论,它的通解是

$$E = f(x - ct) + g(x + ct)$$

看一下 $g=0$ 的情况，$f(x-ct)$ 显然是波形为 f 且以速度 c 向右行进的“波”. 如图 4.2，因为 $t=0$ 不是特征，所以波形 f 可以是任意的. 这是一个真正的历史的记录，即在实验上真正观察到电磁波以前就这样在纸上找到了. 我们提这件事只是希望读者注意，在科学上对什么是理论的、抽象的，什么又是有用的、实在的，不要持独断的态度. 归根结底，不必争论什么是“纯粹的”，什么是“应用的”，以及哪一个更好. 真正的问题在于思想和洞察力，有了这些就会有好的数学.

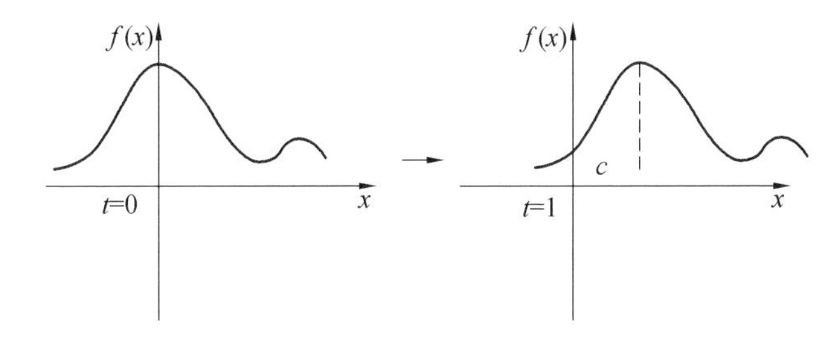

图 4.2

现在回到化标准形问题. 设方程

$$Au_{xx} + 2Bu_{xy} + Cu_{yy} = 0 \tag{4.8}$$

是椭圆的. 我们想作坐标变换，使得

$$\overline{B} = A\xi_x\eta_x + B(\xi_x\eta_y + \xi_y\eta_x) + C\xi_y\eta_y = 0 \tag{4.9}$$

这样做并不难. 因为 $\Delta = B^2 - AC < 0$，必有 $A \neq 0, C \neq 0$. 和前面一样可以找到函数 ξ, η 使

$$\xi_y - \widetilde{W}_1\xi_x = 0, \eta_y - \widetilde{W}_2\eta_x = 0 \tag{4.10}$$

这里

$$\widetilde{W}_1 = (-B + \sqrt{-\Delta})/C, \widetilde{W}_2 = (-B - \sqrt{-\Delta})/C$$

于是我们有

$$\begin{aligned}\bar{B}&=\xi_x\eta_x[A+B(\widetilde{W}_1+\widetilde{W}_2)+C\widetilde{W}_1\widetilde{W}_2]\\&=\xi_x\eta_x[A-2B^2/C+(B^2+\Delta)/C]\\&=\xi_x\eta_x[(\Delta-\Delta)/C]=0\end{aligned}$$

此外，还有

$$\begin{aligned}\bar{A}&=\xi_x^2[A+2B\widetilde{W}_1+C\widetilde{W}_1^2]\\&=\xi_x^2[AC+2B(-B+\sqrt{-\Delta})+\\&\quad B^2-2B\sqrt{-\Delta}-\Delta]/C\\&=(-2\Delta/C)\xi_x^2\\\bar{C}&=\eta_x^2[A+2B\widetilde{W}_2+C\widetilde{W}_2]\\&=\eta_x^2[AC+2B(-B-\sqrt{-\Delta})+\\&\quad B^2-\Delta+2B\sqrt{-\Delta}]/C\\&=(-2\Delta/C)\eta_x^2\end{aligned}$$

所以方程(4.8)可以化为

$$(\xi_x^2)v_{\xi\xi}+(\eta_x^2)v_{\eta\eta}=0$$

因右方为0，上式似乎还可以改进为

$$v_{\xi\xi}+v_{\eta\eta}=0$$

即椭圆型方程除相差一微分同胚外通有地实为拉普拉斯方程.这确实为真，但不太简单.我们解释如下：

我们想证的除 $\bar{B}=0$ 外，还希望能有

$$\bar{A}=A\xi_x^2+2B\xi_x\xi_y+C\xi_y^2=A\eta_x^2+2B\eta_x\eta_y+C\eta_y^2=\bar{C}\tag{4.11}$$

式(4.9)可写为

$$0=\bar{B}=\xi_x(A\eta_x+B\eta_y)+\xi_y(B\eta_x+C\eta_y)$$

亦即

$$\xi_x/(B\eta_x+C\eta_y)=-\xi_y/(A\eta_x+B\eta_y)=\lambda$$

以此代入式(4.10)可以算出 $\lambda=1/\sqrt{-\Delta}$. 所以有

$$\begin{cases}\xi_x=(B\eta_x+C\eta_y)/\sqrt{AC-B^2}\\ \xi_y=-(A\eta_x+B\eta_y)/\sqrt{AC-B^2}\end{cases}\tag{4.12}$$

反之,若能找到方程组(4.12)的解,则易证(4.9)与(4.11)两式均成立,证毕.

式(4.12)称为贝尔特拉米方程,它首先出现在微分几何中而与等温坐标(isothermal coordinates)问题有关. 它是比(4.10)强得多的要求,因为方程(4.10)是未耦合的,即 ξ,η 各自满足各自的方程,而方程(4.12)是耦合的. 要想方程(4.10)有解,必须满足可积性条件

$$\begin{aligned}&[(B\eta_x+C\eta_y)/\sqrt{AC-B^2}]_y\\ &=-[(A\eta_x+B\eta_y)/\sqrt{AC-B^2}]_x\end{aligned}\tag{4.13}$$

就局部解的存在而言,其实式(4.12)和(4.13)是等价的. 因为若式(4.13)有解,则下面的 1－形式为闭的

$$\omega=\left(\frac{B\eta_x+C\eta_y}{\sqrt{AC-B^2}}\right)\mathrm{d}x+\left(-\frac{A\eta_x+B\eta_y}{\sqrt{AC-B^2}}\right)\mathrm{d}y$$

从而局部为恰当的,亦即存在一函数 ξ 满足式(4.12). 可以证明贝尔特拉米方程,从而式(4.13)都有解. 例如可以用贝尔特拉米定理证明式(4.13)的解存在,但需设系数是实解析的. 对 C^∞ 系数的柯西－柯瓦列夫斯卡娅(Kovalevskaja)方程也可用广义柯西积分公式来做更复杂的直接计算. 但怎么说在这里也无法做了. 在双曲型方程化为标准型时,我们也马上得出了

解. 在椭圆型情况就不行了. 我们只能证明在两自变量情况，拉普拉斯方程是椭圆型方程普遍的形状.

椭圆型方程的概念当然可以推广到 n 个变量的情况. 要注意，当 $n=2$ 时，判别式 $\Delta=B^2-AC$ 就是

$$\Delta=-\det\begin{pmatrix}A & B\\ B & C\end{pmatrix}$$

$\begin{pmatrix}A & B\\ B & C\end{pmatrix}$ 是对称矩阵从而可以分型. 椭圆性显然就是 $(2,0)$ 型(或指标为 ± 2)，双曲性就是 $(1,1)$ 型(或指标为 0)，抛物性即矩阵为奇异的. 一般说来，n 元的线性二阶 PDE 均有一主部

$$\sum_{i,j=1}^{n} A_{ij}u_{x_ix_j}$$

因为 $u_{x_ix_j}=u_{x_jx_i}$，所以可设 $A_{ij}=A_{ji}$. 这样又可考虑对称矩阵 $\mathbf{A}=(A_{ij})$(在一点 $P_0\in\mathbf{R}^n$) 之型. 这样可以看到有许多可能的情况，其中椭圆性是非常特殊的 $\mathbf{A}$ 为定(即指标为 $\pm n$) 的情况.

4.2 调和函数

我们现在讨论调和函数，即拉普拉斯方程

$$\Delta f=\sum_{i=1}^{n}\frac{\partial^2 f}{\partial x_i^2}=0$$

之解. 我们从 $n=2$ 的情况开始，找到许多调和函数并无困难. 因为若 $\varphi(z)$ 是全纯函数，将它分解为实部和虚部 $\varphi=\xi+\mathrm{i}\eta$，则有柯西 — 黎曼方程

$$\frac{\partial \xi}{\partial x}=\frac{\partial \eta}{\partial y},\frac{\partial \xi}{\partial y}=-\frac{\partial \eta}{\partial x} \tag{4.14}$$

指出 ξ,η 都是调和的. 事实上,这就刻画了调和函数. 因为若 ξ 是调和的,1 — 形式

$$\omega=-\frac{\partial \xi}{\partial y}\mathrm{d}x+\frac{\partial \xi}{\partial x}\mathrm{d}y$$

为闭的,从而为局部恰当的,即局部地有函数 η 满足式(4.14). ξ 局部地是全纯函数 $\varphi=\xi+\mathrm{i}\eta$ 的实部. 在域 D 上也可得到整体的结论,只要德拉姆(de Rham) 群 $H^1(D)=0$. 但一般情况下并不一定是全纯函数的实部,例如

$$\xi(x,y)=\ln r=\ln\sqrt{x^2+y^2}$$

在 $D=\mathbf{R}^2\backslash 0$ 中调和,但在 D 中不存在全纯函数以 ξ 为实部.

调和函数和全纯函数的关系有以下推论. 记住全纯函数的极大模原理的基础是柯西积分公式

$$\varphi(z_0)=\frac{1}{2\pi\mathrm{i}}\int_{\partial D}\varphi(z)\mathrm{d}z/(z-z_0)$$

∂D 是以 z_0 为圆心的小圆周. 作代换 $z-z_0=r\mathrm{e}^{2\pi\mathrm{i}t}$ 并分开实虚部,即知 φ 的实部 ξ 满足中值公式

$$\xi(z_0)=\int_0^1\xi(z_0+r\mathrm{e}^{2\pi\mathrm{i}t})\mathrm{d}t$$

即 ξ 在圆心 z_0 之值是它在绕 z_0 的小圆周上之值的平均. 但这正是证明局部极大、极小不存在之所需. 由此可以断定,如证明刘维尔(Liouville) 定理一样,紧流形上的调和函数必为常数. 这里有一个问题,即在一般流形上还没有定义调和函数. 我们现在就要做这件

事. 只要想从欧氏空间过渡到流形，当然要的就是坐标变换，而这时明显地看到，通常的定义

$$\sum_{i=1}^{n} \frac{\partial^2 f}{\partial x_i^2}=0$$

并不是不变的. 其实在欧氏空间中就可看到这一点. 拉普拉斯方程在极坐标(r,φ)下形状变成了

$$\frac{\partial^2 u}{\partial r^2}+\frac{1}{r}\frac{\partial u}{\partial r}+\frac{1}{r^2}\frac{\partial^2 u}{\partial \varphi^2}=0$$

为了得出不变的定义，再回顾一下欧氏空间的情况. 记住拉普拉斯算子 $\Delta=\sum_{i=1}^{n} \frac{\partial^2}{\partial x_i^2}$ 是分成两步得到的：

(1) 对标量值函数 f 先定义矢量值函数 grad f

$$\text{grad } f=\left(\frac{\partial f}{\partial x_1},\frac{\partial f}{\partial x_2},\cdots,\frac{\partial f}{\partial x_n}\right)$$

(2) 对矢量值函数 $\mathbf{V}$ 再定义标量值函数 div $\mathbf{V}$

$$\text{div } \mathbf{V}=\sum_{i=1}^{n} \frac{\partial V_i}{\partial x_i},\mathbf{V}=(V_1,V_2,\cdots,V_n)$$

然后最重要的就是格林(Green)公式：若 $D\subset \mathbf{R}^n$ 是一紧区域，而其边缘为 $S=\partial D$，则有

$$\int_D \text{div } \mathbf{V}\,\mathrm{d}v=\int_S V_n\,\mathrm{d}S$$

左方是 D 上的“体”积分，右方是 S 上的“面”积分，V_n 则是 $\mathbf{V}$ 在 S 的单位法方向上的分量.

大家知道，格林公式对于中值公式是一关键. 事情是这样的，令 f,g 是任意的光滑函数，则

$$f\Delta g=\sum_{i=1}^{n} f\frac{\partial^2 g}{\partial x_i^2}=\sum_{i=1}^{n}\left[\frac{\partial}{\partial x_i}\left(f\frac{\partial g}{\partial x_i}\right)-\frac{\partial f}{\partial x_i}\frac{\partial g}{\partial x_i}\right]$$

$$=\operatorname{div}(f\operatorname{grad} g)-\langle\operatorname{grad} f,\operatorname{grad} g\rangle$$

由格林公式即有

$$\int_D f\Delta g\mathrm{d}v=\int_{\partial D}(f\operatorname{grad} g)_n\mathrm{d}S-\int_D\langle\operatorname{grad} f,\operatorname{grad} g\rangle\mathrm{d}v$$

交换 f,g 将所得公式与上式相减即得

$$\int_D(f\Delta g-g\Delta f)\mathrm{d}v=\int_{\partial D}(f\operatorname{grad} g-g\operatorname{grad} f)_n\mathrm{d}S$$

它称为“第二格林公式”.用$\frac{\partial}{\partial n}$表示沿 $\boldsymbol{n}$ 方向求导,有

$$(\operatorname{grad} g)_n=\langle\operatorname{grad} g,\boldsymbol{n}\rangle=\frac{\partial g}{\partial n}$$

于是我们有

$$\int_D(f\Delta g-g\Delta f)\mathrm{d}v=\int_{\partial D}\left(f\frac{\partial g}{\partial n}-g\frac{\partial f}{\partial n}\right)\mathrm{d}S$$

设 f 是调和的而 $n\geqslant 3$($n=2$ 时怎样做已经看到了),$P_0\in\mathbf{R}^n$ 是一定点,D 是以 P_0 为球心,R 为半径的球体.当然,我们可设 $P_0=0$.对函数 g 我们则取

$$g(x)=r^{2-n},r=r(x)=\left(\sum_{i=1}^n x_i^2\right)^{1/2}$$

容易验证,当 $r\neq 0$ 时 g 是调和的.但在 $x=0$ 处 g 有一奇点.令 $D_1=D-$(以 0 为球心,ρ 为半径的小球体).因为在 D_1 上 $\Delta f=\Delta g=0$,左方的体积分为 0.∂D_1 可分为两部分,即一大球面 S_1 和一小球面 S_2.于是

$$\int_{S_1}\left(f\frac{\partial g}{\partial n}-g\frac{\partial f}{\partial n}\right)\mathrm{d}S=\int_{S_2}\left(f\frac{\partial g}{\partial n}-g\frac{\partial f}{\partial n}\right)\mathrm{d}S$$

在各球面上,g 各取常值.于是

$$\int_{S_1}\left(g\frac{\partial f}{\partial n}\right)\mathrm{d}S=g\int_{S_1}\frac{\partial f}{\partial n}\mathrm{d}S$$

但是

$$\int_{S_1} \frac{\partial f}{\partial n} \mathrm{d}S = \int_{S_1} (\operatorname{grad} f)_n \mathrm{d}S = \int_D (\operatorname{div} \operatorname{grad} f) \mathrm{d}v$$
$$= \int_D \Delta f \mathrm{d}v = 0$$

在 S_2 上也是一样. 我们还有

$$\frac{\partial g}{\partial n} = \langle \operatorname{grad} g, \boldsymbol{n} \rangle = \sum_{i=1}^{n} (2-n) r^{1-n} \frac{x_i}{r} \cdot \frac{x_i}{r}$$
$$= (2-n) r^{1-n}$$

它在 S_1, S_2 上也各取常值,因为 $\mathbf{R}^n$ 中半径为 r 的球面面积是 $(\mathrm{const}) r^{n-1}$. 显然有

$$\lim_{\rho \to 0} \int_{S_2} f \frac{\partial g}{\partial n} \mathrm{d}S = A f(0)$$

A 是某常数,所以我们有

$$f(0) = \frac{1}{\lambda} \int_{S_1} f \mathrm{d}S$$

λ 是 S_1 的面积. 这就是我们所需的中值公式.

上述清楚地指明了在流形情况下需要做什么. 必须先定义 grad, div 使格林公式成立. 我们一件一件地来做.

$\mathbf{R}^n$ 上的矢量值函数 $\mathbf{V} = (V_1, \cdots, V_n)$ 自然表示一个矢量场 $\sum_{i=1}^{n} V_i(x) \frac{\partial}{\partial x_i}$. 故若 M 为一流形, $P_0 \in M$, (U, φ) 是 P_0 附近的局部坐标,则 M 上函数 f 的梯度 grad f 应定义为

$$\operatorname{grad} f = \sum_{i=1}^{n} \frac{\partial \tilde{f}}{\partial x_i} \frac{\partial}{\partial x_i}$$

$\tilde{f} = \tilde{f}(x)$ 是 f 在局部坐标 (U, φ) 下的局部表示. 但这样从一开始就不对. 上述定义在坐标变换时不能正确

地定义一矢量场. 因为若(V,ψ)是另一局部坐标,f在其中的局部表示是$\hat{f}$,我们有

$$\sum_{i=1}^{n}\frac{\partial\tilde{f}}{\partial x_i}\frac{\partial}{\partial x_i}=\sum_{i,j,k=1}^{n}\frac{\partial\hat{f}}{\partial\xi_j}\frac{\partial\xi_j}{\partial x_i}\frac{\partial\xi_k}{\partial x_i}\frac{\partial}{\partial\xi_k}\neq\sum_{j=1}^{n}\frac{\partial\hat{f}}{\partial\xi_j}\frac{\partial}{\partial\xi_j}$$

而它们应该相等. 另外,我们有 1－形式

$$\mathrm{d}f=\sum_{i=1}^{n}\frac{\partial\tilde{f}}{\partial x_i}\mathrm{d}x_i$$

它的变换是正确的. 我们当然知道这一点,不过仍然再给出公式以提醒大家

$$\sum_{i=1}^{n}\frac{\partial\tilde{f}}{\partial x_i}\mathrm{d}x_i=\sum_{i,j,k=1}^{n}\frac{\partial\hat{f}}{\partial\xi_j}\frac{\partial\xi_j}{\partial x_i}\frac{\partial x_i}{\partial\xi_k}\mathrm{d}\xi_k=\sum_{j=1}^{n}\frac{\partial\hat{f}}{\partial\xi_j}\mathrm{d}\xi_j$$

这是因为$\frac{\partial\xi}{\partial x}$与$\frac{\partial x}{\partial\xi}$互逆. 矢量场与1－形式的这一区别并非吹毛求疵. 它们服从不同的变换规则,而在流形上把戏就在这里.

看来 grad f 就应该是 1－形式 $\mathrm{d}f$,但是话还没有说完.

div 把一矢量值函数变为标量值函数. 一般说来,我们还有一些这样做的东西. 令 X 为流形 M 上的一矢量场,ω 为一 k－形式. 用 X 去“缩”ω 即得一个$(k-1)$－形式 $i_X(\omega)$,其定义为

$$i_X(\omega)\langle X_1,\cdots,X_{k-1}\rangle=\omega\langle X,X_1,\cdots,X_{k-1}\rangle$$

这是张量运算中很常用的. 它有一些容易验证的性质,例如,对 X 与 ω 的双线性(以函数为标量),还有莱布尼茨公式

$$i_X(\omega\wedge\mu)=i_X(\omega)\wedge\mu+(-1)^p\omega\wedge i_X(\mu)$$

更有意思的是 i_X 与外微分 d 的关系,即计算 $\mathrm{d}i_X-i_X\mathrm{d}$.

它与所谓李导数有些关系. 但我们暂时不来讲它而回到 $\mathbf{R}^3$ 上的计算以便对此运算有些感性的东西. 设在 $\mathbf{R}^3$ 上有一个 3－形式

$$\omega=\alpha(x,y,z)\mathrm{d}x \wedge \mathrm{d}y \wedge \mathrm{d}z$$

令 $X=X_1\dfrac{\partial}{\partial x}+X_2\dfrac{\partial}{\partial y}+X_3\dfrac{\partial}{\partial z}$. 由一般公式

$$\begin{aligned}&(\omega \wedge \mu)(X_1,\cdots,X_k,X_{k+1},\cdots,X_{k+l})\\&=\frac{1}{k!\ l!}\sum_{\sigma\in S_{k+l}}\varepsilon(\sigma)\omega\langle X_{\sigma(1)},\cdots,X_{\sigma(k)}\rangle\mu\langle X_{\sigma(k+1)},\cdots,\\&X_{\sigma(k+l)}\rangle\end{aligned}$$

而且 $(\dfrac{\partial}{\partial x},\dfrac{\partial}{\partial y},\dfrac{\partial}{\partial z})$ 与 $(\mathrm{d}x,\mathrm{d}y,\mathrm{d}z)$ 互相对偶, 故若将 2－形式 $i_X(\omega)$ 展开为

$$i_X(\omega)=Y_1\mathrm{d}y \wedge \mathrm{d}z+Y_2\mathrm{d}z \wedge \mathrm{d}x+Y_3\mathrm{d}x \wedge \mathrm{d}y$$

则有

$$\begin{aligned}Y_1&=i_X(\omega)\langle\frac{\partial}{\partial y},\frac{\partial}{\partial z}\rangle\\&=\alpha\mathrm{d}x \wedge \mathrm{d}y \wedge \mathrm{d}z\langle X_1\frac{\partial}{\partial x}+X_2\frac{\partial}{\partial y}+\\&\quad X_3\frac{\partial}{\partial z},\frac{\partial}{\partial y},\frac{\partial}{\partial z}\rangle=\alpha X_1\end{aligned}$$

这个公式显然可以推广到 $\mathbf{R}^n$ 上而得

$$i_X(\omega)=\sum_{i=1}^{n}(-1)^{i-1}\alpha X_i\mathrm{d}x_1 \wedge \cdots \wedge \widehat{\mathrm{d}x_i} \wedge \cdots \wedge \mathrm{d}x_n \tag{$*$}$$

设 M 是可定向的, 即有一处处非 0 的 n－形式 ($n=\dim M$) ω 称为体积元素. 若 X 为一矢量场, 则 $i_X(\omega)$ 是一 $(n-1)$－形式. 作外微分 d 又得一 n－形式 $\mathrm{d}i_X(\omega)$,

所以必有唯一的函数 φ 使得

$$\mathrm{d}i_X(\omega)=\varphi\cdot\omega$$

我们即以 φ 作为 $\operatorname{div}\boldsymbol{X}$ 之定义. 于是

$$\mathrm{d}i_X(\omega)=\operatorname{div}\boldsymbol{X}\cdot\omega \qquad (**)$$

要看此定义是否正确,取 $\omega=\mathrm{d}x_1\wedge\cdots\wedge\mathrm{d}x_n$ 为 $\mathbf{R}^n$ 上的标准体积元素. 为计算 $\mathrm{d}i_X(\omega)$,只需对式($*$)(取 $\alpha=1$) 作外微分,因为

$$\mathrm{d}V_i=\sum_j\frac{\partial V_i}{\partial x_j}\mathrm{d}x_j\text{,用 }\mathbf{V}\text{ 代替 }\boldsymbol{X}$$

而 $\mathrm{d}x_j$ 恰好与 $\mathrm{d}x_1\wedge\cdots\wedge\mathrm{d}\hat{x}_i\wedge\cdots\wedge\mathrm{d}x_n$ 中的"ˆ"相消,所以余下的只有 $j=i$ 的一项,从而有

$$\operatorname{div}\mathbf{V}=\sum_{i=1}^n\frac{\partial V_i}{\partial x_i} \qquad (***)$$

我们的定义不仅给出正确的公式,现设 M 是一有边流形,斯托克斯公式给出

$$\int_M(\operatorname{div}\mathbf{V})\omega=\int_{\partial M}i_{\mathbf{V}}(\omega)$$

它很像格林公式,只看右方是什么? 对一点 $P_0\in\partial M$ 可取一坐标系使在 P_0 附近 $\partial M=\{x\mid x_n=0\}$. 于是 $\mu=\mathrm{d}x_1\wedge\cdots\wedge\mathrm{d}x_{n-1}$ 是 ∂M 上的体积元素,$\dfrac{\partial}{\partial x_n}$ 是法向导数,$\mathrm{d}x_n\mid\partial M=0$(因为 $T_{P_0}(\partial M)$ 由 $\dfrac{\partial}{\partial x_1},\cdots,\dfrac{\partial}{\partial x_{n-1}}$ 张成). 考虑到这一切,即知在 ∂M 上,式($*$)化为

$$i_X(\omega)\mid\partial M=(-1)^{n-1}X_n\mu$$

即 X 在 ∂M 上的法向分量.

式($**$)是 $\operatorname{div}\boldsymbol{X}$ 的正确定义至此已无疑问. 但不巧的是,要想用它,$\boldsymbol{X}$ 必须是一矢量场而非 1-形式.

在欧氏空间 $\mathbf{R}^n$ 上这不是什么问题，只需把 $\sum \frac{\partial f}{\partial x_i}\mathrm{d}x_i$ 与 $\sum \frac{\partial f}{\partial x_i}\frac{\partial}{\partial x_i}$ 混用即可. 因为只需用一个坐标系，混用并无关系. 把 1 — 形式与矢量场混同，其实就是将切空间 $T_P(M)$ 与余切空间 $T_P^*(M)$ 混同. 本来它们是同维数的线性空间，可以等同它们，问题是在流形 M 上必须用一个系统的方法将二者对一切 $P \in M$ 等同，即需将切丛 $T(M)$ 与余切丛 $T^*(M)$ 等同起来.

已知一线性空间 V，在一种情况下能自然地作 $V \to V^*$ 将二者等同起来，即若 V 中有内积 $\langle\cdot,\cdot\rangle$，则

$$V \to V^*, v \to \langle v, \cdot\rangle$$

即所需的等同. 类似地，如果从 $E \to B$ 上有内积 $\langle\cdot,\cdot\rangle$，即可将 E 与 E^* 等同. $T(M)$ 上的内积称为一黎曼度量，这时 M 称为黎曼流形. 在具有度量 $\langle\cdot,\cdot\rangle$ 的黎曼流形上，f 之梯度定义为一矢量场 grad f，使得对一切矢量场 $\boldsymbol{X}$，有

$$\langle \mathrm{grad}\ f, \boldsymbol{X}\rangle = \mathrm{d}f(\boldsymbol{X}) = \boldsymbol{X}(f)$$

总之，并不是在一切流形上都可定义拉普拉斯算子. 我们还需要一些其他的构造，即 M 必须是可定向的黎曼流形. 这时我们定义

$$\Delta f = \mathrm{div}\ \mathrm{grad}\ f$$

它称为拉普拉斯 — 贝尔特拉米算子. 这些条件中，可定向性无关紧要，因为 M 局部地总是可定向的. 而若将式（* *）中的 ω 改为 $-\omega$（即改变定向），则什么都没有变. 所以，只要有体积元素，div 恒可局部定义. 另外，黎曼度量至关紧要. 确实，每一个流形 M 都有黎曼

度量. 问题在于调和函数的定义依赖于所选定的度量. 对于 $\mathbf{R}^n$，可认定 $T_P(\mathbf{R}^n)$ 即 $\mathbf{R}^n$ 并应用其上的标准度量. 换一个说法，即可取 $(\frac{\partial}{\partial x_i})_{i=1,2,\cdots,n}$ 为 $T_P(\mathbf{R}^n)$ 的就范正交基. 用这个说法可以验证按式（＊＊＊）$\mathrm{d}f$ 确实与 $\sum_i \frac{\partial f}{\partial x_i}\frac{\partial}{\partial x_i}$ 等同.

4.3　拉普拉斯－贝尔特拉米算子 Δ

引导我们在流形上将拉普拉斯算子定义为 $\Delta=$ div grad 的关键性的考虑是格林公式，它是斯托克斯定理的变体. 我们已经看到，由格林公式可得出中值定理和极值原理. 毫无疑问，在研究调和函数时中值定理有中心的重要性. 事实上，许多读者大概也知道，适合它的必为调和函数. 其他众所周知的应用还有狄利克雷问题（在一区域 D 内求一调和函数使在边缘 ∂D 上取指定值）解的唯一性等. 目前我们集中讨论一个结果，即在整个（无边）流形 M 上调和的函数必为常值函数. 常值函数本身当然没有特别可注意的事. 在连通流形 M 上这就是使 $\mathrm{d}f=0$ 的函数 f，且它们构成0阶德拉姆群 $H^0(M)$（$H^*(M)$ 中最没有意思的一个）. 调和函数和 $H^0(M)$ 凑巧也是一回事. 然而这个一致性却带来不少后果. 使 $\mathrm{d}f=0$ 的函数 f 在 M 的任一连通分支（不论是大还是小）上都是常数. 而另一方面，由 $\Delta f=0$ 却得不出在小区域上 $f=\text{const}$，只要想一下 $\mathbf{R}^2$ 上成千上万的全纯函数就明白了. 如果 $\Delta f=0$ 与 $\mathrm{d}f=0$ 是一回事，讨论它就没有意义了. 所以在整个 M 上调和的函数与 $H^0(M)$ 一致是一个非平凡的整体的结果，这类结果是我们最感兴趣的. 问题自然地出现了：有没有可以称为“调和形式”的东西来刻画 $H^*(M)$？答案就是著名的霍奇(Hodge) 分解定理. 下面我们就来解释它，但还要一些预备知识.

令 V 为一有限维矢量空间，$\Lambda^*(V)=\sum_{k=0}^{\infty}\Lambda^k(V)$ 是其外代数. 我们知道

$$\dim \Lambda^k(V)=\begin{pmatrix} n \\ k \end{pmatrix}=\begin{pmatrix} n \\ n-k \end{pmatrix}=\dim \Lambda^{n-k}(V)$$

所以可将 $\Lambda^k(V)$ 与 $\Lambda^{n-k}(V)$ 等同起来. 然后我们又想系统地对一切 k 做这件事. 为此又设 V 上有内积 $\langle\cdot,\cdot\rangle$ 和定向. 我们知道，定向就是一个基元素 $\omega_0\in\Lambda^n(V)$，这样就有一个等同关系

$$K=\Lambda^0(V)\to\Lambda^n(V),1\to\omega_0$$

这反过来又定义了一个自然的双线性映射

$$B:\Lambda^k(V)\times\Lambda^{n-k}(V)\to K$$

$$(\tau,\mu)\to B(\tau,\mu)$$

B 的定义是

$$\tau\wedge\mu=B(\tau,\mu)\omega_0$$

另外，由 V 上的内积 $\langle\cdot,\cdot\rangle$ 又可在 $\Lambda^k(V)$ 上定义内积 $\langle\cdot,\cdot\rangle$ 如下：

对 V 之元素 $x_1,\cdots,x_k;y_1,\cdots,y_k$，函数

$$((x_1,\cdots,x_k),(y_1,\cdots,y_k))\to\det[\langle x_i,y_j\rangle]$$

显然对其每一组中的变元是斜对称的. 由外积定义即

得一个双线性映射$\langle\cdot,\cdot\rangle:\Lambda^k(V)\times\Lambda^k(V)\to K$如下

$$\langle x_1\wedge\cdots\wedge x_k,y_1\wedge\cdots\wedge y_k\rangle=\det[\langle x_i,y_j\rangle]\tag{4.15}$$

它定义了$\Lambda^k(V)$上的内积.例如,为证明它是正定的,选V的一个有定向的就范正交基$(x_1,x_2,\cdots,x_n)$.我们知道$\{x_{i_1}\wedge\cdots\wedge x_{i_k}\},i_1<\cdots<i_k$是$\Lambda^k(V)$的一个基底.但由式(4.15)很清楚,它也是$\Lambda^k(V)$的就范正交基,证毕.顺便说一下,我们约定取$\omega_0=x_1\wedge\cdots\wedge x_n$作为$\Lambda^n(V)$的特定的基底.

B与$\langle\cdot,\cdot\rangle$一起,按通常的方式定义等同关系

$$*:\Lambda^k(V)\xrightarrow{\sim}(\Lambda^{n-k}(V))^*\xleftarrow{\sim}\Lambda^{n-k}(V)$$

通常称为"$*$算子".用公式来写,若$u\in\Lambda^k(V)$,则$v=*u\in\Lambda^{n-k}(V)$,$*u$之定义是:对一切$w\in\Lambda^{n-k}(V)$

$$u\wedge w=\langle *u,w\rangle\omega_0\tag{4.16}$$

例如,设$u=x_1\wedge\cdots\wedge x_k$,则$x_1\wedge\cdots\wedge x_k\wedge w=0$对一切$w\in\Lambda^{n-k}(V)$成立,除非$w=\lambda x_{k+1}\wedge\cdots\wedge x_n$.由此知

$$*(x_1\wedge\cdots\wedge x_k)=x_{k+1}\wedge\cdots\wedge x_n$$

即是符号适当调整以后的"相补"基.若再对$x_{k+1}\wedge\cdots\wedge x_n$取$*$又有

$$*(x_{k+1}\wedge\cdots\wedge x_n)=\pm x_1\wedge\cdots\wedge x_k$$

符号由$x_{k+1}\wedge\cdots\wedge x_n\wedge x_1\wedge\cdots\wedge x_k$之定向决定,即$(-1)^{k(u-k)}$.这是因为每个$x_i,1\leqslant i\leqslant n$,要移动$n-k$步,而共有$k$个$x_i$.若对

$$x_{i_1}\wedge\cdots\wedge x_{i_k},i_1<i_2<\cdots<i_k$$

取$**$结果亦同.故有

$$**=(-1)^{k(n-k)}，在 \Lambda^k(V) 上 \tag{4.17}$$

在应用中，我们取一定向黎曼流形 M 而令 $V=T_P^*(M)$ 为 M 在点 P 的余切空间. 这时 $T_P(M)$ 中有确定黎曼度量的内积 $\langle\cdot,\cdot\rangle$ 使有等同关系

$$T_P(M)\to T_P^*(M)$$

而由它又可在 $T_P^*(M)$ 上定义内积. M 之定向 ω 按定义给出一个基底 $\omega_P\in\Lambda^n(T_P^*(M))$，所以 $T_P^*(M)$ 具有上面所讨论的一切. 我们可以在 $\Lambda^k(T_P^*(M))$ 上定义 $*$ 算子. 在一切 $P\in M$ 上都定义了 $*$ 以后，自然就有从映射

$$*:\Lambda^k(T^*(M))\to\Lambda^{n-k}(T^*(M))$$

即 $*$ 可以作用在 $k-$形式上. 对于 $k-$形式 ω，$(*\omega)$ 是一$(n-k)-$形式，其中点 P 之值是

$$(*\omega)_P=*(\omega_P)$$

右方的 $*$ 是 $\Lambda^k(T_P^*(M))$ 上的 $*$ 算子. 我们当然也有

$$**=(-1)^{k(n-k)}，在 k-形式上$$

最后，$*$ 算子在 $k-$形式空间 $\Lambda^k(M)$ 上定义内积（不要与每个纤维 $\Lambda^k(T_P^*(M))$ 上的内积混淆）. $\Lambda^k(M)$ 是从 $\Lambda^k(T^*(M))\to M$ 的截口之空间. 令 ω_0 为体积元素，则对 $k-$形式 τ 与 μ，我们定义

$$(\tau,\mu)=\int_M\tau\wedge*\mu \tag{4.18}$$

我们用$(\cdot,\cdot)$表此内积以便与每个 $\Lambda^k(T_P^*(M))$ 上之"逐点"内积相区别. 但它们当然有关系. 在每点 P，由 $*$ 之定义有

$$(\tau\wedge*\mu)_P=(-1)^{k(n-k)}(*\mu\wedge\tau)_P$$

$$=(-1)^{k(n-k)}\langle * * \mu,\tau\rangle_P\omega_{0P}$$

$$=(\langle\mu,\tau\rangle\omega_0)_P$$

这就是说,如果考虑函数

$$P\to\langle\mu_P,\omega_P\rangle=\langle\mu,\omega\rangle_P$$

和 n — 形式

$$P\to\langle\mu,\omega\rangle_P\omega_{0P}=(\langle\mu,\tau\rangle\omega_0)_P$$

则有

$$(\tau,\mu)=\int_M\tau\wedge *\mu=\int_M\langle\tau,\mu\rangle\omega_0 \qquad (4.19)$$

附带说一下,由此易证$(\cdot,\cdot)$为正定. 因为$(\tau,\tau)=0$意味着$\int_M\langle\tau,\tau\rangle\omega_0=0$. 因 $f=\langle\tau,\tau\rangle\geqslant 0$,故 $f=0$.

因为内积涉及积分,我们或者需在紧支集形式 $\Lambda_C^*(M)$ 之空间上讨论,或者更简单些设 M 为紧.

在矢量空间 V 上有内积后常做的一件事是定义线性映射之伴. 回顾一下,若 $\varphi:V\to V$ 为 V 上之线性映射而$\langle\cdot,\cdot\rangle$为内积,则 φ 的伴映射 φ^* 是由下式定义的

$$\langle\varphi u,v\rangle=\langle u,\varphi * v\rangle$$

对一切 $u,v\in V$ 成立.

我们已在线性空间 $\Lambda^*(M)$ 上有了内积. 我们还有一个线性映射 —— 外微分 $\mathrm{d}:\Lambda^*(M)\to\Lambda^*(M)$. 现在来计算其伴 $\mathrm{d}^*=\delta$. 对于 k — 形式 μ 和 $(k-1)$ — 形式 τ,有

$$(\tau,\delta\mu)=(\mathrm{d}\tau,\mu)=\int_M\mathrm{d}\tau\wedge *\mu$$

现在

$$\mathrm{d}\tau\wedge *\mu=\mathrm{d}(\tau\wedge *\mu)-(-1)^{k-1}\tau\wedge\mathrm{d}*\mu$$

故若 M 没有边缘,我们有

$$\int_M \mathrm{d}\tau \wedge *\mu = (-1)^k \int_M \tau \wedge \mathrm{d}*\mu$$

我们还有

$$\tau \wedge \mathrm{d}*\mu = (-1)^{k(n-k)} \tau \wedge **\mathrm{d}*\mu$$

所以

$$\begin{aligned}(\tau,\delta\mu) &= (-1)^{(k+1)(n-k)}\int \tau \wedge *(*\mathrm{d}*\mu) \\ &= (\tau, (-1)^{(k+1)(n-k)} *\mathrm{d}*\mu)\end{aligned}$$

所以知道,在 k — 形式 $\Lambda^k(M)$ 上有

$$\delta = (-1)^{(k+1)n} *\mathrm{d}*, k(k+1) \text{ 为偶} \quad (4.20)$$

式(4.20)的好处如下:

由式(4.19)知 $\Lambda^*(M)$ 上的内积$(\cdot,\cdot)$可直接由函数$\langle\tau,\mu\rangle$和积分来定义. 但 $*$ 是一局部的逐点运算(定义在$\Lambda(T_P^*(M))$上),所以 δ 也可用式(4.20)局部地定义. 经过计算即知整体地 $\delta = \mathrm{d}^*$,即 d 的伴算子. 例如,取 $\mathbf{R}^n$ 上的 1 — 形式 $\mu = \sum \mu_i \mathrm{d}x_i$,我们有

$$*\mu = \sum_{i=1}^n (-1)^{i-1}\mu_i \mathrm{d}x_1 \wedge \cdots \wedge \widehat{\mathrm{d}x_i} \wedge \cdots \wedge \mathrm{d}x_n$$

$$\mathrm{d}*\mu = \sum_{i=1}^n \frac{\partial \mu_i}{\partial x_i}\mathrm{d}x_1 \wedge \cdots \wedge \mathrm{d}x_i \wedge \cdots \wedge \mathrm{d}x_n$$

$$\delta\mu = *\mathrm{d}*\mu = \sum_{i=1}^n \frac{\partial \mu_i}{\partial x_i}$$

如果再次将 μ 与矢量场 $\sum_i \mu_i \frac{\partial}{\partial x_i}$ 混同(在 $\mathbf{R}^n$ 中应用标准度量时即可这样做),$\delta\mu$ 就是 div μ. 这意味着我们做的事是对的:δ 是 div 对各阶形式的推广.

为了启发下一步要做的事，我们再回到物理. 设有一电场 $E = E(x,y,z)$ 由其势函数 f 导出：$E = \operatorname{grad} f$. 则在区域 D 上的总电能是积分

$$\int_D \langle \operatorname{grad} f, \operatorname{grad} f \rangle \mathrm{d}v$$

若再视 $\mu = \operatorname{grad} f$ 为一 1 － 形式，则上式正是由式(4.19)所定义的内积之"长度"$\|\mu\|^2 = (\mu,\mu)$. 现设我们感兴趣的是一平衡定常系统，这表示函数空间中的点 μ 应给泛函 $\|\cdot\|^2$ 以一局部极小，所以我们愿了解一般地如何使流形 M 上的"能量泛函"

$$(\mu,\mu) = \int_M \mu \wedge *\mu$$

极小化？为使这个问题可以处理，要对 μ 加一些限制，例如，设 μ 是闭形式并在德拉姆类$[\mu] \in H^k(M)$ 中极小化. 解决这类问题标准的程序是变分法，故作 μ 之变分 $t \to \mu + t\mathrm{d}\tau$. 选变分之形为 $\mathrm{d}\tau$ 是为了保持在类$[\mu]$之内. 我们有

$$\begin{aligned} f(t) &= (\mu + t\mathrm{d}\tau, \mu + t\mathrm{d}\tau) \\ &= \|\mu\|^2 + 2t(\mu, \mathrm{d}\tau) + t^2 \|\mathrm{d}\tau\|^2 \\ &= \|\mu\|^2 + 2t(\delta\mu, \tau) + t^2 \|\mathrm{d}\tau\|^2 \end{aligned}$$

对于临界点应有 $f'(0) = (\delta\mu, \tau) = 0$. 这应对一切 $\tau \in \Lambda^{k-1}(M)$ 成立，故得必要条件 $\delta\mu = 0$. 反之若 $\delta\mu = 0$，则

$$\|\mu + \mathrm{d}\tau\|^2 = f(1) = \|\mu\|^2 + \|\mathrm{d}\tau\|^2 + 2(\delta\mu, \tau) = \|\mu\|^2 + \|\mathrm{d}\tau\|^2 \geqslant \|\mu\|^2$$

这样，算子 δ 有很重要的意义，即 $\delta\mu = 0$ 同时 $\mathrm{d}\mu = 0$ 是 $\|\mu\|^2$ 在$[\mu]$内达到极小的必要充分条件. 我们现在引进单独一个算子把这两个条件连接起来. 这就

是黎曼流形 M 上的拉普拉斯一贝尔特拉米算子

$$\Delta=(\mathrm{d}+\delta)^2=\mathrm{d}\delta+\delta\mathrm{d} \tag{4.21}$$

要注意，d把形式的阶增加1，δ则减少1，所以Δ保持形式的阶数不变. 式(4.21)之成立是因 $\mathrm{d}^2=0$ 和

$$\delta^2=\pm(*\mathrm{d}*)(*\mathrm{d}*)=\pm *\mathrm{d}^2*=0$$

所以

$$(\mathrm{d}+\delta)^2=\mathrm{d}^2+\mathrm{d}\delta+\delta\mathrm{d}+\delta^2=\mathrm{d}\delta+\delta\mathrm{d}$$

又由定义，$\mathrm{d}+\delta$ 从而还有Δ均为自伴的，故有

$$(\Delta\mu,\mu)=((\mathrm{d}+\delta)\mu,(\mathrm{d}+\delta)\mu)$$

因此，若 $\Delta\mu=0$，必有 $(\mathrm{d}+\delta)\mu=\mathrm{d}\mu+\delta\mu=0$. 但因 $\mathrm{d}\mu$，$\delta\mu$ 阶数不同，故必分别有 $\mathrm{d}\mu=0$，$\delta\mu=0$. 其逆为真自不足道. 所以 $\mathrm{d}\mu=\delta\mu=0$ 实际上等价于单个方程 $\Delta\mu=0$. 这样的形式 μ 自然地称为调和形式. 调和 k一形式之集记作 $\mathscr{H}^k(M)$，它显然是 $\Lambda^k(M)$ 的子空间：$\mathscr{H}^k(M)\subset\Lambda^k(M)$（作为实标量 $\mathbf{R}$ 上的子空间而不是函数环上的子模）.

我们用0一形式即函数 f 作一验算，我们有

$$\mathrm{d}f=\sum_{i=1}^{n}\frac{\partial f_i}{\partial x_i}\mathrm{d}x_i$$

我们刚才对1一形式 μ 已计算过 $\delta\mu$. 因 $\delta f=0$（记住δ使形式的阶减少），我们确实得出拉普拉斯算子

$$\Delta f=\delta\mathrm{d}f=\sum_{i=1}^{n}\frac{\partial^2 f}{\partial x_i^2}$$

现在有真正困难的问题了. 我们知道，为使 $\|\mu\|^2$ 极小，μ 必须是调和的. 但给出上同调类 $\alpha\in H^k(M)$，其中是否有调和代表元？霍奇定理的内容就是讲它的存在性和唯一性. 但在讲这个定理之前，先

做一些一般的评论.

M 的黎曼构造在 $\Lambda^*(M)$ 上引入了自然的内积，由此又得拉普拉斯算子 Δ. 一个矢量空间 V 有了内积就有了距离或范数，可以问，V 对此范数是否完备，即柯西序列是否必收敛. 如果是，V 就称为一希尔伯特(Hilbert)空间. 当 V 为有限维时，这根本不是问题，因为 V 等距同构于具有标准度量的 $\mathbf{R}^n$，后者当然是完备的. 这归根结底又只是实数系的完备性. 但在 $\Lambda^*(M)$ 的情况下却很少是有限维的(除非切丛 $T(M)$ 是平凡的)，即令 M 为紧也如此. 毕竟，甚至连 $\Lambda^0(M)$(即 M 上的函数空间)也决非有限维的. 在式(4.19)定义的内积下，$\Lambda^*(M)$ 也几乎是非完备的. 因为，又看 0－形式即函数的情况，有

$$(f,g)=\int_M f\wedge *g=\int_M fg\omega_0$$

即 L_2 范数. 不但对我们常用的光滑形式它不完备，即使添上连续形式也还不行. 熟知分析的读者知道，要使它完备，必须添上勒贝格的 L_2 可积形式. 这是我们面临的问题之一.

现在可以陈述霍奇分解定理了. 令 M 为一可定向紧黎曼流形，Δ 是拉普拉斯算子，$\mathscr{H}^*=\ker\Delta$ 是调和形式空间，$\mathrm{Im}\,\Delta$ 是象 $\Delta(\Lambda^*(M))$.

霍奇分解定理　调和形式空间 $\mathscr{H}^*(M)\subset\Lambda^*(M)$ 是有限维的且可分裂为互相正交的子空间之直和

$$\Lambda^*(M)=\mathscr{H}^*(M)\oplus\mathrm{Im}\,\Delta$$

因调和形式为闭,有一自然的映射

$$\mathscr{H}^*(M) \to H^*(M),\text{德拉姆群}\ \mu \to [\mu]$$

定理　上述映射是同构.

证明　设$[\mu]=0$,即 $\mu=\mathrm{d}\tau$,因 μ 为调和,$\delta\mu=\delta\mathrm{d}\tau=0$,故

$$\|\mu\|^2=(\mathrm{d}\tau,\mathrm{d}\tau)=(\tau,\delta\mathrm{d}\tau)=0$$

所以 $\mu=\mathrm{d}\mu=0$.

任给一类$[\tau]\in H^*(M)$ 使 $\mathrm{d}\tau=0$,可作分解

$$\tau=\mu+\Delta\eta$$

μ 是调和的. 易证 Δ 与 d 可交换. 事实上

$$\mathrm{d}\Delta=\mathrm{d}(\mathrm{d}\delta+\delta\mathrm{d})=\mathrm{d}\delta\mathrm{d}=(\mathrm{d}\delta+\delta\mathrm{d})\mathrm{d}=\Delta\,\mathrm{d}$$

因 $\mathrm{d}\tau=0$,而 μ 为调和的,所以

$$0=\mathrm{d}\tau=\mathrm{d}\mu+\mathrm{d}\Delta\eta=\Delta\,\mathrm{d}\eta$$

从而 $\mathrm{d}\eta$ 是调和的,因而 $\delta\mathrm{d}\eta=0$. 现在我们有

$$\tau=\mu+(\mathrm{d}\delta+\delta\mathrm{d})\eta=\mu+\mathrm{d}(\delta\eta)$$

从而$[\tau]=[\mu]$.

另一个有趣的应用是不用德拉姆定理的庞加莱(Poincaré)对偶性之另证. 由以上定理,可将 H^k 与 $\mathscr{H}^k$ 等同,现在考虑上积配合

$$\mathscr{H}^*(M)\times\mathscr{H}^{n-k}(M)\to\mathscr{H}^n(M)$$

$$(\mu,\tau)\to\mu\wedge\tau=(\mu,*\tau)\omega_0$$

容易验证 $*$ 和 Δ 可交换,所以

$$*:\mathscr{H}^k\to\mathscr{H}^{n-k}$$

是一同构. 若 u 正交于 $*\mathscr{H}^{n-k}=\mathscr{H}^k$,它必正交于整个 $\Lambda^k(M)$,从而 $u=0$.

特里谷米和特里谷米问题

第5章

本书的主人公名叫弗朗西斯科·贾科莫·特里谷米，意大利数学家，因关于混合类型偏微分方程的研究而知名. 生于那不勒斯，1918 年获博士学位. 曾在帕多瓦、罗马工作. 1925 年任佛罗伦萨大学和都灵大学教授. 特里谷米的主要贡献在微分方程论和积分方程等方面. 他深入研究了二阶微分方程解的性态. 他研究了偏微分方程 $yu_{xx}+u_{yy}=0$，证明了这类方程某种边值问题解的存在唯一性定理，后以他的名字命名了这种类型的方程. 他还研究了积分方程的数值解法，著有关于二阶线性偏微分方程、积分方程和微分学方面的著作《正交级数讲义》(1955)，《积分方程》(1657)等.

对于特里谷米问题，俄罗斯数学家有系统的研究. 在《偏微分方程》(M. И. 维希克(M. И. Вицик), A. Д. 梅什基斯(A. Д. Мышкис),O. A. 奥列伊尼克(O. A. Олейник) 著，周毓麟译. 科学出版社，1961) 中专门有一章做过详细介绍.

1. 混合型方程

微分方程中之所以有混合型方程这样的名称，是因为它们在所考虑区域的一部分上是椭圆型的，在其余部分上是双曲型的；这些部分由一些曲线(或一些曲面) 所分隔，在分界上方程或者退化为抛物型的，或者是不定义的. 混合型方程的历史比较短. 这方面最先的深刻研究出现在特里谷米的工作中.

对于现在称为特里谷米方程的方程

$$y\frac{\partial^2 u}{\partial x^2}+\frac{\partial^2 u}{\partial y^2}=0 \tag{5.1}$$

他研究了以下的基本边界问题(“特里谷米问题”). 设区域 Q 的边界：以 x 轴上两点 A 与 B 为端点而在上半平面上的光滑曲线，在下半平面上经过这两点方程 (5.1) 的特征线 L_1 与 L_2，并相交于点 C. 要求得到这样的解，在 Q 内是正规的，并适合边界条件：在 Γ 上 $u=\varphi$，在 L_1 上 $u=\psi$.(所谓这解 $u(x,y)$ 在 Q 是正规的，就是这解在 Q 上连续，它的一级微商除点 A 与 B 外在 $\overline{Q}$ 上是连续的，而在这两点上微商趋向无穷的阶数不太高，二级微商除 x 轴上的点以外在 Q 内是连续的，它们在 x 轴上可能不存在.) 假定曲线 Γ 在点 A 与 B 的附近有特殊的形式，特里谷米证明了这问题解的存在性和

唯一性.这里他把问题化成求适合某个奇异积分方程的函数$\frac{\partial u(x,0)}{\partial y}$,对于一般形状的曲线$\Gamma$,К.И.巴宾科(К.И.Бабенко)在他的博士学位论文中,证明了特里谷米问题的可解性.

特里谷米是为了推广狄利克雷问题而考虑这个问题的.Ф.И.弗兰克尔(Ф.И.Франкль)在一系列的工作中得到了特里谷米问题的一些重要性质,还得到了与这问题相近的气体平面定常混合(亚声速的与超声速的)流动理论的问题的一些重要结论:与这相关地,他研究了特里谷米方程的各种问题(这些工作基本上都是属于前一时期的;可以注意到在工作中,考虑了用曲线来代替特征线L_1的情形,这曲线在点A的充分小的邻域内是与特征线重合的).

为了简化混合型方程边界问题的研究,М.А.拉夫连捷耶夫建议在与x轴相交的区域Q内研究模型方程

$$Au \equiv \operatorname{sign} y \frac{\partial^2 u}{\partial x^2} + \frac{\partial^2 u}{\partial y^2} = 0 \tag{5.2}$$

在对于上半平面区域Q的边界曲线Γ最一般的假定下,在这工作中解决了方程(5.2)的特里谷米问题.

А.В.比察捷(А.В.Бицадзе)对方程(5.2)的各种边界问题做了详细的研究.А.В.比察捷所研究的广义特里谷米问题如下.设区域Q在上半平面的边界为曲线Γ,下半平面为二直线$y=-x$与$y=x-2$.设在这些直线上给定点

$$A_k(a_k, -a_k), B_k(a_k+1, a_k-1)$$

$$(0=a_0<a_1<\cdots<a_{n+1}=1)$$

要求方程(5.2)的正规解，使得在Γ上取已知值，对偶数k在A_kA_{k+1}上取已知值，对奇数k在B'_kB_{k+1}上取已知值. A. B. 比察捷证明了，如果这问题的解在给边界条件的特征线线段上等于零，那么它在AB线段上不能达到正的极大值；由此他立即就推出问题解的唯一性. A. B. 比察捷用三种方法建立了解的存在性：积分方程方法；复变函数论的方法和许瓦兹(Schwarz)交错法.

A. B. 比察捷对方程(5.2)解决了"特里谷米的一般问题"，这个问题与通常的特里谷米问题的差别在于，把特征线L_1线段换成在下半平面方程为$y=\gamma(x)\leqslant 0$的曲线，$-1\leqslant\gamma'(x)\leqslant 1$，在曲线$\Gamma$的一些限制下，他证明了唯一性，并且把问题化成弗雷德霍姆(Fredholm)型积分方程来证明这问题解的存在性. A. B. 比察捷还解决了方程(5.2)的一系列其他边界问题(多连续区域内的特里谷米问题，在Γ上给定$\frac{\partial u}{\partial n}$的问题，等等).

弗兰克尔提出了方程(5.2)对边界问题在气体动力学中的二个应用.

K. И. 巴宾科在自己的博士学位论文中详细研究了所谓恰普雷金(Chaplygin)方程

$$k(y)\frac{\partial^2 u}{\partial x^2}+\frac{\partial^2 u}{\partial y^2}=0\quad (k(0)=0, k'(y)>0) \tag{5.3}$$

的边界问题. 他证明了这个方程在特征线AG上取零

的解的极值原理，并研究了这方程特里谷米问题的可解性. 在曲线 $y=\gamma(x)$ 的一定限制下，他也研究了方程(5.2)一般的特里谷米问题，这问题的解可以变成

$$v(x)+Av(x)=f(x) \tag{5.4}$$

形式的奇异积分方程，其中 A 为奇异运算子，它的核有非对角性的奇异性，而 $v(x)=\left.\frac{\partial u}{\partial y}\right|_{y=0}$. К. И. 巴宾科证明了运算子 A 在 L_2 中的范数小于 1，因此，方程(5.4)的解 $v(x)$ 是存在的与唯一的. 按照 $v(x)$ 与一般特里谷米问题的边界条件，已经不难在 Q 的椭圆型部分和双曲型部分求出 $u(x,y)$.

在线段 AB 充分小的假定下，К. И. 巴宾科还证明了对于一般混合型方程

$$y\frac{\partial^2 u}{\partial x^2}+\frac{\partial^2 u}{\partial y^2}+a\frac{\partial u}{\partial x}+b\frac{\partial u}{\partial y}+cu=0$$

特里谷米问题极值原理的正确性.

А. В. 比察捷研究了方程(5.2)与(5.3)"弗兰克尔问题"解的存在性和唯一性问题. 这里求解区域的边界：y 轴上的线段 $A'(0,-a)$，$A''(0,a)$；联结点 A'' 与 $B(a_1,0)$ 的曲线 Γ；特征曲线 $A'B$，边界条件为

$$\left.u\right|_{\Gamma}=\varphi,\left.\frac{\partial u}{\partial x}\right|_{A'A''}=0,u(0,-y)-u(0,y)=\psi(y)$$
$$(0\leqslant y\leqslant a)$$

巴伦切夫(Р. Г. Баранцев)也研究了方程(5.3).

比察捷研究了特里谷米问题最简单的多维的类似情况.

利用 А. В. 比察捷的方法，吉克维特捷(З. А.

Киквидзе）解决了二变量一阶在区域 Q 中变形的方程组的一个问题.

奥夫相尼科夫（Л. В. Овсянников）研究了方程(5.1)的广义解.他研究了一些在特里谷米问题理论中起重要作用运算子的泛函性质.在这基础上，Л. В. 奥夫相尼科夫对于特里谷米问题的近似解，提出了最小二乘法应用的步骤.

卡罗尔（И. Л. Кароль）在区域 Q 内研究了混合型方程

$$\frac{\partial^2 u}{\partial x^2}+y\frac{\partial^2 u}{\partial y^2}+a\frac{\partial u}{\partial y}=0$$

其中区域 Q 的边界：端点在 x 轴上并在上半平面 $y>0$ 上的曲线（或几条曲线），而下面有两根（或很多根）特征线弧.当 $a<0$ 时，在解 u 与它的微商在分界线上一定光滑性的条件下，他证明了问题解的存在性和唯一性，问题的边界条件是给在区域的整个边界上的.这样在 Γ 上可以给定各种类型的边界条件.他还解决了一些其他的边界问题.卡罗尔也研究了方程

$$\frac{\partial^2 u}{\partial x^2}+\operatorname{sign} y\cdot|y|^m\frac{\partial^2 u}{\partial y^2}=0$$

的特里谷米问题.

在曲线 Γ 非常弱的限制下，卡尔曼诺夫（В. Г. Карманов）利用网格法证明了方程(5.2)特里谷米问题解的存在性.在方程(5.2)特里谷米问题解存在性的假定下，伏尔科夫（Е. А. Волков）、拉迪任斯卡罗（О. А. Далыженская）与哈里洛夫（З. И. Халилов）给出了收敛于精确解的差分格式；对于方程(5.1)菲里

波夫(А. Ф. Филиппов)也做了这些工作.

普尔金(С. П. Пулькин)研究了附加低阶项的方程(5.2)的特里谷米问题.斯米尔诺夫(М. М. Смирнов)研究了方程$\Lambda^2 u=0$的边界问题.巴吉耶维契(Н. И. Бакиевич)、沙巴脱(Б. В. Шабат)、普尔金以及其他等人也都研究了混合型方程.

2. 解析解与拟解析解

在列特涅夫(Н. А. Леднев)的工作中,包含了柯西—柯瓦列夫斯卡娅古典定理对柯瓦列夫斯卡娅型的一般非线性方程组的非常广泛的推广.给出了已知(代替初始条件的)"初始元素"能决定一个并唯一决定一个方程组的解析解的充分条件.Н. А. 列特涅夫去掉了对一部分变量解析性的要求:例如,在柯西—柯瓦列夫斯卡雅定理中,可以去掉所有出现的函数对t的解析性.基罗(С. Н. Киро)把Н. А. 列特涅夫的结果用来证明二阶方程古萨型问题解析解的存在性.

С. В. 柯瓦列夫斯卡娅已经证明了,方程$\frac{\partial u}{\partial t}=\frac{\partial^2 u}{\partial x^2}$在解析初始数据时可以没有解析解.另外,黎罗(Leroux)与霍尔姆格伦(Holmgren)证明了,对于方程$\frac{\partial^2 u}{\partial t^2}=\frac{\partial u}{\partial x}$的解对$t$的解析性,不一定有初始条件的解析性.萨列霍夫(Г. С. Садехов)提出了关于求柯西初始数据及方程本身结构的充分与必要条件的问题("柯西—柯瓦列夫斯卡娅反问题"),要使相应的解对一些主要变量是解析的,也提出了关于说明这些解对其余变量性质的问题.对于各种不同类的方程,这种问题的解包含在萨列霍夫、阿萨杜林(Э. А. Асадуллин)、盖拉西曼科(Л. В. Герасименко)、库兹涅佐娃(Кузнецова)、科卡连娃(Т. А. Кокарева)、弗里特兰杰尔(В. Р. Фридлендер)、希佳科夫(М. А. Шитяков)(学位论文,喀山联邦大学)等人的工作中.这里不仅研究了线性方程,而且还研究了非线性方程,也还研究了古萨问题.在这些研究里,按盖符雷(Gevrey)的"拟解析函数类"与方程权 δ 的概念起着主要的作用.例如,为了初始问题

$$\frac{\partial^p u}{\partial t^p}=\sum_{s=0}^{r} A_s \frac{\partial^{t+q} u}{\partial t^t \partial x^q} \quad (r<p)$$

$$u'\bigg|_{t=0}=\varphi_0(x),\cdots,\frac{\partial^{p-1} u}{\partial t^{p-1}}\bigg|_{t=0}=\varphi_{p=1}(x)$$

解对 t 的解析性(其中的权为 $\delta=\frac{p-r}{q}$),充分与必要条件是,函数 $\varphi_k(x)$ 属于 δ 阶盖符雷的函数类,这样解对 x 也属于同样的函数类.萨列霍夫证明了,在研究解在存在性区域附近渐近性质时,方程的权的概念是存在的.

3. 方程与相容方程组的变换理论和求积理论

在比较早的时期,方程与相容方程组的变换理论和求积理论这一经典方向是很活跃地发展的(Н. М. 格云坚尔、普菲费尔(Ю. В. Пфейфер)的工作 —— 特别是普菲费尔的工作 —— 以及其他的一些工作).现在,这些问题在微分几何学中很成功地得到了发展(参看,例如,拉舍夫斯基(П. К. Рашевский)与菲尼科

夫(С. П. Фиников)的专著).

阿尔査内赫(И. С. Аржаных)得到了泊松－雅可比与柯西的古典方法在一阶非线性相容的(在对合变换中可遇到的)偏微分方程的各种推广,特别是推广到直接与已知的哈密尔顿(Hamilton)方程有关的方程:并且还研究了这种方程组柯西问题的解. И. С. 阿尔査内赫也研究了这样的方程类型,它能化成在坐标的接触变换下不变的广义典型方程. И. С. 阿尔査内赫和其他乌兹别克斯坦数学家把所有这些结果广泛地应用到力学与物理古典场的理论,尤其是弹性理论.

对于一阶、二阶各种类型方程与相容方程组的求积问题(尤其是,对于求一般解),阿尔査内赫、蒲列舍夫(У. Б. Булешев)、格洛宁(Л. М. Галонен)、叶鲁金(Н. П. Еругин)、马卡罗夫(А. Н. Макаров)、尼基金(А. К. Никитин)、波塔保夫(В. С. Потапов)、萨穆埃尔(О. И. Самуэль)、亚勃洛科夫(В. А. Яблоков)以及其他等人应用了接触变换方法与其他古典的方法. 维格拉涅科(Т. И. Вираненко)研究了一阶积分偏微分方程. 叶古罗夫(В. Г. Егоров)研究了普法夫(Pfaff)方程组的解的稳定性.

在亚涅科(Н. Н. Яненко)、乔奇耶夫(Ф. З. Чочиев)以及其他等人的工作中,研究了一阶方程组到一个高阶方程的变换,也研究了逆变换. 瓦伦捷尔(С. В. Валландер)与奥夫相尼科夫(Л. В. Овсянников)进行了这样问题的研究:怎样使已知二阶非线性方程经过未知函数非线性变换的结果可以变成线性方程.

贝尔曼(С. Д. Берман)研究了把方程组化成所谓标准形式的变换.

4. 泛函不变解

已知线性齐次方程的解 u 叫作泛函不变解,如果任意充分正则函数 $F(u)$ 也将是这个方程的解. 从已知泛函不变解在很多情况可以得到已知方程的一般解(如弦振动方程)或者可以得到所提出边界问题的解. 在 1932—1933 年间,В. И. 斯米尔诺夫与 С. Л. 索勃列夫给出了平面波动方程泛函不变解完全的描述. 叶鲁金解决了三维的类似问题. М. М. 斯米尔诺夫解决了四维的问题. 格洛宁的工作也是关于泛函不变解的求法. 一般说来,给定的方程不一定具有非零的泛函不变解. 叶鲁金提出了对二变量二阶线性方程这种解存在性的条件. 斯米尔诺夫进行了四阶方程的类似研究. 他又研究了三个变量二阶"双曲抛物型"方程泛函不变解存在性的条件;当这种解存在时,可以得到柯西问题闭式的解.

5. 可数方程组

与可数常微分方程组解的李雅普诺夫(Ljapunov)稳定性的研究有关,比尔西茨基(К. П. Персидский)研究了关于含有可数变量与可数未知函数的可数拟线性方程组解的存在性的问题. 在阿格耶夫(Г. Н. Агаев)、查乌蒂科夫(О. А. Жаутыков)、Е. И. 吉姆、哈里洛夫(З0. И. Халилов)以及其他等人的工作中(除去上述工作以外),包括各种形式可数方程

组与含有可数变量方程的研究，也有取值于巴拿赫(Banach)空间的方程的研究.

6. 各种各样的研究

在拉舍夫斯基的工作中研究了边界问题解的算子方法. 用这方法来研究方程组很方便，例如，形式

$$\sum_{j=1}^{n} P_{ij}(\Delta)u_j = f_i,\quad i=1,\cdots,n$$

其中 P_{ij} 为常系数多项式，而 Δ 为拉普拉斯算子.

奥列夫斯基(М. Н. Олевский)在常曲率的空间中找到了坐标系，使得方程 $\Delta_2 u+\lambda(x_1,x_2,x_3)u=0$ 完全可以分离变量.

法盖(М. К. Фаге)对于含有主要部分为

$$\frac{-\partial^n F(w,x)}{\partial w^n}+\frac{\partial^n F}{\partial x^n}$$

的线性方程研究了柯西问题，其中 w 为复变量，而 x 为起时间作用的实变量；初始条件给在 $x=x_0$ 上，从这问题可引出主要项为

$$\frac{\partial^n f}{\partial t_1\cdots\partial t_n}$$

的 n 个变量方程的边界问题，这问题是要解决的.

比斯库诺夫(Н. С. Пискунов)研究了超双曲型方程的边界问题，这里 u 的值给在特征锥面上，阿尔佐马扬(Г. С. Арзуманян)研究了这方程的柯西问题.

萨列霍夫(Г. С. Салехов)推出了对于方程 $\frac{\partial^n u}{\partial t^n}=\frac{\partial^n u}{\partial x^n}$ 或 $\frac{\partial^n u}{\partial t^2}=\frac{\partial^{2n} u}{\partial x^{2n}}$，达朗贝尔(d'Alembert)与泊松公

式的推广. 在给定的微分方程与边界条件中,萨列霍夫也研究了参数选择的问题,为了使得预先给定的函数在相应的意义下是边界问题最优的近似解.

李舍维契(С. Н. Лисевич)研究了解的几乎周期性问题.

菲尔兹奖得主论偏微分方程

第6章

1. 一点历史

在历史的进程中，偏微分方程理论有着一段奇异的经历. 按理讲，它们(偏微分方程)好像只是常微分方程某种简单的推广(当源空间的维数大于1时). 然而，没有人否认常微分方程的理论是极其有用的. 而且，自牛顿以来，在力学与物理学中，它(后一理论)曾显示了微分学的强大力量. 一个重要的定理，即确定了方程$\frac{\mathrm{d}X}{\mathrm{d}t}(x)=X(x)$的局部解存在性与唯一性的定理(其中$X(x)$是欧氏空间$\mathbf{R}^n$中的一个光滑向量场或流形)，在科学理论方面，曾扮演了一个重要的角色，因为它用易懂的决定论的术语，给出了一种精确的描述(在这个定理出现之前若干年，拉普拉斯也曾极好地描述过). 因此人们可以预料，偏微分方程理论仅是常微分方程理论的一种简单的扩充. 在 18 世纪, 伯努利(Bernoulli) 和欧拉以及后来的蒙日(Monge) 和安培(Ampère) 的工作, 都是确切朝着这个方向的. 但是, 欧拉已经观察到, 固定端点的弦振动方程具有导数不连续的解. 到了 19 世纪, 与复数域 **C** 同时, 出现了解析函数的理论, 且在接近 19 世纪中期有解析延拓, 这个算法提供了一个典则方法, 这个方法将一个函数外推到它的整个全纯区域上去(在实数的情形下, 是外推到它的整个实截断区域上去). 因此, 解析理论提供了一个回答具哲学特性的疑问之方法: 在同一空间的两个不相交的开集 U_1, U_2 上给定两个函数 f_1, f_2, 人们如何才能说它们属于同一个函数? 我们注意到, 这个问题的解答历史性地导致了现代科学的诞生以及伽利略(Galilei) 在物理学上对亚里士多德(Aristotle) 决定性的胜利: 被扔向高处的石头上升与它的下落显示相同的运动, 虽然这两种运动概为不同质的: 事实上它们具有相同的方程式 $z = z_0 - \frac{1}{2}gt^2$.

物理学定律的概念本身, 需要函数这样的特性化判定. 可是, 显然在 C^∞ 可微理论中不存在任何这类特性化判定. 因为, 一个已知在[-1, 0] 上可微的实函数, 可以任意延拓到[0, 1] 上. 因此物理定律的确定差不多必定导致数学研究对象的解析性. 但是, 解析延拓导致了一种令人生畏的现象: 延拓的不唯一性, 就像我们观察像$\sqrt{r(z)}$ 的函数(**C** 上黎曼曲面的分支). 常微分方程重解的存在性已为欧拉从对数函数得知:

照此，在决定论的苛求与延拓解必要的严格之间，就出现了不可克服的冲突. 此外，欧拉也曾给过一个非常简单的常微分方程的例子，它的过原点的唯一解(原点是这个解的孤立奇点)具有一个发散级数展开$\sum n!\ x^n$，这是一个不可能实现的形式解.

在19世纪期间，人们才逐渐认识到了这些困难. 人们研求尽可能向深远推展与整收敛级数操作联系的解析方法，这研究与适定问题概念和柯西－柯瓦列夫斯卡娅定理一起达到了顶峰. 在这种情形下，从包容空间中的超曲面上的柯西给定条件出发，得到了事实上解的局部实现. 因此，常微分方程基本定理的地位被更新了，但这一次是在无穷维泛函空间上(对适定的柯西给定条件). 更近时，定性动力学的发展，自19世纪末庞加莱－伯克霍夫(Birkhoff)工作的结果，显示了在抛射体的整体运动中，奇异现象经常具有决定性的重要性. 这个事实正如布西内斯克(Boussinesq)已看到的那样，一般地推翻了决定论——到处是混沌，围绕着它，人们已制造了那么多的噪音……

另外，实际的需求(在流体力学与连续介质力学)迫使人去计算一些解，而其实际存在性并未被怀疑. 但是没有任何定理能保证它的数学存在性. 在这些困难面前，人们曾求助于两个解脱方法：

(1) 第一个方法，对常微分方程，借助于古典模式的离散化近似方法，即龙格－库塔(Runge-Kutta)方法. 计算机的使用，允许有效地实现那许多可观的计算，但在网格上计算，需要一些专门的技术(此方法称之为有限元法).

(2) 第二个方法更理论化，它把函数的概念推广到分布(distribution) 的概念，人们已知在量子力学中这种方法的成功. 可是它带有两个不便：其一，结果的运用必然地变成统计学的；其二，代数与计算的可能性减弱了：形式主义本质上信赖向量空间理论的对偶性，这就在原则上禁止了乘法的使用，场的量子场论的主要部分被固定以解决这个问题为目标.

一般地，证明流体力学方程局部解存在的不可能性是留给偏微分方程理论的一个中心疑谜. 很多作者估计，问题的精确求解并不合理，因而，对带有边界条件的变分原理的合理整体逼近好像能更好地论证. 但是，解的局部决定问题仍未被解决. 这是施惟慧工作的价值. 她赖用其兄施惟枢创造的称为"gradué associe de D"的一种专门方法，接触上述问题，并且对在理论上极为重要的某些情况，求得了解决(译者注：这里的"gradué associe de D"是求解偏微分方程这一特殊方法中的一个本质问题，因而其创造者将其称为"D 的本方程").

2. 施惟枢的方法

为了处理偏微分方程的问题(特别是局部解研究)，施惟枢精心制定的方法初看起来好像非常复杂. 这个方法没有得到专家们的有利采纳：依我看，特别在一开始，就涉及了社会的惰性现象. 依照他的那些符号，这个方法是建立在埃雷斯曼(Ehresmann) 的理

论之上的. 这个理论差不多有四十多年的历史,但却并未成功地在大学的教学中占有一个恰当的地位;在纯数学中,它只被微分拓扑专家们应用,分析专家们更喜欢线性对象的使用,比如带有向量纤维的簇,微局部对象以及上同调方法. 比起观察,人们宁愿计算:这样可以少费力气而更令人信服. 的确,在施惟慧的学位论文中,人们会找到某种意义的同调(同调又称为 sectionnelle,其兄长施惟枢是创始人),但是我不相信她在这里所做至多是符号的运用……

重新回到施惟枢的 gradué 的主要构造上来. 考虑两个 C^∞ 流形 V 和 Z. 一个 r 阶的偏微分方程是一个在任一点 x, z, $x \in V$, $z \in Z$,连接 f 的 j 阶, $j \leqslant r$,偏微分之间的一个关系式,这里 f 是一个从 V(源流形)中点 x 的领域 U 到 Z(终流形)的点 z 的邻域 W 的 C^∞ 对应, jet 是通过 x 和 z 的局部图来定义的(以后,我们使用施惟枢的术语,偏微分方程即偏微分方程组). 这些关系式可以用连接局部坐标的一些方程式来表示;更一般地,可以定义它们犹如 V 到 Z 的 jets 之空间 $J^r(V,Z)$ 的某个子集合 $E(r)$. 那么,将 $E(r)$ 投影到 J^{r-i} 上, $i < r$,这就定义了集合 $E'(r-i)$;在这些集合上,运用埃雷斯曼运算的逆,这个逆运算典则地按照 $J^{r+1}(V,Z) \to J^1(V;J^r(V;Z))$ 来定义,这样,它就将 r 阶变成了 $(r+1)$ 阶(事实上,一般说来,这就是连接偏导数的方程的求导). 运用这两个互逆的运算,并且交替使用,应直到求出一个稳定的序列,它就定义了原方程式的本方程. 这里提出一个原则的问题,据我所知还未被解决,

即:是否确知这个程序终止在一个不变的序列上?后面我们将回到这个问题上来.

一旦得到了本方程,施惟枢就构造了空间 $E_{1,k}(V;Z)$ 与 $W_{1,k+1}(V;Z)$,它们位于原本非常复杂的空间里

$$E_{1,k}(V,Z) \subseteq G^*(TJ^k(V;Z) \times J^{k+1}(V;Z))$$

为了解释这些问题的引入,我想应该回忆一下一个古典问题:普法夫问题.

3. 关于普法夫问题

假设 G^r 是 $\mathbf{R}^n$ 中过原点 O 的 r 维平面构成的格拉斯曼(Grassmann)流形($r<n$),典则纤维丛 $F(G^r)$ 由偶 $x \in \mathbf{R}^n, h(x) \in G^r(x) \subset T^*(x)$ 组成.纤维空间 $F(G^r) \rightarrow \mathbf{R}^n$ 的一个连续截口是 $\mathbf{R}^n$ 上的一个 r 维平面场 h.普法夫问题是:对一个这样的场 $h(x)$,去寻找 $\mathbf{R}^n$ 中所有的流形,使得在每一点,它们切于这个场 h(原则上是去寻找具维数 r 等于这个场的维数的流形).

普法夫问题所关注的,就在于它对所有的偏微分方程的普适性.事实上,一个 r 阶偏微分方程的问题(偏微分方程定义于 $J^k(V;Z)$ 中如前),回归到求解如下定义的一个普法夫问题:

设集合(F)由这个方程式的一些关系 f 所定义,这个方程化归成它的本方程,在(F)的切平面上,添加上由嘉当(Cartan)理想子代数所定义的相切条件的集合,这个理想子代数是由 j 阶偏微分 p_w 的全微分表达式生成的,这些表达式就是 $j+1$ 阶偏微分之和 $\sum p_{w,i}\mathrm{d}x_i$.这里我们假定关系式 f 定义了$J^m(V;Z)$

中的一个子流形(F).施惟枢的 p－前集合(D)的集合论形式的结构是在这一方面最一般的.

为了对 $\mathbf{R}^n$ 中 k 维场 h 求解这一问题，我们寻找 s 维流形 $Y^s(n>s>n-k)$，$n-k$ 是 h 在 $\mathbf{R}^n$ 中的余维数，使得场限制在 $h\cap Y^s$ 上是完全可积的. 这样做，我们不需要得出所有的解，而仅仅是余维数为 $n-k$ 的层空间中的一些层. 在绝大多数情形下，对于 $s=(n-k)+1$ 的情况就是如此，因为这时就有由 1－平面场($Y^{(n-k)+1}$ 中的方向场)定义的一些曲线. 我们假定在 $\mathbf{R}^n$ 中的余维数为 $n-k$ 的场 $h(x)$ 是如下的一个向量集合：

在 $\mathbf{R}^n$ 的每点，它将线性无关的 $n-k$ 个普法夫形式系统 $W_i(x_j)\in T^*(x_j)$ 化为零. 由对应 $f:Y\rightarrow\mathbf{R}^n$ 嵌入到 $\mathbf{R}^n$ 的一个流形 Y，如果它满足以下条件，就说它是普法夫问题的解，条件是：在 Y 上，f 的诱导系统 $f^*(Y)=0$ 在 Y 内是完全可积的，就是说，它满足弗罗贝尼乌斯定理：$f^*w_1\wedge w_2\wedge\cdots\wedge w_{n-k}\wedge \mathrm{d}w_j=0$.

此外，假定在每点 f 横截场 h，这在绝大多数情形下都是对的，如果 Y 的维数大于 $n-k$. 这时，对 $y\in Y$，可以找到 $T^*(y)$ 的一个局部基底，它由向量组 $\boldsymbol{Y}_1,\boldsymbol{Y}_2,\cdots,\boldsymbol{Y}_{n-k},\cdots,\boldsymbol{Y}_m$ 组成，其中前 $n-k$ 个向量 $\boldsymbol{Y}_1,\boldsymbol{Y}_2,\cdots,\boldsymbol{Y}_{(n-k)}$ 组成了这些 w_j 的系统的诱导形式之向量空间的生成元 $f^*(w_j)$ 的一组对偶基. 那么我们假定已经得到了 $Y(m)$ 的维数为 m 的解流形. 为了局部地构造 $Y(m+1)$ 的解流形，选择一个局部向量场 Z，它横截 $Y(m)$，并且以场 Z 的积分生成的微分同胚移动 $Y(m)$，因此我们

得到了一个 $m+1$ 维的局部流形. 为了写出这个流形是一个解，就必须写出括号$[Z,Y_1]$,$[Z,Y_2]$,…,$[Z,Y_m]$之每一个是 Y_i 和 Z 的一个线性组合，$0<i<m$. 因此在绝大多数情形下，只需用 $m(n-m-1)$ 个无关条件去约束 Z，这里 $n-m-1=\dim \mathbf{R}^n-\dim Y(m+1)$ 即 $Y(m+1)$ 的余维数. 在此过程中我们指出：当维数 m 接近数 $n/2$ 时，解决普法夫问题是更困难的.

现在我们回到施惟枢的算法上来. 这个算法以本质的方式在关于集合 $E_{r,k}$ 和 $W_{r,k}$ 的定义中引入几何对象 GTJ，这里 G 是一个格拉斯曼流形横截 G^*. 当我们想按照 r 维截口单形的维数的归纳法来讨论一个 k 阶偏微分方程的求解问题时，后一个空间 $W_{r,k}$ 扮演了一个基底空间的角色. 用施惟枢的方法，支配 $r-$ 截口单形提升的柯西问题的态射对应 $E_{r,k}(D)\to W_{r,k}(D)$ 从普法夫问题的角度来看，对应着从 Y_m 到 Y_{m+1} 的解的延伸运算. 在后一个问题中，我们有一个 $J^r(1,G_m)\to\Sigma\to G_{m+1}$ 的典则对应，其中 Σ 是一个在 $J^\infty(1,\dim. G_m)$ 中余维数为无穷的 $p-$ 集合. 在普法夫问题的情形下，这与按照 TGJ 构造的空间相对应. 那么，在施惟枢的理论中，我们就有 GTJ. 这种差别来自何方呢？空间 GTJ 的建造，引进了大量的参数：施惟慧的矩阵计算研究(比如关于兰道－李夫希茨(Landau-Lifchitz)方程)，似乎证明这些参数是过多了. 它们的引入能显示出一种无用的复杂 —— 但是，空间 $TJ^r(V;Z)$ 的引入有着技术上的理由. 不要忘记这个方法的目的是去建立解的一个形式 jet，这就要求按照归纳法从 r 阶开

始去计算 $r+1$ 阶 jet 的组成,这就好像柯西－柯瓦列夫斯卡娅定理是使用优级数方法一样,但是,如果 M 是一个流形,切丛 T^*M 与 $J^1(M)$ 的差别只是差了一个因子 M(终结空间),这里反向提升 $J^1\cdot J^r(V;Z)$ 被埃雷斯曼映射之逆 e^{-1} 寄送到 $J^{r+1}(V;Z)$. 因而可以这样来解释:施惟枢的空间 G^*TJ^r 与普法夫情形下我们的空间 TG_m 扮演着同样的角色,切空间 TG_m 差不多总是可以寄送到 G_{m+1} 中去. 在施惟枢那里,形式主义地引进的、维数的多余部分,是为可信息化的一般描述所付出的代价.

当然,这些考虑一点也没有简化有效地寻求解的问题. 已知的普法夫问题的那些结果像在施的技巧中一样,除了维数或余维数小于 2 的明显情况以外,都是建立在解析性的假设之上,这种假设引向柯西－柯瓦列夫斯卡娅定理的应用——或者引向将柯西－柯瓦列夫斯卡娅定理的情形推广到施惟枢的分层上去. 可是,施惟枢的技巧允许一些负面的定理,比如对某些方程,C^r 解的不存在性定理. 必须注意这样一个事实:在我们这里,解与适定问题的概念与经典用法是有区别的:一般,要求关于柯西给定条件的局部解的存在性和对于边界上给定条件小扰动下解的稳定性(若干提升横截性的结果). 因此,这种方法几乎没有允许得到存在性定理,可是反过来这种方法允许叙述为了得到好解的必要条件.

这个作法,在某种意义下,从已被完满解决的问题出发,以它的新观点,提出了若干不容易懂的问题,已经取得的结果与纳什(Nash)和塞林(Serrin)曾发表过的文章中的某些结果的不相容性,使得这种新观点难以被接受.我们很希望对施惟慧工作的细心阅读能够驱散这些怀疑,这样显然将会留下一个做解释的问题:如何从物理学的角度去理解施惟慧的、关于一般流体方程在超平面 $t=0$ 上的初值问题的不可能性?很可能应该注意关于解的概念所做的稳定性假设.这些认可的超平面是由末方程剔选出来的(不幸的术语!因为实际上这些方程是一些不等式方程).这就提出了一个一般性的问题:在他的整个理论结构中,以严格的方式强加上了源投影对应 $\alpha:J^r(V;Z)\rightarrow V$ 取最大秩的条件,施惟枢已除去了有如按一般嵌入 $F:V\rightarrow J^k(V;Z)$(并不必要横截 α)去考虑广义多重解的可能性.哈密尔顿动力学告诉我们,这种解显示并给予了光学中的奇异现象(焦散面)以及声传播学(在黎曼－胡戈尼奥特(Hugoniot)方程的特征方程中)击波的诞生.为这种推广留有一席之地似乎是合乎逻辑的,即使这些相应的解会物理地带来冲击之产生.在冲击产生的地方,应该观察施的末方程看成噪声产生的所在(对于兰道－李夫希茨方程的情形中一些一阶导数).我们认为,广义解(多重)的使用在实际流体力学中是必然的,在这个领域内,不能忽视哈密尔顿理论与拉格朗日(Lagrange)流形的奇异投影.

4. 关于潮涌理论

我们很高兴能在这里谈谈关于潮涌理论这一离题的话题,在《结构稳定性与形态发生》一文中,我们已经解释过浪脊的涌动点有如双曲脐点型的拉格朗

日奇异性. 我们考虑无黏性，完全可压流体（当然，这是一种高度的虚构！）：它的物质实现是由固体粒子的弹性碰撞所提供的. 如果没有任何碰撞，则其轨线就是 $T^*(\mathbf{R}^3)$ 的哈密尔顿场在 $\mathbf{R}^3$ 中的投影. 我们假定这种流动含有两种主要流，它们分别由不同的速度 V_1，V_2 所定义. 在一个以平均速度 $\frac{1}{2}(V_1+V_2)$ 运动的参考系(M)中去观察以速度 V_1 的粒子与速度 V_2 的粒子的互撞，就像两个不同的粒子相遇. 由于它们的轨线是错开的，因而这种互撞并未影响它们相对于参考系(M)的速度，如果我们接受粒子的不可区别性的量子力学原理能扩展到我们的系统，我们就可看到在平均参考系中取消碰撞，每当保持一个具有相反值的多重速度场. 照此，设想一种不易压缩的液体，比如水，仍然可以局部地显现出一个多重虚拟速度场. 在速度偏差消失的地方（这出现在轨线投影的焦散包络面上），我们观察到一个曲面可能正好是水流的边界. 我们请读者在厨房里做一个简单的试验：让水龙头的柱形水流垂直流入洗涤槽内，以一个刀片切断水流，刀片的轴线保持水平，但在刀片的宽度方向，使刀面的垂线与水平方向成一个小角度 θ. 那么来观察由曲线(P)限制的液面(S)的形成. 其上半部分好像是抛物线，而当液面离开刀片向下移动时，其边界则互相靠近，液面终止在一个多角点上，在那里，当两个边界在对称平面内合拢时，液面(S)以唯一的垂直流向下涌动.

解释是简单的：在初始流在刀片上的冲击点 O 切于刀片的水流在点 O 就具有一个纽结(repulseur)奇

点. 由于没有摩擦,粒子从这点出发,在刀片上就画出了一些抛物线,它们包含着一个包络面,它推广了炮兵部队中广为人知的古典安全抛物线;这就是液面 S 的边界. 在流动的下部,我们观察到由 P 导致的两个平均场的对称碰撞,它们在垂直跌落的流动中融为一体,液面 S 终止在对称轴的多角点上,这个点表现了对于系统扰动的一种很好的稳定性. 我们将可以看到,由斯托克斯在浪脊的涌动点上观察到的临界角的持续实现.

5. 展望

一种常见的对施惟枢方法的异议是,这种方法强调了关于偏微分方程的形式可解性与准确可解性,然而,在普通情形下,确切地去求解一系统之可能性是易于检验的,据我看,这正是一个优越之处. 目前,我们还不知道(除非在半线性的情形下)本方程的构成是否是一种构造性的运算(如果它能终停). 但无论如何,应该说服自己去重新观察两个偏微分方程组是否共轭的问题,即是否能通过在源空间与终空间上坐标变换将一个变成另一个. 这个问题很可能是不可解的. 因为,由于在原点奇异性的存在,使得态射 $f:\mathbf{R}^n\to\mathbf{R}^m$ 的芽空间(或模)是一个无穷维函数空间,允许对这个问题给予一个否定的回答. 在这个理论吸引了注意力到这形式观点中,施氏的工作扮演着一个很有用的角色. 他们的相对朴实的描述已取得了一种通报信息的形象,即已经显示了某种可操作性. 无疑地,接下来要做与偏微分方程的具体应用相结合的工作,种种迹象表明,这将很快取得成功.

第二篇

基础篇

特里谷米问题简介

第7章

特里谷米证明了在相当"广泛"的意义之下,这种类型的方程,无论怎样,它的极其广泛的任意一个方程,都可化成形式

$$y\frac{\partial^2 z}{\partial x^2}+\frac{\partial^2 z}{\partial y^2}+a(x,y)\frac{\partial z}{\partial x}+b(x,y)\frac{\partial z}{\partial y}+c(x,y)z+d(x,y)=0 \tag{7.1}$$

以后,特里谷米专门研究了把方程(7.1)里的低阶项丢掉,而得到方程(7.1)的典型

$$y\frac{\partial^2 z}{\partial x^2}+\frac{\partial^2 z}{\partial y^2}=0 \tag{7.2}$$

有关这个方程的某些结果,达布(G. Darboux)在他的《曲面论讲义》里就已经得到.

特里谷米在他的文章里表述了形如(7.1)的方程的边界问题.对于这种类型的方程,这种边界问题所起的作用就像狄利克雷问题对于椭圆型方程一样.

所谓“特里谷米问题”，可以陈述如下：

给定域 D，围成 D 的曲线是：

(1) 弧 L，弧 L 在“椭圆型”半平面 $y>0$ 之内，并且以“变形线”$y=0$ 上的两点 A 和 B 为端点；

(2) 特征线 AC 和 BC(当然在“双曲型”半平面 $y<0$ 之内).

在椭圆型半平面的弧 L 和特征弧 AC 上给定未知函数 z 的边界值.

特里谷米在极广泛的条件下，证明了所考虑的问题的解的存在性和唯一性.

问题的解决归之于积分方程. 在此，下列奇异积分方程起着很大的作用

$$\varphi(x)-\lambda\int_{0}^{*1}\left(\frac{y}{x}\right)^{\frac{2}{3}}\left(\frac{1}{y-x}-\frac{1}{y+x-2xy}\right)\varphi(y)\mathrm{d}y=f(x) \tag{7.3}$$

(这里，积分取柯西主值，这是用积分号上的星号来表示的).

特里谷米以明显的形式解决了方程(7.3). 正如他所阐明的，方程有特征值的连续谱；然而，在非齐次方程(7.3)的解的无穷簇中可以选出一个足以解决特里谷米问题的解.

特里谷米把他的问题仅仅作为狄利克雷问题的自然的推广而提出，至于该问题对数学物理的应用他什么也没有提. 而我们发现特里谷米问题以及其他相似的问题，对气体动力学，确切地说，对于亚声速和超声速的混合定常气流的理论，有很重要的应用.

要说明这一点,我们回忆一下恰普雷金在他的论文《论气体射流》里给出的平面的平行定常气流的方程,其形式是

$$K(\sigma)\frac{\partial^2\psi}{\partial\theta^2}+\frac{\partial^2\psi}{\partial\sigma^2}=0 \tag{7.4}$$

这里,ψ 是流函数,K 和 σ 是流速函数,这两个流速函数在亚声速时都是正的,而在超声速时都是负的;θ 是速度向量的倾斜角.

因此,方程(7.4)在亚声速时是椭圆型的,在超声速时是双曲型的,它可以化成方程(7.1).

恰普雷金在《论气体射流》里对方程(7.4)研究了两个问题,即,从平面壁的容器出来的自由射流的流程问题,以及自由射流向薄板(或尖端)的撞击问题,这个射流的宽度可以变成无限.

恰普雷金证明,在流速到处保持低于声速的时候,两个问题都可以化成方程(7.4)的狄利克雷问题.然而,对于声速和超声速混合流程,他没能提出这些问题.在论文《论亚声速和超声速的混合流程的恰普雷金问题》中证明了:从平面壁的容器里出来的超声速(在容器内的速度当然是亚声的)的射流的流程问题可化成特里谷米问题.充分宽的超声速射流向尖端上撞击的问题,在尖端之前有亚声速的区域形成的时候,可以化成和特里谷米问题同类的新的问题.

现在来谈下面的问题:在弧 L 靠近点 A 的一段上,已知 $\psi=0$;在特征弧 AC 上,也已知 $\psi=0$,在弧 L 的其余部分有线性齐次关系式

$$P\frac{\partial\psi}{\partial\sigma}+Q\frac{\partial\psi}{\partial\theta}=0 \tag{7.5}$$

这里 P,Q 是沿着弧的这一部分而变化的系数，这个问题是齐次的，因此其解在至多相差一个常数因子的意义之下是确定的.

我们已经证明了这两个问题的唯一性定理. 存在性定理还没有得到证明；现在，对于这些问题我们还在继续工作.

在另一篇论文《关于拉瓦(Лаваль)管的理论》中，我们证明了，同时运用恰普雷金和特里谷米的工作的结果和方法，可以得到有关拉瓦管之构造理论的具有实际意义的结果.

拉瓦管就是这样的一种喷管，它起初是收缩的，然后扩张开来. 在每秒钟气体有一定的排量时，确切地说，有最大可能的排量时，在切面最狭的地方流速将等于相应的区域的声速(所谓临界速度). 在拉瓦管收缩的部分速度是亚声的，在扩张的部分是超声的. 在管子不扩张的部分，管内气流速度总保持为亚声的.

拉瓦管是得到均匀定常超声速气流的唯一的工具，因此，在超声速风洞、火箭和蒸汽涡轮里，它起着基本的作用.

拉瓦管理论中的一个基本问题是：对于已知形状的喷管，要求最大排量的气流，在一般情况下，这个问题还没有解决. 当喷管收缩部分的管壁是平面并且满足某些补充条件时，在最简单的情况下，该问题实质上无异于从具有平面壁的容器里出来的超声速射流

的流程问题，而按照上面的论据可以化成特里谷米问题. 在一般情况，要解决这问题必须先解决下列推广了的特里谷米问题.

在椭圆型区域的弧 L 上以及在双曲型区域内某个特征弧 AD 上给定边界值，同时 AD 上任意一点的切线的倾角小于相应的特征线的倾角（在此，假定方程已化成式(7.1)），点 D 在特征线 BC 上，域的周界乃是由弧 L，AD 以及特征弧 BD 所构成.

甚至对于方程(7.2)，这个问题也还没有解决.

气体动力学里的另外一些最迫切的问题的解决和特里谷米一类问题也同样有密切的关系. 与此有关的特别是飞机的速度接近声速时，围绕机翼的流动的问题.

虽然特里谷米的工作被卓越的学者阿达玛(Hadamard)以及霍姆格兰(E. Holmgren)所注意，但是直到现在数学家们对于特里谷米所提出的有效的和有意义的问题并没有给以充分的注意.

继特里谷米以后，在这些问题上系统地工作的有意大利数学家玛丽亚·切布拉丽奥(M. Cibrario)以及看来是受霍姆格兰影响的瑞士数学家斯芬·格勒斯泰特(S. Gellerstedt).

切布拉丽奥在一系列文章中对混合型微分方程的分类作了补充，并且解决了关于下列方程的某些问题

$$\begin{cases} y^{2k} \dfrac{\partial^2 z}{\partial x^2} - \dfrac{\partial^2 z}{\partial y^2} = 0 \\ x^{2k} \dfrac{\partial^2 z}{\partial x^2} - \dfrac{\partial^2 z}{\partial y^2} = 0 \\ x^{2k+1} \dfrac{\partial^2 z}{\partial x^2} + \dfrac{\partial^2 z}{\partial y^2} = 0 \end{cases} \tag{7.6}$$

对于特殊形式的区域，霍姆格兰简化了下列方程的特里谷米问题的解法

$$y^m \frac{\partial^2 z}{\partial x^2} + \frac{\partial^2 z}{\partial y^2} = 0 \tag{7.7}$$

在此，他利用了这方程的基本解（具有对数的奇异性）. 他明确地给出了这个基本解.

格勒斯泰特在他的博士论文（写于 1935 年）里解决了下列方程的特里谷米问题

$$y^m \frac{\partial^2 z}{\partial x^2} + \frac{\partial^2 z}{\partial y^2} - cz = F(x, y) \tag{7.8}$$

这里的区域和特里谷米所取的一样，并且他简化了方程(7.2) 的解法，在以后的工作中，他继续研究方程(7.7)，提出了并且解决了某些新的边界问题.

在特里谷米和格勒斯泰特的研究中，椭圆型半平面的区域（区域的一部分边界在变型线上）上的两个边界问题起着极其重要的作用，这两个问题就是狄利克雷问题和混杂边界问题，在这混杂问题中，在变型线上给出解的法微商，而在周界的其余部分给出解的数值. 在解决这第二问题时，这两位作者都假定曲线 L（即位于半平面 $y > 0$ 的区域的一部分边界）沿特殊形式的曲线接近 x 轴. 在论文《论方程 $y \dfrac{\partial^2 z}{\partial x^2} + \dfrac{\partial^2 z}{\partial y^2} = 0$

之理论》中，我们已能取消这个限制.

关于一般形式的方程(7.1)我们知道得还很少. 在论文《论起始值在变型线上的椭圆——变曲混合型方程的柯西问题》中，解决了形如(7.1)的一般方程的在标题中所说过的问题. 在此，达布给出的关于方程(7.2)的公式得到了推广.

和特里谷米的第一篇基本的文章一起，还有他的论文《再论方程 $y\frac{\partial^2 z}{\partial x^2}+\frac{\partial^2 z}{\partial y^2}=0$》《方程 $y\frac{\partial^2 z}{\partial x^2}+\frac{\partial^2 z}{\partial y^2}=0$ 的进一步研究》以及他在 Bolgona 国际数学会(1928年)上就同一题目所作的演说的一部分，这些论文包括着基本文章的重要的补充.

偏微分方程的两个研究方向

第8章

到现在为止，在二阶偏微分方程理论中遵循着两个不同的研究方向，在一方向中，假定所考虑的函数都是实的，而在另一方向中却不这样假定.

特别是在数学物理方面的应用，其中第一个方向最为重要，这个方向应归功于黎曼，他在他的著名的 *Inaugural dissertation*（1851 年）中用一个现在看来是不严格的方法，证明了在给定的域的边界上取预先给定的数值的调和函数的存在性和唯一性.

随后出现了大量的论文[①]，在这些论文中，不仅在极广泛的假设之下充分严格地证明了黎曼的结果，而且在适当的限制下，黎曼的结果被推广到满足椭圆型方程的函数，而椭圆型方程要比拉普拉斯方程普遍得多.

此外，类似地研究了确定二阶方程（不仅是椭圆型而且是双曲型和抛物型的二阶方程）解的所需条件. 在这一分析里，基本的著名的结果是皮卡（Picard）和勒维（E. E. Leivi）所找到的.

以后，我们只限于研究两个变数的情况. 上述传

---

① 在 Encyklopaedie der Math. Wissen，Ⅱ，No. 5，4-5(1904) 中有下列二节讨论到这个问题，在这二节中可以找到大量的参考文献：

Burkhardt H. and Meyer W. F. "Potentialtheorie" Ⅱ－A－76.

Sornmerfield A.， "Randwertaufgabe in der Theorie deren Partieldifferentialgleichungen"，Ⅱ－A－7C.

也可参考，Volterra V. "Lecons sur l'intégration des équations différentielles aux derivées Partielles， Protesseies á Stockholm"，Upsala，1906.

较后的工作有：

在椭圆型方程方面——

Picard. Ann Scientifique de l'Ecole Norm. Seep. (3)23，509-516(1906).

在双曲型方程方面——

Goursat. Ann. Fac. Toulouse (2)5，405-445(1903)； (2)6，117-144(1904)；(3)7，129-143(1909).

Picone. Rend Circ. Mat. Palermo 30，349-376(1910Ⅱ)：31，133-139(1911Ⅰ)；32，188-190(1911Ⅱ).

Fubini Atti Acc Torino 40，616-631(1905).

在抛物型方程方面——

Holmgren. Acchiv foer Math. Aster Och Fysik 2，3，4，7 and Comptes Rendus Ac. Paris 145(Dec 30，1907).

Levi，Eugenio Elia，Ann. di Matem. (7)14，187-264(1907-1908).

统的三种类型(椭圆型、双曲型和抛物型)还不能包括所有二阶线性偏微分方程.在一般情况下,方程在平面的一部分有虚的特征线(即椭圆型),而在另一部分有实的特征线(即双曲型),直到现在,对于这种一般类型的方程——我们称为混合型方程——的研究,完全被忽视了,本篇完全是研究这类方程的,希望这种忽视是不合理的.

特别,在现在这篇里,完全从黎曼的观点出发,对一域上的混合型方程(此方程在该域的一部分是椭圆型的,在另一部分是双曲型的),要找出足以确定它在这一域上的解的条件.为此,在第 9 章之后,立刻仿照椭圆型方程论的发展过程,限于方程

$$y\frac{\partial^2 z}{\partial x^2}+\frac{\partial^2 z}{\partial y^2}=0 \tag{E}$$

的研究,这方程可以看作混合型方程中的典型,犹如拉普拉斯方程 $\Delta z=0$ 可以看作椭圆型方程的典型一样.

对于方程(E),仅用上述工作中所采用的方法不能完全解决我们所说的问题,必须广泛而系统地运用积分方程论这一分析里的有力的工具.在这类问题的研究中,如果没有积分方程理论,就难以深入一步,我们认为这样的断言不会是错误的.

现在来作较详细的介绍,首先,在第 9 章中先把混合型方程化为标准型.然后建立了某种情况下的一个唯一性定理,在这种情况中,在椭圆型半平面内的任意一根曲线以及其他的半平面内的一段特征线所构

成的某一开路径上给出了方程(E)的解的数值.

解的唯一性既经证明,我们就转而证明上述的解的存在性定理,为此,首先研究了方程(E)的某些重要的特解.然后,就椭圆型半平面上的一个闭路的准备情况证明了解的存在性,这闭路以 x 轴(即方程的变型线)的一段为它的一部分.

从而找到了 $\tau(x)$ 和 $\nu(x)$ 之间的一个基本关系式,这里 $\tau(x)$ 和 $\nu(x)$ 分别表示方程(E)的任意一个解以及此解对 y 的微商在 x 轴上所取的值.由此,再运用一个证明唯一性定理时就已经得到的关系式,便得到一个关于 $\nu(x)$ 的积分方程.这积分方程的反演问题和确定方程(E)的满足边界条件的解的问题是等价的,关于这种解的唯一性已经证明了.现在,一切乃归之于证明所得到的积分方程的可解性.第14,15章便是研究这个问题,在其中第14章把方程化成某个二类弗雷德霍姆奇异方程(和寻常的积分不同,我们得到一个发散的积分,在柯西意义下我们考虑其主值),在第15章对这个方程的解作了讨论.

至于用的方法,我想提醒注意的只是在第12章里的方法,用此方法证明了关于包含 x 轴上一线段为其一部分的特殊闭路径的存在性定理.实际上,这方法以非常简单的形式给出了所要寻求的解,这方法的基础在于把已给的边界值所决定的任意一个函数展开成微分方程的特解的级数.

此外,第15章第一节关于弗雷德霍姆奇异方程的详细的讨论有其独立的兴趣.正如我们在那里所指出的,读者可以注意到这个讨论使我们能弥补了最近研究这类方程的法国作家所遗留下的很大的缺陷.

最后,还要提醒读者注意的是:在第 9 章中,由于那里讨论的方程的特殊性,所研究的函数可能会产生奇点,这是没有加以仔细考察的. 这一章结果的真正价值在于:混合型方程,一般可以用实的变换化为标准型. 换句话说,并不否认在某种特殊情况进行这种演化是有许多困难的,这些困难是需要个别加以克服的.

这项研究中所得到的主要结果的简述,已经以同样的标题发表过[①].

① Rend. R. Acc. dei Lincel (5)XXX(2),495-498(2nd Sem,1921).

符号,因此特征线会有一部分是实的,一部分是虚的.

只要有这种情况,我们就称方程为混合型方程.由方程

$$B^2 - AC = 0$$

所确定的曲线(我们假定是通常意义下的曲线),我们称之为方程的抛物型线.所考虑的域被此抛物型线分成两个部分,这两部分按

$$B^2 - AC < 0 \text{ 或 } B^2 - AC > 0$$

分别称为椭圆型部分或者双曲型部分.

我们知道,椭圆型方程总可以用实变数代换化为标准形式

$$\frac{\partial^2 z}{\partial x^2} + \frac{\partial^2 z}{\partial y^2} + a_1 \frac{\partial z}{\partial x} + b_1 \frac{\partial z}{\partial y} + c_1 z + d_1 = 0 \quad (9.4)$$

这里新系数 a_1, b_1, c_1 和 d_1 不难用原来的系数来表示.

双曲型方程也可以用实的坐标变换化为标准形式

$$\frac{\partial^2 z}{\partial x \partial y} + a_2 \frac{\partial z}{\partial x} + b_2 \frac{\partial z}{\partial y} + c_2 z + d_2 = 0 \quad (9.5)$$

最后,抛物型方程用实的坐标变换总可以化为标准形式

$$\frac{\partial^2 z}{\partial x^2} + a_3 \frac{\partial z}{\partial x} + b_3 \frac{\partial z}{\partial y} + c_3 z + d_3 = 0 \quad (9.6)$$

至于把混合型方程化为标准形式我们能说些什么呢?我们首先来考虑这个问题.

9.2 化混合型方程为标准形式的第一个步骤

对一混合型方程,希望保持在实域内而用上面说过的任一变换显然是不可能的.上面说的变换,其中

第三种变换只在恒等式 $B^2-AC=0$ 成立时才有效，而其余两种变换中任一种仅仅在域的一个部分内是实的，而在域的另一个部分（B^2-AC 有相反符号的部分）便不再是实的. 因此，对于混合型方程，我们要采取的标准形式和形式(9.4)(9.5)或(9.6)必有所不同.

为避免冗长的计算，我们将演化的过程分为两个步骤. 首先注意，当旧变数(x,y)被新的变数(x_1,y_1)所代换时，如果新旧变数之间以下面可逆的关系式相联系

$$x_1=x_1(x,y),y_1=y_1(x,y) \tag{9.7}$$

于是方程(9.1)变为同形式的另一个方程

$$A_1\frac{\partial^2 z}{\partial x_1^2}+2B_1\frac{\partial^2 z}{\partial x_1\partial y_1}+C_1\frac{\partial^2 z}{\partial y_1^2}+$$

$$D_1\frac{\partial z}{\partial x_1}+E_1\frac{\partial z}{\partial y_1}+Fz+G=0 \tag{9.8}$$

这方程的系数是新的，可以用原来方程的旧系数表示如下

$$\begin{cases}A_1=A\left(\dfrac{\partial x_1}{\partial x}\right)^2+2B\dfrac{\partial x_1}{\partial x}\dfrac{\partial x_1}{\partial y}+C\left(\dfrac{\partial x_1}{\partial y}\right)^2\\ B_1=A\dfrac{\partial x_1}{\partial x}\dfrac{\partial y_1}{\partial x}+B\left(\dfrac{\partial x_1}{\partial x}\dfrac{\partial y_1}{\partial y}+\dfrac{\partial x_1}{\partial y}\dfrac{\partial y_1}{\partial x}\right)+C\dfrac{\partial x_1}{\partial y}\dfrac{\partial y_1}{\partial y}\\ C_1=A\left(\dfrac{\partial y_1}{\partial x}\right)^2+2B\dfrac{\partial y_1}{\partial x}\dfrac{\partial y_1}{\partial y}+C\left(\dfrac{\partial y_1}{\partial y}\right)^2\\ D_1=A\dfrac{\partial^2 x_1}{\partial x^2}+2B\dfrac{\partial^2 x_1}{\partial x\partial y}+C\dfrac{\partial^2 x_1}{\partial y^2}+D\dfrac{\partial x_1}{\partial x}+E\dfrac{\partial x_1}{\partial y}\\ E_1=A\dfrac{\partial^2 y_1}{\partial x^2}+2B\dfrac{\partial^2 y_1}{\partial x\partial y}+C\dfrac{\partial^2 y_1}{\partial y^2}+D\dfrac{\partial y_1}{\partial x}+E\dfrac{\partial y_1}{\partial y}\end{cases} \tag{9.9}$$

假如式(9.7)中一个函数,譬如 y_1,被任意选定,于是令式(9.9)的第二个等式的右边等于零,便得到一个关于函数 x_1 的线性齐次一阶偏微分方程

$$\frac{\partial x_1}{\partial x}\left(A\frac{\partial y_1}{\partial x}+B\frac{\partial y_1}{\partial y}\right)+\frac{\partial x_1}{\partial y}\left(B\frac{\partial y_1}{\partial x}+C\frac{\partial y_1}{\partial y}\right)=0 \tag{9.10}$$

取这个方程的一个实的特解(这种解是很多的),则方程(9.8)便没有第二项了. 把这方程用系数 A_1 或 C_1(总有一个不恒等于零的[①])来除,例如用 C_1 来除,于是我们把方程化成下面的形式

$$a\frac{\partial^2 z}{\partial x_1^2}+\frac{\partial^2 z}{\partial y_1^2}+b\frac{\partial z}{\partial x_1}+c\frac{\partial z}{\partial y_1}+fz+g=0 \tag{9.11}$$

这里 $a,b,\cdots,g$ 是新变数 x_1 和 y_1 的某些函数.

9.3　化混合型方程为标准形式的第二个步骤(一)

这就完成了化方程(9.1)为标准形式的第一个步骤,在所得到的方程中,用早先的表达式 B^2-AC 所表示的量已化简为 $-a$;因此,只要令方程(9.11)的第一个系数为零,就得到它的抛物型线. 第二个步骤的目的是使得抛物型线和一根坐标轴相重合,特别是和横

---

① A_1 和 C_1 不可能同时为零,因为式(9.9)前面三个方程是把 A, B 和 C 变为 A_1,B_1 和 C_1 的线性变换,这个线性变换的行列式等于 $\left[\frac{\partial(x_1,y_1)}{\partial(x,y)}\right]^3$ 了,所以不等于零.

坐标轴相重合，为此，我们只要引进这样的新的变数x_2，y_2，使得方程(9.1)对于这新的变数采取形式

$$y_2\frac{\partial^2 z}{\partial x_2^2}+\frac{\partial^2 z}{\partial y_2^2}+\cdots=0$$

设新变数和旧变数之间以下面可逆的关系式相联系

$$x_2=x_2(x_1,y_1),y_2=(x_1,y_1)\qquad(9.12)$$

从方程组(9.9)的第三个方程，我们立即看到，只要下面方程组被满足，便达到我们的目的

$$\begin{cases}a\dfrac{\partial x_2}{\partial x_1}\cdot\dfrac{\partial y_2}{\partial x_1}+\dfrac{\partial x_2}{\partial y_1}\cdot\dfrac{\partial y_2}{\partial y_1}=0\\ a\left(\dfrac{\partial x_2}{\partial x_1}\right)^2+\left(\dfrac{\partial x_2}{\partial y_1}\right)^2=y_2\left[a\left(\dfrac{\partial y_2}{\partial x_1}\right)^2+\left(\dfrac{\partial y_2}{\partial y_1}\right)^2\right]\end{cases}\qquad(9.13)$$

因此，问题归结为证明可能确定x_1和y_1的两个实函数满足方程组(9.13).

为了这个目的，我们注意，由于第一个方程，第二个方程可以改写成

$$a\left(\frac{\partial x_2}{\partial x_1}\right)^2+\left(\frac{\partial x_2}{\partial y_1}\right)^2=y_2\left[a\left(\frac{\partial y_2}{\partial x_1}\right)^2+a^2\left(\frac{\dfrac{\partial x_2}{\partial x_1}\cdot\dfrac{\partial y_2}{\partial x_1}}{\dfrac{\partial x_2}{\partial y_1}}\right)^2\right]$$

从此式右边的括号中提出表达式

$$\frac{\left(\dfrac{\partial y_2}{\partial x_1}\right)^2}{\left(\dfrac{\partial x_2}{\partial y_1}\right)^2}$$

约去两边的公因式之后得

$$\left(\frac{\partial x_2}{\partial y_1}\right)^2=ay_2\left(\frac{\partial y_2}{\partial x_1}\right)^2$$

或

$$\frac{\partial x_2}{\partial y_1} \mp \sqrt{a y_2}\, \frac{\partial y_2}{\partial x_1} = 0$$

这方程和方程组(9.13)的第一个方程一起化成方程组

$$\begin{cases} \dfrac{\partial x_2}{\partial x_1} \pm \sqrt{\dfrac{y_2}{a}}\, \dfrac{\partial y_2}{\partial y_1} = 0 \\ \dfrac{\partial x_2}{\partial y_1} \mp \sqrt{a y_2}\, \dfrac{\partial y_2}{\partial x_1} = 0 \end{cases} \tag{9.14}$$

要证明这方程组在实域内总有解,我们作代换

$$y_2 = a\varphi^2 \tag{9.15}$$

于是方程组化简成下面的形式

$$\frac{\partial x_2}{\partial x_1} \pm \varphi \frac{\partial (a\varphi^2)}{\partial y_1} = 0;\ \frac{\partial x_2}{\partial y_1} \mp a\varphi \frac{\partial (a\varphi^2)}{\partial x_1} = 0 \tag{9.16}$$

如果把方程组(9.16)的第一式对 y_1 微分,第二式对 x_1 微分,把这样得到的两个式子相减,我们就消去了 x_2 而得到如下的 φ 的二阶方程

$$\frac{\partial}{\partial x_1}\left[a\varphi \frac{\partial (a\varphi^2)}{\partial x_1}\right] + \frac{\partial}{\partial y_1}\left[\varphi \frac{\partial (a\varphi^2)}{\partial y_1}\right] = 0$$

去括号,得

$$a \frac{\partial^2 \varphi}{\partial x_1^2} + \frac{\partial^2 \varphi}{\partial y_1^2} + F\left(\varphi, \frac{\partial \varphi}{\partial x_1}, \frac{\partial \varphi}{\partial y_1}\right) = 0 \tag{9.17}$$

这里 F 是三个变数的有理函数,不难把它算出来.

9.4　化混合型方程为标准形式的第二个步骤(二)

确定了满足方程(9.17)的实函数 φ 以后,利用方程(9.15)就得到 y_2,而利用方程(9.16)和求积分就得到 x_2. 函数 y_2 及 x_2 和 φ 一样,也是实函数.

因此,问题归结为证明二阶方程(9.17)有实数解,要证明这个事实,只要证明:对于实的初始条件,毋须引进虚数就可以解决方程(9.17)的柯西问题.

我们知道①,在证明柯西问题(在解析域内)可解时,先要解和所给的微分方程有关的一系列方程组,就是说,这一系列方程组所包括的方程,首先是把所给的方程微分之后而得到,其次是和起始条件有关的方程:因此计算未知函数在某一点的各阶导数是可能的.

我们用这些系数得到未知函数的幂级数的展开式以后,进而证明这个级数具有非零的收敛域,这样便得到方程满足已知条件的实数解.

显然,欲使这个解为实解,其充要条件是上述展开式中的系数是实的,也就是在该点的各阶导数是实的. 而用以计算各阶导数的一系列方程组(给出二阶导数的第一个方程组除外②)都是线性的,因而,在它们的解内不可能出现任何虚数;因此,由于我们假定了所有初始值条件都是实的,我们得到在实域内柯西问题可解的条件就是:毋须引进虚数,给出二阶导数初始值的方程可解.

---

① 参考 P. 112 中脚注中所援引的 E. Goursat 的书,Vol. I. Ch. I. Sects 16 和 17,p. 24ff.

② 如果已经给出起始带,那么一阶导数的值就早已给定.

在我们的情况,如果把已知的起始带借助下列方程用参数表示出来

$$\begin{cases} x_1=f_1(\theta), y_1=f_2(\theta), \varphi=f_3(\theta) \\ \dfrac{\partial\varphi}{\partial x_1}=f_4(\theta), \dfrac{\partial\varphi}{\partial y_1}=f_5(\theta) \end{cases} \tag{1.18}$$

这里 $f_1, f_2, \cdots, f_5$ 是参变数 θ 的实函数,那么刚才我们提到的方程组就包括方程(9.17) 以及把下式对 x_1 和 y_1 微分而得到的两个方程

$$\frac{\mathrm{d}\varphi}{\mathrm{d}\theta}=\frac{\partial\varphi}{\partial x_1}\cdot\frac{\mathrm{d}x_1}{\mathrm{d}\theta}+\frac{\partial\varphi}{\partial y_1}\cdot\frac{\mathrm{d}y_1}{\mathrm{d}\theta} \tag{9.19}$$

显然,这式在起始线上是成立的. 这样我们得到方程组

$$\begin{cases} a\dfrac{\partial^2\varphi}{\partial x_1^2}+\dfrac{\partial^2\varphi}{\partial y_1^2}+F\left(\varphi,\dfrac{\partial\varphi}{\partial x_1},\dfrac{\partial\varphi}{\partial y_1}\right)=0 \\ f'_4(\theta)=\dfrac{\partial^2\varphi}{\partial x_1^2}f'_1(\theta)+\dfrac{\partial^2\varphi}{\partial x_1\partial y_1}f'_2(\theta) \\ f'_5(\theta)=\dfrac{\partial^2\varphi}{\partial x_1\partial y_1}f'_1(\theta)+\dfrac{\partial^2\varphi}{\partial y_1^2}f'_2(\theta) \end{cases} \tag{9.20}$$

但是,方程组(9.20) 对于 φ 的三个二阶导数是线性的,因此,在我们的情况,柯西问题在实域内有解. 这样一来,总可以找到微分方程(9.17) 任意多的实解.

由此,我们得到下面的结论:

形如方程(9.1) 的任意微分方程可以利用实变换化为标准形式

$$y\frac{\partial^2 z}{\partial x^2}+\frac{\partial^2 z}{\partial y^2}+a\frac{\partial z}{\partial x}+b\frac{\partial z}{\partial y}+cz+d=0 \tag{9.21}$$

这里 a, b, c, d 是 x 和 y 的确定的函数.

注意:欲作这种演化,并不需要假定方程(9.1) 是真正的混合型，也就是不必假定 B^2-AC 在 (x,y) 平面上考虑的域 G 确实变号. 虽然，我们得到的方程 (9.21) 似乎一定为混合型. 这矛盾是表面的，很容易搞清楚，事实上，如果量 B^2-AC 在域 G 内不变号，那么显然方程(9.11) 里的函数 a 在 (x_1,y_1) 平面上的域 G_1 内就不变号，这里的 G_1 是 G 借变换(9.7) 变来的.

如果 a 不变号，那么由方程(9.15)，y_2(即方程 (9.21) 里的 y) 在 (x_2,y_2) 平面上的域 G_2 内也不变号，这里域 G_2 对应于域 G_1 和 G. 因此 G_3 在轴 x_2 的一边，于是方程(9.21) 便不是混合型，而或为椭圆型或为双曲型.

9.5 标准形方程特征线的研究

方程(9.21) 的抛物型线和 x 轴相重合并将平面分为两个半平面，在其中一个半平面(上半平面或椭圆型半平面) 内，有不等式 $B^2-AC=-y<0$，因此特征线是虚的，而在另一个半平面内(下半平面或双曲型半平面) 我们总有不等式 $B^2-AC=-y>0$，因此特征线是实的. 在研究实特征线的情形时，我们看到，在新的变数中，微分方程(9.2) 将取特别简单的形式

$$y\mathrm{d}y^2+\mathrm{d}x^2=0 \tag{9.22}$$

这方程的通解是

$$x=C\pm\frac{2}{3}(-y)^{\frac{3}{2}} \tag{9.23}$$

其中 C 是任意常数，通解又可写成

$$(x-C)^2+\frac{4}{9}y^3=0 \tag{9.24}$$

由此可见，引自 x 轴上同一点而属于不同簇的二特征线可以看作同一曲线的两支.

方程(9.24)说明这些特征线，确切地说，这些成对的特征线是平面三次抛物线，其尖点在 x 轴上，在尖点的切线方向和 y 轴方向平行(图9.1). 从分枝理论的观点看来，这样的每一对特征线形成完整的一枝，而每一特征线，分开来看，是构成此枝的部分. 在圆内，用实线表示一簇特征线，而用虚线表示另一簇特征线.

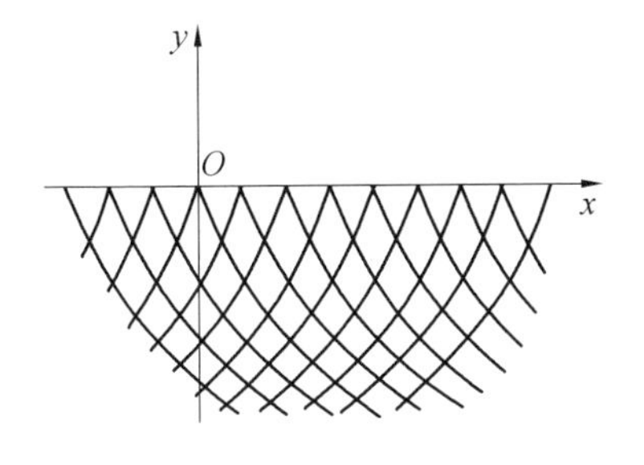

图 9.1

9.6　标准形方程的退缩椭圆型方程和退缩双曲型方程

x 轴把整个平面分成两个半平面，在每一个半平面之内方程(9.21)可以化成两种古典的标准形式(9.4)和(9.5)中的一种，例如在椭圆型半平面内，取特征方程的任一特解的实的部分和虚的部分作为新变数，则方程(9.21)可化成(9.4)的样子；例如

$$\xi=x,\eta=\frac{2}{3}y^{\frac{3}{2}} \tag{9.25}$$

当 $y>0$ 时，这个变换是实的并且是可逆的. 用这变换，我们把方程(9.21) 化成形式

$$\frac{\partial^2 z}{\partial \xi^2}+\frac{\partial^2 z}{\partial \eta^2}+a_1\frac{\partial z}{\partial \xi}+\left(\frac{1}{3\eta}+b_1\right)\frac{\partial z}{\partial \eta}+c_1 z+d_1=0 \tag{9.26}$$

这里 a_1,b_1,c_1,d_1 由下面的公式所确定

$$\begin{cases}a_1=K^2a,b_1=Kb,c_1=K^2c\\ d_1=K^2d \quad \left(K=\sqrt[3]{\dfrac{2}{3\eta}}\right)\end{cases} \tag{9.27}$$

我们称方程(9.26) 为方程(9.21) 的退缩椭圆型方程，方程(9.26) 的系数在直线 $\eta=0$ 上变为无穷大，(ξ,η) 平面内直线 $\eta=0$ 对应于(x,y) 平面内的抛物型线.

同样，在双曲型半平面内，如果取不同簇的两个特征方程的特解作为新变数，则方程(9.21) 可以化为标准形式(9.5)，例如

$$\xi=x-\frac{2}{3}(-y)^{\frac{3}{2}},\eta=x+\frac{2}{3}(-y)^{\frac{3}{2}} \tag{9.28}$$

在 $y<0$ 时，这个变换是实的并且是可逆的. 用这个变换我们把方程(9.21) 化为

$$\frac{\partial^2 z}{\partial \xi \partial \eta}-\left(\frac{\frac{1}{6}}{\xi-\eta}+a_2\right)\frac{\partial z}{\partial \xi}+\left(\frac{\frac{1}{6}}{\xi-\eta}+b_2\right)\frac{\partial z}{\partial \eta}+c_2 z+d_2=0 \tag{9.29}$$

这里

$$\begin{cases} a_2 = K'\left(\dfrac{1}{2}b + K'a\right) \\ b_2 = K'\left(\dfrac{1}{2}b - K'a\right) \\ c_2 = -K'^2 c \\ d_2 = -K'^2 d \quad \left(K' = \sqrt[3]{\dfrac{1}{6(\xi-\eta)}}\right) \end{cases} \tag{9.30}$$

我们称方程(9.29)为方程(9.21)的退缩双曲型方程.方程(9.29)的系数在直线$\xi-\eta=0$上也变为无穷大,(ξ,η)平面内直线$\xi-\eta=0$相当于(x,y)平面内的抛物型线.

注意在椭圆型(x,y)半平面上的点和(ξ,η)平面上的点之间,公式(9.25)并不建立一个一一对应,因为公式里出现的指数3/2使得符号不定,因此在(x,y)平面上的每一点对应着(ξ,η)平面上的两点,这两点关于ξ轴是对称的.但是我们可以选定两个半平面中的任一个,例如上半平面($\eta>0$),我们就限制在这个半平面中进行研究,于是对应可以看作一对一的.在以后我们总是这样假定.对变换(9.28)有类似的说明.

9.7　方　程　(E)

我们不研究一般方程(9.21),而来研究第8章中所谈到的特殊方程(E),这对进一步研究混合型方程是有好处的.方程(E)是方程(9.21)中包含二阶项的那一部分.这样一来,我们正好和椭圆型方程理论的历史发展过程相一致,在很长一段时间内,椭圆型方程理论中从事研究的只不过是拉普拉斯方程 $\Delta z=0$，任何椭圆型方程都可以化为方程(9.4)，而拉普拉斯方程是方程(9.4)中只包含二阶项的那一部分.

于是像椭圆型方程情况一样，可以期望本节中建立的关于方程(E)的一切性质，对于一般混合型方程也成立，至少在小区域内，即在直径充分小的区域内是成立的.

对于方程(E)，退缩椭圆型和退缩双曲型方程是什么样子呢？在这个特殊情况，$a=b=c=d=0$，代入方程(9.27)和(9.30)，我们有 $a_1=b_1=c_1=d_1=0$ 及 $a_2=b_2=c_2=d_2=0$，因此，退缩椭圆型方程可写成形式

$$\frac{\partial^2 z}{\partial \xi^2}+\frac{\partial^2 z}{\partial \eta^2}+\frac{1}{3\eta}\frac{\partial z}{\partial \eta}=0 \qquad (E_1)$$

而退缩双曲型方程可以写成

$$\frac{\partial^2 z}{\partial \xi \partial \eta}-\frac{1}{6(\xi-\eta)}\left(\frac{\partial z}{\partial \xi}-\frac{\partial z}{\partial \eta}\right)=0 \qquad (E_2)$$

最后这个方程就是欧拉－泊松①方程，其系数 $\beta=\beta'=\frac{1}{6}$；对于以后的研究，这是一个很重要的事实②.

---

① 见 G. Darboux, “Lecons sur la théorie générale des surfaces”, 2° édit. p. 2 liv Ⅳ, chap Ⅲ(Ⅱ p. 54ff,)Paris(1914-1915).

② 特里谷米并没有谈到把方程化为标准形式时他所采用的方法中所发生的困难，即方程(9.17)中的表达式 F 的分母中含有 a，因此 F 在初始线上为无穷. 因此，在初始线上就不能随意地给定 $\frac{\partial\varphi}{\partial x}$ 和 $\frac{\partial\varphi}{\partial y}$ 的数值，先化为特征坐标 ξ,η，然后再用变换(9.28)化为标准形式，这样比较好些.

唯一性定理

第10章

10.1　定理的陈述及在双曲半平面内方程(E)的解 $z(x,y)$ 通过 $\tau(x)=(x,0)$ 和 $\nu(x)=\left(\frac{\partial z}{\partial y}\right)_{y=0}$ 的表达式

我们考虑微分方程

$$y\frac{\partial^2 z}{\partial x^2}+\frac{\partial^2 z}{\partial y^2}=0 \tag{E}$$

命 A 和 B 是通过双曲半平面的一点 C 的二特征线和 x 轴的交点. 命 σ 是任一连接 A 和 B 的曲线,它完全在椭圆半平面内,它和椭圆型方程理论中所考虑的线路具有相同的一般性,我们断言:

在曲线 σ,AC 和 CB 所围成的域内,方程(E)不可能有一个以上的正则[1]解，在曲

① 若函数在某域内及其边界上为有穷且连续而其一阶数商在这域内为有穷且连续,我们就说这函数在这域内为正则. 在现在情况下，我们还要假定,若 $\frac{\partial z}{\partial y}$ 在 A 或 B 无穷增大,则其无穷大的阶小于 $\frac{5}{6}$.

线 σ 和二特征线 AC 和 CB 之一,(如 AC) 上取已给的连续界值(图 10.1).

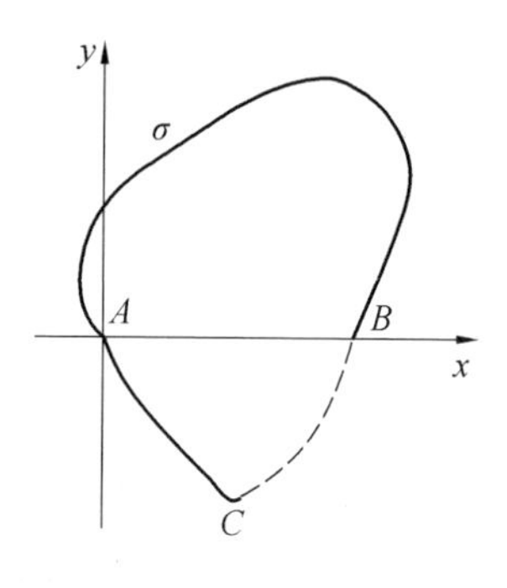

图 10.1

在证明这个定理时,为了方便起见,我们不妨取 A 为坐标原点,从 A 到 B 的方向为 x 轴的正方向,AB 线段的长为长度的单位,在以下讨论中恒保持这个假定,方程(E) 的任一正则解在线段 AB 上所取的值形成一个有界且连续的函数 $\tau(x)$,这函数定义在区间(0,1) 上. 另外,函数$\frac{\partial z}{\partial y}$ 在这线段上所取的值也形成另一个函数 $\nu(x)$,这函数在区间(0,1) 之内仍为有穷且连续,但若 x 趋于 0 或 1 时,$\nu(x)$ 也可能趋于无穷,而无穷的阶却小于 5/6.

现在先说明在三角形 ABC 中任一点,z 的值怎样借助函数 $\tau(x)$ 和 $\nu(x)$ 表示出来.

我们看到,方程(E) 的退缩双曲型方程可以化为欧拉一泊松方程,其系数为 $\beta=\beta'=\frac{1}{6}$,所以在上述三角形中,方程(E) 的解可以用下面的公式来表示

$$z = (\eta-\xi)^{\frac{2}{3}}\int_0^1 \Phi[\xi+(\eta-\xi)t]t^{-\frac{1}{6}}\cdot (1-t)^{-\frac{1}{6}}\mathrm{d}t+\int_0^1 \Psi[\xi+(\eta-\xi)t]t^{-\frac{5}{6}}(1-t)^{-\frac{5}{6}}\mathrm{d}t \tag{10.1}$$

其中 Φ,Ψ 是任意函数[1]；或者，按上一章公式(9.28)，把变数 ξ,η 化为变数 x,y，则方程(E)的解可以用下面的公式表示

$$z = -\left(\frac{4}{3}\right)^{\frac{2}{3}} y\int_0^1 \Phi\left[x+\frac{2}{3}(-y)^{\frac{3}{2}}(2t-1)\right]t^{-\frac{1}{6}}\cdot (1-t)^{-\frac{1}{6}}\mathrm{d}t+\int_0^1 \Psi\left[x+\frac{2}{3}(-y)^{\frac{3}{2}}(2t-1)\right]t^{-\frac{5}{6}}(1-t)^{-\frac{5}{6}}\mathrm{d}t \tag{10.2}$$

在方程(10.2)中命 $y=0$，乃得

$$\tau(x)=\Psi(x)\int_0^1 t^{-\frac{5}{6}}(1-t)^{-\frac{5}{6}}\mathrm{d}t$$

由此

$$\Psi(x)=\frac{\Gamma\left(\frac{1}{3}\right)}{\Gamma^2\left(\frac{1}{6}\right)}\tau(x) \tag{10.3}$$

其中 Γ 表示通常为欧拉第二类函数. 这样便得到了函数 Ψ 的值；为了寻求函数 Φ 的值，我们将表达式(10.2)对 y 求微商

[1] 参考达布，Lecons sur la théorie gén. des surfaces，第二卷第68页，也可以直接代入以验证：于任意 Φ 和 Ψ 函数(10.1)是方程(E_1)的解. 译者按：可参考吴新谋先生的《数学物理方程讲义》(高等教育出版社)第二章.

$$\frac{\partial z}{\partial y}= -\left(\frac{4}{3}\right)^{\frac{2}{3}}\int_0^1 \Phi\left[x+\frac{2}{3}(-y)^{\frac{3}{2}}(2t-1)\right]\cdot$$
$$t^{-\frac{1}{6}}(1-t)^{-\frac{1}{6}}\mathrm{d}t+$$
$$\left(\frac{4}{3}\right)^{\frac{2}{3}}(-y)^{\frac{1}{2}}\int_0^1 \Phi'\left[x+\frac{2}{3}(-y)^{\frac{3}{2}}\cdot\right.$$
$$\left.(2t-1)\right]\cdot(2t-1)t^{-\frac{1}{6}}(1-t)^{-\frac{1}{6}}\mathrm{d}t-$$
$$(-y)^{\frac{1}{2}}\int_0^1 \Psi'\left[x+\frac{2}{3}(-y)^{\frac{3}{2}}\cdot\right.$$
$$\left.(2t-1)\right]\cdot(2t-1)t^{-\frac{5}{6}}(1-t)^{-\frac{5}{6}}\mathrm{d}t$$

命其中 $y=0$，我们就得到

$$\nu(x)= -\left(\frac{4}{3}\right)^{\frac{2}{3}}\Phi(x)\int_0^1 t^{-\frac{1}{6}}(1-t)^{-\frac{1}{6}}\mathrm{d}t$$

所以

$$\Phi(x)= -\left(\frac{3}{4}\right)^{\frac{2}{3}}\frac{\Gamma\left(\frac{5}{3}\right)}{\Gamma^2\left(\frac{5}{6}\right)}\nu(x) \tag{10.4}$$

由此我们可以断定：在三角形 ABC 中任一点 x,y，函数 z 的值可以借助下面的公式来表示

$$z= \gamma_1\int_0^1 \tau\left[x+\frac{2}{3}(-y)^{\frac{3}{2}}(2t-1)\right]t^{-\frac{5}{6}}\cdot$$
$$(1-t)^{-\frac{5}{6}}\mathrm{d}t+\left(\frac{4}{3}\right)^{\frac{2}{3}}\gamma_2 y\int_0^1 \nu\left[x+\frac{2}{3}(-y)^{\frac{3}{2}}\cdot\right.$$
$$\left.(2t-1)\right]t^{-\frac{1}{6}}(1-t)^{-\frac{1}{6}}\mathrm{d}t \tag{10.5}$$

其中

$$\gamma_1=\frac{\Gamma\left(\frac{1}{3}\right)}{\Gamma^2\left(\frac{1}{6}\right)}=\frac{\sqrt[3]{4}\,\pi}{3\Gamma^3\left(\frac{1}{3}\right)}$$

$$\gamma_2=\left(\frac{3}{4}\right)^{\frac{2}{3}}\frac{\Gamma\left(\frac{5}{3}\right)}{\Gamma^2\left(\frac{5}{6}\right)}=\frac{\sqrt[3]{6}\,\Gamma^3\left(\frac{1}{3}\right)}{4\pi^2}\tag{10.6}$$

10.2　于已给函数 $\tau(x)$ 和 $\nu(x)$，解 z 的唯一性(一)

方程(10.5)的重要性在于：对于任何函数 $\tau(x)$ 和 $\nu(x)$，假定这些函数有界且连续(或趋于无穷而其阶分别小于$\frac{1}{6}$和$\frac{5}{6}$)，则式(10.5)的右边就在三角形 ABC 内定义了方程(E)的一个正则解 z. 当 $y=0$ 时，这个解化为 $\tau(x)$，而其微商$\frac{\partial z}{\partial y}$则化为 $\nu(x)$. 所以我们可以断言：在三角形 ABC 中，总存在着方程(E)的一个正则解，此解及其微商$\frac{\partial z}{\partial y}$在线段 AB 上取任意预先给定的数值. 换言之，即使线段 AB 在方程(E)的双曲域的边界内，仍然有方程(E)的解存在，它在 AB 线段上取任意给定的柯西条件.

我们现在证明所说的解是唯一的. 来考虑退缩双曲型方程(E_2)，我们就要证明：如果 A',B',C' 表示 $\xi\eta$① 平面上 A,B,C 的对应点，那么在直线三角形 $A'B'C'$ 中，方程(E_2)不可能有多于一个正则解存在，

① 在(ξ,η)平面上由相当于抛物型曲线的直线 $\xi=\eta$ 所确定的两个半平面，我们考虑其中 $\eta>\xi$ 的一个半平面.

此解及其一阶微商在线段 $A'B'$ 上取预先给定的数值[①].

我们首先注意到,倘若线段 $A'B'$ 所在的直线 $\xi=\eta$ 不是方程(E_2)的奇线,则所说的命题可以从双曲型方程解的黎曼方法的基本定理直接推出:然而,方程(E_2)的系数于 $\xi=\eta$ 变为无穷,因此需要作以下的证明,这证明仍以上述的黎曼方法为依据.

在三角形 $A'B'C'$ 中,我们考虑任一曲线 Γ,此曲线和每一平行于坐标轴 ξ 或 η 的直线(特征线)交于一点且只交于一点,并假设方程(E_2)的一解 z 及其一阶微商在这曲线上为已知. 以 $Z(\xi_0,\eta_0;\xi,\eta)$ 表示方程(E_2)的黎曼函数,即在通过点 $P(\xi_0,\eta_0)$ 的特征线上取某确定数值的方程的解. 如果我们命

$$u(\xi_0,\eta_0;\xi,\eta)=Z(\xi,\eta;\xi_0,\eta_0)$$

且以 P_1,P_2 表示曲线 Γ 分别和通过点 P 的特征线 $\xi=\xi_0$ 和 $\eta=\eta_0$ 的交点,那么 z 在点 P 的值可以借助下面的公式来表示

$$z(P)=\frac{1}{2}[(uz)_{P_1}+(uz)_{P_2}]-$$

$$\int_{P_1}^{P_2}\left[\frac{1}{6}\frac{uz}{\xi-\eta}+\frac{1}{2}\left(u\frac{\partial z}{\partial\xi}-z\frac{\partial u}{\partial\xi}\right)\right]\mathrm{d}\xi+$$

---

① 在上面提及的达布的书中,证明了公式(10.1)于适当选取函数 $\Phi(x)$ 和 $\Psi(x)$ 表示方程(E_2)的任一正则解. 由此立刻推出所说的命题. 然而由于这命题极其重要,我们认为在这里叙述其直接的证明是适当的. 此外我们在这里还需要假定在线段 $A'B'$ 上,z 的二阶微商也是连续的. 参见吴新谋先生的《数学物理方程讲义》.

$$\int_{P_1}^{P_2}\left[\frac{1}{6}\ \frac{uz}{\xi-\eta}-\frac{1}{2}\left(u\frac{\partial z}{\partial \eta}-z\frac{\partial u}{\partial \eta}\right)\right]\mathrm{d}\eta \tag{10.7}$$

其中取曲线 Γ 为积分路径.

在我们所考虑的情况下,由于黎曼关于欧拉－泊松方程的一个基本结果①,则可以明显地确定函数 u 如下

$$\begin{cases} u=\dfrac{(\eta-\xi)^{\frac{1}{3}}}{(\eta-\xi_0)^{\frac{1}{6}}(\eta_0-\xi)^{\frac{1}{6}}}F\left(\dfrac{1}{6},\dfrac{1}{6},1;\sigma\right) \\ \sigma=\dfrac{(\xi-\xi_0)(\eta_0-\eta)}{(\eta_0-\xi)(\eta-\xi_0)} \end{cases} \tag{10.8}$$

其中 F 表示高斯(Gauss)超几何函数. 将式(10.8)对 ξ 和 η 求微商,我们就得到

$$\begin{cases} \dfrac{\partial u}{\partial \xi}=\dfrac{1}{36}\ \dfrac{(\eta_0-\xi_0)^{\frac{2}{3}}(\eta_0-\eta)}{(\eta-\xi_0)^{\frac{5}{6}}(\eta_0-\xi)^{\frac{11}{6}}}F\left(\dfrac{5}{6},\dfrac{5}{6},2;\sigma\right)- \\ \qquad\dfrac{1}{6}\ \dfrac{(\eta_0-\xi)+(\eta_0-\eta)}{(\eta-\xi)^{\frac{2}{3}}(\eta_0-\xi)^{\frac{7}{6}}(\eta-\xi_0)^{\frac{1}{6}}}F\left(\dfrac{1}{6},\dfrac{1}{6},1;\sigma\right) \\ \dfrac{\partial u}{\partial \eta}=-\dfrac{1}{36}\ \dfrac{(\eta_0-\xi_0)^{\frac{2}{3}}(\xi-\xi_0)}{(\eta_0-\xi)^{\frac{5}{6}}(\eta-\xi_0)^{\frac{11}{6}}}F\left(\dfrac{5}{6},\dfrac{5}{6},2;\sigma\right)+ \\ \qquad\dfrac{1}{6}\ \dfrac{(\eta-\xi_0)+(\xi-\xi_0)}{(\eta-\xi)^{\frac{2}{3}}(\eta_0-\xi_0)^{\frac{7}{6}}(\eta_0-\xi)^{\frac{1}{6}}}F\left(\dfrac{1}{6},\dfrac{1}{6},1;\sigma\right) \end{cases} \tag{10.9}$$

我们求函数 $u,\dfrac{\partial u}{\partial \xi},\dfrac{\partial u}{\partial \eta}$ 在曲线 Γ 的线段 P_1P_2 上的

---

① 上面提及的达布的书第三卷第 83 页,可参见吴新谋先生的《数学物理方程讲义》的第二章第 3 节.

绝对值的上界. 我们假定 $P(\xi_0,\eta_0)$ 是三角形 $A'B'C'$ 中的任一点,对于直线 $A'B'$ 来说,该点 $P(\xi_0,\eta_0)$ 处于曲线 Γ 的另一边. 换言之,我们有不等式

$$\xi_0 \leqslant \xi < \eta \leqslant \eta_0$$

这表示在(10.8)和(10.9)两式中出现的各项$(\eta-\xi)$,$(\eta-\xi_0)$,$(\xi-\xi_0)$,…,都为正或为零.

在这些假定之下,我们取 Γ 为平行于直线 $\xi=\eta$ 的直线

$$\eta=\xi+r \quad (r>0)$$

如果用另外二常数 a 和 ρ 借下式来代替 ξ_0 和 η_0

$$\xi_0=a-\frac{r}{2}-\rho,\eta_0=a+\frac{r}{2}+\rho \quad (\rho \geqslant 0) \tag{10.10}$$

于是我们可以把曲线 Γ 上的线段 P_1P_2 用参数方程表示如下

$$\xi=a-\frac{r}{2}+t,\eta=a+\frac{r}{2}+t \quad (-\rho \leqslant t \leqslant \rho) \tag{10.11}$$

由此得

$$\sigma=\frac{\rho^2-t^2}{(\rho+r)^2-t^2}$$

于是可以直接证明

$$0 \leqslant \sigma \leqslant \left(\frac{\rho}{\rho+r}\right)^2 < 1$$

进而注意超几何函数

$$F(\frac{1}{6},\frac{1}{6},1;x) \text{ 和 } F(\frac{5}{6},\frac{5}{6},2;x)$$

在区间(0,1)(包括 1)恒为有界,且

$$1 \leqslant F\left(\frac{1}{6},\frac{1}{6},1;x\right) \leqslant \frac{\Gamma\left(\frac{2}{3}\right)}{\Gamma^2\left(\frac{5}{6}\right)} = \sqrt[3]{6}\,\gamma_2$$

$$1 \leqslant F\left(\frac{5}{6},\frac{5}{6},2;x\right) \leqslant \frac{\Gamma\left(\frac{1}{3}\right)}{\Gamma^2\left(\frac{7}{6}\right)} = 36\gamma_1$$

$$(0 \leqslant x \leqslant 1)$$

在线段 P_1P_2 上我们有

$$\left\{\begin{aligned}
&|u| \leqslant \sqrt[3]{6}\,\gamma_2 \frac{(\eta-\xi)^{\frac{1}{3}}}{(\eta-\xi_0)^{\frac{1}{6}}(\eta_0-\xi)^{\frac{1}{6}}} \\
&\left|\frac{\partial u}{\partial \xi}\right| \leqslant \gamma_1 \frac{(\eta_0-\xi_0)^{\frac{2}{3}}(\eta_0-\eta)}{(\eta-\xi_0)^{\frac{5}{6}}(\eta_0-\xi)^{\frac{11}{6}}} + \\
&\qquad \frac{\sqrt[3]{6}}{6}\gamma_2 \frac{(\eta_0-\xi)+(\eta_0-\eta)}{(\eta-\xi)^{\frac{2}{3}}(\eta_0-\xi)^{\frac{7}{6}}(\eta-\xi_0)^{\frac{1}{6}}} \\
&\left|\frac{\partial u}{\partial \eta}\right| \leqslant \gamma_1 \frac{(\eta_0-\xi_0)^{\frac{2}{3}}(\xi-\xi_0)}{(\eta_0-\xi)^{\frac{5}{6}}(\eta-\xi_0)^{\frac{11}{6}}} + \\
&\qquad \frac{\sqrt[3]{6}}{6}\gamma_2 \frac{(\eta-\xi_0)+(\xi-\xi_0)}{(\eta-\xi)^{\frac{2}{3}}(\eta-\xi_0)^{\frac{7}{6}}(\eta_0-\xi)^{\frac{1}{6}}}
\end{aligned}\right. \tag{10.12}$$

运用式(10.10)和(10.11)，将式(10.12)中出现的分式加以变化，当 $r \leqslant 1$ 时，便得

$$\frac{(\eta-\xi)^{\frac{1}{3}}}{(\eta-\xi_0)^{\frac{1}{6}}(\eta_0-\xi)^{\frac{1}{6}}} = \frac{r^{\frac{1}{3}}}{[(r+\rho)^2-t^2]^{\frac{1}{6}}}$$

$$\leqslant \frac{r^{\frac{1}{3}}}{(r^2+2r\rho)^{\frac{1}{6}}} \leqslant 1$$

$$\frac{(\eta_0-\xi_0)^{\frac{2}{3}}(\eta_0-\eta)}{(\eta-\xi_0)^{\frac{5}{6}}(\eta_0-\xi)^{\frac{11}{6}}}=\frac{(\rho-t)(r+2\rho)^{\frac{2}{3}}}{(r+\rho-t)[(r+\rho)^2-t^2]^{\frac{5}{6}}}$$

$$\leqslant\frac{(r+2\rho)^{\frac{2}{3}}}{(r^2+2r\rho)^{\frac{5}{6}}}\leqslant\frac{1}{r}$$

$$\frac{(\eta_0-\xi)+(\eta_0-\eta)}{(\eta-\xi)^{\frac{2}{3}}(\eta_0-\xi)^{\frac{7}{6}}(\eta-\xi_0)^{\frac{1}{6}}}$$

$$=\left(1+\frac{\rho-t}{r+\rho-t}\right)\frac{1}{r^{\frac{2}{3}}[(r+\rho)^2-t^2]}\leqslant\frac{2}{r}$$

$$\frac{(\eta_0-\xi_0)^{\frac{5}{6}}(\xi-\xi_0)}{(\eta_0-\xi)^{\frac{5}{6}}(\eta-\xi)^{\frac{11}{6}}}=\frac{(r+2\rho)^{\frac{2}{3}}(t+\rho)}{(\rho+r+t)[(r+\rho)^2-t^2]^{\frac{5}{6}}}$$

$$\leqslant\frac{(r+2\rho)^{\frac{2}{3}}}{(r^2+2r\rho)^{\frac{5}{6}}}\leqslant\frac{1}{r}$$

$$\frac{(\eta-\xi_0)+(\xi-\xi_0)}{(\eta-\xi)^{\frac{2}{3}}(\eta-\xi_0)^{\frac{7}{6}}(\eta_0-\xi)^{\frac{1}{6}}}$$

$$=\left(1+\frac{\rho+t}{r+\rho+t}\right)\frac{1}{r^{\frac{2}{3}}[(r+\rho)^2-t^2]^{\frac{1}{6}}}\leqslant\frac{2}{r}$$

由此我们断言,在线段 P_1P_2 上有不等式

$$|u|\leqslant c_1,\left|\frac{\partial u}{\partial\xi}\right|\leqslant\frac{c_2}{r},\left|\frac{\partial u}{\partial\eta}\right|\leqslant\frac{c_3}{r}\quad(10.13)$$

其中

$$c_1=\sqrt[3]{6}\,\gamma_2,c_2=\gamma_1+\frac{c_1}{3}$$ ①

① 如果由公式(10.7)取极限而导出公式(10.5),于是就自然而然地得到了唯一性定理.

10.3　于已给函数 $\tau(x)$ 和 $\nu(x)$，解 z 的唯一性(二)

确定了这些上界以后，很容易就可以完成我们的命题的证明. 我们将证明：方程(E) 不可能有这样的正则解存在，它和其一阶微商在 $A'B'$ 上等于零而其本身不恒等于零. 这显然和前节所说的定理等价.

我们令 $P(\xi_0, \eta_0)$ 为三角形 $A'B'C'$ 的一定点，且令 ε 是任一正数. 我们取 r_1 适合下列条件：

(1) 直线 $\eta = \xi + r_1$ 将点 P 和线段 $A'B'$ 分开；

(2) 在直线 $\eta = \xi + r_1$ 于三角形 $A'B'C'$ 内的线段 A_1B_1 上，也在 A_1B_1 和 $A'B'$ 之间的带形区域中，恒有

$$\left|\frac{\partial z}{\partial \xi}\right| < \varepsilon, \left|\frac{\partial z}{\partial \eta}\right| < \varepsilon$$

后面的条件显然是可以满足的，因为$\dfrac{\partial z}{\partial \xi}$和$\dfrac{\partial z}{\partial \eta}$是连续函数，而且它们在 $A'B'$ 上等于零.

于是我们注意：因为 z 是正则的，那么它在 A_1B_1 上的任一点 P' 可以用下面的公式表示

$$z(P') = z(P'') + r_1\left(\frac{\partial z}{\partial \eta}\right)_{P'''} \tag{10.14}$$

点 P'' 是 P' 沿着平行于 η 轴的方向在线段 $A'B'$ 上的投影，P''' 是在 P' 和 P'' 之间适当选取的一点. 但 $z(P'') = 0$，因 P'' 在 $A'B'$ 上，而 $\left|\left(\dfrac{\partial z}{\partial \eta}\right)_{P'''}\right| < \varepsilon$，因 P''' 在 A_1B_1 和 $A'B'$ 之间，可以从式(10.14) 推出

$$|z| < r_1\varepsilon(\text{在线段 } A_1B_1 \text{ 上}) \tag{10.15}$$

在方程(10.7)中,把曲线Γ看作与直线$\eta=\xi+r_1$一致,那么我们恒有$\eta-\xi=r_1$,$\mathrm{d}\eta=\mathrm{d}\xi$,我们便得

$$z(P)=\frac{1}{2}[(uz)_{P_1}+(uz)_{P_2}]+\frac{1}{3r_1}\int_{P_1}^{P_2}uz\,\mathrm{d}\xi-$$

$$\frac{1}{2}\int_{P_1}^{P_2}\left[u\left(\frac{\partial z}{\partial\xi}-\frac{\partial z}{\partial\eta}\right)-z\left(\frac{\partial u}{\partial\xi}-\frac{\partial u}{\partial\eta}\right)\right]\mathrm{d}\xi$$

取绝对值,并且应用不等式(10.13)和(10.15),我们就得到

$$|z(P)| < c_1r_1\varepsilon+\frac{1}{3r_1}c_1r_1\varepsilon\int_{P_1}^{P_2}\mathrm{d}\xi+$$

$$\frac{1}{2}\left(2c_1\varepsilon+2r_1\varepsilon\frac{c_2}{r}\right)\int_{P_1}^{P_2}\mathrm{d}\xi$$

$$=\left[c_1r_1+\left(\frac{4}{3}c_1+c_2\right)\int_{P_1}^{P_2}\mathrm{d}\xi\right]\varepsilon$$

因为r_1是两点P_2和P_1的横坐标的差,它将小于B'和A'的横坐标之差M,所以

$$|z(P)| < \left(\frac{7}{3}c_1+c_2\right)M\varepsilon$$

但$\left(\frac{7}{3}c_1+c_2\right)M$是一个定数,它和$P$与$\varepsilon$无关,所以$z$在三角形$A'B'C'$中恒等于零,这就是所要证明的.

10.4 函数τ和ν与z在一特征线上的数值之间基本关系式的推导(一)

特别,基本公式(10.5)使我们可以计算z在特征线AC上的数值.事实上,用$\varphi(x)$表示这些数值,$\varphi(x)$

是定义在区间$(0,\frac{1}{2})$上的函数，注意特征线 AC 的方程是

$$x-\frac{2}{3}(-y)^{\frac{3}{2}}=0 \tag{10.16}$$

我们立刻得到

$$\varphi(x)=\gamma_1\int_0^1\tau(2tx)t^{-\frac{5}{6}}(1-t)^{-\frac{5}{6}}\mathrm{d}t-\gamma_2(2x)^{\frac{2}{3}}\int_0^1\nu(2tx)t^{-\frac{1}{6}}(1-t)^{-\frac{1}{6}}\mathrm{d}t$$

以$\frac{x}{2}$代替 x，且以 $y=tx$ 作为新的积分变数，我们有

$$\varphi\left(\frac{x}{2}\right)=\gamma_1 x^{\frac{2}{3}}\int_0^x\frac{\tau(\eta)\mathrm{d}y}{y^{\frac{5}{6}}(x-y)^{\frac{5}{6}}}-\gamma_2\int_0^x\frac{\nu(y)\mathrm{d}y}{y^{\frac{1}{6}}(x-y)^{\frac{1}{6}}} \tag{10.17}$$

以下我们需要从式(10.17)求出 $\tau(x)$ 通过 φ 和 ν 的表达. 倘若我们把 φ 和 ν 看作已知函数而把 τ 看作未知函数，则方程(10.17)是一个伏尔泰拉(Volterra)第一类积分方程，它可借阿贝尔(Abel)公式直接返转过来而得到 $\tau(x)$. 但我们将按照另外一种方法直接求得 $\tau(x)$ 的公式.

我们在开始方程(10.17)中仍用变数 t，于是便得

$$\varphi\left(\frac{x}{2}\right)=\gamma_1\int_0^1\frac{\tau(tx)}{t^{\frac{5}{6}}(1-t)^{\frac{5}{6}}}\mathrm{d}t-\gamma_2 x^{\frac{2}{3}}\int_0^1\frac{\nu(tx)}{t^{\frac{1}{6}}(1-t)^{\frac{1}{6}}}\mathrm{d}t \tag{10.17$'$}$$

我们假设 φ,τ,ν 可以展成幂级数如下

$$\varphi\left(\frac{x}{2}\right)=a_0+a_1x+a_2x^2+\cdots$$

$$\tau(x)=b_0+b_1x+b_2x+\cdots$$

$$\nu(x)=x^{-\frac{2}{3}}(c_0+c_1x+c_2x^2+\cdots)$$

经过逐项积分，我们可以把方程(10.17′)写成

$$\sum_{h=0}^{\infty}a_hx^h=\gamma_1\sum_{h=0}^{\infty}b_h\frac{\Gamma\left(\frac{1}{6}\right)\Gamma\left(h+\frac{1}{6}\right)}{\Gamma\left(h+\frac{1}{3}\right)}x^h-$$

$$\gamma_2\sum_{h=0}^{\infty}c_h\frac{\Gamma\left(h+\frac{1}{6}\right)\Gamma\left(\frac{5}{6}\right)}{\Gamma(h+1)}x^h$$

由此得到

$$b_h=\frac{1}{\gamma_1}\frac{\Gamma\left(h+\frac{1}{3}\right)}{\Gamma\left(\frac{1}{6}\right)\Gamma\left(h+\frac{1}{6}\right)}a_h+\frac{\gamma_2}{\gamma_1}\frac{\Gamma\left(h+\frac{1}{3}\right)\Gamma\left(\frac{5}{6}\right)}{\Gamma\left(\frac{1}{6}\right)\Gamma(h+1)}c_h$$

$$(h=0,1,2,\cdots)$$

所以，如果我们用 $\varphi_1(x)$ 表示一个只与 a_h 相关的函数，即只与 $\varphi(x)$ 相关，我们便得

$$\tau(x)=\sum_{h=0}^{\infty}b_hx^h$$

$$=\varphi_1(x)+\frac{\gamma_2}{\gamma_1}\frac{\Gamma\left(\frac{5}{6}\right)}{\Gamma\left(\frac{1}{6}\right)\Gamma\left(\frac{2}{3}\right)}\cdot$$

$$\sum_{h=0}^{\infty}\frac{\Gamma\left(h+\frac{1}{3}\right)\Gamma\left(\frac{2}{3}\right)}{\Gamma(h+1)}c_hx^h$$

为了简单起见，令

$$\gamma=\frac{\gamma_2}{\gamma_1}\cdot\frac{\Gamma\left(\frac{5}{6}\right)}{\Gamma\left(\frac{1}{6}\right)\Gamma\left(\frac{2}{3}\right)}=\frac{3^{\frac{2}{3}}\Gamma^3\left(\frac{1}{3}\right)}{4\pi^2}\quad(10.18)$$

那么我们可以写

$$\tau(x)=\varphi_1(x)+\gamma\sum_{h=0}^{\infty}c_h x^h\int_0^1\frac{t^h\mathrm{d}t}{t^{\frac{2}{3}}(1-t)^{\frac{1}{3}}}$$

$$=\varphi_1(x)+\gamma\int_0^1\frac{\sum c_h x^h t^h}{t^{\frac{2}{3}}(1-t)^{\frac{1}{3}}}\mathrm{d}t$$

$$=\varphi_1(x)+\gamma x^{\frac{2}{3}}\int_0^1\frac{\nu(tx)}{(1-t)^{\frac{1}{3}}}\mathrm{d}t$$

在最后的方程中令 $y=tx$，我们最后得到

$$\tau(x)=\varphi_1(x)+\gamma\int_0^x\frac{\nu(y)}{(x-y)^{\frac{1}{3}}}\mathrm{d}y \quad (10.19)$$

10.5　函数 τ 和 ν 与 z 在一特征线上的数值之间基本关系式的推导(二)

为了确定方程(10.19)，且确定函数 $\varphi_1(x)$，我们把方程(10.19)所定的 $\tau(x)$ 的值代入方程(10.17)，便得

$$\varphi\left(\frac{x}{2}\right)=\gamma_1 x^{\frac{2}{3}}\int_0^x\frac{\varphi_1(y)\mathrm{d}y}{y^{\frac{5}{6}}(x-y)^{\frac{5}{6}}}+$$

$$\gamma\gamma_1 x^{\frac{2}{3}}\int_0^x\frac{\mathrm{d}\xi}{\xi^{\frac{5}{6}}(x-\xi)^{\frac{5}{6}}}\int_0^{\xi}\frac{\nu(y)\mathrm{d}y}{(\xi-y)^{\frac{1}{3}}}-$$

$$\gamma_2\int_0^x\frac{\nu(y)\mathrm{d}y}{y^{\frac{1}{6}}(x-y)^{\frac{1}{6}}}$$

用狄利克雷公式更换积分的次序，我们得到

$$\gamma_1 x^{\frac{2}{3}}\int_0^x\frac{\varphi_1(y)\mathrm{d}y}{y^{\frac{5}{6}}(x-y)^{\frac{5}{6}}}-\varphi\left(\frac{x}{2}\right)$$

$$=\gamma_2\int_0^x \frac{\nu(y)\mathrm{d}y}{y^{\frac{1}{6}}(x-y)^{\frac{1}{6}}}-\gamma\gamma_1 x^{\frac{2}{3}}\int_0^x \nu(y)\mathrm{d}y\int_y^x \frac{\mathrm{d}\xi}{\xi^{\frac{5}{6}}(x-\xi)^{\frac{5}{6}}(\xi-y)^{\frac{1}{3}}} \tag{10.20}$$

在式(10.20)右边最后一项中,令 $\xi=y+t(x-y)$,则它变为

$$\gamma\gamma_1 x^{\frac{2}{3}}\int_0^x \frac{\nu(y)\mathrm{d}y}{y^{\frac{5}{6}}(x-y)^{\frac{1}{6}}}\int_0^1 t^{-\frac{1}{3}}(1-t)^{-\frac{5}{6}}\left(1-\frac{y-x}{y}t\right)^{-\frac{5}{6}}\mathrm{d}t$$

但从 0 到 1 的积分是超几何积分,其数值是

$$\frac{\Gamma\left(\frac{2}{3}\right)\Gamma\left(\frac{1}{6}\right)}{\Gamma\left(\frac{5}{6}\right)}F\left(\frac{5}{6},\frac{2}{3},\frac{5}{6};\frac{y-x}{y}\right)$$

$$=\frac{\Gamma\left(\frac{2}{3}\right)\Gamma\left(\frac{1}{6}\right)}{\Gamma\left(\frac{5}{6}\right)}\left(1-\frac{y-x}{y}\right)^{-\frac{2}{3}}$$

作一些简单的变换,可以推出所考虑的表达式等于

$$\gamma_2\int_0^x \frac{\nu(y)\mathrm{d}y}{y^{\frac{1}{6}}(x-y)^{\frac{1}{6}}}$$

于是式(10.20)的右边恒等于零.由此推出,如果 $\varphi_1(x)$ 适合方程

$$\int_0^x \frac{\varphi_1(y)\mathrm{d}y}{y^{\frac{5}{6}}(x-y)^{\frac{5}{6}}}=\frac{1}{\gamma_1}x^{-\frac{2}{3}}\varphi\left(\frac{x}{2}\right)$$

则方程(10.17)恒成立.把这个方程考虑为 φ_1 的积分方程.应用阿贝尔公式①,我们有

① Volterra, "Lecons sur les équations intégralss et intégro-différentielles".第 37 页方程(6),Paris(1913).

$$\frac{\varphi_1(x)}{x^{\frac{5}{6}}}=\frac{\sin\left(\frac{\pi}{6}\right)}{\pi\gamma_1}\frac{\mathrm{d}}{\mathrm{d}x}\int_0^x\frac{\varphi\left(\frac{y}{2}\right)}{y^{\frac{2}{3}}(x-y)^{\frac{1}{6}}}\mathrm{d}y$$

或

$$\varphi_1(x)=\frac{1}{2\pi\gamma_1}x^{\frac{5}{6}}\frac{\mathrm{d}}{\mathrm{d}x}\int_0^x\frac{\varphi\left(\frac{y}{2}\right)}{y^{\frac{2}{3}}(x-y)^{\frac{1}{6}}}\mathrm{d}y \tag{10.21}$$

先用代换 $y=tx$ 将式(10.21)中的积分化为定限的积分,然后再作微商,我们便得到

$$\varphi_1(x)=\frac{1}{12\pi\gamma_1}\left[\int_0^1\frac{\varphi\left(\frac{tx}{2}\right)}{t^{\frac{2}{3}}(1-t)^{\frac{1}{6}}}\mathrm{d}t+3x\int_0^1\frac{\varphi'\left(\frac{tx}{2}\right)}{(1-t)^{\frac{1}{6}}}t^{\frac{1}{3}}\mathrm{d}t\right] \tag{10.22}$$

最后的结论是:如果 $\varphi_1(x)$ 是由式(10.22)所确定,那么方程(10.19)乃成立.

10.6　某个定积分的符号的研究

在下一节中我们将看到,唯一性定理很容易就可以从下面的命题推出来:如果方程(E)的一个正则解 z 在一特征的线段 AC 上等于零(即 $\varphi(x)=\varphi_1(x)=0$),那么定积分

$$I=\int_0^1\tau(x)\nu(x)\mathrm{d}x$$

不可能是负的,在这节我们就证明这个性质.

首先我们注意,应用方程(10.19),积分 I 可以写成

$$I=\gamma\int_0^1\nu(x)\mathrm{d}x\int_0^x\frac{\nu(y)}{(x-y)^{\frac{1}{3}}}\mathrm{d}y$$

且用通常的变数更换 $y=tx$，则

$$I=\gamma\int_0^1\int_0^1 x^{\frac{2}{3}}(1-t)^{-\frac{1}{3}}\nu(x)\nu(tx)\mathrm{d}t\mathrm{d}x \qquad (10.23)$$

我们还记得 $\nu(x)$ 在 0 和 1 之间有穷，或即使当 x 趋于 0 或 1 时 $\nu(x)$ 趋于无穷，然而其阶却小于 $\frac{5}{6}$，所以积分 (10.23) 一定是收敛的. 因此，给定一个 $\varepsilon>0$，则有一个 η 存在，$0<\eta<\frac{1}{2}$，如果我们令

$$I_1=\gamma\int_0^1\int_0^1 x^{\frac{2}{3}}(1-t)^{-\frac{1}{3}}\nu_1(x)\nu_1(tx)\mathrm{d}t\mathrm{d}x \qquad (10.24)$$

其中 $\nu_1(x)$ 是有穷且连续的函数，定义如下

$$\nu_1(x)=\nu(\eta) \quad (0\leqslant x\leqslant\eta)$$
$$\nu_1(x)=\nu(x) \quad (\eta\leqslant x\leqslant 1-\eta)$$
$$\nu_1(x)=\nu(1-\eta) \quad (1-\eta\leqslant x\leqslant 1)$$

则 I 和 I_1 的差的绝对值小于 $\frac{\varepsilon}{2}$. 事实上，我们只要注意到所考虑的差可以表示为某一面积上的重积分，而这面积当 $\eta\to 0$ 时趋于零.

最后，我们注意到：如果 $\nu_1(x)$ 作微小的变化，那么 I_1 的变化也甚小. 再精确地说，若 $\nu_2(x)$ 适合

$$|\nu_2(x)-\nu_1(x)|<\theta \quad (0\leqslant x\leqslant 1)$$

I_2 是将 I_1 中的 ν_1 换成 ν_2 所作的积分，我们有

$$|I_2-I_1|<\frac{9\gamma}{10}(2N+\theta)\theta$$

其中 N 是 $|\nu_1(x)|$ 在区间(0,1)上的一个高界.事实上,我们可以写

$$I_1-I_2=\gamma\int_0^1\int_0^1 x^{\frac{2}{3}}(1-t)^{-\frac{1}{3}}\{[\nu_1(x)\nu_1(tx)-\nu_1(x)\nu_2(tx)]+[\nu_1(x)\nu_2(tx)-\nu_2(x)\nu_2(tx)]\}\mathrm{d}t\mathrm{d}x$$

由此推出

$$|I_1-I_2|=\gamma\int_0^1\int_0^1 x^{\frac{2}{3}}(1-t)^{-\frac{1}{3}}\cdot[N\theta+(N+\theta)\theta]\mathrm{d}t\mathrm{d}x=\frac{9\gamma}{10}(2N+\theta)\theta$$

魏尔斯特拉斯(Weierstrass)基本定理①叙述:对于区间上任一连续有界的函数,总可以找到这样的一个多项式,该多项式在区间上与已知函数的差小于预先给定的任意正数.因此有某一个多项式

$$\nu^*(x)=u_0+u_1x+\cdots+u_nx^n \qquad (10.25)$$

如果 I^* 表示用 ν^* 代替 ν_1 而得到的积分,我们有

$$|I_1-I^*|<\frac{\varepsilon}{2}$$

因此

$$|I_1-I^*|<\varepsilon$$

用式(10.25)代替 $\nu^*(x)$,我们可以把 I^* 写成

$$I^*=\gamma\sum_{h=0}^{n}\sum_{k=0}^{n}u_hu_k\int_0^1\int_0^1 x^{h+k+\frac{2}{3}}t^k(1-t)^{-\frac{1}{3}}\mathrm{d}t\mathrm{d}x$$

---

① 例如,考虑 E. Borel,“Lecons sur les fonctions de variables réelles”,第四章第50页,Paris(1905).

或

$$I^{*}=\sum_{h=0}^{n}\sum_{k=0}^{n}\left[\gamma\frac{\Gamma(1+k)\Gamma\left(\frac{2}{3}\right)}{\Gamma\left(\frac{5}{3}+k\right)}\int_{0}^{1}x^{h+k+\frac{2}{3}}\,\mathrm{d}x\right]u_{h}u_{k}\tag{10.26}$$

这个二重和数可以看作 u_k 的二次形. 同时, 我们考虑另一个类似的但较简单的二次形

$$G^{*}=\sum_{h=0}^{n}\sum_{k=0}^{n}\left[\int_{0}^{1}x^{h+k+\frac{2}{3}}\,\mathrm{d}x\right]u_{h}u_{k}\tag{10.27}$$

二次形 G^{*} 是正定的. 显然, 方程(10.27) 可以写成

$$\begin{aligned}G^{*}&=\int_{0}^{1}\left[x^{\frac{2}{3}}\sum_{h=0}^{n}\sum_{k=0}^{n}u_{h}x^{h}u_{k}x^{k}\right]\mathrm{d}x\\&=\int_{0}^{1}x^{\frac{2}{3}}\left[\sum_{h=0}^{n}u_{h}x^{h}\right]^{2}\mathrm{d}x\\&=\int_{0}^{1}x^{\frac{2}{3}}\left[\nu^{*}(x)\right]^{2}\mathrm{d}x\end{aligned}$$

由此便推出我们的断言.

如果二次形

$$F_{1}=\sum_{h=0}^{n}\sum_{k=0}^{n}A_{h,k}u_{h}u_{k}$$

$$F_{2}=\sum_{h=0}^{n}\sum_{k=0}^{n}B_{h,k}u_{h}u_{k}$$

适合

$$A_{h,k}=M_{h}N_{k}B_{h,k}\quad(h,k=0,1,2,\cdots,n)$$

其中 M_h 和 N_k 是实数且恒为正数(或恒为负数), 则这

两个二次形或皆为正定，或皆为负定，或皆不定[①]. 如标数所显示的，M_h 只相关于 h，N_k 只相关于 k. 因此，由于二次形 I^* 的系数与二次形 G^* 相应的系数只相差一个正因子

$$\gamma\frac{\Gamma(1+k)\Gamma\left(\frac{2}{3}\right)}{\Gamma\left(\frac{5}{3}+k\right)}$$

这因子相关于标数 k，所以二次形 I^* 将和 G^* 一样，也为正定. 积分 I 和 I^* 所差小于 ε，因此 I 必然或为正，或等于零.

10.7　唯一性定理的证明

上节证明了 I 不可能为负，那么现在很容易证明 10.1 节中所叙述的定理.

事实上，假设定理不成立，也就是假定方程(E) 有

---

① 显然，如果两个二次形为正定，充分而必要条件分别是

$$\Delta' p=\begin{vmatrix}A_{00} & \cdots & A_{0p}\\ \vdots & & \vdots\\ A_{p0} & \cdots & A_{pp}\end{vmatrix}>0\quad (p=0,1,2,\cdots,n)$$

$$\Delta'' p=\begin{vmatrix}B_{00} & \cdots & B_{0p}\\ \vdots & & \vdots\\ B_{p0} & \cdots & B_{pp}\end{vmatrix}>0\quad (p=0,1,2,\cdots,n)$$

但在现在这种情况下，我们有

$$\Delta' p=\left(\prod_{h=0}^{p}M_hN_h\right)\Delta'' p$$

其中 $\Delta' p$ 和 $\Delta'' p$ 恒有相同的符号. 因此上述条件，二者皆适合或皆不适合.

两个不同正则解 z_1 和 z_1 在曲线 σ 和特征线的线段 AC 上取相同的数值. 由此推出有第三个解 $z=z_1-z_2$ 存在,这解在 σ 和 AC 上等于零,而它本身不恒等于零.

令 z 是方程(E) 的任一解,则

$$\iint z\left(y\frac{\partial^2 z}{\partial x^2}+\frac{\partial^2 z}{\partial y^2}\right)\mathrm{d}x\mathrm{d}y=0$$

不难验证

$$\iint\left[\frac{\partial}{\partial x}\left(yz\frac{\partial z}{\partial x}\right)+\frac{\partial}{\partial y}\left(z\frac{\partial z}{\partial y}\right)-y\left(\frac{\partial z}{\partial x}\right)^2-\left(\frac{\partial z}{\partial y}\right)^2\right]\mathrm{d}x\mathrm{d}y=0$$

我们取曲线 σ 和 x 轴上线段 AB 所围成的区域 S 为积分域. 由高斯第一定理,并且以 n 表示 σ 的内法线的方向,于是便有

$$\iint_S\left[y\left(\frac{\partial z}{\partial x}\right)^2+\left(\frac{\partial z}{\partial y}\right)^2\right]\mathrm{d}x\mathrm{d}y+$$

$$\int_\sigma z\left(y\frac{\partial z}{\partial x}\frac{\partial x}{\partial n}+\frac{\partial z}{\partial y}\frac{\partial y}{\partial n}\right)\mathrm{d}\sigma+\int_0^1\tau(x)\nu(x)\mathrm{d}x=0$$

因 z 在 σ 上等于零,故

$$\iint_S\left[y\left(\frac{\partial z}{\partial x}\right)^2+\left(\frac{\partial z}{\partial y}\right)^2\right]\mathrm{d}x\mathrm{d}y+\int_0^1\tau(x)\nu(x)\mathrm{d}x=0 \tag{10.28}$$

但这里从 0 到 1 的积分就正是前一节中的 I. 而因在 AC 上,$z=0$,所以 I 必为正或等于零. 因此非 z 在 S 内恒等于零,而等式(10.28) 不能成立.

由此推出,z 必然在 S 内恒等于零,更由于 10.2 和 10.3 节中所证明的事实,z 亦必然在曲线三角形 ABC

内恒等于零,这样就证明了定理[1].

以上的论点使我们可以断言:如果函数 z 在曲线 σ 上等于零,此外,在区间 AB 上,这函数本身或其微商 $\frac{\partial z}{\partial y}$ 等于零,那么此函数在区域 S 内必恒等于零. 事实上,在这两种情况下,方程(10.28)左边只变为一个双重积分,而这双重积分只当 z 在区域 S 内恒等于零时才等于零. 因此,我们可以断言:

在曲线 σ 和 x 轴的线段 AB 所组成的闭界线的内部,方程(E)不可能存在一个以上的正则解,这解在全部界线上取已给的值,或在曲线 σ 上取已给值,而其微商 $\frac{\partial z}{\partial y}$ 在线段 AB 上取已给值.

最后请注意:当界线不包含 x 轴上的线段,而它全部在椭圆半平面内时,这定理的前一部分仍然成立.

---

① 在这唯一性定理的证明中是有缺点的,因为要肯定方程(10.28)的结论的正确性,必须知道微商 $\frac{\partial z}{\partial x}$ 和 $\frac{\partial z}{\partial y}$ 在 $x=1, y=0$ 附近的性质. 这个缺点是 M. П. Нкопе 指出的. 特里谷米在他的论文《方程 $y\frac{\partial^2 z}{\partial x^2}+\frac{\partial^2 z}{\partial y^2}=0$ 的进一步研究》中已消除了这个缺点.

方程(E) 的某几类特殊解的研究

第 11 章

11.1 由函数 $X(x)$ 和函数 $Y(y)$ 的乘积所构成的特殊解

我们将证明解的存在性，至于其唯一性已在前章中证明了. 在这一章里，我们将讨论方程(E) 的两类重要的特殊解.

按照经常采用的数学物理方法，我们先来证明：方程(E) 可能有形式为 $z = XY$ 的解，其中 X 是 x 的函数，Y 是 y 的函数.

代入后，我们便得到

$$yX''Y + XY'' = 0$$

或

$$-\frac{X''}{X} = \frac{Y''}{yY}$$

显然欲这方程成立，只要这两个比具有相同的常数值. 用 k 来表示这个常数值. 于是得到两个常微分方程以确定 X 和 Y

$$\frac{\mathrm{d}^2 X}{\mathrm{d}x^2}+kX=0 \tag{11.1}$$

$$\frac{\mathrm{d}^2 Y}{\mathrm{d}y^2}-kyY=0 \tag{11.2}$$

其中第一个方程立刻可以得到积分

$$X=C_1\cos\sqrt{k}x+C_2\sin\sqrt{k}x \tag{11.3}$$

这里 C_1 和 C_2 是任意常数.

但是方程(11.2)的通解不能用初等函数表示出来,因此函数 Y 就需要更细致的讨论.

先搞清楚 Y 怎样地与常数 k 发生关系,这是很容易看出的,只要应用变数更换 $\xi=k^{\frac{1}{3}}y$,方程(11.2)就变为

$$\frac{\mathrm{d}^2 Y}{\mathrm{d}\xi^2}-\xi Y=0 \tag{11.4}$$

在这方程里常数 k 已不出现了. 所以,如果 Φ 和 Ψ 是这个方程的两个线性无关的特解,我们就有

$$Y=C_3\Phi(k^{\frac{1}{3}}y)+C_4\Psi(k^{\frac{1}{3}}y) \tag{11.5}$$

其中 C_3 和 C_4 是任意常数.

特别令 $k=n^2$(n 是正整数),则方程(E)有特解

$$z=[C_1\cos nx+C_2\sin nx][C_3\Phi(n^{\frac{2}{3}}y)+C_4\Psi(n^{\frac{2}{3}}y)] \tag{11.6}$$

11.2　用级数和定积分求出函数 Y 所适合的微分方程的积分

方程(11.4)是二阶线性方程,其系数也是线性

的,因此它属于所谓拉普拉斯类方程.因此按照古典结果,它的一般解可以用定积分来表示.但我们先来注意:怎样可以得到方程的两个线性无关的解,这两个解可用幂级数表示,而且收敛得很快.

为此目的,我们试图令

$$Y=\sum_{n=0}^{n} c_n \xi^n$$

适合方程(11.4),以确定系数,于是我们得到方程

$$1\cdot 2c_2=0,(h-1)hc_h=c_{h-3}\quad (h=3,4,5,\cdots)$$

由此推出

$$c_2=c_5=c_8=\cdots=0$$

欲确定其余的系数,要先选取 c_0 和 c_1 的值.譬如我们可以取 $c_0=1,c_1=0$,也可以取 $c_0=0,c_1=1$,于是相应地得到

$$c_3=\frac{1}{2\cdot 3},c_4=0,c_6=\frac{1}{2\cdot 3\cdot 5\cdot 6},c_7=0$$

$$c_9=\frac{1}{2\cdot 3\cdot 5\cdot 6\cdot 8\cdot 9},\cdots$$

或

$$c_3=0,c_4=\frac{1}{3\cdot 4},c_6=0,c_7=\frac{1}{3\cdot 4\cdot 6\cdot 7}$$

$$c_9=0,c_{10}=\frac{1}{3\cdot 4\cdot 6\cdot 7\cdot 9\cdot 10},\cdots$$

由此推出,级数

$$R(\xi)=1+\frac{1}{3!}\xi^3+\frac{1\cdot 4}{6!}\xi^6+\frac{1\cdot 4\cdot 7}{9!}\xi^9+\frac{1\cdot 4\cdot 7\cdot 10}{12!}\xi^{12}+\cdots\tag{11.7}$$

$$S(\xi)=\xi+\frac{2}{4!}\xi^{4}+\frac{2\cdot 5}{7!}\xi^{7}+\frac{2\cdot 5\cdot 8}{10!}\xi^{10}+\frac{2\cdot 5\cdot 8\cdot 11}{13!}\xi^{13}+\cdots \tag{11.8}$$

至少在形式上适合方程(11.4).

在这里所讲的两个级数不仅是形式的解,而且不难证明这两个级数的收敛半径是无穷的,因此函数 R 和 S 是整超越函数[①]. 事实上,譬如拿级数(11.7)来说,它可以看作变数 ξ^{3} 的幂级数,我们有 $(\xi^{3})^{n}$ 和 $(\xi^{3})^{n+1}$ 的系数的比等于

$$\frac{(3n+3)!}{3n!}\cdot\frac{1}{3n+1}=(3n+2)(3n+3)$$

且这比的极限即级数的收敛半径等于无穷.

进一步,显然

$$R(0)=1,S(0)=0,R'(0)=0,S'(0)=1$$

所以它们的朗斯基(Wronsky)行列式于 $\xi=0$ 时不等于零(等于1),则朗斯基行列式恒不等于零,因此,R 和 S 是线性无关的解.

现在我们借助于定积分求方程(11.4)的解.

大家知道[②],如果已知 n 阶的拉普拉斯方程

$$\sum_{h=0}^{n}(a_{h}+xb_{h})\frac{\mathrm{d}^{h}y}{\mathrm{d}x^{h}}=0 \tag{11.9}$$

---

① 函数 $R(\xi)$ 和 $S(\xi)$ 可以化为贝塞尔(Bessal)函数

$$R(\xi)=3^{-\frac{1}{3}}\Gamma\left(\frac{2}{3}\right)I_{-\frac{1}{3}}\left(\frac{2}{3}\xi^{\frac{3}{2}}\right)\sqrt{\xi}$$

$$S(\xi)=3^{\frac{1}{3}}\Gamma\left(\frac{4}{3}\right)I_{\frac{1}{3}}\left(\frac{2}{3}\xi^{\frac{3}{2}}\right)\sqrt{\xi}$$

② 参考 E. Goursat 著,《数学分析教程》,第二卷第二分册第 129 页.

我们令

$$\varphi(z)=\sum_{h=0}^{n}a_h z^h,\psi(z)=\sum_{h=0}^{n}b_h z^h,Z=\frac{1}{\psi(z)}\mathrm{e}^{\int\frac{\varphi(z)}{\psi(z)}\mathrm{d}z}$$

其中 z 表示某复变数,方程(11.9)的一般积分可以表示为 $Z\mathrm{e}^{xz}$ 沿着诸路径的积分的线性组合,而这些路径包含方程 $\psi(z)=0$ 的 n 个根.

在目前的情况下:我们有

$$\psi(z)=-z^2,\psi(z)=1,Z=\mathrm{e}^{-\frac{1}{3}z^3}$$

所以,如果想把 $\psi(z)$ 看作二阶多项式,那么其根应看作无穷,这需要特殊的理解.

先来证明:函数

$$\overline{Y}(\xi)=\int_L Z\mathrm{e}^{\xi z}\,\mathrm{d}z=\int_L \mathrm{e}^{\xi z-\frac{1}{3}z^3}\mathrm{d}z$$

(其中 L 是复数平面中的任意曲线)适合微分方程(11.4)的充分且必要的条件是等式

$$\int_L \mathrm{d}(\mathrm{e}^{\xi z-\frac{1}{3}z^3})=0 \tag{11.10}$$

诚然,我们显然有

$$\overline{Y}''=\int_L \mathrm{e}^{\xi z-\frac{1}{3}z^3}z^2\,\mathrm{d}z$$

因此,如果在方程(11.4)的左边用 $\overline{Y}$ 代替 Y,那么方程(11.4)化为

$$\int_L \mathrm{e}^{\xi z-\frac{1}{3}z^3}(z^2-\xi)\,\mathrm{d}z=-\int_L \mathrm{d}(\mathrm{e}^{\xi z-\frac{1}{3}z^3})$$

命 L_1 和 L_2 是复数平面上的两支曲线,它们自无穷远点分别沿着幅角为 $\frac{2\pi}{3}$ 和 $\frac{4\pi}{3}$ 的半线向原点趋近,然后再沿着 x 轴的正方向趋于无穷. 如果 L 就是曲线

L_1 或 L_2，我们断言条件(11.10)是满足的. 诚然，如果用 ρ 表示 z 的模，当 L 和 L_1 或 L_2 一致时，我们有

$$\int_L \mathrm{d}(\mathrm{e}^{\xi z-\frac{1}{3}z^3})=\lim_{\rho\to\infty}\mathrm{e}^{\xi\rho-\frac{1}{3}\rho^3}-\lim_{\rho\to\infty}\mathrm{e}^{-\frac{\xi\rho}{2}(1\pm i\sqrt{3})-\frac{1}{3}\rho^3}=0$$

因此方程(11.4)有两个特解

$$Y_1(\xi)=\int_{L_1}\mathrm{e}^{\xi z-\frac{1}{3}z^3}\mathrm{d}z, Y_2(\xi)=\int_{L_2}\mathrm{e}^{\xi z-\frac{1}{3}z^3}\mathrm{d}z \tag{11.11}$$

为了要把积分(11.11)改写成明显的式子，请注意，如果令 $|z|=\rho$，那么沿正实轴我们有 $z=\rho$，因此 $\mathrm{d}z=\mathrm{d}\rho$. 在 L_1 和 L_2 的其余部分，我们分别有

$$z=-\frac{\rho}{2}(1-i\sqrt{3})$$

$$\mathrm{d}z=-\frac{1}{2}(1-i\sqrt{3})\mathrm{d}\rho$$

$$z=-\frac{\rho}{2}(1+i\sqrt{3})$$

$$\mathrm{d}z=-\frac{1}{2}(1+i\sqrt{3})\mathrm{d}\rho$$

在所有的情况下，我们有 $z^3=\rho^3$，因此我们可以写

$$Y_1(\xi)=\frac{1}{2}\int_0^\infty \mathrm{e}^{-\frac{\xi\rho}{2}(1-i\sqrt{3})-\frac{1}{3}\rho^3}(1-i\sqrt{3})\mathrm{d}\rho+\int_0^\infty \mathrm{e}^{\xi\rho-\frac{1}{3}\rho^3}\mathrm{d}\rho$$

$$Y_2(\xi)=\frac{1}{2}\int_0^\infty \mathrm{e}^{-\frac{\xi\rho}{2}(1+i\sqrt{3})-\frac{1}{3}\rho^3}(1+i\sqrt{3})\mathrm{d}\rho+\int_0^\infty \mathrm{e}^{\xi\rho-\frac{1}{3}\rho^3}\mathrm{d}\rho$$

经简单的变换后，便得

$$Y_1(\xi)=\int_0^{\infty} e^{\xi\rho-\frac{1}{3}\rho^3}\,d\rho+\frac{1}{2}\int_0^{\infty} e^{-\frac{1}{2}\xi\rho-\frac{1}{3}\rho^3}\cdot$$

$$\left[\left(\cos\frac{\sqrt{3}}{2}\rho\xi+\sqrt{3}\sin\frac{\sqrt{3}}{2}\rho\xi\right)+\right.$$

$$\left.i\left(\sin\frac{\sqrt{3}}{2}\rho\xi-\sqrt{3}\cos\frac{\sqrt{3}}{2}\rho\xi\right)\right]d\rho$$

$$Y_2(\xi)=\int_0^{\infty} e^{\xi\rho-\frac{1}{3}\rho^3}\,d\rho+\frac{1}{2}\int_0^{\infty} e^{-\frac{1}{2}\xi\rho-\frac{1}{3}\rho^3}\cdot$$

$$\left[\left(\cos\frac{\sqrt{3}}{2}\rho\xi+\sqrt{3}\sin\frac{\sqrt{3}}{2}\rho\xi\right)-\right.$$

$$\left.i\left(\sin\frac{\sqrt{3}}{2}\rho\xi-\sqrt{3}\cos\frac{\sqrt{3}}{2}\rho\xi\right)\right]d\rho$$

这样一来,经过相加和相减,我们便得下面实积分[①]

$$\begin{cases}\lambda(\xi)=\int_0^{\infty} e^{-\frac{1}{2}\xi\rho-\frac{1}{3}\rho^3}\cos\left(\frac{\pi}{6}+\frac{\sqrt{3}}{2}\rho\xi\right)d\rho\\ \mu(\xi)=\int_0^{\infty} e^{-\frac{1}{2}\xi\rho-\frac{1}{3}\rho^3}\sin\left(\frac{\pi}{6}+\frac{\sqrt{3}}{2}\rho\xi\right)d\rho+\\ \qquad\int_0^{\infty} e^{\xi\rho-\frac{1}{3}\rho^3}\,d\rho\end{cases}\tag{11.12}$$

由于积分 λ 和 μ 是线性无关的,所以方程(11.4)的一般积分可以写成下面的形式

$$Y=C_1\lambda(\xi)+C_2\mu(\xi)\tag{11.13}$$

其中 C_1 和 C_2 是任意常数.

---

① 函数 $\lambda(\xi)$ 可以化为贝塞尔函数 $K_{\frac{1}{3}}$

$$\lambda(\xi)=\frac{1}{\sqrt{3}}K_{\frac{1}{3}}\left(\frac{2}{3}\xi^{\frac{3}{2}}\right)\sqrt{\xi}$$

诚然,我们有

$$\begin{cases}\lambda(0)=\dfrac{\sqrt{3}}{2}\displaystyle\int_0^{\infty}\mathrm{e}^{-\frac{1}{2}\rho^3}\,\mathrm{d}\rho=\dfrac{1}{2}3^{-\frac{1}{6}}\Gamma\left(\dfrac{1}{3}\right)\\ \mu(0)=\dfrac{3}{2}\displaystyle\int_0^{\infty}\mathrm{e}^{-\frac{1}{3}\rho^3}\,\mathrm{d}\rho=\dfrac{1}{2}3^{\frac{1}{3}}\Gamma\left(\dfrac{1}{3}\right)\\ \lambda'(0)=-\dfrac{\sqrt{3}}{2}\displaystyle\int_0^{\infty}\rho\mathrm{e}^{-\frac{1}{3}\rho^3}\,\mathrm{d}\rho=-\dfrac{1}{2}3^{\frac{1}{6}}\Gamma\left(\dfrac{2}{3}\right)\\ \mu'(0)=\dfrac{3}{2}\displaystyle\int_0^{\infty}\mathrm{e}^{-\frac{1}{3}\rho^3}\,\rho\mathrm{d}\rho=\dfrac{1}{2}3^{\frac{2}{3}}\Gamma\left(\dfrac{2}{3}\right)\end{cases}\tag{11.14}$$

因此解 λ 和 μ 的朗斯基行列式在原点到处等于 π.

由于 λ 和 μ 是线性无关的,解 R 与 S 可以用它们表示出来;反过来,λ 和 μ 也可以用 R 和 S 表示.事实上,利用方程(11.14),我们可以得到公式

$$\begin{cases}R(\xi)=\dfrac{1}{3^{\frac{1}{3}}\Gamma\left(\dfrac{1}{3}\right)}[\mu(\xi)+\sqrt{3}\lambda(\xi)]\\ S(\xi)=\dfrac{1}{3^{\frac{2}{3}}\Gamma\left(\dfrac{2}{3}\right)}[\mu(\xi)-\sqrt{3}\lambda(\xi)]\end{cases}\tag{11.15}$$

$$\begin{cases}2\lambda(\xi)=3^{-\frac{1}{6}}\Gamma\left(\dfrac{1}{3}\right)R(\xi)-3^{\frac{1}{6}}\Gamma\left(\dfrac{2}{3}\right)S(\xi)\\ 2\mu(\xi)=3^{\frac{1}{3}}\Gamma\left(\dfrac{1}{3}\right)R(\xi)+3^{\frac{2}{3}}\Gamma\left(\dfrac{2}{3}\right)S(\xi)\end{cases}\tag{11.16}$$

其中,式(11.16)特别值得注意,因为运用它可以借助收敛得很快的级数(11.7)和(11.8)来计算函数 λ 和 μ.

我们既已能把方程(11.4)的一般积分用公式

(11.13) 表示,则对于方程(11.13) 解的性质的研究,应用公式(11.13) 比运用 R 和 S 更方便.

事实上,表示 R 和 S 的两个无穷级数之间没有任何本质上的区别,可是当 ξ 经过正实数而趋于无穷时,方程(11.12) 立刻指示出函数 $\lambda(\xi)$ 和 $\mu(\xi)$ 的性质之间的根本差异. 在这时,函数 $\lambda(\xi)$ 恒为有限(由于积分均匀收敛,立刻看出它的极限等于零),可是函数 $\mu(\xi)$ 却趋于无穷. 换言之,方程(11.4) 的特殊积分可以分成两类,其中一类是由形式为 $C\lambda(\xi)$ 的积分组成,这些积分当 $\xi\to\infty$ 时趋于零;而另一类则是由其余的积分所组成,这些积分趋于无穷.

11.3 由上述特解所构成的级数

在应用方程(E) 的特解(11.6) 时,上述的注意是十分重要的. 考虑这些特解所构成的级数.

$$\sum_{n=0}^{\infty}[C_1^{(n)}\cos nx+C_2^{(n)}\sin nx][C_3^{(n)}\Phi(n^{\frac{2}{3}}y)+C_4^{(n)}\Psi(n^{\frac{2}{3}}y)]$$

如果不假定积分 Φ 和 Ψ 都是第一类的积分,那么由级数于 $y=0$ 收敛这一事实不能推出级数于 $y>0$ 的收敛性,因为一般项的第二个因子于 n 增大时趋于无穷.

反之,如果 Φ 和 Ψ 都是第一类积分,让我们来考虑形式为

$$\sum_{n=0}^{\infty}[C_1^{(n)}\cos nx+C_2^{(n)}\sin nx]\lambda(n^{\frac{2}{3}}y)\tag{11.17}$$

的级数,欲断言这级数在椭圆半平面中的区域 C 内绝对地且一致地收敛,并不需要假定级数

$$\lambda(0)\sum_{n=0}^{\infty}\left[C_1^{(n)}\cos nx+C_2^{(n)}\sin nx\right]$$

的收敛性,也不需要假定常数 $C_1^{(n)}$ 和 $C_2^{(n)}$ 的有界性,只要假定有两个正值常数 N 和 K 存在,能使对任意 n,恒有

$$|C_1^{(n)}|<Kn^N,\ |C_2^{(n)}|<Kn^N \qquad (11.18)$$

要证明这个定理,必须更仔细地研究超越函数 $\lambda(\xi)$ 当 $\xi\to\infty$ 时的性质. 为此目的,让我们在(11.12)的第一个方程中令 $t=\xi\rho$,便得

$$\lambda(\xi)=\frac{1}{\xi}\int_0^{\infty}\mathrm{e}^{-\frac{1}{2}t-\frac{1}{3}\frac{t^3}{\xi^3}}\cos\left(\frac{\pi}{6}+\frac{\sqrt{3}}{2}t\right)\mathrm{d}t$$

由此推出:当 $\xi\to+\infty$ 时,$\lambda(\xi)$ 变为无穷小,而其阶不低于$\frac{1}{\xi}$.

为了更精细地研究,我们把前面积分号下的因子

$$\mathrm{e}^{-\frac{1}{3}\frac{t^3}{\xi^3}}$$

展成级数,再借逐项积分,而得函数 $\lambda(\xi)$ 为 ξ 的负幂的级数的形式,但是不难验证在我们的情况下,这种措施是不合法的. 但是在前面的积分中我们可令

$$\mathrm{e}^{-\frac{1}{3}\frac{t^3}{\xi^3}}=\sum_{n=0}^{m-1}(-1)^n\frac{t^{3n}}{3^n n!\ \xi^{3n}}+(-1)^m\frac{t^{3m}}{3^m m!\ \xi^{3m}}R_m\left(-\frac{t^3}{3\xi^3}\right)$$

其中 m 是任意正数,并且

$$R_m(x)=1+\frac{x}{m+1}+\frac{x^2}{(m+1)(m+2)}+\frac{x^3}{(m+1)(m+2)(m+3)}+\cdots$$

于是我们有

$$\lambda(\xi)=\sum_{n=0}^{m-1}(-1)^{n}\frac{a_{n}}{3^{n}n!\ \xi^{3n+1}}+$$

$$(-1)^{m}\frac{1}{3^{m}m!\ \xi^{3m+1}}\int_{0}^{\infty}R_{m}\left(-\frac{t^{3}}{3\xi^{3}}\right)\mathrm{e}^{-\frac{t}{2}}t^{3m}\cdot$$

$$\cos\left(\frac{\pi}{6}+\frac{\sqrt{3}}{2}t\right)\mathrm{d}t \tag{11.19}$$

其中

$$a_{n}=\int_{0}^{\infty}\mathrm{e}^{-\frac{1}{2}t}t^{3n}\cos\left(\frac{\pi}{6}+\frac{\sqrt{3}}{2}t\right)\mathrm{d}t$$

$$(n=0,1,2,\cdots,m-1) \tag{11.20}$$

但是所有 a_n 都等于零，因为于任意 α，我们有

$$\int\mathrm{e}^{-\frac{t}{2}}\cos\left(\alpha+\frac{\sqrt{3}}{2}t\right)\mathrm{d}t=-\mathrm{e}^{-\frac{t}{2}}\cos\left(\alpha+\frac{\sqrt{3}}{2}t+\frac{\pi}{3}\right)$$

由此立刻推出

$$a_{0}=\left[-\mathrm{e}^{-\frac{t}{2}}\cos\left(\frac{\pi}{2}+\frac{\sqrt{3}}{2}t\right)\right]_{0}^{\infty}=0$$

但连续地作三次部分积分，不难验证

$$a_{n+1}=-(n-1)n(n+1)a_{n}\quad(n=0,1,2,\cdots)$$

由此推出 $a_1,a_2,\cdots,a_{m-1}$ 也等于零.

所以方程(11.19)可以写成更简单的形式

$$\lambda(\xi)=(-1)^{m}\frac{1}{3^{m}m!\ \xi^{2m+1}}\int_{0}^{\infty}R_{m}\left(-\frac{t^{3}}{3\xi^{3}}\right)\mathrm{e}^{-\frac{t}{2}}t^{3m}\cdot$$

$$\cos\left(\frac{\pi}{6}+\frac{\sqrt{3}}{2}t\right)\mathrm{d}t \tag{11.21}$$

再根据大家所熟知的公式，函数 $R_m(x)$ 可以写成形式

$$R_{m}(x)=m\int_{0}^{1}\mathrm{e}^{(1-t)x}t^{m-1}\mathrm{d}t$$

由此推出，函数 $R_m(x)$ 随 x 的增大而增大，因此对于变数等于任意负数时，其值将界于 $R(-\infty)$ 和 $R(0)$ 之间，也就是界于 0 和 1 之间；因此对于任意正数 t 和 ξ，我们有

$$R_m\left(-\frac{t^3}{3\xi^3}\right)\leqslant 1$$

因此对于正数 ξ，由方程(11.21)我们有

$$|\lambda(\xi)|\leqslant\frac{1}{3^m m!\ \xi^{3m+1}}\int_0^\infty \mathrm{e}^{-\frac{t}{2}}t^{3m}\mathrm{d}t$$

或

$$|\lambda(\xi)|\leqslant\frac{(3m)!}{3^m m!}\left(\frac{2}{\xi}\right)^{3m+1}$$

但是 m 是任意正数；所以当 $\xi\to+\infty$ 时，函数 λ 比 $\frac{1}{\xi}$ 任意预先给定的正幂更快地趋于零.

此外，不难证明当 ξ 增大时，函数 $\lambda(\xi)$ 单调地趋于零，更确切地说，于 $\xi>0$，$\lambda(\xi)$ 恒下降. 这个命题的简单证明(为了简单，我们略去这个证明)是基于下面的事实，就是在点 $\xi=0$ 的右边曲线 $y=\lambda(\xi)$ 是向着 ξ 轴凸出的(因为 $\lambda''=\lambda\xi$)，因此它不可能有不在 ξ 轴上的拐点存在.

关于超越函数 λ，我们既作了这些预先的了解，那么本节开始所说的定理的证明可以直接得到.

事实上，对任意 N 可以找到这样的正数 L，能使对于任意正值 ξ 恒有不等式

$$|\lambda(\xi)|<\frac{L}{\xi^{\frac{3}{2}N+3}}$$

由此推出级数(11.17)的一般项的模小于

$$[|C_1^{(n)}|+|C_2^{(n)}|]\frac{L}{y^{\frac{3}{2}N+3}n^{N+2}}$$

因此(根据方程(11.18))小于

$$\frac{2KL}{\eta^{\frac{3}{2}N+3}}\cdot\frac{1}{n^2}$$

其中 η 表示 y 在区域 C 中的最小值. 又因为级数 $\sum\limits_n \frac{1}{n^2}$ 是收敛的,所以级数(11.17)绝对地且一致地收敛.

当然,如果在闭域 C 中所应用的不是不等式 $y>0$ 而是 $y\geqslant 0$,那么前面的证明将不成立了. 在这情况下,只需假定式(11.18)前面的级数本身绝对收敛,因当 $y\geqslant 0$ 有不等式 $|\lambda(n^{\frac{2}{3}}y)|\leqslant\lambda(0)$,故立刻得到级数(11.17)的绝对且一致的收敛性.

11.4 化方程(E)的退缩椭圆方程为极坐标 r 和 θ,并且寻求由函数 $R(r)$ 和 $T(\theta)$ 的乘积所构成的特解

我们现在转到方程(E)的第二类特殊解,并且考虑方程(E)的退缩椭圆方程

$$\frac{\partial^2 z}{\partial\xi^2}+\frac{\partial^2 x}{\partial\eta^2}+\frac{1}{3\eta}\frac{\partial z}{\partial\eta}=0 \qquad (E_1)$$

我们在 $\xi\eta$ 平面上引进极坐标如下

$$r=\sqrt{\xi^2+\eta^2},\theta=\arctan\frac{\eta}{\xi}$$

我们断定:令 $z=RT$,其中 R 表示 r 的函数,T 表示 θ 的函数,则方程(E_1)可以满足. 我们有

$$\frac{\partial z}{\partial \xi}=-T'R\frac{\eta}{r^2}+TR'\frac{\xi}{r}$$

$$\frac{\partial^2 z}{\partial \xi^2}=T''R\frac{\eta^2}{r^4}-2T'R'\frac{\xi\eta}{r^3}+2TR\frac{\xi\eta}{r^4}+TR'\frac{\eta^2}{r^3}+TR''\frac{\xi^2}{r^2}$$

$$\frac{\partial z}{\partial \eta}=T'R\frac{\xi}{r^2}+TR'\frac{\eta}{r}$$

$$\frac{\partial^2 z}{\partial \eta^2}=T''R\frac{\xi^2}{r^4}+2T'R'\frac{\xi\eta}{r^3}-2T'R\frac{\xi\eta}{r^4}+TR'\frac{\xi^2}{r^3}+TR''\frac{\eta^2}{r^2}$$

那么代入后,我们得到

$$TR''+\frac{4}{3}T\frac{R'}{r}+\left(T''+\frac{1}{3}T'\cot\theta\right)\frac{R}{r^2}=0 \tag{11.22}$$

方程(11.22)提示我们令 $R=r^k$,这里的 k 是任意常数,于是,略去各项的公因子 r^{k-2},乃得函数 T 的二阶方程如下

$$\frac{\mathrm{d}^2 T}{\mathrm{d}\theta^2}+\frac{1}{3}\cot\theta\frac{\mathrm{d}T}{\mathrm{d}\theta}+k\left(k+\frac{1}{3}\right)T=0 \tag{11.23}$$

方程(11.23)的每个解乘以 r^k 乃给出方程(E_1)或(E)的解.

方程(11.23)不难化为超几何方程,为了这个目的,只要令

$$t=\cos^2\frac{\theta}{2}=\frac{r+\xi}{2r}$$

于是方程(11.22)就化为超几何微分方程

$$t(1-t)\frac{\mathrm{d}^2 T}{\mathrm{d}t^2}+\left(\frac{2}{3}-\frac{4}{3}t\right)\frac{\mathrm{d}T}{\mathrm{d}t}+k\left(k+\frac{1}{3}\right)T=0 \tag{11.24}$$

大家知道,这个方程的基本积分是

$$T_1=F\left(-k,k+\frac{1}{3},\frac{2}{3};t\right)$$

$$T_2=t^{\frac{1}{3}}F\left(-k+\frac{1}{3},k+\frac{2}{3},\frac{4}{3};t\right)$$

运用方程(9.25)将坐标 ξ,η 化为原来的坐标 x,y；并且为了以后的计算方便起见，把原点移到点 $x=-\frac{1}{2}$，$y=0$，我们就得到

$$T_1=F\left(-k,k+\frac{1}{3},\frac{2}{3};\frac{\rho+x-\frac{1}{2}}{2\rho}\right)$$

$$T_2=\left(\frac{\rho+x-\frac{1}{2}}{2\rho}\right)^{\frac{1}{3}}F\left(-k+\frac{1}{3},k+\frac{2}{3},\frac{4}{3};\frac{\rho+x-\frac{1}{2}}{2\rho}\right)$$

其中

$$\rho=\sqrt{\left(x-\frac{1}{2}\right)^2+\frac{4}{9}y^3} \qquad (11.25)$$

最后我们注意到，根据超几何函数理论中大家所知道的一个公式，我们可以写

$$T_2=\left(\frac{\rho+x-\frac{1}{2}}{2\rho}\right)^{\frac{1}{3}}\left(1-\frac{\rho+x-\frac{1}{2}}{2\rho}\right)^{\frac{1}{3}}\cdot$$

$$F\left(1+k,-k+\frac{2}{3},\frac{4}{3};\frac{\rho+x-\frac{1}{2}}{2\rho}\right)$$

$$=y(3\rho)^{-\frac{2}{3}}F\left(\frac{2}{3}-k,1+k,\frac{4}{3};\frac{\rho+x-\frac{1}{2}}{2\rho}\right)$$

由此便得结论，方程(E)有两个特解

$$\begin{cases} z_1 = \rho^{k_1} F\left(-k_1, k_1+\frac{1}{3}, \frac{2}{3}; \frac{\rho+x-\frac{1}{2}}{2\rho}\right) \\ z_2 = y\rho^{k_2-\frac{2}{3}} F\left(\frac{2}{3}-k_2, k_2+1, \frac{4}{3}; \frac{\rho+x-\frac{1}{2}}{2\rho}\right) \end{cases} \tag{11.26}$$

其中,k_1 和 k_2 是任意数. 特别,我们可以令 $k_1=n, k_2=n+\frac{2}{3}$,这里的 n 是正整数. 这样一来,我们便得到方程(E) 的两个特解

$$\begin{cases} z_1 = \rho^{n} F\left(-n, n+\frac{1}{3}, \frac{2}{3}; \frac{\rho+x-\frac{1}{2}}{2\rho}\right) \\ z_2 = y\rho^{n} F\left(-n, n+\frac{5}{3}, \frac{4}{3}; \frac{\rho+x-\frac{1}{2}}{2\rho}\right) \end{cases} \tag{11.27}$$

这里的两个超几何函数化为 n 阶多项式.

11.5　借助盖根鲍尔的广义球函数 C_n^{ν} 表示函数 T

在式(11.27) 中出现的两个超几何函数都有下面性质:如果按通常用 a,b,c 表示其参数,并且运用关系式 $a=-n$,不难得到方程

$$a+b+1=2c$$

因此,它们和广义球函数至多相差常数因子,这广义

球函数通常用符号 $C_n^\nu(x)$ 表示，有许多数学家[①]，特别是盖根鲍尔(Gegenbauer)，研究它. 这个函数多半定义为函数 $(1-2\alpha x+\alpha^2)^{-\nu}$ 展为 α 的幂级数的系数

$$(1-2\alpha x+\alpha^2)^{-\nu}=\sum_{n=0}^{\infty}\alpha^n C_n^\nu(x) \qquad (11.28)$$

更明确地说，我们有[②]

$$C_n^\nu(x)=\frac{\Gamma(n+2\nu)}{n!\ \Gamma(2\nu)}F\left(-n,n+2\nu,\nu+\frac{1}{2};\frac{1-x}{2}\right) \qquad (11.29)$$

于是

$$F\left(-n,n+\frac{1}{3},\frac{2}{3};\frac{\rho+x-\frac{1}{2}}{2\rho}\right)=\frac{n!\ \Gamma\left(\frac{1}{3}\right)}{\Gamma\left(n+\frac{1}{3}\right)}C_n^{\frac{1}{6}}\left(\frac{1-2x}{2\rho}\right)$$

$$F\left(-n,n+\frac{5}{3},\frac{4}{3};\frac{\rho+x-\frac{1}{2}}{2\rho}\right)=\frac{n!\ \Gamma\left(\frac{5}{3}\right)}{\Gamma\left(n+\frac{5}{3}\right)}C_n^{\frac{5}{6}}\left(\frac{1-2x}{2\rho}\right)$$

略去两个常数因子，我们便得到下面的结论：方程(E)有特解

$$z_1^{(n)}=(2\rho)^n C_n^{\frac{1}{6}}\left(\frac{1-2x}{2\rho}\right),z_2^{(n)}=y(2\rho)^n C_n^{\frac{5}{6}}\left(\frac{1-2x}{2\rho}\right) \qquad (11.30)$$

这些解在下一章中起着重要的作用，因为这些解以及它们所构成的级数在 x 轴上及曲线 $\rho=c$ (c 表示任意正常数) 上，化为很简单的形式，我们叫这些曲线为

---

① 参考 Wangerin A., Lambert A., Fonctions Sphériquesé, Encycl. des sciencos Mathém.

② Heine, Handbuch der Kugelfunktionen, 卷 Ⅰ, 298 页.

“典型曲线”①.

事实上,在 x 轴上,$z_2^{(n)}$ 变为零.同时,$z_1^{(n)}$ 按照 $x-\frac{1}{2}$ 的符号取下列数值之一

$$z_1^{(n)}=\begin{cases}(1-2x)^n C_n^{\frac{1}{6}}(+1)\\ =\dfrac{\Gamma(n+\frac{1}{3})}{n!\ \Gamma\left(\frac{1}{3}\right)}(1-2x)^n \quad \left(x\leqslant\frac{1}{2},y=0\right)\\ (2x-1)^n C_n^{\frac{1}{6}}(-1)\\ =\dfrac{\Gamma(n+\frac{1}{3})}{n!\ \Gamma\left(\frac{1}{3}\right)}\cdot\\ \quad\dfrac{\Gamma\left(\frac{2}{3}\right)\Gamma\left(\frac{1}{3}\right)}{\Gamma\left(n+\frac{2}{3}\right)\Gamma\left(-n+\frac{1}{3}\right)}\cdot(2x-1)^n\\ =\dfrac{\Gamma(n+\frac{1}{3})}{n!\ \Gamma\left(\frac{1}{3}\right)}(1-2x)^n \quad \left(x\geqslant\frac{1}{2},y=0\right)\end{cases}$$

---

① 将方程 $\rho=c$ 的两边各取平方,我们得到

$$\left(x-\frac{1}{2}\right)^2+\frac{4}{9}y^3=c^2$$

由此看出,我们所考虑的曲线是三次曲线.一般地说,我们用“曲型曲线”表示其方程为

$$(x\quad a)^2+\left(\frac{4}{9}\right)y^3=c^2$$

的曲线,其中 a 和 c 是两个任意常数,更确切地说,典型曲线表示所说曲线包含在平面 $y>0$ 的部分.当 $c\neq 0$ 时,曲线的这部分是联结点 $(a-c,0)$ 和 $(a+c,0)$ 的一支弧.且关于直线 $x=a$ 对称.在这些典型曲线中,对应于数值 $a=c=\frac{1}{2}$ 的一支曲线,对我们来说,特别重要,这支曲线的方程可以写成

$$y^2=\frac{9}{4}x(1-x)$$

我们用符号 C 来表示这条曲线.

在任何情况下

$$z_1^{(n)}=\frac{\Gamma\left(n+\frac{1}{3}\right)}{n!\ \Gamma\left(\frac{1}{3}\right)}(1-2x)^n,z_2^{(n)}=0\quad(\text{当 } y=0)$$

(11.31)

在其方程为 $\rho=c$ 的曲形曲线上,我们有

$$\left.\begin{aligned}z_1^{(n)}&=(2c)^n C_n^{\frac{1}{6}}\left(\frac{1-2x}{2c}\right)\\z_2^{(n)}&=y(2c)^n C_n^{\frac{5}{6}}\left(\frac{1-2x}{2c}\right)\end{aligned}\right\}\quad(\text{当 }\rho=c)$$

(11.32)

特别在曲线 C(其方程为 $\rho=\frac{1}{2}$)上,我们有

$$\begin{cases}z_1^{(n)}=C_n^{\frac{1}{6}}(1-2x)\\z_2^{(n)}=yC_n^{\frac{5}{6}}(1-2x)\end{cases}\qquad(11.32')$$

11.6 关于函数 C_n^ν 的基本公式

函数 C_n^ν 具有许多重要性质,而这些性质大部分是圆函数的类似性质的推广.我们只要注意到下面几点:

(1) 任何在区间$(-1,+1)$中给定的有界连续函数 $f(x)$ 都可以展成函数 $C_n^\nu(x)$ 的一致收敛的级数①

$$f(x)=\sum_{n=0}^{\infty}c_nC_n^\nu(x)\qquad(11.33)$$

① Gegenbauer, T., Sitzungsberichte der Akademie Wien(2, 70)1874,433-443.

（2）我们有

$$\int_{-1}^{+1} C_m^\nu(x) C_n^\nu(x)(1-x^2)^{\nu-\frac{1}{2}}\mathrm{d}x$$

$$=\begin{cases} 0 & (m\neq n) \\ \dfrac{2^{1-2\nu}\pi}{\Gamma^2(\nu)}\cdot\dfrac{\Gamma(n+2\nu)}{(n+\nu)n!} & (m=n)\end{cases} \tag{11.34}$$

（3）如果把变数写成余弦，那么[1]

$$C_n^\nu(\cos\theta)=\frac{\Gamma(n+\nu)\Gamma\left(2n+\nu+\dfrac{1}{2}\right)}{\Gamma(2n+2\nu-1)n!}\cdot$$

$$\sum_{h=0}^{n}\binom{n}{h}\frac{\nu(\nu+1)\cdots(\nu+h-1)}{(n+\nu-1)(n+\nu-2)\cdots(n+\nu-h)}\cdot$$

$$\cos(n-2h)\theta \tag{11.35}$$

公式(11.34)使我们能够把 $f(x)$ 按函数 C_n^ν 的展式(11.33)中的系数 c_n 计算出来，只要把方程(11.33)的两端乘以

$$C_n^\nu(x)(1-x^2)^{\nu-\frac{1}{2}}\mathrm{d}x$$

并且从 -1 到 $+1$ 作积分，于是便得到

$$c_n=\frac{\Gamma^2(\nu)(n+\nu)n!}{2^{1-2\nu}\pi\cdot\Gamma(2n+2v)}\int_{-1}^{+1}f(x)C_n^\nu(x)(1-x^2)^{\nu-\frac{1}{2}}\mathrm{d}x \tag{11.36}$$

方程(11.35)是重要的，因为在和数中的余弦项的系数都是正的. 因此，对于任意实数 θ，等式右边的绝对值不能超过它于 $\theta=0$ 时的值，当 $\theta=0$ 时，所有的余弦都变为 $+1$. 这样一来，我们就得到

---

① Burkhardt H., Jahresberichte der deutschen Mathem. Vereinigung, B. 10-11, 62-69, 71-92(1901).

$$| C_n^\nu(x) | \leqslant C_n^\nu(+1) = \frac{\Gamma(n+2\nu)}{n!\ \Gamma(2\nu)} \quad (11.37)$$

考虑着这个情况，最后我们注意到函数

$$y_1 = F(-m, m+2\alpha-1, \alpha; x)$$

$$y_2 = [x(1-x)]^{1-\alpha} F(-n, n+3-2\alpha, 2-\alpha; x)$$

分别适合微分方程

$$x(1-x)y''_1 + \alpha(1-2x)y'_1 + m(m+2\alpha-1)y_1 = 0$$

$$x(1-x)y''_2 + \alpha(1-2x)y'_2 + (n+1)(n-2\alpha+2)y_2 = 0$$

不难计算出乘积

$$F(-m, m+2\alpha-1, \alpha; x)F(-n, n+3-2\alpha, 2-\alpha; x)$$

从 0 到 1 的积分. 从所得的公式不难得到下面的公式

$$\int_{-1}^{+1} C_m^\nu(x) C_n^{1-\nu}(x) \mathrm{d}x$$

$$= \frac{\sin 2\pi\nu}{\pi}[1+(-1)^{m+n}] \cdot$$

$$\frac{\Gamma(m+2\nu)\Gamma(n+2-2\nu)}{m!\ n!\ (m+n+1)(1-m+n-2\nu)} \quad (11.38)$$

这与方程(11.34)类似，在方程(11.34)中出现的 C_n^ν 具有相同上标数，而这里的上标数之和等于 1.

因此，欲此积分等于零，不等式 $m \neq n$ 是不充分的，此外还得要求这两数之一为奇数，另一为偶数. 这就说明了在下一章中所考虑的方程(12.30)的特解所构成的级数中，为什么我们只用解 $z_2^{(n)}$，而不用解 $z_1^{(n)}$.

第12章 对于椭圆半平面中的闭曲线的存在性定理

12.1　界线和 x 轴不相交的准备情况

在第10章的末尾，我们已经看到唯一性定理成立，特别是当 z 的数值给定于完全在椭圆半平面中而与 x 轴无公共点的闭线路 σ 时，唯一性定理也成立. 我们现在要证明：在 σ 上给定了一个连续函数 f，那么在区域的内部，存在着方程(E)的正则解，此解取上述的边界值. 为此目的，我们运用古典的皮卡方法，便可以把必需证明的存在性化为两个独立变数的第二类弗雷德霍姆积分方程解的存在性.

诚然，让我们来考虑方程(E)的椭圆型归范式

$$\frac{\partial^2 z}{\partial x^2}+\frac{\partial^2 z}{\partial y^2}+\frac{1}{3y}\frac{\partial z}{\partial y}=0 \qquad (E_1)$$

令 σ' 表示在变换下 σ 所变成的曲线，我们命

$$z=y^{-\frac{1}{6}}u$$

那么方程(E_1) 就变为

$$\frac{\partial^2 u}{\partial x^2}+\frac{\partial^2 u}{\partial y^2}+\frac{5}{36}\frac{u}{y^2}=0 \qquad (12.1)$$

此后，我们确定界线 σ' 内部的任意一点 $P_0(x_0, y_0)$，用 r 表示从 P_0 到变动点 $P(x,y)$ 的距离，在界线 σ' 所围成的区域 S' 内部，我们考虑调和函数 $g(x_0,y_0; x,y)$，此函数在界线 σ' 上取 $\log\frac{1}{r}$ 的数值(格林函数)；按格林公式，我们可以写

$$\begin{aligned}&2\pi u(x_0,y_0)\\&=\int_{\sigma'}\left[u\frac{\mathrm{d}}{\mathrm{d}u}\left(\log\frac{1}{r}-g\right)-\left(\log\frac{1}{r}-g\right)\frac{\mathrm{d}u}{\mathrm{d}n}\right]\mathrm{d}\sigma'-\\&\iint_{S'}\left(\log\frac{1}{r}-g\right)\Delta_2 u\mathrm{d}s'\end{aligned}$$

其中 n 表示 σ' 的内法线. 但是根据 g 的定义，在界线 σ' 上，我们有 $\log\frac{1}{r}-g=0$，因此，便得到更简单的表达式

$$\begin{aligned}u(x_0,y_0)=&\frac{1}{2\pi}\int_{\sigma'}f_1\frac{\mathrm{d}}{\mathrm{d}n}\left(\log\frac{1}{r}-g\right)\mathrm{d}\sigma'-\\&\frac{1}{2\pi}\iint_{S'}\left(\log\frac{1}{r}-g\right)\Delta_2 u\mathrm{d}s' \qquad (12.2)\end{aligned}$$

其中我们简单地用 f_1 表示 u 在 σ' 上所取的数值 $y^{\frac{1}{6}}f$.

我们看到：方程(12.2) 右端的第一项是 s' 中的调和函数，此调和函数在 σ' 取边界值 f_1，如果我们用 $A(x,y)$ 来表示这个函数，用 $\Delta_2 u$ 的数值

$$\Delta_2 u = -\frac{5}{36}\frac{u}{y^2}$$

代入,方程(12.2)就变成下面的形式

$$u(x_0, y_0) - \frac{5}{36.2\pi}\iint_{S'} \frac{u(x,y)}{y^2} \cdot G(x_0, y_0; x, y)\mathrm{d}x\mathrm{d}y = A(x_0, y_0) \tag{12.3}$$

这里为了简单起见,我们引用了符号

$$G(x_0, y_0; x, y) = \log\frac{1}{r} - g(x_0, y_0; x, y) \tag{12.4}$$

方程(12.3)是两个独立变数的第二类弗雷德霍姆积分方程,其中的未知函数就是解 $u(x,y)$,而其存在性便是我们所需要证明的.

因为我们假定,界线 σ 和 x 轴没有公共点,所以 σ' 和 x 轴也没有公共点,那么方程(12.3)的核中的因子 $\frac{1}{y^2}$ 在界线 σ' 上是有界的;由此推出,我们所考虑的核除了函数 G 所固有的奇异点将没有其他的奇异点,那么根据莱维(E. E. Levi)[①] 所证明的事实,弗雷德霍姆的理论可以用于这个方程. 因此只要假定 $\frac{5}{72\pi}$ 不是已给核的特征数,那么这个方程总有解.

如果我们假定 $\frac{5}{72\pi}$ 是方程(12.3)的核函数的特征

① 莱维, I problemi dei valori al contorno per le equazioni lineari. Mem. Soc. Ital. d. Scienze, 16(1909).

数;那么相应的纯方程将有不恒等于零的解;而此解将为方程(12.1)取零界值的解,这与我们已证明了的唯一性定理相矛盾.

由此我们可以断言:数值$\frac{5}{72\pi}$不是特征数,于是解u存在,而这就是说z亦存在.

我们看到,对于解z的存在,在界线上已给函数f的连续性是充分的,但不是必要的条件,因为如果已给函数f是片段连续的(即,假定它有有穷个间断点,有穷个跳点),那么函数A将仍然存在且在界线的内部仍然是连续的[①]. 按个按语在下面用到.

但是有一个条件是无法摆脱的,即界线σ不可以和x轴有公共点.事实上,如果这个条件不满足,那么在区域S'的某些点,y将等于零,这样一来,方程(12.3)的核函数将有二阶的极点,普通的弗雷德霍姆理论就不能应用于这个方程;那么在这些条件之下,方程(12.3)是否仍然有效,那是不明显的.下面我们立刻需要考虑包含着x轴上一条线段的界线,这样一来,我们就需要把上面所引用的存在性定理推广到这种情况.初看起来,这似乎可以借极限步骤而得到,但是不难相信:这种极限步骤的严格论证中是有重大困难的.所以我们需要采用别的方法,为此目的,我们采用格林方法,先用较简单的形式,把其存在性已在本节中证明了的解表示出来.

---

① 皮卡, Traité d'Analyse, t. Ⅱ, page 46.

12.2　确定方程(E_1)的基本解

要把格林方法应用于偏微分方程(E)，或更好一些，把它应用于椭圆型归范形式(E_1)，首先必需确定伴随方程

$$\frac{\partial^2 u}{\partial x^2}+\frac{\partial^2 u}{\partial y^2}-\frac{\partial}{\partial y}\left(\frac{u}{3y}\right)=0 \tag{12.5}$$

的基本解，也就是这个方程的某些特解，这些解在点$P_0(x_0,y_0)$具有对数函数的奇异性.

我们看到，方程(12.5)经代换$u=y^{\frac{1}{3}}v$化为方程(E_1)；所以我们可以只限于考虑方程(E_1)的基本解，乘以因子$y^{\frac{1}{3}}$以后便得方程(12.5)的基本解.

注意到这一点以后，我们则考虑坐标系统x,y中的椭圆型归范式

$$\frac{\partial^2 z}{\partial x^2}+\frac{\partial^2 z}{\partial y^2}+\frac{1}{3y}\frac{\partial z}{\partial y}=0 \tag{E_1}$$

和坐标系统ξ,η中的双曲型归范式

$$\frac{\partial^2 z}{\partial\xi\partial\eta}-\frac{1}{6(\xi-\eta)}\left(\frac{\partial z}{\partial\xi}-\frac{\partial z}{\partial\eta}\right)=0 \tag{E_2}$$

并且我们注意到:第一个方程借变换

$$\xi=x-\mathrm{i}y,\eta=x+\mathrm{i}y \tag{12.6}$$

而化为第二个方程.运用大家所知道的结果①，任何变曲型方程

① 可参考吴新谋先生的《数学物理方程讲义》第五章第6节.

$$\frac{\partial^2}{\partial x\partial y}+a(x,y)\frac{\partial z}{\partial x}+b(x,y)\frac{\partial z}{\partial y}+c(x,y)z=0$$

都有基本解

$$z=Z(x_0,y_0;x,y)\log[(x-x_0)(y-y_0)]+\zeta(x_0,y_0;x,y) \tag{12.7}$$

其中 $Z(x_0,y_0;x,y)$ 是方程的黎曼函数，也就是第 10 章第 10.2 节中讲到的那种解，讲解在通过点 P_0 的二特征线 $x=x_0$ 和 $y=y_0$ 上分别取数值

$$\mathrm{e}^{-\int_{y_0}^{y}a\mathrm{d}y},\mathrm{e}^{-\int_{x_0}^{x}b\mathrm{d}x}$$

而 ζ 则是非纯方程

$$\frac{\partial^2\zeta}{\partial x\partial y}+a\frac{\partial\zeta}{\partial x}+b\frac{\partial\zeta}{\partial y}+c\zeta+\frac{1}{x-x_0}\left(\frac{\partial Z}{\partial y}+aZ\right)+\frac{1}{y-y_0}\left(\frac{\partial Z}{\partial x}+bZ\right)=0 \tag{12.8}$$

的任意一个正则特解.

由于第 10 章第 10.2 节中已经得到了的方程 (E_2)[①] 的黎曼函数

$$Z(\xi_0,\eta_0;\xi,\eta)=\frac{(\eta_0-\xi_0)^{\frac{1}{3}}}{(\eta_0-\xi)^{\frac{1}{6}}(\eta-\xi_0)^{\frac{1}{6}}}F\left(\frac{1}{6},\frac{1}{6},1;\sigma_1\right) \tag{12.9}$$

$$\sigma_1=\frac{(\xi_0-\xi)(\eta-\eta_0)}{(\eta-\xi_0)(\eta_0-\xi)}$$

由此推出方程(E_2) 有基本解

$$z=(\eta_0-\xi_0)^{\frac{1}{3}}(\eta_0-\xi)^{-\frac{1}{6}}(\eta-\xi_0)^{-\frac{1}{6}}F_1(\sigma_1)\cdot$$

① 事实上，这个函数就是第 10 章第 10.2 节中公式(10.8) 所定义的函数 u，只要把其中的 ξ,η 和 ξ_0,η_0 互换一下.

$$\log[(\xi-\xi_0)(\eta-\eta_0)]+$$

$$\zeta(\xi_0,\eta_0;\xi,\eta) \tag{12.10}$$

这里为简单起见,令

$$F_1(x)=F\left(\frac{1}{6},\frac{1}{6},1;\sigma_1\right) \tag{12.11}$$

而 ζ 表示方程

$$\frac{\partial^2\zeta}{\partial\zeta\partial\eta}-\frac{1}{6(\xi-\eta)}\left(\frac{\partial\zeta}{\partial\xi}-\frac{\partial\zeta}{\partial\eta}\right)-\frac{(\eta_0-\xi_0)^{\frac{1}{3}}(\eta+\eta_0-\xi-\xi_0)}{(\eta_0-\xi)^{\frac{7}{6}}(\eta-\xi_0)^{\frac{7}{6}}}\cdot$$

$$\left[\frac{F_1(\sigma_1)}{6(\eta-\xi)}+\frac{(\eta_0-\xi_0)F'_1(\sigma_1)}{(\eta_0-\xi)(\eta-\xi_0)}\right]=0 \tag{12.12}$$

的任意正则解.

借助于代替式(12.6),我们由方程(E_2)回到方程(E_1)来.不难验证,如果用 r 和 r_1 分别表示从对 x 轴对称的两个定点 $P_0(x_0,y_0)$ 和 $P'_0(x_0,-y_0)$ 到动点 $P(x,y)$ 的距离,那么方程(E_1)有基本解[①]

$$z=2\left(\frac{2y_0}{r_1}\right)^{\frac{1}{3}}F_1\left(\frac{r^2}{r_1^2}\right)\log r+\zeta_1(x_0,y_0;x,y) \tag{12.13}$$

其中 ζ_1 是方程

$$\frac{r^2\zeta_1}{\partial x^2}+\frac{\partial^2\zeta_1}{\partial y^2}+\frac{1}{3y}\frac{\partial\zeta_1}{\partial y}+2^{\frac{4}{3}}y_0^{\frac{1}{3}}\frac{y-y_0}{r_1^{\frac{7}{3}}}\cdot$$

---

① 这个基本解可以明确写出

$$z=\left(\frac{2y_0}{r_1}\right)^{\frac{1}{3}}\left\{F_1\left(\frac{r^2}{r_1^2}\right)\log\frac{r^2}{r_1^2}+G\left(\frac{r^2}{r_1^2}\right)\right\}$$

其中

$$G(z)=\left[\left(\frac{\partial}{\partial a}+\frac{\partial}{\partial b}+2\frac{\partial}{\partial c}\right)F(a,b,c;z)\right]_{\substack{c=1\\a=b=\frac{1}{6}}}$$

$$\left[\frac{1}{12y}F_1\left(\frac{r^2}{r_1^2}\right)-\frac{2y_0}{r_1^2}F'_1\left(\frac{r^2}{r_1^2}\right)\right]=0 \tag{12.14}$$

的任意正则解.

最后,把方程(12.13)乘以 $y^{\frac{1}{3}}$ 且略去常数因子 $2y_0^{\frac{1}{3}}$,我们断定方程(E_1)的伴随方程(12.5)有基本解

$$\begin{aligned}&u^*(x_0,y_0;x,y)\\&=\left(\frac{2y}{r_1}\right)^{\frac{1}{3}}F_1\left(\frac{r^2}{r_1^2}\right)\log r+\zeta^*(x_0,y_0;x,y)\end{aligned} \tag{12.15}$$

其中

$$\zeta^*(x_0,y_0;x,y)=\frac{1}{2}\left(\frac{y}{y_0}\right)^{\frac{1}{3}}\zeta_1(x_0,y_0;x,y) \tag{12.16}$$

12.3 方程(E_1)的格林公式

找到了方程(12.5)的基本解(12.15)以后,用完全类似于调和函数情况中所应用的方法,不难得到方程(E_1)的格林公式.

我们先来考虑下面的恒等式

$$\begin{aligned}&0=uE_1(z)-zG_1(u)\\&=\frac{\partial}{\partial x}\left(u\frac{\partial z}{\partial x}-z\frac{\partial u}{\partial x}\right)+\frac{\partial}{\partial y}\left(u\frac{\partial z}{\partial y}-z\frac{\partial u}{\partial y}+\frac{uz}{3y}\right)\end{aligned} \tag{12.17}$$

其中 E_1 和 G_1 表示方程(E_1)及其伴随方程(12.5)左端所确定的运算子,而其中 z 和 u 表示这两个方程的

任意两个解. z 是未定而只假设是正则,我们令 $u=u^{*}$. 现在假定 σ 是完全在上半平面或下半平面中而和 x 轴无公共点的闭曲线;$P_0(x_0,y_0)$ 是包含在曲线内部的一个点. 在以 P_0 为圆心的一个小圆的外部和 σ 的内部的公共区域上求方程(12.17) 的积分.

最后把格林定理应用于所得到的二重积分,便得

$$\left[\int_{\sigma}+\int_{s}\right]\left\{\left(u^{*}\frac{\partial z}{\partial x}-z\frac{\partial u^{*}}{\partial x}\right)\frac{\partial x}{\partial n}+\right.$$

$$\left.\left(u^{*}\frac{\partial z}{\partial y}-z\frac{\partial u^{*}}{\partial y}+\frac{1}{3y}u^{*}z\right)\frac{\partial y}{\partial n}\right\}d(\sigma)=0 \quad (12.18)$$

其中 $\mathrm{d}(\sigma)$ 表示 σ 和 s 的线素,n 表示 σ 上的内法线和 s 上的外法线.

得到了方程(12.18) 以后,把圆 s 的半径趋向于零而取极限. 就和调和函数的情况一样,考虑到方程(12.15) 中 $\log r$ 的系数于 P 趋于 P_0 时变为 1,不难证明,在 s 上的积分趋于

$$-2\pi z(x_0,y_0)$$

我们便得到基本公式(格林公式)

$$z(x_0,y_0)=\frac{1}{2\pi}\int_{\sigma}\left(u^{*}\frac{\mathrm{d}z}{\mathrm{d}n}-z\frac{\mathrm{d}u^{*}}{\mathrm{d}n}+\frac{1}{3y}u^{*}z\frac{\mathrm{d}y}{\mathrm{d}n}\right)\mathrm{d}\sigma \quad (12.19)$$

这个公式通过 z 和 $\frac{\mathrm{d}z}{\mathrm{d}n}$ 在界线上的数值而给出了 z 在 σ 内部任意一点的数值.

应用在 12.1 节中证明的存在性定理,不难把这个公式中的法微商 $\frac{\mathrm{d}z}{\mathrm{d}n}$ 消去而简化这个公式.

诚然,按照刚才所说的定理,方程(12.5) 有一个

而且只有一个正则解存在，这个解在界线上和 u^* 相等，我们用 $\overline{u}$ 表示这个函数，令

$$U(x_0, y_0; x, y) = u^* + \overline{u} \tag{12.20}$$

在前面的计算中，我们可以用 U 来代替 u^*，于是我们便得

$$\begin{aligned} & z(x_0, y_0) \\ & = \frac{1}{2\pi}\int_\sigma \left(U\frac{\mathrm{d}z}{\mathrm{d}n} - z\frac{\mathrm{d}U}{\mathrm{d}n} + \frac{1}{3y}Uz\frac{\mathrm{d}y}{\mathrm{d}n}\right)\mathrm{d}\sigma \end{aligned}$$

但是，按定义，函数 U 在界线 σ 上等于零，这样一来，最终得到

$$z(x_0, y_0) = -\frac{1}{2\pi}\int_\sigma \frac{\mathrm{d}U}{\mathrm{d}n} z\,\mathrm{d}\sigma \tag{12.21}$$

只要函数 U 确定了以后，那么用这个公式，我们立刻可以根据 z 在界线上的值计算出它在 σ 内部的数值.（注意函数 U 只与界线的形式有关）

当然，要把方程(12.21)应用于方程(E)，必先作变换把方程化为椭圆型归范形式(E_1). 欲避免这一点，我们可以把函数 U 及公式(9.25)中的积分曲线加以变换，但不要忘记法微商并不变换为法微商. 毋须过分详细，我们只要注意到：我们得到公式

$$z(x_0, y_0) = \int_\sigma V(x_0, y_0; x, y) z\,\mathrm{d}\sigma' \tag{12.22}$$

其中 σ' 是相应于 σ 的曲线，$V(x_0, y_0; x, y)$ 是某一只与 σ' 的形式相关的公式.

12.4　哈纳克定理的推广

在椭圆半平面中的闭曲线(与 x 轴有公共点或无公共点)上 z 的数值已知,这种情况下的解的唯一性定理有一个重要的直接推论是最大值与最小值原理:方程(E)的正则解在一位于椭圆半平面中的界线(这界线可以与 x 轴相交)内部所取的数值不能大于(或小于)这解在界线上的最大值(最小值)[①].

这个命题及格林公式使我们能够把哈纳克(Harnack)定理推广到方程(E)的解上.

如果方程(E)的正则解的一级数在椭圆半平面中的闭曲线 σ(这曲线可以与 x 轴相交)上一致收敛,那么这级数在 σ 的内部也一致收敛,并且其极限是方程(E)的解.

诚然,令

$$z_1+z_2+\cdots+z_n+\cdots$$

是由方程(E)的解所组成的级数,令 $Z_1,Z_2,\cdots$,是 z_1,$z_2,\cdots$ 在界线 σ 上所取的数值.因为级数 $\sum\limits_{h=1}^{\infty}Z_h$ 一致收敛,那么对于任意正数 ε,可以找到这样的标数 N,使当 $n>N$ 时,对于任意 p,在整个界线上有不等式

$$|Z_{n+1}+Z_{n+2}+\cdots+Z_{n+p}|<\varepsilon$$

---

① 不仅方程(E),而且对任何二阶方程,只要上述唯一性定理对它成立,这个命题都是正确的.

但 $z_{n+1}+z_{n+2}+\cdots+z_{n+p}$ 显然是方程(E)的解，根据上述的定理，$|z_{n+1}+z_{n+2}+\cdots+z_{n+p}|$ 在 σ 内部的最大值小于 $|Z_{n+1}+Z_{n+2}+\cdots+Z_{n+p}|$ 在界线上的最大值. 因此在 σ 内部的整个区域 S 上我们有不等式

$$|z_{n+1}+z_{n+2}+\cdots+z_{n+p}|<\varepsilon$$

这就证明了这级数在整个区域上一致收敛.

不难证明此级数的和也是方程(E)的解. 令 σ 是完全在 S 内部而围绕着点 $P_0(x_0,y_0)$ 的闭曲线，我们证明级数在点 P_0 的附近适合方程(E)；令 σ' 和 x 轴无公共点；$Z'_1,Z'_2,\cdots$ 是 $z_1,z_2,\cdots$ 在 σ' 上的数值；$z_1^{(0)},z_2^{(0)},\cdots$ 是 $z_1,z_2,\cdots$ 在 P_0 的数值，根据公式(12.22)，这些值可以借下面的公式来表示

$$z_1^{(0)}=\int_{\sigma'}VZ'_1\mathrm{d}\sigma',z_2^{(0)}=\int_{\sigma'}VZ'_2\mathrm{d}\sigma',\cdots$$

$$z_n^{(0)}=\int_{\sigma'}VZ'_n\mathrm{d}\sigma' \tag{12.23}$$

其中 V 是一个只与 σ' 的形式有关的函数.

令 Z' 表示一致收敛的级数 $\sum\limits_h Z'_h$ 的和，而用 R'_h 表示此级数的第 n 级余项

$$R'_n=\sum_{h=n+1}^{\infty}Z'_h$$

假设 n 充分大，使在 σ' 的任意点上，下面的不等式成立

$$|R'_n|<\frac{\varepsilon}{Ml}$$

其中 M 是 $|V|$ 在 σ' 上的最大值，而 l 是曲线 σ' 的长度. 如果我们考虑积分 $z^{(0)}=\int_{\sigma'}VZ'\mathrm{d}\sigma'$，那么有

$$\left| z^{(0)} - \sum_{h=1}^{n} \int_{\sigma'} VZ'_h \mathrm{d}\sigma' \right| = \left| \int_{\sigma'} VR'_n \mathrm{d}\sigma' \right| < \varepsilon$$

再由公式(12.23)

$$| z^{(0)} - (z_1^{(0)} + z_2^{(0)} + \cdots + z_n^{(0)}) | < \varepsilon$$

这证明级数的和在点 P_0 是积分 $z^{(0)}$. 但这个积分是方程(E)在 σ' 上取数值 z' 的解于点 P_0 的数值. 所以级数的和是方程(E)的解.

12.5　对于一个特殊界线存在性定理的陈述

现在把12.1节中所陈述的存在性定理推广到界线包含 x 轴的一个线段的情况.

首先我们证明特殊界线情况中的存在性定理，然后应用交替方法而得到一般的结果.

这种特殊的界线我们已经描述过，它是由 x 轴上的线段 $AB=(0,1)$ 和通过点 A 与点 B 的典型曲线 C 所组成，典型曲线的方程是 $\rho=\frac{1}{2}$. 为了简单起见，恒把这个界线叫作典型椭圆界线，于是我们所欲证明的命题可以陈述如下：

在已给典型椭圆界线 ABC 的内部，有一个而且只有一个方程(E)的正则解存在，此解在界线上取任意预先指定的数值，只要这些边界值有穷且连续，并且在曲线 C(包括 A 和 B)上具有连续有界的一阶微商.

欲证明此定理，我们首先注意到，可以假设在 A 和 B 的已给值等于零而不失普遍性. 诚然，如果不是如此，那么分别用 a 和 b 来表示这两个数值，且考虑函数

$$z_0 = a + (b - a)x \tag{12.24}$$

这函数显然适合方程(E).然后把 z 换为 $z - z_0$,马上就可以证实,这个新的函数在 A 和 B 取零值.

于是如果用 $\tau(x)$ 和 $f(x)$ 分别表示函数在线段 AB 和在典型曲线 C 的数值,我们便可以假设

$$\tau(0) = \tau(1) = 0 \tag{12.25}$$

并且假定 $f(x)$ 可以表示为

$$f(x) = y\bar{f}(x) \tag{12.26}$$

其中 $\bar{f}(x)$ 表示一个到处有界且连续的函数.诚然,因为 $f(x)$ 在 $x=0$ 和 $x=1$ 等于零,于是当 $x \to 0$ 或 $x \to 1$ 时,我们将有

$$\lim \frac{f(x)}{y} = \lim \frac{\mathrm{d}f}{\mathrm{d}y} = \lim \frac{\mathrm{d}f}{\mathrm{d}\sigma} \cdot \frac{\mathrm{d}\sigma}{\mathrm{d}y} = \pm \lim \frac{\mathrm{d}f}{\mathrm{d}\sigma}$$

其中"+"或"−"的选择将系于其极限是 $x \to 0$ 或是 $x \to 1$,亦系于在 C 上所选取的计算长度的方向.但根据假设,$\frac{\mathrm{d}f}{\mathrm{d}\sigma}$ 在 A 或 B 的附近都是有界的,所以当 $x \to 0$ 或 $x \to 1$ 时,分式 $f(x)/y$ 是有界的,因此式(12.26)成立.

12.6 方程(E)在 x 轴的线段上取已给值的解的结构

所欲证明其存在性的解 z 在 x 轴的线段 AB 上为 $\tau(x)$,而在典型曲线 C 上为 $f(x)$.首先我们来试一试分别适合这些条件.那就是试图证明:总可以建立方程(E)的一个解,此解在 AB 上化为 $\tau(x)$.

事实上,因为 $\tau(x)$ 是有界且连续的,此外还适合

条件(12.25),那么它在区间 AB 上恒可以表示为正弦的傅里叶级数

$$\tau(x)=\sum_{n=1}^{\infty}a_n\sin n\pi x \tag{12.27}$$

其中系数是由下面公式所确定

$$a_n=2\int_0^1\tau(\xi)\sin n\pi\xi\mathrm{d}\xi\quad(n=1,2,3,\cdots) \tag{12.28}$$

其次我们借助这些系数建立级数

$$\frac{1}{\lambda(0)}\sum_{n=1}^{\infty}a_n\sin n\pi x\lambda(n^{\frac{2}{3}}\pi^{\frac{2}{3}}y) \tag{12.29}$$

这与第 11 章中的式(11.17)有相同的形式,其中 λ 表示第 11 章中所引进的同一个函数.

因为所有的系数 a_n 都是有界的,那么级数(12.29)在椭圆半平面中任意区域中皆绝对地一致地收敛,于是在这区域中式(12.26)就确定某个函数 $\zeta(x,y)$. 这个函数及其一阶微商皆为有界且连续,而且按照哈纳克定理,这个级数和它的各项一样也适合方程(E). 此外,当 $y=0$ 时,我们显然有

$$\zeta(x,0)=\sum_{n=1}^{\infty}a_n\sin n\pi x=\tau(x)$$

这样我们就找到了方程(E)的一个正则解,它在 x 轴的线段 AB 上化为 $\tau(x)$.

我们注意:与椭圆半平面中距 x 轴有穷远的点不同,而函数 $\zeta(x,y)$ 的偏微商在这轴上的点一般可以为无穷.

因为当 $y=0$ 时,$\dfrac{\partial\zeta}{\partial x}$ 和 $\tau'(x)$ 一致,而 $\tau'(x)$ 未加任

何限制，所以对于$\frac{\partial\zeta}{\partial x}$是显然的.

欲对$\frac{\partial\zeta}{\partial y}$亦确定这件事实，应将式(12.29)逐项对$y$求微分①，再取极限$y\to 0$，于是我们有

$$\bar{\nu}(x)=\left(\frac{\partial\zeta}{\partial y}\right)_{y=0}=\pi^{\frac{2}{3}}\frac{\lambda'(0)}{\lambda(0)}\sum_{n=1}^{\infty}n^{\frac{2}{3}}a_n\sin n\pi x \tag{12.30}$$

不难看出，式(12.28)经部分积分后可以写成

$$a_n=\frac{2}{n\pi}\int_0^1\tau'(\xi)\cos n\pi\xi\mathrm{d}\xi$$

把它代入式(12.30)，便得

$$\begin{aligned}\bar{\nu}(x)&=\frac{2}{\pi^{\frac{1}{3}}}\frac{\lambda'(0)}{\lambda(0)}\sum_{n=1}^{\infty}\frac{1}{n^{\frac{1}{3}}}\sin n\pi x\int_0^1\tau'(\xi)\cos n\pi\xi\mathrm{d}\xi\\&=\frac{2}{\pi^{\frac{1}{3}}}\frac{\lambda'(0)}{\lambda(0)}\int_0^1\left[\sum_{n=1}^{\infty}\frac{\sin n\pi x\cdot\cos n\pi\xi}{n^{\frac{1}{3}}}\right]\tau'(\xi)\mathrm{d}\xi\end{aligned}$$

也就是

$$\bar{\nu}(x)=\frac{1}{\pi^{\frac{1}{3}}}\frac{\lambda'(0)}{\lambda(0)}\int_0^1\left[\sum_{n=1}^{\infty}\frac{\sin n\pi(x+\xi)}{n^{\frac{1}{3}}}+\sum_{n=1}^{\infty}\frac{\sin n\pi(x-\xi)}{n^{\frac{1}{3}}}\right]\tau'(\xi)\mathrm{d}\xi$$

令

$$\theta(x)=\sum_{n=1}^{\infty}\frac{\sin nx}{n^{\frac{1}{3}}}$$

---

① 因为函数$\lambda'(x)$于$x\to\infty$时，和$\lambda(x)$一样，比$\frac{1}{x}$的任意次幂更快地趋于零；由此立刻推出，微分的级数绝对是一致地收敛，因此逐项微分的运算是合理的.

最后便得

$$\bar{\nu}(x)=\frac{1}{n^{\frac{1}{3}}}\ \frac{\lambda'(0)}{\lambda(0)}\int_0^1\{\theta[\pi(x+\xi)]+\theta[\pi(x-\xi)]\}\tau'(\xi)\mathrm{d}\xi \tag{12.31}$$

欲研究 $\bar{v}(x)$ 必先研究 $\theta(x)$，或较一般地研究函数

$$\theta(x,a)=\sum_{n=1}^{\infty}\frac{\sin nx}{n^{\alpha}}\quad(0<\alpha<1)$$

应用大家所熟知的公式

$$\int_0^{\infty}y^{\alpha-1}\sin ny\mathrm{d}y=\frac{\Gamma(\alpha)}{n^{\alpha}}\sin\frac{\alpha\pi}{2}$$

而这等式可以改写为

$$\int_0^{\pi}y^{\alpha-1}\sin ny\mathrm{d}y+\sum_{r=1}^{\infty}\int_{(2r-1)\pi}^{(2r+1)\pi}y^{\alpha-1}\sin ny\mathrm{d}y$$
$$=\frac{\Gamma(\alpha)}{n^{\alpha}}\sin\frac{\alpha\pi}{2}$$

或更好一些，让我们把 $\sum$ 号后面的积分变化一下，把它写成

$$\int_0^{\pi}y^{\alpha-1}\sin ny\mathrm{d}y+\sum_{r=1}^{\infty}\int_0^{\pi}[(y+2\pi r)^{\alpha-1}-(-y+2\pi r)^{\alpha-1}]\sin ny\mathrm{d}y$$
$$=\frac{\Gamma(\alpha)}{n^{\alpha}}\sin\frac{\alpha\pi}{2} \tag{12.32}$$

另外，我们看到

$$(y+2r\pi)^{\alpha-1}-(-y+2r\pi)^{\alpha-1}$$
$$=(\alpha-1)\int_{-y}^{+y}(y+2r\pi)^{\alpha-2}\mathrm{d}y$$

考虑到 y 由 0 变化到 π，所以我们有

$$|(y+2r\pi)^{\alpha-1}-(-y+2r\pi)^{\alpha-1}|$$

$$\leqslant |\alpha-1| 2y[(2r+1)\pi]^{\alpha-2}$$
$$\leqslant 2|\alpha-1|\pi^{\alpha-1}(2r+1)^{\alpha-2}$$

但因 $\alpha-2<-1$，级数 $\sum\limits_{r=1}^{\infty}(2r-1)^{\alpha-2}$ 收敛，故级数

$$\sum_{r=1}^{\infty}[(y+2r\pi)^{\alpha-1}-(-y+2r\pi)^{\alpha-1}] \tag{12.32'}$$

绝对且一致地收敛，方程(12.32)便可以写成

$$\int_0^{\pi}\{y^{\alpha-1}+\sum_{r=1}^{\infty}[(y+2r\pi)^{\alpha-1}-(-y+2r\pi)^{\alpha1}]\}\sin ny\mathrm{d}y$$
$$=\frac{\Gamma(\alpha)}{n^{\alpha}}\sin\frac{\alpha\pi}{2}\quad(n=1,2,3,\cdots)$$

应用傅里叶级数的理论，便得

$$\sum_{n=1}^{\infty}\frac{\sin nx}{n^{\alpha}}=\frac{\pi}{2\Gamma(\alpha)\sin\frac{\alpha\pi}{2}}\cdot$$
$$\{x^{\alpha-1}+\sum_{r=1}^{\infty}[(x+2r\pi)^{\alpha-1}-(-x+2r\pi)^{\alpha-1}]\}$$
$$(0<x\leqslant\pi) \tag{12.32''}$$

级数(12.32″)在整个区间$(0,\pi)$内一致收敛且确定一个有穷连续函数. 这证明函数$\theta(x,\alpha)$除了式(12.32″)中出现的$x^{\alpha-1}$项的奇异点以外，没有另外的奇异点，这就是说，除了在$x=0$处的$1-\alpha$阶无穷以外，无其他奇异点. 特别对于$\alpha=\frac{1}{3}$，函数$\theta(x)$只有在0点，阶为$\frac{2}{3}$的无穷，作为其唯一的奇异点. 由此，注意到等式(12.31)，我们断言：如果$\tau'(x)$为有穷或有阶

低于$\frac{1}{3}$的无穷，那么函数$\bar{\nu}(x)$恒为有穷，或即使$\bar{\nu}(x)$在某些点为无穷，然而其阶亦不能超过$\frac{2}{3}$.

12.7　在某“典型曲线”上取已给值的解的结构与在第12.5节中所陈述的存在性定理的证明

在前一节中，我们已经看到如何去建立方程(E)的一个正则解，此解在x轴的线段AB上取指定数值$\tau(x)$($\tau(x)$适合某些条件). 显然欲证明第12.5节中所陈述的定理，尚需证明恒可以建立方程(E)的一正则解ζ^*，此解在x轴上等于零，而在典型线C上取任意指定值.

首先我们令

$$X=1-2x, f(x)=yf^*(X) \qquad (12.33)$$

其中如果把方程(12.26)中出现的$\bar{f}$考虑成X的函数，且用f^*来表示$\bar{f}$. 其次假定满足一些必要条件而把界定于区间$[-1,+1]$中的有穷连续函数$f^*(X)$展成广义球函数的级数，于是便有

$$f^*(X)=\sum_{n=0}^{\infty}b_n C_n^{\frac{5}{6}}(X) \quad (-1\leqslant X\leqslant +1) \qquad (12.34)$$

根据方程(11.36)，其中系数b_n是由下面公式所确定

$$b_n = 2^{\frac{2}{3}} \frac{\Gamma^2\left(\frac{5}{6}\right)}{\pi} \cdot \frac{n+\frac{5}{6}}{\Gamma\left(n+\frac{5}{3}\right)} n! \int_{-1}^{+1} f^*(\xi) \cdot$$

$$C_n^{\frac{5}{6}}(\xi)(1-\xi^2)^{\frac{1}{3}} \mathrm{d}\xi$$

$$(n=0,1,2,\cdots) \tag{12.35}$$

进而和前一节中所做的一样，借助于这些系数和方程(E)的解 $z_2^{(n)}$（第 11 章，公式(11.30)），建立一个级数

$$\zeta^*(x,y) = y\sum_{n=0}^{\infty} b_n (2\rho)^n C_n^{\frac{5}{6}}\left(\frac{1-2x}{2\rho}\right)$$

$$\left(\rho = \sqrt{\left(x-\frac{1}{2}\right)^2 + \frac{4}{9}y^3}\right) \tag{12.36}$$

这个级数在 x 轴上等于零，而在曲线 C 上变为

$$y\sum_{n=0}^{\infty} b_n C_n^{\frac{5}{6}}(X) = f(x)$$

显然级数 ζ^* 在 x 轴上一致收敛，因为它的各项在 x 轴上都等于零；此外，这个级数在一切包含于椭圆典型界线内的典型曲线 $\rho=$ 常数上也一致收敛.

诚然，如果 C' 是一支这样的曲线，其方程为 $\rho = \frac{r}{2}$，在这支曲线上级数(12.36)变为

$$y\sum_{n=0}^{\infty} b_n r^n C_n^{\frac{5}{6}}\left(\frac{1-2x}{r}\right) \tag{12.37}$$

而这个级数的普通项的绝对值不大于

$$|b_n| r^n C_n^{\frac{5}{6}}(1)$$

这可以从方程(11.37)与比值 $\frac{1-2x}{r}$ 振动于 -1 和 $+1$ 之间这一事实立刻推出.

另外,因为级数(12.36)在整个曲线 C 上收敛,特别在点 A 也收敛,那就是说,级数

$$\sum_{n=0}^{\infty} b_n C_n^{\frac{5}{6}}(1)$$

收敛,所以有一数 M 存在,对任意 n,有不等式

$$|b_n| C_n^{\frac{5}{6}}(1) < M$$

于是级数(12.37)诸项的绝对值小于几何级数

$$\sum_{n=0}^{\infty} Mr^n$$

的相应项,而这个级数于 $r<1$ 时收敛,所以级数(12.36)在典型曲线 C' 上绝对地且一致地收敛.

于是从哈纳克定理推出:级数 ζ^* 在界于 x 轴和曲线 C 之间的区域内一致收敛,而且它是方程(E)合于本节定理的条件的解.

值得注意的是,这个解 ζ^* 不仅在 x 轴和典型曲线($\rho=$常数)上可以表示为特别简单的形式,而且在方程

$$\frac{1-2x}{2\rho}=c \quad (-1 \leqslant c \leqslant +1) \qquad (12.38)$$

所界定的 ∞' 个曲线的组上也很简单,把方程(12.38)两端平方便得

$$\left(\frac{1}{2}-x\right)^2 - K^2 y^3 = 0 \quad \left(K^2 = \frac{4}{9}\ \frac{c^2}{1-c^2}\right)$$

这表示一组三次曲线,它们有公共顶点 $M\left(\frac{1}{2},0\right)$.

诚然,如果 $\frac{1-2x}{2\rho}=\alpha$ 是一支上面所说的三次曲线的方程,那么在这支曲线上,级数(12.36)显然化为

$$y\sum_{n=0}^{\infty} b_n C_n^{\frac{5}{6}}(\alpha)(2\rho)^n$$

也就是化为 ρ 的幂级数[①].

12.8 在 12.7 节中所得到的解的讨论

让我们来注意，和 ζ 的性质相反，ζ^* 的一阶微商不仅在椭圆典型界线的内部而且在 x 轴上都是有穷的.

因为 $\dfrac{\partial\zeta^*}{\partial x}$ 在 x 轴上显然恒等于零，那么我们只需复验 $\dfrac{\partial\zeta^*}{\partial y}$ 在 x 轴上有穷.

由式(12.36)，我们有

$$\frac{\partial\zeta^*}{\partial y}=\sum_{n=0}^{\infty}b_n(2\rho)^n C_n^{\frac{5}{6}}\left(\frac{1-2x}{2\rho}\right)+ y\frac{\partial}{\partial y}\sum_{n=0}^{\infty}b_n(2\rho)^n C_n^{\frac{5}{6}}\left(\frac{1-2x}{2\rho}\right)$$

更因为我们可以逐项微分，而这个微商的级数，和原来的级数一样，在 x 轴上收敛. 所以于 $y=0$，我们有

$$\bar{\bar{\nu}}(x)=\left(\frac{\partial\zeta^*}{\partial y}\right)_{y=0}=\begin{cases}\displaystyle\sum_{n=0}^{\infty}b_n(1-2x)^n C_n^{\frac{5}{6}}(+1) & \left(x\leqslant\dfrac{1}{2}\right)\\ \displaystyle\sum_{n=0}^{\infty}b_n(2x-1)^n C_n^{\frac{5}{6}}(-1) & \left(x\geqslant\dfrac{1}{2}\right)\end{cases}$$

这样一来，在这两种情况中，我们都有

---

① E. Holmgren 在他的论文 Sur un problème aux limites pour l'équation $y^m z_{xx}+z_{yy}=0$, Arkiv för Matematik, Astronomi och Fysik, Bd 19B(1926) 中证明了这里的边界问题可以借此区域的格林函数来解决，而格林函数可以写成明显的式子.

$$\bar{\bar{\nu}}(x)=\frac{1}{\Gamma\left(\frac{5}{3}\right)}\sum_{n=0}^{\infty}b_n\,\frac{\Gamma\left(n+\frac{5}{3}\right)}{n!}(1-2x)^n$$

把式(12.35)所确定的 b_n 的数值代入，便得

$$\bar{\bar{v}}(x)=2^{\frac{2}{3}}\,\frac{\Gamma^2\left(\frac{5}{6}\right)}{\pi\Gamma\left(\frac{5}{3}\right)}\sum_{n=0}^{\infty}\left(n+\frac{5}{6}\right)\cdot$$

$$(1-2x)^n\int_{-1}^{+1}f^*(\xi)C_n^{\frac{5}{6}}(\xi)(1-\xi^2)^{\frac{1}{3}}\mathrm{d}\xi$$

或显然

$$\bar{\bar{\nu}}(x)=2^{\frac{2}{3}}\,\frac{\Gamma^2\left(\frac{5}{6}\right)}{\pi\Gamma\left(\frac{5}{3}\right)}\int_{-1}^{+1}\sum_{n=0}^{\infty}\left(n+\frac{5}{6}\right)(1-2x)^nC_n^{\frac{5}{6}}(\xi)\cdot$$

$$f^*(\xi)(1-\xi^2)^{\frac{1}{3}}\mathrm{d}\xi \tag{12.39}$$

欲求积分号下级数之和，应注意：如果把式(11.28)的两边乘以 α^θ，其中 θ 是任意数，然后对 α 求微商，便得

$$\sum_{n=0}^{\infty}(n+\theta)\alpha^nC_n^{\nu}(x)$$

$$=[\theta-2\alpha(\theta-\nu)x+(\theta-2\nu)\alpha^2](1-2\alpha x+\alpha^2)^{-\nu-1} \tag{12.40}$$

特别对于 $\nu=\theta=\frac{5}{6}$，使得

$$\sum_{n=0}^{\infty}\left(n+\frac{5}{6}\right)\alpha^nC_n^{\frac{5}{6}}(x)=\frac{5}{6}(1-\alpha^2)(1-2\alpha x+\alpha^2)^{-\frac{11}{6}}$$

由此推出，式(12.39)可以写成

$$\bar{\bar{\nu}}(x)=5\cdot 2^{\frac{2}{3}}\frac{\Gamma^2\left(\frac{5}{6}\right)}{\pi\Gamma\left(\frac{5}{3}\right)}x(1-x)\cdot$$

$$\int_{-1}^{+1}\frac{f^*(\xi)(1-\xi^2)^{\frac{1}{3}}}{[1-2(1-2x)\xi+(1-2x)^2]^{\frac{11}{6}}}\mathrm{d}\xi$$

再引用代换 $\xi=1-2\xi'$，并且回忆式(12.33)和典型曲线 C 的方程，终于得到

$$\bar{\bar{\nu}}(x)=\frac{5}{2\pi\gamma\sqrt{3}}x(1-x)\int_0^1\frac{f(\xi')\mathrm{d}\xi'}{[x^2+(1-2x)\xi']^{\frac{11}{6}}} \tag{12.41}$$

其中 γ 是由式(10.18)所界定的常数.

最后所得到的公式使我们不难验明：函数 $\bar{\bar{\nu}}(x)$ 恒为有穷. 另外，这个公式本身也是很有兴趣的，因为它不仅表示出方程(E)在 x 轴上等于零的解的简单性质，而且我们将在下一章中看到，它也提供了某些重要的弗雷德霍姆第一类方程的解.

可以直接从式(12.41)看出：对于不包含端点的区间(0,1)中的任意 x，函数 $\bar{\nu}(x)$ 为有穷，因为被积函数的分母总不等于零. 而当 x 趋于 0 或 1 时，$\bar{\nu}(x)$ 的极限也是有穷的. 譬如欲证明于 $x\to 0$ 时的极限为有穷，我们回忆式(12.26)，并且在式(12.41)将 $f(\xi')$ 代替以其相等的数值

$$\left(\frac{3}{2}\right)^{\frac{2}{3}}[\xi'(1-\xi')]^{\frac{1}{3}}\bar{f}(\xi')$$

于是假定 $x<\frac{1}{2}$，且令

$$\xi' = \frac{x^2 t^2}{1-2x}$$

我们便得

$$\bar{\bar{\nu}}(x) = \left(\frac{3}{2}\right)^{\frac{2}{3}} \frac{5}{\pi\gamma\sqrt{3}} \frac{1-x}{(1-2x)^{\frac{5}{3}}} \int_0^{\frac{\sqrt{1-2x}}{x}} \bar{f}\left(\frac{x^2 t^2}{1-2x}\right) t^{\frac{5}{3}} \cdot$$

$$(1+t^2)^{-\frac{11}{6}} (1-2x-x^2 t^2)^{\frac{1}{3}} \mathrm{d}t$$

在这个公式中，令 $x \to 0$，取其极限，乃得

$$\bar{\bar{\nu}}(+0) = \left(\frac{3}{2}\right)^{\frac{2}{3}} \frac{5}{\pi\gamma\sqrt{3}} \bar{f}(0) \int_0^{\infty} t^{\frac{5}{3}} (1+t^2)^{-\frac{11}{6}} \mathrm{d}t$$

借替换 $t^2 = \dfrac{u}{1-u}$ 这个积分便化成一个欧拉积分，然后计算这个积分，终于得到

$$\bar{\bar{\nu}}(+0) = \bar{f}(0) \tag{12.42}$$

同样我们得

$$\bar{\bar{\nu}}(1-) = \bar{f}(1) \tag{12.43}$$

这就证明了当 $x \to 1$ 时，极限是有穷的.

12.9　可以用来证明 12.5 节中的定理的另一方法的简述

在推广前一节中所建立的定理以前，应该回答读者们可能产生的一个问题，就是我们要指出为什么于建立第 12.6 节中的解 ζ 时（同样对于 ζ^*），我们没有应用方程(E) 的特解 $z_1^{(n)}$（参看式(11.30)). 如果应用了这些特解，我们似乎就避免了引用作为 x 的函数和 y 的函数的乘积的特解，并且避免了关于微分方程 $y''-xy=0$ 的十分冗长的讨论.

没有应用这些函数 $z_1^{(n)}$ 的主要原因在于：如式(11.31)的第一式所示，诸解 $z_1^{(n)}$ 的一个级数在 x 轴上化为 x 的幂级数，而这个级数的和应该等于 $\tau(x)$；但是关于 $\tau(x)$ 我们只假设它是有穷和连续的，并不知道它是否可以展成幂级数. 但是运用魏尔斯特拉斯关于连续函数用多项式近似表示的定理，我们可以仅用特解 $z_1^{(n)}$ 和 $z_2^{(n)}$ 证明 12.5 节中的定理. 但是用这个方法得到的解的形式更加复杂，而且问题研究起来就不像上面所遵循的方法那么简单. 让我们描述在另外的方法中所采取的步骤.

我们首先证明：如果 ε_h 是某一个收敛的正项级数的普遍项，那么把 $z_1^{(n)}$ 和 $z_2^{(n)}$ 和适当的系数的乘积相加到某一个有穷标数，可以建立方程(E)的解 z_n，此解在 x 轴和典型曲线 C 所取的数值和已给数值之差小于 $\varepsilon_{h/2}$.

然后考虑级数

$$z = z_1 + (z_2 - z_1) + (z_3 - z_2) + \cdots$$

我们注意到这个级数在界线上以收敛级数

$$\sum_h \varepsilon_h$$

为其长级数，因此它在界线上一致收敛. 由此推出在典型椭圆界线的内部级数 z 也一致收敛，因此它是方程(E)的解，不难证明此解在界线上适合一切要求的条件.

我们见到，这第二种方法所给出的解的形式比以前的更加复杂. 然而它有一个优点，就是在这里不必把界线上的已给函数展成级数，只需要它的多项式的

迫近，而这点只要假定这些函数是有穷且连续就够了.

因此欲前节中证明的存在性定理成立，只要假定已给函数是有穷和连续就够了.

12.10　许瓦兹的交替法[①]对方程(E)的应用性

我们用交替法把第12.5节中对于由典型界线所围成的区域的存在性定理推广到较一般的情况.

大家知道，用许瓦兹的交替法于狄利克雷问题的解，即证明在指定界线上取已给值的调和函数的存在性，将归于以下的命题：

令已给两支闭曲线是具有公共部分的两区域的边界. 令 a 表示第一支曲线在第二支曲线外部的部分，α 表示第一支曲线在第二支曲线内部的部分. 命 b 和 β 分别表示第二支曲线在第一支曲线外部和内部的部分. 如果对曲线 (a,α) 和 (b,β) 的狄利克雷问题已经解决，那么对曲线 (a,b) 的狄利克雷问题也可以解决.

这个定理的证明只基于下面的三个原理：

(1) 调和函数在闭界线内部所达到的最大(最小)值不大于(不小于)它在界线上所达到的最大(最小)值.

(2) 哈纳克定理.

(3) 如果一个调和函数在闭曲线 σ 上取片段连续函数 $f(\sigma)$，那么由内部沿着与界线不相切的路径趋向

① 请参考吴新谋先生的《数学物理方程讲义》第三章第6节.

$f(\sigma)$ 的间断点 σ_0 时,这函数的极限是在 $f(\sigma_0-0)$ 和 $f(\sigma_0+0)$ 之中的数.

从前面的几节,我们已经看到,对于方程(E) 在椭圆半平面中的解,上面的第一个和第二个命题是成立的. 如果我们证明了第三个命题也成立,那么我们就可以把上述的定理应用于我们的情况.

为了简单起见,我们化为椭圆方程(E_1),首先证明这方程在 σ 内部的任意正则解恒界于两个与调和函数相差甚微的函数之间.

诚然,我们考虑借变换 $z=y^{-\frac{1}{6}}u$ 由方程(E_1)得来的方程(见 12.1 节)

$$\frac{\partial^2 u}{\partial x^2}+\frac{\partial^2 u}{\partial y^2}+\frac{5}{36}\frac{u}{y^2}=0 \tag{12.44}$$

同时让我们考虑方程

$$\frac{\partial^2 v}{\partial x^2}+\frac{\partial^2 v}{\partial y^2}+\frac{5}{36}\frac{c}{y^2}=0 \tag{12.45}$$

其中 c 是某个常数,令 $\bar{u}$ 和 $\bar{v}$ 分别是这两方程在曲线 σ 上取相同数值的正则解. 并且假定 $P_0(x_0,y_0)$ 是包含在 σ 内部的区域 S 中的某一点,令 $A(x,y)$ 是在 σ 上和 $\bar{u}$ 及 $\bar{v}$ 取相同数值的调和函数. 留意式(12.3),我们可以假定

$$\begin{cases}\bar{u}(x_0,y_0)=A(x_0,y_0)+\\ \qquad\qquad \dfrac{5}{72\pi}\displaystyle\iint_S \frac{1}{y^2}G(x_0,y_0;x,y)\bar{u}(x,y)\,\mathrm{d}x\mathrm{d}y\\ \bar{v}(x_0,y_0)=A(x_0,y_0)+\\ \qquad\qquad \dfrac{5}{72\pi}\displaystyle\iint_S \frac{1}{y^2}G(x_0,y_0;x,y)c\,\mathrm{d}x\mathrm{d}y\end{cases}$$

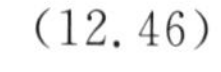
(12.46)

把这两个等式逐项地相减，我们得到

$$\bar{u}(x_0,y_0)=\bar{v}(x_0,y_0)-\frac{5}{72\pi}\iint_S \frac{1}{y^2}G(x_0,y_0;x,y)\cdot [c-\bar{u}(x,y)]\mathrm{d}x\mathrm{d}y \tag{12.47}$$

然后证明函数G在区域S内恒为正.诚然，我们记得这个函数是由下面的公式界定的

$$G(x_0,y_0;x,y)=\log\frac{1}{r}-g(x_0,y_0;x,y)$$

$$r=\sqrt{(x-x_0)^2+(y-y_0)^2}$$

其中g是在σ上取$\log\frac{1}{r}$的数值调和函数，这就是说，除去点P_0的邻域外，在S内G是调和函数，而在P_0的邻域G是正的而且变为$+\infty$，于是以P_0为圆心，作一个完全在S内的圆Γ，使G在这圆的圆周和内部(除P_0)恒为正.尚待验明G在界于Γ和σ的区域中的符号.然而在这个区域中，G是调和函数，而且在界线的两个部分上，G或者是正的(在Γ上)，或者等于零(在σ上).所以G在S'中必然是正的.

让我们先取方程(12.45)中的常数c是$\bar{u}$在σ的数值的最大下界l，其次取c为最小上界L；令$\bar{v}_1$和$\bar{v}_2$表示方程(12.45)相应的解.在第一种情况中，显然在整个曲线σ上有$c-\bar{u}\geqslant 0$，因此在整区域S中此不等式$c-\bar{u}\geqslant 0$也成立；而在第二种情况中$c-\bar{u}\leqslant 0$.然而由于G是正的，那么式(12.47)中的重积分在第一种情况中非负，而在第二种情况中非正.由此推出，在整个区域S中，我们有

$$\bar{v}_1\leqslant\bar{u}\leqslant\bar{v}_2 \tag{12.48}$$

最后，我们注意方程(12.45)和(12.44)不同，它和拉普拉斯方程相差甚微.因为只要令

$$v=w+\frac{5}{36}c\log y \tag{12.49}$$

就可以见到方程(12.45)化为方程 $\Delta_2 w=0$.

注意到式(12.49)及方程(E_1)和方程(12.44)的解的关系式，我们就得到下面的定理：

如果令 f 表示方程(E_1)的某正则解在某与 x 轴无公共点的曲线 σ 的数值；l 和 L 分别表示函数 $y^{\frac{1}{6}}f$ 在 σ 上的下确界和上确界，那么在 σ 内部的任意点我们有

$$y^{-\frac{1}{6}}\left(w_1+\frac{5}{36}l\log y\right)\leqslant z\leqslant y^{-\frac{1}{6}}\left(w_2+\frac{5}{36}L\log y\right) \tag{12.50}$$

其中 w_1 和 w_2 是两个在 σ 上分别取数值

$$y^{\frac{1}{6}}f-\frac{5}{36}l\log y \text{ 和 } y^{\frac{1}{6}}f-\frac{5}{36}L\log y$$

的调和函数.

由这个定理可以推出对于方程(E)和(E_1)的正则解第三个命题的正确性.诚然，如果 σ_0 是函数 f 的一个间断点，那么由内部沿着一个不与 σ 相切的路径趋于 σ_0 时，调和函数 w_1 和 w_2 的极限值将分别等于

$$\lim w_1=y_0^{\frac{1}{6}}\{f(\sigma_0-)+\theta_1[f(\sigma_0+)-f(\sigma_0-)]\}-\frac{5}{36}l\log y_0$$

$$\lim w_2=y_0^{\frac{1}{6}}\{f(\sigma_0-)+\theta_2[f(\sigma_0+)-f(\sigma_0-)]\}-\frac{5}{36}L\log y_0$$

其中，θ_1 和 θ_2 表示两个界于 0 和 1(除去这两数本身)之间的数，而 y_0 是 y 在点 σ_0 的数值. 由式(12.50)推出 z 的极限值必界于

$$y_0^{-\frac{1}{6}}\left[y_0^{\frac{1}{6}}\{f(\sigma_0-)+\theta_1[f(\sigma_0+)-f(\sigma_0-)]\}-\frac{5}{36}l\log y_0+\frac{5}{36}l\log y_0\right]$$

和

$$y_0^{-\frac{1}{6}}\left[y_0^{\frac{1}{6}}\{f(\sigma_0-)+\theta_2[f(\sigma_0+)-f(\sigma_0-)]\}-\frac{5}{36}L\log y_0+\frac{5}{36}L\log y_0\right]$$

因此

$$f(\sigma_0-)+\theta_1[f(\sigma_0+)-f(\sigma_0-)] \leqslant \lim z\leqslant f(\sigma_0-)+\theta_2[f(\sigma_0+)-f(\sigma_0-)]$$

这就证明了 z 的极限值界于 $f(\sigma_0-)$ 和 $f(\sigma_0+)$ 之间.

在曲线 σ 和 x 轴无公共点的假设之下，对于方程(E)的解第三个命题的证明已经完成. 不难相信这个假设是无关要旨的，只要间断点不在 x 轴上. 事实上，只要把毗连于 x 轴上的区域 S 用不含间断点和 x 轴的点的一支曲线切去一部分，这情况总可以化为上面考虑的情况.

12.11 第 12.5 节中的存在性定理的推广

前节中的论证使我们可以断言：许瓦兹的交替法可以在椭圆域中应用于方程(E)，即使这二曲线之一包含 x 轴的一线段，只要假设这二曲线的公共点不在

x 轴上,不难证明以下的定理:

方程(E) 有一个(且只有一个) 正则解存在,这解在由 x 轴上的线段 AB 和任意位于椭圆半平面中通过 A 和 B 的曲线 σ 所组成界线上取任意已给连续值,只要假定:

(1) 曲线 σ 以典型曲线 C 上长度任意小的弧 AA^1 和 BB^1 为其两端,并且曲线 σ 的其余部分在连接 A 和 B 的典型曲线 C 的外部.

(2) 在 σ 上的指定值作为弧长的函数,在点 A 和 B 的邻域具有连续且有穷的一阶微商.

诚然,以 C' 和 σ' 分别表示 C 和 σ 切掉它们的公共部分 AA^1 和 BB^1 以后所剩下的部分,命 S 是任意通过 A^1 和 B^1 既不越出 C 也不和 x 轴相交的曲线. 于是我们考虑两个界线(σ',S) 和(AB,C) 以及它们所围成的区域 S_1 和 S_2,S_1 和 S_2 以界线(C',S) 所围成的区域为其公共部分.

对这两个界线我们已经解决了方程(E) 的边界问题:事实上,其中第一个与 x 轴没有公共点,第二个是属于 12.5 节的定理中所说的范畴,因此应用许瓦兹方法,对于围绕区域 S_1 和 S_2 的公共部分和非公共部分的界线,即线界(AB,σ),边界问题也能解决,这就是我们所需要的.

无疑,上面定理中加诸曲线 σ 的条件太严而且可以放宽.

譬如,不难看出其中第一个条件可以减弱,只要求曲线 σ 以不同的典型曲线上的两弧为其端,而其余

部分和 x 轴相距有穷远.

我们只简单地说明一个方法,按此方法可导出此结果:设界线 Γ 是由任意多个典型曲线所构成,这些典型曲线一个接着一个并且相邻的两个皆相交.首先对于这样的界线 Γ 的范围的区域用许瓦兹方法证明存在性定理.然后在 AB 上建立这种界线 Γ,假定整个 Γ 界于 σ 之内,并且 σ 以 Γ 的二弧段为其两端,也就是说,σ 以二曲型曲线为其两端,那么用上面同样的方法,只是把 C 换为 Γ,可以证明我们的存在性定理.

但是,要消除关于 σ 应以二曲线 C 的弧段为两端的限制,这就不是简单的问题了,不难看出,初看起来似乎可以采用极限过程,但其论证的基础却是十分困难的.

而另一方面,我们在下一章中将看到,对于严格地推导出借以证明一般存在性定理的基本关系式,加诸 σ 的条件是十分方便的.因此,我们即使在此处可以解除这个条件,而我们在下一步骤也免不了要引入这个条件(虽不能断言,这些条件对于基本关系式之推导是绝对必要的).

由于这个理由,我们就满足于上述的定理,而为了简单起见,不去作刚才所述的推广①.

① S. Gellerstedt 在他的学位论文中证明了,本章中所研究的边界问题,可以不用许瓦兹的交替法,而用双层位势的方法把问题化为一个第二类弗雷德霍姆积分方程来解决.

第13章 一般的存在性定理并且将它化为积分方程

13.1 存在性定理的陈述及其证明的梗概

我们已经说过，本章的主要目的是要证明解的存在性，至于解的唯一性已在第11章中证明了. 我们现在直接来着手于这个问题.

在直接考虑本问题以前，必须确切地把定理界说出来. 为了简单起见，像在证明唯一性定理时一样，于其上指定边界值 z 的那样的开线路，让我们称之为第一类混合线路，并且假定曲线 σ 适合前章第12.11节中所说条件[①].

① 反之，像在唯一性定理中那样，如果关于曲线 σ 不作任何假定，那么我们就称之为第二类线段. 最后假如除此以外并且把双曲半面中的特征线段 AC 用一段适合某些性质的曲线来代替，那么就称之为第三类线路，在本章中不考虑后两种线路. 最后，如果第一类线段中的曲线 σ 和典型曲线 C 一致，那么这条线路就称为典型线路.

此外，让我们把界于曲线 σ 和二特征线 CA 和 CB 之间的区域叫作指定线路内部的区域. 于是，我们打算证明的存在性定理可以陈述如下：

在指定混合线路 $CA\sigma B$ 的内部，存在着一个（只有一个）方程(E)的正则解，此解在线路上取预先指定的数值，并且这些数值 —— 在曲线 σ 上的 $f(\sigma)$ 和特征线段 AC 上的 $\varphi(s)$ 应适合下列诸条件：

(1) 函数 f 和 φ 到处有界且连续；

(2) 函数 f 具有第一级和第二级微商，这些微商在点 A 和点 B 的附近为有界而且连续；

(3) 函数 φ 具有前三级微商，这些微商沿着整个 AC 为有界且连续；

(4) 函数 f 和 φ 的数值及其一级微商的数值在点 A 一致.

首先，我们想把我们准备进行的这个存在性定理的证明中的主要思想简捷地指出如下：

与前几章中所作的一样，我们用 $\tau(x)$ 表示解 z 在 x 轴上所取的数值，用 $\nu(x)$ 表示它关于 y 的一级微商的数值，至于这个解的存在性正是我们所要证明的. 我们注意到：倘若我们能够确定函数 $\tau(x)$，那么定理就算是证明了，因为这时我们就能计算 z 在混合线路内部任一点 P 的数值，诚然，如果点 P 位于椭圆半平面内，那么只要运用前几章的结果；反之，如果点 P 是在双曲半平面内，那么从第 10 章中的式(10.19) 解出 $\nu(x)$ 之后，只要应用同章式(10.5). 后面这个步骤是没有任何困难的，因为对于未知函数 $\nu(x)$ 而言，式

(10.19) 是一个第一类伏尔泰拉积分方程，而这方程用阿贝尔公式立刻可以解出.

为了进行现在所说的计算，就必须选取某个函数 $\tau(x)$，它不一定和我们所要寻求的函数一致；但 $\tau(x)$ 既经选定，那么用上述的方法在 x 轴两旁所建立的两个函数 z_1 和 z_2，除了它们在 x 轴上相等以外，无其他的关系互相联系. 因此，特别当 $y\to 0$ 时，它们按 y 的偏微商的极限值将给出相异的函数 $\nu_1(x)$ 和 $\nu_2(x)$.

然而，由于大家所熟知的二级方程的性质，可以说，函数 z_1 和 z_2 在某种意义之下互为解析拓展的充分且必要的条件是：对于按函数 $\tau(x)$ 所建立的函数 $\nu_1(x)$ 和 $\nu_2(x)$，下面的等式成立

$$\nu_1(x)=\nu_2(x)$$

因为，显然只要固定 $\tau(x)$，函数 $\nu_1(x)$ 和 $\nu_2(x)$ 便唯一地确定，那么运用算子理论的话来说，函数 $[\nu_1]$ 和 $[\nu_2]$ 便是函数 $[\tau]$ 的某算子，令

$$[\nu_1]=F_1([\tau]),[\nu_2]=F_2([\tau])$$

由此可见，条件 $\nu_1(x)=\nu_2(x)$ 可以写成关于 $\tau(x)$ 的算子方程的形式

$$F_1([\tau])=F_2([\tau]) \tag{13.1}$$

因此所有问题都归结于这算子方程及其可解性的证明.

我们看到：并不需要得到形如式(13.1) 的方程，形如式(13.1) 的方程在 $[\nu_1]$ 和 $[\tau]$ 之间及 $[\nu_2]$ 和 $[\tau]$ 之间的泛函关系可以对 ν_1 和 ν_2 解出. 事实上，如果这些关系表示为

$$\Phi_1([\tau],[\nu_1])=0,\Phi_2([\tau],[\nu_2])=0$$

那么只要假定其中$[\nu_1]=[\nu_2]=[\nu]$，且考虑方程组

$$\begin{cases}\Phi_1([\tau],[\nu])=0\\ \Phi_2([\tau],[\nu])=0\end{cases} \tag{13.2}$$

以代替方程(13.1). 进而我们看到，方程组(13.2)中的一个方程，即相应于平面的双曲部分中的解者，已经得到. 第10章的式(10.10)乃是这方程

$$\tau(x)=\varphi_1(x)+\gamma\int_0^x \frac{\nu(y)}{(x-y)^{\frac{1}{3}}}\mathrm{d}y \tag{13.3}$$

因此，要得到方程组(13.2)，只要找第二个方程，也就是由解z在曲线σ上应该取指定的数值$f(\sigma)$这样的条件所决定的方程. 这个方程乃是函数$\tau(x)$和$\nu(x)$之间形如方程(13.3)的第二个关系式.

13.2　勒鲁的特殊解

在$\tau(x)$和$\nu(x)$之间的这个第二关系式的寻求是极其困难的，现在我们必须克服这个困难. 诚然，不难看到，格林方法虽在这里似乎是很自然的方法，但它并不能达到目的. 这主要是由于在解决第12章中方程(12.14)时，于考虑区域内没有避免掉y等于零的可能性而引起的复杂性.

能够达到目的的方法在本质上无异于格林方法. 像格林方法是以具有对数奇异性的特解为基础，而此时则以具有代数奇异性的其他特解为基础.

欲更详细地研究这些特解，让我们较详细地考察

函数 ρ,此函数已在前章中遇到过. 首先引进某常数 x_0,我们就把这函数写成更一般的形式

$$\rho(x_0;x,y)=+\sqrt{(x-x_0)^2+\frac{4}{9}y^3} \quad (13.4)$$

我们断言

$$z=[\rho(x_0;x,y)]^{-\frac{1}{3}} \quad (13.5)$$

适合方程(E),诚然我们有

$$\frac{\partial\rho}{\partial x}=\frac{x-x_0}{\rho},\frac{\partial\rho}{\partial y}=\frac{2}{3}\cdot\frac{y^2}{\rho}$$

进而由此推出

$$\frac{\partial\rho^{-\frac{1}{3}}}{\partial x}=-\frac{1}{3}\rho^{-\frac{7}{3}}(x-x_0)$$

$$\frac{\partial^2\rho^{-\frac{1}{3}}}{\partial x^2}=-\frac{1}{3}\rho^{-\frac{7}{3}}+\frac{7}{9}\rho^{-\frac{13}{3}}(x-x_0)^2$$

$$\frac{\partial\rho^{-\frac{1}{3}}}{\partial y}=-\frac{2}{9}\rho^{-\frac{7}{3}}y^2$$

$$\frac{\partial^2\rho^{-\frac{1}{3}}}{\partial y^2}=-\frac{4}{9}\rho^{-\frac{7}{3}}y+\frac{7}{9}\cdot\frac{4}{9}\rho^{-\frac{13}{3}}y^4$$

因此

$$y\frac{\partial^2\rho^{-\frac{1}{3}}}{\partial x^2}+\frac{\partial^2\rho^{-\frac{1}{3}}}{\partial y^2}$$

$$=y\left\{-\frac{7}{9}\rho^{-\frac{7}{3}}+\frac{7}{9}\rho^{-\frac{13}{3}}\left[(x-x_0)^2+\frac{4}{9}y^3\right]\right\}=0$$

这便是要证明的结果.

解(13.5)乃是上面提到的解,我们称之为勒鲁(Le Roux)解,是因为勒鲁在关于双曲型方程的一篇

很有兴趣的论文中[①]，考虑了在欧拉－泊松方程的情形下和此解等价的解. 这些解的每一个在整个椭圆半平面内以及 x 轴上(除去点$(x_0,0)$ 以外) 都是有穷且连续的实函数. 它在点$(x_0,0)$ 则以阶$\frac{1}{3}$ 变为无穷.

另外，在双曲半平面中，此解在经过点$(x_0,0)$ 的一对特征线上的所有点，皆以阶$\frac{1}{3}$ 变为无穷；并且在这二条特征线的上方为实函数，而在这二条特征线的下方为虚值.

显然我们经常讲到的所谓典型曲线乃是勒鲁解的等值线. 然而，这并不是这些解联系于典型曲线的唯一的性质. 譬如我们有下面的定理：

如果 C 是典型曲线，它和 x 轴相交于 A，B 两点；并且设 $M(x_1,0)$，$M'(x'_1,0)$ 是 x 轴上的两点，它们和 A，B 构成调和点列，那么下面的两个勒鲁解

$$[\rho(x_1;x,y)]^{-\frac{1}{3}} \text{ 和} [\rho(x'_1;x,y)]^{-\frac{1}{3}}$$

的商在整个曲线 C 上为常数.

诚然，为了简单起见，我们假定坐标原点是在线段 AB 的中央，于是曲线 C 的方程将是

$$x^2+\frac{4}{9}y^3=c^2$$

以 AB 为直径在上半平面作半圆 K(其半径等于 c). 其

---

① Le Roux, Sur les intégrales des équations linéaires aux dérivées partielles etc. Annales scilentif. de l'Éecole Normale Supérieure, (3)12(1895), § 45,295.

次令 $P(x',y')$ 是曲线 C 上的某一点；我们用 $Q(x',y'')$ 表示点 P 沿 y 轴方向在半圆 K 上的投影. 于是显然有

$$y'=\left[\frac{9}{4}(c^2-x'^2)\right]^{\frac{1}{3}},y''=(c^2-x'^2)^{\frac{1}{2}}$$

由此立刻推出

$$\rho(x_1;x',y')=\sqrt{x_1^2-2x'x_1+c^2}$$

$$MQ=\sqrt{x_1^2-2x'x_1+c^2}$$

这就是说，函数 $\rho(x_1;x,y)$ 在点 P 的值等于从 M 到 Q 的距离. 对于点 M' 也可以作同样的推论. 因此，二函数 $\rho(x_1;x,y)$ 和 $\rho(x'_1;x,y)$ 在点 P 的商等于从点 Q 到点 M 和点 M' 的距离的商. 但是当点 Q 沿着 K 移动时，从点 Q 到点 M 及点 M' 的距离的商不变，因为 $(ABMM')$ 是调和点列. 这就是说：当 (x,y) 沿着典型曲线移动时，$\rho(x_1;x,y)$ 和 $\rho(x'_1;x,y)$ 的商不变.

13.3 函数 $\tau(x)$，$\nu(x)$ 及 z 在曲线 σ 上的数值之间的基本关系式的推导(一)

如图 13.1，令 $M_0(x_0,0)$ 是指定的混合线路内部 x 轴上的某一点，且异于点 A 和 B 及线段 AB 的中点，即

$$0<x_0<\frac{1}{2}$$

$$\frac{1}{2}<x_0<1$$

再令 $M_1(x_1,0)$ 是 M_0 关于 A 和 B 的调和共轭点，即

$$x_1=\frac{x_0}{2x_0-1}$$

于是由勒鲁的两解

$$\rho_0^{-\frac{1}{3}}=[\rho(x_0;x,y)]^{-\frac{1}{3}},\rho_1^{-\frac{1}{3}}=[\rho(x_1;x,y)]^{-\frac{1}{3}}$$

出发,作一函数

$$w(x_0;x,y)=[\rho(x_0;x,y)]^{-\frac{1}{3}}-[|2x_0-1|\rho(x_1;x,y)]^{-\frac{1}{3}} \tag{13.7}$$

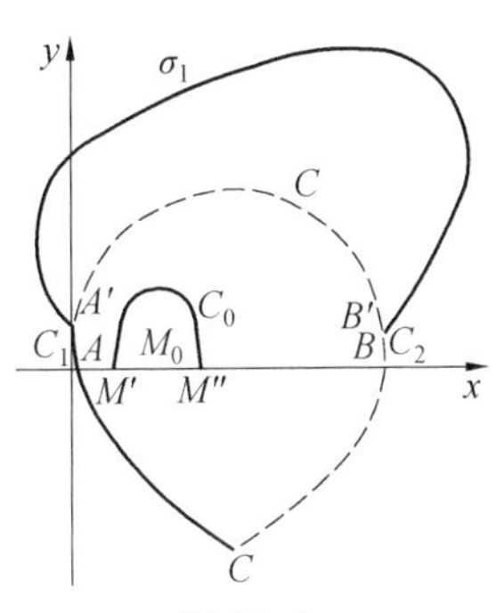

图 13.1

这个函数仍然是方程(E)的解.函数 w 及其所有微商在整个椭圆半平面,包括 x 轴在内,除点 M_0,M_1 以外,恒为有穷.当然,点 M_1 是在我们的混合线路的外面.

除此以外,这个函数在整个曲线 C 上恒等于零,诚然,由于最后的一个定理,在 C 上我们有

$$\left[\frac{\rho(x_0;x,y)}{\rho(x_1;x,y)}\right]^{-\frac{1}{3}}=\left[\frac{\rho(x_0;0,0)}{\rho(x_1;0,0)}\right]^{-\frac{1}{3}}=\left[\frac{x_0}{|x_1|}\right]^{-\frac{1}{3}}=|2x_0-1|^{-\frac{1}{3}} \tag{13.8}$$

由此立刻推出，w 等于零.

注意到前一章中所证明了的命题，我们看到方程(E)有一个(且只有一个)解 W 存在，此解 W 在 x 轴的线段 AB 上及 C 和曲线 σ 公共弧段 AA' 和 BB' 上取零值，而在 σ 的其余部分(我们称之为 σ_1)取和 $-w$ 相同的数值.

不难验证：函数 W 的一级微商在 x 轴为有穷且连续. 诚然，因为 W 在 x 轴上的数值等于零，所以在建立 W 时不必要引用解 ζ(第 12 章第 12.6 节)，而解 ζ 对 x 的微商在 x 轴上的数值是可能带来奇异性的. 此外，甚至当 x_0 趋于 0 或 1 时，函数 W 以及其任意级的偏微商都仍然是有穷. 诚然，在 W 的定义中除函数 w 在 σ_1 上的数值以外，没有引入其他任何东西. 也就是在 W 的定义中只引入了 w 在一区域中的数值，而此区域的所有点和 x 轴的距离为有穷，因此，即使如果 x_0 趋于 0 或 1，而函数值以及其所有级偏微商仍为有穷.

以后将看到最后一个命题的重要性，但如果曲线 σ 不以和曲线 C 所公有的两个弧段 AA' 和 BB' 为其两端，则此命题就不能简单地得到证明. 关于这一点，已在前章末尾提到过，在那里就说过，在本章将见到加于 σ 上的这个条件是有用的.

最后令

$$u(x_0;x,y)=w+W \tag{13.9}$$

于是，我们就得到方程(E)在整个椭圆半平面中的正则解，此解在整个曲线 σ 上等于零，而在 x 轴上取数值

$$w(x_0;x,0)=\frac{1}{|x-x_0|^{\frac{1}{3}}}-\frac{1}{(x_0+x-2x_0x)^{\frac{1}{3}}} \tag{13.10}$$

现在令 z 是方程(E) 的一个正则解,并且考虑类似于等式(12.17) 的恒等式

$$\begin{aligned}0&=uE(z)-zE(u)\\&=\frac{\partial}{\partial x}\left[y\left(u\frac{\partial z}{\partial x}-z\frac{\partial u}{\partial x}\right)\right]+\frac{\partial}{\partial y}\left(u\frac{\partial z}{\partial y}-z\frac{\partial u}{\partial y}\right)\end{aligned} \tag{13.11}$$

其中 E 表示方程(E) 左边所界定的算子. 且令 S_1 为围于 σ 和 AB 之间但挖去点 M_0 的区域,点 M_0 是 u 的奇异点,此点 M_0 是借助于一个充分小的典型曲线

$$C_0\equiv M'M''$$

$$\rho(x_0;x,y)=R$$

而从 σ 和 AB 之间的区域挖掉.

将等式(13.11) 的两端在区域 S_1 中求积分,我们就得到新的恒等式

$$\iint_{S_1}\left\{\frac{\partial}{\partial x}\left[y\left(\frac{\partial z}{\partial x}-z\frac{\partial u}{\partial x}\right)\right]+\frac{\partial}{\partial y}\left(u\frac{\partial z}{\partial y}-z\frac{\partial u}{\partial y}\right)\right\}\mathrm{d}x\mathrm{d}y=0$$

然后应用高斯(Gauss) 的第一引理,我们就得到

$$\begin{aligned}&\left[\int_{\sigma}+\int_{C_0}\right]\left\{\left(y\frac{\partial z}{\partial x}\frac{\mathrm{d}x}{\mathrm{d}n}+\frac{\partial z}{\partial y}\frac{\mathrm{d}y}{\mathrm{d}n}\right)u-\right.\\&\left.\left(y\frac{\partial u}{\partial x}\frac{\mathrm{d}x}{\mathrm{d}n}+\frac{\partial u}{\partial y}\frac{\mathrm{d}y}{\mathrm{d}n}\right)z\right\}\mathrm{d}(\sigma)+\\&\left[\int_A^{M'}+\int_{M''}^{B}\right]\left(u\frac{\partial z}{\partial y}-z\frac{\partial u}{\partial y}\right)_{y=0}\mathrm{d}x=0\end{aligned}$$

其中 $\mathrm{d}(\sigma)$ 表示 σ 或弧段 C_0 的元素,n 表 σ 或 C_0 内法线方向. 但是 u 在整个 σ 上等于零且在 AB 上等于 w;此外因为

$$\frac{\partial w}{\partial y}=-\frac{2}{9}y^{2}(\rho_0^{-\frac{7}{3}}-|2x_0-1|^{-\frac{1}{3}}\rho_1^{-\frac{7}{3}})$$

所以在这整个线段上$\frac{\partial w}{\partial y}=0$. 因此我们有

$$\int_{\sigma}\left(y\frac{\partial u}{\partial x}\frac{\mathrm{d}x}{\mathrm{d}n}-\frac{\partial u}{\partial y}\frac{\mathrm{d}y}{\mathrm{d}n}\right)z\,\mathrm{d}\sigma-$$
$$\int_{C_0}\left(y\frac{\partial z}{\partial x}\frac{\mathrm{d}x}{\mathrm{d}n}+\frac{\partial z}{\partial y}\frac{\mathrm{d}y}{\mathrm{d}n}\right)u\,\mathrm{d}C_0+$$
$$\int_{C_0}\left(y\frac{\partial u}{\partial x}\frac{\mathrm{d}x}{\mathrm{d}n}+\frac{\partial u}{\partial y}\frac{\mathrm{d}y}{\mathrm{d}n}\right)u\,\mathrm{d}C_0-$$
$$\left[\int_{0}^{x_0-R}+\int_{x_0+R}^{1}\right]\left(w\frac{\partial z}{\partial y}-z\frac{\partial W}{\partial y}\right)_{y=0}\mathrm{d}x=0$$

(13.12)

13.4 函数 $\tau(x)$, $\nu(x)$ 及 z 在曲线 σ 上的数值之间的基本关系式的推导(二)

在所得到的关系式中,令 $R\to 0$,并且注意以下诸事件:

(1) 式(13.12)中的第一个积分与 R 无关;

(2) 第二个积分中的被积函数趋于无穷的阶小于 1,故此积分以零为其极限;

(3) 因为在 x 轴上 w 趋于无穷的阶等于$\frac{1}{3}$,所以第三个积分有有穷的极限存在.

这样我们就得到关系式

$$\int_{\sigma}\left(y\frac{\partial u}{\partial x}\frac{\mathrm{d}x}{\mathrm{d}n}+\frac{\partial u}{\partial y}\frac{\mathrm{d}y}{\mathrm{d}n}\right)z\,\mathrm{d}\sigma-$$

$$\int_0^1 [w(x_0;x,0)\nu(x) - W^*(x_0,x)\tau(x)]\mathrm{d}x +$$

$$\lim_{R\to 0}\int_{C_0}\left(y\frac{\partial u}{\partial x}\frac{\mathrm{d}x}{\mathrm{d}n} + \frac{\partial u}{\partial y}\frac{\mathrm{d}y}{\mathrm{d}n}\right)z\,\mathrm{d}C_0 = 0 \qquad (13.13)$$

其中,和通常一样,$\tau(x)$ 和 $\nu(x)$ 分别表示 z 和 $\frac{\partial z}{\partial y}$ 在 x 轴上的数值,而

$$W^*(x_0,x) = \left(\frac{\partial W}{\partial y}\right)_{y=0} \qquad (13.14)$$

欲计算式(13.13)中的极限,首先我们应注意:因为 $u = w + W$,所以积分可以分为两部分,其中包含 W 的微商的那个积分因其被积函数恒为有穷而等于零.于是令 L 等于需要计算的极限,便有

$$L = \lim_{R\to 0}\int_{C_0}\left(y\frac{\partial w}{\partial x}\frac{\mathrm{d}x}{\mathrm{d}n} + \frac{\partial w}{\partial y}\frac{\mathrm{d}y}{\mathrm{d}n}\right)z\,\mathrm{d}C_0$$

其次我们看到:典型曲线 C_0 可以用参数方程表示如下

$$x = x_0 + R\cos\theta,\ y = \left(\frac{3}{2}R\sin\theta\right)^{\frac{2}{3}}\ (0 \leqslant \theta \leqslant \pi) \qquad (13.15)$$

由此可见,沿着 C_0 有

$$\begin{cases} \mathrm{d}C_0 = R\sqrt{\dfrac{\cos^2\theta + y\sin^2\theta}{y}}\,\mathrm{d}\theta \\ \dfrac{\mathrm{d}x}{\mathrm{d}n} = \dfrac{\cos\theta}{\sqrt{\cos^2\theta + y\sin^2\theta}} \\ \dfrac{\mathrm{d}y}{\mathrm{d}n} = \dfrac{\sqrt{y}\sin\theta}{\sqrt{\cos^2\theta + y\sin^2\theta}} \end{cases} \qquad (13.16)$$

因此

$$L=\lim_{R\to 0}R\int_0^{\pi}\left[\left(\frac{3}{2}R\sin\theta\right)^{\frac{1}{3}}\frac{\partial w}{\partial x}\cos\theta+\frac{\partial w}{\partial y}\sin\theta\right]z\,\mathrm{d}\theta \tag{13.17}$$

然后让我们计算 w 的偏微商

$$\begin{cases}\dfrac{\partial w}{\partial x}=-\dfrac{1}{3}\rho_0^{-\frac{7}{3}}(x-x_0)+\\ \qquad\dfrac{1}{3}\mid 2x_0-1\mid^{-\frac{1}{3}}\rho_1^{-\frac{7}{3}}(x-x_1)\\ \dfrac{\partial w}{\partial y}=-\dfrac{2}{9}y^2(\rho_0^{-\frac{7}{3}}-\mid 2x_0-1\mid^{-\frac{1}{3}}\rho_1^{-\frac{7}{3}})\end{cases} \tag{13.18}$$

再代入式(13.17),我们便得到

$$\begin{aligned}L=&-\lim_{R\to 0}R\int_0^{\pi}\left[\left(\frac{2}{3}R\sin\theta\right)^{\frac{1}{3}}\cdot\right.\\ &\left.\frac{1}{3}(x-x_0)\cos\theta+\frac{2}{9}y^2\sin\theta\right]\rho_0^{-\frac{7}{3}}z\,\mathrm{d}\theta+\\ &\mid 2x_0-1\mid^{-\frac{1}{3}}\lim_{R\to 0}R\int_0^{\pi}\left[\left(\frac{3}{2}R\sin\theta\right)^{\frac{1}{3}}\cdot\right.\\ &\left.\frac{1}{3}(x-x_1)\cos\theta+\frac{2}{9}y^2\sin\theta\right]\rho_1^{-\frac{7}{3}}z\,\mathrm{d}\theta\end{aligned}$$

但第二项趋于零,因其中的积分恒为有穷(因 ρ_1 在 C_0 上决不为零).因为 $\rho_0=R$,所以可以更简单地写下

$$\begin{aligned}L=&-\lim_{R\to 0}R^{-\frac{4}{3}}\int_0^{\pi}\left[\left(\frac{3}{2}R\sin\theta\right)^{\frac{1}{3}}\cdot\right.\\ &\left.\frac{1}{3}(x-x_0)\cos\theta+\frac{2}{9}y^2\sin\theta\right]\mathrm{d}\theta\end{aligned}$$

由此,借式(13.15),经简单的计算便得

$$L=-2^{-\frac{1}{3}}3^{-\frac{2}{3}}\lim_{R\to 0}\int_0^{\pi}z\sin^{\frac{1}{3}}\theta\,\mathrm{d}\theta \tag{13.19}$$

欲计算出这里的极限，应注意函数 $\sin^{\frac{1}{3}}\theta$ 当 θ 界于 0 和 π 之间时恒为正，且可以对积分采用中值定理

$$L=-2^{-\frac{1}{3}}3^{-\frac{2}{3}}\lim_{R\to 0}z'\int_0^{\pi}\sin^{\frac{1}{3}}\theta\mathrm{d}\theta$$

其中 z' 是 z 在 C_0 的某一点的数值. 但是当 $R\to 0$ 时，C_0 的所有点皆收敛于 M_0，因此取极限，我们最后便得

$$L=-2^{-\frac{1}{3}}3^{-\frac{2}{3}}z(x_0,0)\int_0^{\pi}\sin^{\frac{1}{3}}\theta\mathrm{d}\theta \quad (13.20)$$

为了计算出这个表达式中的定积分，我们注意：此积分是同一函数从 0 到 $\frac{\pi}{2}$ 的积分的两倍，并且作变换 $\sin\theta=\sqrt{t}$ 而把它化为欧拉积分，结果是

$$\int_0^{\pi}\sin^{\frac{1}{3}}\theta\mathrm{d}\theta=\frac{2^{\frac{7}{3}}\pi^2}{\Gamma^3\left(\frac{1}{3}\right)}$$

因此写 $\tau(x_0)$ 以代替 $z(x_0,0)$ 并且回忆第 10 章的式(10.18)，我们最后就得到

$$L=-\frac{1}{\gamma}\tau(x_0)$$

于是，把求得的 L 值代入式(13.13) 便得到关系式

$$\tau(x_0)+\gamma\int_0^1[w(x_0;x,0)\nu(x)-W^*(x_0,x)\tau(x)]\mathrm{d}x$$

$$=\gamma\int_{\sigma}\left(y\frac{\partial u}{\partial x}\frac{\mathrm{d}x}{\mathrm{d}n}+\frac{\partial u}{\partial y}\frac{\mathrm{d}y}{\mathrm{d}n}\right)z\,\mathrm{d}\sigma \quad (13.21)$$

等式的右边显然是只与曲线 σ 的形状及 z 在其上的数值有关的 x_0 的函数. 让我们把这个积分叫作 $f_1(x_0)$，注意 z 在 σ 上的数值是用 $f(\sigma)$ 来表示的，我们便有

$$f_1(x_0)=\gamma\int_\sigma\left(y\frac{\partial u}{\partial x}\frac{\mathrm{d}x}{\mathrm{d}n}+\frac{\partial u}{\partial y}\frac{\mathrm{d}y}{\mathrm{d}n}\right)f(\sigma)\mathrm{d}\sigma \tag{13.22}$$

因此

$$\tau(x_0)-\gamma\int_0^1 W^*(x_0,x)\tau(x)\mathrm{d}x$$
$$=f_1(x_0)-\gamma\int_0^1 w(x_0;x,0)\nu(x)\mathrm{d}x$$

最后由于式(13.10)

$$\tau(x_0)-\gamma\int_0^1 W^*(x_0,x)\tau(x)\mathrm{d}x$$
$$=f_1(x_0)-\gamma\int_0^1\left[\frac{1}{|x-x_0|^{\frac{1}{3}}}-\frac{1}{(x_0+x-2xx_0)^{\frac{1}{3}}}\right]\nu(x)\mathrm{d}x \tag{13.23}$$

13.5 关于函数 $f_1(x)$ 的讨论

我们还需要研究关于推导关系式(13.23)时所除去的情况,即

$$x_0=\frac{1}{2},x_0=0,x_0=1$$

让我们先来研究第一个比较容易的情况,因为

$$\lim_{x_0\to\frac{1}{2}}|2x_0-1|\rho(x_1;x,y)=\frac{1}{2}$$

所以式(13.7)便很简单地化为

$$w\left(\frac{1}{2},x,y\right)=\left[\rho\left(\frac{1}{2};x,y\right)\right]^{-\frac{1}{3}}-\sqrt[3]{2} \tag{13.7'}$$

因此

$$\begin{cases}\left(\dfrac{\partial w}{\partial x}\right)_{x_0=\frac{1}{2}}=-\dfrac{1}{3}\left[\rho\left(\dfrac{1}{2};x,y\right)\right]^{-\frac{7}{3}}\left(x-\dfrac{1}{2}\right)\\ \left(\dfrac{\partial w}{\partial y}\right)_{x_0=\frac{1}{2}}=-\dfrac{2}{9}y^2\left[\rho\left(\dfrac{1}{2};x,y\right)\right]^{-\frac{7}{3}}\end{cases}\tag{13.18′}$$

像对待前式中出现的其他元素一样，对它们不必作任何特殊的变化，只要把式(13.7)，(13.18)分别用式(13.7′)，(13.18′)来代替，可以重复前面的推理. 于是导出：对于 $x_0=\dfrac{1}{2}$ 的情况，方程(13.23)仍然成立.

现在我们来考虑两个极限的情况 $x_0=0$ 和 $x_0=1$. 首先必须研究 $f_1(x_0)$ 怎样变化；姑且知道当 x_0 界于0和1之间时，此函数为有穷且连续，但我们并不能排除当 $x_0\to 0$ 和 $x_0\to 1$ 时，其极限为无穷的可能性. 另外，考虑函数 W^* 是无意义的，因为从13.3节很清楚地看到，在我们所讲的极限情形，函数 W 仍然是正则的. 为了研究函数 $f_1(x_0)$ 在 $x_0=0$ 和 $x_0=1$ 的邻近的性质，我们考虑其中的第一个点，作下列的两点假设.

(1) 曲线 σ 是由典型曲线 C 的二弧段 $AA'\equiv C_1$ 和 $BB'\equiv C_2$ 及第三部分 σ_1 所构成；

(2) $u=w+W$.

用以界定 $f_1(x_0)$ 的积分便可以分为三部分

$$f_1(x_0)=\gamma\left[\int_{\sigma_1}+\int_{C_2}\right]\left(y\frac{\partial u}{\partial x}\frac{\mathrm{d}x}{\mathrm{d}n}+\frac{\partial u}{\partial y}\frac{\mathrm{d}y}{\mathrm{d}n}\right)f(\sigma)\mathrm{d}\sigma+$$
$$\gamma\int_{C_1}\left(y\frac{\partial W}{\partial x}\frac{\mathrm{d}x}{\mathrm{d}n}+\frac{\partial W}{\partial y}\frac{\mathrm{d}y}{\mathrm{d}n}\right)f(\sigma)\mathrm{d}\sigma+$$

$$\gamma\int_{C_1}\left(y\frac{\partial w}{\partial x}\frac{\mathrm{d}x}{\mathrm{d}n}+\frac{\partial w}{\partial y}\frac{\mathrm{d}y}{\mathrm{d}n}\right)f(\sigma)\mathrm{d}\sigma$$

且注意 W 以及 u 在整个 σ 上恒为有穷，当然在 σ_1 和 C_2 亦为有穷，此外在 σ_1 和 C_2 上，$W=u$ 于 $x_0\to 0$，便得到极限

$$\begin{aligned}f_1(+0)=&\gamma\left[\int_{\sigma_1}+\int_{C_2}\right]\left\{y\left(\frac{\partial u}{\partial x}\right)_0\frac{\mathrm{d}x}{\mathrm{d}n}+\left(\frac{\partial n}{\partial y}\right)_0\frac{\mathrm{d}y}{\mathrm{d}n}\right\}f(\sigma)\mathrm{d}\sigma+\\&y\int_{C_1}\left\{y\left(\frac{\partial W}{\partial x}\right)_0\frac{\mathrm{d}x}{\mathrm{d}n}+\left(\frac{\partial W}{\partial y}\right)_0\frac{\mathrm{d}y}{\mathrm{d}n}\right\}f(\sigma)\mathrm{d}\sigma+\\&\gamma\lim_{x_0\to 0}\int_{C_1}\left(y\frac{\partial w}{\partial x}\frac{\mathrm{d}x}{\mathrm{d}n}+\frac{\partial w}{\partial y}\frac{\mathrm{d}y}{\mathrm{d}n}\right)f(\sigma)\mathrm{d}\sigma\end{aligned}\tag{13.24}$$

这里的下标数表示括号里的微商在 $x_0=0$ 处所取的数值.

由式(13.7)看到，当 $x_0=0$ 时，函数 w 和 W 恒等于零. 所以在方程(13.24)右端的前两项中出现的 u 和 W 的微商全等于零，于是此式便化为

$$f_1(+0)=\gamma\lim_{x_0\to 0}\int_{C_1}\left(y\frac{\partial w}{\partial x}\frac{\mathrm{d}x}{\mathrm{d}n}+\frac{\partial w}{\partial y}\frac{\mathrm{d}y}{\mathrm{d}n}\right)f(\sigma)\mathrm{d}\sigma\tag{13.25}$$

欲计算式(13.25)中出现的 w 的微商，注意在包含着 C_1 作为其一部分的典型曲线 C 上，我们有

$$\rho_0=|2x_0-1|\rho_1$$

注意到这一点，将式(13.18)经过简单的计算乃得

$$\begin{cases}\dfrac{\partial w}{\partial x}=\dfrac{2}{3}\rho_0^{-\frac{7}{3}}x_0(1-x_0)(1-2x)\\[2ex]\dfrac{\partial w}{\partial y}=-\dfrac{8}{9}\rho_0^{-\frac{7}{3}}x_0(1-x_0)y^2\end{cases}\tag{13.26}$$

另外,曲线线段 C_1 可以借参数方程表示如下

$$\begin{cases} x=\frac{1}{2}(1+\cos\theta) \\ y=\left(\frac{3}{4}\sin\theta\right)^{\frac{2}{3}} \end{cases} \quad (\theta'\leqslant\theta\leqslant\pi) \tag{13.27}$$

因此

$$\begin{cases} \mathrm{d}\sigma=\frac{1}{2}\sqrt{\frac{\cos^2\theta+y\sin^2\theta}{y}}\,\mathrm{d}\theta \\ \frac{\mathrm{d}x}{\mathrm{d}n}=\frac{-\cos\theta}{\sqrt{\cos^2\theta+y\sin^2\theta}} \\ \frac{\mathrm{d}y}{\mathrm{d}n}=\frac{-\sqrt{y}\sin\theta}{\sqrt{\cos^2\theta+y\sin^2\theta}} \end{cases} \tag{13.28}$$

代入式(13.25),便得

$$f_1(+0)=\frac{\gamma}{\sqrt[3]{36}}\lim_{x_0\to 0}x_0(1-x_0)\cdot \int_{\theta'}^{\pi}\frac{\sin^{\frac{1}{3}}\theta\bar{f}(\theta)\mathrm{d}\theta}{\left[x_0^2+\left(\frac{1}{2}-x_0\right)(1+\cos\theta)\right]^{\frac{7}{6}}} \tag{13.29}$$

其中我们令 $f(\sigma)=\bar{f}(\theta)$.

假定在式(13.29)中 x_0 如此靠近于0,以至 $x_0<\frac{1}{2}$,我们作变换

$$\cos\frac{\theta}{2}=\frac{x_0 t}{\sqrt{1-2x_0}} \tag{13.30}$$

为了简单起见,令

$$\xi=\frac{\sqrt{1-2x_0}}{x_0}\cos\frac{\theta'}{2} \tag{13.31}$$

那么经简单的计算便得

$$f_1(+0)=\gamma\sqrt[3]{\frac{4}{9}}\lim_{x_0\to 0^-}\frac{1-x_0}{(1-2x_0)^{\frac{1}{3}}}\cdot$$
$$\int_0^{\xi}\frac{f\left(2\arccos\frac{x_0 t}{\sqrt{1-2x_0}}\right)t^{\frac{1}{3}}}{(1+t^2)^{\frac{7}{6}}(1-2x_0-x_0^2t^2)^{\frac{1}{6}}}\mathrm{d}t \tag{13.32}$$

再取极限

$$f_1(+0)=\gamma\sqrt[3]{\frac{4}{9}}\bar{f}(\pi)\int_0^{\infty}\frac{t^{\frac{1}{3}}}{(1+t^2)^{\frac{7}{6}}}\mathrm{d}t$$

借代换 $t^2=\frac{u}{1-u}$（此代换在前章12.8节的类似情形中已采用过）计算出反常积分，并且写 $f(A)$ 以代替 $\bar{f}(\pi)$，乃得

$$f_1(+0)=f(A) \tag{13.33}$$

以同样的方法可以看到，当 $x_0\to 1$ 时，f_1 的极限为有穷而且等于

$$f_1(1-)=f(B) \tag{13.34}$$

于是在这两个极限情形 $x_0=0$ 和 $x_0=1$，公式(13.23) 的正确性很容易就得到证明. 诚然，让我们认为函数 $f_1(x_0)$ 在 $x_0=0$ 和 $x_0=1$ 的数值就等于其相应的极限值，更由于我们已经看到在 $x_0=0$ 和 $x_0=1$ 时，$w=W=0$，因此在所讨论的这两种情况下，式(13.23) 分别变为

$$\tau(0)=f(A), \tau(1)=f(B)$$

这两个等式显然是正确的.

13.6　基本关系式的变形与存在性定理的证明所依归的混合型积分方程的推导

未加任何限制，证明了关系式(13.23)成立.这个关系式可以看作是对于 $\tau(x)$ 的积分方程，它是正则的[①]弗雷德霍姆第二类积分方程.以 x 代替 x_0，以 y 代替 x，此方程便可以写成通常的形式

$$\tau(x)-\gamma\int_0^1 W^*(x,y)\tau(y)\mathrm{d}y$$
$$=f_1(x)-\gamma\int_0^1\left[\frac{1}{|x-y|^{\frac{1}{3}}}-\frac{1}{(x+y-2xy)^{\frac{1}{3}}}\right]\nu(x)\mathrm{d}y \tag{13.35}$$

如果我们解出这个方程，便得到 $\tau(x)$ 通过 $\nu(x)$ 和 $f_1(x)$ 的表达式，也就是在13.1节中谈起的两个基本关系式中的第二个关系式.

但首先我们注意到，在曲线 σ 和典型曲线 C 一致的情况时，也就是在混合路线是简单的典型路线时，显然 $W(x_0;x,y)$ 恒等于零，立刻就得到 $\tau(x)$ 的表达式

$$\tau(x)=f_1(x)-\gamma\int_0^1\left[\frac{1}{|x-y|^{\frac{1}{3}}}-\frac{1}{(x+y-2xy)^{\frac{1}{3}}}\right]\nu(x)\mathrm{d}y \tag{13.36}$$

此外，在这种情形可以找到 $f_1(x)$ 形式简单的精确的

---

① 如果积分域是有界的，并且核和已给函数皆为有界连续，我们就说这样的第二类弗雷德霍姆方程是正则的.

表达式.诚然,如果假定函数 f 在典型曲线上指定的数值表示为

$$f = yF(x) \tag{13.37}$$

其中 x 和 y 是曲线上的点的横坐标和纵坐标.

经过类似于前节中所施行的计算,我们就得到

$$f_1(x) = \frac{\gamma}{2}x(1-x)\int_0^1 \frac{F(y)}{[x^2+(1-2x)y]^{\frac{7}{6}}}\mathrm{d}y \tag{13.38}$$

公式(13.36)便导至值得注意的结论:假设 $\tau(x)=0$,如果知道了 $f(x)$(因此也知道了 $f_1(x)$),要确定 $\nu(x)$,于是我们应该解决一个弗雷德霍姆第一类积分方程

$$f_1(x) = \gamma\int_0^1 \left[\frac{1}{|x-y|^{\frac{1}{3}}} - \frac{1}{(x+y-2xy)^{\frac{1}{3}}}\right]\nu(y)\mathrm{d}y \tag{13.39}$$

这个积分方程是可以解出来的.在前章 12.8 节中已经证明了在这个情况所适合的条件之下,$\nu(x)$ 可以通过 $f(x)$ 借助下面的公式来表示

$$\nu(x) = \frac{5}{2\pi\gamma\sqrt{3}}x(1-x)\int_0^1 \frac{f(y)\mathrm{d}y}{[x^2+(1-2x)y]^{\frac{11}{6}}} \tag{13.40}$$

由这个公式看出,核

$$\frac{1}{|x-y|^{\frac{1}{3}}} - \frac{1}{(x+y-2xy)^{\frac{1}{3}}} \tag{13.41}$$

是闭核.

诚然核

$$\frac{1}{[x^2+(1-2x)y]^{\frac{7}{6}}}$$

显然是闭核,因为如果令 $1-2y=Y$,那么它除去一个数值的因子以外可以展开为级数

$$\sum_{n=0}^{\infty}(1-2x)^n C_n^{\frac{7}{6}}(Y)$$

其中 $C_n^{\frac{7}{6}}$ 就是在第11章中所研究过的盖根鲍尔的多项式,其上标数固定,它们形成了一个闭的函数族.由式(13.38)推出,只要 $f_1\equiv 0$,那么 $f\equiv 0$,于是 $f\equiv 0$.但如果 $F\equiv 0$,由式(13.40)得 $v\equiv 0$.因此只要式(13.36)右边的积分恒等于零,那么函数 ν 也恒等于零,所以核(13.41)是闭核.

从这个命题推出:γ 不可能是方程(13.35)的核的固有值,诚然,如果 γ 是固有的值,那么相应的齐次方程将有不恒等于零的解.设 $\bar{\tau}$ 是这样的一个解,而 $\bar{z}$ 是方程(E)的相应的解,此解在 σ 上取数值 $f\equiv 0$,而在 AB 上取数值 $\bar{\tau}$.因为当 $f\equiv 0$,f_1 也等于零,那么在所考虑的情况下式(13.35)右边的积分恒等于零,由于核的封闭性,我们有 $\nu\equiv 0$.但因为在第10章的末尾已经看到:方程(E)的每个解,对于它 $f\equiv 0$ 且 $\nu\equiv 0$,则恒等于零,所以 $\bar{\tau}$ 应该等于零,这和我们原来的假设相矛盾.

由此得出结论:积分方程(13.35)是可解的,可以写

$$\tau(x)=-\int_0^1 H(x,y)f_1(y)\mathrm{d}y-$$

$$\gamma\int_0^1\left[\frac{1}{|x-y|^{\frac{1}{3}}}-\frac{1}{(x+y-2xy)^{\frac{1}{3}}}\right]\nu(y)\mathrm{d}y+$$

$$f_1(x)+\gamma\int_0^1\nu(y)\mathrm{d}y\int_0^1 H(x,\xi)\cdot$$

$$\left[\frac{1}{|\xi-y|^{\frac{1}{3}}}-\frac{1}{(\xi+y-2\xi y)^{\frac{1}{3}}}\right]\mathrm{d}\xi \qquad (13.42)$$

其中

$$H(x,y)=\gamma H^*(x,y;\gamma) \qquad (13.43)$$

而 $H^*(x,y;\gamma)$ 表示对应于核 $W^*(x,y)$ 的弗雷德霍姆结式. 再设

$$f_2(x)=f_1(x)-\int_0^1 H(x,y)f_1(y)\mathrm{d}y \qquad (13.44)$$

$$L(x,y)=\int_0^1\left[\frac{1}{|\xi-y|^{\frac{1}{3}}}-\frac{1}{(\xi+y-2y\xi)^{\frac{1}{3}}}\right]H(x,\xi)\mathrm{d}\xi \qquad (13.45)$$

于是式(13.42)可以写成更加简洁的形式

$$\tau(x)=f_2(x)+\gamma\int_0^1\left[L(x,y)-\frac{1}{|x-y|^{\frac{1}{3}}}-\frac{1}{(x+y-2xy)^{\frac{1}{3}}}\right]\nu(y)\mathrm{d}y \qquad (13.46)$$

这乃是函数 $\tau(x)$ 和 $\nu(x)$ 之间的第二个基本关系式，其必要性已在 13.1 节中说明了.

注意:由于弗雷德霍姆结式的大家所知道的性质,便有

$$H(x,y)+\gamma W^*(x,y)$$

$$=\gamma\int_0^1 W^*(x,\xi)H(\xi,y)\mathrm{d}\xi$$

$$=\gamma\int_0^1 H(x,\xi)W^*(\xi,y)\mathrm{d}\xi$$

因为 $W^*(0,y)=W^*(x,0)=W^*(1,y)=W^*(x,1)=0$,由此立刻推导出重要的等式

$$H(0,y)=H(x,0)=H(1,y)=H(x,1)=0 \tag{13.47}$$

把关系式(13.3)和基本关系式(13.46)结合在一起,我们就把13.1节中的式(13.2)写成积分方程组

$$\begin{cases}\tau(x)=\varphi_1(x)+\gamma\displaystyle\int_0^x\frac{\nu(y)}{(x-y)^{\frac{1}{3}}}\mathrm{d}y\\ \tau(x)=f_2(x)+\gamma\displaystyle\int_0^1\left[L(x,y)-\frac{1}{|x-y|^{\frac{1}{3}}}+\frac{1}{(x+y-2xy)^{\frac{1}{3}}}\right]\nu(y)\mathrm{d}y\end{cases} \tag{13.48}$$

这个方程组立刻可以变为关于 $\nu(x)$ 的一个积分方程

$$\int_0^x\frac{\nu(y)\mathrm{d}y}{(x-y)^{\frac{1}{3}}}-\int_0^1\left[L(x,y)-\frac{1}{|x-y|^{\frac{1}{3}}}-\frac{1}{(x+y-2xy)^{\frac{1}{3}}}\right]\nu(y)\mathrm{d}y=\frac{1}{\gamma}\psi(x) \tag{13.49}$$

其中

$$\psi(x)=f_2(x)-\varphi_1(x) \tag{13.50}$$

存在性定理的证明所依归的积分方程的变形

第14章

14.1 第13章中所得到的积分方程的初步变形

存在性定理的证明所依据的积分方程(13.49)既不是弗雷德霍姆型的积分方程,也不是伏尔泰拉型的积分方程,而一部分是弗雷德霍姆型,一部分是伏尔泰拉型.按照安德雷奥列(Andreoli)的称呼,我们叫它第一类混合型方程.安德雷奥列曾多年从事于研究和这类似的方程①.

① Andreoli, G.,Sulle equazioni integrale miste de integro-diffe-renziali [Rend. R. Acc. Nazionale dei Lincei(5),23,(1914)] e Sulle equzioni integrali ed integro-differenziali di tipo piu generale di quelle considerate da Volterra e da Fredholm [Giorn, di Matem. di Battaglini v. 53(1915)].

一般地说,椭圆型微分方程总是化为弗雷德霍姆积分方程,而双曲型微分方程则化为伏尔泰拉积分方程,因此我们遇到混合型积分方程也并没有什么奇异.因此应该料想到我们的微分方程将化为一部分是弗雷德霍姆型,一部分是伏尔泰拉型的积分方程.

但是对于方程(13.49)而言,由于方程的核的奇异性,安德雷奥列发展起来的(化为第二类方程,因而化为弗雷德霍姆方程)方法不能应用.就应该走另一条道路.如果设

$$\rho(x)=\int_0^1\left[L(x,y)-\frac{1}{|x-y|^{\frac{1}{3}}}+\frac{1}{(x+y-2xy)^{\frac{1}{3}}}\right]\nu(y)\mathrm{d}y+\frac{1}{\gamma}\psi(x) \tag{14.1}$$

那么我们所讨论的方程就化为方程

$$\int_0^x\frac{\nu(y)}{(x-y)^{\frac{1}{3}}}\mathrm{d}y=\rho(x) \tag{14.2}$$

这个方程可以看作是关于 $\nu(y)$ 的伏尔泰拉方程,借助于阿贝尔公式乃得

$$\nu(x)=\frac{\sqrt{3}}{2\pi}\frac{\mathrm{d}}{\mathrm{d}x}\int_0^x\frac{\rho(y)\mathrm{d}y}{(x-y)^{\frac{2}{3}}}$$

由此,以 $\rho(x)$ 的数值代替式中的 $\rho(x)$,我们得到

$$\nu(x)=\frac{\sqrt{3}}{2\pi}\frac{\mathrm{d}}{\mathrm{d}x}\int_0^x\frac{\mathrm{d}\xi}{(x-\xi)^{\frac{2}{3}}}\cdot\int_0^1\left[L(\xi,y)-\frac{1}{|\xi-y|^{\frac{1}{3}}}+\frac{1}{(\xi+y-2\xi y)^{\frac{1}{3}}}\right]\cdot$$

$$\nu(y)\mathrm{d}y+\frac{\sqrt{3}}{2\pi\gamma}\frac{\mathrm{d}}{\mathrm{d}x}\int_0^x\frac{\psi(y)\mathrm{d}y}{(x-y)^{\frac{2}{3}}}$$

或

$$\nu(x)=\frac{\mathrm{d}}{\mathrm{d}x}\int_0^1\left\{L_1(x,y)-\frac{\sqrt{3}}{2\pi}[I_1(x,y)-I_2(x,y)]\right\}\cdot$$
$$\nu(y)\mathrm{d}y+\psi'_1(x) \tag{14.3}$$

其中

$$\begin{cases}L_1(x,y)=\frac{\sqrt{3}}{2\pi}\int_0^x\frac{L(\xi,y)}{(x-\xi)^{\frac{2}{3}}}\mathrm{d}\xi\\ I_1(x,y)=\int_0^x\frac{\mathrm{d}\xi}{|\xi-y|^{\frac{1}{3}}(x-\xi)^{\frac{2}{3}}}\\ I_2(x,y)=\int_0^x\frac{\mathrm{d}\xi}{(\xi+y-2\xi y)^{\frac{1}{3}}(x-\xi)^{\frac{2}{3}}}\\ \psi_1(x)=\frac{\sqrt{3}}{2\pi\gamma}\int_0^x\frac{\psi(y)}{(x-y)^{\frac{2}{3}}}\mathrm{d}y\end{cases} \tag{14.4}$$

如果式(14.3)中的微分符号可以移置于积分号下,那么我们的方程就已经化为弗雷德霍姆第二类方程了,所以函数 $\nu(x)$ 以及 $\tau(x)$ 至少在理论上已被确定.但不难验明积分号内是不能施行微分运算的,必须特别小心施行这种微分运算的可能性,也就是必须引入柯西反常积分的主值的概念.

这一点我们在后面要详细地来说明,而所以要在这里预先作这段按语是要解释为什么不把方程(14.3)右边的积分立刻微分出来.

14.2 关于函数 $\psi'_1(x)$ 和 $\psi''_1(x)$ 的讨论(一)

在开始考虑上述问题以前，我们必须研究式(14.3)中出现的函数 $\psi_1(x)$ 的一级微商;我们把它和它的二级微商同时来研究,因为在下一章的末尾用到它的二级微商.

我们注意,不限制一般性,我们可以假定 z 的指定数值,即函数 $f(\sigma)$ 和 $\varphi(s)$ 适合

$$\begin{cases} f(A)=\varphi(A)=0 \\ f'(A)=\varphi'(A)=0 \\ f(B)=0 \\ f'(B)=0 \end{cases} \tag{14.5}$$

诚然,如果不是这样,那么因为 $f(A)=\varphi(A)$ 和 $f'(A)=\varphi'(A)$,我们可以假定

$$f(A)=\varphi(A)=a$$

$$f'(A)=\varphi'(A)=a'$$

$$f(B)=b$$

$$f'(B)=b'$$

类似于第 12 章 12.5 节中所作的,我们看到,双线性函数

$$z_0=a+(b-a)x-a'y+(a'+b')xy$$

是方程(E)的一个解,如果用 $f_0(\sigma)$ 和 $\varphi_0(s)$ 来表示这函数在混合路线上所取的数值,如果弧 σ 在点 B 附近的线素用 $\mathrm{d}y$ 来代替,而 σ 和特征线 AC 在点 A 附近的

线素用 $-\mathrm{d}y$[1] 来代替,那么立刻看出

$$f_0(A)=\varphi_0(A)=a$$
$$f'_0(A)=\varphi'_0(A)=a'$$
$$f_0(B)=b$$
$$f'_0(B)=b'$$

由此推出:只要把 z 用 $z-z_0$ 来代替,则式(14.5)便成立.因此,我们可以假定等式(14.5)成立.

我们现在回忆一下:在一开始所作的假设中,我们要求在 A 和 B 的邻近,函数 f 和 φ 不仅有有穷且连续的一级微商,而且有有穷且连续的二级微商.由式(14.5)推断:当 y 趋于零时,比值 $\frac{f}{y^2}$ 和 $\frac{\varphi}{y^2}$ 仍保持有穷,这就是说,函数 f 和 φ 可以表示为

$$f(\sigma)=y^2\bar{f}(\sigma),\varphi(s)=y^2\bar{\varphi}(s) \tag{14.6}$$

其中 $\bar{f}$ 和 $\bar{\varphi}$ 是到处有穷而连续的函数.

考虑了这点,我们就看到:式(14.4)中借以界定 $\psi_1(x)$ 的最后一个等式经部分积分便可以写成形式

$$\psi_1(x)=\frac{3\sqrt{3}}{2\pi\gamma}\left[\psi(0)x^{\frac{1}{3}}+\int_0^x\psi'(y)(x-y)^{\frac{1}{3}}\mathrm{d}y\right]$$

但是,由前一章中的式(13.44),式(13.47)和式(13.33),我们有

$$f_2(0)=f_1(0)=f(A)=0$$

而另一方面,根据第 10 章中的式(10.22)

$$\varphi_1(0)=\frac{\varphi(0)}{12\pi\gamma_1}\int_0^1\frac{\mathrm{d}t}{t^{\frac{2}{3}}(1-t)^{\frac{1}{6}}}=0$$

---

① 这是假定在混合线路上弧的正方向是由 B 到 A 再到 C.

所以

$$\psi(0)=f_2(0)-\varphi_1(0)=0$$

因此前面关于 $\psi_1(x)$ 的公式就可以写成更简单的形式

$$\psi_1(x)=\frac{3\sqrt{3}}{2\pi\gamma}\int_0^x \psi'(y)(x-y)^{\frac{1}{3}}\mathrm{d}y$$

由此,关于 x 求微商,我们得到

$$\psi'_1(x)=\frac{\sqrt{3}}{2\pi\gamma}\int_0^x \frac{\psi'(y)}{(x-y)^{\frac{2}{3}}}\mathrm{d}y \tag{14.7}$$

完全一样,唯一的区别是积分号外面一项没有消失,我们有

$$\psi''_1(x)=\frac{\sqrt{3}}{2\pi\gamma}\left[\psi'(0)x^{-\frac{2}{3}}+\int_0^x \frac{\psi''(y)}{(x-y)^{\frac{2}{3}}}\mathrm{d}y\right] \tag{14.8}$$

上面的这些公式给我们指出,如何将函数 $\psi_1(x)$ 的微商的研究化为 $\psi(x)$ 的微商的研究,或最后化为 $f_1(x)$ 和 $\varphi_1(x)$ 的微商的研究. 我们注意,除去一个加项 $f_1(x)$ 以外,等于 $f_2(x)$ 的表达式

$$\int_0^1 H(x,y)f_1(y)\mathrm{d}y$$

乃至其微商都显然是有穷而且连续的函数.

14.3　关于函数 $\psi'_1(x)$ 和 $\psi''_1(x)$ 的讨论(二)

让我们先来研究 $\varphi_1(x)$ 的微商,因为它最易于处理. 我们注意到:为了可能按照第10章式(10.22)计算出 $\varphi_1(x)$ 以及它的微商,就必须把 z 在 AC 上的数值所形成的函数 φ 不考虑为弧长 s 的函数,而考虑为横坐标

x 的函数.因此必须应用公式

$$\begin{cases}\dfrac{\mathrm{d}\varphi}{\mathrm{d}x}=\left(\dfrac{1-y}{-y}\right)^{\frac{1}{2}}\dfrac{\mathrm{d}\varphi}{\mathrm{d}s}\\ \dfrac{\mathrm{d}^2\varphi}{\mathrm{d}x^2}=\dfrac{1-y}{y}\dfrac{\mathrm{d}^2\varphi}{\mathrm{d}s^2}-\dfrac{1}{2}\dfrac{1}{y^2(1-y)^{\frac{1}{2}}}\dfrac{\mathrm{d}\varphi}{\mathrm{d}s}\\ \dfrac{\mathrm{d}^3\varphi}{\mathrm{d}x^3}=\left(\dfrac{1-y}{-y}\right)^{\frac{3}{2}}\dfrac{\mathrm{d}^3\varphi}{\mathrm{d}s^3}-\dfrac{3}{2}\dfrac{1}{(-y)^{\frac{5}{2}}}\dfrac{\mathrm{d}^2\varphi}{\mathrm{d}s^2}+\\ \qquad\dfrac{1}{4}\dfrac{4-5y}{(-y)^{\frac{7}{2}}(1-y)^{\frac{3}{2}}}\dfrac{\mathrm{d}y}{\mathrm{d}s}\end{cases}\tag{14.9}$$

这些公式联系着 φ 对 x 的微商和 φ 对 s 的微商.只要我们考虑下面的事实,这些公式就立刻得到验证:因为特征线的微分方程是

$$\mathrm{d}x+\sqrt{-y}\,\mathrm{d}y=0$$

由此推出

$$\mathrm{d}s=\sqrt{\frac{1-y}{-y}}\,\mathrm{d}x$$

我们曾假定函数 φ 对 s 的前三级微商存在,而且在弧 AC 上有界且连续,公式(14.9)说明这个假定就足以保证 φ 对 x 的前三级微商的存在,但不足以保证当 $x\to 0$ 时这些微商是有界的.

但是,如果我们回忆关系式(14.6)中的第二式,由此式可以假设

$$\frac{\mathrm{d}\varphi}{\mathrm{d}s}=y\varphi^*(s)\tag{14.10}$$

其中 $\varphi^*(s)$ 表示一到处连续而有界的函数,那么我们立刻看到以下的事实:虽然是不能断定我们所说的那

些极限值为有穷，但是可以界定三个到处连续而有界的函数 $\varphi_1^*(x)$，$\varphi_2^*(x)$，$\varphi_3^*(x)$ 使得

$$\begin{cases}\varphi'(x)=x^{\frac{1}{3}}\varphi_1^*(x)\\ \varphi''(x)=x^{-\frac{2}{3}}\varphi_2^*(x)\\ \varphi'''(x)=x^{-\frac{5}{3}}\varphi_3^*(x)\end{cases}\tag{14.11}$$

这对我们的目的而言已足够了.

让我们把第 10 章的式(10.22) 相继微分两次，便得

$$\varphi'_1(x)=\frac{1}{24\pi\gamma_1}\left[7\int_0^1\frac{\varphi'\left(\frac{tx}{2}\right)}{(1-t)^{\frac{1}{6}}}t^{\frac{1}{3}}\,\mathrm{d}t+3x\int_0^1\frac{\varphi''\left(\frac{tx}{2}\right)}{(1-t)^{\frac{1}{6}}}t^{\frac{4}{3}}\,\mathrm{d}t\right]$$

$$\varphi''_1(x)=\frac{1}{48\pi\gamma_1}\left[13\int_0^1\frac{\varphi''\left(\frac{tx}{2}\right)}{(1-t)^{\frac{1}{6}}}t^{\frac{4}{3}}\,\mathrm{d}t+3x\int_0^1\frac{\varphi'''\left(\frac{tx}{2}\right)}{(1-t)^{\frac{1}{6}}}t^{\frac{7}{3}}\,\mathrm{d}t\right]$$

运用式(14.11)，这二式化为

$$\begin{cases}\varphi'_1(x)=\dfrac{x^{\frac{1}{3}}}{24\pi\gamma_1\sqrt[3]{2}}\displaystyle\int_0^1\left[7\varphi_1^*\left(\frac{tx}{2}\right)+6\varphi_2^*\left(\frac{tx}{2}\right)\right]t^{\frac{2}{3}}(1-t)^{-\frac{1}{6}}\,\mathrm{d}t\\ \varphi''_1(x)=\dfrac{x^{-\frac{2}{3}}}{24\pi\gamma_1\sqrt[3]{2}}\displaystyle\int_0^1\left[13\varphi_2^*\left(\frac{tx}{2}\right)+6\varphi_3^*\left(\frac{tx}{2}\right)\right]t^{\frac{2}{3}}(1-t)^{-\frac{1}{6}}\,\mathrm{d}t\end{cases}\tag{14.12}$$

在这两个公式中出现的积分显然都是有穷的，因为被积函数当 $t=1$ 时变为有穷的阶有 $\frac{1}{6}$. 所以函数 $\varphi'_1(x)$ 到处为有穷而且连续，并且在点 $x=0$ 处它有阶 $\frac{1}{3}$ 的零点：相反地，函数 $\varphi''_1(x)$ 于 $x\neq 0$ 为有穷而连续，但当 $x\to 0$ 时，它趋于无穷，其阶为 $\frac{2}{3}$.

14.4 关于函数 $\psi'_1(x)$ 和 $\psi''_1(x)$ 的讨论(三)

现在我们来考虑函数 $f_1(x)$ 的微商，为了使计算更加对称，首先让我们在典型曲线 C 上界定一个连续且有界的函数 $g(\sigma)$，关于这个函数，我们只要求它在 C 和 σ 的公共弧 AA' 和 BB' 上是等于 $f(\sigma)$ 的. 其次，令 C' 是曲线 C 除去 AA' 和 BB' 所剩下的部分.

于是，我们考虑积分

$$\gamma\int_C\left(y\frac{\partial u}{\partial x}\frac{\mathrm{d}x}{\mathrm{d}n}+\frac{\partial u}{\partial y}\frac{\mathrm{d}y}{\mathrm{d}n}\right)g(\sigma)\mathrm{d}\sigma$$

在前一章的式(13.22)的右边加上这个积分再减去这个积分，那么函数 $f_1(x)$ 就可以表示为

$$\begin{aligned}f_1(x_0)=&\gamma\int_{\sigma_1}\left(y\frac{\partial u}{\partial x}\frac{\mathrm{d}x}{\mathrm{d}n}+\frac{\partial u}{\partial y}\frac{\mathrm{d}y}{\mathrm{d}n}\right)f(\sigma)\mathrm{d}\sigma-\\&\gamma\int_{C'}\left(y\frac{\partial u}{\partial x}\frac{\mathrm{d}x}{\mathrm{d}n}+\frac{\partial u}{\partial y}\frac{\mathrm{d}y}{\mathrm{d}n}\right)g(\sigma)\mathrm{d}\sigma+\\&\gamma\int_{C}\left(y\frac{\partial u}{\partial x}\frac{\mathrm{d}x}{\mathrm{d}n}+\frac{\partial u}{\partial y}\frac{\mathrm{d}y}{\mathrm{d}n}\right)g(\sigma)\mathrm{d}\sigma\end{aligned}$$

或相应于

$$u=w+W$$

则最后的一个积分就可以分成两部分

$$f_1(x_0)=h_1(x_0)+h_2(x_0) \qquad (14.13)$$

这里

$$\begin{cases} h_1(x_0)=\gamma\int_{\sigma_1}\left(y\frac{\partial u}{\partial x}\frac{\mathrm{d}x}{\mathrm{d}n}+\frac{\partial u}{\partial y}\frac{\mathrm{d}y}{\mathrm{d}n}\right)f(\sigma)\mathrm{d}\sigma- \\ \qquad \gamma\int_{C'}\left(y\frac{\partial u}{\partial x}\frac{\mathrm{d}x}{\mathrm{d}n}+\frac{\partial u}{\partial y}\frac{\mathrm{d}y}{\mathrm{d}n}\right)g(\sigma)\mathrm{d}\sigma+ \\ \qquad \gamma\int_{C}\left(y\frac{\partial W}{\partial x}\frac{\mathrm{d}x}{\mathrm{d}n}+\frac{\partial W}{\partial y}\frac{\mathrm{d}y}{\mathrm{d}n}\right)g(\sigma)\mathrm{d}\sigma \\ h_2(x_0)=\gamma\int_{C}\left(y\frac{\partial w}{\partial x}\frac{\mathrm{d}x}{\mathrm{d}n}+\frac{\partial w}{\partial y}\frac{\mathrm{d}y}{\mathrm{d}n}\right)g(\sigma)\mathrm{d}\sigma \end{cases} \qquad (14.14)$$

这样一来，我们就把 $f_1(x_0)$ 分为两个函数之和，其中的一个函数是三个积分之和，而头两个积分的一切元素距 x 轴有穷远，而第三个积分不包含 w，故具有到处有穷而连续的任意级微商.

因此今后我们可以只限于研究函数 $h_2(x_0)$①，如果把前章 13.5 节中的积分

$$\gamma\int_{C_1}\left(y\frac{\partial w}{\partial x}\frac{\mathrm{d}x}{\mathrm{d}n}+\frac{\partial w}{\partial y}\frac{\mathrm{d}y}{\mathrm{d}n}\right)f(\sigma)\mathrm{d}\sigma$$

不是在整个典型曲线上确定，而只是在它的一段上求积分，而且把积分号下的 $g(\sigma)$ 换为 $f(\sigma)$，那么函数 $h_2(x_0)$ 就无异于此积分表达式. 因此应用第 13 章式

① 应该注意在典型界线的情况，C' 和 σ_1 都不存在，而且 $f(\sigma)$ 和 $g(\sigma)$ 一致，$W=0$. 于是 $f_1(x_0)$ 就变为 $h_2(x_0)$.

(13.29),不需重新计算,我们可以写

$$h_2(x_0)=\frac{\gamma}{\sqrt[3]{36}}x_0(1-x_0)\cdot$$

$$\int_0^x\frac{\sin^{\frac{1}{3}}\theta\cdot\bar{g}(\theta)}{\left[x_0^2+\left(\frac{1}{2}-x_0\right)(1-\cos\theta)\right]^{\frac{7}{6}}}\mathrm{d}\theta \tag{14.15}$$

其中 $\bar{g}(\theta)=g(\sigma)$.

其次,认为函数 g 在 x 轴的附近的点和函数 f 一致,因此它可以用式(14.6)形的公式来表示,而注意到在典型曲线上

$$y=\left(\frac{3}{4}\sin\theta\right)^{\frac{2}{3}}$$

我们可以设

$$\bar{g}(\theta)=\sin^{\frac{4}{3}}\theta G\left(\cos^2\frac{\theta}{2}\right) \tag{14.16}$$

其中 G 是到处有穷且连续的函数;为计算方便起见,选择了其变数的形式.

用数值(14.16)替换(14.15)中的 $\bar{g}(\theta)$,我们便得到

$$h_2(x_0)=\frac{\gamma}{\sqrt[3]{36}}x_0(1-x_0)\cdot$$

$$\int_0^x\frac{\sin^{\frac{5}{3}}\theta G\left(\cos^2\frac{\theta}{2}\right)}{\left[x_0^2+\left(\frac{1}{2}-x_0\right)(1+\cos\theta)\right]^{\frac{7}{6}}}\mathrm{d}\theta$$

由此令 $\cos^2\frac{\theta}{2}=t$,最后我们得到

$$h_2(x_0)=\frac{2\gamma}{\sqrt[3]{9}}x_0(1-x_0)\int_0^1 G(t)t^{\frac{1}{3}}(1-t)^{\frac{1}{3}}\cdot$$

$$[x_0^2+(1-x_0)t]^{-\frac{7}{6}}\mathrm{d}t \qquad (14.17)$$

注意:如果在式(14.17)的右边把 x_0 变为 $(1-x_0)$ 且把 t 变为 $(1-t)$,那么除了把 G 的变数 t 用 $1-t$ 代替以外,整个表达式不变化.这证明给 G 保存所有一般性之下,函数 $h_2(x_0)$ 在 $x_0=0$ 附近的性质和它在 $x_0=1$ 附近的性质是一样的.因此只要考虑 $h_2(x_0)$ 的微商于 $x_0\to 0$ 时的极限.

注意到这一点以后,让我们把式(14.17)对 x_0 相继求两次微商,并且为了简单起见,设

$$\Phi_{mn}=\int_0^1 G(t)t^{m-\frac{2}{3}}(1-t)^{\frac{1}{3}}[x_0^2+(1-2x_0)t]^{-(n+\frac{1}{6})}\mathrm{d}t$$

$$(m,n=1,2,3) \qquad (14.18)$$

于是我们可以把获得的公式写成下面的形式

$$\begin{cases} h'_2(x_0)=\dfrac{2\gamma}{3\sqrt[3]{9}}[3(1-2x_0)\Phi_{11}-7x_0^2(1-x_0)\Phi_{12}+ \\ \qquad 7x_0(1-x_0)\Phi_{22}] \\ h''_2(x_0)=-\dfrac{2\gamma}{9\sqrt[3]{9}}[18\Phi_{11}+21x_0(3-5x_0)\Phi_{12}- \\ \qquad 42(1-2x_0)\Phi_{22}-91x_0^3(1-x_0)\Phi_{13}+ \\ \qquad 182x_0^2(1-x_0)\Phi_{23}-91x_0(1-x_0)\Phi_{33}] \end{cases} \qquad (14.19)$$

现在我们来看在式(14.18)的所有积分中出现的函数

$$t^{m-\frac{2}{3}}(1-t)^{\frac{1}{3}}[x_0^2+(1-2x_0)t]^{-(n+\frac{1}{6})}$$

在积分区间中恒为正,所以运用第一中值定理,我们

可以设

$$\Phi_{mn}=G(\theta_{mn})\int_0^1 t^{m-\frac{2}{3}}(1-t)^{\frac{1}{3}}\left[x_0^2+(1-2x_0)t\right]^{-(n+\frac{1}{6})}\mathrm{d}t$$

其中，θ_{mn} 是 θ 位于 0 和 1 之间的某个数值.

但是这个公式中的积分是超几何积分，因此运用定出这些积分的数值的公式，我们就得到

$$\Phi_{mn}=\frac{\Gamma\left(m+\frac{1}{3}\right)\Gamma\left(\frac{4}{3}\right)}{\Gamma\left(m+\frac{5}{3}\right)}x_0^{-(2n+\frac{1}{3})}\cdot$$

$$F\left(n+\frac{1}{6},m+\frac{1}{3},m+\frac{5}{3};\frac{2x_0-1}{x_0^2}\right)G(\theta_{mn})$$

运用联系着超几何函数在点 x 和 $\frac{1}{1-x}$ 的数值的公式，由此我们最后得到

$$\Phi_{mn}=G(\theta_{mn})\left[\frac{\Gamma\left(\frac{4}{3}\right)\Gamma\left(m-n+\frac{1}{6}\right)}{\Gamma\left(m-n+\frac{3}{2}\right)}(1-x_0)^{-2n+\frac{1}{3}}\cdot\right.$$

$$F\left(n+\frac{1}{6},\frac{4}{3},n-m+\frac{5}{6};\left(\frac{x_0}{1-x_0}\right)^2\right)\cdot$$

$$\frac{\Gamma(m+\frac{1}{3})\Gamma(n-m-\frac{1}{6})}{\Gamma(n+\frac{1}{6})}x_0^{2(m-n+\frac{1}{6})}\cdot$$

$$(1-x_0)^{-2(m+\frac{1}{2})}$$

$$\left.F\left(m-n+\frac{3}{2},m+\frac{1}{3},m-n+\frac{7}{6};\left(\frac{x_0}{1-x_0}\right)^2\right)\right]\tag{14.20}$$

这个公式证明当 $x_0\rightarrow 0$ 时，如果 $m\geqslant n$，那么 Φ_{mn}

的极限为有穷;反之,如果 $n>m$,那么 Φ_{mn} 的极限为无穷,其阶为 $2(n-m)-\frac{1}{3}$.

由此立刻推出(如果记住式(14.19)):在 0 和 1 之间,即使当 x_0 无限靠近 0 或 1,$h'_2(x_0)$ 恒为有穷且连续.但是当 x_0 趋于 0 或 1 时,$h''_2(x_0)$ 以阶 $\frac{2}{3}$ 变为无限.

现在所获得的结果和前一节的结果以及本节开头所作的按语使我们可以断言:函数 ψ' 恒为有穷且连续,而函数 ψ'' 总可以假定为

$$\psi''(x)=[x(1-x)]^{-\frac{2}{3}}\psi^*(x) \qquad (14.21)$$

这里 ψ^* 表示一个到处有穷且连续的函数.

运用式(14.7),由此立刻断定:即使如果 x 趋于 0 或 1,函数 ψ'_1 恒为有穷且连续;当 $x=0$ 时,它有阶 $\frac{1}{3}$ 的零点.

剩下的是要搞清楚 ψ''_1 的性质,为此只要由式(14.21)把 $\psi''(x)$ 的数值代入式(14.8),我们就得

$$\psi''_1(x)=\frac{\sqrt{3}}{2\pi\gamma}\{\psi'(0)x^{-\frac{2}{3}}+\int_0^x[y(1-y)\cdot(x-y)]^{-\frac{2}{3}}\psi^*(y)\mathrm{d}y\}$$

因为方括号中的函数在积分区间中恒为正,所以式中的积分可以运用第一中值定理,我们便得到

$$\psi''_1(x)=\frac{\sqrt{3}}{2\pi\gamma}\{\psi'(0)x^{-\frac{2}{3}}+\psi^*(\theta)\int_0^x[y(1-y)\cdot(x-y)]^{-\frac{2}{3}}\mathrm{d}y\} \quad (0<\theta<x)$$

最后，借助于变换 $y=tx$，积分化为超几何积分，而这个超几何积分又可以用初等函数来表示，于是我们有

$$\psi''_1(x)=\frac{\sqrt{3}}{2\pi\gamma}\left\{\psi'(0)x^{-\frac{2}{3}}+\frac{\Gamma^2\left(\frac{1}{3}\right)}{\Gamma\left(\frac{2}{3}\right)}\psi^*(\theta)[x(1-x)]^{-\frac{1}{3}}\right\} \tag{14.22}$$

由此断定函数 $\psi''_1(x)$ 当 x 异于 0 和 1 时为有限且连续，一般地说，当 $x\to 0$ 时，它以阶 $\frac{2}{3}$ 变为无穷；而当 $x\to 1$ 时，它以阶 $\frac{1}{3}$ 变为无穷；但是如果 $\psi'(0)=0$，那当 $x\to 0$ 时，其无穷之阶仍然等于 $\frac{1}{3}$.

14.5　第 14.1 节中的方程进一步的变形

对函数 $\psi'_1(x)$ 和 $\psi''_1(x)$ 作了完整的研究以后，我们着手来作式(14.3) 中的积分的微分. 首先我们研究函数 $L_1(x,y)$，$I_1(x,y)$ 和 $I_2(x,y)$ 对 x 的偏微商. 作部分积分以后，式(14.4) 中的第一个式子便可以写成

$$L_1(x,y)=\frac{3\sqrt{3}}{2\pi}\left[L(0,y)x^{\frac{1}{3}}+\int_0^x\frac{\partial L(\xi,y)}{\partial\xi}(x-\xi)^{\frac{1}{3}}\mathrm{d}\xi\right]$$

但由前一章中的式(13.45) 和(13.47)，我们有

$$L(0,y)=\int_0^1\left[\frac{1}{|\xi-y|^{\frac{1}{3}}}-\frac{1}{(\xi+y-2\xi y)^{\frac{1}{3}}}\right]H(0,\xi)\mathrm{d}\xi=0$$

我们就可以把 $L_1(x,y)$ 写得更简单

$$L_1(x,y)=\frac{3\sqrt{3}}{2\pi}\int_0^x\frac{\partial L(\xi,y)}{\partial\xi}(x-\xi)^{\frac{1}{3}}\mathrm{d}\xi$$

对 x 求微商,我们得到

$$\frac{\partial L_1(x,y)}{\partial x}=\frac{\sqrt{3}}{2\pi}\int_0^x \frac{\partial L(\xi,y)}{\partial \xi}\frac{\mathrm{d}\xi}{(x-\xi)^{\frac{2}{3}}} \tag{14.23}$$

或

$$\frac{\partial L_1(x,y)}{\partial x}=\frac{\sqrt{3}}{2\pi}\int_0^x \frac{\mathrm{d}\xi}{(x-\xi)^{\frac{2}{3}}}\int_0^1 \frac{\partial H(\xi,\eta)}{\partial \xi}\cdot \left[\frac{1}{|\eta-y|^{\frac{1}{3}}}-\frac{1}{(\eta+y-2\eta y)^{\frac{1}{3}}}\right]\mathrm{d}\eta \tag{14.24}$$

公式(14.24)说明,函数$\frac{\partial L_1}{\partial x}$恒为有穷且连续,所以在这里没有任何困难,立刻可以写

$$\frac{\mathrm{d}}{\mathrm{d}x}\int_0^1 L_1(x,y)\nu(y)\mathrm{d}y =\int_0^1 \frac{\partial L_1(x,y)}{\partial x}\nu(y)\mathrm{d}y \tag{14.25}$$

我们进而研究函数 I_1 和 I_2,因为 I_2 的计算可以借助于公式

$$I_2(x,y)=|1-2y|^{-\frac{1}{3}}I_1\left(x,\frac{y}{2y-1}\right) \tag{14.26}$$

而化为 I_1 的计算,此公式并不难验证. 所以我们只要研究函数 I_1 已足.

我们用 $J_1(x,y)$ 表示借以界定 $I_1(x,y)$ 的积分,不过不是从 0 积到 x,而是从 0 积到 x 和 y 二数中较小的一个,那就是说

$$I_1(x,y)=\begin{cases}J_1(x,y) \quad (x<y)\\ J_1(x,y)+\int_y^x \frac{d\xi}{(x-\xi)^{\frac{2}{3}}(\xi-y)^{\frac{1}{3}}}=\\ J_1(x,y)+\frac{2\pi}{\sqrt{3}} \quad (x>y)\end{cases}$$

所以 I_1 和 J_1 最多相差一个常数.积分 J_1 很简单地就可以化为有理函数的积分，只要作代换

$$\frac{x-\xi}{y-\xi}=t^3$$

此代换将 J_1 化为

$$J_1(x,y)=\int_u^w \frac{3dt}{t^3-1}\left[u=\left(\frac{x}{y}\right)^{\frac{1}{3}},w=\begin{cases}0(x<y)\\ \infty(x>y)\end{cases}\right] \tag{14.27}$$

由此对 x 求微商便得

$$\frac{\partial I_1(x,y)}{\partial x}=\frac{\partial J_1(x,y)}{\partial x}=\left(\frac{y}{x}\right)^{\frac{2}{3}}\frac{1}{y-x} \tag{14.28}$$

就 $\frac{\partial I_2(x,y)}{\partial x}$ 而言，由式(14.26)，我们有

$$\frac{\partial I_2(x,y)}{\partial x}=\left(\frac{y}{x}\right)^{\frac{2}{3}}\frac{1}{x+y-2xy} \tag{14.29}$$

所得到的这些公式说明：$\frac{\partial I_2(x,y)}{\partial x}$，当 $0\leqslant y\leqslant 1,x\neq 0,x\neq 1$ 时恒为有穷且连续；而 $\frac{\partial I_1}{\partial x}$ 于 $x=y$ 时变为一阶的无穷.

因此预先不作特别的研究，就不能用积分号下求微分的方法来计算

$$\frac{\mathrm{d}}{\mathrm{d}x}\int_0^1 I_1(x,y)\nu(x)\mathrm{d}y$$

因此在现有问题的情况下，我们只能部分地消除方程(14.3)中微分符号，并且把这个方程写成

$$\nu(x)-\int_0^1\left[\frac{\partial L_1(x,y)}{\partial x}+\frac{\sqrt{3}}{2\pi}\left(\frac{y}{x}\right)^{\frac{2}{3}}\frac{1}{x+y-2xy}\right]\nu(y)\mathrm{d}y+$$

$$\frac{\sqrt{3}}{2\pi}\frac{\mathrm{d}}{\mathrm{d}x}\int_0^1 I_1(x,y)\nu(y)\mathrm{d}y=\psi'_1(x) \tag{14.30}$$

14.6　关于反常积分的柯西主值的概念

欲有可能去计算式(14.30)中所剩下的微商，就必须转向反常积分的柯西主值的概念①.

我们考虑积分

$$G=\int_a^b f(x)\mathrm{d}x$$

且注意当 $f(x)$ 在区间(a,b)中有穷且连续，或在某些点变为无穷，而其无穷的阶小于1，那么积分 G 就有确定的有穷值；但是如果 $f(x)$ 在 a 和 b 之间的一点变为无穷，而其阶 $\geqslant 1$，那么积分 G 就没有一个确定的有穷值. 在后一种情形，很自然地就想到，从区间(a,b)用长度趋于零的区间把 $f(x)$ 的奇异点挖掉，然后再在其上求积分，如果这样的积分的极限值存在，我们就把

---

① 柯西. Résumé des lecons sur le calcul infinitésimal. Lesson 24, Paris(1823); A. Cauchy, "Oeuvres complètes"(2)4, (Paris Gauthier－Villars, 1899).

它考虑为积分 G 的数值. 于是,倘若 $f(x)$ 只在一点 c 具有奇异性,我们就令

$$G=\lim_{\varepsilon',\varepsilon''\to 0}\left[\int_0^{c-\varepsilon'}+\int_{c+\varepsilon''}^{b}\right]f(x)\mathrm{d}x \qquad (14.31)$$

不难验证,G 一般不止有一个值,而是有无穷多个值,这些值与 ε' 和 ε'' 趋于零的方式有关.

例:如果 $f(x)=\dfrac{1}{x-c}$,于是

$$G=\log\frac{b-c}{c-a}+\lim\log\frac{\varepsilon'}{\varepsilon''}$$

在这无穷个数值之中有一个数值是特别重要的,此数值是在整个极限过程设 $\varepsilon'=\varepsilon''$ 时获得的,由此就消除了一切不定性. 随着柯西的称呼,我们就管这个数值叫反常积分的主值,并且用普通的积分号上面带上一个星号来表示.

这样一来,按定义

$$\int_a^{*b}f(x)\mathrm{d}x=\lim_{\varepsilon\to 0}\left[\int_0^{c-\varepsilon}+\int_{c+\varepsilon}^{b}\right]f(x)\mathrm{d}x$$

(14.32)

特别在刚才援引的例中,将有

$$\int_a^{*b}\frac{\mathrm{d}x}{x-c}=\log\frac{b-c}{c-a}$$

在较一般的情况下,不难看出:如果 $A(x)$ 是有穷且连续的函数,并具有一阶微商,此微商或者是有穷或者以阶 <1 变为无穷,那么我们将有

$$\int_a^{*b}\frac{A(x)}{x-c}\mathrm{d}x=A(b)\log(b-c)-A(a)\log(c-a)-\int_a^{b}A'(x)\log|x-c|\mathrm{d}x \qquad (14.33)$$

在相同的条件之下，我们得到

$$\int_a^{*b}\frac{A(x)}{x-c}\mathrm{d}x$$
$$=\lim_{\varepsilon\to 0}\left[-\int_a^c\frac{A(x)}{(c-x)^{1-\varepsilon}}\mathrm{d}x+\int_c^b\frac{A(x)}{(x-c)^{1-\varepsilon}}\mathrm{d}x\right]\tag{14.34}$$

只要注意到式(14.33)且记住

$$\lim_{\varepsilon\to 0}\left(\frac{x^{\varepsilon}-1}{\varepsilon}\right)=\log x$$

那么式(14.34)不难得以验证.

最后，我们来研究两个带星号的积分符号互换位置的问题，这对于我们今后的研究是必要的.

首先，不难看出，如果被积函数的奇异点是固定的，就是和积分变数无关，那么就像处理普通的积分一样，可以调换积分的次序. 如果其中有一个是普通的积分，而另一个是带星号的积分，那么积分的次序也总是可以调换的. 但是，如果两个积分都是带星号的而且其奇异点和积分变数相关，那么一般地说，就要出现剩余项，而这剩余项是必须要考虑的.

让我们来考虑对于我们是有兴趣的情况. 令 $f(x, y, z)$ 以及它对于 y 和对于 z 的一阶微商在点 $x=y=z$ 的附近为有穷且连续[①]，我们有公式

$$\int_{a'}^{*b'}\frac{\mathrm{d}z}{z-x}\int_a^{*b}\frac{f(x,y,z)}{y-z}\mathrm{d}y$$

① 为了证明简单起见，我们在这里采取这个条件，但此条件可以大大地放宽.

$$=\int_{a}^{*b}\mathrm{d}y\int_{a'}^{*b'}\frac{f(x,y,z)}{(z-x)(y-z)}\mathrm{d}z-\pi^{2}f(x,x,x)$$[①]

在这个公式中,当然要假定:在(y,z)平面上,点$P(x,x)$是在长方形$R\equiv(a,a')(b,a')(a,b)(a',b')$的内部.

诚然,首先我们注意,如果

$$R_{1}\equiv(a_{1},a'_{1})(b_{1},a'_{1})(a_{1},b'_{1})(a'_{1},b'_{1})$$

是相似于R,而且也包含点P在其内部的另一长方形,那么式(14.35)所出现的每个双重积分与在R_1所作的相应的积分之差恒可以表示为只带一个星号的重积分.因为我们总可以将一个普通的积分和一个带星号的积分互换次序,所以由此推出

$$\int_{a'}^{*b'}\frac{\mathrm{d}z}{z-x}\int_{a}^{*b}\frac{f(x,y,z)}{y-z}\mathrm{d}y-\int_{a}^{*b}\mathrm{d}y\int_{a'}^{*b'}\frac{f(x,y,z)}{(z-x)(y-z)}\mathrm{d}z$$

$$=\int_{a'_{1}}^{*b'_{1}}\frac{\mathrm{d}z}{z-x}\int_{a_{1}}^{*b_{1}}\frac{f(x,y,z)}{y-z}\mathrm{d}y-\int_{a_{1}}^{*b_{1}}\mathrm{d}y\int_{a'_{1}}^{*b'_{1}}\frac{f(x,y,z)}{(z-x)(y-z)}\mathrm{d}z$$

特别,我们可以假设$0<x<1$(这总是可以做到的);于是可以把正方形$(0,0)$,$(1,0)$,$(0,1)$,$(1,1)$取作R_1.一切就化归于证明以下的公式

① 这个公式在1921年就已经得到了,但是截至今天为止,从未发表过.因此贝特朗在Comptes Rendus 172,1458页(1921年6月13日)发表的一篇短文占了先,后来我们才看到这篇短文.在本篇中也给出了一个公式,但没有证明,此公式在实数域中基本和式(14.35)是等价的,而且在更严格的假设之下才成立.

$$\Delta = \int_0^{*1} \frac{\mathrm{d}z}{z-x} \int_0^{*1} \frac{f(x,y,z)}{y-z} \mathrm{d}y - \int_0^{*1} \mathrm{d}y \int_0^{*1} \frac{f(x,y,z)}{(z-x)(y-z)} \mathrm{d}z$$

$$= -\pi^2 f(x,x,x) \tag{14.35'}$$

我们注意，由于加诸 f 的条件，便有

$$f(x,y,z) = f(x,x,x) - (y-x) f_1(x,y,z) + (z-x) f_2(x,y,z)$$

其中 f_1 和 f_2 是连续且有界的函数. 其次记住

$$\frac{1}{(z-x)(y-z)} = \frac{1}{y-x}\left(\frac{1}{z-x} + \frac{1}{y-z}\right)$$

我们可以设

$$\Delta = f(x,x,x)\left[\int_0^{*1} \frac{\mathrm{d}z}{z-x} \int_0^{*1} \frac{\mathrm{d}y}{y-z} - \int_0^{*1} \frac{\mathrm{d}y}{y-x} \int_0^{*1} \frac{\mathrm{d}z}{z-x} - \int_0^{*} \frac{\mathrm{d}y}{y-x} \int_0^{*1} \frac{\mathrm{d}z}{y-z}\right] +$$

$$\int_0^{*1} \frac{\mathrm{d}z}{z-x} \int_0^{1} f_1(x,y,z) \mathrm{d}y + \int_0^{1} \mathrm{d}z \int_0^{*1} \frac{f_1(x,y,z)}{y-z} \mathrm{d}y + \int_0^{1} \mathrm{d}z \int_0^{*1} \frac{f_2(x,y,z)}{y-z} \mathrm{d}y -$$

$$\int_0^{1} \mathrm{d}y \int_0^{*1} \frac{f_1(x,y,z)}{z-x} \mathrm{d}z - \int_0^{1} \mathrm{d}y \int_0^{*1} \frac{f_1(x,y,z)}{y-z} \mathrm{d}z - \int_0^{1} \mathrm{d}y \int_0^{*1} \frac{f_2(x,y,z)}{y-z} \mathrm{d}z$$

因为普通的积分和带星号"∗"的积分可以互换顺序，所以此式中不包含在括号内的诸积分之和等于零.

由此立刻推出

$$\Delta=f(x,x,x)\left[\int_0^{*1}\frac{\mathrm{d}z}{z-x}\int_0^{*1}\frac{\mathrm{d}y}{y-z}-\int_0^{*1}\frac{\mathrm{d}y}{y-x}\int_0^{*1}\frac{\mathrm{d}z}{z-x}-\int_0^{*1}\frac{\mathrm{d}y}{y-x}\int_0^{*1}\frac{\mathrm{d}z}{y-z}\right]$$

即

$$\Delta= f(x,x,x)\left[2\int_0^{*1}\log\frac{1-y}{y}\cdot\frac{\mathrm{d}y}{y-x}-\left(\log\frac{1-x}{x}\right)^2\right]$$

欲计算此公式中带星号的积分，我们令 $|y-x|=t$，于是

$$I=\int_0^{*1}\log\frac{1-y}{y}\cdot\frac{\mathrm{d}y}{y-x}$$

$$=\lim_{\varepsilon\to0}\left[\int_\varepsilon^x\log\frac{x-t}{1-x+t}\cdot\frac{\mathrm{d}t}{t}+\int_\varepsilon^{1-x}\log\frac{1-x-t}{x+t}\cdot\frac{\mathrm{d}t}{t}\right]$$

或将积分计算出来

$$I=\lim_{\varepsilon\to0}\left\{\left[\log x\log|t|-\omega\left(\frac{t}{x}\right)-\log(1-x)\log|t|+\omega\left(-\frac{t}{1-x}\right)\right]_\varepsilon^x+\left[\log(1-x)\log|t|-\omega\left(\frac{t}{1-x}\right)+\log x\log|t|+\omega\left(-\frac{t}{x}\right)\right]_\varepsilon^{1-x}\right\}$$

$$=\lim_{\varepsilon\to0}\left[\left(\log\frac{x}{1-x}\right)^2-2\omega(1)+\omega\left(-\frac{x}{1-x}\right)+\omega\left(-\frac{1-x}{x}\right)+\omega\left(\frac{\varepsilon}{x}\right)-\omega\left(-\frac{\varepsilon}{1-x}\right)+\right.$$

$$\omega\left(\frac{\varepsilon}{1-x}\right)-\omega\left(-\frac{\varepsilon}{x}\right)\Bigg]$$

其中 $\omega(x)$ 表示一个超越函数，此函数是以下面的级数来定义的

$$\omega(x)=\frac{x}{1^2}+\frac{x^2}{2^2}+\frac{x^3}{3^2}+\cdots$$

此函数有如下的性质

$$\omega(1)=\frac{\pi^2}{6}$$

$$\omega(-x)+\omega\left(-\frac{1}{x}\right)=-\frac{1}{2}(\log x)^2-\frac{\pi^2}{6}\quad(x>0)$$

$$\lim_{x\to 0}\omega(x)=0$$

由此我们马上得到

$$I=\frac{1}{2}\left(\log\frac{x}{1-x}\right)^2-\frac{\pi^2}{2}$$

因此

$$\Delta=-\pi^2 f(x,x,x)$$

这就是所要证明的①.

14.7　将 14.1 节中的方程化为一个第二类的奇异弗雷德霍姆方程

在积分主值的概念方面，作了简单的讨论以后，

---

①　可以用下面的方法来得到公式(14.35)的一个简单得多的证明：

在复平面中，围绕着奇异点，完成左边的两个积分，然后再调换积分的次序. 比较这样所得的两个积分中的实数部分的表达式，我们就得到式(14.35).

现在来证明:在我们的情况下,我们有

$$\frac{\mathrm{d}}{\mathrm{d}x}\int_0^1 I_1(x,y)\nu(y)\mathrm{d}y$$

$$=\int_0^{*1}\left(\frac{y}{x}\right)^{\frac{2}{3}}\frac{\nu(y)}{y-x}\mathrm{d}y+\frac{\pi}{\sqrt{3}}\nu(x) \qquad (14.36)$$

必须先确定 $I_1(x,y)$. 计算出式(14.27)中的积分以后,进行简单的初等计算,我们便得公式

$$I_1(x,y)=-\log|1-u|+\log\sqrt{1+u+u^2}+$$

$$\sqrt{3}\arctan\left[\frac{1+2u}{\sqrt{3}}\right]\pm\frac{\pi}{2\sqrt{3}}$$

$$\left(u=\left(\frac{x}{y}\right)^{\frac{1}{3}}\right) \qquad (14.37)$$

其中,若 $u>1$,即 $x>y$,则取上面的符号;于相反的情况,则取下面的符号. 我们看到:无论正数 ε 如何,等式

$$\int_0^1 I_1(x,y)\nu(y)\mathrm{d}y$$

$$=\left[\int_0^{x-\varepsilon}+\int_{x+\varepsilon}^1\right]I_1(x,y)\nu(y)\mathrm{d}y+$$

$$\int_{x-\varepsilon}^{x+\varepsilon}I_1(x,y)\nu(y)\mathrm{d}y$$

恒成立. 对 x 求微商,记住在右边第一个积分的积分域中,$\frac{\partial I_1}{\partial x}$ 恒为有穷,于是我们有

$$\frac{\mathrm{d}}{\mathrm{d}x}\int_0^1 I_1(x,y)\nu(y)\mathrm{d}y$$

$$=\left[\int_0^{x-\varepsilon}+\int_{x+\varepsilon}^1\right]\left(\frac{y}{x}\right)^{\frac{2}{3}}\frac{\nu(y)}{y-x}\mathrm{d}y+$$

$$I_1(x,x-\varepsilon)\nu(x-\varepsilon)-$$

$$I_1(x,x+\varepsilon)\nu(x+\varepsilon)+\frac{\mathrm{d}}{\mathrm{d}x}\int_{x-\varepsilon}^{x+\varepsilon}I_1(x,y)\nu(y)\mathrm{d}y$$

取极限 $\varepsilon\to 0$,我们便可以写

$$\begin{aligned}&\frac{\mathrm{d}}{\mathrm{d}x}\int_0^1 I_1(x,y)\nu(y)\mathrm{d}y\\&=\int_0^{*1}\left(\frac{y}{x}\right)^{\frac{2}{3}}\frac{\nu(y)}{y-x}\mathrm{d}y+\frac{\pi}{\sqrt{3}}\nu(x)+\\&\lim_{\varepsilon\to 0}\frac{\mathrm{d}}{\mathrm{d}x}\int_{x-\varepsilon}^{x+\varepsilon}I_1(x,y)\nu(y)\mathrm{d}y\end{aligned}\tag{14.38}$$

欲计算式(14.38)中的极限,要采用原先定义 I_1 的公式,我们就得到

$$\begin{aligned}&\lim_{\varepsilon\to 0}\frac{\mathrm{d}}{\mathrm{d}x}\int_{x-\varepsilon}^{x+\varepsilon}I_1(x,y)\nu(y)\mathrm{d}y\\&=\lim_{\varepsilon\to 0}\frac{\mathrm{d}}{\mathrm{d}x}\int_{x-\varepsilon}^{x+\varepsilon}\nu(y)\mathrm{d}y\int_0^x\frac{\mathrm{d}\xi}{(x-\xi)^{\frac{2}{3}}\,|\,\xi-y\,|^{\frac{1}{3}}}\end{aligned}$$

其次令 $y=x+z,\xi=x-\eta$,我们得

$$\begin{aligned}&\lim_{\varepsilon\to 0}\frac{\mathrm{d}}{\mathrm{d}x}\int_{x-\varepsilon}^{x+\varepsilon}I_1(x,y)\nu(y)\mathrm{d}y\\&=\lim_{\varepsilon\to 0}\frac{\mathrm{d}}{\mathrm{d}x}\int_{-\varepsilon}^{+\varepsilon}\nu(x+z)\mathrm{d}z\int_0^x\frac{\mathrm{d}\eta}{\eta^{\frac{2}{3}}\,|\,z+\eta\,|^{\frac{1}{3}}}\\&=x^{-\frac{2}{3}}\lim_{\varepsilon\to 0}\int_{-\varepsilon}^{+\varepsilon}\frac{\nu(x+z)}{|\,z+x\,|^{\frac{1}{3}}}\mathrm{d}z+\\&\lim_{\varepsilon\to 0}\int_{x-\varepsilon}^{x+\varepsilon}I_1(x,y)\nu'(y)\mathrm{d}y\end{aligned}$$

因为在最后的两个积分中,在最坏的情形,也至多是以阶 <1 而变为无穷,但是积分区间却趋于零.因此,我们所要寻求的极限等于零.

由此推出式(14.36)的正确性.

一旦证明了式(14.36),那么积分方程(14.30)便可以化为其最后的形式.为此,只要将积分

$$\int_0^1 I_1(x,y)\nu(y)\mathrm{d}y$$

的微商用它已经找到的数值来代替.合并 $\nu(x)$ 的各项,将这二个积分相加,并且除以 $\nu(x)$ 前面的系数 $\frac{3}{2}$,我们就得到方程

$$\nu(x)-\frac{2}{3}\int_0^{*1}\left[\frac{\partial L_1(x,y)}{\partial x}-\frac{\sqrt{3}}{2\pi}\left(\frac{y}{x}\right)^{\frac{2}{3}}\cdot\left(\frac{1}{y-x}-\frac{1}{x+y-2xy}\right)\right]\nu(y)\mathrm{d}y=\frac{2}{3}\psi'_1(x) \tag{14.39}$$

此方程也可以写成形式

$$\nu(x)+\frac{1}{\pi\sqrt{3}}\int_0^{*1}\left(\frac{y}{x}\right)^{\frac{2}{3}}\left(\frac{1}{y-x}-\frac{1}{x+y-2xy}\right)\nu(y)\mathrm{d}y=\chi(x) \tag{14.40}$$

其中援引了辅助函数

$$\chi(x)=\frac{2}{3}\left[\psi'_1(x)+\int_0^1\frac{\partial L_1(x,y)}{\partial x}\nu(y)\mathrm{d}y\right] \tag{14.41}$$

把函数 $\chi(x)$ 看作已知函数而作奇异积分方程(14.40)的反演,其次将所得到的数值置于函数(14.41)乃得另一个关于 $\chi(x)$ 的正则的积分方程,由这个积分方程

可以定出$\chi(x)$. 知道了 $\chi(x)$,我们找 $\nu(x)$,然后再找 $\tau(x)$[①].

① 当混界线是典型界线时,在这特殊情况下我们有 $L_1(x,y)=0$,因此,$\chi(x)=\frac{2}{3}\psi'_1(x)$,那么一切就化为解方程(14.40). 此外,在这特殊情况下,我们可以从方程(E)的任一特解出发,借助此解在典型界线上所取的数值而计算出 $\psi'_1(x)$,来验明方程(14.40). 譬如,在解 $z=y$ 的情形,我们有

$$\chi(x)=\frac{2}{3}\psi'_1(x)$$

$$=2+\frac{1}{\pi\sqrt{3}}\left[\frac{3x^{\frac{1}{3}}}{3x-1}+U(x)-(2x-1)^{-\frac{5}{3}}U\left(\frac{x}{2x-1}\right)\right]$$

其中

$$U(x)=I_1(x,1)\pm\frac{2\pi}{\sqrt{3}}=-\log|1-x^{\frac{1}{3}}|+\log\sqrt{1+x^{\frac{1}{3}}+x^{\frac{2}{3}}}+$$

$$\sqrt{3}\arctan\left(\frac{1+2x^{\frac{1}{3}}}{\sqrt{3}}\right)\pm\frac{\pi\sqrt{3}}{2}\binom{+\text{ 当 } x<1}{-\text{ 当 } x>1}$$

这和式(14.40)一致,因为不难相信:当$\nu(x)=1$时,方程的左边恰恰化为前面的表达式.

第 15 章 第 14 章中所获得的积分方程的反演

15.1 叠核和结式的计算

欲将方程(14.40)写成积分方程的普通形式,我们设

$$\begin{cases}K(x,y)=\left(\frac{y}{x}\right)^{\frac{2}{3}}\left(\frac{1}{y-x}-\frac{1}{y+x-2xy}\right)\\ \varphi(x)=\nu(x)\\ f(x)=\chi(x)\\ \lambda=-\frac{1}{\pi\sqrt{3}}\end{cases}\tag{15.1}$$

于是方程(14.40)将化为

$$\varphi(x)-\lambda\int_0^{*1}K(x,y)\varphi(y)\mathrm{d}y=f(x)\tag{15.2}$$

方程(15.2)具有普通的第二类弗雷德霍姆积分方程的形式,就是其中用带星号的积分代替普通积分[①].

欲找到一个解,先来确定核 $K(x,y)$ 的叠核如下

$$K_1(x,y)=K(x,y)$$

$$K_{n+1}(x,y)=\frac{1}{n}\sum_{i=0}^{n-1}\int_0^{*1}K_{i+1}(x,z)K_{n-i}(z,y)\mathrm{d}y$$

$$(n=1,2,3,\cdots) \tag{15.3}$$

如果所研究的是普通弗雷德霍姆方程,此定义和普通叠核的定义一致,因为此时按照大家所熟知的定理,求和的各项皆相等.但是,在我们的情况,这是不成立的.因为刚才所提到的定理的证明,是以调换积分的次序为依据的,而对于"带星号的"积分来说,积分的次序是不能调换的,因此上述的定义和普通叠核定义不一样.

特别由式(15.3)得

$$K_2(x,y)=\left(\frac{y}{x}\right)^{\frac{2}{3}}\int_0^{*1}\left(\frac{1}{z-x}-\frac{1}{x+z-2xz}\right)\cdot$$

$$\left(\frac{1}{y-z}-\frac{1}{z+y-2yz}\right)\mathrm{d}z$$

$$=K(x,y)2\log\frac{(1-x)y}{x(1-y)}$$

并且可以引出一般的公式

---

① 前一章14.6节中所提到贝特朗的文章研究了这些方程.这是真正处理这些方程的第一篇文章,在以前很少提到这些方程,但即使在贝特朗的文章中也并没有一个完整的处理,在几个关于"带星号的积分"的定理之后,他考虑了这种类型的三个特殊的方程,其中有两个是第一种,一个是第二种,而且作者逃避了类似于方程(15.2)的例外解.

$$K_{n+1}(x,y)=\frac{1}{n!}K(x,y)\left[2\log\frac{(1-x)y}{x(1-y)}\right]^{n}$$

$$(n=0,1,2,\cdots) \qquad (15.4)$$

此公式不难以归纳法证明之.

诚然,我们假设公式(15.4)在 $n\leqslant m-1$ 时成立,于是可以写

$$K_{m+1}(x,y)$$

$$=\frac{1}{m}\sum_{i=0}^{m-1}\int_{0}^{*1}\frac{1}{i!}K(x,z)\left[2\log\frac{(1-x)z}{x(1-z)}\right]^{i}\cdot$$

$$\frac{1}{(m-i-1)!}K(z,y)\left[2\log\frac{(1-z)y}{z(1-y)}\right]^{m-i-1}\mathrm{d}z$$

$$=\frac{2^{m-1}}{m!}\int_{0}^{*1}\left\{\sum_{i=0}^{m-1}\binom{m-1}{i}\cdot\right.$$

$$\left.\left[\log\frac{(1-x)z}{x(1-z)}\right]^{i}\left[\log\frac{(1-z)y}{z(1-y)}\right]^{m-i-1}\right\}\cdot$$

$$K(x,z)K(z,y)\mathrm{d}z$$

不难看出积分号里面的和数就是二对数之和的 $m-1$ 次幂的展式,因此

$$K_{m+1}(x,y)=\frac{1}{m!}\left[2\log\frac{(1-x)y}{x(1-y)}\right]^{m-1}K_{2}(x,y)$$

$$=\frac{1}{m!}K(x,y)\left[2\log\frac{(1-x)y}{x(1-y)}\right]^{m}$$

这便是在 $n=m$ 时的方程(15.4).

而后运用通常所采用的同一公式,来计算结式,我们令

$$H(x,y;\lambda)=-\sum_{n=0}^{\infty}\lambda^{n}K_{n+1}(x,y)$$

$$=-K(x,y)\sum_{n=0}^{\infty}\frac{1}{n!}\left[2\lambda\log\frac{(1-x)y}{x(1-y)}\right]^{n}$$

由此我们得

$$H(x,y;\lambda)=-\left[\frac{(1-x)y}{x(1-y)}\right]^{2\lambda}K(x,y)\quad(15.5)$$

15.2　反演公式之推导

如果我们所处理的不是奇异积分方程，那么我们获得结式便立刻完成了方程(15.2)的反演. 大家知道，这方程的解可借下式而给出

$$f(x)+\lambda\int_{0}^{*1}\left[\frac{(1-x)y}{x(1-y)}\right]^{2\lambda}K(x,y)f(y)\mathrm{d}y\tag{15.6}$$

但是，在我们的情形，不难验明表达式(15.6)不是方程(15.2)的解，这是因为带星号的积分的顺序不可调换的缘故.

然而表达式(15.6)和真正适合方程(15.2)的函数相差甚微. 可以将表达式(15.2)乘以某常数，并且适当地变换指数 2λ，而得到一个适合方程(15.2)的函数.

我们令

$$\varphi(x)=C\left\{f(x)+\lambda\int_{0}^{*1}\left[\frac{(1-x)y}{x(1-y)}\right]^{2\theta}K(x,y)f(y)\mathrm{d}y\right\}\tag{15.7}$$

其中，C 和 θ 是两个未定的常数. 将式(15.7)代入方程(15.2)乃得

$$C\left\{f(x)+\lambda\int_0^{*1}\left[\frac{(1-x)y}{x(1-y)}\right]^{2\theta}K(x,y)f(y)\mathrm{d}y-\right.$$
$$\lambda\int_0^{*1}K(x,y)f(y)\mathrm{d}y-$$
$$\left.\lambda^2\int_0^{*1}K(x,\xi)\mathrm{d}\xi\int_0^{*1}\left[\frac{(1-\xi)y}{\xi(1-y)}\right]^{2\theta}K(\xi,y)f(y)\mathrm{d}y\right\}$$
$$=f(x)$$

应用前章式(14.35),调换积分的次序,于是便得

$$(1+\pi^2\lambda^2)f(x)-\lambda\int_0^{*1}\left\{K(x,y)-\left[\frac{(1-x)y}{x(1-y)}\right]^{2\theta}\cdot\right.$$
$$\left.K(x,y)+\lambda\int_0^{*1}\left[\frac{(1-\xi)y}{\xi(1-y)}\right]^{2\theta}K(x,\xi)K(\xi,y)\mathrm{d}\xi\right\}\cdot$$
$$f(y)\mathrm{d}y=\frac{1}{C}f(x)$$

如果令

$$C=\frac{1}{1+\pi^2\lambda^2}\tag{15.8}$$

那么上面的等式可以写成简单形式

$$0=\int_0^{*1}\left\{K(x,y)-\left[\frac{(1-x)y}{x(1-y)}\right]^{2\theta}K(x,y)+\right.$$
$$\left.\lambda\int_0^{*1}\left[\frac{(1-\xi)y}{\xi(1-y)}\right]^{2\theta}K(x,\xi)K(\xi,y)\mathrm{d}\xi\right\}f(y)\mathrm{d}y$$

如果

$$K(x,y)-\left[\frac{(1-x)y}{x(1-y)}\right]^{2\theta}K(x,y)+$$
$$\lambda\int_0^{*1}\left[\frac{(1-\xi)y}{\xi(1-y)}\right]^{2\theta}K(x,\xi)K(\xi,y)\mathrm{d}\xi=0\tag{15.9}$$

那么上式恒适合.

我们现在来注意:我们恒有等式

$$K(x,\xi)K(\xi,\eta)$$

$$=K(x,y)\left(\frac{1}{\xi-x}+\frac{1-2x}{x+\xi-2x\xi}-\frac{1}{\xi-y}-\frac{1-2y}{y+\xi-2y\xi}\right)$$

在式(15.9)中消去因子 $K(x,y)$ 并且乘以 $y^{-2\theta}(1-y)^{2\theta}$,则式(15.9)可以写成如下的形式

$$\left(\frac{1-x}{x}\right)^{2\theta}-\left(\frac{1-y}{y}\right)^{2\theta}$$
$$=\lambda\int_0^{*1}\left(\frac{1-\xi}{\xi}\right)^{2\theta}\left(\frac{1}{\xi-x}+\frac{1-2x}{x+\xi-2x\xi}\right)\mathrm{d}\xi-$$
$$\lambda\int_0^{*1}\left(\frac{1-\xi}{\xi}\right)^{2\theta}\left(\frac{1}{\xi-y}+\frac{1-2y}{\xi+y-2y\xi}\right)\mathrm{d}\xi \tag{15.10}$$

但式(15.10)的两边皆具有形式 $F(x)-F(y)$,因此式(15.7)适合方程(15.2)的条件是

$$\lambda\int_0^{*1}\left(\frac{1-\xi}{\xi}\right)^{2\theta}\left(\frac{1}{\xi-x}+\frac{1-2x}{x+\xi-2x\xi}\right)\mathrm{d}\xi=\left(\frac{1-x}{x}\right)^{2\theta}+a \tag{15.11}$$

其中 a 表示任一常数.

在关系式(15.11)中应用变换

$$\frac{x(1-\xi)}{(1-x)\xi}=t \tag{15.12}$$

同时设 $\frac{x}{1-x}=X$,于是式(15.11)就化为更简单的形式

$$2\lambda\int_0^{*\infty}\frac{1+Xt}{X+t}\frac{t^{2\theta}}{1-t^2}\mathrm{d}t=1+aX^{2\theta} \tag{15.13}$$

欲计算出此公式中的积分,首先就得注意到:要它为有界必须假定

$$-\frac{1}{2}<\theta<\frac{1}{2} \tag{15.14}$$

先试设 θ 变化于 $-\frac{1}{2}$ 和 0 之间，并注意我们有等式

$$\frac{2(1+Xt)}{(X+t)(1-t^2)}=\frac{1}{1-t}-\frac{1}{1+t}+\frac{2}{X+t} \tag{15.15}$$

此等式很容易验证，于是我们就得到

$$\begin{aligned}&2\int_0^{*\infty}\frac{1+Xt}{X+t}\cdot\frac{t^{2\theta}}{1-t^2}\mathrm{d}t\\&=\int_0^{*\infty}\frac{t^{2\theta}}{1-t}\mathrm{d}t-\int_0^{\infty}\frac{t^{2\theta}}{1+t}\mathrm{d}t+2\int_0^{\infty}\frac{t^{2\theta}}{X+t}\mathrm{d}t\end{aligned}$$

如果 θ 异于 $-\frac{1}{2}$ 和 0 之间，那么此式右边的所有积分无疑都是有界的.

其次，由前章式(14.34)，我们有

$$\begin{aligned}&\int_0^{*\infty}\frac{t^{2\theta}}{1-t}\mathrm{d}t\\&=\lim_{\varepsilon\to 0}\left[\int_0^1 t^{2\theta}(t-1)^{\varepsilon-1}\mathrm{d}t-\int_1^{\infty}t^{2\theta}(t-1)^{\varepsilon-1}\mathrm{d}t\right]\\&=\lim_{\varepsilon\to 0}\Gamma(\varepsilon)\left[\frac{\Gamma(1+2\theta)}{\Gamma(1+2\theta+\varepsilon)}-\frac{\Gamma(-2\theta-\varepsilon)}{\Gamma(-2\theta)}\right]\\&=\pi\cot 2\pi\theta\end{aligned} \tag{15.16}$$

但

$$\begin{cases}\displaystyle\int_0^{\infty}\frac{t^{2\theta}}{1+t}\mathrm{d}t=\Gamma(-2\theta)\Gamma(1+2\theta)=-\pi\csc 2\pi\theta\\ \displaystyle\int_0^{\infty}\frac{t^{2\theta}}{X+t}\mathrm{d}t=X^{2\theta}\int_0^{\infty}\frac{t'^{2\theta}}{1+t'}\mathrm{d}t'=-\pi X^{2\theta}\csc 2\pi\theta\end{cases} \tag{15.17}$$

最后我们得到关系式

$$2\int_0^{*\infty}\frac{1+Xt}{X+t}\cdot\frac{t^{2\theta}}{1-t^2}\mathrm{d}t=\frac{2\pi}{\sin 2\pi\theta}(\cos^2\pi\theta-X^{2\theta})\tag{15.18}$$

此式在限制 $-\frac{1}{2}<\theta<0$ 之下成立.

但不难看到,所获得的公式在情形 $0<\theta<\frac{1}{2}$ 之下仍然有效.诚然,只要将式(15.15)以另一个类似的恒等式

$$\frac{2(1+Xt)}{(X+t)(1-t^2)}=\frac{1}{t}\left(\frac{1}{1-t}+\frac{1}{1+t}-\frac{2X}{X+t}\right)\tag{15.19}$$

来代替,并重复上面计算便可证明.由此我们断定,θ 应该适合下面的等式

$$\frac{2\pi\lambda}{\sin 2\pi\theta}(\cos^2\pi\theta-X^{2\theta})=1+aX^{2\theta}\tag{15.20}$$

于是我们得到对于 θ 的方程

$$\frac{\pi\lambda\cos\pi\theta}{\sin\pi\theta}=1$$

由于关系式(15.14),由此式便得

$$\theta=\frac{1}{\pi}\arctan\lambda\pi\quad\left(-\frac{\pi}{2}<\arctan\lambda\pi<\frac{\pi}{2}\right)\tag{15.21}$$

最后的结论是:积分方程(15.2)显然被下列函数所适合

$$\varphi(x)=\frac{1}{1+\pi^2\lambda^2}\left\{f(x)+\lambda\int_0^{*1}\left[\frac{(1-x)y}{x(1-y)}\right]^{2\theta}K(x,y)f(y)\mathrm{d}y\right\}\tag{15.22}$$

其中 θ 的数值是由公式(15.21)所确定.

15.3 决定这积分方程的一切例外解(一)

我们已经证明了式(15.22)适合方程(15.2),也就是说,方程(15.2)有解存在,但是没断定这个方程有无其他解存在.事实上,我们将看到方程(15.2)恒有无穷个解,也就是说,与之相应的纯方程

$$\varphi(x)-\lambda\int_0^{*1}K(x,y)\varphi(y)\mathrm{d}y=0 \quad (15.23)$$

对于任意 λ,具有依赖于一个任意常数的非零解.换言之,方程(15.2)具有连续的固有值谱,这些固有值填满变数 λ 的整个直线.

为了简单起见,我们称一个函数为拟正则函数,如果它可以用下面的公式来表示

$$\omega(x)=A(x)x^r(1-x)^s \quad (15.24)$$

其中,$A(x)$ 是在线段(0,1)上为正则的函数,而 r 和 s 是两个任意的实数,我们可以陈述下列的定理:

在正则函数以及拟正则函数类中,方程(15.23)除了下面的解以外,无其他非零解

$$\varphi(x)=Cx^{-\left(\frac{5}{3}+2\theta^*\right)}(1-x)^{2\theta^*} \quad (15.25)$$

其中,C 是任意常数,而 θ^* 由下面公式所给定

$$\theta^*=\frac{1}{\pi}\arctan\lambda\pi \quad (-\pi<\arctan\lambda\pi<0) \quad (15.26)$$

首先让我们证明数 r 和 s 不能同时为任意数.假设函数 $\omega(x)$ 适合方程并设 $A(0)\neq 0$ 和 $A(1)\neq 0$,将式

(15.24) 代入式(15.23)

$$A(x)x^r(1-x)^s=\lambda\int_0^{*1}K(x,y)A(y)y^r(1-y)^s\mathrm{d}y$$

由此,借替换式(15.12) 来变换这个积分,并且消去两边的公共因子 $x^r(1-x)^s$,我们就得到

$$A(x)=\lambda\int_0^{*\infty}A\left[\frac{x}{x+(1-x)t}\right]\cdot \frac{2t^{s+1}}{[x+(1-x)t]^{r+s+\frac{5}{3}}(1-t^2)}\mathrm{d}t \tag{15.27}$$

在这个等式中,左边 $A(x)$ 恒为有穷,因此等式右边对于任意 x 也应该为有穷.但因为右边的积分为有穷,那么应该有不等式

$$s+1\geqslant-1,r+s+\frac{5}{3}+2-(s+1)\geqslant1$$

由此我们得到限制

$$r\geqslant-\frac{5}{3},s\geqslant-2 \tag{15.28}$$

其次,我们假定了 $\omega(x)$ 适合方程(15.23),再将等式

$$\omega(z)=\lambda\int_0^{*1}K(z,y)\omega(y)\mathrm{d}y$$

的两端乘以函数

$$L(x,z;\mu)=-K(x,z)\left[\frac{(1-x)z}{x(1-z)}\right]^{2\mu} \tag{15.29}$$

并且从0到1对 z 作“带星号”的积分.于是至少在形式上我们得到

$$\int_0^{*1}L(x,z;\mu)\omega(z)\mathrm{d}z$$

$$=\lambda\int_{0}^{*1}L(x,z;\mu)\mathrm{d}z\int_{0}^{*1}K(z,y)\omega(y)\mathrm{d}y$$

或调换带星号的积分的次序而得

$$\int_{0}^{*1}L(x,z;\mu)\omega(z)\mathrm{d}z$$

$$=\lambda\int_{0}^{*1}\omega(y)\mathrm{d}y\int_{0}^{*1}L(x,z;\mu)K(z,y)\mathrm{d}z+\lambda\pi^{2}\omega(x) \tag{15.30}$$

应该来研究在什么条件之下,这推论是正确的,也就是说,在什么条件之下,可以得到真正的关系式,而不仅仅是形式的关系式.显然对于这种推论的正确性而言,其必要而充分的条件是:至少在异于0和1的数值x上,关系式(15.30)左边的积分具有确定的有穷值.但是用式(15.24)的数值代替$\omega(x)$,并且运用代换(15.12),我们可以把这个积分写成形式

$$-x^{r}(1-x)^{s}\int_{0}^{*\infty}A\left[\frac{x}{x+(1-x)t}\right]\cdot\frac{2t^{s+1-2\mu}\mathrm{d}t}{[x+(1-x)t]^{r+s+\frac{5}{3}}(1-t^{2})}$$

由此推出,我们所要寻求的条件是

$$s+1-2\mu>-1$$

$$r+s+\frac{5}{3}+2-(s+1-2\mu)>1$$

即μ适合下面联立不等式

$$-r-\frac{5}{3}<2\mu<s+2 \tag{15.31}$$

除此以外,我们现在假定μ适合与式(15.31)联立的条件

$$|\mu|<\frac{1}{2} \tag{15.32}$$

并且计算出积分

$$\int_0^{*1} L(x,z;\mu)K(z,y)\mathrm{d}z$$

欲计算出这个积分,只要注意此积分之异于式(15.9)中的积分,无非是把 θ 用 μ 来代替而已.因此我们立刻得到

$$\int_0^{*1} L(x,z;\mu)K(z,y)\mathrm{d}z$$
$$=\frac{\pi}{\tan\mu\pi}[K(x,y)+L(x,y;\mu)]$$

将此表达式代入式(15.30),我们便得到

$$\int_0^{*1} L(x,z;\mu)\omega(z)\mathrm{d}z$$
$$=\frac{\lambda\pi}{\tan\mu\pi}\left[\int_0^{*1} K(x,y)\omega(y)\mathrm{d}y+\int_0^{*1} L(x,y;\mu)\omega(y)\mathrm{d}y\right]+\lambda\pi^2\omega(x)$$

记住按照定义,$\omega(x)$ 适合式(15.23),我们便得到

$$\left(1-\frac{\lambda\pi}{\tan\mu\pi}\right)\int_0^{*1} L(x,y;\mu)\omega(y)\mathrm{d}y$$
$$=\left(\frac{\pi}{\tan\mu\pi}+\lambda\pi^2\right)\omega(x)$$

用 $\theta^*\pi$ 表示其正切是 $\lambda\pi$ 的任意一个角,由这个方程我们便最后得到

$$\omega(x)=\frac{1}{\pi}\tan(\mu-\theta^*)\pi\int_0^{*1} L(x,y;\mu)\omega(y)\mathrm{d}y \tag{15.33}$$

15.4 决定这积分方程的一切例外解(二)[1]

因为式(15.24)中的函数 $A(x)$ 是正则函数,所以我们可以设

$$A(x)=A(0)+xB_0(x)=A(1)+(1-x)B_1(x)$$

其中 B_0 和 B_1 是两个恒有穷而连续的函数,因此我们有

$$\begin{aligned}\omega(x)&=x^r(1-x)^s[A(0)+xB_0(x)]\\&=x^r(1-x)^s[A(1)+(1-x)B_1(x)]\end{aligned}$$

将此表达式代入式(15.33),并且运用代换(15.12),于是我们便得下列两个等式

$$\begin{aligned}&A(0)+xB_0(x)\\&=\frac{1}{\pi}\tan(\theta^*-\mu)\pi\cdot\\&\quad\left\{A(0)\int_0^{*\infty}\frac{2t^{s+1-2\mu}\mathrm{d}t}{[x+(1-x)t]^{r+s+\frac{5}{3}}(1-t^2)}+\right.\\&\quad\left.x\int_0^{*\infty}B_0\left[\frac{x}{x+(1-x)t}\right]\frac{2t^{s+1-2\mu}\mathrm{d}t}{[x+(1-x)t]^{r+s+\frac{8}{3}}(1-t^2)}\right\}\end{aligned}$$

$$\begin{aligned}&A(1)+(1-x)B_1(x)\\&=\frac{1}{\pi}\tan(\theta^*-\mu)\pi\cdot\\&\quad\left\{A(1)\int_0^{*\infty}\frac{2t^{s+1-2\mu}\mathrm{d}t}{[x+(1-x)t]^{r+s+\frac{5}{3}}(1-t^2)}+\right.\end{aligned}$$

① 请参阅此节末尾的按语.

$$(1-x)\int_0^{*\infty} B_1\left[\frac{x}{x+(1-x)t}\right]\frac{2t^{s+1-2\mu}\mathrm{d}t}{[x+(1-x)t]^{r+s+\frac{8}{3}}(1-t^2)}\Bigg\}$$

由这两个等式推出[①]

$$1=\frac{1}{\pi}\tan(\theta^* -\mu)\pi\int_0^{*\infty}\frac{2t^{s+1-2\mu}}{[x+(1-x)t]^{r+s+\frac{5}{3}}(1-t^2)}\mathrm{d}t \tag{15.34}$$

对于

$$r+s+\frac{5}{3}=0 \tag{15.35}$$

并且分别推出

$$B_0(x)=\frac{1}{\pi}\tan(\theta^* -\mu)\pi\int_0^{*\infty} B_0\left[\frac{x}{x+(1-x)t}\right]\cdot \frac{2t^{s+1-2\mu}\mathrm{d}t}{[x+(1-x)t]^{r+s+\frac{8}{3}}(1-t^2)} \tag{15.36$'$}$$

$$B_1(x)=\frac{1}{\pi}\tan(\theta^* -\mu)\pi\int_0^{*\infty} B_1\left[\frac{x}{x+(1-x)t}\right]\cdot \frac{2t^{s+1-2\mu}\mathrm{d}t}{[x+(1-x)t]^{r+s+\frac{8}{3}}(1-t^2)} \tag{15.36$''$}$$

让我们先来考虑式(15.34),欲这个等式被适合,则对任意μ(适合上面已经得到的限制),下面的等式恒成立

$$1=\frac{1}{\pi}\tan(\theta^* -\mu)\pi\int_0^{*\infty}\frac{2t^{s+1-2\mu}}{1-t^2}\mathrm{d}t$$

---

① 这个运算是完全合理的,过几页以后(15.5节),当我们考虑以I所表示的积分时,我们就验明了这一点.诚然,欲说明与对I所作的研究类似,我们来看这两等式的右边,当$x\to 0$和$x\to 1$时,分别等于$x^{-r-2\mu+\frac{1}{3}}$和$(1-x)^{-s+2\mu}$.由此推出,除非(15.34),(15.35),(15.36′),(15.36″)各式适合,我们所讲的等式不可能成立.

在假定 $s-2\mu>-1$ 之下,这等式化为

$$1=\frac{1}{\pi}\tan(\theta^{*}-\mu)\pi\left[\int_{0}^{*\infty}\frac{t^{s-2\mu}}{1-t}\mathrm{d}t-\int_{0}^{\infty}\frac{t^{s-2\mu}}{1+t}\mathrm{d}t\right]$$

把这两个积分用式(15.17)和(15.16)所给出的数值代入,便得

$$1=\tan(\theta^{*}-\mu)\pi[\cot(s-2\mu)\pi+\csc(s-2\mu)\pi]$$

或最后得

$$\tan(\theta^{*}-\mu)\pi=\tan\left(\frac{s}{2}-\mu\right)\pi \qquad (15.37)$$

不难看出,如果

$$-2<s-2\mu<-1$$

这公式仍然成立,而这就是式(15.31)和(15.32),且没什么新的限制.

由此我们断言:欲等式(15.34)成立,其必要而充分的条件是等式(15.35)和(15.37)成立,也就是 r 和 s 具有下列数值

$$s=2\theta^{*},r=-\left(\frac{5}{3}+2\theta^{*}\right) \qquad (15.38)$$

让我们来考虑等式(15.36),将 λ 或正或负的两种情形区别开来.

首先假设 $\lambda<0$,尽管式(15.36′)是在式(15.31)和(15.32)成立的假定之下推出来的,但当下列不等式

$$|\mu|<\frac{1}{2},-\frac{r}{2}-\frac{4}{3}<\mu<\frac{s}{2}+1 \qquad (15.39)$$

成立时,式(15.36′)仍然是正确的.

如果这些条件适合了,那么就保证了式(15.36′)

的右边具有确定的有穷数值. 我们是否可以设 $\mu=\theta^*$ 呢？如果我们容许 θ^* 完全任意，这显然是不行的. 但是如果我们限制 $\theta^*\pi$ 角的正切 $\lambda\pi$ 界于 $-\frac{\pi}{2}$ 和0之间，那么我们就可以假设 $\mu=\theta^*$. 最后的这个限制是合理的，这因为 $\lambda<0$.

事实上，数值 $\mu=\theta^*$ 将界于 $-\frac{1}{2}$ 和0之间，即当然适合条件(15.36)，注意到式(15.38)就不难看到这个事实. 但当 $\mu=\theta^*$ 时，式(15.36′)的右边为零，由此我们得等式 $B_0(x)=0$.

用类似的方式来考虑 $\lambda>0$ 的情况. 我们首先注意：欲使式(15.36″)成立，其充分条件是

$$|\mu|<\frac{1}{2},-\frac{r}{2}-\frac{5}{6}<\mu<\frac{s}{2}+\frac{3}{2} \tag{15.40}$$

因此，如果我们要求 $\theta^*\pi$ 是界于 $-\pi$ 和 $-\frac{\pi}{2}$ 之间的一个角度，而其正切等于 $\lambda\pi$(这个要求是完全合理的，因为 $\lambda>0$)，我们可以令 $\mu=\theta^*$. 但当 $\mu=\theta^*$ 时，式(15.36″)的右边等于零，所以 $B_1(x)=0$.

现在我们得到结论：无论 λ 怎样，函数 $A(x)$ 总化为常数 C. 因此，方程(15.23)的每个不恒等于零的正则解或拟正则解皆可以用公式(15.25)来表示，其中 θ^* 是由公式(15.26)所给出.

由此推出：积分方程(15.2)最一般的解可以用下面的公式给出

$$\varphi(x)=\frac{1}{1+\lambda^2\pi^2}\left\{f(x)+\lambda\int_0^{*1}\left[\frac{(1-x)y}{x(1-y)}\right]^{2\theta}\left(\frac{y}{x}\right)^{\frac{2}{3}}\cdot\right.$$

$$\left.\left(\frac{1}{y-x}-\frac{1}{y+x-2xy}\right)f(y)\mathrm{d}y\right\}+$$

$$Cx^{-\left(\frac{5}{3}+2\theta^*\right)}(1-x)^{2\theta^*} \qquad (15.41)$$

其中,C 是任意常数,而 $\theta\pi$ 和 $\theta^*\pi$ 分别是界于 $-\frac{\pi}{2}$ 和 $+\frac{\pi}{2}$ 之间及 $-\pi$ 和 0 之间的两个角度,且其正切为 $\lambda\pi$.

式(15.41)右边的第二项所表示的解称为方程(15.2)的例外解.注意:欲这些解真正存在,就必须下面的不等式成立

$$-\left(\frac{5}{3}+2\theta^*\right)>-1,2\theta^*>-1$$

由此推出 $\lambda<-\frac{\sqrt{3}}{\pi}$.

最后,请注意在本节以及前几节所指出的方程(15.1)的性质(其中尤其特殊指出的是例外解的存在性)是与奇异核 $K(x,y)$ 的具体形式无关的,它们是核的奇异部分为 $\frac{1}{x-y}$ 这个一般事实的推论.

诚然,欲验明此事,只要取具有所述形式的核的方程,并且从核中减掉这个奇异部分,而且引进一个辅助未知函数.这样一来,已给方程的解决乃化为标准方程

$$\varphi(x)-\lambda\int_0^{*1}\frac{1}{x-y}\varphi(y)\mathrm{d}y=f(x)$$

的反演,这由普通的第二类弗雷德霍姆方程导出.但

现在没有时间来作这种推广.此外,当核的奇异部分具有形式

$$\frac{g(x)}{x-y}$$

其中 $g(x)$ 是某个不等于常数的函数,那么一切就发生重大的变化.

对本节的译注　关于函数 $A(x)$ 是常数的证明,显然说得不是很严密.因此我们在这里给这个证明以另一个陈述.

我们预先假设 $A(x)$ 可以表示成形式

$$A(x)=A+Bx+x^2C(x) \tag{1}$$

其中 $C(x)$ 有界,并且我们有

$$A(0)\neq 0,A(1)\neq 0 \tag{1a}$$

引入变数

$$t=\frac{x(1-y)}{y(1-x)} \tag{2}$$

我们便得

$$A(x)=\frac{1}{\pi}\tan(\theta^*-\mu)\pi\int_0^{*\infty}A\left[\frac{x}{x+(1-x)t}\right]\cdot$$

$$\frac{2t^{s+1-2\mu}}{[x+(1-x)t]^{r+s+\frac{5}{3}}(1-t^2)}\mathrm{d}t \tag{3}$$

对于任意数值 μ,只要其绝对值甚小,即

$$-r-\frac{5}{3}<2\mu<s+2$$

我们把 $\pi\theta^*$ 理解为界于 $-\pi$ 和 0 之间的 $\arctan\pi\lambda$;如果当 $\mu=\theta^*$ 时,方程(3)中的积分仍然收敛,那么由此推出 $A(x)\equiv 0$,因此仅仅如果

$$-r-\frac{5}{3}\geqslant 2\theta^{*} \tag{4}$$

才可能有异于零的解. 现在把表达式(1) 代入方程(3),我们便得

$$\begin{aligned}
&A+Bx+x^{2}C(x)\\
&=\frac{1}{\pi}\tan(\theta^{*}-\mu)\pi\left\{A\int_{0}^{*\infty}\frac{2t^{s+1-2\mu}\mathrm{d}t}{[x+(1-x)t]^{r+s+\frac{5}{3}}(1-t^{2})}+\right.\\
&Bx\int_{0}^{*\infty}\frac{2t^{s+1-2\mu}\mathrm{d}t}{[x+(1-x)t]^{r+s+\frac{8}{3}}(1-t^{2})}+\\
&\left.x^{2}\int_{0}^{*\infty}C\left[\frac{x}{x+(1-x)t}\right]\frac{2t^{s+1-2\mu}\mathrm{d}t}{[x+(1-x)t]^{r+s+\frac{11}{3}}(1-t^{2})}\right\}\\
&=\frac{1}{\pi}\tan(\theta^{*}-\mu)\pi\left\{A\left[\pi\cot(\alpha-\beta)\pi+\right.\right.\\
&\frac{\Gamma(\alpha)\Gamma(\beta-\alpha)}{\Gamma(\beta)}x^{\alpha-\beta}F(\alpha,\alpha-\beta,\alpha-\beta+1;x)+\\
&\frac{\pi}{\sin(\alpha-\beta)\pi}(1-2x)^{-\beta}+\frac{\Gamma(\alpha)\Gamma(\beta-\alpha)}{\Gamma(\beta)}x^{\alpha-\beta}\cdot\\
&\left.(1-x)^{-\alpha}F\left(1,\alpha,\alpha-\beta+1;\frac{x}{1-x}\right)\right]+\\
&Bx\left[\pi\cot(\alpha-\beta-1)+\frac{\Gamma(\alpha)\Gamma(\beta+1-\alpha)}{\Gamma(\beta+1)}\cdot\right.\\
&x^{\alpha-\beta-1}F(\alpha,\alpha-\beta-1,\alpha-\beta;x)+\\
&\frac{\pi}{\sin(\alpha-\beta-1)\pi}(1-2x)^{-\beta-1}+\\
&\left.\frac{\Gamma(\alpha)\Gamma(\beta+1-\alpha)}{\Gamma(\beta+1)}x^{\alpha-\beta-1}(1-x)^{-\alpha}F\left(1,\alpha,\alpha-\beta;\frac{x}{1-x}\right)\right]+\\
&\left.x^{2}\int_{0}^{*\infty}C\left[\frac{x}{x+(1-x)t}\right]\frac{2t^{s+1-2\mu}\mathrm{d}t}{[x+(1-x)t]^{r+s+\frac{11}{3}}(1-t^{2})}\right\}
\end{aligned} \tag{5}$$

其中

$$\alpha=s+2-2\mu,\beta=r+s+\frac{5}{3}>-2 \tag{5a}$$

当 $-1<\mu<0$ 时，式(5)右边的积分收敛，因此当 $\mu=\theta^*$ 时，此积分也收敛.

于是对于靠近零的 μ，我们有

$$\alpha-\beta=\frac{1}{3}-r-2\mu<2 \tag{6}$$

在右边 $x^{\alpha-\beta}$ 的系数

$$\frac{1}{\pi}\tan(\theta^*-\mu)\pi 2\frac{\Gamma(\alpha)\Gamma(\beta-\alpha)}{\Gamma(\beta)}\left(A+B\frac{\beta-\alpha}{\beta}\right) \tag{7}$$

与 μ 有关，因而 $\neq 0$，除去 $\Gamma(\beta)=\infty$ 的情形.

于是右边具有形式

$$\overline{A}+\overline{B}x+\overline{D}x^{\alpha-\beta}\text{①}+\text{高次项} \tag{8}$$

而这与左边的形式相矛盾，因为 $\alpha-\beta<2$. 因此

$$\beta=0 \text{ 或 } \beta=-1(\text{因 } \beta>-2) \tag{9}$$

在情况 $B\neq 0$，应有 $\beta=-1$，否则方程(5)的右边具有形式(8). 在情况 $B=0$，应有 $\beta=0$，否则在右边将有形式 $\overline{B}x$ 的项，而这种项在左边是不存在的.

在这两种情况，式(5)的右边具有形式

$$\overline{A}+\overline{B}x+x^2\overline{C}(x,\mu)\tan(\theta^*-\mu) \tag{10}$$

其中 $\overline{A}=A,\overline{B}=B,\overline{C}(x,\mu)$ 于 $\theta^*\leqslant\mu\leqslant 0$ 为有界.

由于现在可以替换 $\mu=\theta^*$，我们得到

$$C(x)=\tan(\theta^*-\theta^*)\pi\overline{C}(x,\theta^*)=0 \tag{11}$$

因此我们有

① $\alpha-\beta\neq 1$.（译者）

$$A(x)=A+Bx \tag{12}$$

因为 $A(1)\neq 0$,我们得到

$$A+B\neq 0 \tag{13}$$

现在不难证明:应有等式 $B=0$. 诚然,在相反的情况,将有 $\beta=-1$,并且

$$A+Bx=\frac{1}{\pi}\tan(\theta^{*}-\mu)\pi\left\{A\left[\pi\cot\alpha\pi-\frac{\pi}{\sin\alpha\pi}(1-2x)\right]+Bx\left[\pi\cot\alpha\pi+\frac{\pi}{\sin\alpha\pi}\right]\right\} \tag{14}$$

由此

$$\begin{aligned}A&=A\tan(\theta^{*}-\mu)\pi\left(\cot\alpha\pi-\frac{1}{\sin\alpha\pi}\right)\\&=-A\tan(\theta^{*}-\mu)\pi\tan\frac{\alpha\pi}{2}\\&=-A\tan(\theta^{*}-\mu)\pi\tan\left(\frac{s}{2}+1-\mu\right)\pi\\&=A\tan(\theta^{*}-\mu)\pi\cot\left(\frac{s+1}{2}-\mu\right)\pi\end{aligned} \tag{15}$$

但由于 $A\neq 0$,由此推出

$$s=2\theta^{*}\pm 1,r=-\frac{8}{3}-2\theta^{*}\mp 1 \tag{16}$$

(即 $s=2\theta^{*}-1$ 于 $0>\theta^{*}>-\frac{1}{2}$,否则将有 $r<-\frac{8}{3}$;而 $s=2\theta^{*}+1$ 于 $-\frac{1}{2}>\theta^{*}>-1$,否则将有 $s<-2$).

现在进而由式(14)推出

$$B=2A\tan(\theta^{*}-\mu)\pi\frac{1}{\sin\alpha\pi}+B\left(\cot\alpha\pi+\frac{1}{\sin\alpha\pi}\right)\tan(\theta^{*}-\mu)\pi$$

或

$$
\begin{aligned}
& B\cot(\theta^* - \mu)\pi\sin \alpha\pi \\
= & 2A + B(1 + \cos \alpha\pi) \\
= & -B\cot(\theta^* - \mu)\pi\sin(2\theta^* - 2\mu)\pi
\end{aligned}
$$

$$2A + B[1 - \cos(2\theta^* - 2\mu)\pi] = -B[1 + \cos(2\theta^* - 2\mu)\pi]$$

由此

$$A + B = 0$$

这与不等式(13)相矛盾.

因此我们有

$$B = 0, \beta = 0 \tag{17}$$

所以

$$
\begin{aligned}
A\cot(\theta^* - \mu)\pi &= A\left(\cot \alpha\pi + \frac{1}{\sin \alpha\pi}\right) \\
&= A\cot \frac{\alpha\pi}{2} = A\cot\left(\frac{s}{2} - \mu\right)\pi
\end{aligned} \tag{18}
$$

由此

$$s = 2\theta^*, r = -\frac{5}{3} - 2\theta^* \tag{19}$$

(否则,关于 r 和 s 的不等式是不成立的).

于是证明完毕.

15.5　借助于未知的辅助函数 $\chi(x)$ 来表示 $\nu(x)$

将式(15.41)应用于我们的情况,其中

$$\theta = \theta^* = -\frac{1}{6}$$

我们便得到公式

$$\nu(x)=\frac{3}{4}\left\{\chi(x)-\frac{1}{\pi\sqrt{3}}\int_0^{*1}\left[\frac{y(1-y)}{x(1-x)}\right]^{\frac{1}{3}}\cdot\right.$$

$$\left.\left(\frac{1}{y-x}-\frac{1}{x+y-2xy}\right)\chi(y)\mathrm{d}y\right\}+$$

$$Cx^{-\frac{4}{3}}(1-x)^{-\frac{1}{3}} \tag{15.42}$$

先研究一下这个公式,不久我们要回到这个公式上来,让我们假定 $\chi(x)$ 是有穷连续函数,并且具有一阶微商,此微商至多化为阶小于 1 的无穷.我们设法来证明式(15.42)中的积分不仅于任意 x 为有穷,而且当 $x\to 0$ 时亦为有穷.

为了避免离开推论的程序,我们先来计算两个重要的积分的数值.固然在以后才需要其中的第一个积分,但是把它和第二个积分一起来计算却是很方便的,这两个积分便是

$$\begin{cases} T_1(\alpha,\beta;x)=\displaystyle\int_0^{*\infty}\frac{t^{\alpha-1}\mathrm{d}t}{[x+(1-x)t]^{\beta}(1-t)} \\ T_2(\alpha,\beta;x)=\displaystyle\int_0^{\infty}\frac{t^{\alpha-1}\mathrm{d}t}{[x+(1-x)t]^{\beta}(1+t)} \end{cases} \tag{15.43}$$

其中 α 和 β 是两个任意常数,它们适合条件

$$0<\alpha<\beta+1$$

欲计算 T_1,我们运用前一节的式(15.34),借助于这个公式,我们有

$$T_1(\alpha,\beta;x)$$

$$=\lim_{\varepsilon\to 0}\left[x^{-\beta}\int_0^1 t^{\alpha-1}(1-t)^{\varepsilon-1}\left(1-\frac{x-1}{x}t\right)^{-\beta}\mathrm{d}t-\right.$$

$$(1-x)^{-\beta}\int_1^{\infty} t^{\alpha-1}(t-1)^{\varepsilon-1}\left(t-\frac{x}{x-1}\right)^{-\beta}\mathrm{d}t\Bigg]$$

在第二个积分中，设 $t=\frac{1}{u}$，然后再应用超几何积分的标准形式，我们就得到

$$T_1(\alpha,\beta;x)=\lim_{\varepsilon\to 0}\Bigg[\frac{\Gamma(\alpha)\Gamma(\varepsilon)}{\Gamma(\alpha+\varepsilon)}F\left(\beta,\alpha,\alpha+\varepsilon;\frac{x-1}{x}\right)x^{-\beta}-$$
$$(1-x)^{-\beta}\,\frac{\Gamma(\beta-\alpha+1-\varepsilon)\Gamma(\varepsilon)}{\Gamma(\beta-\alpha+1)}\cdot$$
$$F\left(\beta,\beta-\alpha+1-\varepsilon,\beta-\alpha+1;\frac{x}{x-1}\right)\Bigg]$$

或按照大家所熟知的公式，将超几何函数的变数表示为如下 x 的函数

$$T_1(\alpha,\beta;x)$$
$$=\lim_{\varepsilon\to 0}\Bigg\{\Gamma(\varepsilon)\left[\frac{\Gamma(\alpha-\beta)}{\Gamma(\alpha-\beta+\varepsilon)}-\frac{\Gamma(\beta-\alpha+1-\varepsilon)}{\Gamma(\beta-\alpha+1)}\right]\cdot$$
$$F(\beta,\varepsilon,\beta-\alpha+1;x)+\frac{\Gamma(\alpha)\Gamma(\beta-\alpha)}{\Gamma(\beta)}\cdot$$
$$F(\alpha,\alpha-\beta+\varepsilon,\alpha-\beta+1;x)x^{\alpha-\beta}\Bigg\}$$

由此，取极限，最后便得到

$$T_1(\alpha,\beta;x)=\pi\cot(\alpha-\beta)\pi+$$
$$\frac{\Gamma(\alpha)\Gamma(\beta-\alpha)}{\Gamma(\beta)}x^{\alpha-\beta}F(\alpha,\alpha-\beta,\alpha-\beta+1;x) \tag{15.44}$$

或用变数是 $\frac{x-1}{x}$ 的超几何函数来表示 $F(\alpha,\alpha-\beta,\alpha-\beta+1;x)$

$$T_1(\alpha,\beta;x)=\pi\cot\alpha\pi-\frac{\Gamma(\alpha-1)\Gamma(\beta-\alpha+1)}{\Gamma(\beta)}\cdot$$

$$x^{\alpha-\beta-1}(1-x)^{1-\alpha}F\left(1,\beta-\alpha+1,2-\alpha;\frac{x-1}{x}\right)$$

(15.45)

T_2 的计算要简单得多,诚然,只要令 $\frac{1}{1+t}=u$,便得

$$T_2=\int_0^1 u^{\beta-\alpha}(1-u)^{\alpha-1}[(1-x)-(1-2x)u]^{-\beta}\mathrm{d}u$$

由此立刻推出

$$T_2(\alpha,\beta;x)=\frac{\Gamma(\alpha)\Gamma(\beta-\alpha+1)}{\Gamma(\beta+1)}(1-x)^{-\beta}\cdot F\left(\beta-\alpha+1,\beta,\beta+1;\frac{1-2x}{1-x}\right)$$
$$=\frac{\Gamma(\alpha)\Gamma(\beta-\alpha+1)}{\Gamma(\beta+1)}x^{-\beta}F\left(\alpha,\beta,\beta+1;\frac{2x-1}{x}\right)$$

(15.46)

经类似于上面所作的变换,由此我们也就得到

$$T_2(\alpha,\beta;x)=\frac{\pi}{\sin\pi\alpha}(2x-1)^{-\beta}+\frac{\Gamma(\alpha-1)\Gamma(\beta-\alpha+1)}{\Gamma(\beta)}x^{\alpha-\beta-1}(1-x)^{1-\alpha}\cdot F\left(1,\beta-\alpha+1,2-\alpha;\frac{1-x}{x}\right)\quad(15.47)$$

$$T_2(\alpha,\beta;x)=\frac{\pi}{\sin(\alpha-\beta)\pi}(1-2x)^{-\beta}+\frac{\Gamma(\alpha)\Gamma(\beta-\alpha)}{\Gamma(\beta)}x^{\alpha-\beta}\cdot(1-x)^{-\alpha}F\left(1,\alpha,\alpha-\beta+1;\frac{x}{1-x}\right)$$

(15.48)

现在我们来变换式(15.42) 中的积分,为了简单

起见，我们用 I 来表示它，作代换(15.12)，结果是

$$I=\int_0^{*\infty}\chi\left[\frac{x}{x+(1-x)t}\right]\frac{2t^{\frac{4}{3}}\mathrm{d}t}{[x+(1-x)t]^{\frac{5}{3}}(1-t^2)}$$

$$=\int_0^{*\infty}\chi\left[\frac{x}{x+(1-x)t}\right]\frac{t^{\frac{4}{3}}\mathrm{d}t}{[x+(1-x)t]^{\frac{5}{3}}(1-t)}+$$

$$\int_0^{\infty}\chi\left[\frac{x}{x+(1-x)t}\right]\frac{t^{\frac{4}{3}}\mathrm{d}t}{[x+(1-x)t]^{\frac{5}{3}}(1+t)}$$

我们分别把这两个所得到的积分用 I_1 和 I_2 来表示，而首先研究其中的第二个积分. 请注意积分号内乘以 χ 的函数在积分区间恒为正. 因此可以写

$$I_2=\chi(\theta)\int_0^{\infty}\frac{t^{\frac{4}{3}}\mathrm{d}t}{[x+(1-x)t]^{\frac{5}{3}}(1+t)}$$

$$=\chi(\theta)T_2\left(\frac{7}{3},\frac{5}{3};x\right)$$

其中，ϑ 表示界于 0 和 1 之间的某一个数. 记住式(15.48)，这证明当 x 趋于零时，I_2 是有穷的.

现在来研究第一个积分 I_1，任意地固定 t 的两个数值：t' 和 t''，令其中第一个界于 0 和 1 之间，而第二个大于 1. 然后把 I_1 分为三部分 I'_1，I''_1，I'''_1，这三部分分别是区间 $(0,t')$，(t',t'')，(t'',∞) 上的积分.

在这些积分的第一个积分中，在 $x=0$ 的情况下，于 $t=0$ 时，被积函数至多趋于阶为 $\frac{1}{3}$ 的无穷，所以当 $x\to 0$ 时，I'_1 当然是有界的. 显然，I''_1 也是有穷的，因为当 $t>t''$ 时，被积函数是有穷的；此外，如果除掉 x 无限接近 1 的可能性，当 $t\to\infty$ 时，它变为阶 $\frac{4}{3}$ 的无穷小.

最后，剩下的是要考虑 I''_1，应用前章式(14.33)，I''_1 可以写成如下形式

$$I''_1=\left\{\chi\left[\frac{x}{x+(1-x)t}\right]\frac{t^{\frac{4}{3}}\log|1-x|}{[x+(1-x)t]^{\frac{5}{3}}}\right\}_{t=t'}^{t=t''}+$$

$$\int_{t'}^{*t''}\frac{\partial}{\partial t}\left\{\chi\left[\frac{x}{x+(1-x)t}\right]\frac{t^{\frac{4}{3}}}{[x+(1-x)t]^{\frac{5}{3}}}\right\}\cdot$$

$$\log|1-t|\,\mathrm{d}t$$

但是我们曾假定积分号内的微商，在积分区间内，至多趋于阶小于1的无穷；故 I''_1 也是有穷的，由此推出当 $x\to 0$ 时①，I_1 是有穷的.

---

① 积分 I''_1 的这个估值不是十分显然的，但可以这样来做

$$I''_1=\int_{t'}^{t''}\frac{t^{\frac{4}{3}}}{[x+(1-x)t]^{\frac{5}{3}}(1-t)}\chi\left[\frac{x}{x+(1-x)t}\right]\mathrm{d}t$$

$$=\chi(x)\int_{t'}^{t''}\frac{t^{\frac{4}{3}}\,\mathrm{d}t}{[x+(1-x)t]^{\frac{5}{3}}(1-t)}+$$

$$\int_{t'}^{t''}\left\{\chi\left[\frac{x}{x+(1-x)t}\right]-\chi(x)\right\}\cdot$$

$$\frac{t^{\frac{4}{3}}\,\mathrm{d}t}{[x+(1-x)t]^{\frac{5}{3}}(1-t)}$$

但在我们的情形(参看后面)

$$x'(x)=0(1)x^{\frac{2}{3}}\text{，当 } x\to 0 \text{ 时}$$

由此

$$|\chi(y)-\chi(x)|<c|x-y|^{\frac{1}{3}}$$

其中

$$y-x=\frac{x}{x+(1-x)t}-x=\frac{x(1-x)(1-t)}{x+(1-x)t}$$

于是

$$\left|\chi\left[\frac{x}{x+(1-x)t}\right]-\chi(x)\right|<c_1x^{\frac{1}{3}}|1-t|^{\frac{1}{3}}$$

由此推出，当 $x\to 0$ 时，$I'_1=0(1)$.

由前面的事实推出一个很重要的结论.如果我们不想超出唯一性定理中所考虑的解族，那么在式(15.42)中就必须假定 $C=0$.

事实上，因为当 $x\to 0$ 时，积分的极限是有穷的，所以如果 C 不是零值，那么当 $x\to 0$ 时，$\nu(x)$ 将变为阶是 $\frac{4}{3}$ 的无穷.因此最后得到

$$\nu(x)=\frac{3}{4}\left\{\chi(x)-\frac{1}{\pi\sqrt{3}}\int_0^{*1}\left[\frac{y(1-y)}{x(1-x)}\right]^{\frac{1}{3}}\cdot\left(\frac{1}{y-x}-\frac{1}{x+y-2xy}\right)\chi(y)\mathrm{d}y\right\} \tag{15.49}$$

15.6　$\chi(x)$ 所适合的正则积分方程的推导以及这个方程的反演

现在我们回到前一章的式(14.41)，此式曾用以定义 $\chi(x)$，并且把我们所求得的 $\nu(x)$ 的数值代入此式中，我们就得到

$$\chi(x)=\frac{2}{3}\psi'_1(x)+\frac{1}{2}\int_0^1\frac{\partial L_1(x,\xi)}{\partial x}\cdot\left\{\chi(\xi)-\frac{1}{\pi\sqrt{3}}\int_0^{*1}\left[\frac{y(1-y)}{\xi(1-\xi)}\right]^{\frac{1}{3}}\cdot\left(\frac{1}{y-\xi}-\frac{1}{y+\xi-2\xi y}\right)\chi(y)\mathrm{d}y\right\}\mathrm{d}\xi$$

将普通的积分和“带星号”的积分的次序对调一下，并且令

$$
\begin{cases}
L_2(x,y)=\dfrac{\partial L_1(x,y)}{\partial x} \\
M(x,y)=L_2(x,y)-\dfrac{1}{\pi\sqrt{3}}\int_0^{*1}\left[\dfrac{y(1-y)}{\xi(1-\xi)}\right]^{\frac{1}{3}}\cdot \\
\qquad \left(\dfrac{1}{y-\xi}-\dfrac{1}{\xi+y-2\xi y}\right)L_2(x,\xi)\mathrm{d}\xi
\end{cases}
\tag{15.50}
$$

我们得到

$$
\chi(x)-\frac{1}{2}\int_0^1 M(x,y)\chi(y)\mathrm{d}y=\frac{2}{3}\psi'_1(x)
\tag{15.51}
$$

关系式(15.51)是 $\chi(x)$ 第二类弗雷德霍姆积分方程，此方程是正则的，这就是说：当

$$
0\leqslant x\leqslant 1;0\leqslant y\leqslant 1
$$

这个方程的核是有穷连续函数.

因为在前一章的14.5节中已经证明了 $L_2(x,y)$ 恒为有穷连续，因此欲证明 $M(x,y)$ 为有穷连续，只要证明式(15.50)的第二个关系式中的积分为有穷连续.为此目的，我们来进行完全类似于前一节关于 I 所作的证明.首先让我们注意：经变换

$$
\frac{y(1-\xi)}{(1-y)\xi}=t
$$

以后，我们所说的积分(为简单起见用 G 来表示)便可以写成下面的形式

$$
G=\int_0^{*\infty}L_2\left[x,\frac{y}{y+(1-y)t}\right]\frac{t^{-\frac{1}{3}}\mathrm{d}t}{[y+(1-y)t]^{\frac{1}{3}}(t-1)}+
$$

$$
\int_0^{\infty}L_2\left[x,\frac{y}{y+(1-y)t}\right]\frac{t^{-\frac{1}{3}}\mathrm{d}t}{[y+(1-y)t]^{\frac{1}{3}}(t+1)}
$$

仍然先研究第二个积分 G_2;应用第一中值定理,便得

$$G_2 = L_2(x,\theta')\int_0^{\infty} \frac{t^{-\frac{1}{3}}\mathrm{d}t}{[y+(1-y)t]^{\frac{1}{3}}(t+1)}$$

$$= L_2(x,\theta')T_2\left(\frac{2}{3},\frac{1}{3};y\right)$$

$$(0<\theta'<1)$$

记住式(15.47)和(15.48),我们便发觉:即使 y 趋于0或1,G_2 亦恒为有穷.

我们来研究其和为 G 的二积分之中的第一个积分 G_1,按照 I_1 的方式,把 G_1 分成三个积分 G'_1,G''_1,G'''_1,它们是在区间 $(0,t')$,(t',t'') 和 (t'',∞) 上所作的积分.注意其中第一积分的被积函数在最坏的情形($y=0$),于 $t=0$ 趋于阶为 $\frac{2}{3}$ 的无穷,而在第三个积分中,该积函数恒为有穷而且当 $t\rightarrow\infty$ 时为阶 $\frac{4}{3}$ 的无穷小(甚至在最坏的情形 $y=1$).由此推出,G'_1 与 G''_1 和 G_2 一样,也恒为有穷.因此整个问题乃归结于研究 G''_1 的性质,而应用前一章的式(14.33),G''_1 可以写成下面的形式

$$G''_1 = \left[L_2\left[x,\frac{y}{y+(1-y)t}\right]\frac{t^{-\frac{1}{3}}\log|1-t|}{[y+(1-y)t]^{\frac{1}{3}}}\right]_{t=t'}^{t=t''} - \int_{t'}^{t''}\frac{\partial}{\partial t}\left\{L_2\left[x,\frac{y}{y+(1-y)t}\right]\cdot \frac{t^{-\frac{1}{3}}}{[y+(1-y)t]^{\frac{1}{3}}}\right\}\log|1-t|\,\mathrm{d}t \tag{15.52}$$

在这里就看出研究函数 $\frac{\partial L_2}{\partial y}$ 的必要性.请注意第13章

的公式(13.45)经部分积分可以写成下面的形式

$$L(x,y)=\frac{3}{2}\int_0^1\frac{\partial H(x,\xi)}{\partial\xi}\left\{y^{\frac{2}{3}}\pm|\xi-y|^{\frac{2}{3}}-\frac{1}{1-2y}[(1-2y)\xi+y]^{\frac{2}{3}}\right\}\mathrm{d}\xi \quad (15.53)$$

其中,如果 $\xi<y$ 须取 + 号,在相反的情形取 − 号. 将式(15.53)依次对 x 和 y 求微商并且作一些演算,乃得

$$\frac{\partial^2 L}{\partial x\partial y}=\int_0^1\frac{\partial^2 H(x,\xi)}{\partial x\partial\xi}\left\{\frac{1}{y^{\frac{1}{3}}}-\frac{1}{|\xi-y|^{\frac{1}{3}}}+\frac{1}{(1-2y)^2}\left[\frac{1+y}{y^{\frac{1}{3}}}-\frac{1+\xi+y-2\xi y}{(\xi+y-2\xi y)^{\frac{1}{3}}}\right]\right\}\mathrm{d}\xi$$

其次注意:

(1) 按洛必达(L'Hospital)法则不难看到,当 $y\to\frac{1}{2}$ 时,被积函数的极限是有穷的;

(2) 当 $0\leqslant\xi\leqslant 1$ 时,比值 $\frac{\xi-y}{\xi+y-2\xi y}$ 恒为有穷. 由此看出,前面公式可以表示为

$$\frac{\partial^2 L(x,y)}{\partial x\partial y}=\frac{1}{y^{\frac{1}{3}}}\int_0^1\frac{R(x,y,\xi)}{|\xi-y|^{\frac{1}{3}}}\mathrm{d}\xi$$

其中,R 表示有穷连续函数. 但因这个积分是有穷的,所以我们可以写

$$\frac{\partial^2 L(x,y)}{\partial x\partial y}=y^{-\frac{1}{3}}S(x,y) \quad (15.54)$$

其中 S 为到处有穷且连续的函数. 然后,将前一章中的式(14.23)对 y 求微商,我们便得

$$\frac{\partial^2 L_1}{\partial x\partial y}=\frac{\partial L_2}{\partial y}=\frac{\sqrt{3}}{2\pi}\int_0^x\frac{\partial^2 L(\xi,y)}{\partial\xi\partial y}\frac{\mathrm{d}\xi}{(x-\xi)^{\frac{2}{3}}}$$

由式(15.54)得

$$\frac{\partial L_2(x,y)}{\partial y}=y^{-\frac{1}{3}}\frac{\sqrt{3}}{2\pi}\int_0^x S(\xi,y)(x-\xi)^{-\frac{2}{3}}\mathrm{d}\xi$$

由此可见,当 $y\to 0$ 时,$\frac{\partial L_2}{\partial y}$ 至多为阶 $\frac{1}{3}$ 的无穷.

由式(15.52),我们断言:积分 G''_1 以及 G'_1,G'''_1 和 G_2 皆恒为有穷连续,这就是说,核 M 恒为有穷连续,这就是我们所要证明的①.

由刚才所证明的事实推出,弗雷德霍姆的一般理论可以应用于方程(15.51). 因此有一个而且只有一个函数 $\chi(x)$ 适合这个方程,只要设 $\frac{1}{2}$ 不是核 M 的固有值. $\frac{1}{2}$ 能不能是固有值呢? 我们将证明这是不可能的. 诚然,假设 $\frac{1}{2}$ 是固有值,此外假设在唯一性定理中所讲的边界上指定数值恒等于零. 应该决定是否有方程(E)的正则解 $\bar{z}$ 在边界上适合所有条件.

因为在边界上数值等于零,函数 $\psi'_1(x)$ 乃恒等于零. 所以 $\bar{z}$ 之确定与齐次积分方程

$$\bar{\chi}(x)-\frac{1}{2}\int_0^1 M(x,y)\bar{\chi}(y)\mathrm{d}y=0 \quad (15.51')$$

相关,其中 $\bar{\chi}(x)$ 与 $\bar{z}$ 的关系和 $\chi(x)$ 与 z 的关系一样.

因为按假设,$\frac{1}{2}$ 是核的固有值,那么式(15.51′)有不恒等于零的解,令 $\bar{\chi}_1(x)$ 是这样的一个解. 于

① 关于 G''_1,参看对积分 I''_1 的估值所作的按语.

$\bar{\chi}_1(x)$ 便对应着方程(E)的一个正则解 $\bar{z}_1$，此解在 σ 及特征线段 AC 为零，但在所考虑区域内不恒等于零. 诚然，如果 $\bar{z}_1$ 恒等于零，那么令

$$\left(\frac{\partial \bar{z}_1}{\partial y}\right)_{y=0}=\bar{\nu}_1(x)$$

我们看到 $\bar{\nu}_1(x)$ 等于零；按前章式(14.41)，而在现在的情形 $\psi'_1(x)\equiv 0$，由此我们必然得到 $\bar{\chi}_1(x)\equiv 0$，而这与假设相违背.

因此，我们证明了在 $\frac{1}{2}$ 是方程(15.51)的固有值的情况下，方程(E)便可能有正则解 $\bar{z}$ 存在，此解在 σ 及特征线段 AC 上等于零，但是它不恒等于零. 这与唯一性定理相矛盾. 那就是说关于 $\frac{1}{2}$ 是固有值的假定是不成立的.

由此得到结论说，方程(15.51)是可解的；如果用 $N(x,y;\lambda)$ 表示核 $M(x,y)$ 的结式，那么，为简单起见，令

$$N(x,y)=N(x,y;\frac{1}{2})$$

乃得

$$\chi(x)=\frac{2}{3}\psi'_1(x)-\frac{1}{3}\int_0^1 N(x,y)\psi'_1(y)\mathrm{d}y \tag{15.55}$$

如果我们注意到 ψ'_1 为有穷且连续，那么由此式便可以看到，即使当 x 趋于 0 或 1，$\chi(x)$ 也恒为有穷且连续. 相反地，$\chi(x)$ 的一阶微商包含 $\psi''_1(x)$，故一般当

$x \to 0$ 时为阶 $\frac{2}{3}$ 的无穷，而当 $x \to 1$ 时为阶 $\frac{1}{3}$ 的无穷.

(参阅第 14 章 14.4 节).

15.7　函数 $\nu(x)$ 和 $\tau(x)$ 的计算

借式(15.55) 算出 $\chi(x)$ 以后，将此数值代入式(15.49) 就得到 $\nu(x)$；然后把 $\nu(x)$ 代入第 13 章方程组(13.48) 中的一个方程中，例如代入第一个方程，便得到 $\tau(x)$. 如果 $\tau(x)$ 为有穷且连续，我们便可以用第 13 章 13.1 节中所说的方法来计算方程(E) 的解的数值，至于这个解的存在性正是我们所要证明的.

欲完成存在性定理的证明，余下的是要证明：用上述方法而得到函数 $\tau(x)$ 是有穷且连续的.

首先注意，函数 $\nu(x)$ 于 $0 \leqslant x < 1$ 恒为有穷(15.5 节)，而当 $x \to 1$ 时，$\nu(x)$ 变为阶 $\frac{1}{3}$ 的无穷. 诚然，15.5 节的积分 I 可以表示为形式

$$I = \int_0^{*\infty} \chi\left[\frac{x}{x+(1-x)t}\right] \frac{t^{\frac{1}{3}}\,\mathrm{d}t}{[x+(1-x)t]^{\frac{5}{3}}(1-t)} - \int_0^{\infty} \chi\left[\frac{x}{x+(1-x)t}\right] \frac{t^{\frac{1}{3}}\,\mathrm{d}t}{[x+(1-x)t]^{\frac{5}{3}}(1+t)}$$

把第一中值定理应用于第二个积分而且用 I_3 来表示第一个积分，我们便得到

$$I = I_3 - \chi(\theta')T_2\left(\frac{4}{3}, \frac{5}{3}; x\right) \quad (0 < \theta' < 1)$$

用和以前同样的办法，把 I_3 分成三部分，我们看到，前

两部分(即使当 $x=1$)为有穷.用 I_4 表示这两个有穷的积分的和,于是我们可以写

$$I=I_4+\int_{t'}^{\infty}\chi\left[\frac{x}{x+(1-x)t}\right]\frac{t^{\frac{1}{3}}\,\mathrm{d}t}{[x+(1-x)t]^{\frac{5}{3}}(1-t)}-\chi(\theta')T_2\left(\frac{4}{3},\frac{5}{3};x\right)$$

再用一次中值定理,便得

$$I=I_4+\chi(\theta'')\int_{t'}^{\infty}\frac{t^{\frac{1}{3}}\,\mathrm{d}t}{[x+(1-x)t]^{\frac{5}{3}}(1-t)}-\chi(\theta')T_2\left(\frac{4}{3},\frac{5}{3};x\right)\quad(0<\theta'<1)$$

在右边加上并且减去有穷数值

$$I_0=\chi(\theta'')\int_0^{*t'}\frac{t^{\frac{1}{3}}\,\mathrm{d}t}{[x+(1-x)t]^{\frac{5}{3}}(1-t)}$$

最后我们得到

$$I=I_4-I_0+\chi(\theta'')T_1\left(\frac{4}{3},\frac{5}{3};x\right)-\chi(\theta')T_2\left(\frac{4}{3},\frac{5}{3};x\right)\tag{15.56}$$

但是(15.45)和(15.47)两式说明:当 $x\to1$ 时,$T_1\left(\frac{4}{3},\frac{5}{3};x\right)$ 和 $T_2\left(\frac{4}{3},\frac{5}{3};x\right)$ 为阶 $\frac{1}{3}$ 的无穷.

所以当 $x\to1$ 时,积分 I 乃至 $\nu(x)$ 至多变为阶 $\frac{1}{3}$ 的无穷.换言之,函数 $\nu(x)$ 可以表示为

$$\nu(x)=(1-x)^{-\frac{1}{3}}n(x)\tag{15.57}$$

其中 $n(x)$ 恒为有穷且连续的函数.最后将式(15.57)代入第 13 章的方程组(13.48)的第一式,便得

$$\tau(x)=\varphi_1(x)+\gamma\int_0^x \frac{n(y)\mathrm{d}y}{(1-y)^{\frac{1}{3}}(x-y)^{\frac{1}{3}}} \tag{15.58}$$

其中被积函数在最坏的情形于 $x=y=1$ 为阶 $\frac{2}{3}$ 的无穷,因此 $\tau(x)$ 恒为有穷且连续.

15.8 当指定的混合边界是典型边界时函数 $\nu(x)$ 的详细研究

在确定了函数 $\tau(x)$ 并且证明了其连续性和有界性以后,混合问题从而得到完全的解决.

应该说,其存在性已被证明的解的任何性质之研究,例如它在 x 轴上的偏微商,恒可以化为只在平面的椭圆部分或双曲部分考虑方程(E)的问题.

在任何情形,以上的计算归于考虑 $\tau(x)$,通过 $\nu(x)$ 的表达式,我们可以直接讨论 $\nu(x)$,即 $\frac{\partial z}{\partial y}$ 以 x 轴上的数值.

更确切地说,我们要确定,当 $x\to 1$ 时函数 $\nu(x)$ 是否真正变为阶 $\frac{1}{3}$ 的无穷,或者在前一节中似乎发生的奇异性仅仅是表面上的.

为了计算的简单起见,我们只限于典型边界. 但因我们的问题的回答是肯定的,即所说的奇异性确实存在,当然这个结论一般也是成立的.

在典型混合边界的情形,我们有

$$L(x,y)=0,\chi(x)=\frac{2}{3}\psi'_1(x)$$

这就是说，在确定 $\nu(x)$ 时不必解积分方程(15.55)，而直接从式(15.49) 我们就得到

$$\nu(x)=\frac{1}{2}\left\{\psi'_1(x)-\frac{1}{\pi\sqrt{3}}\int_0^{*1}\left[\frac{y(1-y)}{x(1-x)}\right]^{\frac{1}{3}}\cdot\left(\frac{1}{y-x}-\frac{1}{y+x-2xy}\right)\psi'_1(y)\mathrm{d}y\right\} \tag{15.59}$$

再注意当 $x\to 0$，$\psi'_1(x)$ 具有阶为 $\frac{1}{3}$ 的零点，我们设

$$\psi'_1(x)=x^{\frac{1}{3}}P(x) \tag{15.60}$$

将这个表达式代入式(15.59)，施以常用的变数替换(15.12)，便得

$$\nu(x)=\frac{1}{2}x^{\frac{1}{3}}\left\{P(x)-\frac{1}{\pi\sqrt{3}}\int_0^{*\infty}P\left[\frac{x}{x+(1-x)t}\right]\cdot\frac{2t^{\frac{4}{3}}\mathrm{d}t}{[x+(1-x)t]^2(1-t^2)}\right\}$$

把积分号内的有理函数分成简单分式，为了简单起见，再用 $P(y)$ 表示 $P\left[\frac{x}{x+(1-x)t}\right]$，我们就得到

$$\nu(x)=\frac{1}{2}x^{\frac{1}{3}}\left[P(x)-\frac{1}{\pi\sqrt{3}}\left\{\int_0^{*\infty}P(y)\frac{t^{-\frac{2}{3}}}{1-t}\mathrm{d}t+\frac{1}{(1-2x)^2}\int_0^{\infty}P(y)\frac{t^{-\frac{2}{3}}}{1+t}\mathrm{d}t+\frac{2x^2}{1-2x}\int_0^{\infty}P(y)\frac{t^{-\frac{2}{3}}\mathrm{d}t}{[x+(1-x)t]^2}-\right.\right.$$

$$\left.\left.\frac{4x(1-x)^2}{(1-2x)^2}\int_0^{\infty}P(y)\frac{t^{-\frac{2}{3}}\mathrm{d}t}{x+(1-x)t}\right\}\right]$$

或在后面的两个积分中，回到原来的变数 y，便有

$$\nu(x)=\frac{1}{2}x^{\frac{1}{3}}\left\{P(x)-\frac{1}{\pi\sqrt{3}}\left[\int_0^{*\infty}P(y)\frac{t^{-\frac{2}{3}}}{1-t}\mathrm{d}t+\right.\right.$$

$$\frac{1}{(1-2x)^2}\int_0^{\infty}P(y)\frac{t^{-\frac{2}{3}}}{1+t}\mathrm{d}t+$$

$$\frac{2}{1-2x}\left(\frac{1-x}{x}\right)^{-\frac{1}{3}}\int_0^1P(y)\left(\frac{y}{1-y}\right)^{\frac{2}{3}}\mathrm{d}y-$$

$$\left.\left.\frac{4}{(1-2x)^2}x^{\frac{1}{3}}(1-x)^{\frac{5}{3}}\int_0^1\frac{P(y)}{y^{\frac{1}{3}}(1-y)^{\frac{2}{3}}}\mathrm{d}y\right]\right\}$$

现在我们对 $x\to1$ 求极限，我们看到两个反常积分显然是一致收敛的，因为其中 x 只出现于函数 P 的变数中，而函数 P 是有穷且连续的. 由此我们有

$$\nu(1-)=\frac{1}{2}P(1)\left[1-\frac{1}{\pi\sqrt{3}}\left(\int_0^{*\infty}\frac{t^{-\frac{2}{3}}\mathrm{d}t}{1-t}+\int_0^{\infty}\frac{t^{-\frac{2}{3}}\mathrm{d}t}{1+t}\right)\right]+$$

$$\frac{1}{\pi\sqrt{3}}\lim_{x\to1}(1-x)^{-\frac{1}{3}}\int_0^1\left(\frac{y}{1-y}\right)^{\frac{2}{3}}P(y)\mathrm{d}y$$

因为方括号中的量等于零，得

$$\nu(1-)=\frac{1}{\pi\sqrt{3}}\lim_{x\to1}(1-x)^{-\frac{1}{3}}\int_0^1\left(\frac{y}{1-y}\right)^{\frac{2}{3}}P(y)\mathrm{d}y \tag{15.61}$$

由此推出，当 $x\to1$ 时，$\nu(x)$ 一般是趋于阶 $\frac{1}{3}$ 的无穷，并且欲此极限为有穷，其必要而充分的条件是下面的关系式

$$\int_0^1 \left(\frac{x}{1-x}\right)^{\frac{2}{3}} P(x)\mathrm{d}x = 0 \tag{15.62}$$

从 P 回到 ψ_1，此关系式可以写成形式

$$\int_0^1 \frac{x^{\frac{1}{3}}}{(1-x)^{\frac{2}{3}}}\psi'_1(x)\mathrm{d}x = 0 \tag{15.63}$$

换言之，欲 $\nu(x)$ 当 $x \to 1$ 时极限为有穷，其充分而必要的条件是函数 $\psi'_1(x)$ 在区间 $(0,1)$ 上直交于函数 $x^{\frac{1}{3}}(1-x)^{-\frac{2}{3}}$.

考虑到 $\psi'_1(x)$ 的分析表达式，不难把这个条件变化得使它在实际上更方便. 就是在边界上的指定数值可以用下面的公式来表示

$$f = yF(x), \varphi = y\Phi(2x), [F(0) = \Phi(0)] \tag{15.64}$$

其中 x 和 y 分别是横坐标和纵坐标，经过一些简单的计算，前面的条件取与之同效的形式

$$\Omega = \Omega_0 + \frac{\pi\gamma}{\sqrt[6]{3}}\left\{\int_0^1 \frac{\alpha(1)-\alpha(x)}{x^{\frac{1}{3}}(1-x)^{\frac{4}{3}}}\mathrm{d}x - 2\int_0^{*1} \frac{x^{\frac{2}{3}}\beta(x)}{(1-x)^{\frac{1}{3}}(1-2x)}\mathrm{d}x\right\} = 0 \tag{15.65}$$

其中

$$\begin{cases} \alpha(x) = x^{\frac{5}{6}}\int_0^{\infty} \frac{\Phi'(y)\mathrm{d}y}{(x-y)^{\frac{1}{6}}} \\ \beta(x) = \int_0^1 \frac{F'(y)\mathrm{d}y}{[x^2+(1-2x)y]^{\frac{1}{6}}} \\ \Omega_0 = \frac{\pi}{\sqrt{3}}\{\alpha(1) - 3^{\frac{5}{6}}\pi\gamma[F(1)-F(0)]\} \end{cases} \tag{15.66}$$

例如，借助这些公式立刻可以看到，在解 $z=y$ 的情形，条件 $\Omega=0$ 是被满足的. 诚然，因为在这些情形恒有 $\nu(x)=1$.

方程(E)的进一步研究[①]

第 16 章

16.1 方程(E)的唯一性定理的证明的补充

在论文《论二阶混合型线性偏微分方程》的第 10 章中,我们指出了下列的唯一性定理.

设 $A(0,0)$ 和 $B(1,0)$ 是 x 轴上的两点,并且引自双曲半平面($y<0$)的一点 C 的二特征线以这两点为其端,且设 σ 是连接着点 A 和点 B 而不越出椭圆半平面($y>0$)的任意曲线,那么在界于 σ,AC 和 CB 之间的区域内,方程(E)不可能有一个以上的正则解存在,这些解在 σ 和二特征线 AC 或 BC 之一(如 AC)上取指定的连续值.

① 本章是特里谷米论文的一部分.

欲证明这个定理,即需证明:如果解 z 在 σ 和 AC 上为零,那么它在整个区域中恒等于零,必得把高斯引理应用于区域 S 上的积分

$$\iint_S \left[\frac{\partial}{\partial x}\left(yz\frac{\partial z}{\partial x}\right)+\frac{\partial}{\partial y}\left(z\frac{\partial z}{\partial y}\right)\right]\mathrm{d}x\mathrm{d}y \quad (16.1)$$

这里的 S 是界于 σ 和 x 轴上的线段 AB 之间的区域,便导出等式

$$\iint_S \left[y\left(\frac{\partial z}{\partial x}\right)^2+\left(\frac{\partial z}{\partial y}\right)^2\right]\mathrm{d}x\mathrm{d}y+\int_0^1 \tau(x)\nu(x)\mathrm{d}x=0 \quad (16.2)$$

$$\tau(x)=z(x,0),\nu(x)=\left(\frac{\partial z}{\partial y}\right)_{y=0}$$

因为不难证明单积分非负,那么由此推出 z 在区域 S 中恒等于零;然后,同样可以证明在曲线三角形 ABC 中 $z\equiv 0$.

因此,关于方程(E)的唯一性定理,只是对于那些可以把高斯引理应用于积分(16.1)的解类是成立的.但是,毕龚耐教授(проф. Пиконе)指出,第13章的存在性定理所给出的方程(E)的解在边界 A 和 B 两点是可能具有奇异性的,那么它是否确实属于我们所说的解类,这并不是显然的问题.倘使这些解确乎不属于这个解类,那么我们所得到的结果的重要性将大大地削弱了.

欲消除这个正确的异类,我们在这里补充一下唯一性定理的证明,即证明在下列条件之下,唯一性定理仍然成立.当然存在性定理所给出的解是满足这些条件的：

(1) 在界于σ和特征线AC与BC之间的整个区域之内(包括边界),解z是连续的；

(2) 在上述的整个域中,至多除去A,B两点,解z具有连续一阶微商；

(3) 函数$\nu(x)=\left(\frac{\partial z}{\partial y}\right)_{y=0}$在$0<x<1$连续,而于$x\to 0$或$x\to 1$,此函数$\nu(x)$可能趋于无穷,但其无穷之阶小于$\frac{2}{3}$(关于$x$或$1-x$).

现在把高斯定理应用于积分(16.1),这不是整个区域S上的积分,而是区域S'上的积分,这个区域S'是由区域S用两个以ε为参数,分别以A和B为中心的典型曲线[①],挖掉点A和点B的邻域而得来的(图16.1).

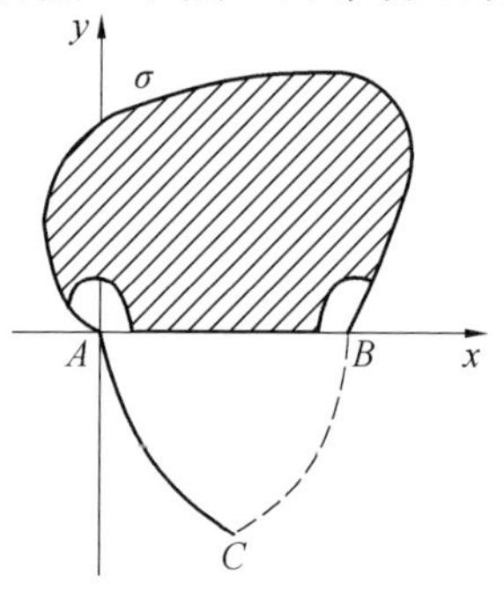

图 16.1

① 按照上面所提到的论文(第11章11.5节),我们把半三次抛物线$(x-x_0)^2+\frac{4}{9}y^3=k^2$在椭圆半平面的部分叫作以$k$为参数以$x_0$为中心的典型曲线.此曲线与$x$轴相交于线段$(x_0-k,x_0+k)$的两端,这线段称为曲线的底.

经普通的运算，当然这些运算在上述条件之下是合理的，那么我们所得到的将不是等式(16.2)，而是

$$\iint_{S'}\left[y\left(\frac{\partial z}{\partial x}\right)^2+\left(\frac{\partial z}{\partial y}\right)^2\right]\mathrm{d}x\mathrm{d}y+$$
$$\int_{\varepsilon}^{1-\varepsilon}\tau(x)\nu(x)\mathrm{d}x+$$
$$\int_{c'_{\varepsilon}+c''_{\varepsilon}}z\left[y\frac{\partial z}{\partial x}\frac{\mathrm{d}x}{\mathrm{d}n}+\frac{\partial z}{\partial y}\frac{\mathrm{d}y}{\mathrm{d}n}\right]\mathrm{d}s=0\qquad(16.3)$$

其中 c'_{ε} 和 c''_{ε} 是上述典型曲线在 S 内的部分，n 是向着 S' 的内法线方向. 为了方便起见，引进缩写的符号

$$y\frac{\partial z}{\partial x}\frac{\mathrm{d}x}{\mathrm{d}n}+\frac{\partial z}{\partial y}\frac{\mathrm{d}y}{\mathrm{d}n}=z'$$

并且合并函数 $\tau(x)\nu(x)$ 在区间 $(0,\varepsilon)$ 和 $(1-\varepsilon,1)$ 上的积分，我们就可以把式(16.3) 写成下列形式

$$\iint_{S'}\left[y\left(\frac{\partial z}{\partial x}\right)^2+\left(\frac{\partial z}{\partial y}\right)^2\right]\mathrm{d}x\mathrm{d}y+$$
$$\int_0^1\tau(x)\nu(x)\mathrm{d}x+\int_{c'_{\varepsilon}+c''_{\varepsilon}}zz'\mathrm{d}s-$$
$$\left[\int_0^{\varepsilon}+\int_{1-\varepsilon}^1\right]\tau(x)\nu(x)\mathrm{d}x=0\qquad(16.4)$$

由此可见：如果证明了当 ε 充分小时，可以使得后面的两项小于任意固定正数，那么借式(16.2) 所得到的一切结论. 都可以从式(16.4) 导出. 但对于最后一项而言，这是显然的，因为函数 $\tau(x)\nu(x)$ 当 $x\to0$ 和 $x\to1$ 时至多为阶小于 1 的无穷(甚至是阶小于 $\frac{2}{3}$ 的无穷).

剩下的是要证明

$$\lim_{\varepsilon\to0}\iint_{c'_{\varepsilon}}zz'\mathrm{d}s=\lim_{\varepsilon\to0}\iint_{c''_{\varepsilon}}zz'\mathrm{d}s=0\qquad(16.5)$$

例如，为要证明关系式(16.5)中的第一个关系式，一般用 c_k 来表示中心在 A 而具有参数 k 的在 σ 内的一部分典型曲线，考虑积分

$$L(k)=k^{-\frac{1}{3}}\int_{c'_k}\frac{z^2}{y}\mathrm{d}x \tag{16.6}$$

当然，这个积分恒为正；此外，可以简单地证明：如果 z 在 A 是有界的(在我们的情形，的确是这样)，那么即使当 $k\to 0$ 时，函数 $L(k)$ 仍保持有穷值. 诚然，曲线 c'_k 可以用参数方程表示如下

$$x=k\cos\theta, y=\left(\frac{3}{2}k\sin\theta\right)^{\frac{2}{3}}\quad(0\leqslant\theta\leqslant\theta_k\leqslant\pi)$$

其中 θ_k 是 θ 在 c'_k 的端点(这端点在 σ 上)所取的数值. 借助于这个表达式，我们有

$$\begin{aligned}L(k)&=k^{-\frac{1}{3}}\int_0^{\theta_k}z^2\frac{k\sin\theta}{\left(\frac{3}{2}k\sin\theta\right)^{\frac{2}{3}}}\mathrm{d}\theta\\&=\frac{1}{\left(\frac{3}{2}\right)^{\frac{2}{3}}}\int_0^{\theta_k}z^2(\sin\theta)^{\frac{1}{3}}\mathrm{d}\theta\end{aligned}$$

由此我们断定(这是不难验证的)下列公式成立

$$\begin{aligned}\frac{\mathrm{d}L(k)}{\mathrm{d}k}=\frac{4}{3}k^{-\frac{1}{3}}\int_0^{\theta_k}z\left(\sqrt{y}\,\frac{\partial z}{\partial x}\cos\theta+\right.\\\left.\frac{\partial z}{\partial y}\sin\theta\right)\mathrm{d}\theta+z^2(E_k)(\sin\theta_k)^{\frac{1}{3}}\frac{\mathrm{d}\theta_k}{\mathrm{d}k}\end{aligned}$$

或有更简单的公式

$$\frac{\mathrm{d}L(k)}{\mathrm{d}k}=\frac{4}{3}k^{-\frac{1}{3}}\int_0^{\theta_k}z\left(\sqrt{y}\,\frac{\partial z}{\partial x}\cos\theta+\frac{\partial z}{\partial y}\sin\theta\right)\mathrm{d}\theta$$

因为可以看到，正如在整个曲线 σ 上一样，在 E_k 中 $z=0$.

另外，亦不难验证我们有

$$\int_{c'_k} zz'\mathrm{d}s = k\int_0^{\theta_k} z\left(\sqrt{y}\ \frac{\partial z}{\partial x}\cos\theta + \frac{\partial z}{\partial y}\sin\theta\right)\mathrm{d}\theta$$

由此得到一个重要的关系式[①]

$$\frac{\mathrm{d}L}{\mathrm{d}k} = \frac{4}{3}k^{-\frac{4}{3}}\int_{c'_k} zz'\mathrm{d}s \qquad (16.7)$$

现在我们来考虑两个不同的曲线 C':C'_h 和 C'_k(图 16.2)，这二曲线皆以 A 为中心而分别以 k 和 h 为参数；令 $C'_k - C'_h$ 是平面上界于这二曲线之间的积分.

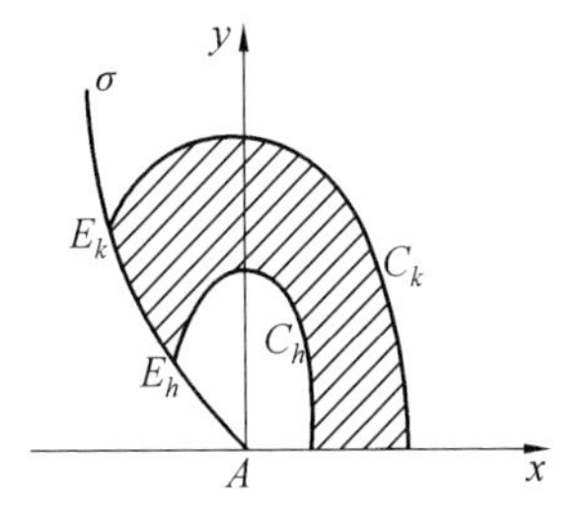

图 16.2

将高斯引理应用于积分

$$\iint_{c'_k - c'_h}\left[\frac{\partial}{\partial x}\left(yz\ \frac{\partial z}{\partial x}\right) + \frac{\partial}{\partial y}\left(z\ \frac{\partial z}{\partial y}\right)\right]\mathrm{d}x\mathrm{d}y$$

$$= \iint_{c'_k - c'_h}\left[y\left(\frac{\partial z}{\partial x}\right)^2 + \left(\frac{\partial z}{\partial y}\right)^2\right]\mathrm{d}x\mathrm{d}y$$

(这个等式是显然成立的)，我们便得到

① 把积分 L 看作是 k 的函数，这个思想和不久以毕龚耐教授关于调和函数的奇异性的分析而提出的思想有些相似.

$$\int_{c'_h} zz'\mathrm{d}s - \int_{c'_k} zz'\mathrm{d}s + \int_{E_h}^{E_k} zz'\mathrm{d}s + \int_h^k zz'\mathrm{d}x +$$
$$\iint_{c'_k - c'_h} \left[y\left(\frac{\partial z}{\partial x}\right)^2 + \left(\frac{\partial z}{\partial y}\right)^2 \right] \mathrm{d}x\mathrm{d}y = 0$$

这里在 C'_h 和 C'_k 上，出现于符号 z' 中的法微商，应该沿曲线向着凸出的一面的法线方向计算. 但是函数 z 在曲线 σ 的线段 E_hE_k 上等于零，而在 x 轴的线段 (h, k) 上我们有关系式 $z=\tau(x)$，$z'=\nu(x)$，因此

$$\begin{aligned} &\int_{c'_k} zz'\mathrm{d}s - \int_{c'_h} zz'\mathrm{d}s \\ =&\int_h^k \tau(x)\nu(x)\mathrm{d}x + \\ &\iint_{c'_k - c'_h} \left[y\left(\frac{\partial z}{\partial x}\right)^2 + \left(\frac{\partial z}{\partial y}\right)^2 \right] \mathrm{d}x\mathrm{d}y \end{aligned} \tag{16.8}$$

同时考虑式(16.7) 和(16.8)，乃导出下列公式

$$\begin{aligned} L'(k) =& L'(h)h^{\frac{1}{3}}k^{-\frac{4}{3}} + \frac{4}{3}k^{-\frac{4}{3}}\int_h^k \tau(x)\nu(x)\mathrm{d}x + \\ &\frac{4}{3}k^{-\frac{4}{3}}\iint_{c'_k - c'_h} \left[y\left(\frac{\partial z}{\partial x}\right)^2 + \left(\frac{\partial z}{\partial y}\right)^2 \right] \mathrm{d}x\mathrm{d}y \end{aligned}$$

把这个等式对 k 从 $k=h$ 到 $k=k_0$ 求积分，我们得到

$$\begin{aligned} &L(k_0) - L(h) \\ =& 3hL'(h)\left[1 - \left(\frac{h}{k_0}\right)^{\frac{1}{3}}\right] + \\ &\frac{4}{3}\int_h^{k_0} k^{-\frac{4}{3}}\mathrm{d}k \int_h^k \tau(x)\nu(x)\mathrm{d}x + \\ &\frac{4}{3}\int_h^{k_0} k^{-\frac{4}{3}}\mathrm{d}k \iint_{c'_k - c'_h} \left[y\left(\frac{\partial z}{\partial x}\right)^2 + \left(\frac{\partial z}{\partial y}\right)^2 \right] \mathrm{d}x\mathrm{d}y \end{aligned}$$

或

$$L(k_0) = L(h) + 3hL'(h)\left[1 - \left(\frac{h}{k_0}\right)^{\frac{1}{3}}\right] +$$

$$4\int_h^{k_0}\left(\frac{1}{x^{\frac{1}{3}}}-\frac{1}{k_0^{\frac{1}{3}}}\right)\tau(x)\nu(x)\mathrm{d}x+$$

$$P(h,k_0) \tag{16.9}$$

其中

$$\frac{4}{3}\int_h^{k_0}k^{-\frac{4}{3}}\mathrm{d}k\iint_{c'_k-c'_h}\left[y\left(\frac{\partial z}{\partial x}\right)^2+\left(\frac{\partial z}{\partial y}\right)^2\right]\mathrm{d}x\mathrm{d}y$$

$$=P(h,k_0) \tag{16.10}$$

并且注意

$$\int_h^{k_0}k^{-\frac{1}{3}}\mathrm{d}k\int_h^k\tau(x)\nu(x)\mathrm{d}x$$

$$=-3\int_h^{k_0}\left[k^{-\frac{1}{3}}\right]_h^{k_0}\tau(x)\nu(x)\mathrm{d}x$$

现在把 k_0 固定，而令 h 趋于零，可能有两种情况：恒正函数 P 或保持有界，或趋于 $+\infty$. 在第一种情形，原计划 $L(h)$ 及从 h 到 k_0 的积分保持有界（因为于 $x\to 0$ 时，$\nu(x)$ 至多为阶小于 $\frac{2}{3}$ 的无穷），我们断定：于 $h\to 0$ 时，数值 $hL'(h)$ 保持有界.

反之，在第二种情形，则所说的数值趋于 $-\infty$. 这就是说，可以认为当 h 小于某数 h_0 时，我们有

$$hL'(h)<-1$$

即

$$L'(h)<-\frac{1}{h}$$

把这不等式从某个正数 $x<h_0$ 到 h_0 求积分，便得到

$$L(h_0)-L(x)<-\log\frac{h_0}{x}$$

即

$$L(x) > L(h_0) + \log \frac{h_0}{x}$$

这个不等式显然和 $L(x)$ 于 $x \to 0$ 应保持有界这一事实是不相容的.

由此我们断定,上述的第二种情况应该被去掉,因此有这样的正数 N 存在,对于任意 ε 我们有

$$|\varepsilon L'(\varepsilon)| < N$$

考虑到式(16.7),则有

$$\left|\frac{4}{3}\varepsilon^{-\frac{1}{3}}\int_{c'_\varepsilon} zz'\mathrm{d}s\right| < N$$

而这就证明了

$$\lim_{\varepsilon \to 0}\int_{c'_\varepsilon} zz'\mathrm{d}s = 0$$

也就是我们所要证明的事实.

顺便,在这里还可以注意:当 z 在特征线 AC 上为零时,积分

$$\int_0^1 \tau(x)\nu(x)\mathrm{d}x$$

不可能为负,这一事实的证明(此证明是唯一性定理的很大的一部分)可以大大地简化,这个简化可以下列事实为依据:即核

$$|x-y|^{-a}$$

在积分方程论的意义之下是正核.

诚然,考虑到 $\tau(x)$ 和 $\nu(x)$ 之间的泛函关系,我们有

$$\tau(x) = \gamma\int_0^x \frac{\nu(y)\mathrm{d}y}{(x-y)^{\frac{1}{3}}}\left[z=0 \text{ 在 } AC \text{ 上}, \gamma = \frac{\sqrt[8]{9}}{4\pi^2}\Gamma^3\left(\frac{1}{3}\right)\right]$$

由于

$$\int_0^1 \nu(x)\mathrm{d}x\int_0^x \frac{\nu(y)\mathrm{d}y}{(x-y)^{\frac{1}{3}}}=\int_0^1 \nu(y)\mathrm{d}y\int_0^1 \frac{\nu(x)\mathrm{d}x}{(x-y)^{\frac{1}{3}}}$$

立刻就得到所要求的关系式

$$\int_0^1 \tau(x)\nu(x)\mathrm{d}x=\frac{1}{2}\int_0^1\int_0^1 \frac{1}{|x-y|^{\frac{1}{3}}}\nu(x)\nu(y)\mathrm{d}x\mathrm{d}y\geqslant 0$$

16.2　方程(E)解的孤立奇异点

由于各位作者的许多有趣的文章[①]，现在可以十分明白地提出调和函数在其孤立奇异点附近的性质，或更一般地提出二级椭圆型线性偏微分方程的解在其孤立奇异点附近的性质.但是，虽然对于方程(E)的解在椭圆半平面的点上可能的孤立奇异性的研究，这些结果是充分的；然而，关于方程(E)在x轴点上可能的奇异性问题的说明，这些结果并不能提供任何新的东西.

---

① Picard, Quelques théorèmes élémentaires sur les fonctions harmoniques(Bulletin de la Societé Mathématique de France, t. 52(1924));Bouligand, Lebesgue, Noaillon(Comptes Rendus, t. 179(1 sem. 1923)),Bouligand, Fonctions harmoniques. Principes de Picard et de Dirichlet(Memorial des Sciences Mathématiques, cah. Ⅺ(1926));M. Picone, Sulle singolarità delle funzioni armoniche (Rendiconti della R. Accademia dei Lincei, s. 6,v. 3,pp. 655 — 660), e“Sulle singolarità isolate delle funzioni armoniche in tre o piu variabili”(Ebenda, v. 4,pp. 18 — 21); G. E. Roynor, Isolated singular points of harmonic functions(Bull. American Mathematical Society, s. 2,v. 32(1926)pp. 537-544).

因此,阐明方程(E)在 x 轴上的性质是一个值得研究的新问题.首先要在这种情况下给“孤立奇异性”这概念赋以意义.如果0是 x 轴上的一点,在椭圆半平面有这样的区域 S 存在,其边界的一部分是 x 轴上的线段 AB,线段 AB 包含着0点,而在前节所说的意义之下,所考虑的解在整个 S 中除去0点以外为正则的,则我们说0点是孤立奇异点.因此,我们毋须注意 x 轴下面(即使在0点邻近)发生什么情况.

现在我们要应用前一节中的那种推理,把皮卡定理推广到方程(E)上来,也就是要证明方程(E)的解在其真正的孤立奇异点(在 x 轴上的奇异点)附近,不可能为有界.

诚然,为简单起见,令孤立奇异点是坐标原点,令 z 是我们所考虑的方程(E)的一个解.首先,我们固定一个正数 k_0,使得以0为中心以 k_0 为参数的典型曲线 C_{k_0} 完全在区域 S 内.现在用 ζ 来表示方程(E)的一个正则解,此解在曲线 C_{k_0} 和 x 轴的线段 $(-k_0,+k_0)$ 上和 z 取相同的数值.显然,现在问题的实质是在于证明:在 C_{k_0} 内部的区域内有恒等式 $z=\zeta$,倘若令 $Z=z-\zeta$,则要证明在所说的区域内,解 Z 将恒等于零.

为了这个目的,我们取某个正数 $h<k_0$,并且考虑第二个典型曲线 C_h,此曲线以0为中心,以 h 为参数.

将恒等式

$$\frac{\partial}{\partial x}\left(yZ\frac{\partial Z}{\partial x}\right)+\frac{\partial}{\partial y}\left(Z\frac{\partial Z}{\partial y}\right)-y\left(\frac{\partial Z}{\partial x}\right)^2-\left(\frac{\partial Z}{\partial y}\right)^2=0$$

在界于二典型曲线之间的区域 $C_{k_0}-C_h$ 上求积分(图

16.3),于是应用高斯引理和类似前一节中所采用的意见,我们就得到等式

$$\iint_{c_{k_0}-c_h}\left[y\left(\frac{\partial Z}{\partial x}\right)^2+\left(\frac{\partial Z}{\partial y}\right)^2\right]\mathrm{d}x\mathrm{d}y+$$

$$\int_{c_h}ZZ'\mathrm{d}s-\int_{c_{k_0}}ZZ'\mathrm{d}s+$$

$$\left[\int_{-k_0}^{-h}+\int_h^{k_0}\right]Z\frac{\partial Z}{\partial y}\mathrm{d}x=0$$

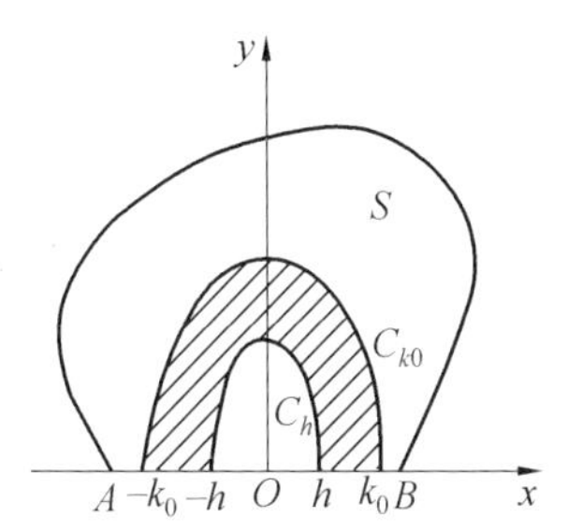

图 16.3

在所考虑的情况下,于 x 轴和曲线 C_{k_0} 上,我们有 $Z=0$,因此这个公式可以化简而得到

$$\iint_{c_{k_0}-c_h}\left[y\left(\frac{\partial Z}{\partial x}\right)^2+\left(\frac{\partial Z}{\partial y}\right)^2\right]\mathrm{d}x\mathrm{d}y+$$

$$\int_{c_h}ZZ'\mathrm{d}s=0 \qquad (16.11)$$

欲研究 C_h 上的积分于 $h\to 0$ 时的性质,我们引进在前节中用 L 表示的积分. 注意现在的积分是在整个典型曲线上求积的,即 $\theta_k=\pi$,我们有

$$L(k)=k^{-\frac{1}{3}}\int_{c_k}\frac{Z^2}{y}\mathrm{d}x=\frac{1}{\left(\frac{3}{2}\right)^{\frac{2}{3}}}\int_0^{\pi}Z^2(\sin\theta)^{\frac{1}{3}}\mathrm{d}\theta \quad (k\leqslant k_0)$$

因为在所考虑的情况下,$\tau(x)\equiv 0$,所以公式(16.9)的形式是

$$L(k_0)=L(h)+3hL'(h)\left[1-\left(\frac{h}{k_0}\right)^{\frac{1}{3}}\right]+P(h,k_0) \tag{16.12}$$

但在这情形,于 $h\to 0$ 时,$L(h)$ 保持有界,而 $P(h,k_0)$ 恒为正.因此,和前节一样,存在着正数 N,使得对于任意 h

$$|hL'(h)|<N$$

但另一方面,在这情况下,有类似于式(16.7)的公式

$$\frac{\mathrm{d}L}{\mathrm{d}k}=\frac{4}{3}k^{-\frac{4}{3}}\int_{c_k}ZZ'\mathrm{d}s$$

成立,由这公式可以断定

$$\left|\frac{4}{3}k^{-\frac{1}{3}}\int_{c_h}ZZ'\mathrm{d}s\right|<N$$

因此

$$\lim_{h\to 0}\int_{c_h}ZZ'\mathrm{d}s=0$$

最后,在式(16.11)中取极限 $h\to 0$.因为当 $h\to 0$ 时,第二项的极限是存在的,第一项的极限也存在.我们便得到等式

$$\iint_{c_{k_0}}\left[y\left(\frac{\partial Z}{\partial x}\right)^2+\left(\frac{\partial Z}{\partial y}\right)^2\right]\mathrm{d}x\mathrm{d}y=0$$

由此推出,在 C_{k_0} 的整个内部,Z 应该是常数,即恒等于零.

第17章　再论方程 $y\frac{\partial^2 z}{\partial x^2}+\frac{\partial^2 z}{\partial y^2}=0$

在杂志 *Rendiconti del Circolo Matematico di Palermo*[t. 52,1928]中发表的一篇文章中，特里谷米重新研究了偏微分方程

$$y\frac{\partial^2 z}{\partial x^2}+\frac{\partial^2 z}{\partial y^2}=0 \tag{E}$$

在准备存在性定理中，在曲线 σ 上不得已附加了很严的限制. 在本章中，我们要指出如何借助于特殊界线的考虑而上述的限制可以大大地放宽.

在本章中，我们应用阿司考尔(Прсф Асколи)教授的十分精致的方法来证明，我们可以完全去掉关于曲线 σ 的一切特殊的限制，因此只留下大家所熟悉的普通正则性的限制，而在椭圆型偏微分方程论中的"任意界线"总是加上这个条件的.

我刚才提到的准备存在性定理可以叙述如下：

设 AB 是 x 轴上的一条线段，σ 是引自点 A 和点 B 但不越出椭圆半平面的任意曲线，则在 AB 和 σ 所围成的椭圆半平面的一部分 S 中，存在一个(仅仅一个)方程(E)的正则解 z，此解在曲线 σ 和线段 AB 上取任意预先指定的数值.

我们假定：在椭圆半平面中与 x 轴无公共点的闭线路上指出 z 的数值情形，相类似的定理成立，在这个假设之下，我们要来证明上述的定理. 首先我们看到，不限制一般性而可以设线段 AB 上所给的数值等于零，这因为很容易就可以建立方程(E)的一个解 z_0，此解在整个区域 S 中正则，而在线段 AB 上取任意预先指定的数值. 譬如，令 A_0B_0 是这样的一个线段，而以这线段为底的典型曲线 C 包含区域 S 在其内部. 于是我们可以取方程(E)在 AB 上取我们的数值而在 A_0A，BB_0 和 C 上取任意指定值的解作为解 z_0(图17.1).

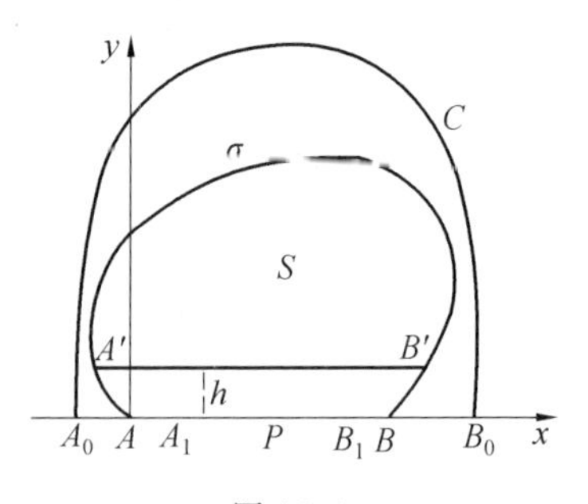

图 17.1

其次我们看到，假定在 σ 上所指定的数值为非负，

这并没有限制了一般性，因为任何函数 f 恒可以表示为二非负函数之差，于是线段偏微分方程的所有的某曲线上应取指定数值 f 的解，恒可以表示为二解 z_1 和 z_2 之差，此二解在这曲线上取值 f_1 和 f_2.

注意这几点以后，我们用 h 表示充分小的正数，引 x 轴的平行线 $y=h$，用 S_h 和 σ_h 表示区域 S 和曲线 σ 在这平行线上面的部分，最后，我们把平行线在 S 内的部分(图中的线段 $A'B'$) 叫作 r_h.

这样一来，区域 S_h 便与 x 轴无公共点，因此，将有方程(E) 的一个(且仅有一个) 正则解 $z(x,y;h)$ 存在，此解在 σ_h 就取原来的非负数值，而在 r_h 上取零值；在点 A' 和点 B' 可能有不同的边界值，但对这并无妨碍.

由此推出，在 S 内固定了任意点 $P(x_0,y_0)$ 以后，在此点我们可以确定方程(E) 的无穷个解 $z(x,y;h)$，对于每个小于 y_0 的数值 h 刚好对应着一个这种形式的解. 现在我们断定：对于 $h\to 0$ 时，这些解趋于确定的极限 z；换句话说，有一个确定的函数 $z(x,y)$ 存在，此函数在区域 S 中定义如下

$$\lim_{h\to 0} z(x_0,y_0;h)=z(x_0,y_0)$$

诚然，如果用 h' 和 h'' 表示 h 的二个数值，使

$$y_0>h'>h''>0$$

我们看到，定义于 $S_{h'}$ 内部的函数

$$z(x,y;h'')-z(x,y;h') \tag{17.1}$$

为方程(E) 的正则解，在 $\sigma_{h'}$ 上取零值，而在 $r_{h'}$ 上和函数 $z(x,y;h'')$ 取相同的数值. 但是方程(E) 的正则解在边界上达到其最大值和最小值，因此在 $\sigma_{h''}$ 上非负而

在 $r_{h''}$ 上为零的函数 $z(x,y;h'')$，在整个区域 $S_{h''}$ 内只能取正值或零，特别，在线段 $r_{h'}$ 上的点亦只能取正值或零值；因此解(17.1)在它所定义的区域的整个边界上取正值或零值，这就是说它不能为负. 由此我们断定

$$z(x_0,y_0;h'') \geqslant z(x_0,y_0;h')$$

另外，我们令 M 是 z 在 σ 所给定的数值的上限；于是再应用(E)的解仅仅在边界上能达到其最大值这一事实，我们有

$$z(x_0,y_0;h) \leqslant M$$

因此函数 $z(x_0,y_0;h)$ 有界，而当 h 减小时不下降. 所以当 $h \to 0$ 时，它趋于确定的极限 $z(x_0,y_0)$.

现在我们来证明，在 S 内函数 $z(x,y)$ 是方程(E)的正则解，或更精确地说，它是方程(E)的解析解.

为此目的，我们首先回忆：如果 S 是椭圆半平面与 x 轴无公共点的闭曲线，那么在 S 所围成的区域 S_0 中，方程(E)的一切正则解皆可以用下列公式表示

$$z(x_0,y_0)=\int_s V(x_0,y_0;x,y)z(x,y)\mathrm{d}s \qquad (17.2)$$

其中 V 是一个只与边界 s 有关的确定的解析函数. 反之，如果函数可以表成积分(17.2)的形式，那么我们立刻看到，它是方程(E)的解析解.

现在我们假定曲线 s 是在区域 S 的内部，并且没有一点和 x 轴的距离小于 h_0，于是对于任意小于 h_0 的 h，显然在 S_0 内有等式

$$z(x_0,y_0;h)=\int_s V(x_0,y_0;x,y)z(x,y;h)\mathrm{d}s \qquad (17.3)$$

另外，作为 s 上的连续函数的极限，于这界线上函数 $z(x,y)$ 在勒贝格意义下是无条件可积的，因此取极限 $h\to 0$，根据大家所知道的勒贝格定理，我们就从等式(17.3)得到

$$z(x_0,y_0)=\int_s V(x_0,y_0;x,y)z(x,y)\mathrm{d}s$$

我们看到，这就足以断定极限函数 $z(x,y)$ 是方程(E)在 S_0 内的解析解.

特别，由刚才证明的命题推出：函数 $z(x,y;h)$ 在每个形式为 S_0 的区域内一致趋于其极限 $z(x,y)$. 不难证明：如果区域 S_0 延展到曲线 σ，只要它离开 x 轴，那么这种一致收敛性仍是保持的. 所以解 $z(x,y)$ 在 σ 的附近仍为连续，因而它在这条曲线上确实取原来的数值. 我们省略了相应的证明，因为这和阿司考尔在上面引到的论文中对于类似的情况所给出的证明完全相类似.

这样一来，我们只要证明解 z 在 x 轴上也适合边界条件，也就是说，我们只要证明这些解在 x 轴的线段 A_1B_1 上为零.

为此，我们用 P 来表示线段 AB 的任一内点，用 A_1，B_1 表示这条线段分别在 A，P 之间和 P，B 之间的点. 现在考虑以 A_0B_0 为底的典型曲线 C，我们用 $\zeta(x,y)$ 表示方程(E)的一个正则解，此解在 C 和二线段 A_0A_1 和 B_0B_1 上取常数值 1，而在线段 A_1B_1 上取常数值.

方程(E)的解在边界上达到其最大值和最小值，

我们已经不止一次地用到这一事实，由这事实在此处可以断定：函数 $\zeta(x,y)$ 任曲线 σ 上的数值完全不大于 1，而具有正的最小值 m；由此，和以前一样，我们用 M 表示 z 在曲线 σ 上指定的数值的上限，我们便得到：函数

$$\mu=\frac{M}{m}\zeta(x,y)-z(x,y;h)$$

在它所定义的区域 S_h 的边界上，在曲线 σ_h 以及 r_h 上恒非负. 但是函数 μ 是方程(E) 的正则解，因此它在边界达到其最大值和最小值，因此对于任意 h，将有不等式

$$\frac{M}{m}\zeta(x,y)-z(x,y;h)\geqslant 0$$

取极限 $h\rightarrow 0$，乃得

$$z(x,y)\leqslant\frac{M}{m}\zeta(x,y)$$

但是函数 $\zeta(x,y)$ 在 P 附近是连续的，所以于接近此点时它趋于零. 由此推出：解 $z(x,y)$ 于接近点 P 时也趋于零，这便是我们所要证明的.

论方程 $y\frac{\partial^2 z}{\partial x^2}+\frac{\partial^2 z}{\partial y^2}=0$ ——1928 年，在 Bologna 国际数学会上的报导的摘录[①]

第 18 章

在 1923 年我给出了方程(E)唯一性定理，我今年(1928 年)在 *Rendiconti del Circolo Matematico di Palermo*，t. LⅡ[②]发表的文章中重新讨论了这个定理. 我乘这个机会把定理成立的条件作一推广. 以前加诸函数 $\nu(x)$ 的条件是它在区间(0,1)内为连续，而在端点可以为阶小于$\frac{2}{3}$的无穷，而我现在要证明，这个条件可用下面的较弱的限制条件来代替，即函数 $\nu(x)$ 在区间的端点可以为阶仅小于 1 的无穷. 这样一来，便可以消除一个对我所作的异议.

---

① 特里谷米的报导.

② 参看本书的第 16 章.

毋须改变在上述文章中所作的一切推理，我们看到，作为积分

$$\int_{c'_k} zz' \mathrm{d}s \tag{18.1}$$

于 $k \to 0$ 而趋于零的断言的基础的条件是依赖于下面的事实，即积分

$$\int_h^{k_0} (x^{-\frac{1}{3}} - k_0^{-\frac{1}{3}}) \tau(x) \nu(x) \mathrm{d}x \tag{18.2}$$

于 $h \to 0$ 而趋于有穷的极限.

如果现在设 $\nu(x)$ 为无穷，其阶不是小于 $\frac{2}{3}$，而是小于1，那么就不能断定积分(18.2)于 $h \to 0$ 时而必须趋于有穷的极限. 但恒可以断言：如果 η 是充分小的正数，那么我们有

$$\lim_{h \to 0} \left[h^{\frac{1}{3}-\eta} \int_h^{k_0} (x^{-\frac{1}{3}} - k_0^{-\frac{1}{3}}) \tau(x) \nu(x) \right] = 0$$

由此可见，欲在关于函数 $\nu(x)$ 的较宽的新假定之下，得到关于积分(18.1)的所要求的结论，只要把第16章中用等式(16.9)的各项乘以 $h^{\frac{1}{3}-\eta}$，并且毋须太大的改变，重复该文中所作之推理.

第 三 篇

中国学者论特里谷米问题

关于恰普雷金方程的特里谷米问题解案的唯一性

第19章

关于恰普雷金方程的特里谷米问题，Ф. N. Франкль[1] 在函数

$$F(y) \equiv 2\left(\frac{K}{K'}\right)' + 1$$

于 $y < 0$ 恒大于零的假定之下，证明了解案的唯一性. 后来普罗特 (M. H. Protter)[2] 将 Ф. N. Франкль 的结果作了一些推广，他虽然证明了 $F(y)$ 也可能为负，而唯一性定理仍然成立，但是对双曲域究竟能延展到何种程度，并没有明确的概念. 最近吴新谋和丁夏畦[3]，指出了一件重要的事实，即在下半平面($y < 0$)，如果 $F(y)$ 改变符号，则 $K(y)$ 必有奇异点存在，这就是说，所考虑的区域在双曲部分就天然地受到了限制. 但是如果 $K(y)$ 的奇异点在 $F(y)$ 的零点以下，那么区域的双曲部分是否可以延展到 $F(y)$ 的零点以下，

而唯一性定理仍然成立呢？又 $K(y)$ 的奇异点能够在 $F(y)$ 的零点以下多么远呢？中国科学院数学研究所的王光寅研究员在 1955 年证明了：

(1) 如果 $K(y)$ 的奇异点在 $F(y)$ 的零点以下，那么区域的双曲部分恒可以适当地延展到 $F(y)$ 的零点以下，而区域的椭圆部分可以任意地向上面和右面延展，在这整个区域上的恰普雷金方程的特里谷米问题解案唯一性成立.

(2) 如果在下半平面 $F(y)$ 有两个以上的零点，设其中最大的两个零点是 $-\frac{1}{a_1}$ 和 $-\frac{1}{a_2}(0<a_2<a_1)$，而 $y=-\frac{1}{a_1}$ 是 $F(y)$ 的奇次零点，且

$$F(y)=3(1+a_1y)(1+a_2y)\varphi(y)$$

其中 $\varphi(y)$ 在区间 $(-\frac{1}{a_1},0)$ 中不大于 1，那么即使方程的定义域能超过 $F(y)$ 的第一个零点 $-\frac{1}{a_1}$，但在 $F(y)$ 的两个零点之间，即 $\left(-\frac{1}{a_2},-\frac{1}{a_1}\right)$ 之中，$K(y)$ 也必有异点存在.

下面先证明我们的第一个命题，所谓恰普雷金方程，乃是

$$L(u)\equiv K(y)u_{xx}+u_{yy}=0 \tag{19.1}$$

其中 $K(y)$ 是单调增函数，有连续的二阶微商，并且 $K(0)=0$. 令 σ 是位于上半平面的一支光滑的若尔当(Jordan) 曲线 σ，其端点 A 和 B 在 x 轴上. 在下半平面，方程(19.1) 有两组特征线

$$\frac{\mathrm{d}y}{\mathrm{d}x}=\frac{1}{\sqrt{-K}}$$

$$\frac{\mathrm{d}y}{\mathrm{d}x}=-\frac{1}{\sqrt{-K}}$$

于是过 x 轴上任一点有两支特征线. 令 Γ_1,Γ_2 分别是过点 $A(x_0,0)$,$B(\overline{x}_0,0)$ 的特征线之一支,它们相交于点 C. 令直线 AB 和曲线 σ 所围成的区域叫 E,而直线 AB 和两支特征线 Γ_1,Γ_2 所围成的区域叫 H. 所谓特里谷米问题,就是要寻求一个函数 u 在区域 E 和 H 上适合方程(19.1),而在曲线 σ 和 Γ_2(或 Γ_1) 上取已给值. 这种问题的唯一性定理是在所谓拟正则解[3] 中建立的. 由于方程(19.1) 是线性方程,只要证明方程(19.1) 的任何拟正则解在考虑区域的边界 σ 和 Γ_2 上取零值,则这解在区域 E 和 H 上恒等于零,那么就证明了唯一性定理. 现在假设曲线 σ 上横坐标最小(即最左边) 的点 P 的坐标是(ξ,η),则我们可以作变数更新 $x'=x-\xi$,使区域的椭圆部分 E 完全在 Y 轴的右边,而方程没有变化. 因此我们可以假定原问题中的曲线 σ 的最左边的点是在 y 轴上,而不失一般性. 如果 $u(x,y)$ 是方程(19.1) 在 E 和 H 上的拟正则解,且在曲线 σ 和特征线 Γ_2 上等于零,则有

$$\iint_{E+H} xu(Ku_{xx}+u_{yy})\mathrm{d}x\mathrm{d}y-$$
$$4\iint_{H} K'^{-1}x\{(-K)^{3/2}u_x-Ku_y\}(Ku_{xx}+u_{yy})\mathrm{d}x\mathrm{d}y=0 \tag{19.2}$$

应用格林公式,可以直接算出等式的左边等于

$$
-\frac{1}{2}\iint_H [2(-K)^{3/2}+xK'F(y)]^{-1}\cdot
$$

$$
\left\{\left[K^2K'+x\left(\frac{3}{2}(-K)^{1/2}K'^2+(-K)^{3/2}K''\right)\right]u_x+\right.
$$

$$
\left.\left[(-K)^{3/2}+\frac{1}{2}xK'F\right]K'u_y\right\}^2\mathrm{d}x\mathrm{d}y-
$$

$$
\iint_E x(Ku_x^2+u_y^2)\mathrm{d}x\mathrm{d}y-\int_{\Gamma_1}\left(\sqrt{-K}+\frac{xK'}{-4K}\right)u^2\mathrm{d}x+
$$

$$
2\int_A^B x\left(\lim_{y\to 0^-}\frac{K}{K'}\right)u_y^2(x,0)\mathrm{d}x \tag{19.3}
$$

上式中第二项、第三项及第四项皆不能为正，而如果对于 $y<0$，不等式

$$
2(-K)^{3/2}+xK'F(x)\geqslant 0 \tag{19.4}
$$

成立，那么上式中第一项也不能为正. 于是由等式(19.2)得知，式(19.3)中的各项皆等于零. 特别由第二项等于零可以推出：在 E 上 u_x 和 u_y 恒等于零；而由第三项等于零推出 u 在 Γ_1（或 Γ_2）上恒等于零. 由此立刻推知在 E 和 H 上解案 $u(x,y)$ 恒等于零. 这就证明了解案的唯一性.

我们知道，当 $F(y)\geqslant 0$ 时，不等式(19.4)于下半平面恒成立. 现在假定 $F(y)$ 可以为负，且设 y_0 是 $F(y)$ 在下半平面的最高的一个零点，而 $K(y)$ 的最高的奇异点 y_1 在 $F(y)$ 的零点 y_0 的下面，即 $y_1<y_0<0$. 令直线 $y=y_0$ 和特征线 Γ_1 和 Γ_2 分别交于点 $A_1(x_0,y_0)$ 和 $B_1(\overline{x}_1,y_0)$，则 Γ_1 的方程是

$$
x=-\int_0^y\sqrt{-K}\,\mathrm{d}y+x_0
$$

令点 C 的纵坐标是 $y_0-\varepsilon(\varepsilon>0)$，即区域的双曲部分

延展到 $F(y)$ 的零点 y_0 的下面，则点 C 的横坐标是 $-\int_0^{y_0-\varepsilon}\sqrt{-K}\,\mathrm{d}y+x_0$，于是 Γ_2 的方程是

$$x=\int_0^{y}\sqrt{-K}\,\mathrm{d}y-2\int_0^{y_0-\varepsilon}\sqrt{-K}\,\mathrm{d}y+x_0$$

于是

$$\overline{x}_1=\int_0^{y}\sqrt{-K}\,\mathrm{d}y-2\int_0^{y_0-\varepsilon}\sqrt{-K}\,\mathrm{d}y+x_0$$

因为在 Γ_2 上，$\mathrm{d}y=\dfrac{1}{\sqrt{-K}}\mathrm{d}x$，所以区域 A_1CB_1 中任一点的横坐标 $x\leqslant\overline{x}_1$. 又因为 $K'(y)$ 和 $F(y)$ 在 y_0 附近连续，则我们恒可以取得正数 ε，使在区间 $y_0-\varepsilon\leqslant y\leqslant y_0$ 中，有下列不等式

$$0\leqslant K'(y)\leqslant M$$

$$0\leqslant|F(y)|\leqslant\frac{2(-K(y_0))^{3/2}}{M\left(\int_0^{y_0}\sqrt{-K}\,\mathrm{d}y-2\int_0^{y_1}\sqrt{-K}\,\mathrm{d}y+x_1\right)}$$

于是在区间 $y_0-\varepsilon\leqslant y\leqslant y_0$ 中，不等式(19.4)也成立. 这就是说，无论区域的椭圆部分如何，我们总可以把区域的双曲部分适当地延展到 $F(y)$ 的最高零点以下，而在整个区域上的特里谷米问题解案的唯一性仍然成立. 值得注意的是：区域的椭圆部分可以向上向右任意延展而不影响区域的双曲部分.

现在把我们的结果应用到一个具有上述特点的例上. 我们取 $K(y)=\dfrac{3y}{1+3y}$，则 $K'(y)=\dfrac{3}{(1+3y)^2}$，$F(y)=3(1+4y)$. $F(y)$ 的零点是 $-\dfrac{1}{4}$，而 $K(y)$ 的奇

异点是$-\frac{1}{3}$. 经变数更换后,使椭圆域E全部在Y轴的右边,而σ上最左边的点在Y轴上,则Γ_1的方程是

$$x=-\int_0^y\sqrt{\frac{-3y}{1+3y}}\mathrm{d}y+x_0$$

$$=\frac{1}{3}\left\{\arctan\sqrt{\frac{-3y}{1+3y}}-\sqrt{-3y(1+3y)}\right\}+x_0$$

如果Γ_1的点的纵坐标一直延展到$-27/96$,则Γ_1的最低点C的横坐标是

$$x_C=\frac{1}{3}\left\{\arctan\sqrt{\frac{81}{15}}-\frac{1}{96}\sqrt{81\times 15}\right\}+x_0$$

则通过点C的另一支特征线Γ_2的方程是

$$x=-\frac{1}{3}\left\{\arctan\sqrt{\frac{-3y}{1+3y}}-\sqrt{-3y(1+3y)}\right\}+$$

$$\frac{2}{3}\left\{\arctan\sqrt{\frac{81}{15}}-\frac{1}{96}\sqrt{81\times 15}\right\}+x_0$$

于是点B_1的横坐标$\overline{x}_1$是

$$\overline{x}_1=-\frac{1}{3}\left\{\arctan\sqrt{3}-\frac{1}{4}\sqrt{3}\right\}+$$

$$\frac{2}{3}\left\{\arctan\sqrt{\frac{81}{15}}-\frac{1}{96}\sqrt{81\times 15}\right\}+x_0$$

$$<0.333\ 27+x_0$$

但当$-\frac{27}{96}\leqslant y\leqslant-\frac{1}{4}$时

$$\frac{2(-K)^{3/2}}{K'(-F)}=\frac{2(-y)^{3/2}(1+3y)^{1/2}}{-\sqrt{3}(1+4y)}>0.456\ 43$$

故当$x_0<0.123$时,$\overline{x}_1<\frac{2(-K)^{3/2}}{K'(-F)}$,于是在区域

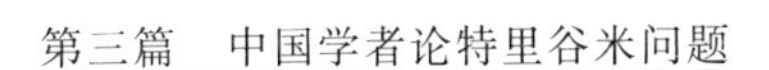

A_1CB_1 中，不等式(19.4)成立. 这个验算的结果表明，只要把 x_0 取得适当小，我们可以把区域的双曲部分延展到 $F(y)$ 的零点以下，将近到达 $F(y)$ 的零点和 $K(y)$ 的奇异点的中点$\left(y=-\frac{28}{96}\right)$，在整个区域 E 和 H 中，特里谷米问题的解案的唯一性成立，而区域的椭圆部分可以任意向上向右延展.

最后我们来证明第二个命题. 因为我们假设 $-\frac{1}{\alpha_1}$ 和 $-\frac{1}{\alpha_2}$ 是 $F(y)$ 在下半平面最大的两个零点，则除 $-\frac{1}{\alpha_1}$ 以外，在区间 $\left(-\frac{1}{\alpha_2},0\right)$ 中，$F(y)$ 不可能有其他的零点，而 $-\frac{1}{\alpha_1}$ 只能是 $\varphi(y)$ 的偶次零点，所以在区间 $\left(-\frac{1}{\alpha_2},0\right)$ 中 $\varphi(y)\geqslant 0$. 又因为 $\lim\limits_{y\to 0}F(y)=3$. 所以

$$2\frac{K}{K'}=\int_0^y[3(1+\alpha_1 y)(1+\alpha_2 y)\varphi(y)-1]\mathrm{d}y$$

在零附近，且 $y<0$ 时取负值. 但是

$$\begin{aligned}2\frac{K}{K'}\bigg|_{y=-\frac{1}{\alpha_2}}&=-\int_{-\frac{1}{\alpha_2}}^{0}[3(1+\alpha_1 y)(1+\alpha_2 y)\varphi(y)-1]\mathrm{d}y\\&=-\int_{-\frac{1}{\alpha_2}}^{-\frac{1}{\alpha_1}}3(1+\alpha_1 y)(1+\alpha_2 y)\varphi(y)\mathrm{d}y-\\&\quad\int_{-\frac{1}{\alpha_1}}^{0}3(1+\alpha_1 y)(1+\alpha_2 y)\varphi(y)\mathrm{d}y+\frac{1}{\alpha_2}\end{aligned}$$

因二次式 $(1+\alpha_1 y)(1+\alpha_2 y)$ 在 $\left(-\frac{1}{\alpha_2},-\frac{1}{\alpha_1}\right)$ 中取负值，而在 $\left(-\frac{1}{\alpha_1},0\right)$ 中取正值，所以上面等式右端的第

一项为正，而第二项大于

$$-\int_{-\frac{1}{\alpha_1}}^{0} 3(1+\alpha_1 y)(1+\alpha_2 y)\mathrm{d}y = -\frac{3}{2\alpha_1}+\frac{\alpha_2}{2\alpha_1^2}$$

所以

$$2\frac{K}{K'}\bigg|_{y=-\frac{1}{\alpha_2}} > \frac{\alpha_2}{2\alpha_1^2}-\frac{3}{2\alpha_1}+\frac{1}{\alpha_2}$$

此式右端于 $0<\alpha_2<\alpha_1$ 时大于零，所以 $2\frac{K}{K'}$ 在 $y=-\frac{1}{\alpha_2}$ 附近大于零，于是 $K'(y)$ 在 $y=-\frac{1}{\alpha_2}$ 附近为负，这已不合于我们原来的假定，因为恰普雷金方程中的 $K'(y)$ 被要求为正.

既然 $2\frac{K}{K'}$ 在 $y=0$ 附近取负值而在 $y=-\frac{1}{\alpha_2}$ 附近取正值，所以它在 $\left(-\frac{1}{\alpha_2},0\right)$ 中必有零点，在此点 $K(y)$ 不能为零，故 $K'(y)$ 变为无穷. 如果 $2\frac{K}{K'}$ 的零点在 $\left(-\frac{1}{\alpha_1},0\right)$ 之中，那么为 Ф. И. Франкль 所讨论的情况，其唯一性定理完全解决；如果 $2\frac{K}{K'}$ 的最大零点 ζ 在 $\left(-\frac{1}{\alpha_2},0\right)$ 之中，那么 $F(\zeta)<0$

$$\begin{aligned}\lim_{y\to\zeta}\frac{2\frac{K}{K'}}{y-\zeta} &= \lim_{y\to\zeta}\frac{\int_{\zeta}^{y}(F(y)-1)\mathrm{d}y}{y-\zeta}\\ &= F(\zeta)-1=-S_0<0\end{aligned}$$

便可以立刻推出 ζ 是 $K(y)$ 的奇异点（参看文[3]）.

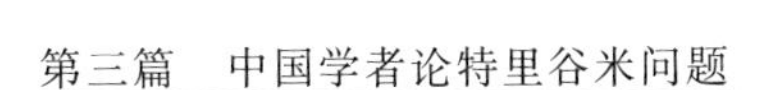

在命题中，我们假设 $\varphi(y)$ 在 $\left(-\frac{1}{\alpha_2},0\right)$ 中不大于1. 现在我们来举例说明这个假设在某种意义之下，不是多余的. 即如果 $\varphi(y)$ 不受这个条件的限制，那么在 $\left(-\frac{1}{\alpha_2},0\right)$ 中未必有 $K(y)$ 的奇异点存在.

例如，取 $\alpha_1=\frac{1}{99}$，$\alpha_2=\frac{1}{100}$，$\varphi(y)=\left(1+\frac{1}{100}y\right)(1-1\ 000y)$，于是

$$F(y)=3(1+\frac{1}{99}y)(1+\frac{y}{100})^2(1-1\ 000y)$$

$$=3\left(1-\frac{9\ 899\ 702}{9\ 900}y-\frac{29\ 799\ 701}{990\ 000}y^2-\frac{298\ 999}{990\ 000}y^3-\frac{1\ 000}{990\ 000}y^4\right)$$

$$2\left(\frac{K}{K'}\right)=2y-\frac{1}{2}\ \frac{9\ 899\ 702}{3\ 300}y^2-\frac{29\ 799\ 701}{990\ 000}y^3-\frac{1}{4}\ \frac{298\ 999}{330\ 000}y^4-\frac{200}{330\ 000}y^5$$

$$2\left(\frac{K}{K'}\right)_{y=-100}=-1\ 489\ 773+\frac{2}{99}$$

不难看出，$F(y)-1$ 在 $(-100,0)$ 中只有一个零点，在这零点的右边 $F(y)-1$ 大于零，故 $2\left(\frac{K}{K'}\right)=\int_0^y(F(y)-1)\mathrm{d}y$ 为负且恒增；而在这零点的左边，则 $2\left(\frac{K}{K'}\right)$ 恒减. 但 $2\left(\frac{K}{K'}\right)$ 在 $y=-100$ 为负，所以在 $(-100,0)$ 中 $2\left(\frac{K}{K'}\right)$ 恒为负，因而无零. 由此就可以看出 $K(y)$ 在

(－100,0)中无奇异点.

参考文献

[1] ФРАНКЛЬ Ф И,ОЗАДАЧАХ С А. Чаплыгина для смешанных до-и сверхзвуковых течений[J]. Изв. Ак. Наук СССР,1945(9):121-143.

[2] PROTTER M H. Uniqueness Theorems for the Tricomi Problem[J]. Journal of Rational Mechanics and Analysis,1953(2):107-114.

[3] 吴新谋,丁夏畦.恰普雷金方程的特里谷米问题的唯一性[J].数学学报,1955(5):393-399.

关于一类混合型方程的特里谷米问题[①]

第20章

早在1965年，还是浙江大学研究生的管祜成证明了一般的特里谷米方程的特里谷米问题在适当的条件下，其正规解存在性依赖于唯一性．作为副产品对于双曲区域中的柯西—古沙（Goursat）问题也改进了已有的结果．

20.1　问题的提出

对于特里谷米方程

$$yu_{xx}+u_{yy}=0 \tag{20.1}$$

的研究已经相当完备（见文[1]，[2]，而对于一般线性混合型方程的研究的一些简单

① 摘自《浙江大学学报》，1965年11月．

情况,可见文[3],[4]).但是用古典的方法研究的方程和定解问题,大多是比较特殊的形式.对于一般的方程

$$y^m u_{xx}+u_{yy}+au_x+bu_y+cu=0\quad(m>0)\tag{20.2}$$

$$u_{xx}+y^m u_{yy}+au_x+bu_y+cu=0\quad(m>0)\tag{20.3}$$

的研究,则仅限于退缩椭圆[5,6]或退缩双曲[7]的情况.在文[5],[6]中对(20.2),(20.3)两式在椭圆区域中的研究基本上已完备,而在文[7]中则仅考虑式(20.2),当 $n=1$ 时的柯西-古沙问题,还加了一个很强限制条件

$$b=a(-y)^{\frac{1}{2}}\tag{20.4}$$

对于式(20.2),(20.3)混合型区域的研究,只是有一些简单的模型,例如对于一般 Лаврентьев 方程

$$u_{xx}+\operatorname{sgn} y\, u_{yy}+au_x+bu_y+cu=0\tag{20.5}$$

在文[8]中研究了式(20.5)的特里谷米问题,基本上也只是证明了解的存在性依赖于唯一性.

对于式(20.2)只是当 $a\equiv b\equiv 0,c=c(y)$ 时,即是恰普雷金方程

$$k(y)u_{xx}+u_{yy}=0\tag{20.6}$$

的变形,在文[9]的学位论文中解决了存在性依赖于唯一性,而文[9]中的唯一性证明由文[10]中用文[11]的极大值原理得到一些改善.

本章考虑式(20.2)当 $m=1$ 时的经典的特里谷米问题,进一步的研究留待以后解决.

考虑一类混合型方程

$$L(u)=yu_{xx}+u_{yy}+au_x+bu_y+cu=f\quad(c\leqslant 0)\tag{20.7}$$

的特里谷米问题.

所考虑的区域 D 由椭圆区域 $D_1(y>0)$ 中自 $B(1,0)$ 起到原点 A 止的李雅普诺夫曲线 Γ 和双曲区域 $D_2(y<0)$ 中自 A,B 引出的特征线 AC,BC 围成(图 20.1).它们的方程是

$$AC:x-\frac{2}{3}(-y)^{\frac{3}{2}}=0$$

$$BC:x+\frac{2}{3}(-y)^{\frac{3}{2}}=1$$

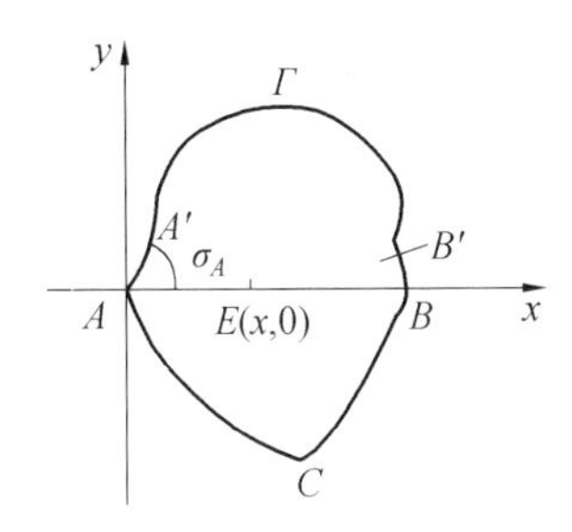

图 20.1

特里谷米问题的提法,求一函数 $u(x,y)$ 使它在区域 $D\setminus AB$ 为二阶连续可微,且满足方程(20.7),在闭区域 $\overline{D}$ 连续,且在 Γ 和 AC 上取零值

$$u_{\Gamma}=0\tag{20.8}$$

$$u_{AC}=0\tag{20.9}$$

u 的一阶微商除 A,B 外在 $D+\Gamma$ 中连续,而在 A,B 附

近适当正规[①].

我们称满足上述要求的函数 $u(x,y)$ 是正规解.

在下列假定下:

(1)Γ 的两端有两小段$\widehat{AA'}$,$\widehat{BB'}$ 与 Γ_0:$\left|\zeta-\frac{1}{2}\right|=\frac{1}{2}(\zeta=\xi+\mathrm{i}\,\frac{2}{3}\eta^{\frac{3}{2}})$ 重合;

(2)$f\in C^{(2)},a,b,c\in C^{(5)}(D)$;

(3)$-a_x-b_y+c\leqslant 0(D_1)$;

(4)a,b 在 D_1 中 A,B 附近充分小邻域 d_A,d_B 内恒为零.

本章证明正规解的存在性依赖于唯一性,从而利用文[11] 给出正规解存在,唯一的最容易找到的条件.特别在双曲区域中改善了文[7] 的结果,把条件(20.4) 去掉.

下面用 $\delta,\varepsilon,\delta_i,\varepsilon_i(i=0,1,2,\cdots)$ 表示充分小的正常数.与方程系数,右端有关的正常数记为 $k,k_i(i=0,1,2,\cdots)$.

20.2 椭圆区域的情况和一些引理

记

$$G_0(x;\xi,\eta)=|\zeta-x|^{-\frac{1}{3}}-|\zeta+x-2\zeta x|^{-\frac{1}{3}}$$

$$(\zeta=\zeta+\mathrm{i}\,\frac{3}{2}\eta^{\frac{3}{2}},0<x<1)\qquad(20.10)$$

① 适当正规,指使下面公式能够应用.

考虑下列定解问题

$$M(z)=\eta z_{\xi\xi}+z_{\eta\eta}-(az)_{\xi}-(bz)_{\eta}+cz=g$$

$$(-a_{\xi}-b_{\eta}+c\leqslant 0) \tag{20.11}$$

$$z_{\Gamma}=-G_0 \tag{20.12}$$

$$z\mid_{\overline{AB}}=0(\text{除 } E(x,0) \text{ 外}) \tag{20.13}$$

其中

$$g=(aG_0)_{\xi}+(bG_0)_{\eta}-CG_0=0(\gamma_0^{-\frac{4}{3}}) \tag{20.14}$$

$$\gamma_0^2=(\xi-x)^2+\frac{4}{9}\eta^3 \tag{20.15}$$

首先成立：

引理 20.1　对于(0,1)中的任一 x，定解问题(20.11),(20.12),(20.13)的解 z，在满足条件：

(1)$Z\in C^{(2)}(D_1)$，且满足方程(20.11)；

(2)$Z\in C^{(0)}(\overline{D}_1/E)$，但在 $E(x,0)$ 附近成立 $Z=o(r_0^{-\frac{1}{3}+\delta})$ 的函数类中唯一存在.

证明　唯一性，只需在 D_1 中作出闸函数 $U(\xi,\eta)$，使 $U\in C^{(0)}(D_1/E)$，$U\in C^{(2)}(D_1)$，并满足下列条件：

(1)$U\geqslant k_0>0,(\xi,\eta)\in(\overline{D}_1E)$；

(2)$U=o(\gamma_0^{-\frac{1}{3}+\delta_1})(\delta_1<\delta)$；

(3)$M(U)<0$.

当 U 已作出时，设 z 为齐次问题之解，任取 $\delta_2>0$，由条件(20.1),(20.2)得函数 $\delta_2U\pm z$.

在 $\overline{AB}/E$，Γ 上和 E 附近为正，由式(20.3)得

$$M(\delta_2U\pm z)<0$$

故 $\delta_2 U \pm z$ 不在 $\overline{D}_1/E$ 中取到负的最小值，即在 $\overline{D}_1/E$ 中有 $\delta_2 U \pm z > 0$，令 $\delta_2 \to 0$，得 $z = 0$.

U 的取法如下：

取定 λ，满足 $\frac{1}{3} - \delta < \lambda < \frac{1}{3}$，考虑函数

$$S = \gamma_0^{-\lambda} - \eta^{\frac{3}{2}} + \varepsilon_{\gamma_0}^{-\lambda-1} \tag{20.16}$$

$$M(S) = -\left[\lambda\left(\frac{1}{3} - \lambda\right)\eta\gamma_0{}^{-\lambda-2} + \left(\frac{3}{2} + \varepsilon\right)\left(\frac{1}{2} + \varepsilon\right)\eta^{-\frac{1}{2}+\varepsilon}\gamma_0{}^{-\lambda-1}\right] + o(\gamma_0{}^{-\lambda-1}) + o(\eta^{\frac{5}{3}+\varepsilon}\gamma_0{}^{-\lambda-1})$$

故当 η 充分小时，有 $M(s) < 0$，选取

$$U = k_1 - (\xi - \xi_1)^k + S \tag{20.17}$$

$$\xi_1 < \{\inf \xi, (\xi_1 \eta)\varepsilon\overline{D}_1\} - 1 \tag{20.18}$$

其中 S 由式(20.16)定义.

先取 k 充分大，再取 k_1 充分大，使 U 满足(20.1)，(20.2)，(20.3)条件存在性，z 可以用文[5]中 Келдыш 型的函数列 $\{z^{(n)}\}$ 来逼近

$$M(z^{(n)}) = g(D^n)$$

$$z_{\Gamma}^{(n)} = -G_0$$

$$z^{(n)}\big|_{\nu_n} = 0$$

其中 ν_n 是 D_n 的边界，它们具体作出可与文[6]中一样.

即有 $z^{(n)} \to z$，z 满足条件(20.1)和 $z\varepsilon c^{(0)}(\overline{D}_1/E)$ 是很显然的，主要来证明 $z = o(r_0^{-\frac{1}{3}+\delta})$，为证这点，在式(20.16)中令 $\lambda = \delta > \varepsilon > 0$ 充分小，作函数

$$U \pm z^{(n)}$$

其中 U 的定义见式(20.17),这时得

$$M(U \pm z^{(n)}) = M(U) \pm o(\gamma_0^{-\frac{2}{3}}) < 0$$

$U \pm z^{(n)}$ 在 Γ 上,由于假定(20.1),它取正值,在 v_{11} 上亦然,故由上式得

$$U \pm z^{(n)} > 0 \quad (D_n)$$

由此证得引理 20.1,即 $z = o(r_0^{-\delta})$.

为了下面应用,我们还需要如下引理.

引理 20.2　对于(0,1)中任一 x,下列函数

$$\left| \gamma_0^{\frac{2}{3}+\delta_1} z_\eta^{(n)} \right|, \left| \gamma_0^{\frac{5}{3}+\delta_1} z_{\xi\eta}^{(n)} \right|, \left| \gamma_0^{3+\delta_2} z_{\xi\xi\xi}^{(n)} \right|$$

$$\left| \gamma_0^{2+\delta_3} z_{\xi\xi}^{(n)} \right|, \left| \gamma_0^{1+\delta_4} z_\xi^{(n)} \right|$$

$$(\delta_1 > \delta_2 > \delta_3 > \delta_4 > \delta > 0 \text{ 充分小})$$

关于 (ξ, η) 在 D_1 中 $\overline{AB}$ 附近,除 A,B 二点小邻域一致有界,即有与 n 无关的上界.

证明　因为在 $\overline{AB}$ 附近,除 $E(x,0)$ 外,$z_{\xi\xi\xi}^{(n)}$,$z_{\xi\xi}^{(n)}$,$z_\xi^{(n)}$ 的一致有界性可以由普通估计方法得到.故仅需证明在区域

$$R_{n,\varepsilon_0} = \{x - \varepsilon_0 < \xi < x + \varepsilon_{01} \frac{1}{n} < \eta < \varepsilon_0\}^{①}$$

中的一致有界性.

应用变换 $z^{(n)} = v_0 v^{(n)}$,$v_0 = \mathrm{e}^{-\int \frac{b}{2} \mathrm{d}\eta}$,则 $v^{(n)}$ 满足的方程和定解条件如下

---

① 这里在 $\overline{R}_{n,\varepsilon_0}$ 中,r_n 就是 $\eta = \dfrac{1}{n}$ 的直线.

$$M_1(v^{(n)})=\eta v_{\xi\xi}^{(n)}+v_{\xi\xi}^{(n)}+A^*v_{\xi}^{(n)}+c^*v^{(n)}=g^* \tag{20.19}$$

$$v^{(n)}\mid_{\Gamma}=-G_0^* \tag{20.20}$$

$$v^{(n)}\mid_{\Gamma_n}=0 \tag{20.21}$$

其中

$$A^*=a+2\frac{v_{0\xi}}{v_0},c^*=\frac{M(v_0)}{v_0},g^*=\frac{g}{v_0},G_0^*=\frac{G_0}{v_0} \tag{20.22}$$

记

$$M_1^*(u)=M_1(u)-C^*u \tag{20.23}$$

为了书写简单,略去指标 n,作函数

$$\begin{aligned}H=&(1-\eta^{\chi})\gamma_0^{\theta}v_{\xi\xi\xi}^2+(1-\eta^{\lambda})\gamma_0^{\mu}v_{\xi\xi}^2+\\&(1-\eta^{\alpha})\gamma_0^{\beta}v_{\xi}^2+\gamma_0^{\delta}v^2+h\end{aligned} \tag{20.24}$$

$$\begin{aligned}M_1^*(H)=&2(1-\eta^{\chi})\gamma_0^{\theta}v_{\xi\xi\xi}M_1(v_{\xi\xi\xi})+\\&2(1-\eta^{\lambda})\gamma_0^{\mu}v_{\xi\xi}M_1(v_{\xi\xi})+\\&2(1-\eta^{\alpha})\gamma_0^{\beta}v_3M_1(v_3)+2\gamma_0^{\delta}vM_1(v)+\\&2(1-\eta^{\chi})\gamma_0^{\theta}(\eta v_{\xi\xi\xi\xi}^2+v_{\xi\xi\xi\eta}^2)+\\&2(1-\eta^{\lambda})\gamma_0^{\mu}(\eta v_{\xi\xi\xi}^2+v_{\xi\xi\eta}^2)+\\&2(1-\eta^{\alpha})\gamma_0^{\beta}(\eta v_{\xi\xi}^2+v_{\xi\eta}^2)+2\gamma_0^{\delta}(\eta v_{\xi}^2+v_{\eta}^2)+\\&4\eta(1-\eta^{\chi})\theta\gamma_0^{\theta-2}(\xi-x)v_{\xi\xi\xi}v_{\xi\xi\xi\xi}+\\&4\eta(1-\eta^{\lambda})\mu\gamma_0^{\mu-2}(\xi-x)v_{\xi\xi}v_{\xi\xi\xi}+\\&4\eta(1-\eta^{\alpha})\beta\gamma_0^{\beta-2}(\xi-x)v_{\xi}v_{\xi\xi}+\\&4\eta\delta\gamma_0^{\delta-2}(\xi-x)vv_{\xi}+\\&4\left[-\chi\eta^{\chi-1}\gamma_0^{\theta}+\frac{2}{3}\eta^2(1-\eta^{\chi})\theta\gamma_0^{\theta-2}\right]v_{\xi\xi\xi}v_{\xi\xi\xi\eta}+\\&4\left[-\lambda\eta^{\lambda-1}\gamma_0^{\mu}+\frac{2}{3}\eta^2(1-\eta^{\lambda})\mu\gamma_0^{\mu-2}\right]v_{\xi\xi}v_{\xi\xi\eta}+\end{aligned}$$

$$4\left[-\alpha\eta^{\alpha-1}\gamma_0^{\beta}+\frac{2}{3}\eta^2(1-\eta^{\alpha})\beta\gamma_0^{\beta-2}\right]v_{\xi}v_{\xi\eta}+$$

$$4\delta\gamma_0^{\delta-2}\frac{2}{3}\eta^2 vv_{\eta}+$$

$$M_1^*[(1-\eta^{\chi})\gamma_0^{\theta}]v_{\xi\xi\xi}^2+M_1^*[(1-\eta^{\lambda})\gamma_0^{\mu}]v_{\xi\xi}^2+$$

$$M_1^*[(1-\eta^{\alpha})\gamma_0^{\beta}]v_{\xi}^2+$$

$$M_1^*(\gamma_0^{\delta})v^2+M_1(h)-C*H \qquad (20.25)$$

由于

$$M_1(v_{\xi\xi\xi})=0(|v_{\xi\xi\xi}|+|v_{\xi\xi}|+|v_{\xi}|+|v|+\gamma_0^{-\frac{13}{2}}) \qquad (20.26)$$

$$M_1(v_{\xi\xi})=0(|v_{\xi\xi}|+|v_{\xi}|+|v|+\gamma_0^{-\frac{10}{3}}) \qquad (20.27)$$

$$M_1(v_{\xi})=0(|v_{\xi}|+|v|+\gamma_0^{-\frac{7}{3}}) \qquad (20.28)$$

$$M_1^*[(1-\eta^{\chi})\gamma_0^{\theta}]=(1-\eta^{\chi})[\theta(\theta+\frac{1}{3})\eta\gamma_0^{\theta-2}+o(\gamma_0^{\theta-1})]+$$

$$\chi(1-\chi)\eta^{\chi-2}(1+o(1))\gamma_0^{\theta}+$$

$$o(\eta^{\chi+1}+\gamma_0^{\theta-2}) \qquad (20.29)$$

将式(20.26)～(20.29)等代入式(20.25)，只要取

$$\theta>\max\{2+\mu,6+\frac{2}{3}\chi\},\mu>\max\{2+\beta,4+\frac{2}{3}\lambda\}$$

$$\beta>\max\{2+\delta,2+\frac{2}{3}\alpha\},0<\chi,\lambda,\alpha<\frac{1}{2}$$

$$h=-\eta^{\delta_0}\quad(0<\delta_0<\delta)$$

当 ε_0 充分小时，得 $M_1^*(H)>0$，故 H 不在 R_{n,ε_0} 内取到正的最大值.

在左、右和上边界上，H 一致有界，在下边界 r_n

上，$H=-\left(\frac{1}{n}\right)_{\delta_0}$，故在 R_{n,ε_0} 中有

$$H<K$$

选择适当常数 $\chi,\theta,\lambda,\mu,\alpha,\beta_0$ 得

$$|\gamma_0^{3+\delta_2}v_{\xi\xi\xi}^{(n)}|,|\gamma_0^{2+\delta_3}v_{\xi\xi}^{(n)}|,$$

$$|\gamma_0^{1+\delta_4}v_3^{(n)}|<K\quad(\delta_2>\delta_3>\delta_4>\delta)$$

由方程(20.19)对 η 积分，得

$$|\gamma_0^{\frac{2}{3}+\delta_1}v_\eta^{(n)}|<K$$

再对方程关于 ξ 微分得

$$|\gamma_0^{\frac{5}{3}+\delta_1}v_{\xi\eta}^{(n)}|<K$$

由此证得引理 20.2.

引理 20.3 对于(0,1)中任一 x，在 A，B 附近，对于$(\xi,\eta)z(x,\xi,\eta)\in C(1+\alpha)(0<\alpha<\frac{1}{2})$.

证明 应用 Кароль[13] 的方法，找到特里谷米方程狄氏问题的格林函数(当 $\Gamma=\Gamma_0$ 时)

$$G_1(\xi,\eta,\xi',\eta')=k(TT')^{\frac{2}{3}}\left[v_1^{-\frac{5}{3}}F\left(\frac{5}{6},\frac{5}{6},\frac{5}{3},\frac{4TT'}{\gamma_1^2}\right)-\rho_1^{-\frac{5}{3}}F\left(\frac{5}{6},\frac{5}{6},\frac{5}{3},\frac{4TT'}{\rho_1^2}\right)\right]\tag{20.30}$$

其中

$$k=\frac{\Gamma^2\left(\frac{5}{6}\right)}{\pi3^{\frac{1}{3}}\Gamma\left(\frac{5}{3}\right)},T=\frac{2}{3}\eta^{\frac{3}{2}}\tag{20.31}$$

$$\gamma_1^2=(\xi-\xi')^2+(T+T')^2\tag{20.32}$$

$$\rho_1^2=(4R^2)^{-1}\{[4R^2(\xi'+\frac{1}{2})-(\xi-\frac{1}{2})]^2+$$

$(4R^2T'+T)^2\}$

$$R^2=(\xi-\frac{1}{2})^2+T^2 \tag{20.33}$$

F 是超越几何级数.

由于假定(20.1),(20.4)两式在 A(或 B)邻近邻域 $d_A^*cd_A$(或 $d_B^*cd_B$)中,d_A^* 边界由光滑曲线 σ_A(或 σ_B),z 轴上一段$\overline{AA^*}$(或$\overline{BB^*}$)和 $\Gamma=\Gamma_0$ 上一段组成,$z(x,\xi,\eta)$ 可表示为

$$z(x,\xi,\eta)=\int_{\sigma_A}\left(\frac{3T'}{2}\right)^{\frac{1}{3}}\left[G_1\left(\frac{\partial Z_1}{\partial\xi'}\mathrm{d}T'-\frac{\partial Z_1}{\partial T'}\mathrm{d}\xi'\right)-z\left(\frac{\partial G_1}{\partial\xi'}\mathrm{d}T'-\frac{\partial G_1}{\partial T'}\mathrm{d}\xi'\right)\right]-\iint_{d_A^*}c(\xi',\eta')G_1(\xi,\eta,\xi',\eta')(z(x,\xi',\eta')+G_0)\mathrm{d}\xi'\mathrm{d}\eta' \tag{20.34}$$

由此证得引理 20.3.

很明显,对于 $D_1U\overline{AB}/E$ 中的点(ξ,η),$z(x,\xi,\eta)$ 是 x 的解析函数,而在 $E(x,0)\notin\overline{AA^*}$ 或$\overline{BB^*}$ 时有引理 20.1 中估计 $z=o(\gamma_0^{-\delta})$,当 $E\in\overline{AA^*}$ 或$\overline{BB^*}$ 时可以进一步得到:

引理 20.4　$Z\in C^{(0)}(x\in\overline{AA^*}$ 或 $\overline{BB^*})$,$z=o[x^{1-\delta}\cdot(1-x)^{1-\delta}]$.

证明　令 $\tilde{z}=\dfrac{z}{x^{1-\delta}(1-x)^{1-\delta}}$,$\tilde{z}$ 满足下列定解问题

$$\eta\tilde{z}_{\xi\xi}+\tilde{z}_{\eta\eta}-(a\tilde{z})_\xi-(b\tilde{z})_\eta+c\tilde{z}=\tilde{g} \tag{20.35}$$

$$\tilde{z}|_\Gamma=-\tilde{G}_0 \tag{20.36}$$

$$\tilde{z}\mid_{\overline{AB}}=0 \tag{20.37}$$

其中

$$\tilde{g}=\frac{g}{x^{1-\delta}(1-x)^{1-\delta}},\tilde{G}_0=\frac{G_0}{x^{1-\delta}(1-x)^{1-\delta}} \tag{20.38}$$

由于假定式(20.1),(20.4)得 $\tilde{g}=o(\eta^{2-\delta})$,$\tilde{G}_0$ 在 Γ 上充分光滑.类似于引理 20.1 的证明,只要取式(20.17)中 $S=\eta^{\delta_0}(\delta_0<\delta)$,可证得式(20.35)～(20.37)的定解问题的解 $\tilde{z}\in C^{(0)}(\overline{D}_1)$,$\tilde{z}\in C^{(2)}(D_1)$ 的函数类中存在,唯一,引理 20.4 证毕.

引理 20.5 对于(0,1)中任一 x,成立下列估计

$$z_1=z_x+z_\xi=o(\gamma_0^{-\delta}),z_{1\eta}=o(\gamma_0^{-\frac{2}{3}+\delta_1})$$

$$z_{1\xi\xi}=o(\gamma_0^{-2-\delta_2}),z_{1\xi}=o(\gamma_0^{-1-\delta_3})$$

$$z_{1x}+z_{1\xi}=o(\gamma_0^{-\delta})\quad(\delta_1>\delta_2>\delta_3>\delta)$$

证明 令 $z_1=z_x+z_\xi$,则 z_1 满足方程和定解条件如下

$$\eta z_{1\xi\xi}+z_{1\eta\eta}-(az_1)_\xi-(bz_1)_\eta+cz_1=g_1 \tag{20.39}$$

$$z_1\mid_\Gamma=-(G_{0x}+Z_\xi\mid_\Gamma) \tag{20.40}$$

$$z_1\mid_{\overline{AB}}=0\quad(\text{除 } E(x,0)\text{ 外}) \tag{20.41}$$

其中

$$g_1=g_x+g_\xi+a_\xi z_\xi+b_\xi z_\eta+(a_{\xi\xi}+b_{\xi\eta}-c'_\xi)z \tag{20.42}$$

由引理 20.1,引理 20.2,引理 20.3 和 $(|\zeta-x|^{-\frac{1}{3}})_x+(|\zeta-x|^{-\frac{1}{3}})_\xi=0$,及假定(20.4),得:$g_1=O(r_0^{-\frac{4}{3}})$,故

对 z_1 定理 20.1 成立，进而用类似于引理 20.2，引理 20.3 证明的方法，得

$$|z_{1\eta}| \leqslant k\gamma_0^{-\frac{2}{3}+\delta_1}, \quad |z_{1\xi\xi}| \leqslant k\gamma_0^{-2-\delta_2}$$

$$|z_{1\xi}| < k\gamma_0^{-1-\delta_3}$$

同样考虑 $z_{1x}+z_{1\xi}$ 满足的方程和定解条件，可证得 $z_{1x}+z_{1\xi}=O(r_0^{-\delta})$，引理 20.5 证毕.

应用格林公式

$$\begin{aligned}&\iint[GL(u)-uM(G)]\mathrm{d}\xi\mathrm{d}\eta\\ &=\oint\eta[Gu_{\xi}-uG_{\xi}]\mathrm{d}\eta-(Gu_{\eta}-uG_{\eta})\mathrm{d}\xi+\\ &\quad aGu\,\mathrm{d}\eta-baG\,\mathrm{d}\xi\end{aligned}\tag{20.43}$$

在式(20.43)中取 $G=G_0+z(M(G)=0)$，u 是定解问题(20.7)，(20.8)，(20.9)的正规解，由引理 20.1，引理 20.2，引理 20.3 和文[1]得

$$\tau(x)=u(x,0),\nu(x)=\left.\frac{\partial u}{\partial y}\right|_{y=0}$$

的关系式

$$\begin{aligned}&\tau(x)+\gamma\int_0^1 G_0(x,\xi,0)\nu(\xi)\mathrm{d}\xi+\gamma\int_0^1[b(\xi,0)G_0(x,\xi,0)-\\ &z_{\eta}(x,\xi,0)]\tau(\xi)\mathrm{d}(\xi)=f_1(x)\end{aligned}\tag{20.44}$$

其中

$$f_1(x)=-\gamma\iint_D G(x,s,t)f(s,t)\mathrm{d}s\mathrm{d}t \tag{20.45}$$

$$\gamma=\frac{\sqrt[3]{3}\,\Gamma^3\left(\frac{1}{3}\right)}{4\pi^2}\tag{20.46}$$

20.3 双曲区域情况,化为积分方程求解

在 $D_2(y<D)$ 中,应用特征变换

$$\begin{cases}\xi=x+\dfrac{2}{3}(-y)^{\frac{3}{2}}\\ \eta=x-\dfrac{2}{3}(-y)^{\frac{3}{2}}\end{cases}\tag{20.47}$$

方程(20.7) 变为

$$u_{\xi\eta}-\frac{u_{\xi}}{6(\xi-\eta)}+\frac{u_{\xi}}{6(\xi-\eta)}-Au_{\xi}+Bu_{\eta}+cu=f_2\tag{20.48}$$

其中

$$\begin{cases}A=-\dfrac{a}{4\left[\dfrac{3}{4}(\xi-\eta)\right]^{\frac{2}{3}}}-\dfrac{a}{4\left[\dfrac{3}{4}(\xi-\eta)\right]^{\frac{1}{3}}}\\ B=-\dfrac{a}{4\left[\dfrac{3}{4}(\xi-\eta)\right]^{\frac{2}{3}}}-\dfrac{a}{4\left[\dfrac{3}{4}(\xi-\eta)\right]^{\frac{1}{3}}}\\ C=\dfrac{-c}{4\left[\dfrac{3}{4}(\xi-\eta)\right]^{\frac{2}{3}}}f_2=\dfrac{a}{4\left[\dfrac{3}{4}(\xi-\eta)\right]^{\frac{2}{3}}}\end{cases}\tag{20.49}$$

又记

$$A_1=(\xi-\eta)^{\frac{2}{3}}A,B_1=(\xi-\eta)^{\frac{2}{3}}B,C_1=(\xi-\eta)^{\frac{2}{3}}C\tag{20.50}$$

定解条件(20.9) 变为

$$u\Big|_{\eta=0}=0$$

式(20.48)的黎曼函数记为 $V(\xi,\eta,s,t)$ 由文[14]和20.6节附录,得

$$V(x,x,s,t)=K_1\frac{(s-t)^{\frac{1}{3}}}{(s-x)^{\frac{1}{6}}(s-t)^{\frac{1}{6}}}+M_1(x,s,t)+M_2(x,s,t)+M_3(x,s,t) \tag{20.51}$$

其中

$$M_1(x,s,t)=K_1\left(\frac{s-t}{x-t}\right)^{\frac{1}{6}}\int_x^s\left(\frac{\xi_1-t}{\xi_1-x}\right)^{\frac{1}{6}}\cdot B(\xi_1,t)\mathrm{e}^{\int_{\xi_1}^s B(\xi_2,t)\mathrm{d}\xi_2}\mathrm{d}\xi_1 \tag{20.52}$$

$$M_2(x,s,t)=K_1\left(\frac{s-t}{x-t}\right)^{\frac{1}{6}}\int_t^s\left(\frac{s-\eta_1}{x-\eta_1}\right)^{\frac{1}{6}}\cdot A(s,\eta_1)\mathrm{e}^{\int_t^{\eta_1} A(s,\eta_2)\mathrm{d}\eta_2}\mathrm{d}\eta_1 \tag{20.53}$$

$$M_3(x,s,t)=\int_t^x\int_t^s\left[\left(A\frac{\partial}{\partial\xi'}-B\frac{\partial}{\partial\eta'}-C\right)v(\xi',\eta',s,t)\right]\cdot K_1\frac{(\xi'-\eta')^{\frac{1}{3}}}{(\xi'-x)^{\frac{1}{6}}(x-\eta')^{\frac{1}{6}}}\mathrm{d}\xi'\mathrm{d}\eta'+\cdots \tag{20.54}$$

$$v(\xi,\eta,s,t)=\frac{(s-t)^{\frac{1}{3}}}{(s-\eta)^{\frac{1}{6}}(\xi-t)^{\frac{1}{6}}}F\left(\frac{1}{6},\frac{1}{6},1,\sigma\right)$$

$$\sigma=\frac{(s-\xi)(\eta-t)}{(\xi-t)(s-\eta)} \tag{20.55}$$

$$K_1=\frac{\Gamma\left(\frac{2}{3}\right)}{\Gamma^2\left(\frac{5}{6}\right)} \tag{20.56}$$

和

$$-\left[\frac{3}{4}(\xi-\eta)\right]^{\frac{1}{3}}\left(\frac{\partial V}{\partial\xi}-\frac{\partial V}{\partial\eta}\right)\Bigg|_{\substack{\xi=x\\ \eta=x}}$$

$$=V_1(x,x,s,t)$$

$$=K_2\frac{(s-t)}{(s-x)^{\frac{5}{6}}(s-t)^{\frac{5}{6}}}+H_1(x,s,t)+H_2(x,s,t)+H_3(x,s,t) \tag{20.57}$$

其中

$$H_1(x,s,t)=K_2\frac{(s-t)^{\frac{1}{6}}}{(x-t)^{\frac{5}{6}}}\int_x^s\left(\frac{\xi_1-t}{\xi_1-x}\right)^{\frac{5}{6}}\cdot B(\xi_1,t)\mathrm{e}^{\int_{\xi_1}^{s}B(\xi_2 t)\mathrm{d}\xi_2}\mathrm{d}\xi_1 \tag{20.58}$$

$$H_2(x,s,t)=K_2\frac{(s-t)^{\frac{1}{6}}}{(s-x)^{\frac{5}{6}}}\int_t^x\left(\frac{s-\eta_1}{x-\eta_1}\right)^{\frac{5}{6}}\cdot A(s,\eta_1)\mathrm{e}^{\int_t^{\eta_1}A(\xi_2\eta_2)\mathrm{d}\eta_2}\mathrm{d}\eta_1$$

$$H_3(x,s,t)=\int_t^x\int_x^s\left[\left(A\frac{\partial}{\partial\xi'}-B\frac{\partial}{\partial\eta'}-C\right)v(\xi',\eta,s,t)\right]\cdot K_2\frac{(\xi'-\eta')\mathrm{d}\xi'\mathrm{d}\eta'}{(\xi_1-x)^{\frac{5}{6}}(x-\eta')^{\frac{5}{6}}}+\cdots \tag{20.59}$$

$$K_2=2\left(\frac{3}{4}\right)^{\frac{1}{3}}\frac{\Gamma\left(\frac{1}{3}\right)}{\Gamma^2\left(\frac{1}{6}\right)} \tag{20.60}$$

在 D_2 中 u 表示为

$$u(\xi,\eta)=\int_0^\eta V(\xi,\eta,1,t)W(t)\mathrm{d}t-\int_0^\eta\int_\xi^1 V(\xi,\eta,s,t)f_2(s,t)\mathrm{d}s\mathrm{d}t \tag{20.61}$$

故得

$$\tau(x)=\int_0^x V(x,x,1,t)W(t)\mathrm{d}t+f_3(x) \tag{20.62}$$

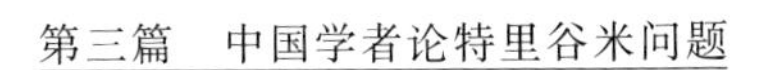

$$\nu(x)=\int_0^x V_1(x,x,s,t)W(t)\mathrm{d}t+f_4(x) \tag{20.63}$$

其中

$$f_3(x)=-\int_0^x\int_x^1 V(x,x,s,t)f_2(s,t)\mathrm{d}s\mathrm{d}t \tag{20.64}$$

$$f_4(x)=-\int_0^x\int_x^1 V_1(x,x,s,t)f_2(s,t)\mathrm{d}s\mathrm{d}t \tag{20.65}$$

$W(x)$ 是待定函数，把式(20.62)和(20.63)代入式(20.44)得

$$\begin{aligned}&\int_0^x V(x,x,1,t)W(t)\mathrm{d}t+\\&\gamma\int_0^1 G_0(x,\xi,0)\int_0^\xi V_1(\xi,\xi,1,t)W(t)\mathrm{d}t+\\&\gamma\int_0^1[b(\xi,0)G_0(x,\xi,0)-z_\eta(x,\xi,0)]\mathrm{d}\xi\cdot\\&\int_0^\xi V(\xi,\xi,1,t)W(t)\mathrm{d}t=f_5(x)\end{aligned} \tag{20.66}$$

其中

$$\begin{aligned}f_5(x)=&f_1(x)-f_3(x)-\gamma\int_0^1 G_0(x,\xi,0)f_4(\xi)\mathrm{d}\xi+\\&\gamma\int_0^1(bG_0-z_\eta)f_3(\xi)\mathrm{d}\xi\end{aligned} \tag{20.67}$$

先看

$$\begin{aligned}T_1(x)&=\int_0^1 G_0(x,\xi,0)\mathrm{d}\xi\int_0^\xi\frac{(1-t)W(t)\mathrm{d}t}{(1-\xi)^{\frac{5}{6}}(\xi-t)^{\frac{5}{6}}}\\&=\int_0^1\left(\frac{1}{|\xi-x|^{\frac{1}{3}}}-\frac{1}{(\xi+x-2\xi x)^{\frac{1}{3}}}\right)\mathrm{d}\xi\cdot\end{aligned}$$

$$\begin{aligned}
&\int_0^{\xi}\frac{(1-t)W(t)\,\mathrm{d}t}{(1-\xi)^{\frac{5}{6}}(\xi-t)^{\frac{5}{6}}}\\
=&\int_0^x(1-t)W(t)\,\mathrm{d}t\cdot\\
&\left(\int_1^x\frac{\mathrm{d}\xi}{(x-\xi)^{\frac{1}{3}}(\xi-t)^{\frac{5}{6}}(1-\xi)^{\frac{5}{6}}}+\right.\\
&\left.\int_x^1\frac{\mathrm{d}\xi}{(\xi-x)^{\frac{1}{3}}(\xi-t)^{\frac{5}{6}}(1-\xi)^{\frac{5}{6}}}\right)+\\
&\int_x^1(1-t)W(t)\,\mathrm{d}t\cdot\\
&\int_t^1\frac{\mathrm{d}\xi}{(\xi-x)^{\frac{1}{3}}(\xi-t)^{\frac{5}{6}}(1-\xi)^{\frac{5}{6}}}-\\
&\int_0^1(1-t)W(t)\,\mathrm{d}t\cdot\\
&\int_t^1\frac{\mathrm{d}\xi}{(\xi+x-2\xi x)^{\frac{1}{3}}(\xi-t)^{\frac{5}{6}}(1-\xi)^{\frac{5}{6}}}\\
=&2\frac{\Gamma\left(\frac{2}{3}\right)\Gamma\left(\frac{1}{6}\right)}{\Gamma\left(\frac{5}{6}\right)}\int_0^x\frac{(1-t)^{\frac{1}{3}}W(t)\,\mathrm{d}t}{(x-t)^{\frac{1}{6}}(1-x)^{\frac{1}{6}}}+\\
&\frac{\Gamma^2\left(\frac{1}{6}\right)}{\Gamma\left(\frac{1}{3}\right)}\int_x^1\frac{(1-t)^{\frac{1}{3}}W(t)\,\mathrm{d}t}{(t-x)^{\frac{1}{6}}(1-x)^{\frac{1}{6}}}-\\
&\frac{\Gamma^2\left(\frac{1}{6}\right)}{\Gamma\left(\frac{1}{3}\right)}\int_0^1\frac{(1-t)^{\frac{1}{3}}W(t)\,\mathrm{d}t}{(t+x-2tx)^{\frac{1}{6}}(1-x)^{\frac{1}{6}}}
\end{aligned}\tag{20.68}$$

用类似的方法得到

$$T_2(x)=\int_0^1 G_0(x,\xi,0)\,\mathrm{d}\xi\int_0^\xi H_1(\xi,1,t)W(t)\,\mathrm{d}t$$

$$=K_2\frac{\Gamma^2\left(\frac{1}{6}\right)}{\Gamma\left(\frac{1}{3}\right)}\int_0^x(1-t)^{\frac{1}{6}}W(t)\,\mathrm{d}t\cdot$$

$$\int_t^x(\xi-t)^{\frac{1}{6}}B(\xi_1,t)\cdot$$

$$\frac{\mathrm{e}^{\int_{\xi_1}^1 B(\xi_2,t)\mathrm{d}\xi_2}}{(x-t)^{\frac{1}{6}}(x-\xi_1)^{\frac{1}{6}}}\mathrm{d}\xi_1+$$

$$2K_2\frac{\Gamma\left(\frac{2}{3}\right)\Gamma\left(\frac{1}{6}\right)}{\Gamma\left(\frac{5}{6}\right)}\int_0^x(1-t)^{\frac{1}{6}}W(t)\,\mathrm{d}t\cdot$$

$$\int_x^1(\xi_1-t)^{\frac{1}{6}}B(\xi_1,t)\cdot$$

$$\frac{\mathrm{e}^{\int_{\xi_1}^1 B(\xi_2,t)\mathrm{d}\xi_2}}{(x-t)^{\frac{1}{6}}(\xi_1-x)^{\frac{1}{6}}}\mathrm{d}\xi_1+$$

$$K_2\frac{\Gamma^2\left(\frac{1}{6}\right)}{\Gamma\left(\frac{1}{3}\right)}\int_x^1(1-t)^{\frac{1}{6}}W(t)\,\mathrm{d}t\cdot$$

$$\int_t^1(\xi_1-t)^{\frac{1}{6}}B(\xi_1,t)\cdot$$

$$\frac{\mathrm{e}^{\int_{\xi_1}^1 B(\xi_2,t)\mathrm{d}\xi_2}}{(t\quad x)^{\frac{1}{6}}(\xi_1-x)^{\frac{1}{6}}}\mathrm{d}\xi_1-$$

$$K_2\frac{\Gamma^2\left(\frac{1}{6}\right)}{\Gamma\left(\frac{1}{3}\right)}\int_0^1(1-t)^{\frac{1}{6}}W(t)\,\mathrm{d}t\cdot$$

$$\int_t^1(\xi_1-t)^{\frac{1}{6}}B(\xi_1,t)\cdot$$

$$\frac{e^{\int_{\xi_1}^{1} B(\xi_2, t)\mathrm{d}\xi_2}}{(t+x-2tx)^{\frac{1}{6}}(\xi_1+x-2\xi)^{\frac{1}{6}}}\mathrm{d}\xi_1 \quad (20.69)$$

$$T_3(x)=\int_0^1 G_0(x,\xi,0)\mathrm{d}\xi\int_0^{\xi} H_2(\xi,1,t)W(t)\mathrm{d}t$$

$$=2K_2\frac{\Gamma\left(\frac{2}{3}\right)\Gamma\left(\frac{1}{6}\right)}{\Gamma\left(\frac{5}{6}\right)}\int_0^x (1-t)^{\frac{1}{6}}W(t)\mathrm{d}t\cdot$$

$$\int_t^x (1-\eta_1)^{\frac{1}{6}}A(1,\eta_1)\cdot$$

$$\frac{e^{\int_t^{\eta_1} A(1,\eta_2)\mathrm{d}\eta_2}}{(1-x)^{\frac{1}{6}}(x-\eta_1)^{\frac{1}{6}}}\mathrm{d}\eta_1+$$

$$K_2\frac{\Gamma^2\left(\frac{1}{6}\right)}{\Gamma\left(\frac{1}{3}\right)}\int_0^x (1-t)^{\frac{1}{6}}W(t)\mathrm{d}t\cdot$$

$$\int_x^1 (1-\eta_1)^{\frac{1}{6}}A(1,\eta_1)\cdot$$

$$\frac{e^{\int_t^{\eta_1} A(1,\eta_2)\mathrm{d}\eta_2}}{(1-x)^{\frac{1}{6}}(\eta_1-x)^{\frac{1}{6}}}\mathrm{d}\eta_1+$$

$$K_2\frac{\Gamma^2\left(\frac{1}{6}\right)}{\Gamma\left(\frac{1}{3}\right)}\int_x^1 (1-t)^{\frac{1}{6}}W(t)\mathrm{d}t\cdot$$

$$\int_t^1 (1-\eta_1)^{\frac{1}{6}}A(1,\eta_1)\cdot$$

$$\frac{e^{\int_t^{\eta_1} A(1,\eta_2)\mathrm{d}\eta_2}}{(1-x)^{\frac{1}{6}}(\eta_1-x)^{\frac{1}{6}}}\mathrm{d}\eta_1-$$

$$K_2\frac{\Gamma^2\left(\frac{1}{6}\right)}{\Gamma\left(\frac{1}{3}\right)}\int_0^1 (1-t)^{\frac{1}{6}}W(t)\mathrm{d}t\cdot$$

$$\int_t^1 (1-\eta_1)^{\frac{1}{6}} A(1,\eta_1) \cdot$$

$$\frac{e^{\int_t^{\eta_1} A(1,\eta_2)\mathrm{d}\eta_2}}{(1-x)^{\frac{1}{6}}(\eta_1+x-2\eta_1 x)^{\frac{1}{6}}}\mathrm{d}\eta_1 \quad (20.70)$$

把式(20.51),(20.66)和式(20.68),(20.69),(20.70)代入式(20.66),化简后得

$$3K_1\int_0^x \frac{(1-t)^{\frac{1}{3}}W(t)}{(1-x)^{\frac{1}{6}}(x-t)^{\frac{1}{6}}}\mathrm{d}t +$$

$$\sqrt{3}K_1\int_x^1 \frac{(1-t)^{\frac{1}{3}}W(t)}{(1-x)^{\frac{1}{6}}(t-x)^{\frac{1}{6}}}\mathrm{d}t -$$

$$\sqrt{3}K_1\int_0^1 \frac{(1-t)^{\frac{1}{3}}W(t)}{(1-x)^{\frac{1}{6}}(t+x-2tx)^{\frac{1}{6}}}\mathrm{d}t +$$

$$3K_1\int_0^x \left(\frac{1-t}{x-t}\right)^{\frac{1}{6}} W(t)\mathrm{d}t\int_x^1 \left(\frac{\xi_1-t}{\xi_1-x}\right)^{\frac{1}{6}} \cdot$$

$$B(\xi_1,t)e^{\int_{\xi_1}^1 B(\xi_2,t)\mathrm{d}\xi_2}\mathrm{d}\xi_1 +$$

$$\sqrt{3}K_1\int_x^1 \left(\frac{1-t}{t-x}\right)^{\frac{1}{6}} W(t)\mathrm{d}t\int_t^1 \left(\frac{\xi_1-t}{\xi_1-x}\right)^{\frac{1}{6}} \cdot$$

$$B(\xi_1,t)e^{\int_{\xi_1}^1 B(\xi_2,t)\mathrm{d}\xi_2}\mathrm{d}\xi_1 -$$

$$\sqrt{3}K_1\int_0^1 \left(\frac{1-t}{t+x-2tx}\right)^{\frac{1}{6}} W(t)\mathrm{d}t \cdot$$

$$\int_t^1 \left(\frac{\xi_1-t}{\xi_1+x-2\xi_1 x}\right)^{\frac{1}{6}} B(\xi_1,t) \cdot$$

$$e^{\int_{\xi_1}^1 B(\xi_2,t)\mathrm{d}\xi_2}\mathrm{d}\xi_1 +$$

$$\sqrt{3}K_1\int_0^x \left(\frac{1-t}{x-t}\right)^{\frac{1}{6}} W(t)\mathrm{d}t\int_t^x \left(\frac{\xi_1-t}{x-\xi_1}\right)^{\frac{1}{6}} \cdot$$

$$B(\xi_1,t)e^{\int_{\xi_1}^1 B(\xi_2,t)\mathrm{d}\xi_2}\mathrm{d}\xi_1 +$$

$$3K_1\int_0^x\left(\frac{1-t}{1-x}\right)^{\frac{1}{6}}W(t)\mathrm{d}t\int_t^x\left(\frac{1-\eta_1}{x-\eta_1}\right)^{\frac{1}{6}}\cdot$$

$$A(1,\eta_1)\mathrm{e}^{\int_t^{\eta_1}A(1,\eta_2)\mathrm{d}\eta_2}\mathrm{d}\eta_1+$$

$$\sqrt{3}K_1\int_0^x\left(\frac{1-t}{1-x}\right)^{\frac{1}{6}}W(t)\mathrm{d}t\int_x^1\left(\frac{1-\eta_1}{\eta_1-x}\right)^{\frac{1}{6}}\cdot$$

$$A(1,\eta_1)\mathrm{e}^{\int_t^{\eta_1}A(1,\eta_2)\mathrm{d}\eta_2}\mathrm{d}\eta_1+$$

$$\sqrt{3}K_1\int_x^1\left(\frac{1-t}{1-x}\right)^{\frac{1}{6}}W(t)\mathrm{d}t\int_t^1\left(\frac{1-\eta_1}{\eta_1-x}\right)^{\frac{1}{6}}\cdot$$

$$A(1,\eta_1)\mathrm{e}^{\int_t^{\eta_1}A(1,\eta_2)\mathrm{d}\eta_2}\mathrm{d}\eta_1-$$

$$\sqrt{3}K_1\int_0^1\left(\frac{1-t}{1-x}\right)^{\frac{1}{6}}W(t)\mathrm{d}t\int_t^1\left(\frac{1-\eta_1}{\eta_1+x-2\eta_1x}\right)^{\frac{1}{6}}\cdot$$

$$A(1,\eta_1)\mathrm{e}^{\int_t^{\eta_1}A(1,\eta_2)\mathrm{d}\eta_2}\mathrm{d}\eta_1+$$

$$T_4(x)+T_5(x)+T_6(x)=f_5(x) \tag{20.71}$$

其中

$$T_4(x)=\int_0^x M_3(x,1,t)W(t)\mathrm{d}t \tag{20.72}$$

$$T_5(x)=\gamma\int_0^1 G_0(x,\xi,0)\mathrm{d}\xi\int_0^\xi H_3(\xi,1,t)\mathrm{d}t \tag{20.73}$$

$$T_6(x)=\gamma\int_0^1[b(\xi,0)G_0(x,\xi,0)-z_\eta(x,\xi,0)]\mathrm{d}\xi\cdot$$

$$\int_0^\xi V(\xi,\xi,1,t)W(t)\mathrm{d}t \tag{20.74}$$

对式(20.71)两端乘$(1-x)^{\frac{1}{6}}(y-x)^{-\frac{5}{6}}$后,关于$x$从0到$y$积分,再对$y$微分,逐个的得到

$$I_1(y)=3k_1\frac{\mathrm{d}}{\mathrm{d}y}\int_0^y\frac{(1-x)^{\frac{1}{6}}}{(y-x)^{\frac{1}{6}}}\mathrm{d}x\int_0^x\frac{(1-t)^{\frac{1}{3}}W(t)\mathrm{d}t}{(1-x)^{\frac{1}{6}}(x-t)^{\frac{1}{6}}}$$

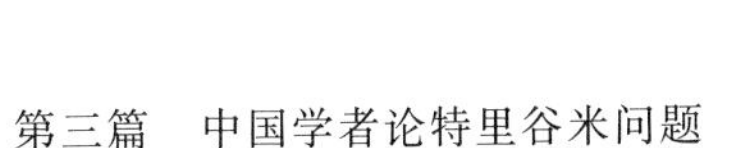

$$=6\pi K_1(1-y)^{\frac{1}{3}}W(y) \tag{20.75}$$

$$I_2(y)=\sqrt{3}k_1\frac{\mathrm{d}}{\mathrm{d}y}\int_0^y\frac{(1-x)^{\frac{1}{6}}}{(y-x)^{\frac{1}{6}}}\mathrm{d}x\cdot$$

$$\left(\int_x^1\frac{(1-t)^{\frac{1}{3}}W(t)\mathrm{d}t}{(1-x)^{\frac{1}{6}}(t-x)^{\frac{1}{6}}}-\right.$$

$$\left.\int_0^1\frac{(1-t)^{\frac{1}{3}}W(t)\mathrm{d}t}{(t+x-2tx)^{\frac{1}{6}}(1-x)^{\frac{1}{6}}}\right)$$

$$=\sqrt{3}K_1\frac{\mathrm{d}}{\mathrm{d}y}\left[\int_0^y(1-t)^{\frac{1}{3}}W(t)\mathrm{d}t\cdot\right.$$

$$\int_t^1\frac{\mathrm{d}x}{(y-x)^{\frac{5}{6}}(t-x)^{\frac{1}{6}}}+$$

$$\int_y^1(1-t)^{\frac{1}{3}}W(t)\mathrm{d}t\int_0^y\frac{\mathrm{d}x}{(y-x)^{\frac{5}{6}}(t-x)^{\frac{1}{6}}}-$$

$$\left.\int_0^1(1-t)^{\frac{1}{3}}W(t)\mathrm{d}t\int_0^y\frac{\mathrm{d}x}{(y-x)^{\frac{5}{6}}(t+x-2tx)^{\frac{1}{6}}}\right]$$

应用柯西主值积分的概念，类似于文[2]中的化简，得

$$I_2(y)=\sqrt{3}k_1\left[-\sqrt{3}\pi(1-y)^{\frac{1}{3}}W(y)+\right.$$

$$\left.\int_0^1\left(\frac{t}{y}\right)^{\frac{5}{6}}\left(\frac{1}{t-y}-\frac{1}{t+y-2ty}\right)(1-t)^{\frac{1}{3}}W(t)\mathrm{d}t\right] \tag{20.76}$$

$$I_3(y)=3k_1\frac{\mathrm{d}}{\mathrm{d}y}\int_0^y\frac{(1-x)^{\frac{1}{6}}}{(y-x)^{\frac{5}{6}}}\mathrm{d}x\int_0^x\left(\frac{1-t}{x-t}\right)^{\frac{1}{6}}W(t)\mathrm{d}t\cdot$$

$$\int_x^1\left(\frac{\xi_1-t}{\xi_1-x}\right)^{\frac{1}{6}}B(\xi_1,t)\mathrm{e}^{\int_{\xi_1}^1B(\xi_2,t)\mathrm{d}\xi_2}\mathrm{d}\xi_1$$

$$=3k_1\frac{\mathrm{d}}{\mathrm{d}y}\int_0^y(1-t)^{\frac{1}{6}}W(t)\mathrm{d}t\cdot$$

$$\int_t^y \frac{(1-x)^{\frac{1}{6}}\mathrm{d}x}{(y-x)^{\frac{5}{6}}(x-t)^{\frac{1}{6}}}\cdot$$

$$\int_x^1 \left(\frac{\xi_1-t}{\xi_1-x}\right)^{\frac{1}{6}} B\mathrm{e}^{\int_{\xi_1}^1 B\mathrm{d}\xi_2}\mathrm{d}\xi_1$$

$$=3k_1\frac{\mathrm{d}}{\mathrm{d}y}\int_0^y (1-t)^{\frac{1}{6}}W(t)\mathrm{d}t\int_0^1 \frac{\mathrm{d}\lambda}{\lambda^{\frac{5}{6}}(1-\lambda)^{\frac{1}{6}}}\cdot$$

$$\left[(1-x)^{\frac{1}{6}}\int_x^1 \left(\frac{\xi_1-t}{\xi_1-x}\right)^{\frac{1}{6}} B\mathrm{e}^{\int_{\xi_1}^1 B\mathrm{d}\xi_2}\mathrm{d}\xi_1\bigg|_{x=y-(y-t)\lambda}\right]$$

$$=6\pi k_1(1-y)^{\frac{1}{3}}W(y)\left[\mathrm{e}^{\int_y^1 B(\xi_2,y)\mathrm{d}\xi_2}-1\right]+I_1^*(y) \tag{20.77}$$

其中

$$I_1^*(y)=3k_1\int_0^y (1-t)^{\frac{1}{6}}W(t)\mathrm{d}t\int_0^1 \frac{\mathrm{d}\lambda}{\lambda^{\frac{5}{6}}(1-\lambda)^{\frac{1}{6}}}\frac{\mathrm{d}}{\mathrm{d}y}\cdot$$

$$\left[(1-x)^{\frac{1}{6}}\int_x^1 \left(\frac{\xi_1-t}{\xi_1-x}\right)^{\frac{1}{6}} B\mathrm{e}^{\int_{\xi_1}^1 B\mathrm{d}\xi_2}\mathrm{d}\xi_1\bigg|_{x=y-(y-t)\lambda}\right] \tag{20.78}$$

类似得出

$$I_4(y)=\sqrt{3}k_1\frac{\mathrm{d}}{\mathrm{d}y}\int_0^y \frac{(1-x)^{\frac{1}{6}}}{(y-x)^{\frac{5}{6}}}\mathrm{d}x\cdot$$

$$\left\{\int_0^x \left(\frac{1-t}{x-t}\right)^{\frac{1}{6}} W(t)\mathrm{d}t\int_t^x \left(\frac{\xi_1-t}{x-\xi_1}\right)^{\frac{1}{6}} B\cdot\right.$$

$$\mathrm{e}^{\int_{\xi_1}^1 B\mathrm{d}\xi_2}\mathrm{d}\xi_1+$$

$$\int_x^1 \left(\frac{1-t}{t-x}\right)^{\frac{1}{6}} W(t)\mathrm{d}t\cdot$$

$$\int_t^1 \left(\frac{\xi_1-t}{\xi_1-x}\right)^{\frac{1}{6}} B\mathrm{e}^{\int_{\xi_1}^1 B\mathrm{d}\xi_2}\mathrm{d}\xi_1-$$

$$\int_0^1\left(\frac{1-t}{t+x-2tx}\right)^{\frac{1}{6}}W(t)\mathrm{d}t\cdot$$

$$\left.\int_t^1\left(\frac{\xi_1-t}{\xi_1+x-2\xi x}\right)^{\frac{1}{6}}Be^{\int_{\xi_1}^1 B\mathrm{d}\xi_2}\mathrm{d}\xi_1\right\}$$

$$=I_2^*(y)+\sqrt{3}k_1[-\sqrt{3}\pi(1-y)^{\frac{1}{3}}W(y)\cdot$$

$$(e^{\int_y^1 B(\xi_2,y)\mathrm{d}\xi_2}-1)+\int_0^1\left(\frac{t}{y}\right)^{\frac{5}{6}}\cdot$$

$$\left(\frac{1}{t-y}-\frac{1}{t+y-2ty}\right)(e^{\int_t^1 B(\xi_2,t)\mathrm{d}\xi_2}-1)\cdot$$

$$(1-t)^{\frac{1}{3}}W(t)\mathrm{d}t] \tag{20.79}$$

其中

$$I_2^*(y)=\sqrt{3}k_1\frac{\mathrm{d}}{\mathrm{d}y}\left\{\int_0^y(1-t)^{\frac{1}{3}}W(t)\mathrm{d}t\int_t^y\frac{(1-x)^{\frac{1}{6}}\mathrm{d}x}{(y-x)^{\frac{5}{6}}(x-t)^{\frac{1}{6}}}\cdot\right.$$

$$\int_t^x\left(\frac{\xi_1-t}{x-\xi_1}\right)^{\frac{1}{6}}Be^{\int_\xi^1 B\mathrm{d}\xi_2}\mathrm{d}\xi_1+$$

$$\int_0^y(1-t)^{\frac{1}{6}}W(t)\mathrm{d}t\int_0^t\frac{\mathrm{d}x}{(y-x)^{\frac{5}{6}}(t-x)^{\frac{1}{6}}}\cdot$$

$$\int_t^1(\xi_1-t)^{\frac{1}{6}}Be^{\int_{\xi_1}^1 B\mathrm{d}\xi_2}\cdot$$

$$\left[\left(\frac{1-x}{\xi_1-x}\right)^{\frac{1}{6}}-\left(\frac{1-t}{\xi_1-t}\right)^{\frac{1}{6}}\right]\mathrm{d}\xi_1+$$

$$\int_y^1(1-t)^{\frac{1}{6}}W(t)\mathrm{d}t\int_0^y\frac{\mathrm{d}x}{(y-x)^{\frac{5}{6}}(t-x)^{\frac{1}{6}}}\cdot$$

$$\int_t^1(\xi_1-t)^{\frac{1}{6}}\cdot Be^{\int_{\xi_1}^1 B\mathrm{d}\xi_2}\left[\left(\frac{1-x}{\xi_1-x}\right)^{\frac{1}{6}}-\right.$$

$$\left.\left(\frac{1-t}{\xi_1-t}\right)^{\frac{1}{6}}\right]\mathrm{d}\xi_1-\int_0^1(1-t)^{\frac{1}{6}}W(t)\mathrm{d}t\cdot$$

$$\int_0^y \frac{\mathrm{d}x}{(y-x)^{\frac{5}{6}}(t+x-2tx)^{\frac{1}{6}}} \cdot$$

$$\int_t^1 (\xi_1 - t)^{\frac{1}{6}} B \mathrm{e}^{\int_{\xi_1}^1 B \mathrm{d}\xi_2}$$

$$\left[\left(\frac{1-x}{\xi_1 + x - 2\xi_1 x}\right)^{\frac{1}{6}} - \left(\frac{1-t}{\xi_1 - t}\right)^{\frac{1}{6}}\right] \mathrm{d}\xi_1 \Big\}$$

(20.80)

$$I_3^*(y) = \frac{\mathrm{d}}{\mathrm{d}y}\int_0^y \frac{(1-x)^{\frac{1}{6}}\mathrm{d}x}{(y-x)^{\frac{5}{6}}} \Big\{ 3k_1 \int_0^x \left(\frac{1-t}{1-x}\right)^{\frac{1}{6}} W(t)\mathrm{d}t \cdot$$

$$\int_t^x \left(\frac{1-\eta_1}{x-\eta_1}\right)^{\frac{1}{6}} A \mathrm{e}^{\int_t^{\eta_1} A \mathrm{d}\eta_2} \mathrm{d}\eta_1 +$$

$$\sqrt{3}k_1 \int_0^x \left(\frac{1-t}{1-x}\right)^{\frac{1}{6}} W(t)\mathrm{d}t \int_x^1 \left(\frac{1-\eta_1}{\eta_1 - x}\right)^{\frac{1}{6}} A \mathrm{e}^{\int_x^{\eta_1} A \mathrm{d}\eta_2} \mathrm{d}\eta_1 +$$

$$\sqrt{3}k_1 \int_x^1 \left(\frac{1-t}{1-x}\right)^{\frac{1}{6}} W(t)\mathrm{d}t \int_t^1 \left(\frac{1-\eta_1}{\eta_1 - x}\right)^{\frac{1}{6}} A \mathrm{e}^{\int_t^{\eta_1} A \mathrm{d}\eta_2} \mathrm{d}\eta_1 -$$

$$\sqrt{3}k_1 \int_0^1 \left(\frac{1-t}{1-x}\right)^{\frac{1}{6}} W(t)\mathrm{d}t \cdot$$

$$\int_t^1 \left(\frac{1-\eta_1}{\eta_1 + x - 2\eta_1 x}\right)^{\frac{1}{6}} A(1,\eta_1) \mathrm{e}^{\int_t^{\eta_1} A(1,\eta_2)\mathrm{d}\eta_2} \mathrm{d}\eta_1 \Big\}$$

$$= 6\pi k_1 A(1,y)(1-y)^{\frac{1}{6}} \cdot$$

$$\int_0^y (1-t)^{\frac{1}{6}} \mathrm{e}^{\int_t^y A(1,\eta_2)\mathrm{d}\eta_2} W(t)\mathrm{d}t +$$

$$\sqrt{3}k_1 \int_0^1 (1-t)^{\frac{1}{6}} W(t)\mathrm{d}t \int_t^1 \left(\frac{\eta_1}{y}\right)^{\frac{5}{6}} \cdot$$

$$\left(\frac{1}{\eta_1 - y} - \frac{1}{\eta_1 + y - 2y\eta_1}\right) \cdot$$

$$(1-\eta_1)^{\frac{1}{6}} A \mathrm{e}^{\int_t^{\eta_1} A(1,\eta_2)\mathrm{d}\eta_2} \mathrm{d}\eta_1 \qquad (20.81)$$

$$I_e^*(y)=\frac{\mathrm{d}}{\mathrm{d}y}\int_0^y \frac{(1-x)^{\frac{1}{6}}}{(y-x)^{\frac{5}{6}}} T_e(x)\mathrm{d}x \quad (e=4,5,6) \tag{20.82}$$

总结式(20.75)～(20.82),得 $W(y)$ 的积分方程

$$(1-y)^{\frac{1}{3}}\mathrm{e}^{\int_y^1 B\mathrm{d}\xi_2}W(y)+\frac{1}{\sqrt{3}\pi}\int_0^1\left(\frac{t}{y}\right)^{\frac{5}{6}}\left(\frac{1}{t-y}-\frac{1}{t+y-2ty}\right)\cdot(1-t)^{\frac{1}{3}}\mathrm{e}^{\int_y^1 B\mathrm{d}\xi_2}W(t)+\frac{1}{3k_1\pi}\sum_{e=1}^{6}I_e^*(y)=f_6(y) \tag{20.83}$$

其中

$$f_6(y)=\frac{1}{3k_1\pi}\int_0^y\frac{(1-x)^{\frac{1}{6}}}{(y-x)^{\frac{5}{6}}}f_5(x)\mathrm{d}x \tag{20.84}$$

20.4　$I_e^*(e=1,\cdots,6)$ 和 $f_e(e=1,\cdots,6)$ 的研究

在这一节里我们证明 $I_e^*(e=1,\cdots,6)$ 都是弱奇性核的积分,同时得出 $y=0,1$ 处的奇性估计.

首先由式(20.78)得

$$I_1^*(y)=\sqrt{3}k_1\int_0^y(1-t)^{\frac{1}{6}}W(t)\mathrm{d}t\int_0^1\left(\frac{1-\lambda}{\lambda}\right)^{\frac{5}{6}}\mathrm{d}\lambda\frac{\mathrm{d}}{\mathrm{d}\lambda}\cdot\left\{(1-x)\int_0^1\frac{B_1[x+(1-x)\mu,t]}{\mu^{\frac{1}{6}}[x-t+(1-x)\mu]^{\frac{1}{2}}}\cdot\mathrm{e}^{\int_{x+(1-x)\mu}^1 B\mathrm{d}\xi_2}\mathrm{d}\mu\,\Big|_{x=y-(y-t)\lambda}\right\}$$

$$=\int_0^y (1-t)^{\frac{1}{6}} O\left[\frac{1}{(y-t)^{\frac{2}{3}+\delta}}\right] W(t)\mathrm{d}t \qquad (20.85)$$

式(20.85)中 B_1 由式(20.50)定义.

其次由式(20.80)得

$$I_2^*(y)=\sqrt{3}k_1\int_0^y (1-t)^{\frac{1}{6}} W(t)\mathrm{d}t\int_0^1 \frac{(1 \mid \mu)^{\frac{1}{6}}}{\mu^{\frac{5}{6}}}\mathrm{d}\mu \cdot$$

$$\int_0^1 \frac{[1-y+(y-t)\mu]^{\frac{1}{6}}}{\lambda^{\frac{1}{6}}(1-\lambda)^{\frac{1}{2}}}\mathrm{d}\lambda \cdot$$

$$\frac{\mathrm{d}}{\mathrm{d}y}\{(B_1 \mathrm{e}^{\int_{\xi_1}^1 B\mathrm{d}\xi_2 h} \mid_{\xi_1=y-(y-t)[\mu+(1+\mu)\lambda]})(y-t)^{\frac{1}{3}} \cdot$$

$$\sqrt{3}k_1\int_0^y (1-t)^{\frac{1}{6}} W(t)\mathrm{d}t\int_0^1 \frac{-(1-\mu)^{\frac{7}{6}}}{\mu^{\frac{5}{6}}} \cdot$$

$$\int_0^1 \frac{(y-t)^{\frac{1}{3}}\mathrm{d}x}{6\lambda^{\frac{1}{6}}(1-\lambda)^{\frac{1}{2}}[1-y+(y-t)\mu]^{\frac{5}{6}}} \cdot$$

$$\{B_1 \mathrm{e}^{\int_{\xi_1}^1 B\mathrm{d}\xi_2} \mid_{\xi_1=y-(y-t)[\mu+(1-\mu)\lambda]}\}+$$

$$\sqrt{3}k_1\int_0^y (1-t)^{\frac{1}{6}} W(t)\mathrm{d}t\int_0^t \frac{-5\mathrm{d}x}{6(y-x)^{\frac{11}{6}}(t-x)^{\frac{1}{6}}} \cdot$$

$$\int_t^1 (\xi_1-t)^{\frac{1}{6}} B\mathrm{e}^{\int_\xi^1 B\mathrm{d}\xi_2} \cdot$$

$$\left[\left(\frac{1-x}{\xi_1-x}\right)^{\frac{1}{6}}-\left(\frac{1-t}{\xi_1-t}\right)^{\frac{1}{6}}\right]\mathrm{d}\xi_1+$$

$$\sqrt{3}k_1\int_y^1 (1-t)^{\frac{1}{6}} W(t)\mathrm{d}t \cdot$$

$$\frac{1}{y^{\frac{5}{6}}t^{\frac{1}{6}}}\int_t^1 (\xi_1-t)^{\frac{1}{6}} B\mathrm{e}^{\int_{\xi_1}^1 B\mathrm{d}\xi_2} \cdot$$

$$\left[\frac{1}{\xi_1^{\frac{1}{6}}}-\left(\frac{1-t}{\xi_1-t}\right)^{\frac{1}{6}}\right]\mathrm{d}\xi_1+$$

$$\sqrt{3}k_1\int_y^1(1-t)^{\frac{1}{6}}W(t)\mathrm{d}t\int_0^y\frac{\mathrm{d}x}{6(y-x)^{\frac{5}{6}}(t-x)^{\frac{7}{6}}}\cdot$$

$$\int_t^1(\xi_1-t)^{\frac{1}{6}}Be^{\int_{\xi_1}^1 B\mathrm{d}\xi_2}\cdot$$

$$\left[\left(\frac{1-x}{\xi_1-x}\right)^{\frac{1}{6}}-\left(\frac{1-t}{\xi_1-t}\right)^{\frac{1}{6}}\right]\mathrm{d}\xi_1+$$

$$\sqrt{3}k_1\int_y^1(1-t)^{\frac{1}{6}}W(t)\mathrm{d}t\int_0^y\frac{(1-x)^{\frac{1}{6}}\mathrm{d}x}{6(y-x)^{\frac{5}{6}}(t-x)^{\frac{1}{6}}}\cdot$$

$$\int_t^1\frac{(\xi_1-t)^{\frac{1}{6}}}{(\xi_1-x)^{\frac{7}{6}}}Be^{\int_{\xi_1}^1 B\mathrm{d}\xi_2}\mathrm{d}\xi_1+$$

$$\sqrt{3}k_1\int_y^1(1-t)^{\frac{1}{6}}W(t)\mathrm{d}t\int_0^y\frac{-\mathrm{d}x}{6(y-x)^{\frac{5}{6}}(t-x)^{\frac{1}{6}}(1-x)^{\frac{5}{6}}}\cdot$$

$$\int_t^1\left(\frac{\xi_1-t}{\xi_1-x}\right)^{\frac{1}{6}}Be^{\int_{\xi_1}^1 B\mathrm{d}\xi_2}\mathrm{d}\xi_1-$$

$$\sqrt{3}k_1\int_0^1(1-t)^{\frac{1}{6}}W(t)\mathrm{d}t\frac{1}{y^{\frac{5}{6}}t^{\frac{1}{6}}}\int_t^1(\xi_1-t)^{\frac{1}{6}}\cdot$$

$$Be^{\int_{\xi_1}^1 B\mathrm{d}\xi_2}\left[\frac{1}{\xi^{\frac{1}{6}}}-\left(\frac{1-t}{\xi_1-t}\right)^{\frac{1}{6}}\right]\mathrm{d}\xi_1-$$

$$\sqrt{3}k_1\int_0^1(1-t)^{\frac{1}{6}}W(t)\mathrm{d}t\int_0^y\frac{-(1-2t)\mathrm{d}x}{6(y-x)^{\frac{5}{6}}(t+x-2tx)^{\frac{7}{6}}}\cdot$$

$$\int_t^1(\xi_1-t)^{\frac{1}{6}}Be^{\int_{\xi_1}^1 B\mathrm{d}\xi_2}\cdot$$

$$\left[\left(\frac{1-x}{\xi_1+x-2\xi_1x}\right)^{\frac{1}{6}}-\left(\frac{1-t}{\xi_1-t}\right)^{\frac{1}{6}}\right]\mathrm{d}\xi_1-$$

$$\sqrt{3}k_1\int_0^1(1-t)^{\frac{1}{6}}W(t)\mathrm{d}t\int_0^y\frac{(1-x)^{\frac{1}{6}}\mathrm{d}x}{(y-x)^{\frac{5}{6}}(t+x-2tx)^{\frac{1}{6}}}\cdot$$

$$\int_t^1\frac{(\xi_1-t)^{\frac{1}{6}}(2\xi_1-1)}{(\xi_1+x-2\xi_1x)^{\frac{7}{6}}}Be^{\int_{\xi_1}^1 B\mathrm{d}\xi_2}\mathrm{d}\xi_1-$$

$$\sqrt{3}k_1\int_0^1(1-t)^{\frac{1}{6}}W(t)\mathrm{d}t\cdot$$

$$\int_0^y\frac{-\mathrm{d}x}{6(y-x)^{\frac{5}{6}}(t+x-2tx)^{\frac{1}{6}}(1-x)^{\frac{5}{6}}}\cdot$$

$$\int_t^1\left(\frac{\xi_1-t}{\xi_1+x-2\xi_1x}\right)^{\frac{1}{6}}Be^{\int_{\xi_1}^1 B\mathrm{d}\xi_2}\mathrm{d}\xi_1 \qquad (20.86)$$

研究式(20.86)中之项

$$I_{2,1}^*=\sqrt{3}k_1\int_0^y(1-t)^{\frac{1}{6}}W(t)\mathrm{d}t\cdot$$

$$\int_0^1\frac{(1-\mu)^{\frac{1}{6}}\mathrm{d}\mu}{\mu^{\frac{5}{6}}}\int_0^1\frac{[1-y+(y-t)\mu]^{\frac{1}{6}}}{\lambda^{\frac{1}{6}}(1-\lambda)^{\frac{1}{2}}}\mathrm{d}\lambda\cdot$$

$$\frac{\mathrm{d}}{\mathrm{d}y}[(B_1e^{\int_{\xi_1}^1 B\mathrm{d}\xi_2}\big|_{\xi_1=y-(y-t)[\mu+(1-\mu)\lambda]}(y-t)^{\frac{1}{3}}]+$$

$$\sqrt{3}k_1\int_0^1(1-t)^{\frac{1}{6}}W(t)\mathrm{d}t\int_0^t\frac{-5\mathrm{d}x}{6(y-x)^{\frac{11}{6}}(t-x)^{\frac{1}{6}}}\cdot$$

$$\int_t^1(\xi_1-t)^{\frac{1}{6}}Be^{\int_{\xi_1}^1 B\mathrm{d}\xi_2}\cdot$$

$$\left[\left(\frac{1-x}{\xi_1-x}\right)^{\frac{1}{6}}-\left(\frac{1-t}{\xi_1-t}\right)^{\frac{1}{6}}\right]\mathrm{d}\xi_1$$

$$=\int_0^y(1-t)^{\frac{1}{6}}O\left(\frac{1}{(y-t)^{\frac{2}{3}+\delta}}\right)W(t)\mathrm{d}t \qquad (20.87)$$

$$I_{2,2}^*=\sqrt{3}k_1\int_0^y(1-t)^{\frac{1}{6}}W(t)\mathrm{d}t\,\frac{1}{y^{\frac{5}{6}}t^{\frac{1}{6}}}\cdot$$

$$\int_t^1(\xi_1-t)^{\frac{1}{6}}Be^{\int_{\xi_1}^1 B\mathrm{d}\xi_1}\cdot$$

$$\left[\frac{1}{\xi_1^{\frac{1}{6}}}-\left(\frac{1-t}{\xi_1-t}\right)^{\frac{1}{6}}\right]\mathrm{d}\xi_1$$

$$=\int_0^y(1-t)^{\frac{1}{6}}O\left(\frac{(1-t)^{\frac{1}{3}}}{t^{\frac{2}{3}}}\right)W(t)\mathrm{d}t \qquad (20.88)$$

$$I_{2,3}^{*}=\sqrt{3}k_1\int_y^1(1-t)^{\frac{1}{6}}W(t)\mathrm{d}t\cdot$$

$$\int_0^y\frac{\mathrm{d}x}{6(y-x)^{\frac{5}{6}}(t-x)^{\frac{7}{6}}}\int_t^1(\xi_1-t)^{\frac{1}{2}}Be^{\int_{\xi_1}^1 B\mathrm{d}\xi_2}\cdot$$

$$\left[\left(\frac{1-x}{\xi_1-x}\right)^{\frac{1}{6}}-\left(\frac{1-t}{\xi_1-t}\right)^{\frac{1}{6}}\right]\mathrm{d}\xi_1+$$

$$\sqrt{3}k_1\int_y^1(1-t)^{\frac{1}{6}}W(t)\mathrm{d}t\int_0^y\frac{(1-x)^{\frac{1}{6}}\mathrm{d}x}{6(y-x)^{\frac{5}{6}}(t-x)^{\frac{1}{6}}}\cdot$$

$$\int_t^1\frac{(\xi_1-t)^{\frac{1}{6}}}{(\xi_1-x)^{\frac{7}{6}}}Be^{\int_{\xi_1}^1 B\mathrm{d}\xi_2}\mathrm{d}\xi_1$$

$$=\int_y^1(1-t)^{\frac{1}{6}}O\left(\frac{y^{\delta}}{(t-y)^{\frac{2}{3}+\delta}}\right)W(t)\mathrm{d}t \tag{20.89}$$

$$I_{2,4}^{*}=-\sqrt{3}k_1\int_0^1(1-t)^{\frac{1}{6}}W(t)\mathrm{d}t\cdot$$

$$\int_0^y\frac{(2t-1)\mathrm{d}x}{6(y-x)^{\frac{5}{6}}(t+x-2tx)^{\frac{7}{6}}}\cdot$$

$$\int_t^1(\xi_1-t)^{\frac{1}{6}}Be^{\int_{\xi_1}^1 B\mathrm{d}\xi_2}\cdot$$

$$\left[\left(\frac{1-x}{\xi_1+x-2\xi_1x}\right)^{\frac{1}{6}}-\left(\frac{1-t}{\xi_1-t}\right)^{\frac{1}{6}}\right]\mathrm{d}\xi_1-$$

$$\sqrt{3}k_1\int_0^1(1-t)^{\frac{1}{6}}W(t)\mathrm{d}t\cdot$$

$$\int_0^y\frac{(1-x)^{\frac{1}{6}}\mathrm{d}x}{6(y-x)^{\frac{5}{6}}(t+x-2tx)^{\frac{1}{6}}}\cdot$$

$$\int_t^1\frac{(2\xi_1-1)(\xi_1-t)^{\frac{1}{6}}}{(\xi_1+x-2\xi_1x)^{\frac{7}{6}}}Be^{\int_{\xi_1}^1 B\mathrm{d}\xi_2}\mathrm{d}\xi_1$$

$$=\int_0^1(1-t)^{\frac{1}{6}}O\left(\frac{y^{\delta}}{t^{\frac{2}{3}+\delta}(1-y)^{\frac{1}{2}+\delta}(1-t)^{\frac{1}{6}}}\right)W(t)\mathrm{d}t \tag{20.90}$$

类似地得到

$$
\begin{aligned}
I_{2,5}^{*}=&\sqrt{3}k_1\int_0^y(1-t)^{\frac{1}{6}}W(t)\mathrm{d}t\int_0^1\frac{-(1-\mu)^{\frac{7}{6}}}{6\mu^{\frac{5}{6}}}\mathrm{d}\mu\cdot\\
&\int_0^1\frac{(y-t)^{\frac{1}{3}}\mathrm{d}\lambda}{\lambda^{\frac{1}{6}}(1-\lambda)^{\frac{1}{2}}[1-y+(y-t)\mu]^{\frac{5}{6}}}\cdot\\
&\{B_1\mathrm{e}^{\int_{\xi_1}^1B\mathrm{d}\xi_2}\mid_{\xi_1=y+(y-t)[\mu+(1-\mu)\lambda]}\}+\\
&\sqrt{3}k_1\int_y^1(1-t)^{\frac{1}{6}}W(t)\mathrm{d}t\cdot\\
&\int_0^y\frac{-\mathrm{d}x}{6(y-x)^{\frac{5}{6}}(t-x)^{\frac{1}{6}}(1-x)^{\frac{5}{6}}}\cdot\\
&\int_t^1\left(\frac{\xi_1-t}{\xi_1-x}\right)^{\frac{1}{6}}B\mathrm{e}^{\int_{\xi_1}^1B\mathrm{d}\xi_2}\mathrm{d}\xi_1-\\
&\sqrt{3}k_1\int_0^1(1-t)^{\frac{1}{6}}W(t)\mathrm{d}t\cdot\\
&\int_0^y\frac{-\mathrm{d}x}{6(y-x)^{\frac{5}{6}}(t+x-2tx)^{\frac{1}{6}}(1-x)^{\frac{5}{6}}}\cdot\\
&\int_t^1\left(\frac{\xi_1-t}{\xi_1+x-2\xi_1x}\right)^{\frac{1}{6}}B\mathrm{e}^{\int_{\xi_1}^1B\mathrm{d}\xi_2}\mathrm{d}\xi_1\\
=&\sqrt{3}k_1\int_0^y(1-t)^{\frac{1}{6}}W(t)\mathrm{d}t\int_t^y\frac{\mathrm{d}x}{6(y-x)^{\frac{5}{6}}(1-x)^{\frac{5}{6}}}\cdot\\
&\left[\frac{1}{(t+x-2tx)^{\frac{1}{6}}}\int_t^x\left(\frac{\xi_1-t}{\xi_1+x-2\xi_1x}\right)^{\frac{1}{6}}B\mathrm{e}^{\int_{\xi_1}^1B\mathrm{d}\xi_2}-\right.\\
&\left.\frac{(x-t)^{\frac{5}{6}}}{y-t}\int_t^x\left(\frac{\xi_1-t}{x-\xi_1}\right)^{\frac{1}{6}}B\mathrm{e}^{\int_{\xi_1}^1B\mathrm{d}\xi_2}\mathrm{d}\xi_1\right]+\\
&\sqrt{3}k_1\int_0^y(1-t)^{\frac{1}{6}}W(t)\mathrm{d}t\cdot\\
&\left[\int_0^t\frac{\mathrm{d}x}{6(y-x)^{\frac{5}{6}}(t+x-2tx)^{\frac{1}{6}}(1-x)^{\frac{5}{6}}}\cdot\right.
\end{aligned}
$$

$$\int_t^x\left(\frac{\xi_1-t}{\xi_1+x-2\xi_1 x}\right)^{\frac{1}{6}}Be^{\int_{\xi_1}^1 Bd\xi_2}d\xi_1+$$

$$\int_t^y\frac{dx}{6(y-x)^{\frac{5}{6}}(t+x-2tx)^{\frac{1}{6}}(1-x)^{\frac{5}{6}}}\cdot$$

$$\left.\int_x^1\left(\frac{\xi_1-t}{\xi_1+x-2\xi_1 x}\right)^{\frac{1}{6}}Be^{\int_{\xi_1}^1 Bd\xi_2}d\xi_1\right]+$$

$$\sqrt{3}k_1\int_y^1(1-t)^{\frac{1}{6}}W(t)dt\int_0^y\frac{dx}{6(y-x)^{\frac{5}{6}}(1-x)^{\frac{5}{6}}}\cdot$$

$$\left[\frac{1}{(t+x-2tx)^{\frac{1}{6}}}\int_t^1\left(\frac{\xi_1-t}{\xi_1+x-2\xi_1 x}\right)^{\frac{1}{6}}Be^{\int_{\xi_1}^1 Bd\xi_2}-\right.$$

$$\left.\frac{1}{(1-t)^{\frac{1}{6}}}\int_t^1\left(\frac{\xi_1-t}{\xi_1-x}\right)^{\frac{1}{6}}Be^{\int_{\xi_1}^1 Bd\xi_2}d\xi_1\right]$$

$$=\int_0^y(1-t)^{\frac{1}{6}}O\left(\frac{(1-t)^{\frac{1}{6}}}{(y-t)^{\frac{2}{3}+\delta}}\right)W(t)dt+$$

$$\int_y^1(1-t)^{\frac{1}{6}}O\left(\frac{y^\delta}{(1-y)^{\frac{1}{2}+\delta}(t-y)^{\frac{1}{6}+\delta}}\right)W(t)dt \tag{20.91}$$

总结式(20.87)～(20.91)，得

$$I_2^*(y)=\int_0^y(1-t)^{\frac{1}{6}}O\left(\frac{1}{(y-t)^{\frac{2}{3}+\delta}}+\frac{(1-t)^{\frac{1}{3}}}{t^{\frac{2}{3}}}\right)W(t)dt+$$

$$\int_y^1(1-t)^{\frac{1}{6}}O\left(\frac{y^\delta}{(t-y)^{\frac{2}{3}+\delta}}+\right.$$

$$\left.\frac{y^\delta}{(1-y)^{\frac{1}{2}+\delta}(t-y)^{\frac{1}{6}+\delta}}\right)W(t)dt \tag{20.92}$$

由式(20.81)得

$$I_3^*(y)=\int_0^y(1-t)^{\frac{1}{6}}O\left(\frac{1}{(1-y)^{\frac{1}{2}}}\right)W(t)dt+$$

$$\int_0^1 (1-t)^{\frac{1}{6}} O\left(\frac{1}{(1-y)^{\frac{1}{2}} \mid t-y \mid^{\frac{1}{6}+\delta}}\right) W(t) \mathrm{d}t \tag{20.93}$$

对于 $I_4^*(y)$ 和 $I_5^*(y)$ 的估计，只要取 M_3，H_3 中第一项作代表，可得

$$I_4^* = \int_0^y (1-t)^{\frac{1}{6}} O\left(\frac{1}{(y-t)^{\frac{2}{3}+\delta}}\right) W(t) \mathrm{d}t \tag{20.94}$$

$$\begin{aligned} I_5^*(y) = &\int_y^1 (1-t)^{\frac{1}{6}} O\left(\frac{y^\delta (1-y)^{\frac{1}{6}}}{(t-y)^{\frac{2}{3}+\delta}}\right) W(t) \mathrm{d}t + \\ &\int_0^y (1-t)^{\frac{1}{6}} O\left(\frac{(1-t)^{\frac{2}{3}}}{(y-t)^{\frac{5}{6}} (1-y)^{\frac{1}{2}+\delta}}\right) W(t) \mathrm{d}t \end{aligned} \tag{20.95}$$

最后，观察

$$\begin{aligned} I_6^*(y) = &\frac{\mathrm{d}}{\mathrm{d}y} \int_0^y \frac{(1-x)^{\frac{1}{6}}}{(y-x)^{\frac{5}{6}}} \mathrm{d}x \cdot \\ &\gamma \int_0^1 [b(\xi,0) G_,(x,\xi,0) - z_\eta(x,\xi,0)] \cdot \\ &\int_0^\xi V(\xi,\xi,1,t) W(t) \mathrm{d}t \mathrm{d}\xi \\ = &I_{6,1}^* + I_{6,2}^* \end{aligned} \tag{20.96}$$

其中

$$\begin{aligned} I_{6,1}^* = &\frac{\mathrm{d}}{\mathrm{d}y} \int_0^y \frac{(1-x)^{\frac{1}{6}}}{(y-x)^{\frac{5}{6}}} \mathrm{d}x \cdot \\ &\gamma \int_0^1 b(\xi,0) G_0(x,\xi,0) \mathrm{d}\xi \int_0^\xi V(\xi,\xi,1,t) \mathrm{d}t \end{aligned} \tag{20.97}$$

$$I_{6,2}^* = \frac{-\mathrm{d}}{\mathrm{d}y} \int_0^y \frac{(1-x)^{\frac{1}{6}}}{(y-x)^{\frac{5}{6}}} \mathrm{d}x \cdot$$

$$\gamma\int_0^1 z_\eta(x,\xi,0)\,\mathrm{d}\xi\int_0^\xi V(\xi,\xi,1,t)W(t)\,\mathrm{d}t \qquad (20.98)$$

$I_{6,1}^*$ 核的奇性估计，例如可如式(20.92)一样得到. $I_{6,2}^*$ 的估计只以式(20.51)中第一次为代表考察，即考虑

$$\frac{\mathrm{d}}{\mathrm{d}y}\int_0^y \frac{(1-x)^{\frac{1}{6}}}{(y-x)^{\frac{5}{6}}}\mathrm{d}x\int_0^1 z_\eta(x,\xi,5)\,\mathrm{d}\xi\cdot$$

$$\int_0^\xi \frac{(1-t)^{\frac{1}{3}}}{(1-\xi)^{\frac{1}{6}}(\xi-t)^{\frac{1}{6}}}W(t)\,\mathrm{d}t$$

$$=\frac{\mathrm{d}}{\mathrm{d}y}\int_0^y (1-t)^{\frac{1}{3}}W(t)\,\mathrm{d}t\cdot$$

$$\int_t^y \frac{(1-x)^{\frac{1}{6}}}{(y-x)^{\frac{5}{6}}}\mathrm{d}x\int_t^x \frac{z_\eta(x,\xi,0)}{(1-\xi)^{\frac{1}{6}}(\xi-t)^{\frac{1}{6}}}\mathrm{d}\xi+$$

$$\frac{\mathrm{d}}{\mathrm{d}y}\int_0^y (1-t)^{\frac{1}{3}}W(t)\,\mathrm{d}t\cdot$$

$$\int_t^y \frac{(1-x)^{\frac{1}{6}}}{(y-x)^{\frac{5}{6}}}\mathrm{d}x\int_x^1 \frac{z_\eta(x,\xi,0)}{(1-\xi)^{\frac{1}{6}}(\xi-t)^{\frac{1}{6}}}\mathrm{d}\xi+$$

$$\frac{\mathrm{d}}{\mathrm{d}y}\int_0^y (1-t)^{\frac{1}{3}}W(t)\,\mathrm{d}t\cdot$$

$$\int_0^t \frac{(1-x)^{\frac{1}{6}}}{(y-x)^{\frac{5}{6}}}\mathrm{d}x\int_t^1 \frac{z_\eta(x,\xi,0)}{(1-\xi)^{\frac{1}{6}}(\xi-t)^{\frac{1}{6}}}\mathrm{d}\xi+$$

$$\frac{\mathrm{d}}{\mathrm{d}y}\int_y^1 (1-t)^{\frac{1}{3}}W(t)\,\mathrm{d}t\cdot$$

$$\int_0^y \frac{(1-x)^{\frac{1}{6}}}{(y-x)^{\frac{5}{6}}}\mathrm{d}x\int_t^1 \frac{z_\eta(x,\xi,0)}{(1-\xi)^{\frac{1}{6}}(\xi-t)^{\frac{1}{6}}}\mathrm{d}\xi \qquad (20.99)$$

式(20.99)的第一项

$$=\frac{\mathrm{d}}{\mathrm{d}y}\int_0^y (1-t)^{\frac{1}{3}}W(t)\,\mathrm{d}t\int_0^1\left(\frac{1-\mu}{\mu}\right)^{\frac{5}{6}}\mathrm{d}\mu\cdot$$

$$\int_0^1 \frac{(y-t)[1-y+(y-t)\mu]^{\frac{1}{6}} z_\eta\{y-(y-t)\mu_1, y-(y-t)[\mu+(1-\mu)\lambda], 0\}}{\{1-y+(y-t)[\mu+(1-\mu)\lambda]\}^{\frac{1}{6}}(1-\lambda)^{\frac{1}{6}}} d\lambda$$

$$=\int_0^y (1-t)^{\frac{1}{3}} W(t) dt \int_0^1 \left(\frac{1-\mu}{\mu}\right)^{\frac{5}{6}} d\mu \cdot$$

$$\left[(1-y+(y-t)\mu)^{\frac{1}{6}} - \frac{(1-\mu)(y-t)}{(1-y+(y-t)\mu)^{\frac{5}{6}}}\right] \cdot$$

$$\int_0^1 \frac{z_\eta(y-(y-t)\mu, y-(y-t)(\mu+(1-\mu)\lambda), 0)}{\{1-y+(y-t)[\mu+(1-\mu)\lambda)]\}^{\frac{1}{6}}(1-\lambda)^{\frac{1}{6}}} d\lambda +$$

$$\int_0^y (1-t)^{\frac{1}{3}} W(t) dt \int_0^1 \left(\frac{1-\mu}{\mu}\right)^{\frac{5}{6}} d\mu \cdot$$

$$\int_0^1 \frac{(1-\mu)(1-\lambda)(y-t)(1-y+(y-t)\mu^{\frac{1}{6}} z_\eta(y-(y-t)\mu, y-(y-t)(\mu(1-\mu)\lambda), 0))}{6\{[1-y+(y-t)[\mu+(1-\mu)\lambda]\}^{\frac{7}{6}}(1-\lambda)^{\frac{1}{6}}} d\lambda +$$

$$\int_0^y (1-t)^{\frac{1}{3}} W(t) dt \cdot$$

$$\int_0^1 \frac{(y-t)(1-y+(y-t)\mu)^{\frac{1}{6}}(1-\mu)^{\frac{5}{6}}}{\mu^{\frac{5}{6}}} d\mu \cdot$$

$$\int_0^1 \frac{z_{x\eta}(1-\mu) + z_{\xi\eta}(1-\mu)(1-\lambda)}{\{1-y+(y-t)[\mu+(1-\mu)\lambda]\}^{\frac{1}{6}}(1-\lambda)^{\frac{1}{6}}} d\lambda$$

由引理 20.2,引理 20.3,引理 20.4 和引理 20.5 得出

$$上式=\int_0^y (1-t)^{\frac{1}{3}} O\left(\frac{1}{(y-t)^{\frac{2}{3}+\delta_1}}\right) W(t) dt$$

类似估计式(20.99)的其他几项,得

$$I_{6,2}^* = \int_0^y (1-t)^{\frac{1}{6}} O\left(\frac{(1-t)^{\frac{1}{2}}}{(y-t)^{\frac{5}{6}+\delta}}\right) W(t) dt +$$

$$\int_y^1 (1-t)^{\frac{1}{6}} O\left(\frac{(1-t)^{\frac{1}{3}} y^\delta}{(t-y)^{\frac{5}{6}+\delta}}\right) W(t) dt$$

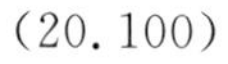
(20.100)

总结式(20.47),(20.92) ~ (20.95),(20.100) 得

$$\sum_{e=1}^{6} I_e^*(y) = \int_0^y (1-t)^{\frac{1}{6}} O\left(\frac{(1-t)^{\frac{1}{2}}}{(y-t)^{\frac{5}{6}+\delta}} + \frac{(1-t)^{\frac{1}{3}}}{t^{\frac{2}{3}}} + \frac{(1-t)^{\frac{2}{3}}}{(1-y)^{\frac{1}{2}+\delta}(y-t)^{\frac{5}{6}}}\right) W(t)\mathrm{d}t +$$

$$\int_y^1 (1-t)^{\frac{1}{6}} O\left(\frac{(1-t)^{\frac{1}{3}} y^{\delta}}{(t-y)^{\frac{5}{6}+\delta}} + \frac{y^{\delta}(1-y)^{\frac{1}{6}}}{(t-y)^{\frac{2}{3}+\delta}} + \frac{y^{\delta}}{(1-y)^{\frac{1}{2}+\delta}(t-y)^{\frac{1}{6}+\delta}}\right) W(t)\mathrm{d}t +$$

$$\int_0^1 (1-t)^{\frac{1}{6}} O\left(\frac{y^{\delta}}{(1-y)^{\frac{1}{2}+\delta} t^{\frac{2}{3}+\delta}(1-t)^{\frac{1}{6}}} + \frac{1}{(1-y)^{\frac{1}{2}} \mid t-y \mid^{\delta}}\right) W(t)\mathrm{d}t \qquad (20.101)$$

下面来研究已知项 f_e 的光滑性.

首先由式(20.45) 得

$$f_1(x) \varepsilon c^{(0)} \quad (0 \leqslant x \leqslant 1), f_1(x) \varepsilon c^{(2)} \quad (0 < x < 1) \qquad (20.102)$$

$$f_1(x) = O(x^{1-\delta}(1-x)^{1-\delta}) \qquad (20.103)$$

式(20.102) 得到,只要考虑式(20.45) 中的项

$$f_1^*(x) = -\gamma \int_{D_1}\int z(x,s,t) f(s,t)\mathrm{d}s\mathrm{d}t$$

在 D_1 中,除去 x 的一个 ε 邻域的区域记为 D_{1_ε},除 Γ 外边界记为 γ_ε,则

$$\begin{aligned} f_1^*(x) &= \lim_{\varepsilon \to 0} f_{1,\varepsilon}^*(x) \\ &= \lim_{\varepsilon \to 0} \left(-\gamma \iint_{D_{1_\varepsilon}} z(x,s,t) f(s,t)\mathrm{d}s\mathrm{d}t\right) \end{aligned}$$

由引理 20.5

$$\frac{\mathrm{d}f_{1_\varepsilon}^*(x)}{\mathrm{d}x}=\gamma\phi z(x,s,t)f(s,t)\mathrm{d}t-$$

$$\gamma\iint_{D_{1_\varepsilon}} z(x,t,t)f_s(s,t)\mathrm{d}s\mathrm{d}t-$$

$$\gamma\iint_{D_{1_\varepsilon}} z_1(x,s,t)f(s,t)\mathrm{d}s\mathrm{d}t+\cdots$$

其中省略号表示对区域微分部分.

上式对于 $x\in(0,1)$，$(\xi,\eta)\in\overline{D}_1$，当 $\varepsilon\to 0$ 时一致的极限存在是 $\frac{\mathrm{d}f_1^*(x)}{\mathrm{d}x}$ 由于假定(20.2)和式(20.13)，引理 20.4，不难得出式(20.102)和(20.103).

由式(20.64)，(20.65)，(20.67)得出

$$\begin{cases} f_3(x),f_4(x)\varepsilon c^{(0)} & (0\leqslant x\leqslant 1) \\ f_3(x)=o(x^{\frac{5}{6}}(1-x)^{\frac{5}{6}}) & \\ f_3(x),f_4(x)\varepsilon c^{(2)} & (0<x<1) \\ f_4(x)=o(x^{\frac{1}{6}}(1-x)^{\frac{1}{6}}) & \end{cases}\tag{20.104}$$

$$\begin{cases} f_5(x)\varepsilon c^{(0)} & (0\leqslant x\leqslant 1) \\ f_5(x)\varepsilon c^{(2)} & (0<x<1) \\ f_5(x)=o(x^{\frac{5}{6}}(1-x)^{\frac{5}{6}}) & \end{cases}\tag{20.105}$$

由式(20.84)得

$$\begin{cases} f_6(y)=O(1) & (0\leqslant y\leqslant 1) \\ f_6(y)\varepsilon c^{(2)} & (0<y<1) \end{cases}\tag{20.106}$$

20.5 解积分方程，唯一性问题

把式(20.83)中 $\frac{1}{3k_1\pi}\sum_{e=1}^{6}I_e^*(y)$ 移至右端，视右端

为已知,由文[2]或文[15]得

$$
\begin{aligned}
&(1-y)^{\frac{1}{3}}W(y)\mathrm{e}^{\int_y^1 B(\xi_2,y)\mathrm{d}\xi_2}\\
=&\frac{3}{4}\left[F(y)-\frac{1}{\sqrt{3}\,\pi}\int_0^1\left(\frac{s}{y}\right)^{\frac{1}{2}}\left(\frac{1-s}{1-y}\right)^{\frac{1}{3}}\cdot\right.\\
&\left.\left(\frac{1}{s-y}-\frac{1}{s+y-2sy}\right)F(s)\mathrm{d}s\right] \qquad (20.107)
\end{aligned}
$$

其中

$$
F(y)=f_6(y)-\frac{1}{3k_1\pi}\sum_{e=1}^{6}I_e^*(y) \qquad (20.108)
$$

若已知式(20.7),(20.8),(20.9)的齐次问题的解是唯一的,即 $u\equiv 0,\tau\equiv v=0$. 则由式(20.62)得

$$
\begin{aligned}
&2\pi k_1(1-y)^{\frac{1}{3}}\mathrm{e}^{\int_y^1 B(\xi_2,y)\mathrm{d}\xi_2}W(y)+\\
&2\pi k_1(1-y)^{\frac{1}{6}}A(1,y)\int_0^y(1-t)^{\frac{1}{6}}\mathrm{e}^{\int_t^y A(1,\eta_2)\mathrm{d}\eta_2}W(t)\mathrm{d}t+\\
&\frac{1}{3}[I_1^*(y)+I_4^*(y)]\\
=&\frac{\mathrm{d}}{\mathrm{d}y}\int_0^y\frac{(1-x)^{\frac{1}{6}}\tau(x)}{(y-x)^{\frac{5}{6}}}\mathrm{d}x \qquad (20.109)
\end{aligned}
$$

这是关于未知函数 $(1-y)^{\frac{5}{6}}W(y)$ 的伏泰勒型的积分方程,其解是存在,唯一(在连续函数类中).

即由 $\tau(x)\equiv\nu(x)\equiv 0$ 推得 $W(y)\equiv 0$①.

---

① 从而本章也改进了文[7]的结果,而且可以断定在 D_2 中,提出下列问题是适定的

$$
\begin{cases}
u\Big|_{AC}^{(1,1)}=\varphi_1\\
\dfrac{\partial}{\partial}\Big|_{AB}=\varphi_2
\end{cases}
$$

注意到式(20.101)，(20.107) 是关于$(1-y)^{\frac{5}{6}+\delta}W(y)$ 的弱奇性核积分方程，由解的唯一性，得到解的存在性，由式(20.106) 得到

$$W(y)\in c^{(2)}\quad(0<y<1)\qquad(20.110)$$

$$W(y)=O[(1-y)^{-\frac{5}{6}-\delta}]\qquad(20.111)$$

由式(20.62)，(20.63) 得

$$\tau(x),\nu(x)\varepsilon c^{(2)}\quad(0<x<1)\qquad(20.112)$$

$$\tau(x)=O(x^{\frac{5}{6}}),\nu(x)=O(x^{\frac{1}{6}})\qquad(20.113)$$

关于 $\tau(x),\nu(x)$ 在 $x=1$ 附近性质，由式(20.71) 两端乘$(1-x)^{\frac{1}{6}}$，再令 $x\rightarrow 1$ 得

$$\int_0^1(1-t)^{\frac{1}{6}}\mathrm{e}^{\int_t^1 A(1,\eta_2)\mathrm{d}\eta_2}W(t)\mathrm{d}t=0\qquad(20.114)$$

由此得

$$\begin{cases}\tau(x)=O[(1-x)^{\frac{1}{6}+\delta}]\\ \nu(x)=O[(1-x)^{-\frac{1}{2}-\delta}]\end{cases}\qquad(20.115)$$

得到 $\tau(x),\nu(x)$ 后，在 D_1 中解普通退缩椭圆型方程的狄氏问题，在 D_2 中解式可由式(20.61) 表示，不难验证它是正规解.

最后，我们给出最容易找到的唯一性定理成立的条件，记

$$\widetilde{A}=-\frac{1}{6(\xi-\eta)}-A,\widetilde{B}=\frac{1}{6(\xi-\eta)}+B,\widetilde{C}=C\qquad(20.116)$$

由文[11] 中的极值原理，在 D_2 中若满足下列条件：

(1)$\widetilde{C} \geqslant 0$;

(2)$\widetilde{B} \geqslant 0$;

(3)$\widetilde{B}^{\eta} + \widetilde{A}\widetilde{B} - \widetilde{C} \geqslant 0$.

则齐次定解问题(20.7),(20.8),(20.9)的解 u,由文[11]得 $u=0$,唯一性定理成立,即得到在假定(20.1)～(20.4),条件(1)～(3)成立下,正规解存在,唯一.

附注　(1)在本章中的假定(20.4)是不自然的,这是由于在退缩椭圆区域中,角点附足的微商没有良好的估计方法.在证明中:在 D_2 区域中没有用到式(20.4),若用上它,则 $\tau(x)$(或 $\nu(x)$)在 $x=1$ 处零级会增加.

(2)式(20.7),(20.8),(20.9)定解问题的唯一性,由于本章证明了存在性依赖于唯一性,它变得重要起来,问题在于在怎样最轻限制下,得到唯一性成立条件.

(3)对于式(20.3)当 $m=1$ 时,定解问题时,必须是在另一特征 BC 上也提边值,在文[13]中证明了当 $a \equiv c \equiv 0, b=d=\text{const}$ 时的边值问题的适定性,基本上也可以把文[13]推广到一般形式的方程(20.3)$(m=1)$的情况.

20.6　附　　记

方程(20.48)的黎曼函数 $v(\xi,\eta;\xi_0,\eta_0)$ 由文[14]知它满足下列方程

$$V(\xi,\eta;\xi_0,\eta_0)=v(\xi,\eta;\xi_0,\eta_0)+\int_{\xi}^{\xi_0}\left(\frac{\xi_0-\eta_0}{\xi'-\eta_0}\right)^{\frac{1}{6}}\cdot B(\xi',\eta_0)V(\xi,\eta;\xi',\eta_0)\mathrm{d}\xi'-\int_{\eta}^{\eta_0}\left(\frac{\xi_0-\eta_0}{\xi_0-\eta}\right)^{\frac{1}{6}}A(\xi_0,\eta')V(\xi,\eta;\xi_0,\eta')\mathrm{d}\eta'+\int_{\eta}^{\eta_0}\int_{\xi}^{\xi_0}\{[A(\xi',\eta')\frac{\partial}{\partial\xi'}-B(\xi',\eta')\frac{\partial}{\partial\eta'}-c(\xi',\eta')]v(\xi',\eta';\xi_0,\eta_0)\}\cdot V(\xi,\eta;\xi'\eta')\mathrm{d}\xi'\mathrm{d}\eta' \tag{20.117}$$

其中 $v(\xi,\eta;\xi_0,\eta_0)$ 由式(20.55)定义,A,B,C 由式(20.49)定义

$$\xi_0>\xi>\eta>\eta_0$$

在文[14]中仅证明 $\xi_0-\eta_0$ 充分小时,对 $\xi_0>\xi\geqslant\eta\geqslant\eta_0$;$v(\xi,\eta;\xi_0,\eta_0)$ 可由逐次逼近法得到

$$V(\xi,\eta;\xi_0,\eta_0)=v_1(\xi,\eta;\xi_0,\eta_0)+\cdots+v_n(\xi,\eta;\xi_0,\eta_0)+\cdots \tag{20.118}$$

其中

$$v_n(\xi,\eta;\xi_0,\eta_0)=\int_{\xi}^{\xi_0}\left(\frac{\xi_0-\eta_0}{\xi'-\eta_0}\right)^{\frac{1}{6}}B(\xi',\eta_0)v_{n-1}(\xi,\eta;\xi',\eta_0)\mathrm{d}\xi'-\int_{\eta}^{\eta_0}\left(\frac{\xi_0-\eta_0}{\xi_0-\eta'}\right)^{\frac{1}{6}}A(\xi_0,\eta')v_{n-1}(\xi,\eta;\xi_0,\eta')\mathrm{d}\eta'+\int_{\eta}^{\eta_0}\int_{\xi}^{\xi_0}[(A\frac{\partial}{\partial\xi'}-B\frac{\partial}{\partial\eta'}-C)v(\xi',\eta';\xi_0,\eta_0)]\cdot v_{n-1}(\xi,\eta;\xi',\eta')\mathrm{d}\xi'\mathrm{d}\eta'\quad(\eta=1,2,\cdots) \tag{20.119}$$

$$v_1(\xi,\eta;\xi_0,\eta_0)=v(\xi,\eta;\xi_0,\eta_0) \tag{20.120}$$

而且有

$$V(\xi,\eta;\xi_0,\eta_0)=o\left[\frac{(\xi_0-\eta_0)^{\frac{1}{3}}}{(\xi_0-\eta)^{\frac{1}{6}}(\xi-\eta_0)^{\frac{1}{6}}}\right]\tag{20.121}$$

实际上，用与文[14]中略为不同估计，可得到当 $1\geqslant\xi_0>\xi>\eta>\eta_0\geqslant 0$ 时，式(20.118)，(20.121)都成立. 这是因为：

若有

$$|v_{n_0}|\leqslant k^{n_0}(\xi_0-\eta_0)^{\frac{n_0}{3}}\left[1+\left(\frac{\xi_0-\eta_0}{\xi_0-\eta}\right)^{\frac{1}{6}}+\left(\frac{\xi_0-\eta_0}{\xi-\eta_0}\right)^{\frac{1}{6}}\right]\tag{20.122}$$

则有

$$v_{n_0+1}=I_{n_0+1}^{(1)}+I_{n_0+1}^{(2)}+I_{n_0+1}^{(3)}\tag{20.123}$$

其中

$$I_{n_0+1}^{(1)}=\int_{\xi}^{\xi_0}\left(\frac{\xi_0-\eta_0}{\xi'-\eta_0}\right)^{\frac{1}{6}}B(\xi',\eta_0)\cdot v_{n_0}(\xi,\eta;\xi',\eta_0)\mathrm{d}\xi'\tag{20.124}$$

$$I_{n_0+1}^{(2)}=-\int_{\eta}^{\eta_0}\left(\frac{\xi_0-\eta_0}{\xi_0-\eta'}\right)^{\frac{1}{6}}A(\xi_0,\eta')\cdot v_{n_0}(\xi,\eta;\xi_0,\eta')\mathrm{d}\eta'\tag{20.125}$$

$$I_{n_0+1}^{(3)}=\int_{\xi}^{\xi_0}\int_{\eta}^{\eta_0}\left[\left(A\frac{\partial}{\partial\xi'}-B\frac{\partial}{\partial\eta'}-C\right)v(\xi'_1,\eta'_1;\xi_0,\eta_0)\right]\cdot v_{n_0}(\xi,\eta;\xi',\eta')\mathrm{d}\xi'\mathrm{d}\eta'\tag{20.126}$$

$$|I_{n_0+1}^{(1)}|\leqslant\int_{\xi}^{\xi_0}\left(\frac{\xi_0-\eta_0}{\xi'-\eta_0}\right)^{\frac{1}{6}}\frac{k^{n_0+1}}{(\xi'-\eta_0)^{\frac{2}{3}}}(\xi'-\eta^0)^{\frac{n_0}{3}}\cdot\left[1+\left(\frac{\xi'-\eta_0}{\xi'-\eta}\right)^{\frac{1}{6}}+\left(\frac{\xi'-\eta_0}{\xi-\eta}\right)^{\frac{1}{6}}\right]\mathrm{d}\xi'$$

$$=k^{n_0+1}(\xi_0-\eta_0)^{\frac{1}{6}}\cdot$$

$$\left[\frac{(\xi_0-\eta_0)^{\frac{n_0}{3}+\frac{1}{6}}}{\frac{n_0}{3}+\frac{1}{6}}+\frac{(\xi_0-\eta_0)^{\frac{n_0+1}{3}}}{\frac{n_0+1}{3}(\xi-\eta_0)^{\frac{1}{6}}}\right]+$$

$$k^{n_0+1}(\xi_0-\eta_0)^{\frac{1}{6}}\int_{\xi}^{\xi_0}\frac{(\xi'-\eta_0)^{\frac{n_0+2}{3}}}{(\xi'-\eta)^{\frac{1}{6}}}\mathrm{d}\xi' \quad (20.127)$$

但是$\int_{\xi}^{\xi_0}\frac{(\xi'-\eta_0)^{\frac{n_0-2}{3}}}{(\xi'-\eta)^{\frac{1}{6}}}\mathrm{d}\xi'\leqslant\frac{6(\xi_0-\eta_0)^{\frac{n_0-2}{3}}}{5}(\xi_0-\xi)^{\frac{5}{6}}$

另外

$$\int_{\xi}^{\xi_0}\frac{(\xi'-\eta_0)^{\frac{n_0-2}{3}}}{(\xi'-\eta)^{\frac{1}{6}}}\mathrm{d}\xi'$$

$$\leqslant\int_{\xi}^{\xi_0}\frac{(\xi'-\eta_0)^{\frac{n_0-2}{3}}}{(\xi'-\xi)^{\frac{1}{6}}}\mathrm{d}\xi'$$

$$=\int_0^{(\xi_0-\xi)^{\frac{1}{6}}}(\xi-\eta_0+\lambda^6)^{\frac{n_0+1}{3}}6\lambda^4\,\mathrm{d}\lambda$$

$$\leqslant\int_0^{(\xi_0-\xi)^{\frac{1}{6}}}\left[(\xi-\eta_0)+(\xi_0-\xi)^{\frac{1}{6}}\lambda^5\right]^{\frac{n_0-2}{3}}6\lambda^4\,\mathrm{d}\lambda$$

$$\leqslant\frac{6}{5}\,\frac{(\xi_0-\eta_0)^{\frac{n_0+1}{3}}}{(\xi_0-\xi)^{\frac{1}{6}}\,\frac{n_0+1}{3}}$$

总之

$$\int_{\xi}^{\xi_0}\frac{(\xi'-\eta_0)^{\frac{n_0-2}{3}}}{(\xi'-\eta)^{\frac{1}{6}}}\mathrm{d}\xi'$$

$$\leqslant\min\left\{\frac{6}{5}\,\frac{(\xi_0-\eta_0)^{\frac{n_0+1}{3}}}{\frac{n_0+1}{3}(\xi_0-\xi)^{\frac{1}{6}}},\frac{6}{5}(\xi_0-\xi)^{\frac{5}{6}}(\xi_0-\eta_0)^{\frac{n_0-2}{3}}\right\}$$

所以

$$\int_{\xi}^{\xi_0}\frac{(\xi'-\eta_0)^{\frac{n_0-2}{3}}}{(\xi'-\eta)^{\frac{1}{6}}}\mathrm{d}\xi'\leqslant\frac{6}{5}\frac{(\xi_0-\eta_0)^{\frac{n_0+1}{3}-\frac{1}{6}}}{\left(\frac{n_0+1}{3}\right)^{\frac{1}{6}}}\tag{20.128}$$

类似得到 $I^{(2)}_{n_0+2}, I^{(3)}_{n_0+1}$ 的估计，总之有

$$|v_{n_0+1}|\leqslant k^{n_0+1}\frac{(\xi_0-\eta_0)^{\frac{n_0+1}{3}}}{(n_0+1)^{\frac{5}{6}}}\cdot\left[1+\left(\frac{\xi_0-\eta_0}{\xi-\eta_0}\right)^{\frac{1}{6}}+\left(\frac{\xi_0-\eta_0}{\xi_0-\eta}\right)^{\frac{1}{6}}\right]\tag{20.129}$$

而当 $u_0=1$ 时，式(20.122)成立. 由此证明式(20.118)和式(20.121)成立.

由于关于(ξ,η)的一致收敛性，可令 $\xi\to x,\eta\to x$，式(20.118)成为

$$V(x,x;s,t)=k_1\frac{(s-t)^{\frac{1}{3}}}{(s-x)^{\frac{1}{6}}(x-t)^{\frac{1}{6}}}+\sum_{n=2}^{\infty}v_n(x,x;s,t)\tag{20.130}$$

研究 $V(x,x;s,t)$ 中当 $x\to t(s\neq t)$ 时有奇性的项，它们只能由下面的项得来：以 $v(x,x;s,t)$ 表示

$$v^*(x,x;s,t)=v_1^*(x,x;s,t)+\sum_{n=2}^{\infty}v_n^*(x,x;s,t)\tag{20.131}$$

其中

$$v_n^*(x,x;s,t)=\int_x^s\left(\frac{s-t}{\xi'-t}\right)^{\frac{1}{6}}B(\xi',t)v_{n-1}^*(x,x;\xi',t)\mathrm{d}\xi' \tag{20.132}$$

$$v_1^*(x,x;s,t)=k_1\frac{(s-x)^{\frac{1}{3}}}{(s-x)^{\frac{1}{6}}(x-t)^{\frac{1}{6}}} \tag{20.133}$$

$$v_2^*(x,x;s,t)=\int_x^s\left(\frac{s-t}{\xi_1-t}\right)^{\frac{1}{6}}B(\xi_1,t)\cdot v_1^*(x,x;\xi_1,t)\mathrm{d}\xi_1$$

$$v_3^*(x,x;s,t)=\int_x^s\left(\frac{s-t}{\xi_1-t}\right)^{\frac{1}{6}}B(\xi_1,t)\cdot v_1^*(x,x;\xi_1,t)\mathrm{d}\xi_1\int_{\xi_1}^s B(\xi_2,t)\mathrm{d}\xi_2$$

$$v_n^*(x,x;s,t)=\int_x^s\left(\frac{s-t}{\xi_1-t}\right)^{\frac{1}{6}}B(\xi_1,t)v_1^*(x,x;\xi_1,t)\mathrm{d}\xi_1\cdot\int_{\xi_1}^s B(\xi_2,t)\mathrm{d}\xi_2\cdots\int_{\xi_1}^{\xi_{n-2}}B(\xi_{n-1},t)\mathrm{d}\xi_{n-1}$$

所以

$$v^*(x,x;s,t)=v_1^*(x,x;s,t)+\int_x^s\left(\frac{s-t}{\xi_1-t}\right)^{\frac{1}{6}}\cdot B(\xi_1,t)v_1^*(x,x;\xi_1,t)\mathrm{d}\xi_1\cdot\left\{1+\sum_{n=1}^{\infty}B_n^*(\xi_1)\right\} \tag{20.134}$$

其中

$$\varphi(s)=1+\sum_{n=1}^{\infty}B_n^*(s)=1+\int_{\xi_1}^s B(\xi_2,t)\mathrm{d}\xi_2+\cdots+\int_{\xi_1}^s B(\xi_2,t)\mathrm{d}\xi_2\cdots\int_{\xi}^{\xi_{n-2}}B(\xi_{n-1},t)\mathrm{d}\xi_{n-1} \tag{20.135}$$

则 $\varphi(s)$ 满足下列方程

$$\varphi(s)=1+\int_{\xi_1}^{s}B(\xi_2,t)\varphi(\xi_2)\mathrm{d}\xi_2 \quad (20.136)$$

$$\varphi(\xi_1)=1 \quad (20.137)$$

式(20.136),(20.137)的解,存在,唯一,是 $\varphi(s)=\mathrm{e}^{\int_{\xi_1}^{s}B(\xi_1,t)\mathrm{d}\xi_2}$,故式(20.134)是

$$v^*(x,x;s,t)=k_1\frac{(s-t)^{\frac{1}{3}}}{(s-t)^{\frac{1}{6}}(x-t)^{\frac{1}{6}}}+M_1(x,s,t)$$

$M_1(x,s,t)$ 即是式(20.52),类似得到式(20.53),(20.54),即得到式(20.51).同样得到式(20.57)的表达式.

参考文献

[1] ТРИКОМИ Ф. О линейных уравнелиях смешанпого тнца М. Л. [M]. Гостсхиздат,1947.

[2] БИЦАДЗЕ А В. Тр,Матем инст им. В. А. Стекдова[J]. АН СССР,1953,41.

[3] 董光昌,陈良劲.混合型偏微分方程的一些情况与问题[J].浙江大学学报,1964(2):71-84.

[4] МИХЛИН С Т. Линейные уравнения математической физики М. ,1964.

[5] КЕЛДЫШ М В. О некоторых случаях выражденных уравнений эллинтического тина на границе области[J]. ДАН СССР,1951(77):181-183.

[6] 董光昌.退缩椭圆型偏微分方程边值问题[J].数学学报,1963(13):94-115.

[7] ВОЛКОДАВОВ В Ф. Решенис задачи Коши-Гурса для

уравнения обшего влда тнла Трикомм,《Тр,2 — й Научи конференции матем Псводжья Вып Ⅰ》 Куйбышев, 1962:25-27.

[8] ПУЛБКИН С П. Задача Трикоми ДЛЯ обшето уравнения Лаврентьева — Бицадзе[J]. ДАН СССР,1958(118):38-41.

[9]БАБЕНКО К И. Ктеории уравнений смешанного типа, дисс,АН СССР,1951.

[10] ПУЛЬКИН С П. К вопросу о решении задаьи Трикомн ДЛЯ уравнения типа чаплыгина[J]. Извест. ВУЗ Матем, 1958,2(3):219-226.

[11] AGMON S, NIRENBERG L, PROTTER M H. A maximum principle for a class of hyperbolie equations and applications to equations of mixed eilliptic hyperbolic types[J]. Comm. Pure appl. math. ,1953,6(4).

[12] 管祐成.关于特里谷米方程的一个定解问题[J].浙江大学学报,1964(4).

[13] КАРОЛЬ И Л. Ктеории краевых задач ДЛЯ уравнения смешанного зллиптико-гиперболичиского типа[J]. Матем. сб,1956,38(80):261-282.

[14] 齐民友.论一类含有非特性奇线的两自变量双曲型方程[J].武汉大学学报,1959(8):29-55.

[15] МУСХЕЛИШВИЛИ Н И. Сингуляльные интегральные уравнения,М. [M]. Физиматгиз,1962.

关于混合型偏微分方程特里谷米问题解的存在性的一点注记[①]

第21章

21.1　问题的提出

华罗庚教授的工作[②]大大改进了比察捷关于拉夫连捷夫的混合型偏微分方程的结果，把唯一性的条件放宽到不能再宽的地步.并指出有可能性相应的大大放宽存在性的条件，同时还指出放宽的两个途径.中国科学技术大学的温寰海教授在1966年具体给出了存在性条件放宽的一个结果.

具体些，华罗庚教授的工作已经证明了：适合下列条件的 $U(x,y)$ 是唯一的.

---

① 选自《中国科学技术大学学报》，1996年2月，第2卷第1期.

② 华罗庚，Лаврентьев 的混合型方程，数学学报，1965(15)：873-882.

1. 当 $y \neq 0$ 时，在 D 内它适合

$$\frac{\partial^2 U}{\partial x^2} + \operatorname{sgn} y \frac{\partial^2 U}{\partial y^2} = 0 \qquad (*)$$

这里 $\operatorname{sgn} y = 1$，当 $y > 0$；$\operatorname{sgn} y = -1$，当 $y < 0$；

2. 除 $z = \pm 1$ 外，U 在 $\overline{D}$ 上连续；

3. 在 D 的内部 $\frac{\partial U}{\partial x}$，$\frac{\partial U}{\partial y}$ 连续，而且 $= o(|1 - z|^{-\frac{5}{2}})$，当 $z \to 1$，及 $= o(|1 + z|^{-\frac{3}{2}})$，当 $z \to -1$；

4. $U|_{\sigma} = \varphi(e^{i\theta})$，$U|_{AC} = \psi(t)$.

这里 D 是由上半单位圆 D_1（σ 为半圆周）及等腰三角形 $ABC(D_2)$ 构成. AC，BC 是方程（$*$）的二特征线：$x + y = -1$，$x - y = 1$. φ，ψ 为已知的实函数（图 21.1）.

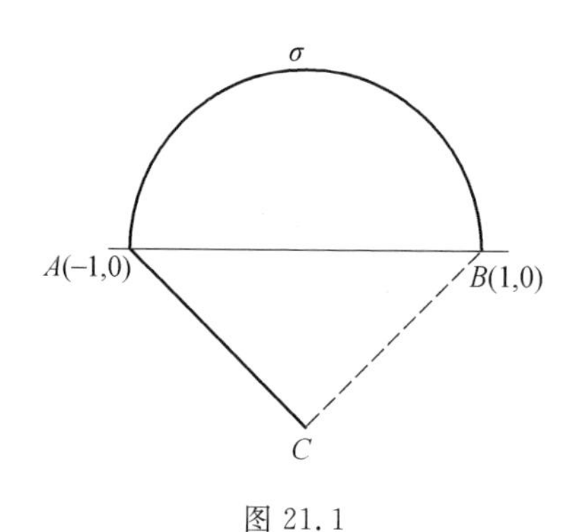

图 21.1

在比察捷的工作中[①]除去唯一性的条件狭仄外，在证明存在性时要求 φ，ψ 除满足一般条件外还要满足

① A. B. 比察捷. 混合型微分方程. 孙和生译. 科学出版社，1955.

赫尔德(Hölder)条件.

受华罗庚教授及其所建立的方法的启发,在本章中将 φ,ψ 满足的赫尔德条件放宽为

$$\varphi(e^{i\theta})=O(|1-e^{i\theta}|^{-\frac{3}{2}+\varepsilon}),\text{当 }\theta\to 0$$
$$=O(|1+e^{i\theta}|^{-\frac{1}{2}+\varepsilon_0}),\text{当 }\theta\to \pi$$

及

$$\psi(t)=O(|t|^{-\frac{3}{2}+\varepsilon_0}),\quad \text{当 }t\to 0$$
$$=O(|1+t|^{-\frac{1}{2}+\varepsilon_0}),\text{当 }t\to -1$$

其中 $1>\varepsilon_0>0$,证明了适合华罗庚教授所获得的唯一性条件的解的存在性.

21.2　解的存在性

定理 21.1　假定

(1) $\varphi(e^{i\theta})$ 在 $0<\theta<\pi$ 连续;

(2) $\varphi(e^{i\theta})=O(|1-e^{i\theta}|^{-\frac{3}{2}+\varepsilon_0}),\theta\to 0(1>\varepsilon_0>0)$

$\varphi(e^{i\theta})=O(|1+e^{i\theta}|^{-\frac{1}{2}+\varepsilon_0}),\theta\to \pi$

则

$$h_1(z)=\frac{(1+z)^2}{\pi}\int_0^{\pi}\sqrt{2\tan\frac{\theta}{2}}\ \frac{\varphi(e^{i\theta})}{1-2z\cos\theta+z^2}d\theta \tag{21.1}$$

是 $|z|<1$ 内的解析函数,且满足:

① $\lim\limits_{\rho\to 1-0}\mathscr{T}h_1(\rho e^{i\theta_0})=\sqrt{2\cot\frac{\theta_0}{2}}\varphi(e^{i\theta_0}),0<\theta_0<\pi$

$\mathscr{T}h_1(x)=0,-1<x<1$;

②$h_1(z)=o(|1-z|^{-2}),z\to 1,h_1(z)=o(1),z\to -1$.

(这里指 z 从圆内趋于 ± 1).

证明 由于在 $|z|\leqslant r(<1)$ 中式(21.1)是绝对收敛的,故解析性不必证. 今只证 ①②.

① 由于 $0<\theta_0<\pi$ 时

$$\mathscr{T}h_1(\rho e^{i\theta_0})=\frac{1}{2\pi}\left[\int_0^\pi\sqrt{2\cot\frac{\theta}{2}}\varphi(e^{i\theta})\cdot\frac{1-\rho^2}{1-2\rho\cos(\theta-\theta_0)+\rho^2}d\theta-\int_{-\pi}^0\sqrt{2\cot\frac{-\theta}{2}}\varphi(e^{-i\theta})\cdot\frac{1-\rho^2}{1-2\rho\cos(\theta-\theta_0)+\rho^2}d\theta\right]$$

而

$$\sqrt{2\cot\frac{\theta_0}{2}}\varphi(e^{i\theta_0})=\frac{1}{2\pi}\left[\int_0^\pi\sqrt{2\cot\frac{\theta_0}{2}}\varphi(e^{i\theta_0})\cdot\frac{1-\rho^2}{1-2\rho\cos(\theta-\theta_0)+\rho^2}d\theta+\int_{-\pi}^0\sqrt{2\cot\frac{\theta_0}{2}}\varphi(e^{i\theta_0})\cdot\frac{1-\rho^2}{1-2\rho\cos(\theta-\theta_0)+\rho^2}d\theta\right]$$

故

$$\left|\mathscr{T}h(\rho e^{i\theta_0})-\sqrt{2\cot\frac{\theta_0}{2}}\varphi(e^{i\theta_0})\right|$$

$$\leqslant\frac{1}{2\pi}\int_{\theta_0-\delta}^{\theta_0+\delta}\left|\sqrt{2\cot\frac{\theta}{2}}\varphi(e^{i\theta})-\sqrt{2\cot\frac{\theta_0}{2}}\varphi(e^{i\theta_0})\right|\cdot$$

$$\frac{1-\rho^2}{1-2\rho\cos(\theta-\theta_0)+\rho^2}d\theta+$$

$$\frac{1}{2\pi}\left|\left(\int_{-\pi}^{\theta_0-\delta}+\int_{\theta_0+\delta}^{\pi}\right)\sqrt{2\cot\frac{\theta_0}{2}}\varphi(e^{i\theta_0})\cdot\right.$$

$$\left.\frac{1-\rho^2}{1-2\rho\cos(\theta-\theta_0)+\rho^2}d\theta\right|+$$

$$\frac{1}{2\pi}\left|\int_0^{\delta_1}\sqrt{2\cot\frac{\theta}{2}}\varphi(e^{i\theta})\frac{1-\rho^2}{1-2\rho\cos(\theta-\theta_0)+\rho^2}d\theta-\right.$$

$$\left.\int_{-\delta_1}^{0}\sqrt{2\cot\frac{-\theta}{2}}\varphi(e^{-i\theta})\frac{1-\rho^2}{1-2\rho\cos(\theta-\theta_0)+\rho^2}d\theta\right|+$$

$$\frac{1}{2\pi}\left|\left(\int_{\delta_1}^{\theta_0-\delta}+\int_{\theta_0+\delta}^{\pi}\right)\sqrt{2\cot\frac{\theta}{2}}\varphi(e^{i\theta})\cdot\right.$$

$$\left.\frac{1-\rho^2}{1-2\rho\cos(\theta-\theta_0)+\rho^2}d\theta\right|+$$

$$\frac{1}{2\pi}\left|\int_{-\pi}^{-\delta_1}\sqrt{2\cot\frac{-\theta}{2}}\varphi(e^{-i\theta})\cdot\right.$$

$$\left.\frac{1-\rho^2}{1-2\rho\cos(\theta-\theta_0)+\rho^2}d\theta\right|$$

$$=I_1+(I_2+I_3)+J+(I_4+I_5)+I_6$$

易证：$\forall\delta>0,\exists\delta$，使 $I_1<\frac{\varepsilon}{7}$；固定$\delta$后 $\exists\eta$ 使当 $0\leqslant 1-\rho<r_1$ 时，$I_2,I_3<\frac{8}{7}$；由(2)知

$$J=\frac{1}{2\pi}\left|\int_0^{\delta_1}\sqrt{2\cot\frac{\theta}{2}}\varphi(e^{i\theta})\left[\frac{1-\rho^2}{1-2\rho\cos(\theta-\theta_0)+\rho^2}-\right.\right.$$

$$\left.\left.\frac{1-\rho^2}{1-2\rho\cos(\theta+\theta_0)+\rho^2}\right]d\theta\right|$$

$$=\frac{1}{2\pi}2\rho\mid 1-\rho^2\mid\left|\int_0^{\delta_1}\sqrt{2\cot\frac{\theta}{2}}\varphi(e^{i\theta})\cdot\right.$$

$$\left.\frac{\cos(\theta-\theta_0)-\cos(\theta+\theta_0)\mathrm{d}\theta}{[1-2\rho\cos(\theta-\theta_0)+\rho^2][1-2\rho\cos(\theta+\theta_0)+\rho^2]}\right|$$

$$\leqslant\frac{2\rho\mid 1-\rho^2\mid M}{2\pi}\int_0^{\delta_1}\sqrt{2}\left|\frac{\cos\dfrac{\theta}{2}}{\cos\dfrac{\theta}{2}}\right|^{\frac{1}{2}}\cdot$$

$$\frac{\mid 1-\mathrm{e}^{\mathrm{i}\theta}\mid^{-\frac{3}{2}+\varepsilon_0}2\mid\sin\theta_0\mid\mid\sin\theta\mid}{[1-2\rho\cos(\theta-\theta_0)+\rho^2][1-2\rho\cos(\theta+\theta_0)+\rho^2]}\mathrm{d}\theta$$

$$\leqslant 2\rho M_1\mid 1-\rho^2\mid\cdot$$

$$\int_0^{\delta_1}\frac{\mid\theta\mid^{\varepsilon_0-1}}{(1-2\rho\cos\theta_0+\rho^2)(1-2\rho\cos(\theta_0-\delta_1)+\rho^2)}\mathrm{d}\theta$$

$$\leqslant\frac{2\rho M_1\mid 1-\rho^2\mid}{(1-2\rho\cos\theta_0+\rho^2)(1-2\rho\cos\theta_0/2+\rho^2)}\frac{\delta_1^{\varepsilon_0}}{\varepsilon_0}$$

故存在 δ_1 使 $J<\frac{\varepsilon}{7}$.

固定 δ,δ_1 后又易证 $\exists\,\eta_1$,在 $0\leqslant 1-\rho<\eta_1$ 时有

$$I_4,I_5,I_6<\frac{\varepsilon}{7}$$

因而当 $0\leqslant 1-\rho<\min\{\eta,\eta_1\}$ 时

$$I_1+(I_2+I_3)+J+(I_4+I_5)+I_6<\varepsilon$$

而 $\mathscr{T}h_1(x)=0(\mid x\mid<1)$ 是显然的.即 ① 得证.

② 假定 z 不在单位圆周上(图 21.2,图 21.3).

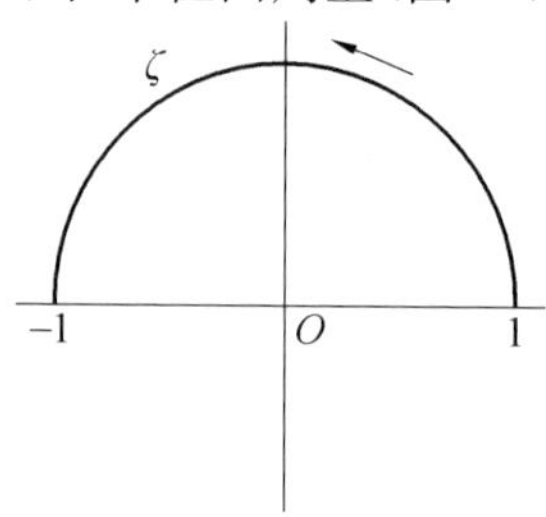

图 21.2

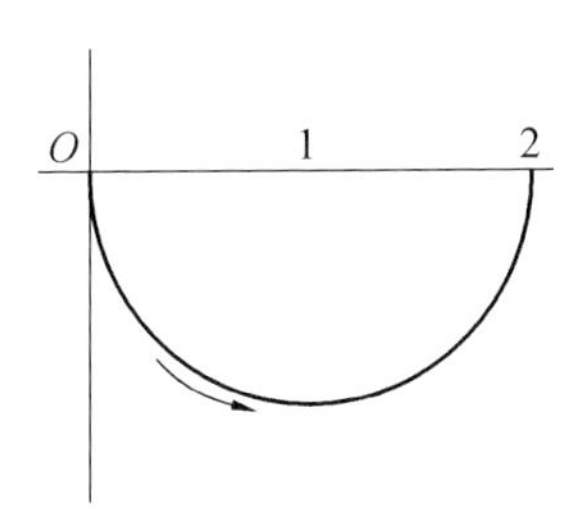

图 21.3

(i) 当 $z \to 1$ 时,由式(21.1)及②可见

$$|h_1(z)| \leqslant \frac{|1+z|^2 M}{\pi}\left|\int_{\widehat{1-1}}\left|\frac{1-e^{i\theta}}{1+e^{i\theta}}\right|^{\frac{1}{2}} \cdot \frac{|1-e^{i\theta}|^{-\frac{3}{2}+\varepsilon_0} d\theta}{|(e^{i\theta}-z)(e^{-i\theta}-z)|}\right|$$

$$\leqslant M_1\left|\int_{|\zeta|=1}\left|\frac{1-\zeta}{1+\zeta}\right|^{\frac{1}{2}} \frac{|1-\zeta|^{-\frac{3}{2}+\varepsilon_0} d\zeta}{(\zeta-z)(1-\zeta z)}\right|$$

令 $1-\zeta=t$,则有

$$|h_1(z)| \leqslant M_1\left|\int_0^2 \frac{|t|^{\varepsilon_0-1} dt}{|2-t|^{\frac{1}{2}}(1-z-t)(1-z+zt)}\right|$$

再置 $t=(1-z)\tau$ 则

$$|h_1(z)| \leqslant M_1|1-z|^{\varepsilon_0-2} \cdot \left|\int_0^{\frac{2}{|1-z|}} \frac{d\tau}{|\tau|^{1-\varepsilon_0}|2-\tau(1-z)|^{\frac{1}{2}}|(1-\tau)(1+\tau z)|}\right|$$

现在考察

$$I(z)=\int_0^{\frac{2}{|1-z|}} \frac{|\tau|^{\varepsilon_0-1} d\tau}{|(1-\tau)(1+\tau z)||2-(1-z)\tau|^{\frac{1}{2}}}$$ ①

---

① 此处的积分路径仍与前面一致,$\tau=\frac{1}{|1-z|}$ 对应于 $t=1-i$.

$$=\int_0^{\frac{1}{2}}+\int_{\frac{1}{2}}^{\frac{1}{|1-z|}}+\int_{\frac{1}{|1-z|}}^{\frac{2}{|1-z|}}$$

$$=I_1+I_2+I_3$$

当 $|1-z|$ 充分小时

$$I_1\leqslant\overline{M}_1\left|\int_0^{\frac{1}{2}}|\tau|^{\varepsilon_0-1}\mathrm{d}\tau\right|=O(1)$$

$$I_3\leqslant\overline{M}_3\left|\int_{\frac{1}{|1-z|}}^{\frac{2}{|1-z|}}\frac{\mathrm{d}\tau}{|\tau|^{3-\varepsilon_0}|2-(1-z)\tau|^{\frac{1}{2}}}\right|$$

$$\leqslant\overline{M}_3|1-z|^{3-\varepsilon_0}\int_0^{\frac{2}{|1-z|}}\frac{\mathrm{d}\tau}{|2-(1-z)\tau|^{\frac{1}{2}}}$$

$$=\overline{M}_3|1-z|^{3-\varepsilon_0}\int_0^2\frac{\mathrm{d}t}{|2-t|^{\frac{1}{2}}}$$

$$=O(|1-z|^{2-\varepsilon_0})$$

$$I_2\leqslant\overline{M}_2\left|\int_{\frac{1}{2}}^{\frac{1}{|1-z|}}\frac{\mathrm{d}\tau}{|\tau|^{1-\varepsilon_0}(1-\tau)(1+z\tau)}\right|$$

被积函数在“∞”点等于 $O\left(\frac{1}{\tau^{3-\varepsilon_0}}\right)$,故积分在“∞”点收敛. 由于 $\tau=\frac{t}{1-z}=\frac{1-\zeta}{1-z}$,而 z 与 ζ 无重点,故沿积分路线,τ 不经过 1. 因而积分在 $\tau=1$ 处无奇性. 同样 $|1+z\tau|$ 是由 $|\mathrm{e}^{-\mathrm{i}\theta}-z|$ 变来的,故积分路线也不过 $\tau=-\frac{1}{z}$, 而 $|\mathrm{e}^{\mathrm{i}\theta}-z|$, $|\mathrm{e}^{-\mathrm{i}\theta}-z|=O(|1-z|)$,所以

$$I_2=O(|\log|1-z||)$$

因而

$$h_1(z)=O(|1-z|^{\varepsilon_0-2}|\log|1-z||)$$

$$=o(|1-z|^{-2}),z\to 1$$

(ii) 当 $z\to -1$ 时(图 21.4),由(2)知

$$|h_1(z)|\leqslant M|1+z|^2\left|\int_{|\zeta|=1}\frac{|1+\zeta|^{-\frac{1}{2}}|1+\zeta|^{-\frac{1}{2}+\varepsilon_0}}{(\zeta-z)(1-\zeta z)}\mathrm{d}\zeta\right|$$

置 $1+\zeta=t$

$$|h_1(z)|\leqslant M|1+z|^2|1+z|^{\varepsilon_0-2}\cdot$$

$$\left|\int_0^{\frac{2}{|1+z|}}\frac{|\tau|^{\varepsilon_0-1}\mathrm{d}\tau}{|(\tau-1)(1-\tau z)|}\right|$$

$$=M|1+z|^{\varepsilon_0}\left|\int_0^{\frac{2}{|1+z|}}\frac{|\tau|^{\varepsilon_0-1}}{|(\tau-1)(1-\tau z)|}\mathrm{d}\tau\right|$$

同样可以证明

$$\int_0^{\frac{2}{|1+z|}}\frac{|\tau|^{\varepsilon_0-1}\mathrm{d}\tau}{|(\tau-1)(1-\tau z)|}=O(|\log|1+z||)$$

故

$$h_1(z)=O(|1+z|^{\varepsilon_0}|\log|1+z||)$$
$$=o(1),z\to -1$$

定理全部证完.

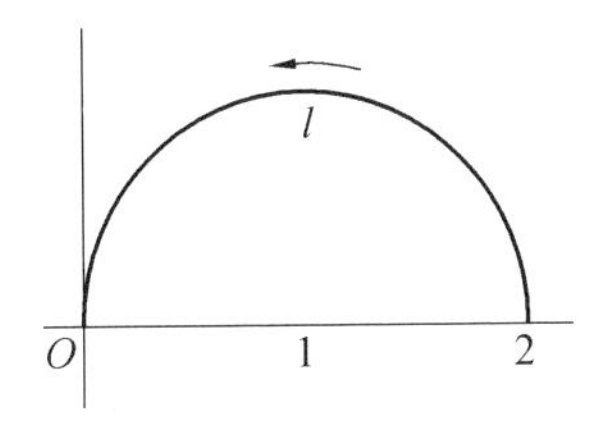

图 21.4

定理 21.2　假定:

$(1')\psi(t)$ 在 $-1<t<1$ 内有二阶微商[①],且

① 此条件显然太强,但为了今后的需要(在双曲域,方程的解是有二阶微商的)还是保留在此.

$(2')\psi(t)=O(|t|^{-\frac{3}{2}+\varepsilon_0}),t\to 0$

$\psi(t)=O(|1+t|^{-\frac{1}{2}+\varepsilon_0}),t\to 1\quad(1>\varepsilon_0>0)$

则

$$h_2(z)=\frac{2(1+z)^2}{\pi}\int_{-1}^{1}\sqrt{\frac{1-t}{1+t}}\psi\left(\frac{t-1}{2}\right)\frac{\mathrm{d}t}{(t-z)(1-tz)}\tag{21.2}$$

是上半平面的解析函数,且满足:

$(1')\lim\limits_{z\to t_0}\mathscr{T}h_2(z)=2\sqrt{\frac{1+t_0}{1-t_0}}\psi\left(\frac{t_0-1}{2}\right),-1<t_0<1,\mathscr{T}h_2(\mathrm{e}^{\mathrm{i}\theta})=0,0<\theta<\pi$;

$(2')h_2(z)=o(|1-z|^{-2}),z\to 1,h_2(z)=o(1),z\to -1$.

证明与定理 21.1 相仿,只需注意在证明$(2')$时当 z 从实轴上趋于 ± 1 的情况.

设 $-1<t_0<1$,今后$\lim\limits_{z\to t_0}h_2(z)$ 由于

$$\begin{aligned}h_2(z)=&\lim_{\varepsilon\to 0}\frac{2(1+z)^2}{\pi}\left(\int_{-1}^{t_0-\varepsilon}+\int_{t_0+\varepsilon}^{1}\right)\cdot\\&\sqrt{\frac{1-t}{1+t}}\psi\left(\frac{t-1}{2}\right)\frac{\mathrm{d}t}{(t-z)(1-tz)}+\\&\lim_{\varepsilon\to 0}\frac{2(1+z)^2}{\pi}\int_{|t-t_0|=\varepsilon,\mathscr{T}t<0}\cdot\\&\sqrt{\frac{1-t}{1+t}}\psi\left(\frac{t-1}{2}\right)\frac{\mathrm{d}t}{(t-z)(1-tz)}\\=&\lim_{\varepsilon\to 0}\frac{2(1+z)^2}{\pi}\left(\int_{-1}^{t_0-\varepsilon}+\int_{t_0+\varepsilon}^{1}\right)\cdot\\&\left(\sqrt{\frac{1-t}{1+t}}\psi\left(\frac{t-1}{2}\right)-\right.\end{aligned}$$

$$\sqrt{\frac{1-t_0}{1+t_0}}\psi\left(\frac{t_0-1}{2}\right)\Bigg)\frac{\mathrm{d}t}{(t-z)(1-tz)}+$$

$$\lim_{\varepsilon\to 0}\frac{2(1+z)^2}{\pi}\int_{|t-t_0|=\varepsilon,\mathscr{T}t<0}\cdot$$

$$\Bigg(\sqrt{\frac{1-t}{1+t}}\psi\left(\frac{t-1}{2}\right)-$$

$$\sqrt{\frac{1-t_0}{1+t}}\psi\left(\frac{t_0-1}{2}\right)\Bigg)\frac{\mathrm{d}t}{(t-z)(1-tz)}+$$

$$\lim_{\varepsilon\to 0}\frac{2(1+z)^2}{\pi}\sqrt{\frac{1-t_0}{1+t_0}}\psi\left(\frac{t_0-1}{2}\right)\cdot$$

$$\left(\int_{-1}^{t_0-\varepsilon}+\int_{t_0+\varepsilon}^{1}\right)\frac{\mathrm{d}t}{(t-z)(1-tz)}+$$

$$\lim_{\varepsilon\to 0}\frac{2(1+z)^2}{\pi}\sqrt{\frac{1-t_0}{1+t_0}}\psi\left(\frac{t_0-1}{2}\right)\cdot$$

$$\int_{|t-t_0|=\varepsilon,\mathscr{T}t<0}\frac{\mathrm{d}t}{(t-z)(1-tz)}$$

故当 z 从上半平面趋于 t_0 时

$$h_2^+(t_0)=\frac{2(1+t_0)^2}{\pi}\int_{-1}^{1}\Bigg(\sqrt{\frac{1-t}{1+t}}\psi\left(\frac{t-1}{2}\right)-$$

$$\sqrt{\frac{1-t_0}{1+t_0}}\psi\left(\frac{t_0-1}{2}\right)\Bigg)\frac{\mathrm{d}t}{(t-t_0)(1-t_0t)}+$$

$$\frac{2(1+t_0)^2}{\pi}\sqrt{\frac{1-t_0}{1+t_0}}\psi\left(\frac{t_0-1}{2}\right)\cdot$$

$$\int_{-1}^{1}\frac{\mathrm{d}t}{(t-t_0)(1-t_0t)}(\text{取主值})+$$

$$\lim_{\varepsilon\to 0}\frac{2(1+t_0)^2}{\pi}\sqrt{\frac{1-t_0}{1+t_0}}\psi\left(\frac{t_0-1}{2}\right)\cdot$$

$$\int_{-\pi}^{0}\frac{\mathrm{i}\varepsilon\mathrm{e}^{\mathrm{i}\theta}\mathrm{d}\theta}{\varepsilon\mathrm{e}^{\mathrm{i}\theta}[1-t_0(t_0+\varepsilon\mathrm{e}^{\mathrm{i}\theta})]}$$

$$=\frac{2(1+t_0)^2}{\pi}\int_{-1}^{1}\sqrt{\frac{1-t}{1+t}}\psi\left(\frac{t-1}{2}\right)\frac{\mathrm{d}t}{(t-t_0)(1-t_0t)}+$$

$$2\sqrt{\frac{1+t_0}{1-t_0}}\psi\left(\frac{t_0-1}{2}\right)\mathrm{i}$$

此处积分取柯西主值.

不难证明这二部分都满足(2′).

由定理 21.1 及定理 21.2 可以看出:在(1),(2),(1′),(2′) 的假定下

$$f(z)=\frac{1}{1+\mathrm{i}}\sqrt{\frac{1-z}{1+z}}[h_1(z)+h_2(z)] \quad (21.3)$$

是上半圆内解析的函数,且满足

(1*) $\mathscr{R}\,f(z)\,|_{z=\mathrm{e}^{\mathrm{i}\theta}}=\varphi(\mathrm{e}^{\mathrm{i}\theta}),0<\theta<\pi,\mathscr{R}\,f(z)+\mathscr{T}\,f(z)\,|_{z=x}=2\psi\left(\frac{x-1}{2}\right),-1<x<1.$

及

(2*) $f(z)=o(|1-z|^{-\frac{3}{2}}),z\to 1,f(z)=o(|1+z|^{-\frac{1}{2}}),z\to -1.$

即

(2**) $f'(z)=o(|1-z|^{-\frac{5}{2}}),z\to 1,f'(z)=o(|1+z|^{-\frac{3}{2}}),z\to -1.$

因而我们获得:

定理 21.3 在假定(1),(2),(1′),(2′) 之下,适合下列条件的 $U(x,y)$ 是存在的(图 21.5).

1. 当 $y\neq 0$ 时,在 D 内它适合

$$\frac{\partial^2 U}{\partial x^2}+\operatorname{sgn}y\frac{\partial^2 U}{\partial y^2}=0 \quad (*)$$

其中，$\operatorname{sgn} y=1$，当 $y>0$，$\operatorname{sgn} y=-1$，当 $y<0$；

2. 除 $z=\pm1$ 外，U 在 $\overline{D}$ 上连续；

3. 在 D 的内部 $\frac{\partial U}{\partial x}$，$\frac{\partial U}{\partial y}$ 连续，而且 $=o(|1-z|^{-\frac{5}{2}})$，当 $z\to1$，及 $=o(|1+z|^{-\frac{3}{2}})$，当 $z\to-1$；

4. $U|_{\sigma}=\varphi(e^{i\theta})$，$U|_{AC}=\psi(t)$.

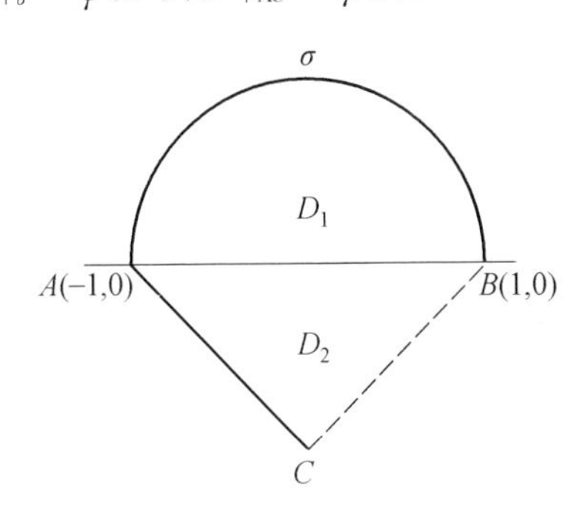

图 21.5

证明　在 $D_2(y<0)$ 上方程(∗)的一般解为

$$U(x,y)=q(x+y)+g(x-y)$$

$$q(-1)=0$$

此处 $q(t)$，$g(t)$ 是在 $(-1,1)$ 上的任意两个具二阶微商的函数. 由条件 4，知

$$U|_{AC}=g(2x+1)=\psi(x)\quad(-1<x<0)$$

即得

$$g(\xi)=\psi\left(\frac{\xi-1}{2}\right)\quad(-1<\xi<1)$$

即

$$U(x,y)=q(x+y)+\psi\left(\frac{x-y-1}{2}\right)$$

由此推出

$$\frac{\partial U}{\partial x}-\frac{\partial U}{\partial y}=\psi'\left(\frac{x-y-1}{2}\right)$$

假定 $V(x,y)$ 是 $U(x,y)$ 在 D_1 中的共轭调和函数，则由$\frac{\partial U}{\partial x}=-\frac{\partial U}{\partial y}$，知在 $y=0$ 上有

$$\frac{\partial U}{\partial x}+\frac{\partial V}{\partial y}=\psi'\left(\frac{x-1}{2}\right)$$

积分得

$$U+V=2\psi\left(\frac{x-1}{2}\right)$$

（积分常数随 V 取定）.

因此问题一变而为求适合于条件

$$U\mid_{\sigma}=\varphi(\mathrm{e}^{\mathrm{i}\theta})\quad(0<\theta<\pi)$$

$$U+V\mid_{y=0}=2\psi\left(\frac{x-1}{2}\right)\quad(-1<x<1)$$

在上半圆周内解析的复函数 $f(z)=U+\mathrm{i}V$.

由$(1^*)(2^{**})$知

$$f(z)=\frac{1}{1+\mathrm{i}}\sqrt{\frac{1-z}{1+z}}[h_1(z)+h_2(z)]$$

$$=\frac{1}{1+\mathrm{i}}\sqrt{\frac{1+z}{1-z}}\left(\frac{1}{\pi}\int_0^{\pi}\frac{1-z^2}{1-2z\cos\theta+z^2}\cdot\right.$$

$$\sqrt{2\tan\frac{\theta}{2}}\varphi(\mathrm{e}^{\mathrm{i}\theta})\mathrm{d}\theta+\frac{2}{\pi}\int_{-1}^{1}\frac{1-z^2}{(t-z)(1-tz)}\cdot$$

$$\left.\sqrt{\frac{1-t}{1+t}}\psi\left(\frac{t-1}{2}\right)\mathrm{d}t\right)\qquad(21.3)$$

正是满足这种条件的函数. 而且满足条件 3.

因而求出了 D_1 中的 $U(x,y)$，而在 D_2 中它将由

$$U(x,y)=U(x+y,0)-\psi\left(\frac{x+y-1}{2}\right)+\psi\left(\frac{x-y-1}{2}\right) \tag{21.4}$$

给出.

这样求出的$U(x,y)$显然满足条件1,2,3,4,定理全部证完.

21.3　解与边界函数的关系

$U(x,y)$与φ,ψ的关系主要表现在$h_1(z)$在φ的关系及$h_2(z)$与ψ的关系上.因此我们主要讨论这种关系.例如,假定了$\varphi(e^{i\theta})=O(|1-e^{i\theta}|^{\lambda})(\theta\to 0)$问$h_1(z)=O(?)(z\to 1)$[①].以下的讨论都假定了(1),(2),(1′),(2′)成立.由于证明方法都与定理21.2相仿,故不再重复,仅将结果叙述于下:

定理21.4　若$\varphi(e^{i\theta})=O(|1-e^{i\theta}|^{\lambda}),\theta\to 0(\lambda>-\frac{3}{2})$,则

$$h_1(z)=\frac{(1+z)^2}{\pi}\int_0^{\pi}\sqrt{2\tan\frac{\theta}{2}}\,\frac{\varphi(e^{i\theta})}{1-2z\cos\theta+z^2}d\theta$$

适合

$$h_1(z)=O(|1-z|^{1-\frac{1}{2}}|\log|1-z||),z\to 1$$

如果

① 这一问题是闵嗣鹤教授建议的,在此致谢.

$$\varphi(e^{i\theta})=O(|1+e^{i\theta}|^{\mu}),\theta\to\pi(\mu>-\frac{1}{2})$$

那么有

$$h_1(z)=O(|1+z|^{\mu+\frac{1}{2}}|\log|1+z||),z\to-1$$

定理 21.5 若 $\psi(t)=O(|t|^{\lambda}),t\to 0(\lambda>-\frac{3}{2})$

$$h_2=\frac{2(1+z)^2}{\pi}\int_{-1}^{1}\sqrt{\frac{1-t}{1+t}}\psi\left(\frac{t-1}{2}\right)\cdot\frac{dt}{(t-z)(1-tz)}$$

适合

$$h_2(z)=O(|1-z|^{\lambda-\frac{1}{2}}|\log|1-z||),z\to 1$$

若 $\psi(t)=O(|1+t|^{\mu}),t\to-1(\mu>-\frac{1}{2})$，则

$$h_2(z)=O(|1+z|^{\mu+\frac{1}{2}}|\log|1+z||),z\to 1$$

混合曲率曲面变形问题的特里谷米问题[①]

第22章

孙和生教授早在1981年就研究了由混合曲率面无穷小变形所得的混合型方程 $rw_{yy}-2sw_{xy}+tw_{xx}=0$ 的特里谷米问题. 在曲面满足某些条件下,利用能量积分法证明了对这个方程的特里谷米问题的唯一性. 所提出的条件对恰普雷金方程的特殊情形和Франкль,普罗特等人所得的条件相一致.

22.1 问题的提出

设有一曲面 S,它的矢量表示为

$$\boldsymbol{r}(x,y)=x\boldsymbol{i}+y\boldsymbol{j}+z(x,y)\boldsymbol{k} \tag{22.1}$$

假设 S 单值地投影在 xy 平面上的区域为 D. 它的高斯曲率 K 表为

① 选自《中国科学》,1981年2月第2期.

$$K=\frac{rt-s^2}{(1+p^2+q^2)^2} \tag{22.2}$$

其中 $p=z_x, q=z_y, r=z_{xx}, s=z_{xy}, t=z_{yy}$.

设在 S 的一部份 S^+ 上 $K>0$，另一部分 S^- 上 $K<0$，且 S^+ 和 S^- 由一条使 $K=0$ 的曲线 Γ 所连接，它们分别对应于 xy 平面上的 D^+，D^- 和 γ.

设 S 的边界为由 Σ，L_1 和 L_2 组成，Σ 为 S^+ 部分的边界，由逐段光滑曲线所组成；L_1，L_2 为 S^- 部分的边界，它们是负曲率曲面 S^- 的渐近线. Σ，L_1 和 L_2 在 xy 平面上的投影为 σ，l_1，l_2，而 l_1，l_2 是下式所定义的曲线

$$r\mathrm{d}x^2+2s\mathrm{d}x\mathrm{d}y+t\mathrm{d}y^2=0 \tag{22.3}$$

由式(22.2)知，在正曲率曲面部分有 $rt-s^2>0$，在负曲率曲面部分有 $rt-s^2<0$，而在 $K=0$ 的 Γ 处，则有 $rt-s^2=0$，亦即为 γ 所满足的方程. 我们假定，r,s,t 同时为零，至多只在一个平面测度为 0 的点集上(即曲面 S 不包含平面块). 不妨设 $r>0$(在 D^+).

设 $\boldsymbol{U}$ 为曲面的无穷小变形的位移矢量，它表为

$$\boldsymbol{U}(x,y)=u(x,y)\boldsymbol{i}+v(x,y)\boldsymbol{j}+w(x,y)\boldsymbol{k} \tag{22.4}$$

因此，曲面的无穷小变形方程为①

$$rw_{yy}-2sw_{xy}+tw_{xx}=0 \tag{22.5}$$

一般地，为了得此方程，需假定 $\boldsymbol{r}$ 和 $\boldsymbol{U}$ 对 x,y 均具有三阶连续微商，但我们可利用文献[1] 中的光滑化逼近的方法，使方程(22.5) 对 $\boldsymbol{r},\boldsymbol{U}\in C^2$ 亦成立.

方程(22.5) 为混合型方程，在 D^+ 中 $rt-s^2>0$ 为椭圆型，在 D^- 中 $rt-s^2<0$ 为双曲型，r：$rt-s^2=0$ 为

① 孙和生. 从几何中提出的一些偏微分方程问题[J]. 数学学报，1960，(10)3：288-315.

其蜕型线. l_1 和 l_2 为方程(22.5)在双曲型域的两条特征线

$$\begin{cases} l_1: \mathrm{d}x+\dfrac{s+\sqrt{s^2-rt}}{r}\mathrm{d}y=0 \\ l_2: \mathrm{d}x+\dfrac{s-\sqrt{s^2-rt}}{r}\mathrm{d}y=0 \end{cases} \tag{22.6}$$

所谓特里谷米问题,即是 σ 在 l_1(或 l_2)上给边界值,而在 l_2(或 l_1)上不给边界值.我们要证明的是,在边界条件

$$w\big|_{\sigma+l_1}=0 \tag{22.7}$$

之下,方程(22.5)只有零解 $w\equiv 0$. 由此可推出,$\boldsymbol{U}\equiv\mathbf{0}$,就是说,在边界条件(22.7)之下不存在无穷小曲面变形,即曲面是刚的.

边界条件(22.7)的几何意义是:曲面 S 在边界 Σ 和 L_1 处不允许有垂直于 xy 平面方向的变形,而在 L_2 处则自由.

特别,当 $r=1,s=0,t=K(y)$ 时,我们得到恰普雷金方程.再特别当 $K(y)=y$ 时,我们得特里谷米方程.这些方程的特里谷米问题都已经解决,我们的问题是具有一般性的.

22.2　问题的解法

我们设 $\boldsymbol{r}\in C^4$,而 $\boldsymbol{U}\in C^2(D^+\cup D^-)\cup C^1(\gamma)\cup C(\partial D)$. 利用熟知的能量积分法(即 abc 法)作二重积分

$$\iint_D (aw+bw_x+cw_y)(rw_{yy}-2sw_{xy}+tw_{xx})\mathrm{d}x\mathrm{d}y \tag{22.8}$$

其中 $a(x,y),b(x,y),c(x,y)$ 为适当光滑的待定函数，w 为方程(22.5)和条件(22.7)的解，考虑

$$
\left\{
\begin{aligned}
& arww_{yy} = \frac{1}{2}(ar)_{yy}w^2 - arw_y^2 + \\
& \qquad \frac{\partial}{\partial y}\left[arww_y - \frac{1}{2}(ar)_y w^2\right] \\
& -2asww_{xy} = 2asw_x w_y - (as)_{xy}w^2 + \frac{1}{2}\frac{\partial}{\partial x}[(as)_y w^2 - \\
& \qquad 2asww_y] + \frac{1}{2}\frac{\partial}{\partial y}[(as)_x w^2 - 2asww_x] \\
& atww_{xx} = \frac{1}{2}(at)_{xx}w^2 - atw_x^2 + \\
& \qquad \frac{\partial}{\partial x}\left[atww_x - \frac{1}{2}(at)_x w^2\right] \\
& btw_x w_{xx} = -\frac{1}{2}(bt)_x w_x^2 + \frac{1}{2}\frac{\partial}{\partial x}(btw_x^2) \\
& -2bsw_x w_{xy} = (bs)_y w_x^2 - \frac{\partial}{\partial y}(bsw_x^2) \\
& brw_x w_{yy} = \frac{1}{2}(br)_x w_y^2 - (bt)_y w_x w_y - \\
& \qquad \frac{1}{2}\frac{\partial}{\partial x}(brw_y^2) + \frac{\partial}{\partial y}(brw_x w_y) \\
& crw_y w_{yy} = -\frac{1}{2}(cr)_y w_y^2 + \frac{1}{2}\frac{\partial}{\partial y}(crw_y^2) \\
& -2csw_y w_{xy} = (cs)_x w_y^2 - \frac{\partial}{\partial x}(csw_y^2) \\
& ctw_y w_{xx} = \frac{1}{2}(ct)_y w_x^2 + \frac{\partial}{\partial x}(ctw_x w_y) - \\
& \qquad \frac{1}{2}\frac{\partial}{\partial y}(ctw_x^2) - (ct)_x w_x w_y
\end{aligned}
\right.
\tag{22.9}
$$

应用格林公式,并考虑条件(22.7),我们有

$$
\begin{aligned}
0=&\iint_D\left\{\frac{1}{2}(ta_{xx}-2sa_{xy}+ra_{yy})w^2+\right.\\
&\left[-at-\frac{1}{2}b_xt-\frac{1}{2}bt_x+b_ys+\right.\\
&\left.bs_y+\frac{1}{2}c_yt+\frac{1}{2}ct_y\right]w_x^2+\\
&[2as-b_yr-br_y-c_xt-ct_x]w_xw_y+\\
&\left[-ar+\frac{1}{2}b_xr+\frac{1}{2}br_x+c_xs+\right.\\
&\left.\left.cs_x-\frac{1}{2}c_yr-\frac{1}{2}cr_y\right]w_y^2\right\}\mathrm{d}x\mathrm{d}y+\\
&\int_{\sigma+l_1+l_2}\left[-arww_y+\frac{1}{2}(ar)_yw^2-brw_xw_y+\right.\\
&\left.\frac{1}{2}c(tw_x^2-rw_y^2)+asww_x-\frac{1}{2}(as)_xw^2+bsw_x^2\right]\mathrm{d}x+\\
&\left[atww_x-\frac{1}{2}(at)_xw^2+\frac{1}{2}b(tw_x^2-rw_y^2)+\right.\\
&\left.ctw_xw_y-asww_y+\frac{1}{2}(as)_yw^2-csw_y^2\right]\mathrm{d}y\\
=&J_1+J_2
\end{aligned}
\tag{22.10}
$$

先选取

$$
b=c\equiv 0(\text{在 } D^+) \tag{22.11}
$$

由式(22.6),我们有

$$
\begin{aligned}
J_2=&\frac{1}{2}\int_{l_1}[-br+c(-s+\sqrt{s^2-rt})]\cdot\\
&\left[w_y+\frac{-s-\sqrt{s^2-rt}}{r}w_x\right]\cdot\\
&[w_x\mathrm{d}x+w_y\mathrm{d}y]-
\end{aligned}
$$

$$\int_{l_2}\left[a\sqrt{s^2-rt}\,w\mathrm{d}w-\right.$$

$$\left.\frac{1}{2}\sqrt{s^2-rt}\,w^2(a_x\mathrm{d}x+a_y\mathrm{d}y)\right]-$$

$$\frac{1}{2}\int_{l_2}\left(b+\frac{s+\sqrt{s^2-rt}}{r}c\right)(-s+\sqrt{s^2-rt})\cdot$$

$$\left[w_x+\frac{-s-\sqrt{s^2-rt}}{t}w_y\right]^2\mathrm{d}x$$

$$=I_1+I_2+I_3 \tag{22.12}$$

由边界条件(22.7)导出

$$w_x\mathrm{d}x+w_y\mathrm{d}y=0(\text{在 } l_1 \text{ 上}) \tag{22.13}$$

因此

$$I_1=0 \tag{22.14}$$

在 I_2 中进行一次分部积分,我们得

$$I_2=\int_{l_2}\left\{\sqrt{s^2-rt}\left(a_x+a_y\frac{-s-\sqrt{s^2-rt}}{t}\right)+\right.$$

$$\frac{a}{2}\left[(\sqrt{s^2-rt})_x+(\sqrt{s^2-rt})_y\cdot\right.$$

$$\left.\left.\left(\frac{-s-\sqrt{s^2-rt}}{t}\right)\right]\right\}w^2\mathrm{d}x \tag{22.15}$$

现在我们再取

$$b=\frac{-s-\sqrt{s^2-rt}}{r}c(\text{在 } D^-) \tag{22.16}$$

于是

$$I_3=0 \tag{22.17}$$

由式(22.11)和(22.16),J_1 可简化为

$$J_1=\iint_D\frac{1}{2}w^2[a_{xx}t-2sa_{xy}+ra_{yy}]\mathrm{d}x\mathrm{d}y-$$

$$\iint\limits_{D^+} a[tw_x^2 - 2sw_xw_y + rw_y^2]\mathrm{d}x\mathrm{d}y -$$

$$\frac{1}{2}\iint\limits_{D^-}\{[2at + A_1c + A_2c_x + A_3c_y]w_x^2 +$$

$$[-2as - (\sqrt{s^2-rt})_y c + tc_x -$$

$$(s + \sqrt{s^2-rt})c_y]2w_xw_y +$$

$$[2ar + (\sqrt{s^2-rt})_x c +$$

$$(-s + \sqrt{s^2-rt})c_s + rc_y]w_y^2\}\mathrm{d}x\mathrm{d}y$$

$$= I_4 + I_5 + I_6 \tag{22.18}$$

其中

$$\begin{cases} A_1 = -\dfrac{tr_x}{r^2}(-s-\sqrt{s^2-rt}) + \dfrac{t}{r}[-s_x - (\sqrt{s^2-rt})_x] - \\ \qquad \dfrac{t_x}{r}(-s-\sqrt{s^2-rt}) + \dfrac{2sr_y}{r^2}(-s-\sqrt{s^2-rt}) - \\ \qquad \dfrac{2s}{r}[-s_y - (\sqrt{s^2-rt})_y] - t_y \\ A_2 = \dfrac{t}{r}(-s-\sqrt{s^2-rt}) \\ A_3 = -t + \dfrac{2s}{r}(s+\sqrt{s^2-rt}) \end{cases} \tag{22.19}$$

我们令

$$\Delta \equiv s^2 - rt \tag{22.20}$$

且在 I_6 中看

$$F \equiv [-2as - (\sqrt{\Delta})_y, c + tc_x - (s+\sqrt{\Delta})c_y]^2 -$$

$$[2at + A_1c + A_2c_x + A_3c_y] \cdot$$

$$[2ar + (\sqrt{\Delta})_x c + (-s+\sqrt{\Delta})c_x + rc_y]$$

$$=B_0+B_1c+B_2c^2+B_3c_x+B_4c_y+B_5cc_x+B_6cc_y+B_7c_x^2+B_8c_xc_y+B_9c_y^2 \tag{22.21}$$

其中

$$B_0=4\Delta a^2$$

$$\begin{aligned}B_1&=4as(\sqrt{\Delta})_y-2ar\left\{\frac{tr_x}{r^2}(s+\sqrt{\Delta})+\frac{t}{r}[-s_x-(\sqrt{\Delta})_x]+\frac{t_x}{r}(s+\sqrt{\Delta})+\frac{2sr_y}{r^2}(-s-\sqrt{\Delta})+\frac{2s}{r}[s_y+(\sqrt{\Delta})_y]-t_y\right\}-2at(\sqrt{\Delta})_x\\&=2\left(\frac{s+\sqrt{\Delta}}{r}\Delta_x-\Delta_y\right)a\end{aligned}$$

$$\begin{aligned}B_2&=(\sqrt{\Delta})_y^2-(\sqrt{\Delta})_x\left\{-\frac{tr_x}{r^2}(-s-\sqrt{\Delta})+\frac{t}{r}[-s_x-(\sqrt{\Delta})_x-\frac{t_x}{r}(-s-\sqrt{\Delta})+\frac{2sr_y}{r^2}(-s-\sqrt{\Delta})-\frac{2s}{r}(-s_y-(\sqrt{\Delta})_y)]-t_y\right\}\\&=\frac{1}{4\Delta}\left(\Delta_y-\frac{s+\sqrt{\Delta}}{r}\Delta_x\right)^2\end{aligned}$$

$$-B_3=4ast+2ar\left[\frac{t}{r}(-s-\sqrt{\Delta})\right]+2at(-s+\sqrt{\Delta})=0$$

$$B_4=t^2-\frac{t}{r}(-s-\sqrt{\Delta})(-s+\sqrt{\Delta})=0$$

$$B_5=4as^2-2ar\left[-t+\frac{2s}{r}(s+\sqrt{\Delta})\right]-2atr+4as\sqrt{\Delta}=0$$

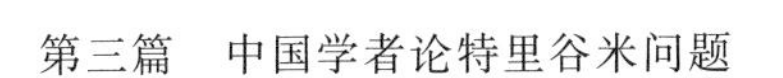

$$B_6=2s^2-rt+2s\sqrt{\Delta}-r\left[-t+\frac{2s}{r}(s+\sqrt{\Delta})\right]=0$$

$$-B_7=2t(\sqrt{\Delta})_y+(-s+\sqrt{\Delta})\left\{\frac{tr_x}{r^2}(s+\sqrt{\Delta})+\right.$$

$$\frac{t}{r}[-s_x-(\sqrt{\Delta})_x]+\frac{t_x}{r}(s+\sqrt{\Delta})+$$

$$\left.\frac{2sr_y}{r^2}(-s-\sqrt{\Delta})+\frac{2s}{r}[s_y+(\sqrt{\Delta})_y]-t_y\right\}+$$

$$\frac{t}{r}(-s-\sqrt{\Delta})(\sqrt{\Delta})_x=0$$

$$B_8=2ss_y-tr_y-rt_y+2s(\sqrt{\Delta})_y+$$

$$\frac{tr_x}{r}(-s-\sqrt{\Delta})-$$

$$t[-s_x-(\sqrt{\Delta})_x]+t_x(-s-\sqrt{\Delta})-$$

$$\frac{2sr_y}{r}(-s-\sqrt{\Delta})+$$

$$2s[-s_y-(\sqrt{\Delta})_y]+rt_y+$$

$$t(\sqrt{\Delta})_x-\frac{2s}{r}(s+\sqrt{\Delta})(\sqrt{\Delta})_x=0$$

$$-B_9=2st+2t\sqrt{\Delta}+t(-s-\sqrt{\Delta})+$$

$$\left(-t+\frac{2s^2}{r}+\frac{2s}{r}\sqrt{\Delta}\right)(-s+\sqrt{\Delta})=0 \quad (22.22)$$

首先,我们说明 $\Delta_y-\dfrac{s+\sqrt{\Delta}}{r}\Delta_x\not\equiv 0$(在 D^-),否则,若 $\Delta_y-\dfrac{s+\sqrt{\Delta}}{r}\Delta_x\equiv 0$(在 D^-),则 Δ 沿第一族(和 l_1 同族)特征线是常数,由于 $\Delta=0$ 在蜕型线 γ 上,这样,就会导出 $\Delta\equiv 0$(在 D^-),这与假设矛盾.现假定 $\Delta y-$

$\frac{s+\sqrt{\Delta}}{r}\Delta_x \neq 0$(在 D^-).

我们选取

$$c=\frac{4r\Delta}{r\Delta_y-(s+\sqrt{\Delta})\Delta_x}a\text{(在 }D^-\text{)} \tag{22.23}$$

由于在 γ 上 $\Delta=0$,因此,这样选取的 c 以及 b 通过蜕型线 γ 是连续的.于是,由式(22.21)和(22.22)导出

$$F=0 \tag{22.24}$$

因此,I_6 可表为

$$\begin{aligned}I_6&=-\frac{1}{2}\iint_{D^-}B(x,y,a,a_x,a_y)\cdot\\&\quad\left[w_y+\frac{D(x,y,a,a_x,a_y)}{B(x,y,a,a_x,a_y)}w_x\right]^2\mathrm{d}x\mathrm{d}y\\&=-\frac{1}{2}\iint_{D^-}B(x,y,a,a_x,a_y)\cdot\\&\quad\left[w_y-\frac{s+\sqrt{\Delta}}{r}w_x\right]^2\mathrm{d}x\mathrm{d}y\end{aligned} \tag{22.25}$$

其中

$$\begin{cases}B(x,y,a,a_x,a_y)=2ar+(\sqrt{\Delta})_x c+\\\qquad(-s+\sqrt{\Delta})c_x+rc_y\\D(x,y,a,a_x,a_y)=-2as-(\sqrt{\Delta})_y c+\\\qquad tc_x-(s+\sqrt{\Delta})c_y\end{cases} \tag{22.26}$$

根据式(22.23),有

$$B(x,y,a,a_x,a_y)=la+ma_x+na_y \tag{22.27}$$

其中

$$\begin{cases} l = 2\dfrac{r\Delta_y - s\Delta_x}{\Delta_y - \dfrac{s+\sqrt{\Delta}}{r}\Delta_x} + r\left(\dfrac{4\Delta}{\Delta_y - \dfrac{s+\sqrt{\Delta}}{r}\Delta_x}\right) + \\ \qquad (-s+\sqrt{\Delta})\left(\dfrac{4\Delta}{\Delta_y - \dfrac{s+\sqrt{\Delta}}{r}\Delta_x}\right) \\ m = \dfrac{4\Delta(-s+\sqrt{\Delta})\Delta}{\Delta_y - \dfrac{s+\sqrt{\Delta}}{r}\Delta_x} \\ n = \dfrac{4r\Delta}{\Delta_y - \dfrac{s+\sqrt{\Delta}}{r}\Delta_x} \end{cases} \tag{22.28}$$

现在定义算子符号

$$\begin{cases} D_\xi \equiv \dfrac{\partial}{\partial y} + \dfrac{-s-\sqrt{\Delta}}{r}\dfrac{\partial}{\partial x} \\ D_\eta \equiv \dfrac{\partial}{\partial y} + \dfrac{-s+\sqrt{\Delta}}{r}\dfrac{\partial}{\partial x} \end{cases} \tag{22.29}$$

显见，根据特征线方程(22.6)，D_ξ 是沿 l_1 族的方向微商，而 D_η 是沿 l_2 族的方向微商．于是 I_2 可改写为(参考式(22.15))

$$I_2 = \int_{l_2} E(x, y, a, a_x, a_y) w^2 \mathrm{d}x \tag{22.30}$$

其中

$$\begin{aligned} &E(x, y, a, a_x, a_y) \\ &= \sqrt{\Delta}\left(\frac{-s-\sqrt{\Delta}}{t}\right)\left(D_\eta a + \frac{a}{4\Delta}D_\eta \Delta\right) \end{aligned} \tag{22.31}$$

而式(22.27)可改写为

$$
\begin{aligned}
& B(x,y,a,a_x,a_y) \\
&= \frac{r\Delta D_\eta a}{D_\xi \Delta} + a\left[rD_\eta\left(\frac{\Delta}{D_\xi\Delta}\right) + \frac{r}{4}\,\frac{(D_\xi + D_\eta)\Delta}{D_\xi\Delta}\right] \\
&= \frac{r\Delta D_\eta a}{D_\xi \Delta} + \frac{4\Delta^{\frac{9}{4}}}{(D_\xi\Delta)^2}\Phi(x,y)a \qquad (22.32)
\end{aligned}
$$

这里

$$
\Phi(x,y) = r[D_\eta D_\xi \Delta^{-\frac{1}{4}} + \Delta^{\frac{1}{4}}(D_\xi \Delta^{-\frac{1}{4}})^2] \qquad (22.33)
$$

且注意到，我们在前面已说明过 $D_\xi\Delta \neq 0$(在 D^-).

现在归结为对函数 a 的选择. 如果我们能选取 a，使其满足下列四个条件

$$
\begin{cases}
(1)\, ta_{xx} - 2sa_{xy} + ra_{yy} \leqslant 0 \\
(\text{在 } D(=D^+ \cup D^-)) \\
(2)\, a \geqslant 0(\text{在 } D^+) \\
(3)\, B(x,y,a,a_x,a_y) \geqslant 0(\text{在 } D^-) \\
(4)\, E(x,y,a,a_x,a_y) \leqslant 0(\text{在 } D^-)
\end{cases} \qquad (22.34)
$$

那么由式(22.14)，(22.17)，(22.18)，(22.25) 和(22.30)，我们有

$$
I_i \leqslant 0, 1 \leqslant i \leqslant 6 \qquad (22.35)
$$

另外，由于

$$
\sum_{i=1}^{6} I_i = J_1 + J_2 = 0 \qquad (22.36)
$$

因此，必须得出结论

$$
I_i = 0, 1 \leqslant i \leqslant 6 \qquad (22.37)
$$

由 $I_5 = 0$，且在 D^+ 内 $a \neq 0$，必须有

$$
tw_x^2 - 2sw_xw_y + rw_y^2 = 0(\text{在 } D^+) \qquad (22.38)
$$

而在 D^+ 内有 $rt-s^2>0$.因此,由式(22.38)导出

$$w_x=w_y=0(在\ D^+) \tag{22.39}$$

再由边界条件(22.7)推得

$$w=0(在\ D^+) \tag{22.40}$$

由此,我们就有

$$w=w_x=w_y=0(在\ \gamma\ 上) \tag{22.41}$$

又从 $I_6=0$,由式(22.25)导出 $D_\xi w=0$(在 D^-),即在 D^- 中沿第一族(与 l_1 同族)特征线 w=常数,由于假设 $\boldsymbol{U}_x,\boldsymbol{U}_y$ 通过蜕型线 γ 的连续性,从式(22.41)立即导出

$$w=0(在\ D^-) \tag{22.42}$$

这样,关于特里谷米问题(22.5),(22.7)只有零解的问题就归结为选取 a,使它满足式(22.34)中四个条件.

22.3　a 的选取

直到现在我们还未给曲面 S 加以任何限制,下面我们在 S 满足各种附加条件的情形下来选取 a.

A. 若 S 满足下面两个条件

$$\Phi(x,y)\geqslant 0(在\ D^-) \tag{22.43}$$

和

$$\left(\frac{-s-\sqrt{\Delta}}{t}\right)D_\eta\Delta\leqslant 0(在\ l_2\ 上(或在\ D^-)) \tag{22.44}$$

则我们选取

$$a=正常数(在\ D(=D^+\cup D^-)) \tag{22.45}$$

显见，这时式(22.34)中条件(1)～(4)都满足，于是有：

定理22.1 设曲面S的$\Delta(=s^2-rt)$在D^-满足条件(22.43)和(22.44)，则特里谷米问题(22.5)，(22.7)只有零解.

B. 若S满足下列条件

$$t \leqslant 0 (\text{在 } D^-) \tag{22.46}$$

$$0 > \Phi(x,y) \geqslant -\beta Q (\text{在 } D^-) \tag{22.47}$$

和

$$\left(\frac{s+\sqrt{\Delta}}{4t\Delta}\right) D_\eta \Delta \geqslant \pm \beta (\text{在 } l_2 \text{ 上(或在 } D^-)) \tag{22.48}$$

其中

$$Q = \inf_{D^-} \left| \frac{(-s+\sqrt{\Delta}) D_\xi \Delta}{4(\Delta)^{5/4}} \right| \tag{22.49}$$

而β为一特定正常数，则我们取

$$a(x,y) = \begin{cases} e^{\pm \beta x} (\text{在 } D^-) \\ e^{\pm \beta x} \cos(\nu \Delta) (\text{在 } D^+) \end{cases} \tag{22.50}$$

这里和条件(22.48)中β前的符号，取决于$\Psi=(-s+\sqrt{\Delta})D_\xi\Delta$在$D^-$中的符号. 当$\Psi>0$时，取“+”号，当$\Psi<0$时，取“−”号. 这样选择的$a(x,y)$，显见，它和它的一阶偏微商通过蜕型线是连续的.

于是，式(22.34)的条件(3)和(4)成立. 因为这时

$$D_\eta a = \pm \beta \left(\frac{-s+\sqrt{\Delta}}{r}\right) a (\text{在 } D^-) \tag{22.51}$$

由条件(22.48)导出(4)，由条件(22.47)就导出(3).

现在验证式(22.34)的条件(1)和(2).条件(2)是容易满足的,只要在式(22.50)中限制常数ν满足

$$|\nu\Delta|\leqslant\frac{\pi}{2}(\text{在 }D^{+})\qquad(22.52)$$

条件(1)现在化为

$$[\beta^2-\nu^2F_1(x,y)]\cos(\nu\Delta)-\nu\sin(\nu\Delta)[F_2(x,y)\pm 2\beta F_3(x,y)]\leqslant 0(\text{在 }D^{+})\qquad(22.53)$$

其中

$$\begin{cases}F_1=(\Delta_x)^2-\dfrac{2s}{t}\Delta_x\Delta_y+\dfrac{r}{t}(\Delta_y)^2\\ F_2=\Delta_{xx}-\dfrac{2s}{t}\Delta_{xy}+\dfrac{r}{t}\Delta_{yy}\\ F_3=\Delta_x-\dfrac{s}{t}\Delta_y\end{cases}\qquad(22.54)$$

由于在D^{+}中$F_1>0$,我们令

$$\begin{cases}M_1=\inf\limits_{D^{+}}F_1,M_2=\sup\limits_{D^{+}}|F_2|,M_3=\inf\limits_{D^{+}}|F_2|\\ M_4=\sup\limits_{D^{+}}|F_3|,M_5=\inf\limits_{D^{+}}|F_3|\\ \beta_0=\dfrac{\pi}{2}\dfrac{\sqrt{M_1}}{\max\limits_{D^{+}}|\Delta|},\nu_0=\dfrac{\pi}{4}\dfrac{1}{\max\limits_{D^{+}}|\Delta|}\end{cases}\qquad(22.55)$$

现在考虑下列四种情形:

$$(\mathrm{a}_1)\begin{cases}\psi\equiv(-s+\sqrt{\Delta})D_{\xi}\Delta\text{ 在 }D^{-}\text{ 和 }F_3\text{ 在 }D^{+}\text{ 异号}\\ F_2(x,y)\leqslant 2\beta_0|F_3|(\text{在 }D^{+})\end{cases}\qquad(22.56)$$

或

$$\begin{cases}\psi \text{ 在 } D^- \text{ 和 } F_3 \text{ 在 } D^+ \text{ 同号} \\ F_2(x,y) \leqslant -2\beta_0 \mid F_3 \mid (\text{在 } D^+)\end{cases} \tag{22.57}$$

则我们可以取

$$\nu = 2\nu_0, \beta = \beta_0 \tag{22.58}$$

(b₁) $$\begin{cases}\psi \text{ 在 } D^- \text{ 和 } F_3 \text{ 在 } D^+ \text{ 异号} \\ F_2(x,y) > 2\beta_0 \mid F_3 \mid (\text{在 } D^+)\end{cases} \tag{22.59}$$

这时若还满足条件

$$(M_5^2 + M_1)\nu_0 \geqslant M_2 \tag{22.60}$$

则我们可以取

$$\begin{cases}\nu = \nu_0 \\ \beta = \left(M_5 + \sqrt{M_5^2 + M_1 - \frac{1}{\nu_0}M_2}\right)\nu_0\end{cases} \tag{22.61}$$

(c₁)

$$\begin{cases}\psi \text{ 在 } D^- \text{ 和 } F_3 \text{ 在 } D^+ \text{ 同号} \\ 0 \geqslant F_2(x,y) \geqslant -2\beta_0 \mid F_3 \mid (\text{在 } D^+)\end{cases} \tag{22.62}$$

这时可取

$$\begin{cases}\nu = \nu_0 \\ \beta = \left(-M_4 + \sqrt{M_4^2 + M_1 + \frac{1}{\nu_0}M_3}\right)\nu_0\end{cases} \tag{22.63}$$

(d₁) 对所有其他情形的 $F_2(x,y)$ 和 $F_3(x,y)$

(22.64)

这时若还满足条件

$$M_1\nu_0 \geqslant M_2 \tag{22.65}$$

则可取

$$\begin{cases}\nu=\nu_0\\ \beta=\left(-M_4+\sqrt{M_4^2+M_1-\dfrac{1}{v_0}M_2}\right)\nu_0\end{cases}\tag{22.66}$$

满足以上四种情形之一，存在 β 和 ν，使式(22.53) 成立，亦即使条件(1) 成立. 因此，我们有：

定理 22.2　设若曲面 S 在 D^- 满足条件(22.46) ～(22.48)，其中正常数 β 由情形(a_1) ～ (d_1)中之一所确定，则特里谷米问题(22.5)，(22.7) 只有零解.

C. 若 S 不满足条件(22.46)，而满足条件

$$r\leqslant 0(\text{在 } D^-)\tag{22.67}$$

且还满足条件

$$0<\frac{1}{r}\Phi(x,y)\leqslant \lambda R(\text{在 } D^-)\tag{22.68}$$

和

$$\left(\frac{s+\sqrt{\Delta}}{4t\Delta}\right)D_\eta\Delta\geqslant\pm\lambda\left(\frac{-s-\sqrt{\Delta}}{t}\right)(\text{在 } D^-)\tag{22.69}$$

其中

$$R=\inf_{D^-}\left|\frac{D_\xi\Delta}{\Delta^{5/4}}\right|\tag{22.70}$$

而 λ 为一待定正常数，则我们取

$$a(x,y)=\begin{cases}e^{\pm\lambda y}(\text{在 } D^-)\\ e^{\pm\lambda y}\cos(\nu\Delta)(\text{在 } D^+)\end{cases}\tag{22.71}$$

这里和式(22.69) 中 λ 前的符号取决于 $D_\xi\Delta$ 在 D^- 中的符号，当 $D_\xi\Delta>0$ 时，取“+”号，当 $D_\xi\Delta<0$ 时，取“—”

号. 于是,条件(3) 和(4) 成立. 因为这时

$$D_\eta a = \pm \lambda a \tag{22.72}$$

由条件(22.69) 导出条件(4),由条件(22.68) 导出条件(3).

现在验证条件(1) 和(2). 同样,限制 ν 满足式(22.52),因此,条件(2) 满足,而条件(1) 则化为

$$[\lambda^2 - \nu^2 G_1(x,y)] - \nu\tan(\nu\Delta)\cdot [G_2(x,y) \pm 2\lambda G_3(x,y)] \leqslant 0 (\text{在 } D^+) \tag{22.73}$$

其中

$$\begin{cases} G_1 = (\Delta_y)^2 - \dfrac{2s}{r}\Delta_x\Delta_y + \dfrac{t}{r}(\Delta_x)^2 = \dfrac{t}{r}F_1 \\ G_2 = \Delta_{yy} - \dfrac{2s}{r}\Delta_{xy} + \dfrac{t}{r}\Delta_{xx} = \dfrac{t}{r}F_2 \\ G_3 = \Delta_y - \dfrac{s}{r}\Delta_x \end{cases} \tag{22.74}$$

由于在 D^+ 中 $G_1 > 0$,我们令

$$\begin{cases} N_1 = \inf\limits_{D^+} G_1, N_2 = \sup\limits_{D^+} |G_2| \\ N_3 = \inf\limits_{D^+} |G_2| \\ N_4 = \sup\limits_{D^+} |G_3|, N_5 = \inf\limits_{D^+} |G_3| \\ \lambda_0 = \dfrac{\pi}{2} \dfrac{\sqrt{N_1}}{\max\limits_{D^+} |\Delta|}, \nu_0 = \dfrac{\pi}{4} \dfrac{1}{\max\limits_{D^+} |\Delta|} \end{cases} \tag{22.75}$$

现在考虑下列四种情形:

(a_2)

$$\begin{cases} D_\xi\Delta \text{ 在 } D^- \text{ 和 } G_3 \text{ 在 } D^+ \text{ 异号} \\ G_2(x,y) \leqslant 2\lambda_0 \mid G_3 \mid (\text{在 } D^+) \end{cases} \tag{22.76}$$

或

$$\begin{cases} D_\xi\Delta \text{ 在 } D^- \text{ 和 } G_3 \text{ 在 } D^+ \text{ 同号} \\ G_2(x,y) \leqslant -2\lambda_0 \mid G_3 \mid (\text{在 } D^+) \end{cases} \tag{22.77}$$

则我们可以取

$$\nu = 2\nu_0, \lambda = \lambda_0 \tag{22.78}$$

(b_2)

$$\begin{cases} D_\xi\Delta \text{ 在 } D^- \text{ 和 } G_3 \text{ 在 } D^+ \text{ 异号} \\ G_2(x,y) > 2\lambda_0 \mid G_3 \mid (\text{在 } D^+) \end{cases} \tag{22.79}$$

这时若还满足条件

$$(N_5^2 + N_1)\nu_0 \geqslant N_2 \tag{22.80}$$

则我们可取

$$\nu = \nu_0, \lambda = \left(N_5 + \sqrt{N_5^2 + N_1 - \frac{1}{\nu_0}N_2}\right)\nu_0 \tag{22.81}$$

(c_2)

$$\begin{cases} D_\xi\Delta \text{ 在 } D^- \text{ 和 } G_3 \text{ 在 } D^+ \text{ 同号} \\ 0 \geqslant G_2(x,y) \geqslant -2\lambda_0 \mid G_3 \mid (\text{在 } D^+) \end{cases} \tag{22.82}$$

这时可取

$$\nu = \nu_0, \lambda = \left(-N_4 + \sqrt{N_4^2 + N_1 + \frac{1}{\nu_0}N_3}\right)\nu_0 \tag{22.83}$$

(d_2) 对所有其他情形的 G_2, G_3　　(22.84)

这时若还满足条件

$$N_1\nu_0 \geqslant N_2 \tag{22.85}$$

则我们可取

$$\nu=\nu_0, \lambda=\left(-N_4+\sqrt{N_4^2+N_1-\frac{1}{\nu_0}N_2}\right)\nu_0 \tag{22.86}$$

满足以上四种情形之一，存在 λ 和 ν，使式(22.73) 成立，亦即使条件(1) 成立. 因此，我们有：

定理 22.3 设若曲面 S 在 D^- 满足条件(22.67) ~ (22.69)，其中正常数 λ 由情形(a_2) ~ (d_2) 中之一所确定，则特里谷米问题(22.5)，(22.7) 只有零解.

22.4 几点说明

附注 1 从解法过程可知，在 D^+ 中不一定要 $\Delta=s^2-rt<0$(即 $K>0$)，可以存在若干条 $\Delta=0$(即 $K=0$) 的曲线，且边界 σ 上亦可有 $\Delta=0$ 的点，或甚至本身就是 $\Delta=0$ 的曲线.

附注 2 l_1 和 l_2 可由同样数目的若干段特征线所组成，例如，D^- 的边界可呈下面的形式

$$\partial D^-=\gamma+l_1^{(1)}+l_2^{(1)}+l_1^{(2)}+l_2^{(2)}+\cdots+l_1^{(n)}+l_2^{(n)}$$

而边界条件给在 $\sum_{i=1}^{n} l_1^{(i)}$ 或 $\sum_{i=1}^{n} l_2^{(i)}$ 上.

附注 3 当 D^+ 很小时 $|\sin(\nu\Delta)|$ 可以很小，因此，条件(22.53) 或(22.73) 容易得到满足，亦即，这时条件(2) 容易成立.

附录 4　在定理中对 S 所施加的各种条件，实际上是对高斯曲率 K 的某些限制. 在 $r=1, s=0, t=K(y)$ 的简单情形，$\Delta=-K(y), D_{\xi}\Delta=D_{\eta}\Delta=-K'(y)$. 条件(22.43)，(22.44)可简化成

$$3K'^2-2KK''>0 \text{ 和 } K'\geqslant 0(\text{在 } D^-) \tag{22.87}$$

这和普罗特与 Ф. И. Франкль[①] 的结果一致.

① Protter M H. J. Rotional Mech. and Analysis, Part Ⅰ, 2(1953), 107-144; Part Ⅱ, 4(1955), 5: 721-733.

Франкль Ф И. НЗВ, АНСССР. сер матем., 1945, 9(2): 121-142.

二阶混合型方程的特里谷米问题①

第 23 章

关于混合型方程的特里谷米问题自 1923 年 F. 特里谷米发表第一个工作[1]以来，特别是发现它与空气动力学跨音速流动问题有联系以后，有不少人研究过这个问题. 到 1970 年为止的工作已详细地总结在文献[2][3][4]中. 从 1970 年以来也不断地有人在这方面进行工作，不过还都是对特殊形式的方程进行的研究，而保证唯一性的条件大多还停留在 Франкль 条件的形式. 文[5][6][7]对一般恰普雷金方程(即除二阶项外还含有一阶项和函数项的恰普雷金方程)研究了特里谷米问题. 我们在文[8]中对具有一般二阶项(但满足条件 $A_y=B_x, B_y=C_x$)的曲面无穷小变形

① 选自《数学学报》，1983 年 11 月，第 26 卷第 6 期.

方程研究了特里谷米问题，导出了一个包含 Франкль 条件作为其特殊情形的唯一性条件. 在文[9]中对不含未知函数项的一般二阶方程在边界曲线满足某个(与文[10]相同的)限制条件下研究了广义特里谷米问题的唯一性. 在文[11]中去掉了这些限制，对一般二阶方程的一般边值问题导出了一个一般性的唯一性条件. 应用物理与计算数学研究所的孙和生教授在 1983 年利用这些条件及另一些唯一性条件，专门研究了一般二阶混合型方程的特里谷米问题. 在本章第一节中研究唯一性问题；在第二节中研究广义解的存在性和唯一性问题，同时推广到高维情形.

23.1　光滑解的唯一性

1. 问题的提出

我们在单连通或多连通域 $\mathscr{D}(=\mathscr{D}^+\cup\mathscr{D}^-)$ 上考虑一般二阶混合型方程

$$Lw=Aw_{yy}-2Bw_{xy}+Cw_{xx}+Dw_y+Ew_x+Fw=g \tag{23.1}$$

$\Delta=B^2-AC<0$ 在 $\mathscr{D}^+$，>0 在 $\mathscr{D}^-$，$=0$ 在蜕型线 γ_0 上，$A,B,C\in C^3$，$D,E\in C^2$，$F\in C^1$，$g\in L_2$.(如果系数满足条件 $(A_y-B_x-D)_y+(C_x-B_y-E)_x\equiv\text{const}$，则对系数 A,B,C,D,E 的要求都可以降低一阶.)

我们考虑的区域 $\mathscr{D}$ 是这样的：$\mathscr{D}^+$ 的外边界是一条任意的逐段光滑曲线 Γ_0，$\mathscr{D}^-$ 的外边界是两族特征线 Γ_+ 和 Γ_-，分别由方程 $A\mathrm{d}x+(B+\sqrt{\Delta})\mathrm{d}y=0$ 和 $A\mathrm{d}x+$

$(B-\sqrt{\Delta})\mathrm{d}y=0$ 所定义. 这里 Γ_+ 可以是 $\Gamma_+^{(1)}+\Gamma_+^{(2)}+\cdots+\Gamma_-^{(P)}$. 同时,$\mathscr{D}^+$ 还可以包含若干条内边界(都是闭曲线)$C^{(1)}+C^{(2)}+\cdots+C^{(q)}$.

对方程(23.1)考虑特里谷米问题(问题 T)

$$w\,|_{\Gamma_0+\Gamma_+}=0 \tag{23.2}$$

对应于问题(23.1)和(23.2)的共轭问题(问题 T*)为

$$\begin{aligned} L^*V \equiv AV_{yy}-2BV_{xy}+CV_{xx}+ \\ \widetilde{D}V_y+\widetilde{E}V_x+\widetilde{F}V=\widetilde{g} \end{aligned} \tag{23.3}$$

$$V\,|_{\Gamma_0+\Gamma_-}=0 \tag{23.4}$$

其中

$$\begin{cases} \widetilde{D}\equiv D+2m_1 \\ \widetilde{E}\equiv E+2m_2 \\ \widetilde{F}\equiv F+m_{1y}+m_{2x} \end{cases} \tag{23.5}$$

$$m_1\equiv A_y-B_z-D,m_2\equiv C_x-B_y-E \tag{23.6}$$

我们令

$$W\equiv C^2(\mathscr{D})\cap C(\overline{\mathscr{D}})\cap W_2^1(\mathscr{D})\cap W_2^1(\partial\mathscr{D}) \tag{23.7}$$

定义函数集合

$$W(B)\equiv\{w\mid w\in W,w\,|_{\Gamma_0+\Gamma_+}=0,Lw\in L_2(\mathscr{D})\} \tag{23.8}$$

$$W^*(B^*)\equiv\{V\mid V\in W,V\,|_{\Gamma_0+\Gamma_+}=0,L^*V\in L_2(\mathscr{D})\} \tag{23.9}$$

我们的问题就是在 $W(B)$ 中求解方程(23.1),在 $W^*(B^*)$ 中求解方程(23.3).

2. 能量积分

做二重积分

$$J \equiv \iint_{\mathscr{D}} (aw + bw_x + cw_y) Lw \, \mathrm{d}x \mathrm{d}y \quad (23.10)$$

应用格林公式得

$$\begin{aligned} J = & \frac{1}{2} \iint_{\mathscr{D}} H_1 w^2 \mathrm{d}x \mathrm{d}y + \\ & \frac{1}{2} \iint_{\mathscr{D}} \{N_1 w_y^2 - 2N_2 w_x w_y + N_3 w_x^2\} \mathrm{d}x \mathrm{d}y + \\ & \frac{1}{2} \int_{\partial\mathscr{D}} w[P_1 w_x + P_2 w_y] \mathrm{d}s + \\ & \frac{1}{2} \int_{\partial\mathscr{D}} \{G_1 w_y^2 - 2G_2 w_x w_y + G_3 w_x^2\} \mathrm{d}s + \\ & \frac{1}{2} \int_{\partial\mathscr{D}} H_2 w^2 \mathrm{d}s \equiv I_1 + I_2 + I_3 + I_4 + I_5 \end{aligned} \quad (23.11)$$

其中

$$\begin{cases} H_1 \equiv (aA)_{yy} - 2(aB)_{xy} + (aC)_{xx} - (aD)_y - \\ \qquad (aE)_x + 2aF - (bF)_x - (cF)_y \\ H_2 \equiv [(aA)_y - (aB)_x - aD - cF] \dfrac{\mathrm{d}x}{\mathrm{d}s} + \\ \qquad [(aB)_y - (aC)_x + aE + bF] \dfrac{\mathrm{d}y}{\mathrm{d}s} \end{cases} \quad (23.12)$$

$$\begin{cases} N_1 \equiv -2aA + (bA)_x - (cA)_y + 2(cB)_x + 2cD \\ N_2 \equiv -2aB + (bA)_y + (cC)_x - bD - cE \\ N_3 \equiv -2aC - (bC)_x + (cC)_y + 2(bB)_y + 2bE \end{cases} \quad (23.13)$$

$$\begin{cases} P_1 \equiv 2a\left(C\dfrac{\mathrm{d}y}{\mathrm{d}s} + B\dfrac{\mathrm{d}x}{\mathrm{d}s}\right) \\ P_2 \equiv -2a\left(A\dfrac{\mathrm{d}x}{\mathrm{d}s} + B\dfrac{\mathrm{d}y}{\mathrm{d}s}\right) \end{cases} \tag{23.14}$$

$$\begin{cases} G_1 \equiv -cA\dfrac{\mathrm{d}x}{\mathrm{d}s} - (bA + 2cB)\dfrac{\mathrm{d}y}{\mathrm{d}s} \\ G_2 \equiv bA\dfrac{\mathrm{d}x}{\mathrm{d}s} - cC\dfrac{\mathrm{d}y}{\mathrm{d}s} \\ G_3 \equiv (2bB + cC)\dfrac{\mathrm{d}x}{\mathrm{d}s} + bC\dfrac{\mathrm{d}y}{\mathrm{d}s} \end{cases} \tag{23.15}$$

我们假定:A 和 C 中有一在 $\mathscr{D}$ 无零点,不妨设

$$A > 0 \quad 在\ \mathscr{D} \tag{23.16}$$

(若是 $C \neq 0$ 在 $\mathscr{D}$,则只要将 A 与 C,D 与 E,x 与 y 交换位置就行了.)

3. a,b,c 的第一种选择

对问题(23.1)和(23.2)我们选取

$$\begin{cases} b \equiv c \equiv 0 \quad 在\ \mathscr{D}^+ \\ b = -\xi_+ c, c = \eta_+ a \quad 在\ \mathscr{D}^- \\ a = \mathrm{const} < 0 \quad 在\ \mathscr{D} \end{cases} \tag{23.17}$$

其中

$$\xi_+ = \frac{B + \sqrt{\Delta}}{A}$$

$$\eta_+ = \frac{-2(A\xi_+ - B)}{\mu_+ - \xi_+\lambda_+} = \frac{2\sqrt{\Delta}}{D_+(\sqrt{\Delta}) - (\xi_+ m_1 + m_2)}$$

$$\equiv \frac{2\sqrt{\Delta}}{Q_+} \tag{23.18}$$

$$\begin{cases}\lambda_+ \equiv -(A\xi_+)_x - A_y + 2B_x + 2D \\ \quad = -(A\xi_+ - B)_x - m_1 + D \\ \mu_+ \equiv -(A\xi_+)_y + C_x + \xi_x D - E \\ \quad = -(A\xi_+ - B)_y + m_2 + \xi_+ D\end{cases} \tag{23.19}$$

对问题(23.3)和(23.4)我们取

$$\begin{cases}b \equiv c \equiv 0 \quad 在\ \mathscr{D}^+ \\ b = -\xi_- c, c = \eta_- a \quad 在\ \mathscr{D}^- \\ a = \text{const} < 0 \quad 在\ \mathscr{D}\end{cases} \tag{23.20}$$

其中

$$\xi_- = \frac{B - \sqrt{\Delta}}{A}$$

$$\eta_- = \frac{-2(A\xi_- - B)}{\mu_- - \xi_- \lambda_-} = \frac{2\sqrt{\Delta}}{D_-(\sqrt{\Delta}) - (\xi_- m_1 + m_2)}$$

$$\equiv \frac{2\sqrt{\Delta}}{Q_-} \tag{23.21}$$

$$\begin{cases}\lambda_- \equiv -(A\xi_- - B)_x + m_1 + \widetilde{D} \\ \mu_- \equiv -(A\xi_- - B)_y - m_2 + \xi_- \widetilde{D}\end{cases} \tag{23.22}$$

这里算子 D_+, D_- 定义如下

$$D_+ \equiv \frac{\partial}{\partial y} - \xi_+ \frac{\partial}{\partial x}, D_- \equiv \frac{\partial}{\partial y} - \xi_- \frac{\partial}{\partial x} \tag{23.23}$$

我们假定

$$Q_\pm \equiv D_\pm(\sqrt{\Delta}) - (\xi_\pm m_1 + m_2) \neq 0 \quad 在\ \mathscr{D}^- \tag{23.24}$$

而在蜕型线 γ_0 上只要 $Q_\pm$ 趋于零的阶数小于$\sqrt{\Delta}$ 趋于零的阶数,这样就保证了 $\eta_\pm$ 在 $\overline{\mathscr{D}^-}$ 没有奇异性.

显见,对这样的选取,函数 b 和 c 通过蜕型线 γ_0 是连续的，且一阶偏微商在 $\overline{\mathscr{D}}$ 内连续，但在蜕型线 γ_0 上则可能有小于一阶的奇异性.

4. 三个引理

现在令

$$\nu_{\pm} \equiv (\xi_{\pm} C)_x + C_y - 2(\xi_{\pm} B)_y - 2\xi_{\pm} E \tag{23.25}$$

我们有：

引理 23.1 根据式(23.19)，(23.22)和(23.25)有

$$\lambda\xi^2 - 2\mu\xi + v = 0 \tag{23.26}$$

(注意，这里我们省写了下标“±”).

证明 由于 $\xi_{\pm}$ 满足方程

$$A\xi^2 - 2B\xi + C = 0 \tag{23.27}$$

对 x, y 各进行一次偏微分，得

$$2(A\xi - B)\xi_x = -A_x\xi^2 + 2B_x\xi - C_x$$

$$2(A\xi - B)\xi_y = -A_y\xi^2 + 2B_y\xi - C_y$$

因此

$$\begin{aligned}2\xi\mu - \xi^2\lambda = &A\xi^2\xi_x - 2A\xi\xi_y + A_x\xi^3 - A_y\xi^2 - \\ &2B_x\xi^2 + 2C_x\xi - 2E\xi \\ = &[2(A\xi - B)\xi + C]\xi_x - \\ &[2B + 2(A\xi - B)]\xi_y + \\ &A_x\xi^3 - A_y\xi^2 - 2B_x\xi^2 + 2C_x\xi - 2E\xi \\ = &C\xi_x - 2B\xi_y + C_x\xi - 2B_y\xi - 2E\xi + C_y = \nu\end{aligned}$$

引理 23.2 在上面 a, b, c 的选取下，有

$$\begin{cases}\text{(i)}\ N_1N_3 - N_2^2\begin{cases}> 0 & 在\ \mathscr{D}^+ \\ = 0 & 在\ \mathscr{D}^-\end{cases} \\ \text{(ii)}\ N_2/N_1 = \xi_{\pm} \quad 在\ \mathscr{D}^- \\ \text{(iii)}\ N_1 = -a\Omega_{\pm}(x, y) \quad 在\ \mathscr{D}^-\end{cases} \tag{23.28}$$

其中

$$\Omega_{\pm}(x,y)\equiv 2A+(A\eta_{\pm})_y+[(A\xi_{\pm}-2B)\eta_{\pm}]_x-2D\eta_{\pm} \tag{23.29}$$

(这里下标“+”对应于式(23.17)的选取,“−”对应于式(23.20)的选取).

证明　由于b和c的选取,我们可将式(23.13)中的N_i改写成

$$N_i\equiv\alpha_i c_x+\beta_i c_y+\gamma_i c,\ i=1,2,3\ \text{在}\ \mathscr{D}^- \tag{23.30}$$

(这里和下面我们同样省写了下标“±”),其中

$$\begin{cases}\alpha_1=2B-\xi A,\beta_1=-A,\gamma_1=-2A\eta^{-1}+\lambda\\ \alpha_2=C,\beta_2=-\xi A,\gamma_2=-2B\eta^{-1}+\mu\\ \alpha_3=\xi C,\beta_3=C-2\xi B,\gamma_3=-2C\eta^{-1}+\nu\end{cases} \tag{23.31}$$

要证明$N_1N_3-N_2^2=0$在$\mathscr{D}^-$,只需证明在$\mathscr{D}^-$下列六个等式成立

$$\begin{cases}\alpha_1\alpha_3-\alpha_2^2=0\\ \beta_1\beta_3-\beta_2^2=0\\ \alpha_1\beta_3+\alpha_3\beta_1-2\alpha_2\beta_2=0\\ \gamma_1\gamma_3-\gamma_2^2=0\\ \alpha_1\gamma_3+\alpha_3\gamma_1-2\alpha_2\gamma_2=0\\ \beta_1\gamma_3+\beta_3\gamma_1-2\beta_2\gamma_2=0\end{cases} \tag{23.32}$$

其中第一、二、三个等式显见成立,现在先证第五个等式.根据引理23.1有

$$\alpha_1\gamma_3+\alpha_3\gamma_1-2\alpha_2\gamma_2$$

$$=\eta^{-1}[-2C(2B-\xi A)-2AC\xi+4BC]+$$
$$(2B-\xi A)(2\xi\mu-\xi^2\lambda)+\xi C\lambda-2C\mu=0$$

同样，可证第六个等式，剩下要证第四个等式. 由于 λ，μ，ν 的定义和引理 23.1 以及 η 的定义（式(23.18) 和 (23.21)）我们有

$$\begin{aligned}\gamma_1\gamma_3-\gamma_2^2&=-4\Delta\eta^{-2}-2(A\nu-2B\mu+C\lambda)\eta^{-1}+\lambda\nu-\mu^2\\&=-4\Delta\eta^{-2}-4(A\xi-B)(\mu-\xi\lambda)\eta^{-1}-\\&\quad(\mu-\xi\lambda)^2=0\end{aligned}$$

在 $\mathscr{D}^+$ 由于 $b\equiv c\equiv 0$，显见，有 $N_1N_3-N_2^2=4a^2(AC-B^2)>0$.

由于 $\alpha_2/\alpha_1=\beta_2/\beta_1=\gamma_2/\gamma_1=\xi$，这就导出(ii).

由于 $N_1=-2aA-(\xi\eta Aa)_x-(\eta Aa)_y+2(\eta Ba)_x+2\eta Da$，立即可导出(iii).

附注 1 证明中使用 η^{-1}，完全是为了简化证明，这并不是必要的. 如果 Δ 在 $\mathscr{D}^-$ 内部有退化点或退化线，那么这样的使用就不合适了. 这地就不应将 a 化成 $\eta^{-1}c$，而式(23.30) 中的 N_i 则应分成四项来进行证明，这样我们就需要证十二个等式，证法完全类似，不再赘述.

引理 23.3 在上述 a，b，c 的选取下，式(23.15) 中所定义的 G_i 在 $\mathscr{D}^+$ 均为 0，且在 $\mathscr{D}^-$ 有

$$\begin{cases}(\text{i})G\equiv G_1G_3-G_2^2=0\\(\text{ii})G_2/G_1=\xi_\pm\\(\text{iii})G_1=-aM_\pm(x,y)\end{cases}\tag{23.33}$$

其中

$$M_{\pm}(x,y) \equiv \eta_{\pm}\left[A\frac{\mathrm{d}x}{\mathrm{d}s}-(A\xi_{\pm}-2B)\frac{\mathrm{d}y}{\mathrm{d}s}\right] \tag{23.34}$$

证明

$$\begin{aligned}G &\equiv G_1G_3-G_2^2\\&=-(b^2A+2bcB+c^2C)\cdot\\&\quad\left[A\left(\frac{\mathrm{d}x}{\mathrm{d}s}\right)^2+2B\frac{\mathrm{d}x}{\mathrm{d}s}\frac{\mathrm{d}y}{\mathrm{d}s}+C\left(\frac{\mathrm{d}y}{\mathrm{d}s}\right)^2\right]\\&=-c^2(A\xi^2-2B\xi+C)\cdot\\&\quad\left[A\left(\frac{\mathrm{d}x}{\mathrm{d}s}\right)^2+2B\frac{\mathrm{d}x}{\mathrm{d}s}\frac{\mathrm{d}y}{\mathrm{d}s}+C\left(\frac{\mathrm{d}y}{\mathrm{d}s}\right)^2\right]\\&=0\end{aligned}$$

由于

$$G_1=-c\left[A\frac{\mathrm{d}x}{\mathrm{d}s}-(A\xi-2B)\frac{\mathrm{d}y}{\mathrm{d}s}\right]$$

$$G_2=-c\xi\left[A\frac{\mathrm{d}x}{\mathrm{d}s}-(A\xi-2B)\frac{\mathrm{d}y}{\mathrm{d}s}\right]$$

由此立即导出(ii) 和(iii).

附注 2　引理 23.1 ～ 23.3 在文[11] 中对方程(23.1) 的一般边值问题导出，但在那里只给出了结果，没有写证明.

5. 唯一性定理

根据上述引理，于是对问题(23.1)，(23.2) 我们有

$$\begin{aligned}I_1=&\frac{1}{2}\iint_{\mathscr{D}^+}a(m_{1y}+m_{2x}+2F)w^2\,\mathrm{d}x\mathrm{d}y+\\&\frac{1}{2}\iint_{\mathscr{D}^-}a[m_{1y}+m_{2x}+2F+\end{aligned}$$

$$(\xi_+ \eta_+ F)_x - (\eta_+ F)_y]w^2 \mathrm{d}x\mathrm{d}y \quad (23.35)$$

$$I_2 = -\iint_{\mathscr{D}^+} a(Aw_y^2 - 2Bw_x w_y + Cw_x^2)\mathrm{d}x\mathrm{d}y - \frac{1}{2}\iint_{\mathscr{D}^-} a\Omega_+(x,y)(w_y - \xi_+ w_x)^2 \mathrm{d}x\mathrm{d}y \quad (23.36)$$

$$I_3 = \frac{1}{2}\int_{\Gamma_-} A(\mathscr{D}_- \sqrt{\Delta}) \frac{\mathrm{d}y}{\mathrm{d}s} w^2 \mathrm{d}s \quad (23.37)$$

$$I_4 = \frac{1}{2}\int_{\Gamma_+} a\left(2\sqrt{\Delta}\frac{\mathrm{d}y}{\mathrm{d}s}\right)\eta + \left[\left(\frac{\mathrm{d}y}{\mathrm{d}s} - \xi_+ \frac{\mathrm{d}x}{\mathrm{d}s}\right)\left(w_y \frac{\mathrm{d}y}{\mathrm{d}s} + w_x \frac{\mathrm{d}x}{\mathrm{d}s}\right)\right]^2 \mathrm{d}s = 0 \quad (23.38)$$

$$I_5 = -\frac{1}{2}\int_{\Gamma_-} a\left[(\xi_- m_1 + m_2) + F\eta_+ \left(\frac{2\sqrt{\Delta}}{A}\right)\right]\frac{\mathrm{d}y}{\mathrm{d}s} w^2 \mathrm{d}s \quad (23.39)$$

且式(23.37),(23.39)可改写为

$$I_3 + I_5 = \frac{1}{2}\int_{\Gamma_-} a\left(Q_- - F\frac{4\Delta}{AQ_+}\right)\frac{\mathrm{d}y}{\mathrm{d}s} w^2 \mathrm{d}s \quad (23.40)$$

对问题(23.3),(23.4),有

$$\widetilde{I}_1 = \frac{1}{2}\iint_{\mathscr{D}^+} a(m_{1y} + m_{2x} + 2F)V^2 \mathrm{d}x\mathrm{d}y + \frac{1}{2}\iint_{\mathscr{D}^-} a[m_{1y} + m_{2x} + 2F + (\xi_- \eta_- + \widetilde{F})_x - (\eta_- \widetilde{F})_y]V^2 \mathrm{d}x\mathrm{d}y \quad (23.41)$$

$$\widetilde{I}_2 = -\iint_{\mathscr{D}^-} a(AV_y^2 - 2BV_x V_y + CV_x^2)\mathrm{d}x\mathrm{d}y -$$

$$\frac{1}{2}\iint_{\mathscr{D}^-} a\Omega_-(x,y)(V_y-\xi_- V_x)^2\,\mathrm{d}x\,\mathrm{d}y$$

(23.42)

$$\tilde{I}_3=-\frac{1}{2}\int_{\Gamma_+} a(D_+\sqrt{\Delta})\frac{\mathrm{d}y}{\mathrm{d}s}V^2\,\mathrm{d}s \quad (23.43)$$

$$\tilde{I}_4=0 \quad (23.44)$$

$$\tilde{I}_5=-\frac{1}{2}\int_{\Gamma_+} a\left[(\xi_+ m_1+m_2)-F\eta_-\left(\frac{2\sqrt{\Delta}}{A}\right)\right]\frac{\mathrm{d}y}{\mathrm{d}s}V^2\,\mathrm{d}s$$

(23.45)

且式(23.43),(23.45)可改写为

$$\tilde{I}_3+\tilde{I}_5$$

$$=-\frac{1}{2}\int_{\Gamma_+} a\left[(D_+\sqrt{\Delta}+\xi_+ m_1+m_2)-F\frac{4\Delta}{AQ_-}\right]\frac{\mathrm{d}y}{\mathrm{d}s}V^2\,\mathrm{d}s$$

(23.46)

因此,我们有:

定理 23.1　假设方程(23.1)的系数满足条件(23.16)和(23.24),且存在常数ω_0,f_0,f_1,使得下列条件成立

$$\begin{cases}(\mathrm{i})\ \Omega_+(x,y)\geqslant\omega_0>0 \quad 在\ \mathscr{D}^- \\ (\mathrm{ii})\ \left[Q_- - F\dfrac{4\Delta}{AQ_+}\right]\dfrac{\mathrm{d}y}{\mathrm{d}s}\leqslant 0 \quad 在\ \Gamma_-\ 上 \\ (\mathrm{iii})\begin{cases}m_{1y}+m_{2x}+2F\leqslant f_0<0 \quad 在\ \mathscr{D}^+ \\ \quad m_{1y}+m_{2x}+2F+(\xi_+\eta_+F)_x-(\eta_+F)_y \\ \leqslant f_1<0 \quad 在\ \mathscr{D}^-\end{cases}\end{cases}$$

(23.47)

则特里谷米问题(23.1),(23.2)至多只有一个解$w\in W(B)$.

证明 当方程(23.1)的系数满足条件(23.47)时,我们有

$$I_i \geqslant 0, i=1,2,4, I_3+I_5 \geqslant 0 \quad (23.48)$$

由此就可导出定理.

同样,有:

定理 23.2 假设方程(23.1)的系数满足条件(23.16)和(23.24),且存在常数 ω_0, f_0, f_1,使得下列条件成立

$$\begin{cases} \text{(i)} \Omega_-(x,y) \geqslant \omega_1 > 0 \quad 在\ \mathscr{D}^- \\ \text{(ii)} \left[(\xi_+ m_1 + m_2) + D_+ \sqrt{\Delta} - F \dfrac{4\Delta}{AQ_-}\right] \dfrac{\mathrm{d}y}{\mathrm{d}s} \leqslant 0 \quad 在\ \Gamma_+\ 上 \\ \text{(iii)} \begin{cases} m_{1y} + m_{2x} + 2F \leqslant f_0 < 0 \quad 在\ \mathscr{D}^+ \\ m_{1y} + m_{2x} + 2F + (\xi_- \eta_- \widetilde{F})_x - (\eta_- \widetilde{F})_y \\ \leqslant f_1 < 0 \quad 在\ \mathscr{D}^- \end{cases} \end{cases}$$

(23.49)

则共轭特里谷米问题(23.3),(23.4)在 $W(B^*)$ 至多只有一个解.

附注 3 对唯一性说来,上述定理 23.1 和 23.2 中的条件可以减弱到 $\omega_i = f_i = 0 (i=0,1)$,且 f_0 和 f_1 不能同时为零,又(i)和(iii)在 $\mathscr{D}^-$ 中等号同时成立至多只能在一测度为零的集合上.

附注 4 条件(23.47)(i)在文[11]中同样已对方程(23.1)的一般边值问题导出. 对恰普雷金方程这个特殊情形($A=1, C=K(y), B=D=E=F\equiv 0$,且 $yK(y)>0$ 当 $y\neq 0, K(0)=0$),它就简化为一个 Франкль 条件:$3K'^2 - 2KK'' > 0$ 在 $\mathscr{D}^-$. 这时条件(iii)

自然满足，而条件(ii)和条件(23.24)简化为一个条件：$K'(y)>0$. 因此，这里我们所列的条件(23.47)(或(23.49))是对恰普雷金方程的特里谷米问题的唯一性条件的自然推广. 文[5]中对一般的恰普雷金方程($A=1,B=0,C=K(x,y)$)所导出的条件与我们在此特殊情形的有某些相似之处，但并不完全相同，它比我们的稍强一些. 如果条件(23.47)(i)不满足，那么 a 就不能取为负常数，需要给出形式稍复杂的条件(例如，见文[8][11]).

6. 另一类唯一性定理(a,b,c 的其他选择)

现在我们对 a,b,c 采取另外的选择，就可以得到另一些唯一性条件(这些条件类似于文[12]中对一般边值问题所提的条件)，我们选

$$a=0 \quad \text{在 } \mathscr{D} \tag{23.50}$$

于是积分(23.11)成为

$$\begin{aligned}\widetilde{J}=&-\frac{1}{2}\iint_{\mathscr{D}}[(bF)_x+(cF)_y]w^2\,\mathrm{d}x\,\mathrm{d}y+\\&\frac{1}{2}\iint_{\mathscr{D}}(N_1w_y^2-2N_2w_xw_y+N_3^2w_x^2)\,\mathrm{d}x\,\mathrm{d}y-\\&\frac{1}{2}\int_{\Gamma_-}[bA+c(B+\sqrt{\Delta})]\left(w_y-\frac{B-\sqrt{\Delta}}{A}w_x\right)^2n_1\,\mathrm{d}s-\\&\frac{1}{2}\int_{\Gamma_+}[bA+c(B-\sqrt{\Delta})]\left(w_y-\frac{B+\sqrt{\Delta}}{A}w_x\right)^2n_1\,\mathrm{d}s+\\&\frac{1}{2}\int_{\Gamma_0}(\widetilde{G}_1w_n^2+2\widetilde{G}_2w_nw_t+\widetilde{G}_3w_t^2)\,\mathrm{d}s+\\&\frac{1}{2}\int_{\Gamma_0+\Gamma_++\Gamma_-}(bn_1+cn_2)Fw^2\,\mathrm{d}s=\sum_{i=1}^{6}I_i\end{aligned} \tag{23.51}$$

其中 $n_i(i=1,2)$ 是边界外法线单位矢量在 x,y 方向的二个分量

$$n_1=\frac{\mathrm{d}y}{\mathrm{d}s},n_2=-\frac{\mathrm{d}x}{\mathrm{d}s},n_1^2+n_2^2=1 \tag{23.52}$$

w_n,w_t 分别表示 w 沿法向和切向的微商

$$w_n=w_xn_1+w_yn_2,w_t=w_yn_1-w_xn_2 \tag{23.53}$$

而

$$\begin{cases}\widetilde{G}_1\equiv(bn_1+cn_2)Q\\ \widetilde{G}_2\equiv(cn_1-bn_2)Q\\ \widetilde{G}_3\equiv b[(C-A)n_1n_2^2-2Bn_2^3-An_1]+\\ \qquad c[(A-C)n_2n_1^2-2Bn_1^3-Cn_2]\end{cases} \tag{23.54}$$

$$Q\equiv An_2^2-2Bn_1n_2+Cn_1^2 \tag{23.55}$$

要证明问题(23.1),(23.2)的解唯一,就是说,问题(23.1)的齐次方程在条件(23.2)之下只有零解,也就是要导出 $I_i\geqslant0$(或 $\leqslant0$),$1\leqslant i\leqslant6$.现在由于 $a=0$ 对方程(23.1)的系数要求可以减少一些,但却增加了对 $\mathscr{D}^+$ 的外边界 Γ_0 的苛刻要求.

应注意到,当 w 满足边界条件(23.2)时,就有 $w_t|_{\Gamma_0+\Gamma_+}=0$,因此,$I_4=0$,而 I_5 和 I_4 则可以简化.

定理 23.3 设方程(23.1)的系数满足条件

$$\text{(i)}\begin{cases}u\equiv AC_x-A_xC+2BA_y-2AB_y-2AE-\\ 2BD\leqslant u_0<0(\geqslant u_0>0)\quad 在\ \mathscr{D}\\ \left(\dfrac{F}{A}\right)_x\leqslant0(\geqslant0),\dfrac{F}{A}\leqslant0,A\neq0\end{cases} \tag{23.56}$$

或

$$
\text{(ii)}\begin{cases} u\equiv 0 \\ \left(\dfrac{F}{A}\right)_x\leqslant f_0<0(\geqslant f_0>0),A\neq 0,\text{在 }\mathscr{D} \\ \dfrac{F}{A}\leqslant 0,\text{在 }\mathscr{D}^- \end{cases}
$$

(23.57)

且还满足条件

$$
\begin{cases} \text{(iii) }\dfrac{D}{A}=f(y),f(y)\text{ 为任意的可积函数} \\ \text{(iv)}n_1\geqslant 0(\leqslant 0)\text{ 在 }\Gamma_0\text{ 上} \end{cases}
$$

(23.58)

则当 $n_1\leqslant 0(\geqslant 0)$ 在 Γ_- 上时在特里谷米边界条件(23.2)之下解唯一.当 $n_1\leqslant 0(\geqslant 0)$ 在 $\Gamma_+ + \Gamma_-$ 上时，在变态特里谷米边界条件

$$
w\mid_{\Gamma_0}=0 \tag{23.59}
$$

之下解唯一.

证明　先对条件(i),(iii),(iv)证明定理,我们选

$$
c\equiv 0,b=\frac{\varepsilon}{A}e^{\int\frac{D}{A}dy+\varepsilon x},\operatorname{sgn}\varepsilon=-\operatorname{sgn}u \tag{23.60}
$$

而 ε 是这样的常数

$$
|\varepsilon|\leqslant\min_{\mathscr{D}_0}\left(\left|\frac{u}{AC}\right|\right) \tag{23.61}
$$

这里 $\mathscr{D}_0$ 是使 AC 和 u 同号的点集.

于是,我们有

$$
\begin{cases} N_1=\varepsilon^2 e^{\int\frac{D}{A}dy+\varepsilon x}>0 \\ N_2=0 \\ N_3=-\left(\dfrac{u}{A^2}+\dfrac{C}{A}\varepsilon\right)\varepsilon e^{\int\frac{D}{A}dy+\varepsilon x}>0 \end{cases} \tag{23.62}
$$

因此，根据条件(23.56)和(23.58)就可导出 $I_i \geqslant 0$，$1 \leqslant i \leqslant 6$，由此(例如，由 $I_2 = 0$)即可导出唯一性.

其次，我们对条件(ii)(iii)(iv)证明定理. 这时，我们选

$$c \equiv 0, b = \frac{1}{A} e^{\int \frac{D}{A} dy} \tag{23.63}$$

于是，有

$$N_i = 0, i = 1, 2, 3 \tag{23.64}$$

同样，根据条件(23.57)和(23.58)可导出 $I_i \geqslant 0 (\leqslant 0)$，$1 \leqslant i \leqslant 6$. 从 $I_1 = 0$ 就可导出解唯一.

定理 23.4 设方程(23.1)的系数满足条件

$$\text{(i)} \begin{cases} v \equiv A_y C - AC_y + 2BC_x - 2B_x C - 2BE - \\ 2CD \leqslant v_0 < 0 (\geqslant v_0 > 0) \\ \left(\dfrac{F}{C}\right)_y \leqslant 0 (\geqslant 0), \dfrac{F}{C} \leqslant 0, C \neq 0 \end{cases} \quad \text{在 } \mathscr{D} \tag{23.65}$$

或

$$\text{(ii)} \begin{cases} v \equiv 0 \\ \left(\dfrac{F}{C}\right)_y \leqslant f_1 < 0 (\geqslant f_1 > 0), C \neq 0, \text{在 } \mathscr{D} \\ \dfrac{F}{C} \leqslant 0, \text{在 } \mathscr{D}^- \end{cases} \tag{23.66}$$

且还满足条件

$$\begin{cases} \text{(iii)}\ \dfrac{E}{C} = \varphi(x), \varphi(x) \text{ 为任意的可积函数} \\ \text{(iv)}\ n_2 \geqslant 0 (\leqslant 0) \text{ 在 } \Gamma_0 \text{ 上} \end{cases} \tag{23.67}$$

则当 $n_2\leqslant 0(\geqslant 0)$ 在 Γ_- 上时在特里谷米边界条件(23.2)之下解唯一,当 $n_2\leqslant 0(\geqslant 0)$ 在 $\Gamma_+ + \Gamma_-$ 上时在变态特里谷米边界条件(23.59)之下解唯一.

证明　同定理 23.3 一样,这时,对(i),(iii),(iv)的情形我们选择

$$b\equiv 0, c=\frac{\delta}{C}\mathrm{e}^{\int\frac{E}{C}\mathrm{d}x+\delta y}, \operatorname{sgn}\delta=-\operatorname{sgn} v \tag{23.68}$$

$$|\delta|\leqslant \min_{\mathscr{D}_1}\left(\left|\frac{v}{AC}\right|\right) \tag{23.69}$$

这里 $\mathscr{D}_1$ 是使 AC 和 v 同号的点的集合.

而以(ii),(iii),(iv)的情形,则选择

$$b\equiv 0, c=\frac{1}{C}\mathrm{e}^{\int\frac{E}{C}\mathrm{d}x} \tag{23.70}$$

定理 23.5　设方程(23.1)的系数满足条件

$$\begin{cases}
\text{(i)}\ \dfrac{\Phi\mathrm{d}x+\Psi\mathrm{d}y}{I(u,v)}\ \text{是一全微分}\quad \text{在}\ \mathscr{D}\\[2mm]
\text{(ii)}\ \chi\equiv(Fv)_x-(Fu)_y+\dfrac{F}{I(u,v)}(v\Phi-u\Psi)\\[2mm]
\qquad\geqslant\chi_0>0(\leqslant\chi_0<0)\quad \text{在}\ \mathscr{D}\\[2mm]
\text{(iii)}\ [Av-(B+\sqrt{\Delta})u]n_1\geqslant 0(\leqslant 0)\ \text{在}\ \Gamma_-\ \text{上}\\[2mm]
\text{(iv)}\ A(un_2-vn_1)\begin{cases}\geqslant 0(\leqslant 0)\ \text{在}\ \Gamma_0\ \text{上}\\ \leqslant 0(\geqslant 0)\ \text{在}\ \Gamma_-\ \text{上}\end{cases}, \dfrac{F}{A}\leqslant 0\ \text{在}\ \mathscr{D}^-\\[2mm]
\text{或}\\[2mm]
C(un_2-vn_1)\begin{cases}\geqslant 0(\leqslant 0)\quad \text{在}\ \Gamma_0\ \text{上}\\ \leqslant 0(\geqslant 0)\quad \text{在}\ \Gamma_-\ \text{上}\end{cases}, \dfrac{F}{C}\leqslant 0\quad \text{在}\ \mathscr{D}^-
\end{cases}$$

其中

$$I(u,v) \equiv Av^2 - 2Buv + Cu^2 \neq 0 \quad (23.72)$$

$$\begin{cases} \Phi \equiv u(Av)_y - u(Cu)_x - v(Au)_y + 2v(Bu)_x - \\ \qquad v(Av)_x + Duv + Eu^2 \\ \Psi \equiv v(Cu)_x - v(Av)_y - u(Cv)_x + 2u(Bv)_y - \\ \qquad u(Cu)_y + Euv + Dv^2 \end{cases}$$

(23.73)

则在特里谷米边界条件(23.2) 之下解唯一.

若除条件(23.71) 外还满足条件

$$\begin{cases} (\text{iii}')[Av - (B - \sqrt{\Delta})u]n_1 \geqslant 0(\leqslant 0) \quad 在 \Gamma_+ 上 \\ (\text{iv}')A(un_2 - vn_1) \leqslant 0(\geqslant 0) \quad 在 \Gamma_+ 上 \\ 或 \quad C(un_2 - vn_1) \leqslant 0(\geqslant 0) \quad 在 \Gamma_+ 上 \end{cases}$$

(23.74)

则在变态特里谷米边界条件(23.59) 之下解唯一.

证明 当满足上述条件时,我们可取

$$b = -\alpha v, c = \alpha u, \alpha = e^{\int \frac{\Phi dx + \Psi dy}{I(u,v)}} \quad (23.75)$$

于是有[9]

$$N_i \equiv 0, i = 1,2,3$$

因此

$$I_i \geqslant 0(\leqslant 0), 1 \leqslant i \leqslant 6$$

由此即导出唯一性.

特别,当 $uv \equiv 0$ 时定理条件可以简化. 例如,当 $u \equiv 0$ 时条件(i) 自然满足,而条件(ii) 成为

$$\tilde{\chi} \equiv Av\left(\frac{F}{A}\right)_x \geqslant \tilde{\chi}_0 > 0 (\leqslant \tilde{\chi}_0 < 0) \quad 在\ \mathscr{D} \tag{23.76}$$

条件(iii),(iv)成为

$$Avn_1\begin{cases}\leqslant 0(\geqslant 0) & 在\ \Gamma_0\ 上\\ \geqslant 0(\leqslant 0) & 在\ \Gamma_-\ 上\end{cases}, \frac{F}{A} \leqslant 0 \quad 在\ \mathscr{D}^- \tag{23.77}$$

现在假设 b,c 都是待选常数. 于是,由式(23.13)导出

$$\begin{aligned}N_1N_3 - N_2^2 = {} & b^2[A_x(2B_y - C_x + 2E) - (D - A_y)^2] - \\ & bc[(A_y - 2B_x - 2D)(2B_y - C_x + 2E) - \\ & A_xC_y - (D - A_y)(C_x - E)] + \\ & c^2[-C_y(A_y - 2B_x - 2D) - \\ & (C_x - E)^2]\end{aligned} \tag{23.78}$$

我们还可导出如下两个唯一性定理:

定理 23.6　设方程(23.1)的系数满足条件

$$\begin{cases}(\mathrm{i})M \equiv 2A_xB_y - A_xC_x + 2A_xE - (D - A_y)^2 \\ \qquad \geqslant \tau_0 > 0 \quad 在\ \mathscr{D} \\ (\mathrm{ii})F_x\ 和\ A_x\ 在\ \mathscr{D}\ 异号,当\ F_x \neq 0\ 时;FA \leqslant 0\ 在\ \mathscr{D}^- \\ (\mathrm{iii})n_1\begin{cases}和\ AA_x\ 同号 & 在\ \Gamma_0\ 上\\ 和\ AA_x\ 异号 & 在\ \Gamma_-(或\ \Gamma_+)上\end{cases}\end{cases} \tag{23.79}$$

于是,在特里谷米边界条件

$$w\,|_{\Gamma_0+\Gamma_+(或\Gamma_-)} = 0 \tag{23.2'}$$

之下解唯一.

定理 23.7　设方程(23.1)的系数满足条件

$$\begin{cases}(\mathrm{i})\,N\equiv 2B_xC_y-A_yC_y+2DC_y-(C_x-E)^2\\ \qquad\geqslant\sigma_0>0\quad 在\ \mathscr{D}\\ (\mathrm{ii})\,F_y\ 和\ C_y\ 在\ \mathscr{D}\ 异号,当\ F_y\neq 0\ 时;FC\leqslant 0\ 在\ \mathscr{D}^-\\ (\mathrm{iii})\,n_2\begin{cases}和\ CC_y\ 同号 & 在\ \Gamma_0\ 上\\ 和\ CC_y\ 异号 & 在\ \Gamma_-(或\ \Gamma_+)\ 上\end{cases}\end{cases} \tag{23.80}$$

于是,在特里谷米边界条件(23.2′)之下解唯一.

对定理 23.6 的证明,我们可取 b 为和 $A_x(\neq 0)$ 同号,且其绝对值充分大的常数,取 c 为任意常数,当 $F_x=0$ 而 $F_y\neq 0$ 时取 c 和 F_y 异号.

对定理 23.7 的证明,我们可取 c 为和 $C_y(\neq 0)$ 同号,且其绝对值充分大的常数,取 b 为任意常数,当 $F_y=0$ 而 $F_x\neq 0$ 时取 b 和 F_x 异号.

于是,有

$$N_1>0,N_1N_3-N_2^2>0\quad 在\ \mathscr{D} \tag{23.81}$$

因此,由定理所给条件可导出 $I_i\geqslant 0,1\leqslant i\leqslant 6$. 由此即导出唯一性.

附注 5 在定理 23.3 ~ 23.5 中所定义的函数 u 和 v,我们已在文[9]中指出,它们具有很多有趣的性质. 这里我们再指出一点,即对共轭方程(23.3)它们成为

$$\begin{cases}\tilde{u}\equiv AC_x-A_xC+2BA_y-2AB_y-2A\widetilde{E}-\\ \qquad 2B\widetilde{D}=2\Delta_x-u\\ \tilde{v}\equiv A_yC-AC_y+2BC_x-2B_xC-2B\widetilde{E}-\\ \qquad 2C\widetilde{D}=2\Delta_y-v\end{cases} \tag{23.82}$$

于是,式(23.18)和(23.21)中的 η_+ 和 η_- 可改写为

$$\eta_+ = \frac{4\Delta}{v - \xi_+ u} \tag{23.18$'$}$$

$$\eta_- = \frac{4\Delta}{\tilde{v} - \xi_- \tilde{u}} \tag{23.21$'$}$$

因此,我们所假定的条件(23.24)可改写为

$$v - \xi_+ u \neq 0 \text{ 和 } \tilde{v} - \xi_- \tilde{u} \neq 0 \quad \text{在 } \mathscr{D}^- \tag{23.24$'$}$$

特别,对混合曲率曲面无穷小变形方程 $rw_{yy} - 2sw_{xy} + tw_{xx} = 0$,则有

$$\tilde{u} = u = \Delta_x, \tilde{v} = v = \Delta_y$$

对此方程,条件(23.24′)成为

$$v - \xi_\pm u \neq 0 \quad \text{在 } \mathscr{D}^-$$

亦即

$$D_\pm \Delta \neq 0 \quad \text{在 } \mathscr{D}^-$$

23.2　广义解的存在性和唯一性

关于较简单的二阶混合型方程(或一阶方程组)的特里谷米问题存在广义(弱)解的问题不少人研究过(文[6],[7],[13]—[21]),主要思想是导出对共轭算子的某个能量不等式.但是,关于广义解的唯一性问题,则要困难得多.在文[22]中对简单的三维二阶混合型方程解决了广义解的存在性和唯一性问题.我们利用其思想对二阶混合型方程(23.1)的特里谷米问题证明了在 W^1 中的广义解存在而且唯一,并推广

到高维情形.

1. W^1 中广义解的存在性和唯一性

现在我们考虑$\mathscr{D}$是单连通域,边界由Γ_0,Γ_+,Γ_-所组成,其中

$$\begin{cases}\Gamma_+: \mathrm{d}x+\dfrac{B+\sqrt{\Delta}}{A}\mathrm{d}y=0\\ \Gamma_-: \mathrm{d}x+\dfrac{B-\sqrt{\Delta}}{A}\mathrm{d}y=0\end{cases} \tag{23.84}$$

设Γ_+和Γ_-的交点为R,我们仍假定满足条件(23.16),且

$$\begin{cases}\dfrac{B+\sqrt{\Delta}}{A}\text{沿}\Gamma_+\text{和}\dfrac{-B+\sqrt{\Delta}}{A}\text{沿}\Gamma_-\text{均为单调函数}\\ \text{且在交点}R\text{处达到极大值}\end{cases} \tag{23.85}$$

令

$$\begin{cases}\sigma\equiv\left.\dfrac{B+\sqrt{\Delta}}{A}\right|_R=\max\limits_{\Gamma_+}\xi_+\\ \tau\equiv\left.\dfrac{B-\sqrt{\Delta}}{A}\right|_R=\min\limits_{\Gamma_-}\xi_-\end{cases} \tag{23.86}$$

对方程(23.1)作积分(23.10),并取

$$a=0, c=\alpha x+\beta y+\gamma, b=-\sigma c, |\gamma|\text{充分大} \tag{23.87}$$

于是,由式(23.51)得

$$\begin{aligned}\tilde{J}&\equiv\iint_{\mathscr{D}}(bw_x+cw_y)Lw\,\mathrm{d}x\mathrm{d}y\\ &=-\frac{1}{2}\iint_{\mathscr{D}}[c(F_y-\sigma F_x)+(\beta-\sigma\alpha)F]w^2\,\mathrm{d}x\mathrm{d}y+\end{aligned}$$

$$
\begin{aligned}
&\frac{1}{2}\iint_{\mathscr{D}}(N_{11}w_x^2+2N_{12}w_xw_y+N_{22}w_y^2)\mathrm{d}x\mathrm{d}y-\\
&\frac{1}{2}\int_{\Gamma_++\Gamma_-}\frac{c}{n_2-\sigma n_1}(A\sigma^2-2B\sigma+C)(n_1w_y-n_2w_x)^2\mathrm{d}s+\\
&\frac{1}{2}\int_{\Gamma_0}c(n_2-\sigma n_1)Qw_n^2\mathrm{d}s+\\
&\frac{1}{2}\int_{\Gamma_0+\Gamma_++\Gamma_-}c(n_2-\sigma n_1)Fw^2\mathrm{d}s
\end{aligned}
\tag{23.88}
$$

其中，n_i，w_n，Q 分别由式(23.52)～(23.55)定义，而 N_{ij} 则为

$$
\begin{cases}
N_{11}=c(C_y-\sigma C_x+2\sigma m_2)+(\sigma\alpha+\beta)C-2\sigma\beta B\\
\qquad\equiv cM_{11}+T_{11}\\
N_{12}=-c(B_y-\sigma B_x+m_2-\sigma m_1)+\sigma\beta A-\alpha C\\
\qquad\equiv cM_{12}+T_{12}\\
N_{22}=c(A_y-\sigma A_x-2m_1)-(\sigma\alpha+\beta)A+2\alpha B\\
\qquad\equiv cM_{22}+T_{22}
\end{cases}
\tag{23.89}
$$

$$
D_\sigma\equiv\frac{\partial}{\partial y}-\sigma\frac{\partial}{\partial x},D_\tau\equiv\frac{\partial}{\partial y}-\tau\frac{\partial}{\partial x}\tag{23.90}
$$

则有

$$
\begin{cases}
M_{11}=D_\sigma C+2\sigma m_2\\
M_{12}=-D_\sigma B-m_2+\sigma m_1\\
M_{22}=D_\sigma A-2m_1
\end{cases}
\tag{23.91}
$$

其中 m_i 由式(23.6)定义.

引理 23.4　若方程(23.1)的系数满足条件

(i) $M_{22}>0(<0)$，$M_{11}M_{22}-M_{12}^2>0$ 在 $\mathscr{D}$

$$\tag{23.92}$$

或

$$\text{(ii)}M_{22}\equiv 0, M_{11}M_{22}-M_{12}^2\equiv 0, M_{11}\neq 0 \text{ 在 } \mathscr{D} \tag{23.93}$$

则有

$$N_{22}>0, N_{11}N_{22}-N_{12}^2>0 \text{ 在 } \mathscr{D} \tag{23.94}$$

证明 由式(23.89)得

$$N_{11}N_{22}-N_{12}^2=c^2(M_{11}M_{22}-M_{12}^2)+c(M_{11}T_{22}+M_{22}T_{11}-2M_{12}T_{12})+T_{11}T_{22}-T_{11}^2 \tag{23.95}$$

显见,对情况(i),我们只要取$\gamma>0(<0)$,$|\gamma|$充分大,就导出式(23.94).

对情况(ii),我们可取$\alpha<0$,$\beta=\alpha\sigma+\varepsilon$,$\varepsilon>0$.考虑式(23.86)有$\sigma A-B>0$,选取$\varepsilon$适当小,使得$\left(\sigma+\frac{\varepsilon}{2\alpha}\right)A-B>0$,于是$T_{22}>0$,因此,$N_{22}>0$.对应于$M_{11}>0(<0)$,再取$\gamma>0(<0)$,$|\gamma|$充分大,使得$c>0(<0)$,$|c|$充分大,因此,式(23.94)成立.

特别,当$m_i\equiv 0(i=1,2)$时,条件(23.92)和(23.93)就分别化为

$$D_\sigma A>0(<0), D_\sigma A\cdot D_\sigma C-(D_\sigma B)^2>0 \tag{23.96}$$

和

$$D_\sigma A\equiv D_\sigma B\equiv 0, D_\sigma C\neq 0 \tag{23.97}$$

现在对共轭方程(23.3)同样作积分(23.10),并取

$$\begin{cases} a_*=0 \\ c_*=\alpha_* x+\beta_* y+\gamma_* \\ b_*=-\tau c_*, |\gamma_*| \text{ 充分大} \end{cases} \tag{23.98}$$

于是,由式(23.51)得

$$
\begin{aligned}
\tilde{J}_* &\equiv \iint_{\mathscr{D}} (b_* V_x + c_* V_y) L^* V \mathrm{d}x\mathrm{d}y \\
&= -\frac{1}{2}\iint_{\mathscr{D}} [c_*(\tilde{F}_y - \tau\tilde{F}_x) + (\beta_* - \tau\alpha_*)\tilde{F}]V^2 \mathrm{d}x\mathrm{d}y + \\
&\quad \frac{1}{2}\iint_{\mathscr{D}} (N_{11}^* V_x^2 + 2N_{12}^* V_x V_y + N_{22}^* V_y^2)\mathrm{d}x\mathrm{d}y - \\
&\quad \frac{1}{2}\int_{\Gamma_+ + \Gamma_-} \frac{c_*}{n_2 - \tau n_1}(A\tau^2 - 2B\tau + C)(n_1 V_y - n_2 V_x)^2 \mathrm{d}s + \\
&\quad \frac{1}{2}\int_{\Gamma_0} c_*(n_2 - \tau n_1) Q V_n^2 \mathrm{d}s + \\
&\quad \frac{1}{2}\int_{\Gamma_0 + \Gamma_+ + \Gamma_-} c_*(n_2 - \tau n_1)\tilde{F} V^2 \mathrm{d}s
\end{aligned}
\tag{23.99}
$$

其中

$$
\begin{cases}
N_{11}^* = c_*(D_\tau C + 2\tau m_2^*) + (\tau\alpha_* + \beta_*)C - 2\tau\beta_* B \\
\qquad \equiv c_* M_{11}^* + T_{11}^* \\
N_{12}^* = -c_*(D_\tau B + m_2^* - \tau m_1^*) + \tau\beta_* A - \alpha_* C \\
\qquad \equiv c_* M_{12}^* + T_{12}^* \\
N_{22}^* = c_*(D_\tau A - 2m_1^*) - (\tau\alpha_* + \beta_*)A + 2\alpha_*\beta \\
\qquad \equiv c_* M_{22}^* + T_{22}^*
\end{cases}
\tag{23.100}
$$

而

$$
\begin{cases}
m_1^* = A_y - B_x - \tilde{D} = -m_1 \\
m_2^* = C_x - B_y - \tilde{E} = -m_2
\end{cases}
\tag{23.101}
$$

引理 23.5　若方程(23.3)的系数满足条件

(i)$M_{22}^* > 0(< 0), M_{11}^* M_{22}^* - M_{12}^{*2} > 0$　(23.102)

或

(ii) $M_{22}^* \equiv 0, M_{11}^* M_{22}^* - M_{12}^{*2} \equiv 0, M_{11}^* \neq 0$

$$(23.103)$$

则有

$$N_{22}^* > 0, N_{11}^* N_{22}^* - N_{12}^{*2} > 0 \quad (23.104)$$

证明 同引理 23.4.

引理 23.6 由假定(23.85),(23.86)在 $\mathscr{D}^-$ 有

$$At^2 - 2Bt + C > 0 \quad \text{当 } t = \sigma, \tau \text{ 时} \quad (23.105)$$

证明 由

$$At^2 - 2Bt + C = A\left(t - \frac{B + \sqrt{\Delta}}{A}\right)\left(t - \frac{B - \sqrt{\Delta}}{A}\right)$$

显见有式(23.105).

现在设 Γ_0 是满足条件

$$\begin{cases} n_2 > 0(< 0) \\ Q_R(n_1, n_2) \equiv A_R n_2^2 - 2B_R n_1 n_2 + C_R n_1^2 \\ \qquad = A_R(n_2 - \sigma n_1)(n_2 - \tau n_1) > 0 \end{cases} \quad (23.106)$$

(由此导出 $n_2 - \sigma n_1 > 0(< 0)$ 在 Γ_0 上)的逐段光滑曲线. 在 Γ_+ 上 $n_1 < 0(> 0)$,在 Γ_- 上 $n_1 > 0(< 0)$.

令 $C^2(B)$ 和 $C_*^2(B^*)$ 表示对应地满足条件(23.2)和(23.4)的在 $\overline{\mathscr{D}}$ 二次连续可微函数的集合,W^2 和 W_*^2 是 $C^2(B)$ 和 $C_*^2(B^*)$ 按 $W_2^2(\mathscr{D})$ 范的闭包,W^1 和 W_*^1 是按 $W_2^1(\mathscr{D})$ 范的闭包,W^{-1} 和 W_*^{-1} 是按 Lax 定义的和 W^1, W_*^1 相共轭的负空间.

定义 23.1 方程(23.1),(23.2)的广义解 $w \in W^1$ 是对任意函数 $V \in W_*^1$ 满足等式

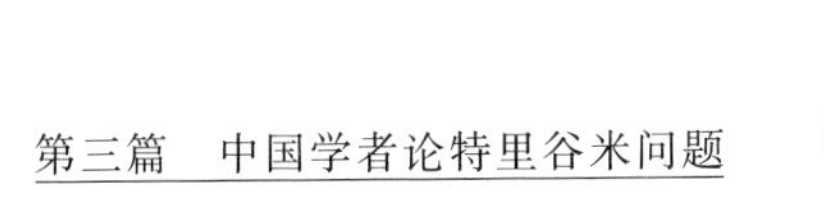

$$M(w,V)\equiv\iint_{\mathscr{D}}[-Aw_yV_y+B(w_xV_y+w_yV_x)-$$
$$Cw_xV_x-m_1w_yV-m_2w_xV+FwV]\mathrm{d}x\mathrm{d}y$$
$$=\iint_{\mathscr{D}}gV\mathrm{d}x\mathrm{d}y,\forall V\in W_*^1 \qquad (23.107)$$

定理 23.8 若 $F\leqslant 0, D_\sigma F\leqslant 0(\geqslant 0)$ 在 $\mathscr{D}$,且满足条件(23.85) 和引理 23.4 的条件(23.92) 或(23.93),则对任意的 $g\in L_2(\mathscr{D})$,方程(23.1),(23.2) 存在广义解.

证明 设 $V\in C_*^2(B^*)$,注意到在 Γ_0 上 $Q_R(n_1,n_2)>0$,易知问题

$$\begin{cases}c(w_y-\sigma w_x)=V\ 在\ \mathscr{D}\\ w=0,在\ \Gamma_0+\Gamma_+\ 上\end{cases} \qquad (23.108)$$

对任意的函数 $V\in C_*^2(B^*)$ 有唯一解 $w\in W^2$. 于是,从式(23.88) 导出

$$\|L^*V\|_{W^{-1}}\|w\|_{w^1}\geqslant(L^*V,w)_0=(V,Lw)_0$$
$$=(cD_\sigma w,Lw)_0$$
$$\geqslant K\|w\|_{w^1}^2$$

这里和下面所出现的 K,只表示与函数无关的正常数,而不表示它们是同一个值. 因 $\|u'\|_{w^1}\geqslant K\|V\|_0$,导出

$$\|L^*V\|_{W^{-1}}\geqslant K\|V\|_0,\forall V\in C_*^2(B^*) \qquad (23.109)$$

由文[23] 知:由此不等式导出,存在函数 $w\in W^1$,使得 $(w,L^*V)_0=(g,V)_0,\forall V\in C_*^*(B^*)$,分部积分之,得式(23.107) 对 $V\in C_*^2(B^*)$ 成立,因此,对 $V\in$

W^1_* 成立.

定理23.9 若 $\widetilde{F}\leqslant 0, D_\tau \widetilde{F}\leqslant 0(\geqslant 0)$ 在 $\mathscr{D}$,且满足条件(23.85)和引理23.5的条件(23.102)或(23.103),则对任意的 $g\in L_2(\mathscr{D})$,问题(23.1),(23.2)的广义解不多于一个.

证明 设 $V\in C^2_*(B^*)$,同上有

$$(c_*(V_y-\tau V_x),L^*V)_0\geqslant K\|V\|^2_{W^1_*},\forall V\in C^2_*(B^*) \tag{23.110}$$

边值问题

$$\begin{cases}c_*(V_y-\tau V_x)=w, \text{在 } \mathscr{D}\\ V=0, \quad \text{在 } \Gamma_0+\Gamma_- \text{ 上}\end{cases} \tag{23.111}$$

对任意的函数 $w\in C^2(B)$ 有唯一解 $V\in W^2_*$. 于是,由式(23.110)及 $\|V\|_{W^1_*}\geqslant K\|w\|_0$ 有

$$\|Lw\|_{W^{-1}_*}\geqslant K\|w\|_0,\forall w\in C^2(B) \tag{23.112}$$

算子 L 从 $C^2(B)\subset W^1$ 到 W^{-1}_* 有界,事实上

$$\|Lw\|_{W^{-1}_*}=\sup_{\substack{V\in W^1_*\\ V\neq 0}}\frac{|(Lw,V)_0|}{\|V\|_{W^1_*}}=\sup_{\substack{V\in W^1_*\\ V\neq 0}}\frac{|M(w,V)|}{\|V\|_{W^1_*}}$$

$$\leqslant K\|w\|_{W^1},\forall w\in C^2(B) \tag{23.113}$$

其中常数 K 与 $w(x,y)$ 无关. 设 w_0 是问题(23.1),(23.2)的广义解,存在序列 $w_0\in C^2(B)$,使得 $\|w_n-w_0\|_1\to 0$ 当 $n\to\infty$. 序列 Lw_n 在 W^{-1}_* 中是基本序列

$$\|Lw_n-Lw_m\|_{W^{-1}_*}\leqslant K\|w_n-w_m\|_1\to 0$$

$$\text{当 } n,m\to\infty$$

因此,存在元 $h\in W^{-1}_*$,使得 $\|Lw_n-h\|_{W^{-1}_*}\to 0$ 当

$n\to\infty$. 对 $h\in W_*^{-1}$ 和 $V\in W_*^1$ 定义标量乘 $\langle h,V\rangle=\lim\limits_{n\to\infty}(Lw_n,V)_0$，当 $h\in L_2(\mathscr{D})$ 时，它和 $L_2(\mathscr{D})$ 中的标量乘一致. 注意到

$$\begin{aligned}&|M(w_n,V)-M(w_0,V)|\\&\leqslant K\|w_n-w_0\|_{W^1}\|V\|_{W_*^1}\to 0\quad 当\ n\to\infty\end{aligned}$$

得

$$\begin{aligned}\langle h,V\rangle&=\lim_{n\to\infty}(Lw_n,V)_0=\lim_{n\to\infty}M(w_n,V)\\&=M(w_0,V)=(g,V)_0=\langle g,V\rangle\end{aligned}$$

对任意的函数 $V\in W_*^1$ 成立，由此导出 $h=g$. 对函数 w_n 不等式(23.112)成立，因此，当 $n\to\infty$ 时 $\|g\|_{W_*^{-1}}\geqslant K\|w_0\|_0$，即导出定理.

例 23.1　考虑方程

$$k(x,y)w_{xx}+w_{yy}+k_xw_x+Fw=g \tag{23.114}$$

其中 $k(x,y)$ 满足 $yk(x,y)>0,y\neq 0;k(x,0)=0$，$k_y>0(<0)$. 对此方程有

$$m_i\equiv m_i^*\equiv 0,M_{22}\equiv M_{12}\equiv M_{22}^*\equiv M_{12}^*=0$$

$$M_{11}=D_\sigma k,M_{11}^*=D_\tau k,\sigma=\sqrt{-k_R}=-\tau$$

因此，条件(23.93)和(23.103)化为

$$D_\sigma k(x,y)>0(<0),D_\tau k(x,y)>0(<0) \tag{23.115}$$

因此，只要 F 满足条件 $F\leqslant 0,D_\sigma F\leqslant 0(\geqslant 0),D_\tau F\leqslant 0(\geqslant 0)$，那么，方程(23.114)对任意的 $g\in L_2(\mathscr{D})$ 它的特里谷米问题(23.2)的广义解存在而且唯一(当然，Γ_0 要满足式(23.106)).

对方程(23.1)我们也可以考虑如下的一般边值

问题

$$w\,|_{\Sigma_1}\sim,w\,|_{\Sigma_2\cup\Sigma_4}=0,D_\lambda w\,|_{\Sigma_2\cup\Sigma_4}=0$$

(23.116)

其中

$$\begin{cases}\Sigma_1:n_2-\lambda n_1<0(>0),Q\leqslant 0\\ \Sigma_2:n_2-\lambda n_1\geqslant 0(\leqslant 0),Q\geqslant 0\\ \Sigma_3:n_2-\lambda n_1<0(>0),Q>0\\ \Sigma_4:n_2-\lambda n_1>0(<0),Q<0\end{cases}\qquad(23.117)$$

λ 满足 $A\lambda^2-2B\lambda+C>0$. 只要注意到：当取 $b=-\lambda c$ 时，由式(23.15)得

$$B(w_x,w_y)\equiv G_1w_y^2-2G_2w_xw_y+G_3w_x^2$$

$$=\frac{-c}{n_2-\lambda n_1}[(A\lambda^2-2B\lambda+C)(n_1w_y-n_1w_x)^2-Q(w_y-\lambda w_x)^2]\qquad(23.118)$$

若 $w=0$ 在 $\Sigma\subset\partial\mathscr{D}$ 上，则有 $w_x=w_nn_1,w_y=w_nn_2$，因此，有

$$B(w_x,w_y)=c(n_2-\lambda n_1)Qw_n^2$$

在 Σ 上，于是有：

定理 23.10 若 $F\leqslant 0,D_1F\leqslant 0(\geqslant 0)$ 在 $\mathscr{D}$，且满足引理 4 的条件，则对 $g\in L_2(\mathscr{D})$ 问题(23.1)，(23.116)，(23.117)在 $W\equiv C^2(\mathscr{D})\cap C^1(\overline{\mathscr{D}})$ 中至多只有一个解.

附注 6 在引理 23.4 中，当满足条件 $M_{22}>0$，$M_{11}M_{22}-M_{12}^2\equiv 0$ 时，若在 F 和 $D_\lambda F$ 中有一个严格小于零，则亦可导出唯一性，但是，由于 $N_{11}N_{22}-N_{12}^2=0$(因这时在 c 中只能取 $\alpha\equiv\beta\equiv 0$ 才能成立)，因此，只

能导出另一类能量不等式.

2. 对高维情形的推广

关于高维二阶混合型方程的边值问题已有不少人研究过(见文[22],[25—33]),这些工作的共同特点是:只有一个二阶项系数是可以退化、变号的,或者是只在一个变量上退化.我们不受这个限制,在 E_3 的某一有界域 $\Omega(=\Omega_+\cup\Omega_-)$ 中考虑混合型方程

$$Lw\equiv Aw_{yy}-2Bw_{xy}+Cw_{xx}+w_{zz}+D_1w_x+D_2w_y+D_3w_z+Fw=g \tag{23.119}$$

$$\Delta\equiv B^2-AC\begin{cases}<0,\text{在椭圆型域 }\Omega_+\\=0,\text{在蜕型面 }S\text{ 上}\\>0,\text{在双曲型域 }\Omega_-\end{cases} \tag{23.120}$$

其中 $A,B,C\in C^2,D_i,F\in C^1$,除 $D_3\equiv D_3(z)$ 外,均为 x,y,z 的函数.

上一节的结果可以毫无困难地直接推广到这个方程.

我们仍假定条件(23.16)成立.考虑常数 $\lambda>0(<0)$,使得

$$\lambda^2A-2\lambda B+C>0\quad\text{在 }\Omega_- \tag{23.121}$$

取

$$\begin{cases}b=-\lambda c,c=\alpha x+(\alpha\lambda+\varepsilon)y+\beta e^{\int D_3(z)dz}+\gamma\\\varepsilon>0,\ |\gamma|\gg0,\alpha<0(>0)\end{cases} \tag{23.122}$$

于是,和定理23.10一样,我们有:

定理 23.11 若 $F \leqslant 0, D_1F \leqslant 0(\geqslant 0)$ 在 Ω，且满足引理 4 的条件，则对 $g \in L_2(\Omega)$，一般边值问题(23.119)，(23.116)，(23.117) 在 $W \equiv C^2(\Omega) \cap C^1(\overline{\Omega})$ 中至多只有一个解.

如果 A, B, C 都只是 x 和 y 的函数，且 $\partial\Omega = \Gamma_1 \cup \Gamma_2 \cup \Gamma_3 \cup \Gamma_+ \cup \Gamma_-$，$\Gamma_1$ 为满足 $n_2 > 0(< 0)$ 和 $Q_R \equiv A_R n_2^2 - 2B_R n_1 n_2 + C_R n_1^2 > 0$ 的二次连续可微曲面，Γ_2：$z = z_1$，Γ_3：$z = z_2$($z_1 < z_2$ 均为常数)

$$\Gamma_+ : \mathrm{d}x + \frac{B + \sqrt{\Delta}}{A}\mathrm{d}y = 0$$

$$\Gamma_- : \mathrm{d}x + \frac{B - \sqrt{\Delta}}{A}\mathrm{d}y = 0$$

是方程(23.119)的特征柱面，Γ_+ 和 Γ_- 的交线平行于 z 轴，与 xy 平面交于一点 R，A_R, B_R, C_R 表示 A, B, C 在此点的值(都是常数).

考虑如下的特里谷米型边界条件

$$w = 0 \quad 在\ \partial\Omega \backslash \Gamma_-\ 上 \tag{23.123}$$

定义 23.2 方程(23.119)，(23.123) 的广义解 $w \in W^1$(W^1 和上节一样，只是定义在三维空间) 是对任意函数 $V \in W_*^1$ 满足等式

$$\begin{aligned} M(w,V) \equiv & \iiint_\Omega [-Aw_yV_y + B(w_xV_y + w_yV_x) - \\ & Cw_xV_x - w_zV_z - m_2w_xV - m_1w_yV + \\ & D_3w_zV + FwV]\mathrm{d}x\mathrm{d}y\mathrm{d}z \\ = & \iiint_\Omega gV\mathrm{d}x\mathrm{d}y\mathrm{d}z \end{aligned} \tag{23.124}$$

其中 $m_1 = A_y - B_x - D_2$，$m_2 = C_x - B_y - D_1$. 于是，有：

定理 23.12　若 $F\leqslant 0, D_\sigma F\leqslant 0(\geqslant 0)$ 在 Ω，且满足条件(23.85)和引理 4 的条件，则对任意的 $g\in L_2(\Omega)$，方程(23.119)，(23.123)的广义解 $w\in W^1$ 存在.

定理 23.13　若 $\widetilde{F}\leqslant 0, D_\tau\widetilde{F}\leqslant 0(\geqslant 0)$ 在 Ω，且满足引理 23.5 的条件，则方程(23.119)，(23.123)的广义解不多于一个.

上述二定理的证明完全和定理 23.8，23.9 一样. 通过作积分 $\iiint(bw_x+cw_y)Lw\,\mathrm{d}x\mathrm{d}y\mathrm{d}z$ 和 $\iiint(b_*V_x+c_*V_y)L^*V\mathrm{d}x\mathrm{d}y\mathrm{d}z$，对定理 23.12 取 b,c 和式(23.122) $\lambda\equiv\sigma=\max\limits_{\Omega_-}\dfrac{B+\sqrt{\Delta}}{A}$，对定理 23.13，则取

$$\begin{cases}b_*=-\tau c_*,c_*=\alpha_*x+(\alpha_*\tau+\varepsilon_*)y+\beta_*\mathrm{e}^{\int D_3(z)\mathrm{d}z}+\gamma_*\\ \alpha_*>0,\varepsilon_*>0,|\gamma_*|\gg 0,\tau=\min\limits_{\Omega_-}\dfrac{B-\sqrt{\Delta}}{A}\end{cases}\tag{23.125}$$

由于 $N_{13}=N_{23}=N_{13}^*=N_{23}^*=0, N_{33}=\varepsilon, N_{33}^*=\varepsilon_*$，加上定理所假定的条件，即可导出.

附注 7　当 $A=1,B=0,C=k(y)$ 且 $D_i(i=1,2,3)$ 很小时即得文[22]的情形，因此，我们的结果是文[22]的直接推广. 同时也推广了文[31]和[32].

附注 8　上述问题可以毫无困难地推广到 n 个独立变量. 同时还可以考虑别的边值问题(文[12]).

参考文献

[1] TRICOMI F. Sulle equazioni lineari alle derivate parziali di

2* ordine di tipo misto[J]. Mem. Lincci, 1923,Ser. V, XIV,fasc,Ⅷ,134-247.

[2] BERS L. Mathematical aspects of subsonic and transonic gas dynamics[M]. [s. l.]:[s. n.],1958.

[3] БИЦАДЗЕ А В. Уравнения смешанного типа[M]. Москва:[s. n.],1959.

[4] СМИРНОВ М М. Уравнения смешанного типа[M]. Москва:[s. n.],1970.

[5] AGNION S, NIRENBERG L, PROTTER M H. A maximum principle for a class of hyperbolic equations and applications to equations of mixed clliptic-hyperbolic type[J]. Comm. Pure Appl. Math. ,1953(6):455-470.

[6] НАХУШЕВ А М. К априорным оценкам для задач Трикоми и Дарбу[J]. Дцфф уравн. ,1972,8(1):107-117.

[7] ДАЧЕВ Г Д. О задаче Трикоми[J]. Докл. Боле,АН. , 1978,31(9):1103-1105.

[8] 孙和生.混合曲率曲面变形问题的 Tricomi 问题[J]. 中国科学,1981(2):149-159.

[9] 孙和生.关于混合型方程 $Aw_{yy}-2Bw_{xy}+Cw_{xx}+Dw_{y}+Ew_{x}=0$ 的广义 Tricomi 问题[J]. 数学年刊(A 辑),1983,4(3):283-292.

[10] MORAWETZ C S. Note on a maximum principle and a uniqueness theorem for an clliptic-hyperbolic equation[J]. Proc. Roy. Soc. ,1956,1204(236):141-144.

[11] 孙和生.一般二阶混合型方程边值问题的唯一性定理[J]. 科学通报,1981(14):833-836.

[12] 孙和生. 高维混合型方程的边值问题[J]. 数学进展,1984(3):49-54.

[13] MORAWETZ C S. A weak solution for a system of

equations of elliptic-hyperbolic type[J]. Comm. Pure Appl. Math., 1958, 11(3): 315-331.

[14] FRIEDRICHS K O. Symmetric positive linear differential equations[J]. Comm. Pure Appl. Math., 1958, 11(3): 333-418.

[15] ФРАНКЛЬ Ф И. Теорема существования слабого решения прямой задачи теорни плоскопараллельного сопла Лаваля в первом приблнжении[J]. Изе. Высш. учеби. завеб., Матем., 1959(6): 192-201.

[16] БЕРЕЗАНСКИЙ Ю М. Энергетические неравенства для некоторых классов уравнений смешанного типа[J]. ДАН СССР, 1960, 132(1): 9-12.

[17] БЕРЕЗАНСКИЙ Ю М. Существование слабых решений некоторых краевых эадач для уравнений смешанного тнпа[J]. УМН, 1963, 15(4): 347-364.

[18] МИХАЙЛОВ В П. Об обобшенной задаче Трикоми[J]. ДАН СССР, 1967, 175(5): 1012-1014.

[19] MORAWETZ C S. The Dirichlet problem for the Tricomi equation[J]. Comm. Pure Appl. Math., 1970, 23(4): 587-603.

[20] КАРАТОПРАКЛИСВ Г Д. Об одном классе уравнений смешанного тнпа[J]. Дцфф. уравн., 1969, 5(1): 199-205.

[21] КОВРИЖКИН В В. (а) Гладкость решений обобшённой задачи Трикоми[J]. Дцфф. уравн., 1973, 9(1): 97-105.

(в) О единственности сильного решеннй обобшённой задачи Трнкоми[J]. Дцфф. уравн., 1971, 7(1): 182-186.

[22] КАРАТОПРАКЛИЕВ Г Д. О постановке и разрешимости краевых эадач для уравнений смешанного типа в многомерных областях[J]. ДАН СССР, 1978,

239(2):257-260.

[23] БЕРЕЗАНСКИЙ Ю М. Разложение по собственным функциям самосопряжённых операторов[M]. [s. l.]: [s. n.],1965.

[24] LAX P D. On Cauchy's problem for hyperbolic equations and the differentiability of solutions of elliptic equations[J]. Comm. Pure Appl. Math. ,1955,8(4):615-633.

[25] PROTTER M H. New boundary value problems for the wave equation and equations of mixed type[J]. J. Rat. Mech. Anal. ,1954(3):435-446.

[26] БИЦАДЗЕ А В. (a) К проблеме уравнений смешанного тнпа в многомерных областях[J]. ДАН СССР,1956, 110(6):901.

(в) Об уравнениях смешанного типа в трёхмерных областях[J]. ДАН СССР,1962,143(5):1017-1019.

(c) Об одном трёхмерном аналоге задачи Трнкоми[J]. Сцбцрс. Матем. Ж. ,1962,3(5):642-644.

[27] КАРАТОПРАКЛИЕВ Г Л. (a)Об одной краевой эадаче для уравнений смешанного типа в многомерных областях[J]. ДАН СССР,1969,188(6):1223-1226.

(в) Существование слабых решений одной краевой эадачи для уравнения смешаниого тнпа в многомерных областях[J]. ДАН СССР,1970,193(6):1226-1229.

(c) Об одном уравнений смешанного типа в многомерных областях[J]. ДАН СССР,1973,208(3):528-530.

(д) Об одном классе уравнений смешанного тнпа в многомерных областях[J]. ДАН СССР,1976, 230(4):769-772.

(e) О некоторых краевых эадачах для уравнения смешанного

типа в многомерных областях, Докл[J]. Бола. АН. ,1970, 23(10):1183-1186.

(ф) Об уравнениях смешанного типа н вырождающнхся гиперболическнх уравнениях в многомерных областях[J]. Лпфф. уравн. ,1972,8(1):55-67.

(г) К теории краевых эадач для уравнеянй смешанного тнпа в многомерных областях Ⅰ[J]. Дпфф уравн. ,1977, 13(1):64-75.

[28] НАХУШЕВ А М. (а)Об одной эадаче А. В. Бипадзе[J]. ДАН СССР,1970,192(3):499-502.

(в)Критерий единственности задачи Дирихле для уравнения смешанного типа в цилиядрической области[J]. Дпфф. уравн. ,1970,6(1):190-191.

[29] ВРАГОВ В Н. (а)О некоторых краевых эадачах для одного класса уравненнй смешанного гнпа в трёхмерном случае[J]. Дпфф. уравн. ,1975,11(1):27-32.

(в) К теории краевых эадач для уравнений смешанното типа в пространстве[J]. Дпфф. уровп. ,1977,13(6):1098-1105.

[30] ДИДЕНКО В Н. О краевых эадачах для трёхмериото уравнения смешаниото тнпа[J]. Дпфф. уравн. ,1975, 11(1):33-37.

[31] ДАЧЕВ Г Д. (а)О некоторых краевых задачах для уравнеиия смешаиного гипа в многомерных областях[J]. Докл. Бола. АН. ,1977,30(8):1101-1104.

(в) О гладкости решений некоторых задач для уравнеинй смешанното гипа[J]. Дока. Бола. АН. ,1979,32(6):

[32] СОРОКИНА Н Г. Сильная раэрешимость граничной эадачя для уравнения смешанного гипа в многомерных областях[J]. Укр. Матем. Ж. ,1974,26(1):115-123.

[33] 谷超豪. (a) 论多维空间一类混合型方程[J]. Scientia Sinica, 1965(14): 1574-1581.

(b) 拟线性正对称方程组的边值问题及其对混合型方程的应用[J]. 数学学报, 1978, 21(2): 119-129.

二阶混合型方程的广义特里谷米问题[①]

第24章

1. 问题的提出

在区域 $\mathscr{D}(=\mathscr{D}^+\cup\mathscr{D}^-)$ 中考虑混合型方程

$$\begin{aligned}Lw&\equiv k(x,y)w_{xx}+w_{yy}+\alpha(x,y)w_x+\\&\quad\beta(x,y)w_y+\gamma(x,y)w\\&=f(x,y)\end{aligned}\tag{24.1}$$

其中函数 $k(x,y)$ 满足条件：$yk>0$，当 $y\neq 0$，$k(x,0)=0$，$k\in C^1(\overline{\mathscr{D}})$，$\alpha,\beta,\gamma\in C(\overline{\mathscr{D}})$，$f\in L_2(\mathscr{D})$. $\mathscr{D}^+$ 的外边界是一条逐段光滑曲线 Γ_0，两端和蜕型线上 A，B 两点相连接，$\mathscr{D}^-$ 的外边界是分别由 A，B 两点出发的两族特征线 Γ_+ 和 Γ_-，分别由 $\mathrm{d}x+\sqrt{-k}\,\mathrm{d}y=0$ 和

① 选自《科学通报》，1985年，第15期.

$$dx - \sqrt{-k}\,dy = 0$$

所定义. Γ'_+ 是从 Γ_+ 和蜕型线的交点 A 引出的落在特征三角形内的任一逐段光滑曲线，但其斜率不小于对应点的 Γ_+ 族的斜率，且不与 Γ_- 族相切，它由下式定义

$$\Gamma'_+ : dx + l(x,y)dy = 0, l \geqslant \sqrt{-k} \text{ 在 } \Gamma'_+ \text{ 上} \tag{24.2}$$

对方程(24.1) 考虑广义特里谷米问题 T′(或特里谷米问题 T)

$$w = 0, \text{在 } \Gamma_0 \cup \Gamma'_+ (\text{或 } \Gamma_+) \text{ 上} \tag{24.3}$$

对方程(24.1) 的问题 T′(或 T) 已有不少工作讨论过[①]，但是，大都是对简单的方程或在对方程系数加上这样或那样的很多限制下加以讨论的. В. П. Михайлов[②] 对 $k = k(y)$, $k'(0) > 0$ 的特殊情形讨论了问题(24.1)，(24.3) 的广义解和弗雷德霍姆性质，但

① Agmon, S., Nirenberg, L. and Protter, M. H., C. P. A. M., 6(1953), 455-470.

Бабенко К. И. УМН, 8(1953), 2: 1960.

Morawetz, C. S., Proc. Roy. Soc. 236, 1024(1956), 141-144.

Schneider, M., Math. Nachr., 60(1974), 167-180.

Aziz, A. K., Park, C. and Schneider, M., Math. Meth. Appl. Sci., 2(1980), 168-177.

Rassias, J. M., Bull. Awis. Math. Soc., 20(1979), 187-192; 217-226.

Sun Hesheng, 第一届国际双微会议报告，北京，1980.

孙和生，中国科学，1981, 2: 149-159.

孙和生，数学学报，26(1983), 6: 750-768.

孙和生，数学年刊，A 辑，4(1983), 3: 283-292.

Коврижкин В. В., Дцфф. Уравн., 7(1971), 1: 182-186.

Наджафов Х. М. ibid. 12(1976), 4: 763-765.

② Михайлов В. П. ДАН СССР, 175(1967), 5: 1012-1014.

是,正如 A. M. Нахушев[①] 已经指出的,这个工作是错的.

应用物理与计算数学研究所的孙和生研究员在1984年使用能量积分方法,成功地选到一组函数 a,b,c,在对系数很弱的条件下,讨论了方程(24.1)的问题 T'(或 T)的强解的存在唯一性及该问题的弗雷德霍姆性质.

2. 主要结果

我们对曲线 Γ_0 和方程系数 $k(x,y),\alpha(x,y)$ 作如下限制:假设存在一正常数 σ

$$\sigma > \max\{\max_{\Gamma'_4} l(x,y), \max_{\mathscr{D}^-}\sqrt{-k(x,y)}\} \tag{24.4}$$

使得

$$\begin{cases}(\mathrm{i})k_y(x,0)+\sigma k_x(x,0)-2\sigma\alpha(x,0)\geqslant\delta>0\\ \qquad x_A\leqslant x\leqslant x_B\\ (\mathrm{ii})n_2-\sigma n_1>0,\text{在 }\Gamma_0\text{ 上}\end{cases} \tag{24.5}$$

其中 δ 为任意小的正常数,$\boldsymbol{n}=(n_1,n_2)$ 为边界曲线的外法线单位矢量.

我们考虑边值问题

$$\begin{cases}(L-\lambda)w=f,\text{在 }\mathscr{D}(=\mathscr{D}^+\cup\mathscr{D}^-)\text{ 内}\\ w=0,\text{在 }\Gamma_0\cup\Gamma'_+\text{(或 }\Gamma_+\text{)上}\end{cases} \tag{24.6}$$

---

① Нахушев А. М. ,ibid,257(1981),1:45-47.

其中 λ 是一正常数,做二重积分

$$J \equiv \iint_{\mathscr{D}} (aw + bw_x + cw_y)(L-\lambda)w\mathrm{d}x\mathrm{d}y$$

$$= \frac{1}{2}\iint_{\mathscr{D}} H_1 w^2 \mathrm{d}x\mathrm{d}y + \iint_{\mathscr{D}} (M_1 ww_x + M_2 ww_y)\mathrm{d}x\mathrm{d}y +$$

$$\frac{1}{2}\iint_{\mathscr{D}} (N_1 w_y^2 - 2N_2 w_x w_y + N_3 w_x^2)\mathrm{d}x\mathrm{d}y +$$

$$\frac{1}{2}\int_{\partial\mathscr{D}} H_2 w^2 \mathrm{d}s + \int_{\partial\mathscr{D}} (P_1 ww_x + P_2 ww_y)\mathrm{d}s +$$

$$\frac{1}{2}\int_{\partial\mathscr{D}} (G_1 w_y^2 - 2G_2 w_x w_y + G_3 w_x^2)\mathrm{d}s$$

$$= \sum_{i=1}^{6} I_i \tag{24.7}$$

其中 a,b,c 为待选函数,且

$$\begin{cases} H_1 \equiv 2a\gamma + (b_x + c_y - 2a)\lambda \\ H_2 \equiv -(bn_1 + cn_2)\lambda \end{cases} \tag{24.8}$$

$$\begin{cases} M_1 \equiv a\alpha + b\gamma - a_x k - ak_x \\ M_2 \equiv a\beta + c\gamma - a_y \end{cases} \tag{24.9}$$

$$\begin{cases} N_1 \equiv -2a + b_x - c_y + 2c\beta \\ N_2 \equiv b_y + c_x k + ck_x - c\alpha - b\beta \\ N_3 \equiv -2ak - b_x k + c_y k + ck_y - bk_x + 2b\alpha \end{cases} \tag{24.10}$$

$$P_1 \equiv akn_1, P_2 \equiv an_2 \tag{24.11}$$

$$\begin{cases} G_1 \equiv -bn_1 + cn_2 \\ G_2 \equiv -ckn_1 - bn_2 \\ G_3 \equiv bkn_1 - ckn_2 \end{cases} \tag{24.12}$$

定理 24.1 假设条件(24.5)满足.于是,存在一

正常数 λ_1，使得 $\forall \lambda \geqslant \lambda_1$，问题(24.6)的强解唯一，进一步，如果 $\Gamma_0 \cup \Gamma'_+$（或 Γ_+）光滑，那么 $W_2^1(\mathscr{D})$ 弱解存在.

证明　(1) 唯一性. 我们选取

$$a=-\frac{1}{2}\mu(\sigma^2+k)c, b=-\sigma c, c=\mathrm{e}^{-\mu\sigma x} \tag{24.13}$$

其中 σ 为满足条件(24.4)的正常数，μ 为待选正常数.于是

$$\begin{cases} H_1=[\mu(2\sigma^2+k)\lambda-\mu\gamma(\sigma^2+k)]c \\ H_2=c\lambda(\sigma n_1-n_2) \\ N_1=[\mu(2\sigma^2+k)+2\beta]c \\ N_2=(-\mu\sigma k+k_x-\alpha+\sigma\beta)c \\ N_3=(\mu k^2+k_y+\sigma k_x-2\sigma\alpha)c \\ P_1=-\dfrac{1}{2}\mu(\sigma^2+k)ckn_1 \\ P_2=-\dfrac{1}{2}\mu(\sigma^2+k)cn_2 \\ G_1=c(\sigma n_1+n_2) \\ G_2=c(\sigma n_2-kn_1) \\ G_3=-ck(\sigma n_1+n_2) \\ M_1=M_1(\mu,x,y)c \\ M_2=M_2(\mu,x,y)c \end{cases} \tag{24.14}$$

由于

$$\begin{aligned} N_1N_3-N_2^2=&[\mu^2k^2(\sigma^2+k)+\mu(k_y+\sigma k_x-2\sigma\alpha)\cdot \\ &(2\sigma^2+k)+2k\mu(\beta k-\sigma\alpha+\sigma^2\beta+\sigma k_x)+ \end{aligned}$$

$$2\beta(k_y+\sigma k_x-2\sigma\alpha)-(\alpha-\sigma\beta-k_x)^2]c^2 \tag{24.15}$$

因此,考虑到 $\sigma^2+k>0$(在 $\mathscr{D}$) 和条件(24.5)(i),取 μ 适当大,就可使

$$N_1>0, N_1N_3-N_2^2>0$$

(在 $\mathscr{D}$). 所以,由式(24.7) 和(24.14) 可得

$$I_3 \geqslant C_1(\mu,\delta)\iint_{\mathscr{D}}(w_x^2+w_y^2)c\mathrm{d}x\mathrm{d}y \tag{24.16}$$

其中 C_1 是仅依赖于 μ 和 δ 的正常数. 由式(24.7) 和(24.14) 我们有

$$I_2>-\varepsilon_1\iint_{\mathscr{D}}(w_x^2+w_y^2)c\mathrm{d}x\mathrm{d}y-$$
$$C_2(\mu,\varepsilon_1)\iint_{\mathscr{D}}cw^2\mathrm{d}x\mathrm{d}y \tag{24.17}$$

其中 ε_1 是使得 $C_1-\varepsilon_1>0$ 的充分小的正常数. 再由式(24.7) 和(24.14)

$$I_1=\frac{1}{2}\iint_{\mathscr{D}}[\mu(2\sigma^2+k)\lambda-\mu\gamma(\sigma^2+k)]cw^2\mathrm{d}x\mathrm{d}y$$
$$>\frac{1}{2}\mu\sigma^2\lambda\iint_{\mathscr{D}}cw^2\mathrm{d}x\mathrm{d}y \tag{24.18}$$

只要取 $\lambda>\max\limits_{\bar{\mathscr{D}}}|\gamma|$. 于是,我们有

$$I_1+I_2+I_3\geqslant[C_1(\mu,\delta)-\varepsilon_1]\iint_{\mathscr{D}}(w_x^2+w_y^2)c\mathrm{d}x\mathrm{d}y+$$
$$\left[\frac{1}{2}\mu\sigma^2\lambda-C_2(\mu,\varepsilon_1)\right]\iint_{\mathscr{D}}cw^2\mathrm{d}x\mathrm{d}y \tag{24.19}$$

现在考虑边界积分 I_4, I_5, I_6. 考虑到式(24.6) 中

边界条件导出,在 $\Gamma_0 \cup \Gamma'_+(\Gamma_+)$ 上有

$$w_x = w_n n_1, w_y = w_n n_2$$

且 $n_2 - \sigma n_1 > 0$ 和 $n_2^2 + kn_1^2 \geqslant 0$,以及在 Γ_- 上有 $-n_2 = \sqrt{-k} n_1 > 0$ 和 $\sigma - \sqrt{-k} > 0$,我们有

$$I_4 = \frac{1}{2}\int_{\Gamma_-} cn_1 \lambda(\sigma + \sqrt{-k}) w^2 \mathrm{d}s > 0$$

$$\begin{aligned} I_5 &= \int_{\Gamma_-} an_2 w(w_y + \sqrt{-k} w_x) \mathrm{d}s \\ &= \frac{1}{2}\int_{\Gamma_-} \mu(\sigma^2 + k)\sqrt{-k} cn_1 w(w_y + \sqrt{-k} w_x) \mathrm{d}s \\ &> -\varepsilon_2 \int_{\Gamma_-} cn_1 (w_y + \sqrt{-k} w_x)^2 \mathrm{d}s - \\ &\quad C_3(\mu, \varepsilon_2)\int_{\Gamma_-} cn_1 w^2 \mathrm{d}s \end{aligned}$$

$$\begin{aligned} I_6 &= \frac{1}{2}\int_{\Gamma_-} (\sigma - \sqrt{-k}) cn_1 (w_y + \sqrt{-k} w_x)^2 \mathrm{d}s + \\ &\quad \frac{1}{2}\int_{\Gamma_0 \cup \Gamma'_+(\Gamma_+)} c(n_2 - \sigma n_1)(kn_1^2 + n_2^2) w_n^2 \mathrm{d}s \\ &> 0 \end{aligned}$$

其中 ε_2 是使 $\sigma - \sqrt{-k} - 2\varepsilon_2 > 0$ 的充分小的正数. 再取 λ 充分大就可使 $I_4 + I_5 + I_6 \geqslant 0$. 于是,存在正数 λ_1 使得 $\forall \lambda \geqslant \lambda_1$ 时我们有

$$\| (L - \lambda) w \|_0 \geqslant C_4 \| w \|_1 \tag{24.20}$$

其中,C_4 为仅依赖于 λ_1, μ, δ 的正常数. 由此能量不等式就导出强解的唯一性.

(2) 存在性. 考虑问题(24.6)的伴随问题

$$\begin{cases} (L^* - \lambda) v = g & (24.21) \\ v = 0, \text{在 } \partial\mathscr{D} \text{ 上(当 } \Gamma'_+ \neq \Gamma_+ \text{ 时)} & (24.22) \end{cases}$$

或

$$v=0, \text{在 } \Gamma_0 \cup \Gamma_- \text{ 上(当 } \Gamma'_+ \equiv \Gamma_+ \text{ 时)} \tag{24.22'}$$

首先,对满足式(24.22)(或式(24.22′))的 $v \in C^2(\overline{\mathscr{D}})$ 考虑一阶偏微分方程的初值问题

$$\begin{cases} aw + bw_x + cw_y = v, & \text{在 } \mathscr{D} \\ w = 0, & \text{在 } \Gamma_0 \cup \Gamma'_+ \text{(或 } \Gamma_+\text{) 上} \end{cases} \tag{24.23}$$

其中 a,b,c 取自式(24.13). 我们假设 $\Gamma_0 \cup \Gamma'_+$(或 Γ_+)是光滑曲线. 由式(24.5)(ii)的假定及 σ 的定义,显见,通过 $\overline{\mathscr{D}}$ 中任一点引式(24.23)中方程的特征线,它与曲线 $\Gamma_0 \cup \Gamma'_+$(或 Γ_+)只可能有一个交点. 因此,问题(24.23)存在唯一解 $w \in C^2(\overline{\mathscr{D}})$. 于是 $\forall \lambda \geqslant \lambda_1$ 有

$$\begin{aligned} &\| (L^* - \lambda)v \|_{-1} \\ &\geqslant \frac{|[(L^* - \lambda)v, w]|}{\| w \|_1} = \frac{|[v, (L-\lambda)w]|}{\| w \|_1} \\ &= \frac{|[(aw + bw_x + cw_y), (L-\lambda)w]|}{\| w \|_1} \\ &\geqslant C_5 \| w \|_1 \geqslant C_6 \| v \|_0 \end{aligned} \tag{24.24}$$

由此导出:当 $\lambda \geqslant \lambda_1$ 时 $|(f,v)| \leqslant \| f \|_0 \| v \|_0 \leqslant C_7 \| f \|_0 \| (L^* - \lambda)v \|_{-1}$,因此,存在 $w_1 \in W_2^1(\mathscr{D})$,$w_1 = 0$ 在 $\Gamma_0 \cup \Gamma'_+$(或 Γ_+)上满足

$$\begin{cases} [w_1, (L^* - \lambda)v] = (f, v) \ \forall v \in C^2(\overline{\mathscr{D}}) \\ v|_{\partial\mathscr{D}} = 0 \text{(或 } v|_{\Gamma_0 \cup \Gamma_-} = 0\text{)} \end{cases} \tag{24.25}$$

这就证明了问题(24.6)的 $W_2^1(\mathscr{D})$ 的弱解存在.

定理 24.2 假设 $\Gamma_0 \cup \Gamma'_+$(或 Γ_+)是光滑曲线.

若满足定理24.1中条件,则存在λ_1使得

$$\forall \lambda \geqslant \lambda_1$$

问题(24.6)存在唯一的强解$w \in W_2^1(\mathscr{D})$,且强解和弱解一致.

证明　由定理24.1知问题(24.6)存在弱解$w \in W_2^1(\mathscr{D})$.再由于Γ_0和Γ_-的交点B以及Γ'_+(或Γ_+)和Γ_-的交点C都是弱解等于强解的正则点.于是,利用一些文献[①]中关于强弱解一致性的同样论证,我们立即导出定理的结论.

补充说明:当点A是角点时,只要满足一定的条件,仍可证明弱解和强解的存在性以及它们的一致性.关于这方面,孙龙祥在他的博士论文(复旦大学,1985)中对

$$k(x,y) \equiv yF(x,y), F > 0$$

的特殊情形,讨论了广义特里谷米问题.

定理24.3　问题(24.6)有弗雷德霍姆性质.特别,存在一可列集$M \subset R$,使得当$\lambda \notin M$,$\forall f \in L_2(\mathscr{D})$时,问题(24.6)有唯一的强解$w \in W_2^1(\mathscr{D})$.集合$M$是问题(24.6)的本征值全体,且没有有限的聚点.

证明　取λ_1是使定理24.1和24.2成立的充分大的正数.由不等式(24.20)知,算子$L-\lambda_1$是由$W_2^1(\mathscr{D})$到$L_2(\mathscr{D})$的一一线性连续映射,逆算子$(L-\lambda_1)^{-1}$存在,且是由$L_2(\mathscr{D})$到$W_2^1(\mathscr{D})$的有界算子.因$W_2^1(\mathscr{D})$可

---

① Сорокина Н. Г., Укр. Матем. Ж., 18(1966), 6:65-77.
Каратопраклнев Г. Д., Дцфф. Уравн., 13(1977), 1:64-75.

以紧嵌入到 $L_2(\mathscr{D})$，所以 $(L-\lambda_1)^{-1}$ 是由 $L_2(\mathscr{D})$ 到 $L_2(\mathscr{D})$ 的全连续算子. 问题(24.6) 可写成等价的算子方程形式

$$w+(\lambda_1-\lambda)(L-\lambda_1)^{-1}w=(L-\lambda_1)^{-1}f \tag{24.26}$$

根据关于全连续算子的弗雷德霍姆理论，定理即得证.

附注 1 若考虑如下的非齐次边值问题：

$$\begin{cases}(L-\lambda)w=f, \text{在 } \mathscr{D} \\ w=\varphi(x,y), \text{在 } \Gamma_0 \text{ 上}; w=0, \text{在 } \Gamma'_+ \text{(或 } \Gamma_+\text{) 上}\end{cases} \tag{24.27}$$

其中，$\varphi \in \mathring{W}_2^1(\Gamma_0)$，则通过重新估计 I_4-I_6，不难导出，代替式(24.20) 的将是下面形式的能量不等式

$$\begin{aligned}&\|(L-\lambda)w\|_{L_2(\mathscr{D})}^2+\|w_x\|_{L_2(\Gamma_0)}^2+\lambda\|w\|_{L_2(\Gamma_0)}^2 \\ \geqslant\ & C(\|w\|_{H^1(\mathscr{D})}^2+\|w_y\|_{L_2(\Gamma_0)}^2+\lambda\|w\|_{L_2(\mathscr{D})}^2)\end{aligned} \tag{24.28}$$

附注 2 条件(24.5)(ii) 是可以减弱的. 例如，可减弱为：

(ii′) $n_2-\sigma n_1>0$，在 Γ_0 的端点 A,B 上. 这需要在前面所证定理 24.1 和定理 24.2 的基础上，再运用许瓦兹交替法和能量不等式(24.28) 来进行论证. 关于运用许瓦兹交替法方面，洪家兴和孙龙祥对 $k(x,y)\equiv y$ 的特殊情形已做了很好的工作[①].

① 洪家兴、孙龙祥，关于广义 Tricomi 问题(发表于《复旦学报》)；孙龙祥，一类二阶混合型方程的边值问题，博士论文，复旦大学数学研究所，1985.

附注 3　特别，当 $k = yF(x,y), F > 0, F \in C^1(\overline{\mathscr{D}}), \alpha(x,0) \leqslant 0$ 时条件(24.5)(i) 恒满足；当

$$k = \operatorname{sgn} y \mid y \mid^m F(x,y), m > 1$$

时需要 $\alpha(x,0) < 0$.

定理24.3说明了，对二阶混合型方程(24.1)的特里谷米问题和广义特里谷米问题，方程系数只要满足一个条件(条件(24.5)(i))，绝大多数情形都能保证问题是适定的.不适定的至多只可能是极少数(可数的)情形.

特里谷米方程的几个非齐次定解问题[①]

第 25 章

特里谷米方程 $k(y)\frac{\partial^2 w}{\partial x^2}+\frac{\partial^2 w}{\partial y^2}=g$ 是一个典型的二阶混合型方程，它的франкль 问题，特里谷米问题和弗里德里希问题早已在莫拉维兹(Morawetz)，弗里德里希，拉克斯－菲力浦斯(Lax-Phillips)的著作[②]中通过化为一阶正对称方程组解决.

---

① 选自《湖南数学年刊》(第五卷，第 2 期)，1985 年 12 月.

② Morawetz, c. s., A weak solution for a system of equations of elliptic-hyperbolic type, Comm. Pure Appl. Math., Vol. 11(1958), PP. 315-331.

Friedrichs, K. O., Symmetric positive linear differential equations, Comm. Pure Appl. Math., Vol. 11(1958), PP. 333-418.

Lax, P. D., Phillips, R. S., Local boundary conditions for dissipative symmetrics linear differential Operators, Comm. Pure Appl. Math., Vol. 13(1960), PP. 427-456.

许政范[1]用能量方法也得出了齐次定解条件的 франкль 问题适定性的结论. 安徽师范大学的陈冠伦教授在 1985 年讨论了特里谷米方程的非齐次定解条件的 франкль 问题,与许政范应用相同的对区域 Ω 的几何特性的某些假设下,推导出 франкль 问题的非齐次能量不等式,结合应用我们上文提到的各位作者的结果,得出非齐次的 франкль 问题的适定性的结论. 与已有结果相比,降低了边界值的光滑性要求,而且证明了非齐次的 франкль 问题的强解不仅在强意义下满足边界条件,还具有给定的边界值之外的强边界值. 在第 25.2 节和 25.3 节中用同样的方法证明了非齐次定解条件的特里谷米问题和弗里德里希问题的适定性.

25.1　франкль 问题

考察混合型方程

$$Lw = K(y)\frac{\partial^2 w}{\partial x^2} + \frac{\partial^2 w}{\partial y^2} = g$$

设 $K(y)\operatorname{sign} y > 0 (y \neq 0)$, $K'(y) \geqslant K_0 > 0$.

选取 $L_1 w = aw_x + bw_y$,其中 a,b 的选取拉克丝－菲力浦斯的取法

$$\begin{cases} a = x, b = c\,|\,x\,| & (y \leqslant 0) \\ a = x, K^{\frac{1}{2}} b = CK^{\frac{1}{2}}\,|\,x\,| + \int_0^y K^{\frac{1}{2}}\,\mathrm{d}\sigma & (y \geqslant 0) \end{cases}$$

---

① 许政范. 偏微分方程的弱解与强解一致性及其应用,安徽大学学报,1(1978),PP. 6-27.

区域Ω和境界$\partial\Omega$如图25.1所示，其中Γ_4，Γ_5为特征线，Γ_1，Γ_2，Γ_3为非特征线.

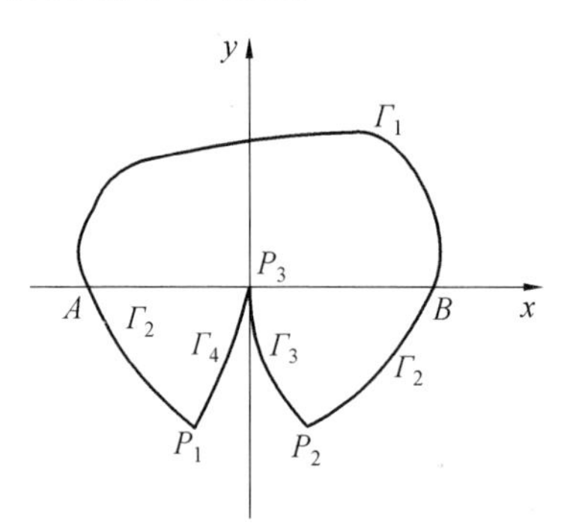

图 25.1

建立积分恒等式

$$\iint_{\Omega} L_1 w \cdot Lw \mathrm{d}x\mathrm{d}y$$

$$=\iint_{\Omega}\Big\{\Big(-\frac{1}{2}a_x K+\frac{1}{2}Kb_y+\frac{1}{2}bK_y\Big)w_x^2-$$

$$(Kb_x+a_y)w_x w_y+\Big(\frac{1}{2}a_x-\frac{1}{2}b_y\Big)w_y^2\Big\}\mathrm{d}x\mathrm{d}y+$$

$$\frac{1}{2}\int_{\partial\Omega}\{(Kaw_x^2+2Kbw_x w_y-aw_y^2)\cos(\widehat{\nu,x})+$$

$$(-Kbw_x^2+2aw_x w_y+bw_y^2)\cos(\widehat{\nu,y})\}\mathrm{d}s \tag{25.1}$$

其中，ν表示$\partial\Omega$的外法方向.现分别在Γ_1，…，Γ_5上考察式(25.1)：

(1) 在特征线Γ_4，Γ_5上满足$\mathrm{d}x=\pm\sqrt{-K}\mathrm{d}y$

$I(\Gamma_4\cup\Gamma_5)$

$$=\frac{1}{2}\int_{\Gamma_4\cup\Gamma_5}\{(Kaw_x^2+2Kbw_xw_y-aw_y^2)\cos(\widehat{\nu,x})+$$

$$(-Kbw_x^2+2aw_xw_y+bw_y^2)\cos(\widehat{\nu,y})\}\mathrm{d}s$$

$$=\frac{1}{2}\int_{\Gamma_4\cup\Gamma_5}\left(-\frac{x}{\pm\sqrt{-K}}-c\mid x\mid\right)\frac{\pm\sqrt{-K}}{\cos(\widehat{s,y})}\left(\frac{\partial w}{\partial s}\right)^2\mathrm{d}s$$

只要选取 C 为充分小的正数，即可推知 $I(\Gamma_4\cup\Gamma_5)\geqslant 0$.

(2) 在非特征线 $\Gamma_1,\Gamma_2,\Gamma_3$ 上，选取曲线的单位法矢量和单位切矢量构成新的直角坐标系 (ν,s)，则

$$I(\Gamma_1\cup\Gamma_2\cup\Gamma_3)$$

$$=\int_{\Gamma_1\cup\Gamma_2\cup\Gamma_3}\left\{\left(\frac{\partial w}{\partial\nu}\right)^2\left[\frac{1}{2}Ka\cos^2(\widehat{x,\nu})-\frac{1}{2}a\cos^2(\widehat{y,\nu})+\right.\right.$$

$$Kb\cos(\widehat{x,\nu})\cos(\widehat{y,\nu})\cdot\cos(\widehat{\nu,x})+$$

$$\left(-\frac{1}{2}Kb\cos^2(\widehat{x,\nu})+\right.$$

$$\left.\left.\frac{b}{2}\cos^2(y,\nu)+a\cos(\widehat{x,\nu})\cos(\widehat{y,\nu})\right)\cdot\cos(\widehat{\nu,y})\right]+$$

$$\frac{\partial w}{\partial\nu}\left[\left(-a\frac{\partial w}{\partial s}\cos(\widehat{y,\nu})\cos(\widehat{y,s})+\right.\right.$$

$$Kb\frac{\partial w}{\partial s}\cos(\widehat{x,s})\cos(\widehat{y,\nu})+$$

$$Kb\frac{\partial w}{\partial x}\cos(\widehat{x,\nu})\cos(\widehat{y,s})+$$

$$\left.Ka\frac{\partial w}{\partial s}\cos(\widehat{x,\nu})\cos(\widehat{x,s})\right)\cdot\cos(\widehat{x,\nu})+$$

$$\left(-Kb\frac{\partial w}{\partial s}\cos(\widehat{x,\nu})\cos(\widehat{x,s})+\right.$$

$$b\frac{\partial w}{\partial s}\cos(\widehat{y,\nu})\cos(\widehat{y,s})+$$

$$a\frac{\partial w}{\partial s}\cos(\widehat{x,s})\cos(\widehat{y,\nu})+$$

$$a\frac{\partial w}{\partial s}\cos(\widehat{x,\nu})\cos(\widehat{y,s})\Big)\cdot\cos(\widehat{\nu,y})\Big]+$$

$$\Big[\Big(\frac{1}{2}Ka\Big(\frac{\partial w}{\partial s}\Big)^2\cos^2(\widehat{x,s})-\frac{1}{2}a\Big(\frac{\partial w}{\partial s}\Big)^2\cos^2(\widehat{y,s})+$$

$$Kb\Big(\frac{\partial w}{\partial s}\Big)^2\cos(\widehat{x,s})\cos(\widehat{y,s})\Big)\cdot\cos(\widehat{\nu,x})+$$

$$\Big(-\frac{1}{2}Kb\cos^2(\widehat{x,s})\Big(\frac{\partial w}{\partial s}\Big)^2+\frac{1}{2}b\cos^2(\widehat{y,s})\Big(\frac{\partial w}{\partial s}\Big)^2+$$

$$a\cos(\widehat{x,s})\cos(\widehat{y,s})\Big(\frac{\partial w}{\partial s}\Big)^2\Big)\cdot\cos(\widehat{\nu,y})\Big]\Big\}\mathrm{d}s \tag{25.2}$$

记式(25.2)中$\left(\frac{\partial w}{\partial \nu}\right)^2$的系数为$P$,经计算可得

$$P=\frac{1}{2}[a\cos(\nu,x)+b\cos(\nu,y)]\cdot$$
$$[\cos^2(\nu,y)+K\cos^2(\nu,x)]$$

假设在Γ_2,Γ_3上成立

$$K\cos^2(\widehat{\nu,x})+\cos^2(\widehat{\nu,y})\geqslant k_1>0$$

和

$$x\cos(\widehat{\nu,x})\geqslant k_2>0 \tag{25.3}$$

则取c为充分小的正数即得沿Γ_2和Γ_3成立$P\geqslant\frac{1}{4}k_1k_2>0$.

假设在Γ_1上成立

$$K\cos^2(\widehat{\nu,x})+\cos^2(\widehat{\nu,y})\geqslant k_3>0$$

和

$$x\cos(\widehat{\nu,x})+K^{-\frac{1}{2}}\int_0^y\sqrt{K(\sigma)}\,\mathrm{d}\sigma\cdot\cos(\widehat{\nu,y})\geqslant k_4>0 \tag{25.4}$$

则容易看出在 Γ_1 上成立 $P\geqslant\frac{1}{4}k_3k_4>0$，记

$$2K_1=\min\left\{\frac{1}{4}k_1k_2,\frac{1}{4}k_3k_4\right\}$$

则

$$\begin{aligned}&I(\Gamma_1\cup\Gamma_2\cup\Gamma_3)\\&\geqslant K_1\int\limits_{\Gamma_1\cup\Gamma_2\cup\Gamma_3}\left(\frac{\partial w}{\partial\nu}\right)^2\mathrm{d}s-K_2\int\limits_{\Gamma_1\cup\Gamma_2\cup\Gamma_3}\left(\frac{\partial w}{\partial s}\right)^2\mathrm{d}s\end{aligned}$$

此外还有

$$\begin{aligned}&\iint\limits_{\Omega}\left\{\left(-\frac{1}{2}a_xK+\frac{1}{2}Kb_y+\frac{1}{2}bK_y\right)w_x^2-\right.\\&\left.(Kb_x+a_y)w_xw_y+\left(\frac{1}{2}a_x-\frac{1}{2}b_y\right)w_y^2\right\}\mathrm{d}x\mathrm{d}y\\&\geqslant c_1\iint\limits_{\Omega}(\sqrt{x^2+y^2}\,w_x^2+w_y^2)\mathrm{d}x\mathrm{d}y\end{aligned}$$

和

$$\begin{aligned}&\left|\iint\limits_{\Omega}L_1w\cdot Lw\,\mathrm{d}x\mathrm{d}y\right|\\&\leqslant\frac{\varepsilon}{2}C_2\iint\limits_{\Omega}(\sqrt{x^2+y^2}\,w_x^2+w_y^2)\mathrm{d}x\mathrm{d}y+\\&\frac{1}{2\varepsilon}\iint\limits_{\Omega}|Lw|^2\mathrm{d}x\mathrm{d}y\end{aligned}$$

取 ε 适当小，使 $C_1-\frac{\varepsilon}{2}C_2\geqslant C_3>0$，并引入 $H_1^*(\Omega)$ 的

内积

$$(u,v)_{H_1^*(\Omega)}=\iint_{\Omega}(\sqrt{x^2+y^2}u_xv_x+u_yv_y)\mathrm{d}x\mathrm{d}y$$

则最后可得

$$\frac{1}{2}\int_{\Gamma_4\cup\Gamma_5}\left(-\frac{x}{\pm\sqrt{-K}}-c\mid x\mid\right)\frac{\pm\sqrt{-K}}{\cos(\widehat{s,y})}\left(\frac{\partial w}{\partial s}\right)^2\mathrm{d}s+$$

$$K_1\left|\frac{\partial w}{\partial \nu}\right|^2_{L^2(\Gamma_1)}+K_1\left|\frac{\partial w}{\partial \nu}\right|^2_{L^2(\Gamma_2)}+$$

$$K_1\left|\frac{\partial w}{\partial}\right|^2_{L^2(\Gamma_3)}+c_3\mid w\mid^2_{H_1^*(\Omega)}$$

$$\leqslant\frac{1}{2\varepsilon}\mid Lw\mid^2_{L^2(\Omega)}+K_2\mid w\mid^2_{H_1(\Gamma_1)}+$$

$$K_2\mid w\mid^2_{H_1(\Gamma_2)}+K_2\mid w\mid^2_{H_1(\Gamma_3)}\tag{25.5}$$

这就是 франкль 问题

$$\begin{cases}Lw\equiv K(y)\dfrac{\partial^2 w}{\partial x^2}+\dfrac{\partial^2 w}{\partial y^2}=g\\ w\mid_{\Gamma_1\cup\Gamma_2\cup\Gamma_3}=\varphi\end{cases}\tag{25.6}$$

的非齐次能量不等式.

设 $g\in L_2(\Omega)$,$\varphi\in H_1(\Gamma_1\cup\Gamma_2\cup\Gamma_3)$,若存在 $w\in H_1^*(\Omega)$ 和光滑函数序列$\{w_n\}$使 $\|w_n-w\|_{H_1^*(\Omega)}\to 0$,$\|Lw_n-f\|_{L^2(\Omega)}\to 0$,且 $\|w_n-\varphi\|_{H_1(\Gamma_1\cup\Gamma_2\cup\Gamma_3)}\to 0$,则称 $w\in H_1^*(\Omega)$ 为定解问题(25.6)的 H_1^* 强解,φ 是 w 在 $\Gamma_1\cup\Gamma_2\cup\Gamma_3$ 上强满足的边界值,显然问题(25.6)的 H_1^* 强解满足非齐次能量不等式(25.5).

由于对于任何光滑的$\{g,\varphi\}$,定解问题(25.6)的 H_1^* 强解总是存在的(因为可以化为齐次定解问题),而光滑函数$\{g,\varphi\}$的全体在 $L^2(\Omega)\times H_1(\Gamma_1\cup\Gamma_2\cup$

Γ_3）中是稠密的，则由非齐次能量不等式（25.5）可以推知对任意的$\{g,\varphi\}\in L^2(\Omega)XH_1(\Gamma_1\cup\Gamma_2\cup\Gamma_3)$，定解问题（25.6）的$H_1^*$强解也是存在的. 于是得到

定理 25.1　假设：(1) 沿Γ_1成立

$$x\cos(\widehat{\nu,x})+K^{-\frac{1}{2}}\int_0^y\sqrt{K(\sigma)}\,\mathrm{d}\sigma\cdot\cos(\widehat{\nu,y})\geqslant k_4>0$$

且在Γ_1与x轴的交点A,B上$\cos(\widehat{\nu,y})\neq 0$.

(2) 沿Γ_2,Γ_3成立$K\cos^2(\widehat{\nu,x})+\cos^2(\widehat{\nu,y})\geqslant k_1>0$和$x\cos(\widehat{\nu,x})\geqslant k_2>0$.

则非齐次定解条件的франкль问题（25.6）对于任意的$g\in L^2(\Omega),\varphi\in H_1(\Gamma_1\cup\Gamma_2\cup\Gamma_3)$存在着唯一的强解$w\in H_1^*(\Omega)$，在强意义下满足边界条件，且

$$\left.\frac{\partial w}{\partial\nu}\right|_{\Gamma_i}\in L^2(\Gamma_i)\quad(i=1,2,3)$$

在$\Gamma_4\cup\Gamma_5$上$\dfrac{\partial w}{\partial s}$带零权平方可和.

25.2　特里谷米问题

考察混合型方程

$$Lw=K(y)\frac{\partial^2 w}{\partial x^2}+\frac{\partial^2 w}{\partial y^2}=g$$

的特里谷米问题. 设$K(y)\mathrm{sign}\ y>0(y\neq 0),K'(y)\geqslant K_0>0$. 设区域$\Omega$由特征线$\Gamma_2$，非特征线$\Gamma_1$和$\Gamma_3$围成，如图 25.2 所示.

选取$L_1w=a_0w_x+(b_0-\varepsilon K)w_y$，与 25.1 节一样

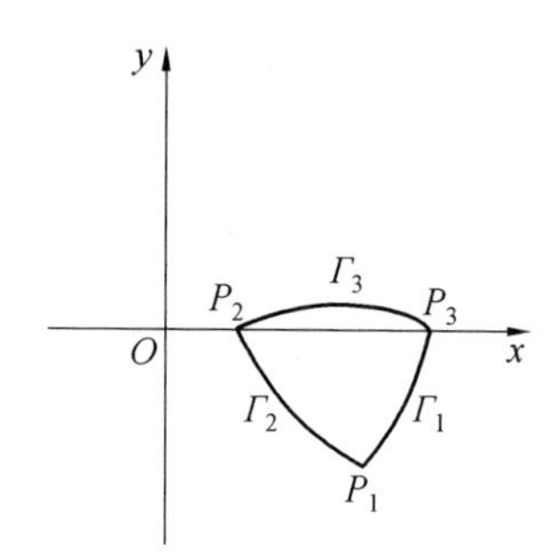

图 25.2

建立积分恒等式(25.1).首先考察式(25.1)右端的面积分部份，当选取 b_0 为适当大的正数，ε 为适当小的正数时，成立

$$I(\Omega)=\iint\limits_{\Omega}\left[\left(\frac{b_0}{2}-\varepsilon K\right)K'(y)w_x^2+\frac{1}{2}\varepsilon K'(y)w_y^2\right]\mathrm{d}x\mathrm{d}y$$

$$\geqslant c\mid w\mid_{H_1(\Omega)}^2,c>0$$

其次考察式(25.1)的曲线积分部分：

(1) 沿特征线 Γ_2.

经计算可得

$$I(\Gamma_2)=\frac{1}{2}\int_{\Gamma_2}\left[-\frac{a_0}{\sqrt{-K}}-(b_0-\varepsilon K)\right]\left(\frac{\mathrm{d}w}{\mathrm{d}y}\right)^2\mathrm{d}x$$

当 b_0 取定后，再取 a_0 为绝对值适当大的负数，则

$$I(\Gamma_2)\geqslant c_1\int_{\Gamma_2}\left(\frac{\partial w}{\partial s}\right)^2\mathrm{d}s,c_1>0$$

(2) 沿非特征线 Γ_1.

与 25.1 节一样在 Γ_1 和 Γ_2 采用新的直角坐标系 (ν,s).设 $|K|$ 在 Γ_1 上的上界足够小，使沿 Γ_1 成立 $\cos^2(\widehat{\nu,y})+K\cos^2(\widehat{\nu,x})\geqslant k_1>0$.又在 b_0 取定后，

取 a_0 为绝对值足够大的负数，则 $a_0\cos(\widehat{\nu,x})+(b_0-\varepsilon K)\cos(\widehat{\nu,y})\geqslant k_2>0$ 沿 Γ_1 成立. 于是

$$I(\Gamma_1)\geqslant K_1\left|\frac{\partial w}{\partial\nu}\right|^2_{L^2(\Gamma_1)}-K_2\mid w\mid^2_{H_1(\Gamma_1)}$$

(3) 沿非特征线 Γ_3.

设沿 Γ_3 成立 $\cos^2(\widehat{\nu,y})+K\cos^2(\widehat{\nu,x})\geqslant k_1>0$. 对于取定的正数 b_0 和负数 σ_0，再取 ε 为充分小的正数，且设在 Γ_3 上 $|\cos(\widehat{\nu,x})|$ 适当小，使在 Γ_3 上成立

$$a_0\cos(\widehat{\nu,x})+(b_0-\varepsilon K)\cos(\widehat{\nu,y})\geqslant k_2>0$$

则

$$I(\Gamma_3)\geqslant K_3\left|\frac{\partial w}{\partial\nu}\right|^2_{L^2(\Gamma_3)}-K_4\mid w\mid^2_{H_1(\Gamma_3)}$$

综合 $\Gamma_1-\Gamma_3$ 的结果可得

$$\begin{aligned}&K_1\left|\frac{\partial w}{\partial\nu}\right|^2_{L^2(\Gamma_1)}+K_3\left|\frac{\partial w}{\partial\nu}\right|^2_{L^2(\Gamma_3)}+\\&K_7\left|\frac{\partial w}{\partial s}\right|^2_{L^2(\Gamma_2)}+K_5\mid w\mid^2_{H_1(\Omega)}\\&\leqslant K_6\mid Lw\mid^2_{L^2(\Omega)}+K_2\mid w\mid^2_{H_1(\Gamma_1)}+K_4\mid w\mid^2_{H_1(\Gamma_3)}\end{aligned}\tag{25.7}$$

其中，$K_i>0(i=1,2,\cdots,7)$. 这就是特里谷米问题的非齐次能量不等式.

先证明齐次定解条件的特里谷米问题

$$\begin{cases}K(y)\dfrac{\partial^2 w}{\partial x^2}+\dfrac{\partial^2 w}{\partial y^2}=g\\ w\mid_{\Gamma_1}=0,w\mid_{\Gamma_3}=0\end{cases}\tag{25.8}$$

是适定的.

容易看出，若假设在 Γ_1 上成立 $\cos^2(\widehat{\nu,y})+K\cos^2(\nu,x)\geqslant 0$，在 Γ_3 上 $|\cos(\widehat{\nu,x})|$ 适当小，则成立能量不等式

$$|w|_{H_1(\Omega)}\leqslant c\,|Lw|_{L^2(\Omega)}$$

为了建立起对偶不等式，对于满足伴随定解条件的充分光滑的 v，取 $\widetilde{w}$ 是 $L_1\widetilde{w}=v,\widetilde{w}|_{\Gamma_1\cup\Gamma_3}=0$ 的解，其中 $L_1\widetilde{w}=a_0\dfrac{\partial\widetilde{w}}{\partial x}+(b_0-\varepsilon K)\dfrac{\partial\widetilde{w}}{\partial y}$. 对于以上所选择的 a_0，b_0，ε，这样的解 $\widetilde{w}$ 是存在的. 因此

$$\begin{aligned}|L^*v|_{H_{-1}(\Omega)}&=\sup\frac{(L^*v,w)}{|w|_{H_1(\Omega)}}\\&\geqslant\frac{(L_1,\widetilde{w},L\widetilde{w})}{|\widetilde{w}|_{H_1(\Omega)}}\\&\geqslant C'\,|\widetilde{w}|_{H_1(\Omega)}\\&\geqslant C''\,|v|_{L^2(\Omega)}\end{aligned}$$

即对偶不等式成立. 再由强弱解一致性结论得到.

定理 25.2 假设：(1) 在 Γ_1 上成立 $\cos^2(\widehat{\nu,y})+K\cos^2(\widehat{\nu,x})\geqslant 0$；(2) 在 Γ_3 上 $|\cos(\widehat{\nu,x})|$ 适当小，则定解问题(25.8)对任意的 $g\in L^2(\Omega)$ 存在唯一的强解 $w\in H_1(\Omega)$.

又因为非齐次能量不等式(25.7)的成立，如同25.1节一样，可得非齐次定解条件的特里谷米问题

$$\begin{cases}K(y)\dfrac{\partial^2 w}{\partial x^2}+\dfrac{\partial^2 w}{\partial y^2}=g\\ w|_{\Gamma_1}=\varphi_1,w|_{\Gamma_2}=\varphi_2\end{cases}\tag{25.9}$$

的如下结论.

定理 25.3　假设:(1) 在 $\Gamma_1 \cup \Gamma_3$ 上 $\cos^2(\widehat{\nu,y})+K\cos^2(\widehat{\nu,x})\geqslant k_1>0$;(2) 在 Γ_3 上 $|\cos(\widehat{\nu,x})|$ 适当小,则定解问题(25.9)对任意的 $g\in L^2(\Omega),\varphi_1\in H_1(\Gamma_1),\varphi_2\in H_1(\Gamma_3)$ 存在着唯一的强解 $w\in H_1(\Omega)$,在强意义下满足边界条件,且

$$\frac{\partial w}{\partial \nu}\Big|_{\Gamma_1}\in L^2(\Gamma_1),w|_{\Gamma_2}\in H_1(\Gamma_2),\frac{\partial w}{\partial \nu}\Big|_{\Gamma_3}\in L^2(\Gamma_3)$$

25.3　弗里德里希问题

考察混合型方程

$$Lw=K(y)\frac{\partial^2 w}{\partial x^2}+\frac{\partial^2 w}{\partial y^2}=g \tag{25.10}$$

设 $K(y)\text{sign } y>0(y\neq 0),K'(y)\geqslant K_0>0$.

设区域 Ω 由 Γ_2 和 $\Gamma_1=\Gamma_{11}\cup\Gamma_{12}\cup\Gamma_{13}$ 围成,如图 25.3 所示.它们分别满足

$\Gamma_2:\cos(\widehat{\nu,y})=0,y<0$

$\Gamma_{11}:\cos(\widehat{\nu,x})<0,\cos(\widehat{\nu,y})\leqslant 0$

$\Gamma_{12}:\cos(\widehat{\nu,x})\leqslant 0,\cos(\widehat{\nu,y})\geqslant 0$

$\Gamma_{13}:\cos(\nu,x)\geqslant 0,\cos(\widehat{\nu,y})>0$

弗里德里希曾在这样的区域 Ω 上提出齐次定解问题

$$\begin{cases}Lw=g\\ w|_{\Gamma_{11}\cup\Gamma_{12}\cup\Gamma_{13}}=0\end{cases} \tag{25.11}$$

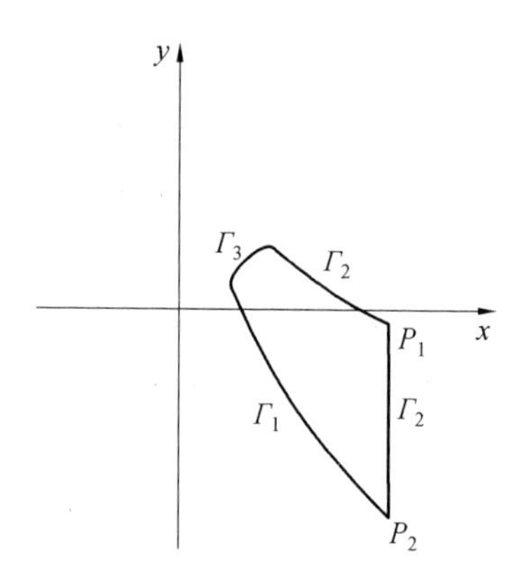

图 25.3

本节用能量方法研究定解问题(25.11) 和相应的非齐次定解问题

$$\begin{cases} Lw = g \\ w\,|_{\Gamma_{11}\cup\Gamma_{12}\cup\Gamma_{13}} = \varphi \end{cases} \tag{25.12}$$

为此首先建立定解问题(25.11) 的非齐次能量不等式.

选取与 25.2 节一样的分划算子 $L_1 w = a_0 w_x + (b_0 - \varepsilon K) w_y$，并建立积分恒等式(25.1). 再考察式(25.1) 的曲线积分部分：

(1) 在 Γ_2 上满足 $\cos(\nu, y) = 0, \cos(\nu, x) = 1$.

故 $I(\Gamma_2) = \dfrac{1}{2}\displaystyle\int_{\Gamma_2} (Kaw_x^2 + 2Kbw_xw_y - aw_y^2)\mathrm{d}s$. 取 ε 为充分小的正数，a_0 为绝对值充分大的负数，则

$$\begin{vmatrix} Ka_0 & Kb \\ Kb & -a_0 \end{vmatrix} \geqslant c_2 > 0$$

于是

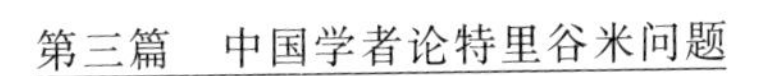

$$I(\Gamma_2)\geqslant K_1\left(\left|\frac{\partial w}{\partial \nu}\right|^2_{L^2(\Gamma_2)}+|w|^2_{H_1(\Gamma_2)}\right)$$

(2) 在 $\Gamma_1=\Gamma_{11}\cup\Gamma_{12}\cup\Gamma_{13}$ 上.

由式(25.2)知 $I(\Gamma_1)$ 的被积函数中 $\left(\frac{\partial w}{\partial \nu}\right)^2$ 的系数为

$$P=\frac{1}{2}[a\cos(\widehat{\nu,x})+b\cos(\widehat{\nu,y})]\cdot$$

$$[\cos^2(\widehat{\nu,y})+K\cos^2(\widehat{\nu,x})]$$

假设沿 Γ_1 成立 $\cos^2(\widehat{\nu,y})+K\cos^2(\widehat{\nu,x})\geqslant k_1>0$. 在 Γ_{11} 上设 $\min\limits_{\Gamma_{11}}|\cos(\widehat{\nu,x})|=a>0$,则

$$\max_{\Gamma_{11}}\frac{\cos(\widehat{\nu,y})}{\cos(\widehat{\nu,x})}=\delta<+\infty$$

于是,当 $0\leqslant b\leqslant\frac{1}{\delta}\left(-a_0-\frac{k_2}{a}\right)$ 时,在 Γ_{11} 上成立 $a_0\cos(\widehat{\nu,x})+b\cos(\widehat{\nu,y})\geqslant k_2>0$. 在 Γ_{13} 上设 $\min\limits_{\Gamma_{13}}\cos(\widehat{\nu,y})=\beta>0$,则 $\max\limits_{\Gamma_{13}}\frac{\cos(\widehat{\nu,x})}{\cos(\widehat{\nu,y})}=\eta<+\infty$. 于是,当 $b\geqslant\frac{k_2}{\beta}+|a_0|\eta$,在 Γ_{13} 上成立

$$a_0\cos(\widehat{\nu,x})+b\cos(\widehat{\nu,y})\geqslant k_2>0$$

因此应选择 b_0,ε 使满足

$$\varepsilon K+\frac{k_2}{\beta}+|a_0|\eta\leqslant b_0\leqslant\frac{1}{\delta}\left(|a_0|-\frac{k_2}{a}\right)+\varepsilon K \tag{25.13}$$

假设 $\eta<\frac{1}{\delta}$,取 ε,k_2 为充分小的正数,则满足式(25.11)的正数 b_0 是存在的,由此推得

$$I(\Gamma_{11})\geqslant K_2\left|\frac{\partial w}{\partial\nu}\right|^2_{L^2(\Gamma_{11})}-K_3\mid w\mid^2_{H_1(\Gamma_{11})}$$

$$I(\Gamma_{13})\geqslant K_2\left|\frac{\partial w}{\partial\nu}\right|^2_{L^2(\Gamma_{13})}-K_4\mid w\mid^2_{H_1(\Gamma_{13})}$$

这里 $K_2=\frac{1}{4}k_1k_2$.

对以上所选的 a_0,b_0,ε,在 Γ_{12} 上成立 $a\cos(\widehat{\nu,x})+b\cos(\widehat{\nu,y})\geqslant k_3>0$,则

$$I(\Gamma_{12})\geqslant K_5\left|\frac{\partial w}{\partial\nu}\right|^2_{L^2(\Gamma_{12})}-K_6\mid w\mid^2_{H_1(\Gamma_{12})}$$

这里 $K_5=\frac{1}{4}k_1k_3$.

综上所述可知,若假设:

(1) 在 Γ_{11} 上

$$\cos(\widehat{\nu,x})<0,\cos(\widehat{\nu,y})\leqslant 0,\min_{\Gamma_{11}}\mid\cos(\widehat{\nu,x})\mid>0$$

在 Γ_{12} 上

$$\cos(\widehat{\nu,x})\leqslant 0,\cos(\widehat{\nu,y})\geqslant 0$$

在 Γ_{13} 上

$$\cos(\widehat{\nu,x})\geqslant 0,\cos(\widehat{\nu,y})\geqslant 0,\min_{\Gamma_{13}}\cos(\widehat{\nu,y})>0 \tag{25.14}$$

且

$$\max_{\Gamma_{13}}\frac{\cos(\widehat{\nu,x})}{\cos(\widehat{\nu,y})}<\min_{\Gamma_{11}}\frac{\cos(\widehat{\nu,x})}{\cos(\widehat{\nu,y})}$$

(2) 在 Γ_1 上 $\cos^2(\widehat{\nu,y})+K\cos^2(\widehat{\nu,x})\geqslant k_1>0$.

(3) 在 Γ_2 上 $y<0,\cos(\widehat{\nu,y})=0$.

则成立

$$K_1\left|\frac{\partial w}{\partial \nu}\right|^2_{L^2(\Gamma_2)}+K_1\mid w\mid^2_{H_1(\Gamma_2)}+K_2\frac{\partial w}{\partial \nu}\left|\frac{\partial w}{\partial \nu}\right|^2_{L^2(\Gamma_{11})}+$$

$$K_2\left|\frac{\partial w}{\partial \nu}\right|^2_{L^2(\Gamma_{13})}+K_5\left|\frac{\partial w}{\partial \nu}\right|^2_{L^2(\Gamma_{12})}+K_7\mid w\mid^2_{H_1(\Omega)}$$

$$\leqslant K_3\mid w\mid^2_{H_1(\Gamma_{11})}+K_4\mid w\mid^2_{H_1(\Gamma_{13})}+K_6\mid w\mid^2_{H_1(\Gamma_{12})}+$$

$$K_8\mid Lw\mid^2_{L^2(\Omega)} \tag{25.15}$$

这里 $K_i>0(i=1,2,\cdots,8)$.

这就是定解问题(25.12) 的非齐次能量不等式，它被定解问题(25.12) 的 H_1 强解所满足.

将式(25.14) 中的(2) 改为：

(4) 在 Γ_1 上 $\cos^2(\widehat{\nu,y})+K\cos^2(\widehat{\nu,x})\geqslant 0$.

将条件(1)(2)(3) 合在一起称为条件(*)，则容易看出在条件(*) 下成立定解问题(25.11) 的能量不等式

$$\mid w\mid_{H_1(\Omega)}\leqslant c\mid Lw\mid_{L^2(\Omega)}$$

对偶不等式的建立依赖于定解问题

$$\begin{cases}L_1\widetilde{w}=v\\ \widetilde{w}\mid_{\Gamma_{11}\cup\Gamma_{12}\cup\Gamma_{13}}=0\end{cases} \tag{25.16}$$

的可解性，这里 v 是满足伴随定解条件的充分光滑函数. $L_1\widetilde{w}=v$ 的特征线族 $\{l_\xi\}$ 满足方程 $\dfrac{\mathrm{d}y}{\mathrm{d}x}=\dfrac{b_0}{a_0}-\dfrac{\varepsilon K(y)}{a_0}$，设以 $y=s(x)$ 表示 Γ_{13}，以 $y=t(x)$ 表示 Γ_{11}，取

ε 为充分小的正数，则由

$$\max_{\Gamma_{13}} \frac{\cos(\widehat{\nu, x})}{\cos(\widehat{\nu, y})} < \frac{b_0}{|a_0|} < \min \frac{\cos(\widehat{\nu, x})}{\cos(\widehat{\nu, y})}$$

可推出 $\max\limits_{\Gamma_{11}} t'(x) < \left.\frac{\mathrm{d}y}{\mathrm{d}x}\right|_{l_\xi} < \min\limits_{\Gamma_{13}} s'(x)$，于是从 Γ_{11}，Γ_{12}，Γ_{13} 出发的特征线族 $\{l_\xi\}$ 均从 Γ_2 穿出，而不会与 Γ_{11}，Γ_{12}，Γ_{13} 第二次相交或相切. 由此可见定解问题(25.16) 的解是存在的. 因此对偶不等式

$$|v|_{L^2(\Omega)} \leqslant c' |L^* v|_{H_{-1}(\Omega)}$$

成立. 再由许政范的强弱解一致性结论可得.

定理 25.4 假定条件(*)成立，则定解问题(25.11) 对任意的 $g \in L^2(\Omega)$，存在唯一的强解 $w \in H_1(\Omega)$.

又由于非齐次能量不等式(25.15) 成立，则与 25.1，25.2 节一样，可得非齐次定解问题(25.12) 的如下结论：

定理 25.5 假定条件(25.14) 成立，则非齐次定解问题(25.12) 对任意的 $g \in L^2(\Omega)$，$\varphi \in H_1(\Gamma_1)$ 存在着唯一的强解 $w \in H_1(\Omega)$，在强意义下满足边界条件，且

$$\left.\frac{\partial w}{\partial \nu}\right|_{\Gamma_1} \in L^2(\Gamma_1), w|_{\Gamma_2} \in H_1(\Gamma_2)$$

$$\left.\frac{\partial w}{\partial \nu}\right|_{\Gamma_2} \in L^2(\Gamma_2)$$

广义特里谷米问题解的正则性[①]

第 26 章

关于蜕型线为非特征的二个自变量的二阶混合型方程的边值问题已有许多工作[②],但关于解的正则性,还很少有所讨论[③].华东化工学院数学系的孙龙祥教授在 1987 年讨论了相当一般的蜕型线为非特征的二个自变量的二阶混合型方程的广义特里谷米问题的解的正则性.

① 选自《数学学报》(第 30 卷,第 3 期),1987 年 5 月.

② M. Smirnov. Equations of Mixed Type American Mathematics Sociely Proviclence, Rhode Is land,1978.

Manwell. The Tricomi equation with applications to the theory of plane transonic flow. Pitmann Advanced Publishing Program,1979.

③ Гу Чао-хао(谷 超 豪).О некогорых дпфференциальных уравненнях смешанного гнпа в n-мерном пространстве,Scientia sinica, 14(1965),1574-1581.

C. H. Gu. Bull. Sciences,6(1978),335-339.

在 $\mathbf{R}^2$ 中的有界区域 Ω 上，考虑方程

$$Lu = \alpha y u_{xx} + u_{yy} + p_1 u_x + p_2 u_y + qu = f \quad \text{(A)}$$

其中，系数 $\alpha(x,y)$，$p_1(x,y)$，$p_2(x,y)$ 及 $q(x,y)$ 是在 $\mathbf{R}^2$ 上定义的光滑函数在 Ω 上的限制，函数 $\alpha(x,y)$ 在 $\overline{\Omega}$ 上恒正. 如图 26.1 所示，区域 Ω 由光滑曲线 γ 和 γ_+ 围成. γ_+ 为过 $B(l,0)$（l 为任意正数）的方程(A) 的特征线，γ 为光滑的非特征曲线，即 γ 的外法向 (n_1,n_2) 满足

$$\alpha y n_1^2 + n_2^2 > 0, \text{在 } \gamma \text{ 上} \quad \text{(B)}$$

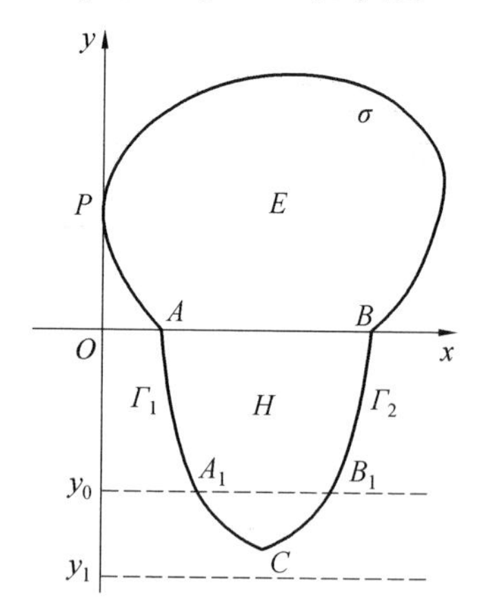

图 26.1

我们作如下基本假定(H)：

γ 的外法向 (n_1,n_2) 在 A，B 两点满足：

$$\text{(i)} \; n_1\big|_A < 0, \; n_2\big|_A < 0, \; \left.\frac{n_1}{n_2}\right|_A > \left.\left(\frac{2\rho_1}{a}\right)\right|_A \quad \text{(C)}$$

$$\text{(ii)} \; n_1\big|_B > 0, \; n_2\big|_B > 0. \quad \text{(D)}$$

在此假定下，考虑边值问题

$$\begin{cases} Lu = f, \text{在 } \Omega \text{ 中} & \text{(E)} \\ u = 0, \text{在 } \gamma \text{ 上} & \text{(F)} \end{cases}$$

当 $\alpha\equiv 1$ 时,边值问题(E) ～ (F) 即为熟知的广义特里谷米问题. 我们把边值问题(E) ～ (F) 也称为广义特里谷米问题. 本章证明了此边值问题解的正则性的下述结论.

定理 26.1　设条件(H) 满足,$u\in H^1(\Omega)$ 为广义特里谷米问题的弱解,即对 $\forall\phi\in c^1(\overline{\Omega}),\varphi|_{\partial\Omega}=0,(u,L^*\phi)=(f,\varphi)$ 成立.

若 $f\in H^k(\Omega)$(k 为正整数),则 $u\in H^{k+1}(\Omega)$.

定理 26.1 证明的关键是下述定理:

定理 26.2　设条件(H) 之(i) 满足,$\mathcal{O}$为点 A 的一个小邻域,$u\in H^k(\mathcal{O}\cap\Omega)$ 在分布意义下满足

$$\begin{cases}Lu=f,\text{在 }\mathcal{O}\cap\Omega\text{ 中}\\u=0,\text{在 }\partial\Omega\cap\partial(\mathcal{O}\cap\Omega)\text{ 上}\end{cases}$$

若 $f\in H^k(\mathcal{O}\cap\Omega)$($k$ 为任一正整数),则存在点 A 的一个邻域 $\mathcal{O}_1\subset\mathcal{O}$,使得

$$u\subset H^{k+1}(\mathcal{O}_1\subset\mathcal{O})$$

关于广义特里谷米问题的解在蜕型线和边界的交点 A 处的正则性是个很困难的问题. 其一,点 A 的任一邻域都是方程(26.1) 的混合型区域;其二,按梅尔罗斯关于边界点的分类,点 A 是 gliding point. 安德森(Andersson) 与梅尔罗斯[①] 以及荷曼德尔(Hörmander)[②] 都讨论过二阶微分算子在 gliding

① K. G. Andersson. The propagation of singularities along gliding rays. Invent. Math., 41(1977), 197-232.

② Hörmander. The Analysis of Lincar Partial Differential Operators Springer-Verlag, 1983.

point 的奇性反射问题,但他们的工作不适用于广义特里谷米问题.定理 26.2 说明,广义特里谷米问题在蜕型线和边界的交点附近,解在边界的正则性与椭圆型方程的狄利克雷问题相类似,但解的正则性仅比右端项高一阶.

本章各小节的内容概述如下:

在 26.1 节中,我们先利用定理 26.2 证明定理 26.1. 然后,在点 A 附近将边界展平,将定理 26.2 改写成等价的定理 26.2′;然后,在余下的几节中证明定理 26.2′. 同时,我们在 26.1 节中说明,对于相当广泛的一类蜕型线为非特征的二个自变量的二阶混合型方程的广义特里谷米问题,定理 26.1 都是适用的(推论 26.1).

在 26.2 节中,根据科恩(Kohn)和尼伦伯格(Nirenberg)的思想[①],讨论了解在椭圆型区域直到边界和蜕型线的正则性(引理 26.1).

在 26.3 节中,构造适当的一阶微分算子,使其与算子 L 的换位算子的主部满足一些特殊的性质(引理 26.2).其次,引进适当的关于切向变量的拟微分算子,并作一些具体的计算.

在 26.4 节中,利用前两节的结果及先验估计(引理 26.3),证明了定理 26.2′.

在 26.5 节中,采用能量积分方法,补充证明了引

① J. J. Kohn and L. Nirenberg, Non-Coercive boundary value problems, Comm. Pure Appl. Math., 18(1965).

理 26.4.

26.1　定理 26.1 的证明

在本节中，我们先利用定理 26.2 证明本章的主要定理. 定理 26.1 的证明：$k=0$ 时，定理自明. 用数学归纳法，设

$$u\in H^m(\Omega),f\in H^m(\Omega)(1\leqslant m\leqslant k)$$

我们证明 $u\in H^{m+1}(\Omega)$. 记

$$\Omega_\varepsilon=\Omega\cap\{(x,y)\mid y<\varepsilon\}$$

注意到算子 L 在 $y>0$ 的上半平面中为严格椭圆算子，利用椭圆型方程狄利克雷问题解的正则性定理，立即可得

$$u\in H^{m+2}(\Omega\backslash\overline{\Omega}_\varepsilon),\forall\varepsilon>0$$

由定理 26.2 可知，存在点 A 的一个邻域 $\mathcal{O}_1$，使得

$$u\in H^{m+1}(\mathcal{O}_1\Omega\Omega)$$

这样，由赫尔曼德[1]关于广义主型算子的奇性传播定理和泰勒[2]关于双曲型算子在非特征边界的奇性反射定理[3]可知，在 $L^\circ=\alpha y\xi^2+\eta^2$ 的零次特征带上，u 均属于 H^{m+1}. 由此，立即可得

---

① Hörmander. L'Enseignemeni Math. ,1971,99.

② Taylor. Psevdodifferential Operators, Privceton Univ. Press, 1981.

③ Michael E. Taylor. Reflection of singularitics of solutions to systems of differential equations Comm. Phre. Appl. Math. ,28(1975), 457-178.

$$u \in H^{m+1}(\overline{\Omega}\backslash\overline{\gamma}_+)$$

如此,立即可证得 $u \in H^{m+1}(\Omega)$,定理 26.1 得证.

考虑一般形式的蜕型线为非特征的二阶混合型方程

$$L_1 u = au_{xx} + 2bu_{xy} + cu_{yy} + p_1 u_x + p_2 u_y + qu = f \tag{26.1}$$

其判别式为 $\varphi(x,y)=a(x,y)c(x,y)-[b(x,y)]^2$. 如图 26.2 所示,在包含蜕型线 $\{(x,\gamma) \mid \varphi(x,y)=0\}$ 的有界区域 G 中,讨论方程(26.1)的广义特里谷米问题

$$\begin{cases} L_1 u = f, \text{在 } G \text{ 中} & (26.2) \\ u = 0, \text{在 } \gamma_1 \text{ 上} & (26.3) \end{cases}$$

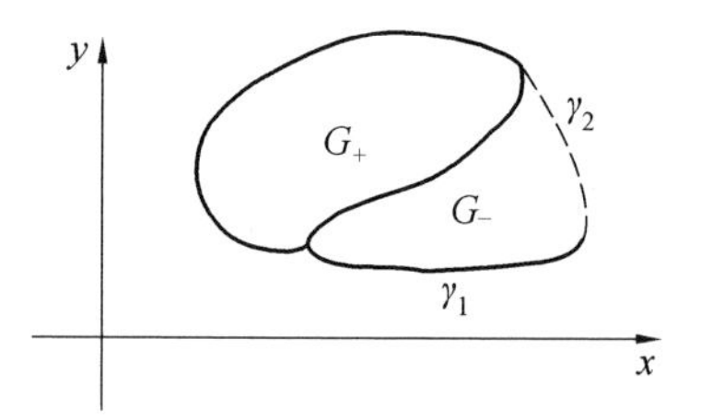

图 26.2

这里,区域 G 由曲线 γ_1 和 γ_2 围成,γ_1 为光滑的非特征曲线,γ_1 与蜕型线 $\{(x,y) \mid \varphi(x,y)=0\}$ 交于 A,B 两点,γ_2 为过点 B 的特征曲线. 蜕型线 $\{(x,y) \mid \varphi(x,y)=0\}$ 将区域 G 分成两部分:$G_+=\{(x,y) \mid \varphi(x,y)>0\}$ 及 $G_-=\{(x,y) \mid \varphi(x,y)<0\}$. 方程(26.1)在区域 G_+ 和 G_- 上分别为椭圆型方程和双曲型方程. 假定方程(26.1)的判别式 $\varphi(x,y)$ 在蜕型线 $\{(x,y) \mid \varphi(x,y)=0\}$ 上满足

$$\varphi_x^2 + \varphi_y^2 \neq 0, a\varphi_x^2 + 2b\varphi_x\varphi_y + c\varphi_y^2 > 0 \tag{26.4}$$

那么,可以选取适当的函数 $\psi(x,y)$,通过坐标变换

$$\begin{cases} x=\psi(x,y) \\ y=\varphi(x,y) \end{cases}$$

将方程(26.1)在蜕型线附近局部地化为

$$\beta^2 yu_{xx}+u_{yy}+\tilde{p}_1 u_x+\tilde{p}_2 u_y+\tilde{q}u$$

$$=\frac{1}{a\varphi_x^2+2b\varphi_x\varphi_y+c\varphi_y^2}f$$

这时,条件(H)相应地改为 γ_1 的外法向 (n_1,n_2) 在 A,B 两点满足:

(i)

$$(n_1\varphi_y-n_2\varphi_x)\big|_A<0,(n_1,n_2)\begin{pmatrix} a & b \\ b & c \end{pmatrix}\begin{pmatrix} \varphi_x \\ \varphi \end{pmatrix}\bigg|_A<0 \tag{26.5}$$

$$\left.\frac{(n_1,n_2)\begin{pmatrix} a & b \\ b & c \end{pmatrix}\begin{pmatrix} p_2-(b_x+c_y) \\ p_1-(a_x+b_y) \end{pmatrix}}{n_1\varphi_y-n_2\varphi_x}\right|_A<\frac{1}{2} \tag{26.6}$$

(ii)

$$(n_1\varphi_y-n_2\varphi_x)\big|_B>0,(n_1,n_2)\begin{pmatrix} a & b \\ b & c \end{pmatrix}\begin{pmatrix} \varphi_x \\ \varphi_y \end{pmatrix}\bigg|_B>0 \tag{26.7}$$

这样,我们得到如下的结果:

推论 26.1　设条件(26.4)—(26.7)满足,$u\in H^1(G)$ 为广义特里谷米问题(26.2)—(26.3)的弱解.若 $f\in H^k(G)$,则 $u\in H^{k+1}(G)$.

注 1　条件(26.4)—(26.7)在坐标变换下不变.

注 2 若算子 L 为自共轭算子，即，$p_1=a_x+b_y$ 且 $p_2=b_x+c_y$，这时，条件(26.6) 自然满足. 特别，讨论曲面无穷小变形问题时所考虑的二阶方程的系数为

$$a=\gamma_{yy},b=-\gamma_{xy}$$

$$c=\gamma_{xx},p_1=p_2=q=0$$

此时，满足条件(26.6).

由上述可知，定理 26.2 是证明定理 26.1 的关键. 显然定理 26.2 是局部性的结果，我们先在点 A 附近将边界展平.

设 $\mathcal{O}_1\subset\mathcal{O}$ 为点 A 的一个邻域，γ 在 $\mathcal{O}_1$ 中的方程为 $y=\varphi(x)$，通过自变量变换

$$\begin{cases}x=y-\varphi(x)\\ y=y\end{cases}\tag{26.8}$$

把区域 $\mathcal{O}_1\cap\Omega$ 变换到右半平面 $R_R=\{(x,y)\mid x>0\}$ 中的一个区域 $\mathcal{N}_1$ 中. 取截断函数 $\zeta\in c_0^{\infty}(\mathcal{O}_1)$，在点 A 的一个邻域 $\mathcal{O}_2\subset\mathcal{O}_1$ 中，$\zeta\equiv 1$. 若 u 满足定理 26.2 的条件，则 $v=\zeta u$ 在分布意义下满足

$$\begin{cases}Pv=g,\text{在 } R_R \text{ 中} & (26.9)\\ v=0,\text{在 } x=0 \text{ 上} & (26.10)\end{cases}$$

这里

$$P=\frac{\partial^2}{\partial x^2}+2\psi\frac{\partial^2}{\partial x\partial y}+\psi\frac{\partial^2}{\partial y^2}+\gamma_1\frac{\partial}{\partial x}+\gamma_2\frac{\partial}{\partial y}+r_2\tag{26.11}$$

$$\psi=[1+\alpha y(\varphi')^2]^{-1}\tag{26.12}$$

$$\gamma_1=(p_2-p_1\varphi'-\alpha y\varphi'')\psi\tag{26.13}$$

$$\gamma_2=\psi p_2\tag{26.14}$$

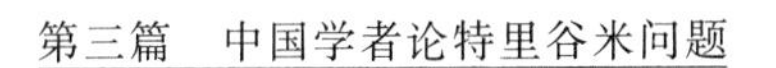

$$\gamma_0 = \psi q \tag{26.15}$$

$$g = \psi f + P_\zeta u \tag{26.16}$$

其中

$$P_\zeta u = 2(\zeta_x + \zeta_y)u_x + 2\psi(\zeta_x + \zeta_y)u_y + u \cdot (P - \gamma_0)\zeta \tag{26.17}$$

记 $\mathscr{O}_2 \cap \Omega$ 通过坐标变换(26.8)映射到 R_R 中的区域为 $\mathscr{N}_2$，显然

$$Pu = 0, \text{在 } \mathscr{N}_2 \text{ 中}$$

从而，v 及 g 在 $\mathscr{N}_2$ 中分别具有与 u 及 f 同样的正则性.同时，容易看到假设条件(H)之(i)等价于(H)′

$$\left.\frac{2(\gamma_2 - \gamma_1)}{\varphi'}\right|_{(0,0)} < -(\alpha\varphi')\,|_{(0,0)}$$

由此可见，定理 26.2 等价于下述定理 26.2′.

定理 26.2′　设条件(H)′满足，$\mathscr{N}$为点 A 在 $\overline{R}_R$ 中的一个邻域，$u \in H^k(\mathscr{N})$ 在分布意义下满足

$$\begin{cases} Pu = f, \text{在 } \mathscr{N} \text{ 中} & (26.18) \\ u = 0, \text{在 } x = 0 \text{ 上} & (26.19) \end{cases}$$

若 $f \in H^k(\mathscr{N})$(k 为正整数)，则存在点 A 在 $\overline{R}_R$ 中的一个邻域 $\mathscr{N}_1 \subset \mathscr{N}$，使得

$$u \in H^{k+1}(\mathscr{N}_1)$$

注意到，$\varphi'(0) < 0$ 以及

$$\psi_y\,|_{y=0} = -\alpha(\varphi'\psi)^2\,|_{y=0} < 0$$

因此，我们不妨认为成立

$$\varphi' < 0, \psi_y < 0, \text{在 } \mathscr{N} \text{ 中} \tag{26.20}$$

在此，我们指出，只要对 $k = 1$ 的情况证明定理 26.2′即可.事实上，注意到算子 p 和 $\frac{\partial^{k-1}}{\partial y^{k-1}}$($k > 1$ 的整

数）的换位算子为

$$\left[p,\frac{\partial^{k-1}}{\partial y^{k-1}}\right]=-(k-1)\psi_y\left[2\frac{\partial}{\partial x}+\frac{\partial}{\partial y}\right]\frac{\partial^{k-1}}{\partial y^{k-1}}+R_{k-1}$$

其中，R_{k-1} 为$(k-1)$ 阶算子，记

$$\tilde{p}=p+(k-1)\psi_y\left(2\frac{\partial}{\partial x}+\frac{\partial}{\partial y}\right)$$

显然，二阶算子 $\tilde{p}$ 的一阶项的系数满足条件(H)′. 若 $u\in H^k(\mathcal{N})$，$f\in H^k(\mathcal{N})$ 满足式(26.19)—(26.20)，那么，函数 $v=\dfrac{\partial^{k-1}u}{\partial y^{k-1}}$ 在分布意义下满足

$$\begin{cases}\tilde{p}v=g\text{，在 }\mathcal{N}\text{ 中}\\ v=0\text{，在 }x=0\text{ 上}\end{cases}$$

其中，$g=\dfrac{\alpha^{k-1}f}{\partial y^{k-1}}+R_{k-1}u\in H^1(\mathcal{N})$，故对 v 应用 $k=1$ 时的定理 26.2′，再利用部分亚椭圆性定理[①] 即可得到 $u\in H^{k+1}(\mathcal{N})$.

26.2　在椭圆型区域(直到边界和蜕型线)的正则性

算子 p 在 $y\geqslant 0$ 的区域中的蜕化的二阶椭圆型算子，我们利用科恩和尼伦伯格指出的方法，可以得到关于解在1/4平面区域 $\overline{R}_R^+=\{(x,y)\mid x\geqslant 0,y\geqslant 0\}$ 中的正则性.

① Hörmander Linear partial Differential Operators, Springer-Verlag, 1964.

引理 26.1　设 $\mathcal{O}$ 为点 $A(0,0)$ 在 $\overline{R}_R$ 中的一个邻域，$u\in H^1(\mathcal{O})$ 在分布意义下满足

$$\begin{cases} pu=f, \text{在 } \mathcal{O} \text{ 中} & (26.21)\\ u=0, \text{在 } x=0 \text{ 上} & (26.22)\end{cases}$$

若 $f\in L^2(\mathcal{O})$，那么，$\forall\,\zeta\in c_0^\infty(\mathcal{O})$，成立

(i)

$$(\zeta u_x)\,|_{x=0}\in L^2(R_y^1) \tag{26.23}$$

(ii)

$$\zeta y^2 u\in H^2(\overline{R}_R^+) \tag{26.24}$$

证明　(i) 设 $v\in c^2(\mathcal{O})$，$v\,|_{x=0}=0$. 对 $\forall\,\zeta\in c_0^\infty(\mathcal{O})$，记 $w=\zeta v$，利用分部积分容易得到

$$\begin{aligned}&-\iint_{R_R} w_x\cdot pw\,\mathrm{d}x\mathrm{d}y\\ =&\iint_{R_R}\Big\{(\psi_y-\gamma_1)w_x^2+(\psi_y-\gamma_2)w_xw_y-\\ &\frac{1}{2}\psi_x w_y^2+\frac{1}{2}(\gamma_0)_x w^2\Big\}\mathrm{d}x\mathrm{d}y+\\ &\frac{1}{2}\int_{-\infty}^{+\infty} w_x^2(0,y)\mathrm{d}y\end{aligned}$$

由此即可得到

$$\|w_x\|_{L^2(R_y^1)}\leqslant c(\|p_w\|_{L^2(R_R)}+\|w\|_{H^1(R_R)})$$

上式中，$\|\cdot\|_{L^2(R_y^1)}$ 表示在 $x=0$ 上的 $L^2(R_y^1)$ 范数. 这样，由强弱解一致原理即可推得

$$(\zeta u_x)\,|_{x=0}\in L^2(R_y^1)$$

(ii) 设 $v\in c^2(\mathcal{O})$，$v\,|_{x=0}=0$. 记 $w=\zeta yv$，其中 $\zeta\in c_0^\infty(\mathcal{O})$. 利用分部积分直接计算可得

$$\iint_{R_R^+}(w_{xx}+2\psi w_{xy}+\psi w_{xx})^2\,\mathrm{d}x\mathrm{d}y$$

$$=\iint_{R_R^+}\psi^2\{\alpha^2(y\varphi'^2 w_{xx})^2+2\alpha[\sqrt{y}\varphi'(w_{xx}+w_{yy})]^2+$$

$$(w_{xx}+2w_{xy}+w_{yy})^2\}\mathrm{d}x\mathrm{d}y+$$

$$\iint_{R_R^+}[(\psi^2-\psi)_{yy}w_x^2+2(\psi-\psi^2)_{xy}w_x w_y+$$

$$(\psi^2-\psi)_{xx}w_y^2]\mathrm{d}x\mathrm{d}y$$

$$\geqslant c_1(\|yw_{xx}\|^2_{L^2(R_R^+)}+\|\sqrt{y}(w_{xx}+w_{yy})\|^2_{L^2(R_R^+)}+$$

$$\|w_{xx}+2w_{xy}+w_{yy}\|^2_{L^2(R_R^+)})-c_2\|w\|^2_{H^1(R_R^+)}$$

这里,c_1 与 c_2 是与 w 无关的正常数.由此,可以推得

$$\|yw_{xx}\|^2_{L^2(R_R^+)}+\|\sqrt{y}(w_{xx}+w_{xy})\|^2_{L^2(R_R^+)}+$$

$$\|w_{xx}+2w_{xy}+w_{yy}\|^2_{L^2(R_R^+)}$$

$$\leqslant c(\|w\|^2_{H^1(R_R^+)}+\|pw\|^2_{L^2(R_R^+)})$$

其中,c 为与 w 无关的正常数.

这样就不难看到式(26.24)成立,引理26.1得证.

26.3 换位算子

在本节中,我们首先构造适当的一阶微分算子,使其与算子 p 的换位算子满足一定的性质.其次,引进切向变量的拟微分算子,并作一些具体的计算.

1. 换位算子

由假定条件(H)′,我们可选取充分大的正常数 m 和常数 $\delta_0>0$,使得

$$\left.\frac{2\left(\gamma_0-\gamma_1-\frac{1}{m}\alpha\varphi'^2\right)}{\varphi'}\right|_{(0,0)}<\delta_0<-(\alpha\varphi')\big|_{(0,0)} \tag{26.25}$$

记

$$\sigma=\left(\frac{1}{m}-1\right)\psi_y$$

如必要的话，要适当缩小 $\mathcal{N}$($\mathcal{N}$ 为定理 26.2′ 中所述的点 A 在 $\overline{R}_R$ 中的一个邻域)，使得在 $\mathcal{N}\cap\{(x,y)\mid x\geqslant 0,y\leqslant 0\}$ 中成立

$$\sqrt{1-\frac{1}{\psi}}<\frac{1}{2m-1} \tag{26.26}$$

为叙述方便，我们引入左(右)向特征线的名称. 在 $y\leqslant 0$ 的区域中，由方程 $x=x_-(y)$($x=x_+(y)$) 定义的过点 M 的曲线若满足

$$\frac{\mathrm{d}x_-}{\mathrm{d}y}=1-\sqrt{1-\frac{1}{\psi}}\quad\left(\frac{\mathrm{d}x_+}{\mathrm{d}y}=1+\sqrt{1-\frac{1}{\psi}}\right)$$

则称其为过点 M 的左(右)向特征线.

如图 26.3 所示，$\widehat{A_1C_2}$ 为左向特征线，$\widehat{A_1C_1}$ 为右向特征线. 记 $\widehat{A_1C_1}$，$\overline{C_1A}$ 和 $\overline{AA_1}$ 围成的区域为 G_1，$\widehat{A_1C_2}$，$\overline{C_2A}$ 和 $\overline{AA_1}$ 围成的区域为 G_2，A_1 为 x 轴上的任意一点，使得 $\overline{G}_2\subset\mathcal{N}$.

证明定理 26.2′ 的关键是下述引理及其推论.

引理 26.2　对于上述区域. 存在满足下述条件的函数 $a(x,y)$，$b(x,y)$，$c(x,y)$：

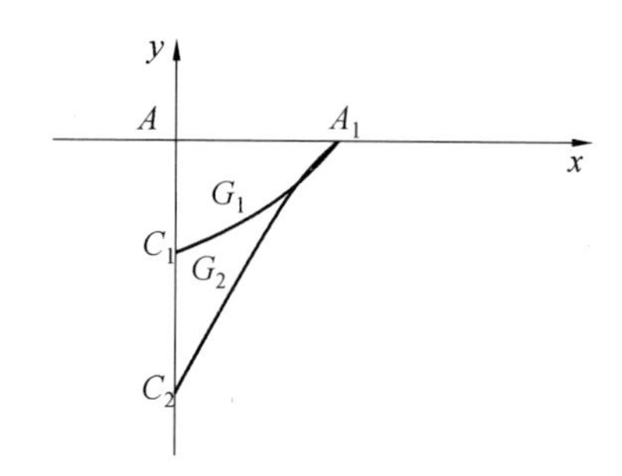

图 26.3

(i)

$$a(x, y), b(x, y), c(x, y) \in c_0^{\infty}(\overline{R}_R) \quad (26.27)$$

(ii)

$$G \cap \overline{R}_{\overline{R}} \subset \overline{G}_2 \quad (26.28)$$

其中

$$G = (\operatorname{supp} a) \cup (\operatorname{supp} b) \cup (\operatorname{supp} c) \quad (26.29)$$

$$R_{\overline{R}} = \{(x, y) \mid x > 0, y < 0\}$$

(iii)

$$\left(\dot{p} + \sigma \frac{\partial}{\partial y}\right)\left(a \frac{\partial}{\partial x} + b \frac{\partial}{\partial y}\right) - \left(a \frac{\partial}{\partial x} + b \frac{\partial}{\partial y} + c\right)\dot{p}$$
$$= R_{(0)} \frac{\partial^2}{\partial x^2} + 2R_{(1)} \frac{\partial^2}{\partial x \partial y} + R_{(2)} \frac{\partial^2}{\partial y^2} +$$
$$R_{(3)} \frac{\partial}{\partial x} + R_{(4)} \frac{\partial}{\partial y} \quad (26.30)$$

其中

$$\dot{p} = \frac{\partial^2}{\partial x^2} + 2\psi \frac{\partial^2}{\partial x \partial y} + \psi \frac{\partial^2}{\partial y^2} \quad (26.31)$$

$$R_{(i)}(x, y) \in c_0^{\infty}(\overline{R}_R), \operatorname{supp} R_{(i)} \subset G \quad (0 \leqslant i \leqslant 4) \quad (26.32)$$

$$R_{(0)}(x,y)=R_{(1)}(x,y)=R_{(2)}(x,y)=0,\forall(x,y)\in\overline{R_{\overline{R}}}\tag{26.33}$$

在证明此引理之前，我们先作一些分析. 由计算可知式(26.30)右端的函数 $R_{(i)}(0\leqslant i\leqslant 4)$ 分别为

$$R_{(0)}=2\left(\frac{\partial a}{\partial x}+\psi\frac{\partial a}{\partial y}\right)-c\tag{26.34}$$

$$R_{(3)}=\psi\frac{\partial a}{\partial x}+\frac{\partial b}{\partial x}+\psi\frac{\partial a}{\partial y}+\psi\frac{\partial b}{\partial y}+\left(\frac{1}{2}\sigma-\psi_x\right)a-\psi_y b-\psi c\tag{26.35}$$

$$R_{(2)}=2\psi\left(\frac{\partial b}{\partial x}+\frac{\partial b}{\partial y}\right)-\psi_x a+(\sigma-\psi_y)b-\psi c\tag{26.36}$$

$$R_{(3)}=\left(\mathring{p}a+\sigma\frac{\partial a}{\partial y}\right)\tag{26.37}$$

$$R_{(4)}=\left(\mathring{p}b+\sigma\frac{\partial b}{\partial y}\right)\tag{26.38}$$

由此可知，为了满足式(26.33)，我们可先在 $R_{\overline{R}}$ 中求解关于 a，b 的一阶方程组

$$\begin{pmatrix}-\psi & 1\\ 1 & -1\end{pmatrix}\frac{\partial}{\partial x}\begin{pmatrix}a\\ b\end{pmatrix}+\begin{pmatrix}\psi(1-2\psi) & \psi\\ \psi & 1\end{pmatrix}\frac{\partial}{\partial y}\begin{pmatrix}a\\ b\end{pmatrix}+\frac{1}{2}\begin{pmatrix}\sigma-2\psi_y & -2\psi_y\\ \frac{1}{\psi}\psi_y & -\frac{1}{\psi}(\sigma-\psi_y)\end{pmatrix}\begin{pmatrix}a\\ b\end{pmatrix}=\begin{pmatrix}0\\ 0\end{pmatrix}\tag{26.39}$$

然后，利用

$$c=2\left(\frac{\partial a}{\partial x}+\psi\frac{\partial a}{\partial y}\right)\tag{26.40}$$

确定函数 $c(x,y)$. 在 $\overline{R_{\overline{R}}}$ 中，方程组(26.39)是一个蜕化对称双曲组. 我们可以讨论此方程组满足初始条件

$$(b-a)\big|_{y=0}=w_0(x)\in c_0^{\infty}(\overline{R}_x^+) \qquad (26.41)$$

的初值问题，此初值问题的适定性是引理 2 证明的基础.

引理 26.3 初值问题(26.39),(26.41)存在唯一的属于 $c^{\infty}(\overline{R_{\overline{R}}})$ 的解

$$a(x,y) \text{ 和 } b(x,y)$$

证明 首先，作未知函数变换

$$\begin{pmatrix} a \\ b \end{pmatrix}=\begin{pmatrix} 1 & 0 \\ \psi & 1 \end{pmatrix}\begin{pmatrix} \tilde{a} \\ \tilde{b} \end{pmatrix}=M\begin{pmatrix} \tilde{a} \\ \tilde{b} \end{pmatrix} \qquad (26.42)$$

将此代入方程组(26.39)，再左乘矩阵 $\boldsymbol{M}^{i}$，将初值问题(26.39),(26.41) 化成关于 $\tilde{a}$,$\tilde{b}$ 的初值问题

$$\begin{pmatrix} \psi(1-\psi) & 1-\psi \\ 1-\psi & -1 \end{pmatrix}\frac{\partial}{\partial x}\begin{pmatrix} \tilde{a} \\ \tilde{b} \end{pmatrix}+\begin{pmatrix} \psi(1-\psi) & 0 \\ 0 & -1 \end{pmatrix}\frac{\partial}{\partial y}\begin{pmatrix} \tilde{a} \\ \tilde{b} \end{pmatrix}+$$

$$\frac{1}{2}\begin{pmatrix} (1-2\psi)\psi_x-\psi\psi_y+\sigma(1-\psi) & -\psi_y-\sigma \\ \dfrac{1}{\psi}(1-2\psi)\psi_x-\psi_y-\sigma & \dfrac{1}{\psi}(\psi_y-\sigma) \end{pmatrix}\begin{pmatrix} \tilde{a} \\ \tilde{b} \end{pmatrix}$$

$$=\begin{pmatrix} 0 \\ 0 \end{pmatrix}, \text{在 } R_{\overline{R}} \text{ 中} \qquad (26.43)$$

$$\tilde{b}\big|_{y=0}=w_0(x) \qquad (26.44)$$

再引进函数 w^+ 和 w^-

$$\begin{pmatrix} w^+ \\ w^- \end{pmatrix}=\begin{pmatrix} \sqrt{\psi^2-\psi} & 1 \\ -\sqrt{\psi^2-\psi} & 1 \end{pmatrix}\begin{pmatrix} \tilde{a} \\ \tilde{b} \end{pmatrix}$$

将初值问题(26.43),(26.44) 化成关于 w^+,w^- 的初值问题

$$\begin{cases}\sqrt{\psi^{2}-\psi}\left[\left(1+\sqrt{1-\dfrac{1}{\psi}}\right)\dfrac{\partial}{\partial x}+\dfrac{\partial}{\partial y}\right]w^{+}+\\ \dfrac{1}{2}\left[\sigma\left(1+\sqrt{1-\dfrac{1}{\psi}}\right)+\left(1-\sqrt{1-\dfrac{1}{\psi}}\right)\psi_{y}\right]w^{+}=0\\ \sqrt{\psi^{2}-\psi}\left[\left(1-\sqrt{1-\dfrac{1}{\psi}}\right)\dfrac{\partial}{\partial x}+\dfrac{\partial}{\partial y}\right]w^{-}+\\ \dfrac{1}{2}\left[\sigma\left(\sqrt{1-\dfrac{1}{\psi}}-1\right)-\psi_{y}\left(1+\sqrt{1-\dfrac{1}{\psi}}\right)\right]w^{-}=0\end{cases}\tag{26.45}$$

及

$$w^{+}|_{y=0}=w^{-}|_{y=0}=w_{0}(x)\tag{26.46}$$

由初值问题(26.45),(26.46)解的唯一性立即推得初值问题(26.43),(26.44)解的唯一性,且解具有有限传播特性.注意到方程组(26.45)的系数关于 x 是光滑的,关于 y 是连续的,从而由一阶偏微分方程的特征理论可知,存在函数 $w^{\pm}\in c^{0}(\overline{R}_{y}^{-}),c^{\infty}(\overline{R}_{x}^{+})$ 满足式(26.45)和(26.46).这样,由方程组(26.43)不难知道 $\tilde{a}$ 和 $\tilde{b}$ 都是 $\overline{R}_{\overline{R}}$ 中的光滑函数,从而由变换关系(26.42)可知初值问题(26.39),(26.41)存在唯一的属于 $c^{\infty}(\overline{R}_{\overline{R}})$ 的解 $a(x,y)$ 和 $b(x,y)$.引理 26.3 得证.

下面,我们利用引理 26.3 完成引理 26.2 的证明.

引理 26.2 的证明.记点 A_1 的坐标为 $A_1(x_1,0)$,取光滑的初始函数 $w_0(x)$ 满足下述条件

$$w_0(x)=0,\text{当 } x\geqslant x_1 \text{ 时}$$

$$w_0(x)>0,\text{当 } 0\leqslant x\leqslant x_1 \text{ 时}$$

$$w'_0(x)<0,\text{当 } 0\leqslant x<x_1 \text{ 时}$$

对这样取定的初始函数 $w_0(x)$,由引理 26.3,存在唯

一的函数 $a(x,y),b(x,y)\in c^{\infty}(\overline{R}_{\overline{R}})$ 满足式(26.39)及(26.41)且由解的有限传播特性可知,$\overline{R}_{R}\cap\{(\text{supp }a)\cup(\text{supp }b)\}\subset\overline{G}_2$,利用波莱尔(Borel)技巧将 $a(x,y)$ 和 $b(x,y)$ 光滑地延拓到区域 $\{(x,y)\mid x\geqslant 0,y\geqslant 0\}$ 中,然后乘上适当的截断函数 $\zeta(y)$.(函数 a,b 乘上 ζ 之后仍记为 a,b),使得 $G=\{\text{supp }a\}\cup\{\text{supp }b\}$ 为 $\overline{R}_R$ 中的紧子集. 再利用式(26.40)定义函数 $c(x,y)$. 这样得到的函数 $a(x,y),b(x,y)$ 和 $c(x,y)$ 满足引理的要求. 引理 26.2 得证.

注意到,函数 W^+ 和 W^- 是分别沿着算子 p 的右向和左向特征线积分得到的. 这样,由初始函数 $w_0(x)$ 的选取及(26.20)和(26.26)两式,不难看到成立下述结论.

推论 26.2 由引理 26.2 得到的函数 a,b,W^+ 及 W^- 满足下述关系:

(1)

$$W^->W^+>0,\text{在 }\overline{G}_1\backslash(\overline{AA_1}\cup\overline{A_1C})\text{ 中}\tag{26.47}$$

$$W^->0,W^+=0,\text{在 }G_2\backslash G_1\text{ 中}\tag{26.48}$$

(2)

$$a(x,0)=-\frac{1}{m}w_0(x),b(x,0)=\left(1-\frac{1}{m}\right)w_0(x)\tag{26.49}$$

(3)

$$\text{函数 }\rho=2\psi-\frac{b}{a}\geqslant\psi+\sqrt{\psi^2-\psi},\text{在 }\overline{G}_2\backslash\widehat{A_1C_2}\text{ 中}\tag{26.50}$$

(4) 对 $\forall (x_0, y_0, \xi_0, \eta_0) \in \{(x, y; \xi, \eta) \mid (x, y) \in \overline{G} \setminus \widehat{A_1 C_1}, \mathring{p}(x, y, \xi, \eta) = 0\}$ 成立

$$a(x_0, y_0)\xi_0 + b(x_0, y_0)\eta_0 \neq 0 \qquad (26.51)$$

由 a, b 与 W^+, W^- 之间的代换关系及式(26.48)可知，在 $G_2 \setminus \overline{G}_1$ 上

$$\rho = \psi + \sqrt{\psi^2 - \psi}$$

从而存在常数 $d_0 > 0$，使得函数 $\rho(0, y)$ 可延拓成 $y \leqslant d_0$ 上的光滑函数.

2. 关于变量 y 的拟微分算子

记 η 为变量 y 的对偶变量，令

$$q_\varepsilon(\eta) = (1 + \varepsilon^2 \eta^2)^{-1/2} \quad (0 \leqslant \varepsilon \leqslant 1) \qquad (26.52)$$

取函数 $\chi(x, y) \in c_0^\infty(\mathcal{N})$，在由式(26.29)定义的 G 上，$\chi = 1$. 记以 $\chi(x, y) q_\varepsilon(\eta)$ 为象征的拟微分算子为 Q_ε. 显然

$$Q_\varepsilon \in OpS^{-1}(R_y^1) \quad (0 < \varepsilon \leqslant 1) \qquad (26.53)$$

$$\{Q_\varepsilon \mid 0 \leqslant \varepsilon \leqslant 1\} \text{ 为 } OpS^0(R_y^1) \text{ 中的有界集} \qquad (26.54)$$

为了下面建立先验估计时方便，我们先对算子 p 作一点改变，令

$$\omega(x, y) = -\mu\varphi^{-1}(y - x) \qquad (26.55)$$

其中，μ 为待定的常数，φ^{-1} 表示函数 φ 的逆函数. 记算子

$$p_\mu = p + 2(\psi - 1)\mu \frac{1}{\varphi'} \frac{\partial}{\partial x} + \psi(\alpha y \mu^2 + \mu p_1)$$

$$= \frac{\partial^2}{\partial x^2} + 2\psi \frac{\partial^2}{\partial x \partial y} + \psi \frac{\partial^2}{\partial y^2} + (\gamma_1 - 2\mu\psi\alpha y \varphi') \frac{\partial}{\partial x} + \gamma_2 \frac{\partial}{\partial y} + (\gamma_0 + \psi\alpha y \mu^2 + \mu p_1 \psi)$$

不难看到

$$p_\mu(\mathrm{e}^\omega u)=\mathrm{e}^\omega pu \tag{26.56}$$

取截断函数 $\chi_1 \in c_0^\infty(\mathcal{N})$，在 supp χ 上，$\chi_1=1$. 记以 $\chi_1(x,y)(1+\varepsilon y^2)^{-1}$ 为象征的拟微分算子为 B_ε，显然

$$B_\varepsilon \in OpS^{-2}(R_y^1) \quad (0<\varepsilon\leqslant 1) \tag{26.57}$$

$$\{B_\varepsilon \mid 0\leqslant\varepsilon\leqslant 1\} \text{ 为 } OpS^0(R_y^1) \text{ 中的有界集} \tag{26.58}$$

记

$$p_{\mu,\varepsilon}=\frac{\partial^2}{\partial x^2}+2\psi\frac{\partial^2}{\partial x\partial y}+\psi\frac{\partial^2}{\partial y^2}+\tilde{\gamma}_1\frac{\partial}{\partial x}+\tilde{\gamma}_2\frac{\partial}{\partial y}+$$

$$2\psi_v B_\varepsilon\frac{\partial}{\partial x}+\psi_y B_\varepsilon\frac{\partial}{\partial y}+\tilde{\gamma}_0 \tag{26.59}$$

其中

$$\tilde{\gamma}_1=\gamma_1-2\psi_y-2\mu\psi\alpha y\varphi' \tag{26.60}$$

$$\tilde{\gamma}_2=\gamma_2+(\sigma-\psi_y) \tag{26.61}$$

$$\tilde{\gamma}_0=\gamma_0+\psi\alpha\mu^2 y+\mu\psi p_1 \tag{26.62}$$

直接计算换位算子$[p_\mu, Q_\varepsilon]$，结合引理 2 可得

$$p_{\mu,\varepsilon}\left(a\frac{\partial}{\partial x}+b\frac{\partial}{\partial y}\right)Q_\varepsilon$$

$$=\left(a\frac{\partial}{\partial x}+b\frac{\partial}{\partial y}+c\right)Q_\varepsilon p_\mu+$$

$$\left(R_{(0)}\frac{\partial^2}{\partial x^2}+2R_{(1)}\frac{\partial^2}{\partial x\partial y}+R_{(0)}\frac{\partial^2}{\partial y^2}\right)Q_\varepsilon+$$

$$R_{\mu,\varepsilon}^{(1)}\frac{\partial}{\partial x}+R_{\mu,\varepsilon}^{(2)}\frac{\partial}{\partial y}+R_{\mu,\varepsilon}^{(3)}+R_{\mu,\varepsilon}^{(4)}\frac{\partial^2}{\partial x^2} \tag{26.63}$$

其中，对取定的常数 μ

$$\{R_{\mu,\varepsilon}^{(i)} \mid 0\leqslant\varepsilon\leqslant 1, i=1,2,3\} \text{ 是 } OpS^0(R_y^1) \text{ 中的有界集} \tag{26.64}$$

$$\{R_{\mu,\varepsilon}^{(4)} \mid 0 \leqslant \varepsilon \leqslant 1\} \text{ 是 } OpS^{-1}(R_y^1) \text{ 中的有界集} \tag{26.65}$$

并且,当$(x,y) \notin G$时,它们的象征

$$\sigma(R_{\mu,\varepsilon}^{(i)}) = 0 \quad (1 \leqslant i \leqslant 4) \tag{26.66}$$

26.4　定理 26.2′ 的证明

在本节中,我们利用 26.2 节和 26.3 节的结果证明定理 26.2′. 在 26.1 节中,我们已指出,只要对 $k=1$ 的情况证明定理 26.2′ 即可.

取截断函数 $\zeta(x,y) \in c_0^\infty(\mathscr{N})$,在 $\operatorname{supp} \chi_1$ 上,$\zeta = 1$,这里 χ_1 是在 26.3 节中定义拟微分算子 B_ε 时所取定的函数,$\mathscr{N}$ 为定理 26.2′ 中所给的点 A 在 $\overline{R}_R$ 中的一个邻域. 在本节中,凡是在 26.3 节中出现过的记号,我们不再一一说明. 记

$$w_\varepsilon = \left(a\frac{\partial}{\partial x} + b\frac{\partial}{\partial y}\right) Q_\varepsilon(\mathrm{e}^w u) \tag{26.67}$$

其中,$\omega(x,y) = -\mu\varphi^{-1}(y-x)$. 我们在下面证明可选取适当的正常数 μ,使得

$$\| w_\varepsilon \|_{H^1(R_R)} \leqslant c \quad (0 < \varepsilon \leqslant 1) \tag{26.68}$$

其中,c 是与 ε 无关的常数.

如果式(26.68)成立,那么由巴拿赫－萨克斯(Banach-Saks)定理立即可得

$$\begin{aligned} w &= \left(a\frac{\partial}{\partial x} + b\frac{\partial}{\partial y}\right) Q_0(\mathrm{e}^w u) \\ &= \left(a\frac{\partial}{\partial x} + b\frac{\partial}{\partial y}\right)(\mathrm{e}^\omega u) \in H^1(R_R) \end{aligned} \tag{26.69}$$

由此结合 $u \in H^1(\mathcal{N})$ 即得

$$au_{xx} + bu_{xy}, au_{xy} + bu_{yy} \in L^2(R_R)$$

而由原方程得

$$u_{xx} + 2\psi u_{xy} + \psi u_{yy} \in L^2(R_R)$$

从而利用推论 2 之(ii) 可知，存在点 A 的 $\overline{R}_R$ 中的一个邻域 $\mathcal{N}_2$ 使得 $u \in H^2(\mathcal{N}_2)$，这就证明了定理 26.2′.

下面，我们证明式(26.69) 成立. 我们依次讨论 w_ε 满足的方程和边界条件. 首先，由式(26.63) 推得 w_ε 在分布意义下满足方程

$$p_{u,\varepsilon} w_\varepsilon = g_{\mu,\varepsilon} \quad 在\ R_R\ 中 \tag{26.70}$$

其中

$$g_{\mu,\varepsilon} = g_{\mu,\varepsilon}^{(1)} + g_{\mu,\varepsilon}^{(2)} + g_{\mu,\varepsilon}^{(3)} + g_{\mu,\varepsilon}^{(4)} \tag{26.71}$$

$$g_{\mu,\varepsilon}^{(1)} = \left(a\frac{\partial}{\partial x} + b\frac{\partial}{\partial y} + c\right) Q_\varepsilon p_\mu(\mathrm{e}^w \zeta u) \tag{26.72}$$

$$g_{\mu,\varepsilon}^{(2)} = \left(R_{\mu,\varepsilon}^{(1)} \frac{\partial}{\partial x} + R_{\mu,\varepsilon}^{(2)} \frac{\partial}{\partial y} + R_{\mu,\varepsilon}^{(3)}\right)(\mathrm{e}^w \zeta u) \tag{26.73}$$

$$g_{\mu,\varepsilon}^{(3)} = R_{\mu,\varepsilon}^{(4)} \frac{\partial^2}{\partial x^2}(\mathrm{e}^w \zeta u) \tag{26.74}$$

$$g_{\mu,\varepsilon}^{(4)} = \left(R_{(0)} \frac{\partial^2}{\partial x^2} + 2R_{(1)} \frac{\partial^2}{\partial x \partial y} + R_{(2)} \frac{\partial^2}{\partial y^2}\right) Q_\varepsilon(\mathrm{e}^w \zeta u) \tag{26.75}$$

由此，我们不难由式(26.56) 及式(26.64)，(26.65) 推出

$$\| g_{\mu,\varepsilon}^{(i)} \|_{L^2(R_R)} \leqslant c_\mu \quad (1 \leqslant i \leqslant 3)$$

这里及下文中 c_μ 均表示依赖于 μ 而与 $\varepsilon(0 \leqslant \varepsilon \leqslant 1)$ 无关的常数. 关于 $g_{\mu,\varepsilon}^{(4)}$，只要注意到 $\operatorname{supp} R_{(i)} \subset G(i=0,$

1,2),而在 G 上,$\chi(x,y)=1$,故

$$g_{\mu,\varepsilon}^{(4)}=Q_\varepsilon[R_{(0)}(\mathrm{e}^{\omega}\zeta u)_{xx}]+2Q_\varepsilon[R_{(1)}(\mathrm{e}^{\omega}\zeta u)_{yy}]+$$
$$Q_\varepsilon[R_{(2)}(\mathrm{e}^{\omega}\zeta u)_{yy}]+([R_{(0)},Q_\varepsilon]\frac{\partial^2}{\partial x^2}+$$
$$2[R_{(1)},Q_\varepsilon]\frac{\partial^2}{\partial x\partial y}+[R_{(2)}Q_\varepsilon]\frac{\partial^2}{\partial y^2})(\mathrm{e}^{w}\zeta u)$$

这样,由 $R_{(i)}(i=0,1,2)$ 的性质(26.33)结合引理26.1之(ii),即可推得

$$\| g_{\mu,\varepsilon}^{(4)} \|_{L^2(R_R)} \leqslant c_\mu$$

从而,对取定的常数 μ,方程(26.69)的右端 $g_{\mu,\varepsilon}$ 的 $L^2(R_R)$ 范数关于 $\varepsilon(0\leqslant\varepsilon\leqslant 1)$ 一致有界,即

$$\| g_{\mu,\varepsilon} \|_{L^2(R_R)} \leqslant c_\mu \tag{26.75}$$

我们再分析 w_ε 在边界 $x=0$ 上满足的条件.首先,由引理26.1之(i),我们容易看到

$$\| w_\varepsilon |_{x=0} \|_{L^2(R_v^1)} \leqslant c_\mu \tag{26.77}$$

其次,由推论2,我们知道,存在常数 $d_0>0$,使得函数

$$\rho(x,y)\Big|_{x=0}=\left(2\psi-\frac{b}{a}\right)\Big|_{x=0}$$

可延拓成 $y\leqslant d_0$ 上的有定义的光滑函数,并且成立

$$\begin{cases}\rho(0,Y)=\psi+\sqrt{\psi^2-\psi} & \text{当 } Y\leqslant Y_1 \text{ 时}\\ \rho(0,Y)>\psi+\sqrt{\psi^2-\psi} & \text{当 } Y_1<Y\leqslant 0 \text{ 时}\end{cases} \tag{26.78}$$

这里,Y_1 是点 $c_1(0,Y_1)$ 的纵坐标.同时,直接计算可得

$$\left(\frac{\partial}{\partial x}+\rho\frac{\partial}{\partial y}\right)\left(a\frac{\partial}{\partial x}+b\frac{\partial}{\partial y}\right)$$
$$=a(p-\gamma_0)+\rho_1\frac{\partial^2}{\partial y^2}+\rho_2\frac{\partial}{\partial x}+\rho_3\frac{\partial}{\partial y}$$

其中

$$\rho_1 = -\frac{1}{a}(\psi a^2 - 2\psi ab + b^2)$$

$$\rho_2 = (a_x - \gamma_1 a + \rho a_y)$$

$$\rho_3 = (b_x - \gamma_2 a + \rho b_y)$$

由此不难推得

$$\| D(\zeta_1 w_\varepsilon) \|_{L^2(R_y^1)} \leqslant c_\mu \tag{26.79}$$

其中

$$D = \frac{\partial}{\partial x} + \rho \frac{\partial}{\partial y} \tag{26.80}$$

$\zeta_1(y) \in c^\infty(R_y^1)$，当 $y \geqslant d_0$ 时，$\zeta_1 = 0$，当 $y \leqslant \frac{1}{2}d_0$ 时，$\zeta_1 = 1$.

这里，需要指出，在 $\overline{c_1 c_2}$ 上，算子 $D = \frac{\partial}{\partial x} + \rho \frac{\partial}{\partial y}$ 对于算子 p 不满足 Majda 和 Osher 的全反射(perfectly reflecting) 条件.

有了上述分析，我们只要利用下述引理即可证得式(26.68).

引理 26.4 对于上述算子 $p_{\mu,\varepsilon}$，存在常数 $\mu_0, d'_0 > 0(d'_0 \leqslant d_0)$，使得，对 $\forall u \in c^2(\overline{R}_K)$

$$\mathrm{supp}\, u \subset G \cap \{(x, y) \mid y < d'_0\}, u|_{x=0} = 0$$

成立

$$\| u \|^2_{H^1(R_R)} + \| u_y \|^2_{L^2(R_y^1)} \leqslant c\{ \| p_{\mu_0,\varepsilon} u \|^2_{L^2(R_y^1)} + \| u \|^2_{L^2(R_K)} + \| u \|^2_{L^2(R_y^1)} + \| Du \|^2_{L^2(R_y^1)} \} \tag{26.81}$$

其中，c 是与 u 及 $\varepsilon(0 < \varepsilon \leqslant 1)$ 无关的常数，$\| \cdot \|_{L^2(R_y^1)}$

表示在 $x=0$ 上的 $L^2(R'_y)$ 范数.

此引理的证明,我们放在 26.5 节中进行,在此先利用此引理完成验证定理 26.2′ 的证明.

当截断函数 $\zeta_2(y)\in c^{\infty}(R_y^1)$,当 $y\geqslant d'_0$ 时,$\zeta_2=0$,当 $y\leqslant\frac{1}{2}d'_0$ 时,$\zeta_2(y)=1$. 取定常数 μ,对 $(\zeta_2 w_\varepsilon)$ $(0<\varepsilon\leqslant 1)$ 应用引理 26.4,由(26.69),(26.75),(26.77) 及(26.77) 各式推得式(26.68) 成立,这样就证明了定理 26.2′.

26.5　引理 26.4 的证明

我们用能量积分方法证明引理 26.4,令

$$S=\frac{\psi}{\varphi'\psi_y}$$

注意到式(26.25),我们可以选取函数 $t(x,y)$ 满足

$$\left[\alpha t+\frac{2S}{\varphi'\psi}\left(\gamma_1-\gamma_2+\frac{1}{m}\alpha\varphi'^2\right)\right]\Big|_{y=0}>0$$

$$\text{在 } \overline{G}\cap\{(x,y)\mid_{y=0} x\geqslant 0\} \text{ 上}$$

$$t+S\varphi'=t+\frac{\psi}{\psi_y}<0,\text{在 } \partial G\cap\{(x,y)\mid x=0\} \text{ 上}$$

$$S^2+\alpha y t^2>0,\text{在 } \overline{G} \text{ 上}$$

这里,区域 G 由引理 2 所定义. 取 $a=(t+S\varphi')/\psi$,$b=t/\psi$,$c=-S\mu/\psi$. 其中,μ 为待定常数,利用分部积分直接计算可得

$$\iint_{R_R}(au_x+bu_y+cu)(p_{\mu,\varepsilon}u)\,\mathrm{d}x\mathrm{d}y$$

$$
\begin{aligned}
&= \frac{1}{2}\int_{-\infty}^{t_\infty} ({}^tU_1 \cdot \beta U_1)\mathrm{d}y + \\
&\quad \frac{1}{2}\iint_{R_R} ({}^tV \cdot KV)\mathrm{d}x\mathrm{d}y + \\
&\quad \iint_{R_R} (au_x + bu_y + cu)[\psi_y B_\varepsilon(2u_x + u_y)]\mathrm{d}x\mathrm{d}y
\end{aligned} \tag{26.82}
$$

其中

$$
{}^tU_1 = (u, u_y, u_x + \rho u_y) = (u, u_y, Du)
$$

$$
{}^tV = (v_0, v_1, v_2) = (u, u_x, u_x + u_y)
$$

$\boldsymbol{\beta}$ 和 $\boldsymbol{K}$ 为对称矩阵

$$
\boldsymbol{\beta} = (\beta_{ij})_{0\leqslant i,j\leqslant 2}, \boldsymbol{K} = (K_{ij})_{0\leqslant i,j\leqslant 2}
$$

这里

$$
\begin{aligned}
\beta_{11} &= -[a\rho^2 - 2b\rho + \psi(2b - a)] \\
&= \frac{1}{\psi}[-(t + S\varphi')\rho^2 + 2t\rho - \psi(t - S\varphi')]
\end{aligned}
$$

由式(26.82)及推论 2 之(iii)即可推得

$$
\beta_{11} > 0, \text{在 } \partial G \cap \{(x, y) |_{x=0}, y \leqslant d_0\} \text{ 上}
$$

从而可知，对 $\forall u \in c^2(\overline{R}_R)$，$\mathrm{supp}\, u \subset G \cap \{(x, y) \mid y < d_0\}$，$u|_{x=0} = 0$ 成立

$$
\begin{aligned}
&\frac{1}{2}\int_{-\infty}^{+\infty} ({}^tU_1 \cdot \beta U_1)\mathrm{d}y \\
&\geqslant c \| u_y \|_{L^2(R'_y)}^2 - c'(\| u \|_{L^2(R_y^1)}^2 + \| Du \|_{L^2(R_y^1)}^2)
\end{aligned} \tag{26.83}
$$

另外，只要注意到

$$
\iint_{R_R} (v_1 \cdot B_\varepsilon v_1)\mathrm{d}x\mathrm{d}y \geqslant 0
$$

及

$$\iint_{R_R}(v_2 \cdot B_\varepsilon v_2)\mathrm{d}x\mathrm{d}y \geqslant 0$$

就可推得

$$\begin{aligned}&\iint_{R_R}(au_x + bu_y + cu)[\psi_y B_e(2u_x + u_y)]\mathrm{d}x\mathrm{d}y \\ =&\iint_{R_R}(v_1 \cdot B_\varepsilon v_1)\mathrm{d}x\mathrm{d}y + \iint_{R_R}(v_1 \cdot B_\varepsilon v_2)\mathrm{d}x\mathrm{d}y + \\ &\iint_{R_R}\left[\frac{1}{\psi}\psi_y(tv_2 - \mu S v_0)B_\varepsilon v_1\right]\mathrm{d}x\mathrm{d}y + \\ &\iint_{R_R}\left[\frac{1}{\psi}\psi_y(tv_2 - \mu S v_0)B_\varepsilon v_2\right]\mathrm{d}x\mathrm{d}y \\ \geqslant& -\delta\|v_1\|^2_{L^2(R_R)} - c_1(\delta)\|v_2\|^2_{L^2(R_R)} - \\ &c_2(\delta,\mu)\|v_0\|^2_{L^2(R_R)}\end{aligned} \tag{26.84}$$

其中,δ 是充分小的正常数,$c_1(\delta)$ 和 $c_2(\delta,\mu)$ 是与 v_0,v_1,v_2 及 $\varepsilon(0<\varepsilon\leqslant 1)$ 无关的正常数.

可选取充分大的正常数 μ_0 及正常数 $d(\mu_0)$ 使得对 $\forall u\in c^2(\overline{R}_R)$,$\mathrm{supp}\, u\subset \overline{G}\cap\{(x,y)\mid y\leqslant d(\mu_0)\}$,成立

$$\begin{aligned}&\iint_{R_R}\{\frac{1}{2}({}^tV \cdot KV) + (au_x + \\ &bu_y + cu)[\psi_y B_\varepsilon(2u_x + u_y)]\}\mathrm{d}x\mathrm{d}y \\ &\geqslant c\|u\|^2_{H^1(R_R)} - c'\|u\|^2_{L^2(R_R)}\end{aligned} \tag{26.85}$$

其中,常数 c,c' 与 $\varepsilon(0<\varepsilon\leqslant 1)$ 无关.

现在取定常数 $\mu=\mu_0$,$d'_0=\min\{d_0,\mu(d_0)\}$,由式(26.82),(26.83)及(26.85)推得,对 $\forall u\in c^2(\overline{\Omega})$, supp $u\subset G\cap\{(x,y)\mid y<d'_0\}$, $u|_{x=0}=0$ 成立

$$\begin{aligned}&\iint_{R_R}(au_x+bu_y+cu)\cdot(\rho_{\mu_0,\varepsilon}u)\mathrm{d}x\mathrm{d}y\\ \geqslant\ & c(\|u\|^2_{H^1(R_R)}+\|u_y\|^2_{L^2(R^1_y)})-\\ & c'(\|u\|^2_{L^2(R_R)}+\|u\|^2_{L^2(R^1_y)}+\|Du\|^2_{L^2(R^1_y)})\end{aligned}$$

其中,常数 c,c' 与 $u,\varepsilon(0<\varepsilon\leqslant 1)$ 无关. 由此即得式(26.81)成立,引理 26.4 得证.

关于广义特里谷米问题[①]

第27章

自特里谷米讨论混合型方程

$$yu_{xx}+u_{yy}=0 \tag{27.1}$$

以来,已有许多学者对此方程作了进一步的研究.对于带低阶项的方程

$$Lu=yu_{xx}+u_{yy}+au_x+bu_y+cu=f \tag{27.2}$$

的讨论,近年来也有所进展[②].1986年,复旦大学的洪家兴,孙龙祥两位教授在包含直线 $y=0$ 的一部分的混合型区域内,讨论了方程(27.2)的某些边值问题,证明了这些边值问题 H^1 强解的存在性及该问题的弗雷德霍姆性质.

① 选自《复旦学报(自然科学版)》,1986年6月,第25卷第2期.

② Smirnov, Equations of Mixed Type, Moscow,1970.
Babenko, Uspehi, Math. Nauk. ,8(2)(1953)54.
孙和生,中国科学,2(1981)149.

Tricomi 问题

设有界区域Ω的边界$\partial\Omega=\gamma\cup\gamma_+$，且$\partial\Omega$与直线$y=0$的交点为$A(0,0)$，$B(l,0)$. 这里$l$为一正常数. γ_+是从点B出发的左向特征线，记为$\widehat{BC}$，表示为$x=x_+(y)$，$-h\leqslant y\leqslant 0$，h为一正常数. 显然在$\widehat{BC}$上满足

$$\frac{\mathrm{d}x_+}{\mathrm{d}y}=\sqrt{-y}$$

γ是一充分光滑的曲线，在下半平面的部分记为$\widehat{CA}$，表示为$x=x_-(y)$，$-h\leqslant y\leqslant 0$. 在上半平面的部分记为$\widehat{AB}$.

设方程(27.2)在区域Ω上满足下述条件：存在一正常数δ，使得

(H_1) $\delta>\max\limits_{-h\leqslant y\leqslant 0}\left(\left|\frac{\mathrm{d}x_-}{\mathrm{d}y}\right|,\left|\frac{\mathrm{d}x_+}{\mathrm{d}y}\right|\right)$和$\frac{1}{2}-\delta a(x,0)>0$，$0\leqslant x\leqslant l$；

(H_2) 在点B，$n_2-\delta n_1>0$，其中(n_1,n_2)为γ的外法向；

$(\mathrm{H}_3)_1$ 在γ上，$yn_1^2+n_2^2>0$.

或

$(\mathrm{H}_3)_2$ $\widehat{CA}$为特征，即$\frac{\mathrm{d}x_-}{\mathrm{d}y}=-\sqrt{-y}$，$\gamma$在点$A$为小于$\pi$的角点.

在假设(H_1)—(H_3)下，我们讨论边值问题

$$\begin{cases}(L-\lambda)u=f\text{，在 }\Omega\text{ 内}\\ u=0\text{，在 }\gamma\text{ 上}\end{cases}\tag{27.3}$$

主要结论如下：

定理 27.1 设条件(H_1)—(H_3)满足，那么(1)存在一常数λ_1，使得$\forall\lambda\geqslant\lambda_1$，$\forall f\in L^2(\Omega)$，问题(27.3)

存在唯一的强解 $u \in H^1(\Omega)$. (2) 问题(27.3) 有弗雷德霍姆性质.

这一定理说明,特里谷米问题和广义特里谷米问题就存在性和唯一性而言,具有类似于椭圆型方程的狄利克雷问题的性质,且当 λ 适当正时,其唯一性就保证了存在性. 关于唯一性已有很多文章作了研究. 因此,我们不再进行讨论,下面,我们作几点补充说明.

注 1　当 $a(x,0) \leqslant 0$ 时,条件(H_1) 总是满足的,特别当 $a(x,0)=0$ 时,就对应巴宾科(Babenko) 的条件[①]. 事实上,本章还取消了其中关于 l 的限制,即在 $a(x,0) \equiv 0$ 的条件下,蜕型线的长度无需限制.

注 2　若 $\overset{\frown}{CA}$ 为特征,而 $\overset{\frown}{ABC}$ 为光滑的曲线,代替原来的曲线 γ,则条件(H_1) 应改为

$$\frac{1}{2}+\delta a(x,0)>0$$

注 3　在保持式(27.2) 的主部形状的自变数相似变换下

$$\bar{x}=\mu x,\bar{y}=\mu^{2/3}y,\mu \in R_+^1$$

条件(H_1)—(H_3) 是不变的.

本章采用了在 L_2 积分意义下的许瓦兹交替法,证明了定理 27.1. 类似地[②],用切边算子及延拓系统的方法可得到高阶可微分解及古典解.

记

---

① Babenko, Uspehi. Math. Nauk. ,8(2):(1953)54.

② 洪家兴,复旦学报(自然科学版),20(1981),434.

$$\Sigma_2=\{(x,y)\mid (x,y)\in\overline{\Omega},y=d\} \quad (27.4)$$

其中 d 为正常数,其大小以后将说明,又记

$$\Sigma_1=\{(x,y)\mid \varphi(x,y)=0,(x,y)\in\overline{\Omega}\}$$

这里 φ 是定义在 Σ_1 附近的光滑函数,且满足

$$yn_1\varphi_x+n_2\varphi_y=0,\text{在 }\Sigma_1\cap\gamma \quad (27.5)$$

和

$$\frac{d}{4}\leqslant y<\frac{d}{2},\text{当}(x,y)\in\Sigma_1 \quad (27.6)$$

Σ_1,Σ_3 把区域 Ω 分成重叠的两个子区域. 设

$$\Omega_m=\{(x,y)\in\Omega\mid y<d\}$$

$$\Omega_0=\{(x,y)\in\Omega\mid (x,y)\text{ 在 }\Sigma_1\text{ 的上方}\}$$

27.1 在混合型区域 Ω_m 上

边值问题 T_m

$$(L-\lambda)u=f,\text{在 }\Omega_m\text{ 上} \quad (27.7)$$

$$u=0,\text{在 }\gamma\cap\partial\Omega_m \quad (27.8)$$

$$u=\tau,(x,y)\in\Sigma_2 \quad (27.9)$$

其先验估计,可化为正对称组后导出. 令未知函数的变换

$$v=\exp\left\{-\left[\left(\frac{\mu}{2\delta}+\frac{\nu}{2}\right)x+\frac{\mu}{4\delta^2}y^3\right]\right\}\cdot u \quad (27.10)$$

其中 μ,ν 为待定常数. 式(27.7)—(27.9) 可化为

$$(\tilde{L}-\lambda)v=\tilde{f},\text{在 }\Omega_m\text{ 内} \quad (27.7')$$

$$v=0,(x,y)\in\frac{\partial\Omega_m}{\Sigma_2\cup\gamma_+} \quad (27.8')$$

$$v=\tau(x),(x,y)\in\Sigma_2 \quad (27.9')$$

其中

$$\begin{cases}\tilde{L}=y\dfrac{\partial^2}{\partial x^2}+\dfrac{\partial^2}{\partial y^2}+\tilde{a}\dfrac{\partial}{\partial x}+\tilde{b}\dfrac{\partial}{\partial y}+\tilde{c}\\ \tilde{a}=a+y\left(\dfrac{\mu}{\delta}+\nu\right)\\ \tilde{b}=b+\dfrac{\mu}{\delta^2}y\\ \tilde{c}=c+\dfrac{\mu}{\partial\delta^2}+a\left(\dfrac{\mu}{\partial\delta}+\dfrac{\nu}{2}\right)+\\ \qquad\dfrac{\mu^2}{4\delta^4}\left\{y^2+y\left[\left(\delta+\dfrac{\delta^2}{\mu}\nu\right)^2+\dfrac{2\delta^2}{\mu}b\right]\right\}\end{cases} \tag{27.11}$$

$\tilde{f}$,$\tilde{\tau}$也有相应的表达式,为简单起见,以后仍记为f,τ. 显然, 在古典解或$H^1(\Omega_m)$的强解意义下式(27.7)～(27.8)和式(27.7′)～(27.8′)是等价的. 由于区域Ω是有界的,故对固定的μ,ν而言,这两个问题的先验估计也是等价的. 下面转入对式(27.7′)～(27.8′)的讨论.

令

$${}^{t}\mathbf{V}=(v_0,v_1,v_2),v_0=\nu,v_1=\frac{\partial\nu}{\partial x},v_2=\frac{\partial\nu}{\partial y} \tag{27.12}$$

那么式(27.7′)化为一阶组

$$K_\mu\mathbf{V}=\mathbf{A}\frac{\partial\mathbf{V}}{\partial x}+\mathbf{B}\frac{\partial\mathbf{V}}{\partial y}+\mathbf{CV}=\mathbf{F},(x,y)\in\Omega_m \tag{27.13}$$

其中

$$\mathbf{A}=\begin{pmatrix}\delta\lambda & -y\mu & 0\\ -\mu y & -\delta y & y\\ 0 & y & \delta\end{pmatrix},\mathbf{B}=\begin{pmatrix}-\lambda & 0 & -\mu\\ 0 & -y & -\delta\\ -\mu & -\delta & 1\end{pmatrix}$$

$$\boldsymbol{C}=\begin{pmatrix} -\mu(\tilde{c}-\lambda) & -\mu\tilde{a}-\delta\lambda & \lambda-\mu\tilde{b} \\ -\delta(\tilde{c}-\lambda) & -\delta\tilde{a}+\mu y & -\delta\tilde{b} \\ (\tilde{c}-\lambda) & \tilde{a} & \mu+\tilde{b} \end{pmatrix} \tag{27.14}$$

$\boldsymbol{F}=(-\mu f,-\delta f,f)^t$. 事实上,式(27.13)是下述三个方程

$$-\mu(\tilde{L}-\lambda)v+\delta\lambda\left(\frac{\partial\nu}{\partial x}-v_1\right)-\lambda\left(\frac{\partial\nu}{\partial y}-v_2\right)=-\mu f$$

$$-\delta(\tilde{L}-\lambda)v+y\left(\frac{\partial^2 v}{\partial x\partial y}-\frac{\partial^2 v}{\partial y\partial x}\right)=-\delta f$$

$$(\tilde{L}-\lambda)v+\delta\left(\frac{\partial^2 v}{\partial x\partial y}-\frac{\partial^2 v}{\partial y\partial x}\right)=f$$

将式(27.12)代入后而得到的,记

$$\kappa=C+C^*-\frac{\partial A}{\partial x}-\frac{\partial B}{\partial y}$$

$$=\begin{pmatrix} -2\mu(\tilde{c}-\lambda) & -(\delta\tilde{c}+\tilde{a}\mu) & \tilde{c}-\mu\tilde{b} \\ -(\delta\tilde{c}+\tilde{a}\mu) & 1-2\delta(a+\nu y) & a+\nu y-b\delta \\ \tilde{c}-\mu\tilde{b} & a+\nu y-\delta b & 2b+2\frac{\mu}{\delta^2}(y+\delta^2) \end{pmatrix} \tag{27.15}$$

因为

$$1-2\delta(a+\nu y)$$
$$=1-2\delta a(x,0)-2\delta\left(\nu+\int_0^y\frac{\partial a(x,y')}{\partial y'}\mathrm{d}y'\right)y$$

注意到条件(H_1),选取充分大的 ν 和充分小的 $d>0$ 可使 $1-2\delta(a+\nu y)\geqslant \mathrm{const}>0$,当 $(x,y)\in\overline{\Omega}_m$ 时. 注意,d^y 的选取和 μ 无关,在子矩阵

$$\begin{pmatrix} 1-2\delta(a+\nu y) & a+\nu y-\delta b \\ a+\nu y-\delta b & 2b+2\dfrac{\mu}{\delta^2}(\delta^2+y) \end{pmatrix} \tag{27.16}$$

中，$a+\nu y-\delta b$ 与 μ 无关，由条件(H_1)和(H_3)得 $\delta^2+y>0$(当 $(x,y)\in\overline{\Omega}_m$ 时)，从而选取充分大的 μ 使式(27.16)在 $\overline{\Omega}_m$ 上正定. 回到式(27.15)，因 $\delta\tilde{c}+\bar{a}\mu$，$\tilde{c}-\mu\tilde{b}$ 均与 λ 无关，故可选取足够大的 λ_0，当 $\lambda\geqslant\lambda_0$ 时，使式(27.15)在 $\overline{\Omega}_m$ 上正定. 因而式(27.13)是正对称组. 从正对称组的能量不等式立即得

$$\begin{aligned}&\iint_{\Omega_m}K_\mu V\cdot V\mathrm{d}x\mathrm{d}y\\ &=\iint_{\Omega_m}\left(-\mu v-\delta\frac{\partial\nu}{\partial x}+\frac{\partial\nu}{\partial y}\right)\cdot(\tilde{L}-\lambda)v\mathrm{d}x\mathrm{d}y\end{aligned} \tag{27.17}$$

$$\begin{aligned}&\geqslant\int_{\partial\Omega_m}V\cdot(n_1A+n_2B)V\mathrm{d}s+\\ &\quad C_1\iint_{\Omega_m}(v^2+v_x^2+v_y^2)\mathrm{d}x\mathrm{d}y+\lambda\iint_{\Omega_m}v^2\mathrm{d}x\mathrm{d}y\end{aligned} \tag{27.18}$$

其中，C_1 是与 λ 无关的常数

$$n_1A+n_2B=\begin{pmatrix} \lambda(\delta n_1-n_2) & -y\mu n_1 & -\mu n_2 \\ -\mu y n_1 & -y(\delta n_1+n_2) & yn_1-\delta n_2 \\ -\mu n_2 & yn_1-\delta n_2 & \delta n_1+n_2 \end{pmatrix} \tag{27.19}$$

显然

$$n_1 A + n_2 B \geqslant 0, \text{在} \widehat{BC} \text{ 上} \tag{27.20}$$

事实上,在$\widehat{BC}$上,$n_1 > 0$,$-\dfrac{n_2}{n_1} = \dfrac{\mathrm{d}x_+}{\mathrm{d}y} = \sqrt{-y} < \delta$,代入式(27.19)后不难证得(27.20). 在 $\gamma \cap \partial\Omega_m$ 上,因 $v=0$ 及有条件(H_2)(H_3),得

$$\begin{aligned}
&\int_{\partial\Omega_m \cap \gamma} V \cdot (n_1 A + n_2 B) V \mathrm{d}s \\
&= \int_{\partial\Omega_m \cap \gamma_2} \sigma(n_1^2 y + n_2^2)(n_2 - \delta n_1) \mathrm{d}s \geqslant 0
\end{aligned}$$

其中,σ 是 $\gamma \cap \partial\Omega_m$ 上的非负函数. 最后,我们考虑 Σ_2 上的积分. 直接计算可得

$$\begin{aligned}
&\int_{\Sigma_1} V \cdot (n_1 A + n_2 B) V \mathrm{d}s \\
&\geqslant C_2 \int_{\Sigma_1} \left| \frac{\partial v}{\partial y} \right|^2 \mathrm{d}S - C_3 \int_{\Sigma_1} \left[v^2 + \left(\frac{\partial v}{\partial x} \right)^2 + \lambda v^2 \right] \mathrm{d}S
\end{aligned}$$

这里 C_3,C_2 也是与 λ 无关的常数. 另外

$$\begin{aligned}
&\left| \iint_{\Omega_m} \left(-\mu v - \delta \frac{\partial v}{\partial x} + \frac{\partial v}{\partial y} \right) \cdot (\widetilde{L} - \lambda) v \mathrm{d}x \mathrm{d}y \right| \\
&\leqslant \mathrm{const} \| (\widetilde{L} - \lambda) v \|_{L^1(\Omega_m)} \| v \|_{H^1(\Omega_m)}
\end{aligned}$$

结合式(27.18)和边界积分的估计就得存在与 λ 无关的常数 C,使得

$$\begin{aligned}
&\| v \|_{H^1(\Omega_m)}^2 + \left\| \frac{\partial v}{\partial y} \right\|_{L^2(\Sigma_2)}^2 + \lambda \| v \|_{L^2(\Omega_m)}^2 \\
&\leqslant C(\| (\widetilde{L} - \lambda) v \|_{L^2(\Omega_m)}^2 + \| v \|_{H^1(\Sigma_2)}^2 + \lambda \| v \|_{L^2(\Sigma_3)}^2)
\end{aligned} \tag{27.21}$$

由变换关系式(27.10),代回到 u,得

引理 27.1 当(H_1)—(H_3)满足时,存在正常数 d,λ_0,使得当 $\lambda \geqslant \lambda_0$ 时,$\forall u \in C^2(\overline{\Omega}_m)$,$u|_{\gamma \cap \partial\Omega_m} = 0$,有

$$
\begin{aligned}
&\| u \|_{H^1(\Omega_m)}^2 + \left\| \frac{\partial u}{\partial y} \right\|_{L^2(\Sigma_2)}^2 + \lambda \| u \|_{L^2(\Omega_m)}^2 \\
&\leqslant C(\| (\tilde{L} - \lambda) u \|_{L^3(\Omega_m)}^2 + \| u \|_{H^1(\Sigma_1)}^3 + \lambda \| u \|_{L^3(\Sigma_2)}^3)
\end{aligned}
\tag{27.22}
$$

式(27.22)和(27.21)中的C可能不同,但均与λ无关.

考虑式(27.7)—(27.9)的共轭问题

$$(L^* - \lambda) W = 0 \tag{27.23}$$

及

$$W = 0, (x, y) \in \partial\Omega_m, \text{当}(H_3)_1\text{满足时} \tag{27.24}$$

或

$$W = 0, (x, y) \in \partial\Omega_m \setminus \widehat{AC}, \text{当}(H_3)_2\text{满足时} \tag{27.25}$$

引理 27.2　设(H_1)—(H_3)满足,则在引理 27.1 所提及的Ω_m上(必要时,可缩小常数d),$\forall \lambda \geqslant \lambda_0$,问题(27.24)和(27.25)成立

$$\| (L^* - \lambda) W \|_{H^{-1}(\Omega_m)} \geqslant C \| W \|_{L^2(\Omega_m)} \tag{27.26}$$

证明　引理 27.2 的证明是标准的.这里仅对$(H_3)_1$的情形作一概述.首先,记

$$\tilde{L}_1 = -\mu - \delta \frac{\partial}{\partial x} + \frac{\partial}{\partial y}$$

和

$$
\begin{aligned}
L_1 = &\exp\left[\left(\frac{\mu}{2\delta} + \frac{\nu}{2}\right)x + \frac{\mu}{4\delta^2}y^2\right] \cdot \\
&\tilde{L}_1 \exp\left\{-\left[\left(\frac{\mu}{2\delta} + \frac{\nu}{2}\right)x + \frac{\mu}{4\delta^2}y^2\right]\right\}
\end{aligned}
$$

考虑一阶偏微分方程 $L_1u = W,(x,y) \in \Omega_m, u|_{\partial\Omega_m\setminus\gamma_+} = 0$. 在条件$(\mathrm{H}_2)$和$(\mathrm{H}_3)_1$下，可选取充分小的 d，使此一阶方程的柯西问题有解 $u \in C^2(\overline{\Omega}_m)$，当 $W \in C_c^2(\Omega_m)$ 时，因为 d 充分小时，过 $\partial\Omega_m\setminus\gamma_+$ 上的任一点的特征线均与 $\partial\Omega_m\setminus\gamma_+$ 没有其他交点. 从而

$$\|(L^* - \lambda)W\|_{H^{-1}(\Omega_m)} = \sup_{\substack{\psi\in H_1(\Omega_m)\\ \psi|\partial\Omega_m\setminus\gamma_+=0}} \frac{|((L^* - \lambda)W,\psi)|}{\|\psi\|_{H_1(\Omega_m)}}$$

$$\geqslant \frac{|((L^* - \lambda)W,u)|}{\|u\|_{H_1(\Omega_m)}}$$

$$= \frac{|(L_1u,(L-\lambda)u)|}{\|u\|_{H_1(\Omega_m)}}$$

注意到 L_1 的定义和式(27.17)，即得式(27.26). 应当指出，这里的 $H^{-1}_{(\Omega_m)}$ 是 $H^1_{(\Omega_m)}$ 中在 $\partial\Omega_m\setminus\gamma_+$ 上取值为零的闭子空间的对偶空间.

定理 27.1 若(H_1)—(H_3)满足，$\tau \in H_0^1(\Sigma_3)$，则存在 λ_0，使得 $\forall\lambda \geqslant \lambda_0, \forall f \in L^2(\Omega_m)$，(27.7) ~ (27.9) 存在唯一的强解 $u \in H^1(\Omega_m)$，且成立式(27.22).

证明 首先考虑$(\mathrm{H}_3)_1$的情形，设 $\tau \in C_0^\infty(\Sigma_3)$，那么在 Ω_m 上存在一光滑函数 $\tau(x,y)$，在 Σ_2 上等于 τ，而在 $\partial\Omega_m\setminus\gamma_+$ 上为零. 令 $u_1 = u - \tau(x,y)$，考虑关于 u_1 的边值问题

$$\begin{cases}(L-\lambda)u_1 = f - (L-\lambda)\tau(x,y) = \tilde{f} \\ u_1 = 0, \text{在 } \partial\Omega_m\setminus\gamma_+ \cup \Sigma_3 \text{ 上} \\ u_1 = 0, \text{在 } \Sigma_2 \text{ 上}\end{cases} \tag{27.27}$$

若 $f \in L^2(\Omega_m)$，则 $\tilde{f} \in L^2(\Omega_m)$，从而 $\forall W \in C^2(\overline{\Omega}_m)$，$W \mid \partial\overline{\Omega}_m = 0$. 由引理 27.2 得当 $\lambda \geqslant \lambda_0$ 时，$|(\tilde{f}, W)| \leqslant \|\tilde{f}\| \|W\| \leqslant C\|\tilde{f}\| \|(L^* - \lambda)W\|_{H^{-1}(\Omega_m)}$. 因此存在 $u_1 \in H^1(\Omega_m)$，$u_1 = 0$（在 $\partial\Omega_m \backslash \gamma_+$ 上），满足

$$(u_1, (L^* - \lambda)W) = (\tilde{f}, W), \forall W \in C^2(\overline{\Omega}_m), W \mid \partial\Omega_m = 0$$

显然，这是方程(27.27)的弱解. 又因为点 B 和点 C 是弱解等于强解的正则点，又知在 $\Sigma_2 \cap \partial\Omega$ 上的点，也是弱解等于强解的正则点，且 u_1 在这两点附近属于 H^2，从而 u_1 是方程(27.27)的强解. 自然 $u = u_1 + \tau(x, y)$ 也是方程(27.7)—(27.9)的强解. 成立估计式(27.22)是强解的自然推论.

当 $\tau \in H_0^1(\Sigma_2)$ 时，选取一列 $\tau_n \in C_0^\infty(\Sigma_2)$，使 $\tau_n \to \tau (n \to \infty)$，在 $H^1(\Sigma_2)$ 中. 由上述讨论知(27.7)—(27.9)关于 τ_n 的强解 u_n，仍满足式(27.22). 从式(27.22)立即可知 u_n 是 $H^1(\Omega_m)$ 中的柯西序列. 此序列的极限就是(27.7)—(27.9)的强解.

$(H_3)_2$ 的情形：关于弱解存在性的证明与 $(H_2)_1$ 的情形类同. 在讨论弱解等于强解时，在 $(H_3)_2$ 的情形，点 A 是例外点，在这点附近的强弱性一致的. 定理证毕.

27.2　在椭圆区域 Ω_e 上

在椭圆区域 Ω_e 上，考虑如下的边值问题

$$\begin{cases}(L-\lambda)u=f,\text{在 }\Omega_e\text{ 内} & (27.28)\\ u=0,\text{在 }\partial\Omega_e\backslash\Sigma_1\text{ 上} & (27.29)\\ \dfrac{\partial u}{\partial\nu}=yn_1\dfrac{\partial u}{\partial x}+n_2\dfrac{\partial u}{\partial y}=g,\text{在 }\Sigma_1\text{ 上} & (27.30)\end{cases}$$

因为在 $\overline{\Omega}_e$ 上，特里谷米算子是椭圆的，故 $\forall u\in C^2(\overline{\Omega}_e)$，$u|_{\partial\Omega_e\backslash\Sigma_1}=0$. 由 Garding 不等式，得

$$(-u,(L-\lambda)u)+\int_{\Sigma_1}u\frac{\partial u}{\partial\nu}\mathrm{d}S$$
$$\geqslant C\iint_{\Omega_e}(u_x^2+u_y^2)\mathrm{d}x\mathrm{d}y+(\lambda-C')\iint_{\Omega_e}u^2\mathrm{d}\Omega \tag{27.31}$$

其中，C,C' 是与 λ,u 无关的正常数. 以后若无特殊说明，C,C' 均表示与 λ,u 无关的常数. 注意到，$\forall\varepsilon_1>0$，有

$$\int_{\Sigma_1}u^2\mathrm{d}S\leqslant\varepsilon_1\iint_{\Omega_e}(u_x^2+u_y^2)\mathrm{d}x\mathrm{d}y+\frac{C}{\varepsilon_1}\iint_{\Omega_e}u^2\mathrm{d}x\mathrm{d}y \tag{27.32}$$

和 $\forall\delta>0$

$$\left|\int_{\Sigma_1}u\frac{\partial u}{\partial\nu}\mathrm{d}S\right|\leqslant\delta\left\|\frac{\partial u}{\partial\nu}\right\|^2_{L^1(\Sigma_1)}+\frac{1}{\delta}\|u\|^2_{L^1(\Sigma_1)}$$

结合式(27.31)可得

引理 27.3 存在常数 C,C' 使得 $\forall u\in C^2(\overline{\Omega}_e)$，$u|_{\partial\Omega_e\backslash\Sigma_1}=0$ 成立

$$C\|\nabla u\|^2_{L^2(\Sigma_1)}+\left(\lambda-\left(\frac{1}{\delta^2}+1\right)C'\right)\|u\|^2_{L^2(\Omega_e)}$$
$$\leqslant C'\left[\|(L-\lambda)u\|^2_{L^2(\Omega_e)}+\delta\left\|\frac{\partial u}{\partial\nu}\right\|^2_{L^2(\Sigma_1)}\right] \tag{27.33}$$

这里 $\nabla u=\left(\dfrac{\partial u}{\partial x},\dfrac{\partial u}{\partial y}\right)$，$\delta,\lambda$ 是任意正数，C,C' 与 δ,λ,u 均无关.

对于椭圆算子，我们还可建立二阶模的估计.

引理 27.4　若 G 是上半平面中任一有界区域，且 $\overline{G}\cap\{y=0\}=\varnothing$，$\partial G$ 光滑，则存在常数 C 和 C' 使得 $\forall v\in C^2(\overline{G})$，$v|_{\partial G}=0$，有

$$C\iint_G(v_{xx}^2+v_{xy}^2+v_{yy}^2)\mathrm{d}x\mathrm{d}y+(\lambda-C')\|\nabla v\|_{L^2(G)}^2$$
$$\leqslant\|(L-\lambda)v\|_{L^2(G)}^2+C'\|v\|_{L^2(G)}^2\tag{27.34}$$

证明　设 $v\in C^2(\overline{G})$，$v|_{\partial G}=0$，直接计算可得

$$\begin{aligned}&\|(L-\lambda)v\|_{L^2(G)}^2\\
=&\iint_G[y^2v_{xx}^2+v_{yy}^2+2yv_{xx}v_{yy}+(av_x+bv_y+\\
&(C-\lambda)v)^2]\mathrm{d}x\mathrm{d}y+\\
&2\iint_G(yv_{xx}+v_{yy})(av_x+bv_y+cv)\mathrm{d}x\mathrm{d}y-\\
&2\lambda\iint_G(yv_{xx}+v_{yy})\cdot v\mathrm{d}x\mathrm{d}y\\
\geqslant&2\int_{\partial G}(yv_{xx}v_yn_2-yv_{xy}v_yn_1)\mathrm{d}S+\\
&\iint_G(y^2v_{xx}^2+v_{yy}^2+2yv_{xy}^2)\mathrm{d}x\mathrm{d}y+\\
&2\lambda\iint_G(yv_x^2+v_y^2)\mathrm{d}x\mathrm{d}y+\\
&2\iint_G[(yv_{xx}+v_{yy})(av_x+bv_y+cv)-v_{xx}v_y]\mathrm{d}x\mathrm{d}y
\end{aligned}\tag{27.35}$$

众所周知，当 $v|_{\partial G}=0$ 时，边界项积分有如下估计

$$\left|\int_{\partial G}(yv_{xx}v_yn_2 - yv_{xy}v_yn_1)\mathrm{d}S\right| \leqslant c\int_{\partial G}|\nabla v|^2\mathrm{d}S$$

$$\geqslant \varepsilon\iint_G(v_{xx}^2+v_{xy}^2+v_{yy}^2)\mathrm{d}x\mathrm{d}y+\frac{C_1}{\varepsilon}\iint_G(v_x^2+v_y^2)\mathrm{d}x\mathrm{d}y \tag{27.36}$$

式(27.35)中最后一项被

$$\left(\iint_G(v_{xx}^2+v_{xy}^2+v_{yy}^2)\mathrm{d}x\mathrm{d}y\right)^{1/2}\cdot\|v\|_{H^1(G)} \tag{27.37}$$

控制. 因为 $\overline{G}\cap\{y=0\}=\varnothing$, 故结合式(27.35),(27.36),(27.37),即得(27.34).

在许瓦兹交替迭代过程中要用到在曲线 Σ_2 上的 $H^1(\Sigma_2)$ 的估计.

引理 27.5 存在常数 C, C' 和 λ_0,使得 $\forall\delta>0$, $\lambda\geqslant\lambda_0$, $\forall u\in C^2(\overline{\Omega}_e)$, $u|_{\partial\Omega_e\setminus\Sigma_1}=0$,成立

$$\left\|\frac{\partial u}{\partial x}\right\|_{L^2(\Sigma_1)}^2+\lambda\|u\|_{L^2(\Sigma_1)}^2+\left(\lambda-\left(\frac{1}{\delta^2}+1\right)C'\right)\|u\|_{L^2(\Omega_e)}^2$$

$$\leqslant C'\left[\|(L-\lambda)u\|_{L^2(\Omega_e)}^2+\delta\left\|\frac{\partial u}{\partial\nu}\right\|_{L^2(\Sigma_1)}^2\right] \tag{27.38}$$

证明 作 $\varphi\in C^\infty(\overline{\Omega}_e)$,在 Σ_1 附近 $\varphi\equiv 0$. 在 Σ_2 附近 $\varphi\equiv 1$. 类似式(27.36),$\forall u\in C^2(\overline{\Omega}_e)$,令 $v=\varphi u$,有

$$\left\|\frac{\partial u}{\partial x}\right\|_{L^2(\Sigma_2)}^2\leqslant\varepsilon_1\int_{\Omega_e}(v_{xx}^2+v_{xy}^2+v_{yy}^2)\mathrm{d}x\mathrm{d}y+\frac{C'}{\varepsilon_1}\int_{\Omega_e}(v_x^2+v_y^2+v^2)\mathrm{d}x\mathrm{d}y \tag{27.39}$$

和

$$\|u\|_{L^2(\Sigma_2)}^2\leqslant\varepsilon_1\int_{\Omega_e}(v_x^2+v_y^2)\mathrm{d}x\mathrm{d}y+\frac{C'}{\varepsilon_2}\int_{\Omega_e}v^2\mathrm{d}x\mathrm{d}y \tag{27.40}$$

那么

$$I=\left\|\frac{\partial u}{\partial x}\right\|_{L^2(\Sigma_1)}^2+\lambda\|u\|_{L^2(\Sigma_2)}^2$$

$$\leqslant \varepsilon_1\iint_{\Omega_e}(v_{xx}^2+v_{xy}^2+v_{yy}^2)\mathrm{d}x\mathrm{d}y+$$

$$\left(\frac{C'}{\varepsilon_1}+\lambda\varepsilon_2\right)\iint_{\Omega_e}(v_x^2+v_y^2)\mathrm{d}x\mathrm{d}y+$$

$$\left(\frac{C'}{\varepsilon_2}\lambda+\frac{C'}{\varepsilon_1}\right)\iint_{\Omega_e}v^2\mathrm{d}x\mathrm{d}y \tag{27.41}$$

尽管 $\partial\Omega_e$ 不光滑，但在不光滑的角点附近 $v\equiv 0$，故仍可对 U 使用引理 27.4，从而

$$I\leqslant\frac{\varepsilon_1}{C}\|(L-\lambda)v\|_{L^2(\Omega_e)}^2+\left(\frac{C'}{\varepsilon_2}\lambda+\frac{C'}{\varepsilon_1}+\frac{\varepsilon C'}{C}\right)\|v\|_{L^2(\Omega_e)}^2-$$

$$\left[\frac{\varepsilon_1}{C}(\lambda-C')-\frac{C'}{\varepsilon_1}-\lambda\varepsilon_2\right]\cdot\|\nabla v\|_{L^2(\Omega_e)}^2$$

利用庞加莱不等式 $\|v\|_{L^2(\Omega_e)}^2\leqslant C''\|\nabla v\|_{L^2(\Omega_e)}^2$，选取 $\varepsilon_1=\dfrac{CC'C''}{\varepsilon_2}+C\varepsilon_2+C$，则存在另一 C'，使得

$$I\leqslant C'\|(L-\lambda)v\|_{L^2(\Omega_e)}^2-(\lambda-C')\|\nabla v\|_{L^2(\Omega_e)}^2 \tag{27.41$'$}$$

当 $\lambda\geqslant C'=\lambda_0$ 时，式(27.41′)右端的第二项非正. 又因为 $(L-\lambda)v=\varphi(L-\lambda)u+Ru$，其中 R 是一阶微分算子. 那么，当 $\lambda\geqslant\lambda_0$ 时

$$\left\|\frac{\partial u}{\partial x}\right\|_{L^2(\Sigma_1)}^2+\lambda\|u\|_{L^2(\Sigma_2)}^2$$

$$\leqslant C'\left[\|(l-\lambda)u\|_{L^2(\Omega_e)}^2+\|u\|_{H^1(\Omega_e)}^2\right]$$

结合引理 27.3，选取新的 C'，即得式(27.38).

因为 Σ_1 落在算子 L 的椭圆区域内，且 $\Sigma_1\cap\{y=$

$0\}=\varnothing$，那么，在 Ω_m 上，我们同样可得到 $\left\|\frac{\partial u}{\partial \nu}\right\|_{L^1(\Sigma_1)}$ 的估计.

引理 27.6 存在 λ_0，$\forall \lambda \geqslant \lambda_0$，$u \in C^2(\Omega_m)$，$u|_{\gamma \cap \partial\Omega_m}=0$，则有

$$\left\|\frac{\partial u}{\partial \nu}\right\|_{L^2(\Sigma_1)}^2+\lambda\|u\|_{L^2(Q_m)}^2 \leqslant C'\left[\|(L-\lambda)u\|_{L^2(Q_m)}^2+\left\|\frac{\partial u}{\partial x}\right\|_{L^2(\Sigma_1)}^2+\lambda\|u\|_{L^2(\Sigma_2)}^2\right] \tag{27.42}$$

证明 关于 $\left\|\frac{\partial u}{\partial \nu}\right\|_{L^2(\Sigma_1)}^2$ 的估计，类似引理 27.5，关于(27.42) 左端第二项的估计，可利用引理 27.1，结合这两者，就能得到(27.42).

定理 27.2 存在 λ_0，使得 $\forall \lambda \geqslant \lambda_0$，$\forall f \in L^2(\Omega_e)$，$g \in L^2(\Sigma_1)$，问题(27.28)—(27.30) 有唯一的 $H^1(\Omega_e)$ 强解.

证明 先考虑 $g=0$ 的情况，在式(27.33) 中，取 $\lambda \geqslant \lambda_0=(C'+1)$，问题(27.28)—(27.30) 有先验估计

$$C\|u\|_{H^1(\Omega_e)}^2 \leqslant \|(L-\lambda)u\|_{L^2(\Omega_e)}^2$$

又因为强解是光滑函数序列的极限，故立即得强解的唯一性.

由椭圆型方程变分边值问题的理论可知，问题(27.28)—(27.30)($\forall f \in L^2(\Omega_e)$)，齐次边值问题有唯一的 $H^1(\Omega_e)$ 弱解，且按迹满足 $u|_{\partial\Omega_e \setminus \Sigma_1}=0$. 再由正规性定理知，在 $\Omega_e \setminus (\Sigma_1 \cap \gamma)$ 上，$u \in H^2$. 在 $\Sigma_1 \cap \gamma$ 的

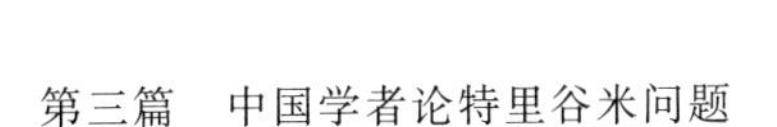

角点处，注意到条件(27.5)和洪家兴的结论①，u 也属于 H^2. 综上所述，此弱解 $u \in H^2(\Omega_e)$，因此是强解.

现考虑 $g \neq 0$ 的情况. 取 $g_n \in C^2(\Omega_e)$，且 $g_n |_{\gamma \cap \partial\Omega_e} = 0$，$\left\| \frac{\partial g_n}{\partial \nu} - g \right\|_{L^2(\Sigma_1)} \to 0 (n \to \infty)$. 设 u_n 是问题 $(L-\lambda)u_n = f - (L-\lambda)g_n$，$u_n |_{\gamma \cap \partial\Omega_e} = 0$，$\left.\frac{\partial u_n}{\partial \nu}\right|_{\Sigma_1} = 0$ 的解，令 $\bar{u}_n = u_n + g_n$. 那么，$\bar{u}_n$ 满足

$(L-\lambda)\bar{u}_n = f$，$\bar{u}_n |_{\gamma \cap \partial\Omega_e} = 0$，$\left.\frac{\partial \bar{u}_n}{\partial \nu}\right|_{\Sigma_1} = \frac{\partial g_n}{\partial \nu}$. 利用引理 27.3 可推得 $\bar{u}_n$ 是 $H^1(\Omega_e)$ 中的柯西序列. 重复定理 27.1 的讨论，即得定理 27.2.

27.3　存在性和唯一性定理

本节将综合 27.1 和 27.2 的结果给出定理.

唯一性定理　设(H_1)—(H_3)满足，则存在 λ_1，使得当 $\lambda \geqslant \lambda_1$ 时，式(27.3) 在 $H^1(\Omega)$ 中弱解唯一.

事实上，若 u 是式(27.3) 齐次方程，齐次边值问题的 $H^1(\Omega)$ 弱解，如同定理 27.1 那样推理可知，无论是 $(H_3)_1$ 还是 $(H_3)_2$ 的情形，点 A 均是弱解等于强解的正则点，从而 u 是方程(27.3) 的强解，即 $\exists u_n \in C^2(\Omega)$，$u_n |_\gamma = 0$，满足

$$\| u_n - u \|_{H^1(\Omega)} + \| L_1 u_n - \lambda u_n \|_{L^2(\Omega)} \to 0$$

① 洪家兴，复旦学报(自然科学版)，20(1981)434.

限制在 Ω_m 上，由引理 27.1，当 $\lambda \geqslant \lambda_0$ 时，有

$$\| u_n \|_{H^1(\Omega_m)}^2 + \left\| \frac{\partial u_n}{\partial y} \right\|_{L^2(\Sigma_2)}^2 + \lambda \| u_n \|_{L^2(\Omega_m)}^2$$

$$\leqslant C' \left[\left\| \frac{\partial u_n}{\partial x} \right\|_{L^2(\Sigma_2)}^2 + \lambda \| u_n \|_{L^2(\Sigma_2)}^2 + \| (L-\lambda) u_n \|_{L^2(\Omega_m)}^2 \right] \tag{27.43}$$

限制在 Ω_e 上，由引理 27.5，当 $\lambda \geqslant \lambda_0$ 时，有

$$\left\| \frac{\partial u_n}{\partial \nu} \right\|_{L^2(\Sigma_2)}^2 + \lambda \| u_n \|_{L^2(\Sigma_2)}^2 + \left(\lambda - \frac{C'}{\delta^2} - C' \right) \| u \|_{L^2(\Omega_e)}^2$$

$$\leqslant C' \left[\delta \left\| \frac{\partial u_n}{\partial \nu} \right\|_{L^2(\Sigma_1)}^2 + \| (L-\lambda) u_n \|_{L^2(\Omega_m)}^2 \right] \tag{27.44}$$

又由引理 27.6 得，当 $\lambda \geqslant \lambda_0$ 时，有

$$\left\| \frac{\partial u_n}{\partial \nu} \right\|_{L^2(\Sigma_1)}^2$$

$$\leqslant C' \left[\left\| \frac{\partial u_n}{\partial x} \right\|_{L^2(\Sigma_2)}^2 + \lambda \| u_n \|_{L^2(\Sigma_2)}^2 + \| (L-\lambda) u_n \|_{L^2(\Omega_m)}^2 \right] \tag{27.45}$$

结合(27.44)和(27.45)两式，选取

$$(C')^2 \delta^* < \frac{1}{2} \text{ 和 } \lambda_1 = \max\left(\lambda_0, \frac{C'}{(\delta^*)^2} + C' + 1 \right) \tag{27.46}$$

就可得 $\forall \lambda \geqslant \lambda_1$

$$\left\| \frac{\partial u_n}{\partial \nu} \right\|_{L^2(\Sigma_1)}^2 + \left\| \frac{\partial u_n}{\partial x} \right\|_{L^2(\Sigma_2)}^2 + \lambda \| u_n \|_{L^2(\Sigma_2)}^2$$

$$\leqslant C_2 [\| (L-\lambda) u_n \|_{L^2(\Omega_m)}^2 + \| (L-\lambda) u_n \|_{L^2(\Omega_e)}^2]$$

令 $n \to \infty$，得 $\left\| \frac{\partial u_n}{\partial \nu} \right\|_{L^2(\Sigma_2)}^2 \to 0 (n \to \infty)$ 和 $\left\| \frac{\partial u_n}{\partial x} \right\|_{L^2(\Sigma_2)}^2 + \lambda \| u_n \|_{L^2(\Sigma_2)}^2 \to 0 (n \to \infty)$. 代入(27.43)就可得 $u_n \to$

0(在 Ω_m 上). 因而, $u=\lim\limits_{n\to\infty}u_n=0$(在 Ω_m 上). 再利用(27.44) 可得 $u=0$(在 Ω_e 上). 唯一性证毕.

存在性定理　设(H_1)—(H_3) 满足,则

(1) 存在 λ_1,当 $\lambda\geqslant\lambda_1$ 时, $\forall f\in L^2(\Omega)$,(27.3) 有唯一的 $H^1(\Omega)$ 强解.

(2) 问题(27.3) 有弗雷德霍姆性质.

证明　仅需证存在性. 下面采用许瓦兹交替法证明之. 在 Ω_e 上考虑边值问题

$$(L-\lambda)u_e^n=f$$

$$\text{在 }\Omega_e\text{ 上},u_e^n\big|_{\gamma\cap\partial\Omega_m}=0,\frac{\partial u_e^n}{\partial\nu}\bigg|_{\Sigma_1}=\frac{\partial u_m^{n-1}}{\partial\nu}\bigg|_{\Sigma_2}\tag{27.47}$$

在 Ω_m 上考虑边值问题

$$(L-\lambda)u_m^n=f,\text{在 }\Omega_m\text{ 上},u_m^n\big|_{\gamma\cap\partial|\Omega_m}=0,u_m^n\big|_{\Sigma_1}=u_e^n\big|_{\Sigma_1}\tag{27.48}$$

取

$$\frac{\partial u_m^0}{\partial\nu}=0,\text{在 }\Sigma_1\text{ 上}\tag{27.49}$$

由定理 27.2 知,当 $\lambda\geqslant\lambda_0$, $\left.\dfrac{\partial u_m^{n-1}}{\partial\nu}\right|_{\Sigma_2}\in H^{1/2}(\Sigma_1)$ 时,有 $H^2(\Omega_e)$ 解 u_e^n,满足(3.5). 由椭圆型方程解的正则性知 $u_e^n\big|_{\Sigma_2}\in H_0^1(\Sigma_2)$. 故由定理 27.1 得,当 $\lambda\geqslant\lambda_0$ 时,问题(27.48) 有解 $u_m^n\in H^1(\Omega_m)$. 同理, u_m^n 在 Σ_1 附近为 H^2, 故 $\left.\dfrac{\partial u_m^n}{\partial\nu}\right|_{\Sigma_1}\in H^{1/2}(\Sigma_1)$, 从而问题(27.47) 和(24.48) 的迭代是可行的.

选取唯一性定理证明过程中所确定的 λ_1,当 $\lambda\geqslant$

λ_1 时，此迭代序列在各自的定义域内收敛，且在 $\Omega_m \cap \Omega_e$ 上极限相等，此极限为(27.3)的强解．记

$$A_n = \lambda \| u_e^n - u_e^{n-1} \|_{L^2(\Sigma_2)}^2 + \left\| \frac{\partial u_e^n}{\partial x} - \frac{\partial u_e^{n-1}}{\partial x} \right\|_{L^2(\Sigma_2)}^2$$

$$B_n = \left\| \frac{\partial u_m^n}{\partial \nu} - \frac{\partial u_m^{n-1}}{\partial \nu} \right\|_{L^2(\Sigma_1)}^2$$

用 $u_e^n - u_e^{n-1}$ 代引理 27.5 中 u，得

$$A_n + \left(\lambda - \frac{C'}{\delta^2} - C'\right) \| u_e^n - u_e^{n-1} \|_{L^2(\Omega_e)}^2 \leqslant C'\delta B_n$$

$$= C'\delta \left\| \frac{\partial u_m^{n-1}}{\partial \nu} - \frac{\partial u_m^{n-2}}{\partial \nu} \right\|_{L^2(\Sigma_1)}^2 \tag{27.50}$$

由引理 27.6 得

$$\left\| \frac{\partial u_m^{n-1}}{\partial \nu} - \frac{\partial u_m^{n-2}}{\partial \nu} \right\|_{L^2(\Sigma_1)}^2 \leqslant C' A_{n-1}$$

从而

$$A_n + \left(\lambda - \frac{C'}{\delta^2} - C'\right) \| u_e^n - u_e^{n-1} \|_{L^2(\Omega_m)}^2 \leqslant (C')^2 \delta A_{n-1}$$

根据 δ 和 λ_1 的选取(27.46)可知 $A_n \leqslant \frac{1}{2} A_{n-1}$ 和 $B_n \leqslant \frac{1}{2} B_{n-1}$，即 u_m^n（从而 u_e^n）是 $H^1(\Sigma_2)$ 中的柯西序列，$\frac{\partial u_e^n}{\partial \nu}$（从而 $\frac{\partial u_m^n}{\partial \nu}$）是 $L^2(\Sigma_1)$ 中的柯西序列．对 $u_m^n - u_m^{n+k}$，使用引理 27.1 可得 u_m^n 是 $H^1(\Omega_m)$ 内的柯西序列．同样，使用引理 27.3 得 u_e^n 是 $H^1(\Omega_e)$ 上的柯西序列．另外，在 $\Omega_m \cap \Omega_e$ 上，$(L-\lambda)(u_m^n - u_e^n) = 0$，在 Σ_2 上，$u_m^n - u_e^n = 0$，在 Σ_1 上

$$\frac{\partial u_m^n}{\partial \nu} - \frac{\partial u_e^n}{\partial \nu} = \frac{\partial u_e^{n+1}}{\partial \nu} - \frac{\partial u_e^n}{\partial \nu}$$

在$\Omega_m \cap \Omega_e$上，使用Garding不等式，即得当$\lambda \geqslant \lambda_1$（必要时，增大原来的$\lambda_1$）时，使得

$$\| \nabla (u_m^n - u_e^n) \|_{L^2(\Omega_m \cap \Omega_e)}^2 + \| u_m^n - u_e^n \|_{L^1(\Omega_m \cap \Omega_e)}^2$$
$$\leqslant C' \left\| \frac{\partial u_e^{n+1}}{\partial \nu} - \frac{\partial u_e^n}{\partial \nu} \right\|_{L^2(\Sigma_1)}^2 \tag{27.51}$$

因(27.51)右端趋于零，故u_m^n和u_e^n在$\Omega_m \cap \Omega_e$上有同一极限，且

$$u = \begin{cases} \lim\limits_{n\to\infty} u_e^n, \Omega_e \text{ 上} \\ \lim\limits_{n\to\infty} u_m^n, \Omega \backslash \Omega_e \text{ 上} \end{cases}$$

属于$H^1(\Omega)$. 利用u_e^n和u_m^n在Ω_e和$\Omega \backslash \Omega_e$上，分别满足的积分关系式，通过极限不难证得，$\forall \varphi \in C^2(\Omega)$，$\varphi |_{\partial\Omega} = 0$（$\varphi |_{\widehat{AB} \cup \gamma_+} = 0$，当$(H_3)_2$满足时），有

$$\iint_\Omega (\varphi f - (L^* - \lambda)\varphi \cdot u) \mathrm{d}x \mathrm{d}y = 0$$

又根据弱解和强解的一致性原理（参考定理27.1）知，u是问题(27.3)的强解，(1)证毕.

(2)的证明是平凡的. 因为方程(27.3)等价于抽象积分方程，由黎兹(Riesz)关于全连续算子的定理，立即可证得(2).(2)证毕.

关于弗兰克尔问题和特里谷米问题唯一性定理的注记[①]

第 28 章

关于混合型偏微分方程

$$k(y)u_{xx}+u_{yy}+\lambda(x,y)u=0 \quad (28.1)$$

的弗兰克尔问题和特里谷米问题，对于 $\lambda\leqslant 0$ 的情况曾由 S. Agmon，尼伦伯格和普罗特[②]解决，但是他们对问题的解加了一个很强的限制；莫拉维兹[③]和吴新谋，丁夏畦[④]就 $\lambda=0$ 的特殊情况在比较弱条件下证明了上述问题的唯一性. 对 $\lambda>0$ 的情

① 选自《湖南师范大学自然科学学报》，第 10 卷第 1 期，1987 年 9 月.

② S. Agmon, L. Nirenberg and M. H. Protter: Communications on pure and Applied Mathematics, 9, 1983: 455-470.

③ C. S. Morawetz. Communications on pure and Applied Mathematics, 7, 1954: 697-703.

④ 吴新谋，丁夏畦. 查普里根方程的特里谷米问题的唯一性，数学学报，1955, 5(3): 393-399.

况上述唯一性问题仍未解决[①].

湖南师范大学的彭富连,四川南充师范学院的陈朝泰两位研究员在1987年对$\lambda\leqslant 0$的一般情况在较弱条件下给出了上述问题的唯一性证明.对$\lambda>0$的情况,给出了特里谷米问题唯一性不成立的一个例子,并得到此问题唯一性成立的必要条件.

1.弗兰克尔问题的唯一性定理

设区域D是由简单弧g与g_1,g_2和c_2,c_3所围成(如图28.1).这里c_1,c_3和c_2,c_4分别由以下特征方程所确定:

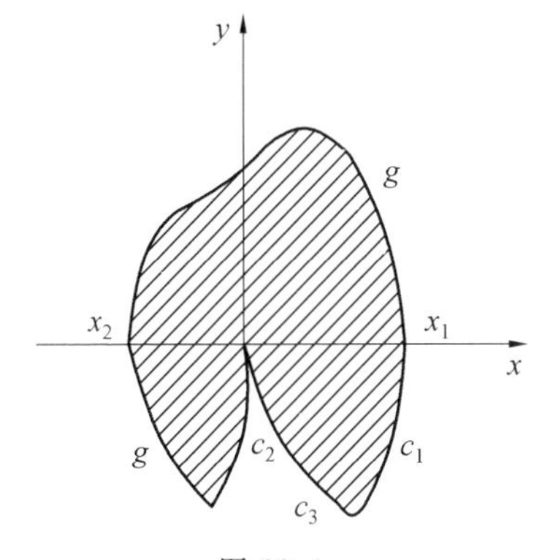

图 28.1

$$\begin{cases}(1)\ \dfrac{\mathrm{d}x}{\mathrm{d}y}=-\sqrt{-k} \\ (2)\ \dfrac{\mathrm{d}x}{\mathrm{d}y}=\sqrt{-k},y\leqslant 0\end{cases}\tag{28.2}$$

① G. Hellwig. Tartial Differential Equations, B. G. Teubuer Stuttgart,1977,115-117.

g_1, g_2 分别位于曲线 c_1 与 c_2,c_3 与 c_4 所界的楔形域中的单调曲线

$$g_1: \frac{\mathrm{d}x}{\mathrm{d}y} \leqslant -\sqrt{-k}, g_2: \frac{\mathrm{d}x}{\mathrm{d}y} = \sqrt{-k} \qquad (28.3)$$

g 是过 x 轴上点 x_0 和 $x_1(x_0 \leqslant 0 < x_1)$ 且位于 $y \geqslant 0$ 部分的星形曲线,即满足条件

$$x\mathrm{d}y - y\mathrm{d}x \geqslant 0 \qquad (28.4)$$

我们还假定在 D 内,$k(y) \geqslant 0$,当 $y \geqslant 0$ 时,$k(y) \leqslant 0$. 当 $y \leqslant 0$ 时,$k(y)$ 连续可微,$k(0)=0$,且当 $y \geqslant 0$ 时有

$$k'(y) \geqslant 0 \qquad (28.5)$$

假定 $\lambda(x,y)$ 是 D 内连续可微函数,且满足条件(A):在 D 内,$\lambda(x,y) \leqslant 0$;当 $x \geqslant 0$ 时,$\lambda'_x \leqslant 0$,当 $x \leqslant 0$ 时,$\lambda'_x \geqslant 0$;当 $y \geqslant 0$ 时,$\lambda'_y \leqslant 0$.

在上述假设之下.我们讨论弗兰克尔问题

$$\begin{cases} k(y)u_{xx} + u_{yy} + \lambda(x,y)u = 0, \text{在 } D \text{ 内} \\ u = 0, \text{在 } g + g_1 + g_2 \text{ 上} \end{cases} \qquad (28.6)$$

主要结论如下:

定理 28.1 设条件(28.2)—(28.5)及条件(A)满足,若 u 是问题(28.1),(28.6)在 $\overline{D}$ 上具有一阶连续偏导数的解,则在 D 内 $u \equiv 3$.

证明 设 $c=y$(当 $y \geqslant 0$),$c=0$(当 $y \leqslant 0$),考虑等式

$$-\iint_D \lambda u(xu_x + cu_y)\mathrm{d}x\mathrm{d}y$$

$$= \iint_D (ku_{xx} + u_{yy})(xu_x + cu_y)\mathrm{d}x\mathrm{d}y$$

$$
=\iint_D \Big\{ \frac{1}{2}(kxu_x^2)_x + (xu_xu_y)_y - \frac{1}{2}(xu_y^2)_x + (kcu_xu_y)_x - \frac{1}{2}(kcu_x^2)_y + \frac{1}{2}(cu_y^2)_y + \frac{1}{2}u_x^2[-k+(kc)_y] + \frac{1}{2}u_y^2(1-c_y) \Big\} \mathrm{d}x\mathrm{d}y \tag{28.7}
$$

下面分别估计式(28.7)的左右两端之值. 由格林公式及条件(28.2),(28.6)可将式(28.7)的右端变为

$$
\int_{g+g_1+g_2} \frac{1}{2}\left[k+\left(\frac{\mathrm{d}x}{\mathrm{d}y}\right)^2\right]u_x^2(x\mathrm{d}y - c\mathrm{d}x) + \int_{c_2+c_3} \frac{1}{2}\left(\frac{\mathrm{d}u}{\mathrm{d}x}\right)^2(-x\mathrm{d}y - c\mathrm{d}x) + \int_{D\cap(y\geqslant 0)} \frac{1}{2}k'(y)yu_x^2\mathrm{d}x\mathrm{d}y + \iint_{D\cap(y<0)} \frac{1}{2}(-ku_x^2+u_y^2)\mathrm{d}x\mathrm{d}y \tag{28.8}
$$

由所给条件知上式各个积分均非负，从而得到式(28.7)的右端非负. 同理，式(28.7)的左端可变为

$$
-\frac{1}{2}\int_{c_2+c_3}\lambda xu^2\mathrm{d}y + \frac{1}{2}\iint_{D\cap(y\geqslant 0)}\lambda'_x xu^2\mathrm{d}x\mathrm{d}y + \frac{1}{2}\iint_{D\cap(x<0)}\lambda'_x xu^2\mathrm{d}x\mathrm{d}y + \frac{1}{2}\iint_D \lambda u^2\mathrm{d}x\mathrm{d}y + \frac{1}{2}\iint_{D\cap(y\geqslant 0)}(\lambda'_y yu^2+\lambda u^2)\mathrm{d}x\mathrm{d}y \tag{28.9}
$$

由条件(A)知上式各积分 $\leqslant 0$，从而得到式(28.7)的左端 $\leqslant 0$.

综上所述，式(28.7)的两端只能为零，从而当$\lambda \neq 0$时有

$$\iint_D \lambda u^2 \mathrm{d}x \mathrm{d}y = 0$$

所以在D内$u \equiv 0$.

当$\lambda = 0$时，由式(28.8)知在$\overline{D}$上$u_x = 0$，设(x, y)是D内任意一点，则存在与之相应的一个点(x^*, y)，位于$g + g_1 + g_2$上，使得联结这两个点的整个线段包含在D内. 因为在$g + g_1 + g_2$上，$u = 0$，于是有

$$u(x, y) = \pm \int_{x^*}^{x} u_x(t, y) \mathrm{d}t = 0$$

即在$\overline{D}$上$u \equiv 0$.

不难得到本定理同时适用于特里谷米问题. 其中区域D如图28.2所示.

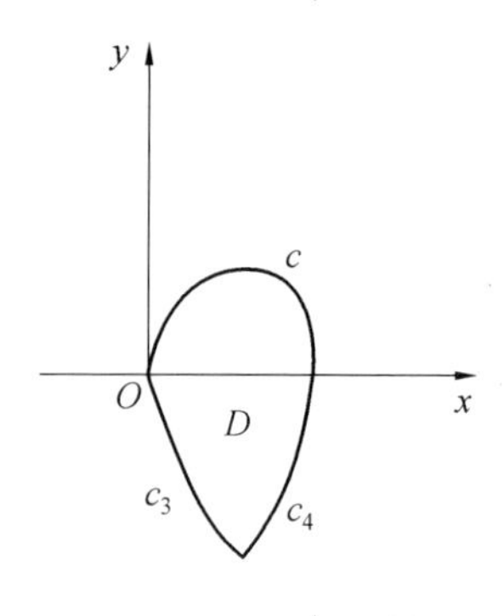

图 28.2

S. Agmon 等在证明唯一性时要求问题的解在c_3上必须单调增加. 现在考虑下述定解问题

$$\begin{cases} yu_{xx}+u_{yy}+\lambda u=0(\lambda\leqslant 0,\lambda\text{ 是常数}),\text{在 } D \text{ 内} \\ u\big|_{\partial D}=x\mathrm{e}^{-\sqrt{-\lambda}y}\Big|_{\partial D} \end{cases} \tag{28.10}$$

其中 D 如图 28.2 所示.此问题有解 $u=x\mathrm{e}^{-\sqrt{-\lambda}y}$,且在 $c_3\perp u$ 单调递减,所以由 S. Agmon 等的结论得不到唯一性结论,但这个定解问题满足本章定理 28.1 中的条件,所以问题(28.10)唯一可解.

2.关于特里谷米问题唯一性不成立的例子

现就 $\lambda>0$ 给出特里谷米问题的解不一定唯一的例子.

考虑特里谷米问题

$$yu_{xx}+u_{yy}+\frac{\frac{5}{2}(-y)^{\frac{1}{2}}}{xy-\frac{2}{3}(-y)^{\frac{5}{2}}-x_1y}u=0,\text{在 } D \text{ 内} \tag{28.11}$$

$$u=0,\text{在 } g+c_4 \text{ 上} \tag{28.12}$$

其中区域 D 如图 28.3 所示.$g:y=0,0\leqslant x\leqslant x_1(x_1>0)$,$c_3$ 和 c_4 意义同前.

现在 $\lambda=\dfrac{\frac{5}{2}(-y)^{\frac{1}{2}}}{xy-\frac{2}{3}(-y)^{\frac{5}{2}}-x_1y}$ 容易验证,在 D 内 $\lambda>0$,且问题(28.11)与(28.12)有非零解

$$u=-xy+\frac{2}{3}(-y)^{\frac{5}{2}}+x_1y$$

从而得到问题(28.11)与(28.12)的解不唯一.

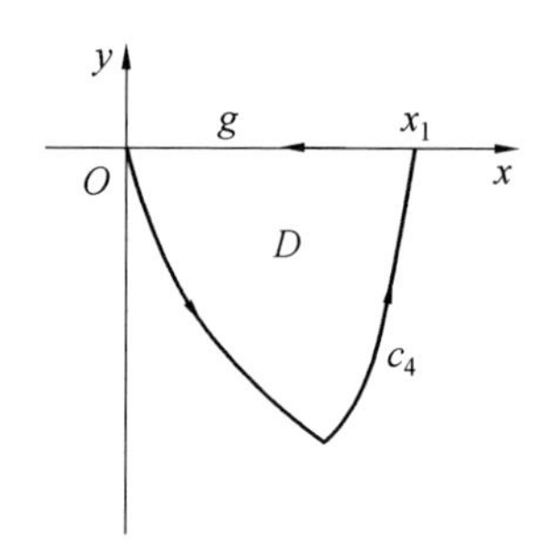

图 28.3

3. 特里谷米问题有唯一解的必要条件

本段就 $\lambda(x,y)>0$ 的情况给出特里谷米问题唯一性成立的两个必要条件.

定理 28.2 设 $\lambda=\lambda(x,y)\in C^1(D)\cap C(\overline{D})$(其中 D 由图 28.2 给出),则特里谷米问题只有唯一解的必要条件是:

(1) $x\lambda_x+\lambda\leqslant 0$,在 D 内;$y\lambda_y+\lambda\leqslant 0$,当 $y\geqslant 0$ 时,其中至少有一个成立. 或者

(2) $x\lambda_x+\lambda\leqslant 0$,当 $y\leqslant 0$ 时,$x\lambda_x+y\lambda_y+2\lambda\leqslant 0$,当 $y\geqslant 0$ 时,其中至少有一个成立.

证明 我们只需证明定解问题

$$\begin{cases}k(y)u_{xx}+u_{yy}+\lambda(x,y)u=0, \text{在 } D \text{ 内}\\ u=0, \text{在 } g+c_4 \text{ 上}\end{cases}\tag{28.13}$$

仅有零解的必要条件是(28.1) 或(28.2) 成立.

事实上,考虑等式

$$-\iint_D \lambda u(xu_x+cu_y)\mathrm{d}x\mathrm{d}y$$

$$=\iint_D (ku_{xx}+u_{yy})(xu_x+cu_y)\mathrm{d}x\mathrm{d}y \tag{28.14}$$

利用格林公式及条件(28.13) 和 c_3 的方程不难得到：式(28.14) 的右端可变为

$$\iint_D (ku_{xx}+u_{yy})(xu_x+cu_y)\mathrm{d}x\mathrm{d}y$$

$$=\int_{g+c_4} \frac{1}{2}\left[k+\left(\frac{\mathrm{d}x}{\mathrm{d}y}\right)^2\right]u_x^2(x\mathrm{d}y-c\mathrm{d}x)+$$

$$\int_{c_3}\frac{1}{2}\left(\frac{\mathrm{d}u}{\mathrm{d}x}\right)^2(-x\mathrm{d}y-c\mathrm{d}x)+$$

$$\iint_{D\cap(y>0)} \frac{1}{2}k'yu_x^2\mathrm{d}x\mathrm{d}y+$$

$$\iint_{D\cap(y<0)} \frac{1}{2}(-ku_x^2+u_y^2)\mathrm{d}x\mathrm{d}y \tag{28.15}$$

式(28.14) 的左端可变为

$$-\frac{1}{2}\int_{c_3}\lambda xu^2\mathrm{d}y+\frac{1}{2}\iint_D(x\lambda'_x+\lambda)u^2\mathrm{d}x\mathrm{d}y+$$

$$\frac{1}{2}\iint_{D\cap(y\geqslant 0)}(y\lambda'_y+\lambda)u^2\mathrm{d}x\mathrm{d}y \tag{28.16}$$

或

$$-\frac{1}{2}\int_{c_3}x\lambda u^2\mathrm{d}y+\frac{1}{2}\iint_{D\cap(y\geqslant 0)}(x\lambda'_x+\lambda)u^2\mathrm{d}x\mathrm{d}y+$$

$$\frac{1}{2}\iint_{D\cap(y>0)}(x\lambda_x+y\lambda_y+2\lambda)u^2\mathrm{d}x\mathrm{d}y \tag{28.17}$$

由所给条件易知式(28.15) 的右端 $\geqslant 0$，从而得到式(28.14) 的右端 $\geqslant 0$. 另外，从式(28.15) 不难得到，问题(28.1) 和(28.13) 仅有零解的必要条件(28.14) 的左边 $\leqslant 0$，即式(28.16) 及(28.17) 均 $\leqslant 0$，又

$$-\int_{c_3} \frac{1}{2}\lambda x u^2 \mathrm{d}y \geqslant 0$$

从而由式(28.16)立即得到条件(28.1)必须成立,而根据式(28.17)立即导出条件(28.2)必须成立.

混合曲率曲面变形方程的特里谷米问题——解的存在性[①]

第29章

1991年,应用物理与计算数学研究所的孙和生研究员在很弱的条件下,证明对混合曲率曲面无穷小变形方程的特里谷米问题,存在 L_1 弱解和 H_1 强解.

对混合曲率曲面无穷小变形方程的特里谷米问题解的唯一性问题,我们已详细讨论过[②].对其他边值问题的解的唯一性问题,则由孙和生研究员[③]研究过,特别证明了钟形混合曲率旋转曲面在滑移条件下的刚性问题.但是,关于该方程特里

① 选自《中国科学》(A辑),1991年11月.

② 孙和生,中国科学,1981,2:149-159.

③ 孙和生,数学年刊,2A(1981),2:187-199.

Sun Hesheng, Proceedings of the 1980 Beijing Symposium on Differential Grometry and Differential Equations, 3(1982),1441-1450.

Sun Hesheng,Kexue Tongbao,26(1981),12:1068-1674.

孙和生,数学年刊,6A(1985),2:187-192.

谷米问题的解的存在性问题，至今尚未看到有任何结果.

本章不仅证明对该方程的特里谷米问题的 L_2 弱解存在，而且证明 H_1 强解存在. 我们的证明方法的最大优点是不使条件增加，亦可以说，达到了最理想的地步.

考虑混合曲率曲面 $z=f(x,y)$ 的无穷小变形方程

$$Lw \equiv rw_{yy}-2sw_{xy}+tw_{xx}=g \qquad (29.1)$$

其中 $w(x,y)$ 是无穷小变形矢量在平行于 z 轴方向的分量，$r=f_{xx}$，$s=f_{xy}$，$t=f_{yy}$，$\Delta=s^2-rt>0$ 在 $\mathscr{D}^-$，小于零在 $\mathscr{D}^+$，等于零在蜕型线 γ_0 上. 我们设 $r\neq 0$ 在 $\mathscr{D}$，亦即可不妨设

$$r>0 \text{ 在 } \mathscr{D}(=\mathscr{D}^+\cup\mathscr{D}^-) \qquad (29.2)$$

对此方程考虑特里谷米问题(问题 T)

$$w=0 \text{ 在 } \Gamma_0\cup\Gamma_+ \text{ 上} \qquad (29.3)$$

其中，Γ_0 是 $\mathscr{D}^+$ 的外边界，是一条任意的逐段光滑曲线；Γ_+ 和 Γ_- 是在 $\mathscr{D}^-$ 中的两条特征线；Γ_0 与 Γ_+，Γ_- 分别在蜕型线上的 A，B 点相连.

为了要证明问题 T 的解的存在性，我们必须导出积分不等式，为此我们作二重积分[①]

$$J\equiv\iint_{\mathscr{D}}(aw+bw_x+cw_y)Lw\,\mathrm{d}x\,\mathrm{d}y \qquad (29.4)$$

并首先选取函数 b 和 c

① 孙和生，数学学报，26(1983)，6：750-768.

$$\begin{cases} b=c\equiv 0, 在\ \mathscr{D}^{+} \\ b=-\xi_{+}c, c=\eta_{+}a, 在\ \mathscr{D}^{-} \end{cases} \tag{29.5}$$

其中

$$\xi_{\pm}=\frac{s\pm\sqrt{\Delta}}{r}, \eta_{\pm}=\frac{4\Delta}{D_{\pm}(\Delta)}, D_{\pm}=\frac{\partial}{\partial y}-\xi_{\pm}\frac{\partial}{\partial x} \tag{29.6}$$

于是,根据上页注释中文献所得结论并考虑到边界条件(29.3)和 $r_y=s_x, s_y=t_x$,我们有

$$\begin{aligned} J=&\frac{1}{2}\iint_{\mathscr{D}}H_1w^2\mathrm{d}x\mathrm{d}y+\\ &\frac{1}{2}\iint_{\mathscr{D}^{+}}(-2a)(rw_y^2-2sw_xw_y+tw_x^2)\mathrm{d}x\mathrm{d}y+\\ &\frac{1}{2}\iint_{\mathscr{D}^{-}}\left[-a\Omega_{+}(x,y)-\frac{4\Delta}{D_{+}(\Delta)}rD_{-}(a)\right][w_y-\\ &\xi_{+}w_x]^2\mathrm{d}x\mathrm{d}y+\\ &\frac{1}{2}\int_{\Gamma_{-}}\{2\sqrt{\Delta}D_{-}(a)+aD_{-}(\sqrt{\Delta})\}\frac{\mathrm{d}y}{\mathrm{d}s}w^2\mathrm{d}s \end{aligned} \tag{29.7}$$

其中

$$\begin{cases} H_1\equiv ra_{yy}-2sa_{xy}+ta_{xx} \\ \Omega_{+}(x,y)=\dfrac{16r\Delta^{9/4}}{(D_{+}(\Delta))^2}\left[D_{-}D_{+}(\Delta^{-\frac{1}{4}})+\Delta^{\frac{1}{4}}(D_{+}(\Delta^{-\frac{1}{4}}))^2\right] \end{cases} \tag{29.8}$$

因此问题归结为选取函数 a,使得式(29.7)中所有积分为正或非负,也就是说,选取 $a<0$,使得下列不等式成立

$$\begin{cases} \text{(i)}\, H_1 \geqslant h_0 > 0, \text{在 } \mathscr{D} \\ \text{(ii)} -a\Omega_+ - \dfrac{4\Delta}{D_+(\Delta)} rD_-(a) \geqslant \omega_0 > 0, \text{在 } \mathscr{D}^- \\ \text{(iii)}\, \Lambda \equiv [2\sqrt{\Delta}D_-(a) + aD_-(\sqrt{\Delta})] \dfrac{\mathrm{d}y}{\mathrm{d}s} \geqslant 0, \text{在 } \Gamma_- \text{ 上} \end{cases} \tag{29.9}$$

不失一般性，可以假定 $D_+(\Delta) \neq 0$ 在 $\mathscr{D}^-$. 因为如果 $D_+(\Delta) = 0$ 在 $\mathscr{D}^-$，这表示 Δ 沿特征线 Γ_+ 是常数，由于 $\Delta = 0$ 在蜕型线 γ_0 上，这样，就会导出 $\Delta \equiv 0$ 在 $\mathscr{D}^-$.

现在我们选取

$$a = -y_0^2 + 2\varepsilon y_0 y + \varepsilon y^2,$$

$$0 < \varepsilon < \frac{1}{3}, \text{在 } \mathscr{D} \tag{29.10}$$

其中，$y_0 = \max\limits_{\mathscr{D}^-} |y|$. 这样选取的 a 在 $\mathscr{D}$ 上小于零，且有 $D_-(a) \geqslant 0$. 于是有如下定理.

定理 29.1 若方程(29.1)的系数满足条件

$$\begin{cases} \text{(i)}\, D_\pm(\Delta) < 0, \text{在 } \mathscr{D}^- \\ \text{(ii)}\, \Omega_+(x, y) \geqslant \omega_1 > 0, \text{在 } \mathscr{D}^- \end{cases} \tag{29.11}$$

且在 Γ_- 上 $\dfrac{\mathrm{d}y}{\mathrm{d}s} > 0$，则对方程(29.1)的问题 T 的解唯一，且有积分不等式

$$J \geqslant C_1 \| w \|_{L_2(\mathscr{D})}^2 + C_2 \| w_y - \xi_+ w_x \|_{L_2(\mathscr{D}^-)}^2 + C_3 \| w \|_{H^1(\mathscr{D}^+)}^2, C_i > 0, i = 1, 2, 3 \tag{29.12}$$

证明 在式(29.10)的选取下. 由定理所设条件(29.11)显见，式(29.9)中所有不等式都满足. 由此立即推出解的唯一性和积分不等式(29.12).

定义 29.1 我们称 w 为问题 T 式(29.1)，(29.3)

的在 $L_2(\mathscr{D})$ 中的弱解,如果有

$$(w,L^* v)_{L_2(\mathscr{D})}=(g,v)_{L_2(\mathscr{D})},\ \forall v\in C^2 \text{ 且 } v|_{\Gamma_0\cup\Gamma_-}=0 \tag{29.13}$$

其中,L^* 为 L 的伴随算子.

在我们的情形,由于 $r_y=s_x,s_y=t_x,r_{yy}=t_{xx}=s_{xy}$,因此有 $L^* y=Lv$,即 L 是自伴随算子.

引理 29.1　若定理 29.1 中条件满足,则有能量不等式

$$\|Lw\|_{L_2(\mathscr{D})}\geqslant C\|w\|_{L_2(\mathscr{D})} \tag{29.14}$$

证明　由于

$$\left|\iint_{\mathscr{D}}(bw_x+cw_y)Lw\,\mathrm{d}x\mathrm{d}y\right|$$

$$\leqslant\frac{1}{4\varepsilon_1}\iint_{\mathscr{D}^-}(Lw)^2\mathrm{d}x\mathrm{d}y+$$

$$\varepsilon_1\iint_{\mathscr{D}^-}\eta^2+a^2(w_y-\xi_+ w_x)^2\mathrm{d}x\mathrm{d}y \tag{29.15}$$

$$\left|\iint_{\mathscr{D}}aw\cdot Lw\,\mathrm{d}x\mathrm{d}y\right|$$

$$\leqslant\frac{1}{4\varepsilon_2}\iint_{\mathscr{D}}(Lw)^2\mathrm{d}x\mathrm{d}y+\varepsilon_2\iint_{\mathscr{D}}a^2w^2\mathrm{d}x\mathrm{d}y \tag{29.16}$$

取 $\varepsilon_1,\varepsilon_2(>0)$ 适当小. 就由式(29.12),(29.15),(29.16)导出式(29.14).

引理 29.2　若定理 29.1 中条件满足,则有能量不等式

$$\|L^* v\|_{L_2(\mathscr{D})}\geqslant C\|v\|_{L_2(\mathscr{D})} \tag{29.17}$$

证明　因为 L 为自伴随算子,所以由式(29.14)

可直接推出式(29.17).

定理 29.2 若定理 29.1 中条件成立,则对方程(29.1) 的问题 T 式(29.3) 存在弱解 $w \in L_2(\mathscr{D})$.

证明 由对偶不等式(29.17) 及 Riesz 表示定理立即导出结论.

定义 29.2 我们称 u 为问题 T 式(29.1),(29.3) 的在 $H_1(\mathscr{D})$ 中的强解,如果存在函数序列$\{u_n\}$,$u_n \in C^2(\mathscr{D})$,$u_n \mid_{\Gamma_0 \cup \Gamma_+} = 0$,使得当 $n \to \infty$ 时有

$$\| u_n - u \|_{H_1(\mathscr{D})} + \| Lu_n - g \|_{L_2(\mathscr{D})} \to 0 \tag{29.18}$$

为要证明方程(29.1) 的问题 T 的强解存在性,我们做变量变换

$$\begin{cases} \xi = f_x(x, y) \\ \eta = y \end{cases} \tag{29.19}$$

由于$\dfrac{\partial(\xi, \eta)}{\partial(x, y)} = r > 0$,所以这变换是非奇异的,在此变换下,方程(29.1) 变为

$$\tilde{L}w \equiv -\Delta w_{\xi\xi} + w_{\eta\eta} - \Delta_\xi w_\xi = g/r \equiv \tilde{g} \tag{29.20}$$

其中,$\Delta = s^2 - rt$.

现在假设对方程(29.1)

$$\Delta \equiv s^2 - rt = -y\varphi(x, y), \varphi > 0 \tag{29.21}$$

于是,在变换(29.19) 之下变为

$$\Delta = -\eta\tilde{\varphi}(\xi, \eta), \tilde{\varphi}(\xi, \eta) > 0 \tag{29.21$'$}$$

因此有

$$(-\Delta)_\eta \mid_{\eta=0} > 0, (-\Delta_\xi) \mid_{\eta=0} = 0 \tag{29.22}$$

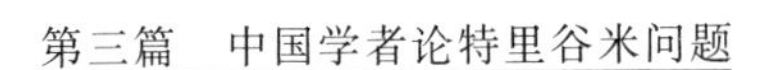

曲线 Γ_0 在变换(29.19)下在 ξ,η 平面上成为 $\widetilde{\Gamma}_0$，而特征线 $\Gamma_\pm$ 在变换(29.19)下仍为特征线，在 ξ,η 平面上对应地为 $\widetilde{\Gamma}_\pm$.(x,y) 平面上的域 $\mathscr{D}$ 变为 ξ,η 平面上的域 $\widetilde{\mathscr{D}}$.

假设 $\widetilde{\Gamma}_0$ 与蜕型线 $\eta=0$ 相接外(即为对应的 $\widetilde{A},\widetilde{B}$ 点)的法向分量 $(\tilde{n}_1,\tilde{n}_2)$ 满足条件

$$\tilde{n}_2\,|_{\lambda}\geqslant 0,\tilde{n}_2\,|_{B}\geqslant 0,\text{在 }\widetilde{\Gamma}_0\text{ 上}\qquad(29.23)$$

式(29.22)和(29.23)满足一些特殊条件[①]，因此，对方程

$$(\widetilde{L}-\lambda)w\equiv-\Delta w_{\xi\xi}+w_{\eta\eta}-\Delta_\xi w_\xi-\lambda w=h\qquad(29.24)$$

的问题 T

$$w\,|_{\Gamma_0\cup\Gamma_+}=0\qquad(29.25)$$

有如下结果.

定理 29.3　假设式(29.21′)成立，且满足条件(29.23). 于是，存在一正常数 λ_0，当 $\lambda\geqslant\lambda_0$ 时问题(29.24)和(29.25)存在唯一的强解 $w\in H_1(\widetilde{\mathscr{D}})$.

同样，对其伴随问题(问题到方程(29.24)是自伴随的)

$$\begin{cases}(\widetilde{L}^*-\lambda)v\equiv-\Delta v_{\xi\xi}+v_{\eta\eta}-\Delta_\xi v_\xi-\lambda v=h^*\\ v\,|_{\Gamma_0\cup\Gamma_-}=0\end{cases}\qquad(29.26)$$

---

① Sun Hesheng, Xiao Zhuang, J. Pertial Differential Equations, 2(1989), 2: 87-96.

有同样结果：

定理 29.4　假设式(29.21′)成立，且满足条件(29.23)，于是存在一常数λ_1，当$\lambda \geqslant \lambda_1$时问题(29.26)存在唯一的强解$v \in H_1(\widetilde{\mathscr{D}})$.

有了定理 29.3 和定理 29.4，我们就可证明：对方程(29.20)的问题 T 存在唯一的H_1强解.

定理 29.5　假设式(29.21′)成立，且满足条件(29.23). 于是，对方程(29.20)的问题 T 存在唯一的H_1强解.

证明　由定理 26.4，对任意$h^* \in L_2(\widetilde{\mathscr{D}})$和$\lambda \geqslant \max(\lambda_0, \lambda_1)$. 问题(26.26)存在唯一的强解$v \in H_1(\widetilde{\mathscr{D}})$，按照强解定义，亦即存在序列$\{v_n\}$，$v_n \in C^2(\widetilde{\mathscr{D}})$，$v_n|_{\Gamma_0 \cup \Gamma_-}=0$，当$n \to \infty$时有

$$\| v_n - v \|_H + \| (\widetilde{L}^* - \lambda) v_n - h^* \|_{L_2} \to 0 \tag{29.27}$$

现在设$w_0 \in L_2(\widetilde{\mathscr{D}})$是问题(29.20)和(29.25)的弱解，由定理 29.2 及变换(29.19)它是存在的，且有

$$\widetilde{L} w_0 = \widetilde{g} \tag{29.28}$$

令$w_1 \in H_1(\widetilde{\mathscr{D}})$为对应于$h = \widetilde{g} - \lambda w_0 (\in L_2(\widetilde{\mathscr{D}}))$的方程(29.24)的问题 T 的强解，它也是弱解，且有

$$(\widetilde{L} - \lambda) w_1 = h = \widetilde{g} - \lambda w_0 \tag{29.29}$$

联立式(29.28)和(29.29)得

$$\widetilde{L}(w_0 - w_1) - \lambda(w_0 - w_1) = 0 \tag{29.30}$$

所以$U \equiv w_0 - w_1 \in L_2(\widetilde{\mathscr{D}})$是方程$(\widetilde{L} - \lambda)U = 0$的问题 T 的弱解，按弱解定义有

$$(w_0-w_1,(\widetilde{L}^*-\lambda)\varphi)=0$$

$$\forall\varphi\in C^2(\widetilde{\mathscr{D}}),\varphi|_{\Gamma_0\cup\Gamma_-}=0$$

取 $\varphi=v_n$，于是，从式(29.27)就得到

$$(w_0-w_1,h^*)=0,\forall h^*\in L_2(\widetilde{\mathscr{D}})\quad(29.31)$$

从而得到 $w_0=w_1\in H_1(\widetilde{\mathscr{D}})$，因而 w_0 即为方程(29.20)的问题 T 的强解.

回到原来方程(29.1)(注意到变换(29.19)是非奇异的)，我们就得到本章的主要结果：

定理 29.6　假设条件(29.2)，(29.11)，(29.21)，(29.23)满足，于是，对方程(29.1)的问题 T 存在唯一的 H_1 强解.

附注　唯一性条件(29.11)事实上是对 Чаплыин 方程的 Франкль 条件在方程(29.1)的情况下的自然推广.

一类非线性混合型方程的特里谷米问题[1]

第30章

在域 $\mathscr{D}(=\mathscr{D}^+\cup\mathscr{D}^-)$ 考虑非线性混合型方程

$$Lu\equiv k(x,y)u_{xx}+u_{yy}+\alpha(x,y)u_x+\beta(x,y)u_y+\gamma(x,y)u-|u|^{\rho}u=f(x,y) \tag{30.1}$$

其中函数 k 满足条件 $yk>0$，当 $y\neq 0$，$k(x,0)=0$，$k\in C^1(\mathscr{D})$；函数 $\alpha,\beta\in C(\overline{\mathscr{D}})$，$\gamma\in C^1(\overline{\mathscr{D}})$；$f\in L_2(\mathscr{D})$；$\rho>0$ 是一任意实数. $\mathscr{D}^+$ 的外边界是一条逐段光滑曲线 Γ_0，它和蜕型线 $y=0$ 交于 A，B 两点. $\mathscr{D}^-$ 的外边界是两条特征线 Γ_+ 和 Γ_-，分别由点 A 和点 B 发出且由方程 $\mathrm{d}x+\sqrt{-k}\,\mathrm{d}y=0$ 和 $\mathrm{d}x-\sqrt{-k}\,\mathrm{d}y=0$ 所定义. 对方程(30.1)考虑特里谷米问题

[1] 选自《中国科学》(A辑)，1992年4月第4期.

$$u=0 \text{ 在 } \Gamma_0 \cup \Gamma_+ \text{ 上} \tag{30.2}$$

对方程(30.1)考虑它的含有特征参数 λ 的方程[①]:$(L-\lambda)u=f$ 的广义特里谷米问题,在很弱的条件下证明了该问题的强解的存在唯一性. 对简单方程[②]

$$\widetilde{L}_u \equiv k(y)u_{xx}+u_{yy}+\gamma(x,y)u-|u|^{\rho}u = f(x,y) \tag{30.3}$$

考虑广义特里谷米问题,在比较强的条件下用伽辽金(Galerkin)方法证明了广义弱解的存在性.

应用物理与计算数学研究所的孙和生研究员在1992年利用Leray-Schauder不动点原理,对方程(30.1)的特里谷米问题(30.2)证明了 H^1 强解的存在性. 本章的基础是以前的结果[③]中的线性结果,前者用来证线性问题的弱解存在性,后者用来证线性问题强解的存在性,最后再利用不动点原理证明非线性问题的强解存在性.

1. 线性问题

先考虑线性方程

$$L_0 u \equiv k(x,y)u_{xx}+u_{yy}+\alpha u_x+\beta u_y+\gamma u = g(x,y) \tag{30.4}$$

作积分

---

① Sun Hesheng, Xiao Zhuang, J. PDE, 2(1989), 2: 87-96.

② Подгаев А. Г. ДА НСССР, 236(1977), 6: 1307-1310.

Aziz A. K., Schneider M., J. Math. Anni. Appl., 107(1985), 2: 425-445.

③ 孙和生,数学学报,26(1983),6:750-768.

$$J \equiv \iint_{\mathscr{D}} (bu_x + cu_y) L_0 u \mathrm{d}x \mathrm{d}y \tag{30.5}$$

且选取

$$b = -\sigma c, c = px + qy + r \tag{30.6}$$

其中，$\sigma = \max\limits_{\Gamma_-} \sqrt{-k} > 0$，$p, q, r$ 为待选常数. 于是，考虑到边界条件(30.2)，我们有

$$\begin{aligned} J = & -\frac{1}{2} \iint_{\mathscr{D}} \{c(\gamma_y - \sigma\gamma_x) + (q - \sigma p)\gamma\} u^2 \mathrm{d}x \mathrm{d}y + \\ & \frac{1}{2} \iint_{\mathscr{D}} \{N_{11} u_x^2 + 2N_{12} u_x u_y + N_{22} u_y^2\} \mathrm{d}x \mathrm{d}y + \\ & \frac{1}{2} \int_{\Gamma_0} c(n_2 - \sigma n_1)(n + kn_1^2)(u_x n_1 + u_y n_2)^2 \mathrm{d}s + \\ & \frac{1}{2} \int_{\Gamma_-} \{c(n_2 - \sigma n_1)\gamma u^2 + c(\sigma - \sqrt{-k}) \cdot \\ & (u_y + \sqrt{-k} u_x)^2 n_1\} \mathrm{d}s \end{aligned} \tag{30.7}$$

其中，n_1, n_2 为边界外法线单位矢量的两个分量：$n_1 = \dfrac{\mathrm{d}y}{\mathrm{d}s}$，$n_2 = -\dfrac{\mathrm{d}x}{\mathrm{d}s}$，而 N_{ij} 则为

$$\begin{cases} N_{11} = c[k_y - \sigma k_x + 2\sigma(k_x - \alpha)] + (\sigma p + q)k \\ \qquad \equiv cM_{11} + T_{11} \\ N_{12} = -c(k_x - \alpha + \sigma\beta) + \sigma q - pk \\ \qquad \equiv cM_{12} + T_{12} \\ N_{22} = c(2\beta) - (\sigma p + q) = cM_{22} + T_{22} \end{cases} \tag{30.8}$$

现在假设方程系数满足条件

$$\begin{cases}(\mathrm{i})\beta>0 \text{ 在 } \mathscr{D}\\(\mathrm{ii})2\beta(k_y-\sigma k_x)-(k_x-\alpha-\sigma\beta)^2>0 \text{ 在 } \mathscr{D}\\(\mathrm{iii})\gamma\leqslant 0,\gamma_y-\sigma\gamma_x\leqslant 0 \text{ 在 } \mathscr{D}\\(\mathrm{iv})n_2-\sigma n_1\geqslant 0 \text{ 在 } \Gamma_0 \text{ 上}\end{cases} \tag{30.9}$$

引理 30.1　假设方程(30.1)的系数满足条件(30.9),则有不等式

$$J\geqslant C\|u\|_{H^1(\mathscr{D})}^2 \tag{30.10}$$

证明　由于 $M_{22}=2\beta,M_{11}M_{22}-M_{12}^2-2\beta(k_y-\sigma k_x)-(k_x-\alpha-\sigma\beta)^2>0$,我们只要选取 $r>0$ 充分大,使得 c 充分正,就可推出

$$N_{22}>0,N_{11}N_{22}-N_{12}^2>0$$

于是根据条件(30.9),并考虑到 $n_2-\sigma n_1|_{\Gamma_-}\leqslant 0$,$n_1|_{\Gamma_-}\geqslant 0$,就由式(30.7)导出式(30.10).

假设方程系数满足条件

$$\begin{cases}(\mathrm{i})\beta=0 \text{ 在 } \mathscr{D}\\(\mathrm{ii})k_x-\alpha=0,k_y-\sigma k_x>0 \text{ 在 } \mathscr{D}\\(\mathrm{iii})\gamma\leqslant 0,\gamma_y-\sigma\gamma_x\leqslant 0 \text{ 在 } \mathscr{D}\\(\mathrm{iv})n_2-\sigma n_1\geqslant 0 \text{ 在 } \Gamma_0 \text{ 上}\end{cases} \tag{30.11}$$

引理 30.2　假设方程(30.1)的系数满足条件(30.11),则有不等式(30.10).

证明　现在选取式(30.6)的 p,q,r 如下

$$p<0;q=p\sigma+\varepsilon,\text{其中 } \varepsilon>0 \text{ 充分小},$$

$$\text{使得 } \sigma+\frac{\varepsilon}{2p}>0;r>0 \text{ 充分大} \tag{30.12}$$

这时 $N_{11}=c(k_y-\sigma k_x)+(\sigma p+q)k,N_{12}=\sigma q-pk$,

$N_{22}=-2p\left(\sigma+\frac{\varepsilon}{2p}\right)$，显见在式(30.12)的选取下，有 $N_{22}>0, N_{11}N_{22}-N_{12}^2>0, q-\sigma p=\varepsilon>0$. 由此即可推出式(30.10).

定理 30.1 假设条件(30.9)或(30.11)满足，于是问题(30.4)，(30.2)的强解唯一，且有估计

$$\| u \|_{H^1(\mathscr{D})} \leqslant C \| L_0 u \|_{L_2(\mathscr{D})} = C \| g \|_{L_2(\mathscr{D})} \tag{30.13}$$

证明 由于

$$J=\iint_{\mathscr{D}}(bu_x+cu_y)g\,\mathrm{d}x\,\mathrm{d}y \leqslant C \| u \|_{H^1(\mathscr{D})} \| g \|_{L_2(\mathscr{D})} \tag{30.14}$$

将此与式(30.10)结合即得式(30.13). 解的唯一性由式(30.13)直接导出.

定理 30.2 假设条件(30.9)或(30.11)满足. 于是问题(30.4)，(30.2)存在 H^1 弱解.

证明 对任一函数 $v(x,y)\in C^2$ 且 $v|_{\Gamma_0\cup\Gamma_-}=0$，由于对 Γ_0 的限制，易知一阶偏微分方程问题

$$\begin{cases} bu_x+cu_y=v, 在\ \mathscr{D}(=\mathscr{D}^+\cup\mathscr{D}^-) \\ u=0, 在\ \Gamma_0\cup\Gamma_+\ 上 \end{cases} \tag{30.15}$$

在 $\mathscr{D}$ 上有唯一解 $u\in H^2$，其中函数 b 和 c 选自式(30.6). 于是有

$$\begin{aligned} \| L_0^* v \|_{H^{-1}}, \| u \|_{H^1} &\geqslant (L_0^* v, u)_0 = (v, L_0 u)_0 \\ &= (bu_x+cu_y, L_0 u)_0 \\ &\geqslant C \| u \|_{H^1}^2 \\ &\geqslant C' \| u \|_{H^1} \| v \|_{L_2} \end{aligned}$$

由此立即导出

$$\| L_0^* v \|_{H^{-1}} \geqslant C \| v \|_{L_2}, \forall v \in C^2, v|_{\Gamma_0 \cup \Gamma_-} = 0 \tag{30.16}$$

由此对偶不等式和不等式(30.13)立即知道问题(30.4)和(30.2)存在 H^1 弱解.

为了证明问题(30.4)和(30.2)的 H^1 强解的存在性,需对 Γ_0 的两个端点处的法向加上适当的限制

$$n_2|_{A,B} > 0, n_1|_{A,B} \neq 0 \text{ 在 } \Gamma_0 \text{ 上} \tag{30.17}$$

首先考虑带特征参数 λ 的方程

$$(L_0 - \lambda)w = h(x,y) \tag{30.18}$$

和

$$(L_0^* - \lambda)v = h^*(x,y) \tag{30.19}$$

其中,$\lambda > 0$ 是一待定常数.

定义 30.1　函数 $u \in H^1(\mathscr{D})$ 称作问题(30.4),(30.2)的强解,如果存在一函数序列 $\{u_n\}, u_n \in C^2(\mathscr{D}), u_n|_{\Gamma_0 \cup \Gamma_+} = 0$,使得

$$\| u_n - u \|_{H^1(\mathscr{D})} + \| L_0 u_n - g \|_{L_2(\mathscr{D})} \to 0, \text{当 } n \to \infty \tag{30.20}$$

于是,根据有关线性问题的结果[①],有下面两个定理:

定理 30.3　假设方程(30.18)的系数满足条件(30.9)或(30.11),且 Γ_0 满足条件(30.17).于是,存在 $\lambda_1 > 0$,当 $\lambda \geqslant \lambda_1$ 时对方程(30.18)的特里谷米问题

① Sun Hesheng, Xiao Zhuang,J. PDE,2(1989),2:87-96.

$w|_{\Gamma_0\cup\Gamma_+}=0$ 存在强解，且 $w\in H^1(\mathscr{D})$.

定理 30.4 假设方程(30.19)的系数满足条件(30.9)或(30.11)，且 Γ_0 满足条件(30.17). 于是，存在 $\lambda_1>0$，当 $\lambda\geqslant\lambda_2$ 时对方程(30.19)的伴随特里谷米问题 $v|_{\Gamma_0\cup\Gamma_-}=0$ 存在强解，且 $v\in H^1(\mathscr{D})$.

有了这两个定理，我们就能证明线性问题(30.4)，(30.2)存在强解.

定理 30.5 假设方程(30.4)的系数满足条件(30.9)或(30.11)，且 Γ_0 满足条件(30.17). 于是，对方程(30.4)的特里谷米问题(30.2)存在唯一的强解，且强弱解一致，$u\in H^1(\mathscr{D})$.

证明 由定理30.4，对任意的 $h^*(x,y)\in L_2(\mathscr{D})$ 和 $\lambda\geqslant\max\{\lambda_1,\lambda_2\}$，对方程(30.19)的伴随特里谷米问题存在唯一的强解 $v\in H^1(\mathscr{D})$，亦即存在序列 $\{v_n\}$，$v_n\in C^2(\mathscr{D})$，$v_n|_{\Gamma_0\cup\Gamma_-}=0$. 当 $n\to\infty$ 时有

$$\|v_n-v\|_{H^1}+\|(L_0^*-\lambda)v_n-h^*\|_{L_2}\to 0 \tag{30.21}$$

现在设 $u\in H^1(\mathscr{D})$ 是问题(30.4)，(30.2)的弱解(由定理30.2，它是存在的)，且由式(30.13)有

$$\|u\|_{H^1(\mathscr{D})}\leqslant C\|g\|_{L_1(\mathscr{D})} \tag{30.22}$$

令 $w\in H^1(\mathscr{D})$ 为对应于 $h=g-\lambda u(\in L_2(\mathscr{D}))$ 的方程(30.18)的特里谷米问题的强解，且有

$$\|w\|_{H^1(\mathscr{D})}\leqslant C\|h\|_{L_2(\mathscr{D})} \tag{30.23}$$

它也是弱解. 由于

$$L_0u=g, L_0(w-u)-\lambda(w-u)=0$$

所以 $U=w-u$ 是方程 $(L_0-\lambda)U=0$ 的特里谷米问题

的弱解，按弱解定义有

$$(w-u,(L_0^*-\lambda)\varphi)=0$$

$$\forall \varphi \in C^2(\mathscr{D}),\varphi|_{\Gamma_0\cup\Gamma_-}=0$$

取 $\varphi=v_n$，于是从式(30.21)就得到

$$(w-u,h^*)=0,\forall h^*\in L_2(\mathscr{D})$$

从而就得到 $u=w\in H^1(\mathscr{D})$，且有

$$\begin{aligned}\|u\|_{H^1(\mathscr{D})}=\|w\|_{H^1(\mathscr{D})}&\leqslant C\|h\|_{L_1(\mathscr{D})}\\&\leqslant C'(\|g\|_{L_2(\mathscr{D})}+\|u\|_{L_2(\mathscr{D})})\\&\leqslant C''\|g\|_{L_2(\mathscr{D})}\end{aligned}\tag{30.24}$$

2. 非线性问题

现在考虑非线性方程(30.1). 为了证明问题(30.1)和(30.2)存在解，我们取泛函空间 $G\equiv L_{2p+2}(\mathscr{D})$ 作为基空间，且应用不动点原理.

对任一函数 $v(x,y)\in G$，构造一函数 u，满足下列带有参数 $\tau(0\leqslant\tau\leqslant 1)$ 的线性方程

$$L_0u=\tau|v|^\rho v+f(x,y)\tag{30.25}$$

因为 $v\in G$，所以 $|v|^\rho v\in L_2(\mathscr{D})$，因此由定理30.5，对问题(30.25)，(30.2)存在唯一的强解

$$u\in Z\equiv H^1(\mathscr{D})$$

v 和 u 的对应定义了一个泛函映象 $T_\tau:G\to Z\longrightarrow G$，这里 $\tau(0\leqslant\tau\leqslant 1)$ 是一参数. 对任一 $v\in G$，映象 $u=T_\tau v$ 属于 $Z\subset G$. 因为嵌入映象 $H^1\longrightarrow L_p(p<\infty)$ 是紧的，所以映象 $T_\tau:G\to Z\longrightarrow G$ 是完全连续的.

令 M 是 G 的一个有界集，对任一 $v\in M\subset G$ 和任意的 $0\leqslant\tau_1,\tau_2\leqslant 1$ 有 $T_{\tau_1}v=u_1$，$T_{\tau_2}v=u_2$，它们的差 $w=u_1-u_2$ 满足线性方程

$$L_0 w=(\tau_1-\tau_2)\mid v\mid^p v$$

由定理 30.1 导出

$$\| u_1-u_2\|_G=\| w\|_G\leqslant C\| w\|_{H^1}\leqslant C'\mid \tau_1-\tau_2\mid$$

这就是说,对 G 的任一有界子集,映象 $T_\tau:M\to Z\longrightarrow G$ 对 $\tau(0\leqslant\tau\leqslant 1)$ 是一致连续的.

当 $\tau=0$ 时定理 30.5 中的强解是一不动点.

现在回到带参数 τ 的非线性方程

$$L_\tau u\equiv L_0 u-\tau\mid u\mid^\rho u=f(x,y)\quad(30.26)$$

引理 30.3 在式(30.6)中 b 和 c 的选取下,我们有

$$-\iint_{\mathscr{D}}(bu_x+cu_y)\mid u\mid^\rho u\mathrm{d}x\mathrm{d}y\geqslant C\iint_{\mathscr{D}}\mid u\mid^{\rho+1}\mathrm{d}x\mathrm{d}y\quad(30.27)$$

证明 因为

$$-bu_x\mid u\mid^\rho u=\sigma cu_x\mid u\mid^\rho u=\frac{1}{\rho+2}(\sigma c\mid u\mid^{\rho+2})_u-\frac{\sigma}{\rho+2}c_x\mid u\mid^{\rho+2}$$

$$-cu_y\mid u\mid^\rho u=-\frac{1}{\rho+2}(c\mid u\mid^{\rho+2})_y+\frac{1}{\rho+2}c_y\mid u\mid^{\rho+2}$$

因此

$$-\iint_{\mathscr{D}}(bu_x+cu_y)\mid u\mid^\rho u\mathrm{d}x\mathrm{d}y=\frac{1}{\rho+2}\iint_{\mathscr{D}}(c_y-\sigma c_x)\mid u\mid^{\rho+2}\mathrm{d}x\mathrm{d}y+\frac{1}{\rho+2}\int_{\partial\mathscr{D}}(\sigma n_1-n_2)c\mid u\mid^{\rho+2}\mathrm{d}s$$

$$=\frac{1}{\rho+2}\iint_{\mathscr{D}}(q-\sigma p)\mid u\mid^{\rho+2}\mathrm{d}x\mathrm{d}y+$$

$$\frac{1}{\rho+2}\int_{\Gamma_-}(\sigma n_1-n_2)c\mid u\mid^{\rho+2}\mathrm{d}s \quad (30.28)$$

我们在式(30.12)的选取下，$q-\sigma p=\varepsilon>0$，$r>0$ 充分大，使得 $c>0$，且 $\sigma n_1-n_2\mid_{\Gamma_-}\geqslant 0$，因此，由式(30.28)立即导出式(30.27).

现在回到非线性方程(30.26). 根据式(30.10)和(30.27)，我们有

$$\iint_{\mathscr{D}}(bu_x+cu_y)\mathrm{d}x\mathrm{d}y$$

$$=\iint_{\mathscr{D}}(bu_x+cu_y)(L_0u-\tau\mid u\mid^{\rho}u)\mathrm{d}x\mathrm{d}y$$

$$\geqslant C(\|u\|_{H^1(\mathscr{D})}^2+\|u\|_{L^{\rho+2}(\mathscr{D})}^{\rho+2}) \quad (30.29)$$

由此，就导出

$$\|u\|_{H^2(\mathscr{D})}^2\leqslant \text{const} \quad (30.30)$$

这里常数与 τ 无关，这就说明，对方程(30.26)的特里谷米问题的所有可能解在基空间对 $\tau(0\leqslant\tau\leqslant 1)$ 是一致有界的.

综合以上讨论，根据 Leray-Schauder 不动点原理，泛函映象 T_τ 对每个 $\tau\in[0,1]$ 至少有一个不动点. 特别，$\tau=1$ 时就导出非线性问题(30.1)，(30.2)至少有一个整体强解 $u(x,y)\in\mathbf{Z}$. 于是有如下定理.

定理 30.6 假设条件(30.9)或(30.11)和(30.17)满足. 于是，非线性问题(30.1)，(30.2)至少存在一个整体强解 $u\in\mathbf{Z}$.

3. 例

现在我们以简单方程(30.3)为例,在此情形有

$$k_x = \alpha = \beta = 0 \tag{30.31}$$

显见,满足式(30.11)中(i)和(ii),于是我们有

定理 30.7 若方程(30.3)的系数和边界曲线满足条件

$$\begin{cases}(1)k'(y) > 0,\text{在 } \mathscr{D} \\ (2)\gamma \leqslant 0,\gamma_y - \sigma\gamma_x \leqslant 0,\text{在 } \mathscr{D} \\ (3)n_2 - \sigma n_1 \geqslant 0,n_2 |_{A,B} > 0,n_1 |_{A,B} \neq 0 \text{ 在 } \Gamma_0 \text{ 上}\end{cases} \tag{30.32}$$

于是对方程(30.3)的特里谷米问题(30.2)存在整体强解 $u \in \mathbf{Z}$.

显见,我们的条件(30.32)比较弱,而所得解却是强解.对一般方程(30.1)的结果却至今还没有见到过.本章是第一个.

特里谷米方程的基本性质及其在量子力学中的应用①

第31章

特里谷米方程是一个很重要的方程，量子力学中的许多问题都归结为求解特里谷米方程.聊城师范学院物理系的宋同强教授在1993年研究了特里谷米方程的基本性质,并举例说明了利用其基本性质求解一些量子力学问题是非常方便的.

31.1　特里谷米方程的基本性质②

下列方程称为特里谷米方程

$$\frac{d^2 y}{dx^2}+\left(a+\frac{b}{x}\right)\frac{dy}{dx}+\left(A+\frac{B}{x}+\frac{C}{x^2}\right)y=0 \tag{31.1}$$

① 选自《大学物理》,1993年5月,第12卷第5期.

② A. A. Levy, Am. J. Phys, Vol. 53(1985)454.

其中 a,b,A,B 和 C 是参数[①]. 在方程(31.1)中作下列代换

$$y(x)=x^{p}\mathrm{e}^{-qx}V(\rho) \tag{31.2}$$

其中 $\rho=tx$, p,q 和 t 是任意参数,则方程(31.1)的形式保持不变

$$\frac{\mathrm{d}^2V}{\mathrm{d}\rho^2}+\left(a'+\frac{b'}{\rho}\right)\frac{\mathrm{d}V}{\mathrm{d}\rho}+\left(A'+\frac{B'}{\rho}+\frac{C'}{\rho^2}\right)V=0 \tag{31.3}$$

其中

$$a'=(a-2q)/t, b'=b+2p$$

$$A'=(A-aq+q^2)/t^2, B'=(B+ap-bq-2pq)/t$$

$$C'=C+p^2+p(b-1) \tag{31.4}$$

利用方程的这一性质,适当地选择 p,q 和 t,使得 $a'=-1,A'=0,C'=0$,则方程(31.3)变为合流超几何方程,或库默尔(Kummer)方程

$$\rho\frac{\mathrm{d}^2V}{\mathrm{d}\rho^2}+(\gamma-\rho)\frac{\mathrm{d}V}{\mathrm{d}\rho}-\alpha V=0 \tag{31.5}$$

其中

$$\alpha=-B', \gamma=b' \tag{31.6}$$

把 $a'=1,A'=1$ 和 $C'=0$ 代入式(31.4)得

$$p=\frac{1}{2}[1-b+\sqrt{(1-b)^2-4c}] \tag{31.7a}$$

$$q=\frac{1}{2}(a+\sqrt{a^2\cdot 4A}) \tag{31.7b}$$

$$t=\sqrt{a^2-4A} \tag{31.7c}$$

---

① 假定 A 与 C 均小于零,取 p 和 q 为正的根.

由式(31.4),(31.6)和(31.7)

$$\alpha=\frac{1}{2}[1+\sqrt{(1-b)^2-4C}]-\frac{B-ab/2}{\sqrt{a^2-4A}} \tag{31.8a}$$

$$\gamma=1+\sqrt{(1-b)^2-4C} \tag{31.8b}$$

当下列两个条件：

(1)$\gamma\neq$ 整数,$p+1-\gamma<0$;

(2)$\gamma=$ 正整数.

之一成立时,方程(31.1)在 $x=0$ 和 $x=\infty$ 有界的解为

$$y(x)=C_1x^p\mathrm{e}^{-qx}F(\alpha,\gamma,tx) \tag{31.9}$$

其中

$$\alpha=\frac{1}{2}[1+\sqrt{(1-b)^2-4C}]-\frac{B-ab/2}{\sqrt{a^2-4A}}=-n_r$$

$$n_r=0,1,\cdots \tag{31.10}$$

$F(\alpha,\gamma,tx)$ 是合流超几何函数[①]. 实际上,量子力学中的很多问题都属于上面两种情况. 对于特殊情况,我们再作具体讨论.

31.2　应用举例

1. 氢原子

氢原子的径向方程为

$$\frac{\mathrm{d}^2R}{\mathrm{d}r^2}+\frac{D-1}{r}\frac{\mathrm{d}R}{\mathrm{d}r}+\left[\frac{2\mu E}{\hbar^2}+\frac{2\mu\mathrm{e}^2}{\hbar^2r}-\frac{l(l+D-2)}{r^2}\right]R=0$$

---

① 王竹溪,郭敦仁. 特殊函数概论. 北京:科学出版社,1997.

$$l=0,1,2,\cdots \tag{31.11}$$

对于三维氢原子,波函数 $\psi(r,\theta,\varphi)=R(r)Y_{lm}(\theta,\varphi)$,$D=3$. 对于二维氢原子,波函数 $\psi(r,\varphi)=R(r)\mathrm{e}^{\pm il\varphi}$,$D=2$. 方程(31.11)是特里谷米方程,与方程(31.1)比较,确定出方程(31.1)中的参数,再代入式(31.7)和(31.8)得

$$\begin{cases} p=\frac{1}{2}(2-D+S) \\ q=\frac{1}{\hbar}\sqrt{-2\mu E} \\ t=\frac{2}{\hbar}\sqrt{-2\mu E} \\ \alpha=\frac{1}{2}(1+S)-\frac{\mu \mathrm{e}^2}{\hbar\sqrt{-2\mu E}} \\ \gamma=1+S \end{cases} \tag{31.12}$$

其中 $S=\sqrt{(2-D)^2+4l(l+D-2)}$.

对于二维氢原子,由式(31.12)得 $\alpha=\frac{1}{2}(2l+1)-\frac{\mu \mathrm{e}^2}{\hbar\sqrt{-2\mu E}}$,$\rho=l$,$\gamma=2l+1$(正整数).满足式(31.9)和式(31.10)成立的条件.由式(31.10)得二维氢原子的能量本征值为

$$E_n=-\frac{\mu \mathrm{e}^2}{2\hbar^2 n^2} \tag{31.13}$$

其中

$$n=n_r+l+\frac{1}{2},n=\frac{1}{2},\frac{3}{2},\cdots \tag{31.14}$$

由式(31.9)得相应于 $E=E_n$ 的径向波函数为

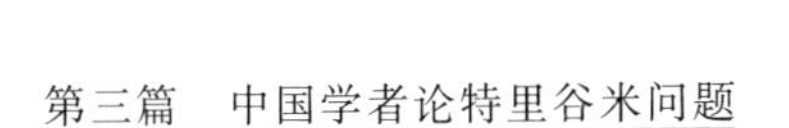

$$R_{nl}(r)=N_{nl}p^{l}\mathrm{e}^{-\frac{1}{2}\rho}F\left(-n+l+\frac{1}{2},2l+1,\rho\right) \tag{31.15}$$

其中 N_{nl} 是归一化常数

$$\rho=tr=\frac{2r}{na}\text{（}a\text{ 是玻尔(Bohr) 半径）} \tag{31.16}$$

对于三维氢原子，由式(31.12) 得 $\alpha=l+1-\dfrac{\mu\mathrm{e}^{2}}{\hbar\sqrt{-2\mu E}}$，$p=l$，$\gamma=2l+2$，满足式(31.9) 和(31.10) 成立的条件. 由式(31.10) 得三维氢原子的能量本征值为

$$E_{n}=-\frac{\mu\mathrm{e}^{2}}{2\hbar^{2}n^{2}} \tag{31.17}$$

其中

$$n=n_{r}+l+1,n=1,2,\cdots \tag{31.18}$$

由式(31.9) 得相应于 $E=E_{n}$ 的径向波函数为

$$R_{nl}(r)=N_{nl}\rho^{l}\mathrm{e}^{-\frac{1}{2}\rho}F(-n+l+1,2l+2,\rho) \tag{31.19}$$

其中 N_{nl} 是归一化常数，ρ 由式(31.16) 给出.

在方程(31.11) 中令 $D=1$，$l=0$，$r=1\times1$，就是一维氢原子的情况. 但是，目前对一维氢原子是否存在负无限大的基态等问题，人们还有不同的看法，本章没有讨论一维氢原子.

2. 谐振子

谐振子的能量本征方程可化为

$$\frac{\mathrm{d}^{2}R}{\mathrm{d}r^{2}}+\frac{D-1}{r}\frac{\mathrm{d}R}{\mathrm{d}r}+\left[\varepsilon^{2}-\lambda^{4}r^{2}-\frac{l(l+D-2)}{r^{2}}\right]R=0$$

$$l=0,1,2,\cdots \tag{31.20}$$

其中

$$\varepsilon=\sqrt{\frac{2\mu E}{\hbar^2}},\lambda=\sqrt{\frac{\mu\omega}{\hbar}} \tag{31.21}$$

式(31.20)中的 $D=2$ 和 $D=3$ 分别表示二维和三维谐振子的径向方程，$D=1,l=0$ 表示一维谐振子的本征方程，$R(x)$ 即为波函数.

令 $\rho=x^2r^2$，代入方程(31.20)得

$$\frac{d^2R}{d\rho^2}+\frac{D}{2\rho}\frac{dR}{d\rho}+\left[-\frac{1}{4}+\frac{\varepsilon^2}{4\lambda^2\rho}-\frac{l(l+D-2)}{4\rho^2}\right]R=0 \tag{31.22}$$

方程(31.22)是特里谷米方程，与方程(31.1)比较，确定方程(31.1)中的参数，再代入式(31.7)和式(31.8)得

$$\begin{cases}p=\frac{1}{2}(1-\frac{D}{2}+S),q=\frac{1}{2},t=1\\ \alpha=\frac{1}{2}(1+S)-\frac{\varepsilon^2}{4\lambda^2},\gamma=1+S\end{cases} \tag{31.23}$$

其中 $S=\sqrt{(1-\frac{D}{2})^2+l(l+D-2)}$.

对于二维谐振子，$\alpha=\frac{1}{2}(l+1)-\frac{\varepsilon^2}{4\lambda^2}$，$p=\frac{1}{2}l$，$\gamma=l+1$(正整数)，满足式(31.9)和(31.10)成立的条件.由式(31.10)得二维谐振子的能量本征值为

$$E_n=(n+1)\hbar\omega \tag{31.24}$$

其中

$$n=2n_r+l,n=0,1,2,\cdots$$

而

$$l=n-2n_r=\begin{cases}0,2,\cdots,n(n\text{ 为偶数})\\1,3,\cdots,n(n\text{ 为奇数})\end{cases}$$

由式(31.9)得相应于 $E=E_n$ 的二维谐振子的径向波函数为

$$R_{nl}(r)=N_{nl}r^l\mathrm{e}^{-\frac{1}{2}\lambda^2r^2}F\left(\frac{1}{2}(l-n),l+1,\lambda^2r^2\right)\tag{31.26}$$

其中 N_{nl} 为归一化常数.

对于三维谐振子,由式(31.23)得 $\alpha=\frac{1}{2}(l+\frac{3}{2})-\frac{\varepsilon^2}{4\lambda^2}$, $p=\frac{l}{2}$, $\gamma=l+\frac{3}{2}$(非整数), $p+1-\gamma=-\frac{1}{2}(l+1)<0$,满足式(31.9)和(31.10)成立的条件.由式(31.10)得三维谐振子的能量本征值为

$$E_n=\left(n+\frac{3}{2}\right)\hbar\omega\tag{31.27}$$

其中,n 由式(31.25)给出.由式(31.9)得相应于 $E=E_n$ 的三维谐振子的径向波函数为

$$R_{nl}(r)=N_{nl}r^l\mathrm{e}^{-\frac{1}{2}\lambda^2r^2}F\left(\frac{1}{2}(l-n),l+\frac{3}{2},\lambda^2r^2\right)\tag{31.28}$$

$$n=0,1,2,\cdots,l=n-2n_r=\begin{cases}0,2,\cdots,n(n\text{ 为偶数})\\1,3,\cdots,n(n\text{ 为奇数})\end{cases}$$

其中 N_{nl} 为归一化常数.

对于一维谐振子,由式(31.23)得 $p=\frac{1}{2}$, $\gamma=\frac{3}{2}$, $p+1-\gamma=0$,不满足式(31.9)和(31.10)成立的条

件. 由于 $\gamma \neq$ 整数，方程(31.22) 的解的一般形式为

$$R(\rho)=\rho^{\frac{1}{2}}\mathrm{e}^{-\frac{1}{2}\rho}\left[C_1F\left(\frac{3}{4}-\frac{\varepsilon^2}{4\lambda^2},\frac{3}{2},\rho\right)+C_2\rho^{-\frac{1}{2}}F\left(\frac{1}{4}-\frac{\varepsilon^2}{4\lambda^2},\frac{1}{2},\rho\right)\right] \tag{31.29}$$

式中 $\rho=\lambda^2x^2$，为了保证 $R(\rho)$ 在 $\rho=\infty$ 满足有界条件，式(31.29) 中的合流超几何函数必须中断为一个多项式.

如果 $\frac{3}{4}-\frac{\varepsilon^2}{4\lambda^2}=-n_1,n_1=0,1,2,\cdots$，其能量本征值为

$$E_{n_1}=\left(2n_1+\frac{3}{2}\right)\hbar\omega \tag{31.30}$$

相应于 $E=E_{n_1}$ 的本征函数为

$$R(\rho)=C_{n_1}\rho^{\frac{1}{2}}\mathrm{e}^{-\frac{1}{2}}F\left(-n_1,\frac{3}{2},\rho\right) \tag{31.31}$$

如果 $\frac{1}{4}-\frac{\varepsilon^2}{4\lambda^2}=-n_2,n_2=0,1,2,\cdots$ 其能量本征值为

$$E_{n_2}=\left(2n_2+\frac{1}{2}\right)\hbar\omega \tag{31.32}$$

相应于 $E=E_{n_2}$ 的本征函数为

$$R(\rho)=C_{n_2}\mathrm{e}^{-\frac{1}{2}\rho}F\left(-n_2,\frac{1}{2},\rho\right) \tag{31.33}$$

由式(31.30) 和式(31.32) 可得一维谐振子的能量本征值为

$$E=\left(n+\frac{1}{2}\right)\hbar\omega,n=0,1,2,\cdots \tag{31.34}$$

相应于 $E=E_n$ 的一维谐振子的本征函数为

$$R_n(\rho)=\begin{cases}C_n \mathrm{e}^{-\frac{1}{2}\rho}F\left(-\dfrac{1}{2}n,\dfrac{1}{2},\rho\right), & n\text{ 为偶数}\\ C_n\rho^{\frac{1}{2}}\mathrm{e}^{-\frac{1}{2}\rho}F\left(\dfrac{1}{2}-\dfrac{1}{2}n,\dfrac{3}{2},\rho\right), & n\text{ 为奇数}\end{cases}\tag{31.35}$$

其中，C_n 为归一化常数，$\rho=\lambda^2x^2$. 实际上，式(31.25)给出的本征函数和教材上给出的结果是一样的.

非线性特里谷米问题的非线性伽辽金方法[1]

第32章

32.1 引言

区域 $\Omega_T=\Omega\times(0,T)$，$T>0$ 上的方程

$$L[u]:=Tu+R(x,y,t)u\mid u\mid^{\rho}+\frac{\partial}{\partial t}l(u)=f(x,y,t)\quad(\rho>0)\qquad(32.1)$$

（其中 $Tu=yu_{xx}+u_{yy}$ 是特里谷米算子，$l(u)=\alpha^1u_x+\alpha^2u_y$ 是特殊的一阶微分算子，$\Omega\subset\mathbf{R}^2$ 是有界开集）的求解问题称为特里谷米问题，对线性定常特里谷米问题（即式(32.1)中 $\rho=0$ 和 $l(u)=0$ 的情形）的研究较多，但对非线性特里谷米问题(32.1)的研究直到最近才开始. 另外，为了

① 摘自《四川大学学报(自然科学版)》，2006年2月第43卷第1期.

求解非线性耗散型发展问题(如 N－S 方程等),基于非线性动力系统解对初值的敏感依赖性,即初值的一个小扰动可能会在一段时间后对解产生重要的影响和改变,Temam 等人提出了一种改进的伽辽金方法——非线性伽辽金方法①. 该方法给出了惯性流形上的逼近轨道②,并将逼近解分解为两个正交子空间,得到了较好的结果.

设方程(32.1)中 Ω 的边界由曲线 $\Gamma_i(i=0,1,2)$ 组成,Γ_0 是位于上半平面 $y>0$ 的逐点光滑曲线,其端点为 $A(-1,0)$ 和 $B(0,0)$,Γ_1 和 Γ_2 和 Tu 的从 A 和 B 出发的两条特征线,相交于 $C(-\frac{1}{2},yc)$. 我们要研究的问题可描述为

---

① Ladyzhenskaya O A. The boundary value problem of mathematical physics[M]. Berlin: Springer-verlag,1985.

Lar'kin N A, Schneider M. Uniqueness theorems for a nonlinear Tricomi problem and the related evolution problem[J]. Math. Appl. Sci,1995,18:591-601.

Temam R. Stability analysis of the nonlinear Galerkin method[J]. Math. Comp,1991,57:477-505.

② Fotas C, Sell G R, Temam R. Inertial manifolds for nonlinear evolutionary equations[J]. J. Differ Equations,1988,73:309-353.

Fotas C, Sell T, Titi E. Exponential tracking and approximation of inertial manifolds for dissipative nonlinear equations[J]. J. Dyn. Differ Equations,1989,1:199-244.

Nicolaenko B, Securer B, Tomato R. Some global dynamical properties of a class of pattem formation equations[J]. Commun Partial Differ. Equations,1989,14:145-297.

Tricomi 问题

$$\begin{cases} L[u]=f(x,y,t) & \text{在 } \Omega_T \\ u|_{s_T}=0, u|_{\gamma=0}=u_0 \end{cases} \tag{32.2}$$

其中 $S_T=(\Gamma_0 \cup \Gamma_1)\times[0,T]$. 在本章中,我们将非线性伽辽金方法应用于非线性特里谷米方程(32.2)的求解问题. 但由于在区域 Ω 特里谷米算子 T 是混合算子,且非线性项 $Ru\mid u\mid^{\rho}$ 并不是双线性的,因而 Teman 等人提出的非线性伽辽金方法并不能直接应用,西华师范大学数学与信息学院的陈豫眉,四川大学数学学院的潘璐、李泽民三位教授在 2006 年采用了一些精细的技巧将非线性伽辽金方法成功地应用于问题(32.2)的求解,基于多重网格剖分和水平基的思想[①],我们用有限元法构造了问题的离散解,并通过一些先验估计得到了该问题广义解的存在性,证明了有限元解的收敛性.

32.2 非线性伽辽金方法

记 $\partial\Omega=\Gamma_0 \cup \Gamma_1 \cup \Gamma_2$, $S_T=(\Gamma_0 \cup \Gamma_1)\times[0,T]$, $\mathbf{R}^+=\{t\in\mathbf{R}|_t>0\}$, $T\in\mathbf{R}^+$, X 为巴拿赫空间. 对固定的 $\alpha\geqslant 1$, 以 $L_\alpha(0,T;X)$ 表从 $[0,T]$ 到 X 上的 L_α 可积

① Yserentant H. On the multi-level spliting of finite element spaces[J]. Numer. Math, 1986, 49: 379-412.

Manon M, Temam R. Nonlinear Galerkin methods: the finite element case[J]. Numer Math, 1990, 57: 205-226.

函数的集合,在其上定义范数[1]

$$\left|\int_0^T \|f\|_X^\alpha \mathrm{d}t\right|^{\frac{1}{\alpha}} \quad (1 \leqslant \alpha < \infty)$$

或

$$\sup_{[0,T]} \|f\|_X(t) \quad \alpha = \infty$$

则 $L_\alpha(0,T;X)$ 为巴拿赫空间. 又设有两个空间 $U = \{u \mid u \in \mathbf{C}^\infty(\overline{\Omega}), u|_{\Gamma_0 \cup \Gamma_1} = 0\}$, $V = \{u \mid u \in \mathbf{C}^\infty(\overline{\Omega}), u|_{\Gamma_0 \cup \Gamma_2} = 0\}$, $W_2^1(\Omega, bd)$, $W_2^1(\Omega, bd^*)$ 分别为 U, V 基于如下范数

$$\|u\|_{W_2^1(\Omega)} = \left|\int_\Omega (u^2 + u_x^2 + u_y^2)\mathrm{d}x\mathrm{d}y\right|^{\frac{1}{2}}$$

$$\|v\|_{W_2^1(\Omega_T)} = \left|\int_{\Omega_T} (u^2 + u_t^2 + u_x^2 + u_y^2)\mathrm{d}x\mathrm{d}y\mathrm{d}t\right|^{\frac{1}{2}}$$

的完备化. 在不致混淆的前提下,我们引入以下的简化记号

$$L_P(\Omega) = L_P,\ \|u\|_{W_2^1(\Omega, bd)} = \|u\|_{1,2}$$

$$(u,v)_{L_2} = (u,v)_0 = (u,v)$$

$$(u,v)_0 + (u_x,v_x)_0 + (u_y,v_y)_0 = ((u,v))$$

设 $u \in U$, $v \in V$,于式(32.2)中运用格林公式可得

$$\begin{aligned}(L[u],v) :&= B[u,v] \\ &= -\int_\Omega yu_xv_x + u_yv_y - Ru\,|u|^\rho v - \frac{\partial}{\partial t}l(u)v\mathrm{d}x\mathrm{d}y \\ &= (f,v)_0 \qquad (32.3)\end{aligned}$$

---

① Temam R. Navier-Stokes equations: theory numerical analysis(3rd Revised Ed.)[M]. Amsterdam: North-Holland Publishing Company, 1984.

定义 32.1 函数

$$\begin{cases} u \in L_2(0,T;W_1^1(\Omega,bd)) \cap L_{\rho+2}(0,T;L^{\rho+2}(\Omega)) \\ u_t \in L_2(0,T;W_2^1(\Omega,bd)) \\ l(u_t) \in L_\infty(0,T;L_2(\Omega)) \end{cases}$$

称为问题(32.2)的广义解，如果 $B[u,v]=(f,v)_0$ 对所有 $v \in W_2^1(\Omega,bd^*)$ 和 $t \in [0,T]$ 均成立.

对给定的区域 Ω，假设已得到一个三角形剖分 $\mathscr{T}_{2h}$，将每一个属于 $\mathscr{T}_{2h}$ 的三角形联结三边的中点得到的 4 个小三角形，从而构成新的更细的三角形剖分 $\mathscr{T}_h$，基于上述两种剖分，将从 Ω 到 $\mathbf{R}$ 上的逐点线性连续函数组成的空间分别记作 V_h^* 和 V_{2h}^*. 易见 $V_{2h}^* \subset V_h^* \subset W_2^1(\Omega,bd^*)$. 令 ε_h 为三角形 $K \in \mathscr{T}_h$ 的顶点集合，ε_h 是 ε_h 的子集，它包含那些不在 $\Gamma_0 \cup \Gamma_2$ 上的顶点，即 $\hat{\varepsilon}_h = \varepsilon_h \setminus (\varepsilon_h \cap (\Gamma_0 \cup \Gamma_2))$. 类似地，对于 $K \in \mathscr{T}_{2h}$ 可以定义 $\varepsilon_{2h}, \hat{\varepsilon}_{2h}$. 定义 V_h^* 的标准(节点)基为包含函数 $\omega_{hm} \in V_h^*$，$M \in \hat{\varepsilon}_h$，并且 $\omega_{hm}(M)=1$，$\omega_{hm}(P)=0$，$\forall P \in \varepsilon_h$，$P \neq M$，$V_{2h}^*$ 的标准基可以类似地定义，令

$$\begin{aligned} W_h^* = \operatorname{span}\{\varphi_{h_m} \in V_h^* \mid \in \hat{\varepsilon}_h \setminus \varepsilon_{2h}, \varphi_{h_m}(M)=1, \\ \varphi_{h_m}(P)=0, P \in \varepsilon_h, P \neq M\} \end{aligned}$$

则 V_{2h}^* 和 W_h^* 的基的并集提供了 V_h^* 的一组基，且不同于 V_h^* 的节点基. 这组基从 V_{2h}^* 继承而来，被称作水平基或导出基.

引理 32.1 对 V_h^*，V_{2h}^* 和 W_h^* 有 $V_h^* = V_{2h}^* \oplus W_h^*$ 成立.

给定 $u_h \in V_h^*$，从引理 32.1 可知，存在唯一的 $u_h^1 \in$

V_{2h}^*，$u_h^2 \in W_h^*$，满足 $u_h = u_h^1 + u_h^2$，$\forall K \in \mathscr{T}_h$（或 $\mathscr{T}_{2h}$），假定如下关系成立

$$\frac{\rho_K}{\hat{\rho}_{K_T}} \leqslant k \tag{32.4}$$

其中 $\rho_K = \mathrm{diam}(K)$，$\hat{\rho}_K = \sup\{\mathrm{diam}(S)\}$，$S$ 是 K 中所含的圆.

引理 32.2　假设式(32.4)成立，则存在依赖于空间 V_{2h}^* 和 W_h^* 但不依赖于 K 的常数 $0<\gamma<1$ 满足如下加强柯西－许瓦兹不等式

$$\left|\int_K \nabla u_h^1 \cdot \nabla u_h^2 \mathrm{d}x\mathrm{d}v\right| \leqslant \gamma\left(\int_K |\nabla u_h^1|^2 \mathrm{d}x\mathrm{d}y\right)^{1/2}\left(\int_K |\nabla u_h^2|^2 \mathrm{d}x\mathrm{d}y\right)^{1/2}$$

$$\forall u_h^1 \in V_{2h}^*, u_h^2 \in W_h^* \tag{32.5}$$

引理 32.3　存在 $s_1(h)$ 满足 $s_1(h) \to 0$（$h \to 0$ 时），并且

$$\| u_h^2 \|_{L_2} \leqslant s_1(h) \| u_h^2 \|_{1,2}, \forall u_h^2 \in W_h^* \tag{32.6}$$

以下我们开始构造问题(32.2)的离散逼近广义解，将空间 V_{2h}^* 和 W_h^* 的水平基分别记为 $\{\psi_{2h,j}\}_{j=1}^n$ 和 $\{\psi_{h,j}\}_{j=1}^n$ 由引理 32.1 知 $\{\psi_{2h,j}\} \cup \{\psi_{h,j}\}$ 恰好构成 V_h^* 的水平基，又因为 $\psi_{2h,j}, \psi_{h,j} \in V$，从而存在唯一的

$\varphi_{2h,j},\varphi_{h,j}\in W_2^1(\Omega,bd)$ 满足[①]

$$\begin{cases}l(\varphi_{2h,j})=\psi_{2h,j},\varphi_{2h,j}\mid_{\Gamma_0\cup\Gamma_1}=0\\ l(\varphi_{h,j})=\psi_{h,j},\varphi_{h,j}\mid_{\Gamma_0\cup\Gamma_1}=0\end{cases}\tag{32.7}$$

记逼近解空间为

$$V_{2h}=\mathrm{span}\{\varphi_{2h,1},\cdots,\varphi_{2h,n}\}$$

$$W_h=\mathrm{span}\{\varphi_{h,1},\cdots,\varphi_{h,n}\}$$

$$\begin{aligned}V_h(\Omega,bd)&=\mathrm{span}\{\varphi_{h,1},\cdots,\varphi_{h,n},\cdots,\varphi_{2h,1},\cdots,\varphi_{2h,n}\}\\&=V_{2h}\bigcup W_h\end{aligned}$$

易见 $V_h(\Omega,bd)\subset W_2^1(\Omega,bd)$. 因此我们定义问题(32.2)的逼近解 u^n 为

$$u^n,\mathbf{R}^+\to V_h$$

$$u^n(x,v,t)=u_{2h}^n(x,v,t)+u_h^n(x,v,t)\tag{32.8}$$

其中 $u_{2h}^n(t)\in V_{2h}$ 如下定义

$$u_{2h}^n(x,y,t):=\sum_{j=1}^n g_j^{2h}(t)\varphi_{2h,j}$$

$$\begin{aligned}&\frac{\partial}{\partial t}[l(u_{2h}^n,\psi_{2h,j})+(T(u_{2h}^n+u_h^n),\psi_{2h,j})]+\\&(Ru^n\mid u^n\mid^p,\psi_{2h,j})=(f,\psi_{2h,j})\\&(u_{2h}^n(0),\psi_{2h,j})=(u_0,\psi_{2h,j}),j=1,\cdots,n\end{aligned}\tag{32.9}$$

$u_h^n(t)\in W_h$ 定义为

$$u_h^n(x,y,t)=\sum_{j=1}^n g_j^h(t)\psi_{h,j}$$

$$(T(u_{2h}^n+u_h^n),\psi_{h,i})+(Ru^n\mid u^n\mid^\rho,\psi_{h,j})$$

---

① Lar'kin N A, Schneider M. A finite element method and stabilization method for a nonlinear Tricomi problem[J]. Math. Meth. Appl. Scl, 1994, 17: 681-695.

$$=(f,\psi_{h,i})\quad(i=1,2,\cdots,n)\tag{32.10}$$

注 1　在下一节中我们将证明当 h 较小时，u_h^n 也是“较小”的，即 $u_h^n\to 0$. 因此对每一时间步 t，u_h^n 将是可忽略的，即 $u^n(t)\simeq u_{2h}^n(t)$. 然而，如果 $|u_h^n(t)|\leqslant\sigma(h)$，那么 u_h^n 的影响会增加并在长时间 $\frac{1}{\sigma(h)}$ 后起到明显的作用.

注 2　在 V_h（或 V_{2h}）中，传统伽辽金方法会产生一个逼近解 $\hat{u}_h$（或 $\hat{u}_{2h}$）位于 V_h（或 V_{2h}）中，而本章使用非线性伽辽金方法产生的逼近解 u^n 却位于 V_h 的一个光滑子流形 M_h 中，这个流形是 V_{2h} 的“图像”，因而其维数与 V_{2h} 的维数相等. 它的方程可通过重写式(32.10)得到，即

$$u_h^n=\Phi_h(u_{2h}^n)$$

$$\Phi_h(u_{2h}^n)=-u_{2h}^n+A_h^{-1}(f_h-Ru_h^n\,|\,u_h^n\,|^\rho)$$

其中 $A_h\in\mathscr{L}(V_h)$ 定义为 $(A_h\varphi_h,\psi_h)=(T\varphi_h,\psi_h)$，$\varphi_h\in V_h$，$\psi_h\in V_h^*$. 此外，在空间 M_h 上定义的函数 Φ_h 关于 u_{2h}^n 是二次的，由引理 32.1，我们也称 u_{2h}^n，u_h^n 是 V_h 中的自然坐标.

32.3　先验估计

本章中，我们的主要结果是离散逼近解 $u^n(t)$（即 $u_{2h}^n(t)$，$u_h^n(t)$）的存在性及一定意义上逼近解对原问题(32.2)的广义解的强收敛性，这些结果是基于对 $u_{2h}^n(t)$ 和 $u_h^n(t)$ 的某些先验估计得到的，若无特别说

明，文章证明中的常数不加区分.

定理 32.1 假设：

(1)Γ_0 是逐点连续曲线，$u_0 \in W_2^1(\Omega)$，$u_0 |_{\Gamma_0 \cup \Gamma_1} = 0$，$l(u_0) |_{\Gamma_0 \cup \Gamma_2} = 0$；

(2)$\alpha^1 n_1 + \alpha^2 n_2 |_{\Gamma_0} \geqslant 0$，这里$(n_1, n_2)$是单位外法向向量，并且 $\alpha^1 = -(-y_c)^{1/2} + 2x$，$\alpha^2 = 1 + y$；

(3)$R(x,y,t) \in \mathbf{C}^1(\overline{\Omega}) \times \mathbf{C}^0([0,\infty])$，$R |_{\Gamma_2} \leqslant 0$，$-(\alpha^1 R)_x - (\alpha^2 R)_y \geqslant \delta > 0$，且在 Ω_∞ 中 $f(x,y,t) \in L_2(\Omega_T)$.

则对离散逼近解 $u_h^n(t)$，$u_{2h}^n(t)$，有

$$u_{2h}^n \in L_2(\mathbf{R}^+; W_2^1(\Omega, bd)) \cap L_\infty(\mathbf{R}^+; L_2(\Omega))$$
$$u^n \in L_{\rho+2}(\mathbf{R}^+; L_{\rho+2}(\Omega))$$
$$l(u_{2h}^n) \in L_\infty(\mathbf{R}^+; L_2(\Omega))$$
$$u_h^n \in L_2(\mathbf{R}^+; W_2^1(\Omega, bd)) \cap L_\infty(\mathbf{R}^+; L_2(\Omega)) \tag{32.11}$$

且 $u_h^n \to 0$ 在 $L_2(\mathbf{R}^+, W_2^1(\Omega))$ 中弱收敛，在 $L_\infty(\mathbf{R}^+; L_2(\Omega))$ 中弱收敛.

证明 由式(32.7)，(32.9)和(32.10)，有

$$\frac{\partial}{\partial t}(l(u_{2h}^n), l(u_{2h}^n)) + (T(u^n), l(u^n)) + R(u^n \mid u^n \mid^\rho, l(u^n)) = (f, l(u^n)) \tag{32.12}$$

由格林公式及 R. Temam 的书 *Navier-Stokes equations: theory and numerical analysis*(3rd Revised Ed.)中的引理 4.1 可得

$$\frac{\mathrm{d}}{\mathrm{d}t} \| l(u_{2h}^n) \|_{L_2(\Omega)}^2 + \frac{2\delta}{\rho+2} \| u^n \|_{L_{\rho+2}}^{\rho+2} +$$

$$
\begin{aligned}
&2m_0 \| u_{2h}^n + u_h^n \|_{W_2^1(\Omega)}^2 \\
&\leqslant 2 \| f \|_{L_2} \| l(u^n) \|_{L_2} \\
&\leqslant \alpha \| f \|_{L_2}^2 + \frac{1}{\alpha} \| l(u^n) \|_{L_2}^2 \\
&= \alpha \| f \|_{L_2}^2 + \frac{1}{\alpha} \| l(u_{2h}^n) + l(u_h^n) \|_{L_2}^2 \\
&\leqslant \alpha \| f \|_{L_2}^2 + \frac{2}{\alpha} \| l(u_{2h}^n) \|_{L_2}^2 + \frac{2}{\alpha} \| l(u_h^n) \|_{L_2}^2
\end{aligned}
$$

另外，由引理 32.2，选取充分大的 α 可得

$$
\begin{aligned}
&\frac{\mathrm{d}}{\mathrm{d}t} \| l(u_{2h}^n) \|_{L_2}^2 + \frac{2\delta}{\rho+2} \| u^n \|_{L_{\rho+2}}^{\rho+2} + 2m_0 \gamma | u_{2h}^n |_{W_2^1(\Omega)}^2 \\
&\leqslant \alpha \| f \|_{L_2}^2 + \frac{2}{\alpha} \| l(u_{2h}^n) \|_{L_2}^2
\end{aligned} \tag{32.13}
$$

记 $\hat{h} = \alpha \| f \|_{L_2}^2$，$\hat{g} = \dfrac{2}{\alpha}$，由式(32.13)可得

$$
\begin{aligned}
\| l(u_{2h}^n) \|_{L_2}^2 \leqslant \mathrm{e}^{\int_0^t \hat{g}(s)\mathrm{d}s} (\| l(u_{2h}^n) \|_{L_2}^2(0) + \\
\int_0^t \hat{h}(\tau) \mathrm{e}^{-\int_0^t \hat{g}(s)\mathrm{d}s} \mathrm{d}\tau)
\end{aligned}
$$

易知 $\hat{g}(t) \in L_1(\mathbf{R}^+)$，从而 $\| l(u_{2h}^n) \|_{L_2}^2(t) \leqslant c$，这里 c 与 n 和 t 无关，代入式(32.13)并积分，可得

$$
\begin{aligned}
&\| l(u_{2h}^n) \|_{L_2}^2(t) - \| l(u_{2h}^n) \|_{L_2}^2(0) + \\
&\frac{2\delta}{\rho+2} \int_0^t \| u^n \|_{L_{\rho+2}}^{\rho+2}(\tau) \mathrm{d}\tau + \\
&2m_0 \gamma \int_0^t | u_{2h}^n |_{W_2^1}^2(\tau) \mathrm{d}\tau \leqslant c
\end{aligned} \tag{32.14}
$$

其中 c 与 n 和 t 无关，由庞加莱不等式，有

$$
2m_0 \gamma \int_0^t \| u_{2h}^n \|_{W_2^1}^2(\tau) \mathrm{d}\tau \leqslant 2(1+c) m_0 \gamma \int_0^t | u_{2h}^n |_{W_2^1}^2(\tau) \mathrm{d}\tau
$$

于是由式(32.14)可得

$$\begin{cases} l(u_{2h}^n) \in L_\infty(\mathbf{R}^+;L_2(\Omega)) \\ u^n \in L_{\rho+2}(\mathbf{R}^+;L_{\rho+2}(\Omega)) \\ u_{2h}^n \in L_2(\mathbf{R}^+;W_2^1(\Omega,bd)) \end{cases} \tag{32.15}$$

又由 $\| u_{2h}^n \|_{L_2} \leqslant c \| l(u_{2h}^n) \|_{L_2}$ 有 $u_{2h}^n \in L_\infty(\mathbf{R}^+;L_2(\Omega))$，至此，我们已得到关于$\{u_{2h}^n\}$的先验估计.

下面我们来估计$\{u_{2h}^n\}$，式(32.13)从0到t积分，并由前面推得的系列不等式，可得当$h\to 0$时，u_{2h}^n，u_h^n(因而u^n)位于$L_2(\mathbf{R}^+;W_2^1(\Omega,bd))$的有界集内，因此存在常数$M'$，$M$使得$\| u^n \|_{W_2^1(\Omega,bd)}^2 \leqslant M'$，$\| u_h^n \|_{W_2^1(\Omega,bd)} \leqslant M$，由引理32.3得$S_1^{-1}(h)\| u^n \|_{L_2} \leqslant M$，又由于当$h\to 0$时，$s_1(h)\to 0$，因此当$h\to 0$时，$u_h^n$在$L_2(\mathbf{R}^+;L_2(\Omega))$中强收敛于0.

类似地，由u_h^n位于$L_2(\mathbf{R}^+;W_2^1(\Omega,bd))$和$L_\infty(\mathbf{R}^+;L_2(\Omega))$中的有界集内可得$u_h^n$在$L_2(\mathbf{R}^+;W_2^1(\Omega,bd))$中弱收敛于0. 定理完毕.

定理 32.2 假定定理32.1的条件(1)—(3)均满足，$u_0 \in W_2^2(\Omega)$，且

(4)$R(x,y,t) \in C^1(\overline{\Omega}) \times C^1(\mathbf{R}^+)$，$R(\circ,\circ,t)$，$R_t(\circ,\circ,t) \in L_1(\mathbf{R}^+) \cap L_\infty(\mathbf{R}^+)$，$f_t \in L_2(\Omega_1)$，$0 < \rho \leqslant 2$，则对(32.9)，(32.10)两式确定的离散逼近解，有

$$u_{2h,t}^n \in L_2(\mathbf{R}^+;W_2^1(\Omega,bd) \cap L_\infty(\mathbf{R}^+,L_2(\Omega)))$$

$$l(u_{2h,t}^n) \in L_\infty(\mathbf{R}^+,L_2(\Omega))$$

且当$h\to 0$时，$u_{h,t}^n \to 0$在$L_2(\mathbf{R}^+,L_2(\Omega))$中强收敛.

证明 由式(32.9)知$u_{2h}^n = \sum_{j=1}^n g_j^{2h}\varphi_{2h,j}$，则有$u_{2h,t}^n =$

$\sum_{j=1}^{n} g_{j,t}^{2h} \varphi_{2h,j}$，由前面推导及式(32.9)，可得

$$\begin{aligned}
&\sum_{i=1}^{n}(g_{i,tt}^{2h}(t)\psi_{2h,i}, \psi_{2h,j}) \\
&=\int_{\Omega}(yu_{xt}^{n}\psi_{2h,j,x}+u_{yt}^{n}\psi_{2h,j,y})-R_{t}u^{n}\mid u^{n}\mid^{\rho}\psi_{2h,j}- \\
&(R(\rho+1)\mid u^{n}\mid^{\rho}u_{t}^{n}\psi_{2h,j})\mathrm{d}x\mathrm{d}y+ \\
&\int_{\Omega}f_{t}\psi_{2h,j}\mathrm{d}x\mathrm{d}y \quad (j=1,\cdots,n)
\end{aligned} \tag{32.16}$$

用 $g_{j,t}^{2h}$ 乘以上式，并对 j 求和可得

$$\begin{aligned}
&\frac{1}{2}\frac{\mathrm{d}}{\mathrm{d}t}\| l(u_{2h,t}^{n})\|_{L_2}^{2}+(Tu_{t}^{n}, l(u_{2h,t}^{n}))+ \\
&\int_{\Omega}\{R_{t}u^{n}\mid u^{n}\mid^{\rho}l(u_{2h,t}^{n})\}+R(\rho+1)\mid u^{n}\mid^{\rho}u_{t}^{n}l(u_{2h,t}^{n})\}\mathrm{d}x\mathrm{d}y \\
&=\int_{\Omega}f_{t}l(u_{2h}^{n}, t)\mathrm{d}x\mathrm{d}y
\end{aligned} \tag{32.17}$$

类似地，对式(32.10)关于 t 求导，再乘以 $g_{i,t}^{h}$ 并对 i 求和，有

$$\begin{aligned}
&(Tu_{t}^{n}, l(u_{h,t}^{n}))+\int_{\Omega}\{R_{t}u^{n}\mid u^{n}\mid^{\rho}l(u_{h,t}^{n})+ \\
&R(\rho+1)\mid u^{n}\mid^{\rho}u_{t}^{n}l(u_{h,t}^{n})\}\mathrm{d}x\mathrm{d}y \\
&=\int_{\Omega}f_{t}l(u_{h,t}^{n})\mathrm{d}x\mathrm{d}y
\end{aligned} \tag{32.18}$$

将上两式相加，可得

$$\begin{aligned}
(f_{t}, l(u_{t}^{n}))\mathrm{d}x\mathrm{d}y=&\frac{1}{2}\frac{\mathrm{d}}{\mathrm{d}t}\| l(u_{2h,t}^{n})\|_{L_2}^{2}+(Tu_{t}^{n}, l(u_{t}^{n}))+ \\
&\int_{\Omega}\{R_{t}u^{n}\mid u^{n}\mid^{\rho}l(u_{t}^{n})+ \\
&R(\rho+1)\mid u^{n}\mid^{\rho}u_{t}^{n}l(u_{t}^{n})\}\mathrm{d}x\mathrm{d}y
\end{aligned} \tag{32.19}$$

下面我们分别来处理上式中的积分项，由 A. K. Aziz 等提出的引理[①]可知

$$I_1=(Tu_t^n,l(u_t^n))\geqslant m_0\|u_t^n\|_{W_2^1(\Omega)}^2(t)\tag{32.20}$$

对于积分

$$I_2=(\rho+1)\int_\Omega R|u^n|^\rho u_t^n l(u_t^n)\mathrm{d}x\mathrm{d}y$$

我们考察以下两种情形：(1)$p>2,1\leqslant\rho_p\leqslant 2$；(2)$p>2$，$2<\rho_p$. 由赫尔德不等式，索伯列夫嵌入定理及杨(Young)不等式均有

$$|I_2|\leqslant\eta\|u_t^n\|_{W_2^1}^2(t)+ c\eta R_0(t)\|l(u_t^n)\|_{L_2}^2(t)\|u^n\|_{W_2^1}^2(t)\tag{32.21}$$

令 $I_3=\int_\Omega R_t|u^n|^\rho l(u_t^n)\mathrm{d}x\mathrm{d}y$，我们考察如下三种情形：(1)$\rho=2$；(2)$1\leqslant\rho<2$；(3)$0\leqslant\rho<1$. 由杨不等式可得

$$|I_3|\leqslant cR_1(t)(1+\|u^n\|_{W_2^1}^2(t)+ \|l(u_t^n)\|_{L_2}^2(t)\|l(u_t^n)\|_{L_2}^2\|u^n\|_{W_2^1}^2(t))\tag{32.22}$$

选取 η 足够小并取适当的常数 c，我们有

$$\frac{\mathrm{d}}{\mathrm{d}t}\|l(u_{2h,t}^n)\|_{L_2}^2+m_0\|u_t^n\|_{W_2^1}^2(t)$$

---

① Aziz A K, Lemmert R, Schneider M. A finite element method for the nonlinear Tricomi problem[J]. Numer Math., 1990, 58:95-108.

$$\leqslant 2|(f_t,l(u_t^n))|+c(G_1(t)+\|u^n\|_{W_2^1}^2)(t)+$$
$$c\|l(u_t^n)\|_{L_2}^2(t)(G_2(t)+\|u^n\|_{W_2^1}^2(t)) \quad (32.23)$$

其中 $0\leqslant\rho\leqslant 2, G_1(t), G_2(t)\in L_1(\mathbf{R}^+)$，因此，由引理 32.2 和定理 32.1 可得

$$\frac{\mathrm{d}}{\mathrm{d}t}\|l(u_{2h,t}^n)\|_{L_2}^2+m_0\gamma|u_{2h,t}^n|_{W_2^1}^2$$
$$\leqslant[\alpha\|f_t\|_{L_2}^2+c(G_1(t)+\|u^n\|_{W_2^1}^2(t))]+$$
$$[c(G_2(t)+\|u^n\|_{W_2^1}^2(t))+\frac{2}{\alpha}]\|l(u_{2h,t}^n)\|_{L_2}^2 \quad (32.24)$$

令 $F_1(t)=\alpha\|f_t\|_{L_2}^2+c(G_1(t)+\|u^n\|_{W_2^1}^2(t))$，$F_2(t)=\frac{2}{\alpha}+c(G_2(t)+\|u^n\|_{W_2^1}^2(t))$. 由定理 32.1 可知 $F_i(t)\in L_1(\mathbf{R}^+)(i=1,2)$，因此由式(32.24) 可得

$$\|l(u_{2h,t}^n)\|_L^2(t)\leqslant \mathrm{e}^{\int_0^t F_2(\tau)\mathrm{d}\tau}(\|l(u_{2h,t}^n)\|_{L_2}^2(0)+$$
$$\int_0^t F_1(\tau)\mathrm{e}^{-\int_0^t F_2(s)\mathrm{d}s}\mathrm{d}\tau)$$
$$\leqslant c_1 \quad (32.25)$$

其中 c_1 是与 n,t 无关的常数，对式(32.24) 积分，可得

$$\|l(u_{2h,t}^n)\|_{L_2}^2(t)-\|l(u_{2h,t}^n)\|_{L_2}^2(0)+$$
$$m_0\gamma\int_0^t|u_{2h,t}^n|_{W_2^1}^2(\tau)\mathrm{d}\tau\leqslant c_1 \quad (32.26)$$

由庞加莱不等式和式(32.26)，可得

$$m_0\gamma\int_0^t\|u_{2h,t}^n\|_{W_2^1}^2(\tau)\mathrm{d}\tau\leqslant(1+c_1)m_0\gamma\int_0^t|u_{2h,t}^n|_{W_2^1}^2(\tau)\mathrm{d}\tau$$

从而得

$$l(u_{2h,t}^n)\in L_\infty(\mathbf{R}^+;L_2(\Omega));u_{2h,t}^n\in L_2(\mathbf{R}^+;W_2^1(\Omega,bd)) \quad (32.27)$$

故由 $\| u_{2h,t}^n \| \leqslant c_1 \| l(u_{2h,t}^n) \|_{L_2}$ 可得 $u_{2h,t}^n \in L_\infty(\mathbf{R}^+;L_2(\Omega))$. 由此我们来估计 $u_{h,t}^n$,由定理 32.1 及式(32.27)易得当 $h \to 0$ 时,$u_{2h,t}^n$,$u_{h,t}^n$(因而 u_t^n)位于 $L_2(\mathbf{R}^+;W_2^1(\Omega,bd))$ 的一个有界集内. 因此 $\| u_{h,t}^n \|_{W_2^1(\Omega,bd)} \leqslant \mathrm{const}$. 由引理 32.3 可知 $\| u_{h,t}^n \|_{L_2} \leqslant s_1(h)\mathrm{const}$. 又因为当 $h \to 0$ 时 $s_1 \to 0$,因此当 $h \to 0$ 时,$u_{h,t}^n \to 0$ 在 $L_2(\mathbf{R}^+;L_2(\Omega))$ 中强收敛,定理证毕.

32.4 解的收敛性

在上节中,我们已得到 u_{2h}^n 和 u_h^n 的先验估计. 在本节中,我们分析离散逼近解 $u^n = u_{2h}^n + u_h^n$ 的收敛性,从而得出问题(32.2)广义解的存在性.

定理 32.3 假设(1)$\Gamma_0 \in \mathbf{C}^2$,$u_0 \in W_2^2(\Omega)$,$u_0 |_{\Gamma_0 \cup \Gamma_1} = 0$,$l(u_0) |_{\Gamma_0 \cup \Gamma_2} = 0$;(2)$(\alpha^1 n_1 + \alpha^2 n_2) |_{\Gamma_0} \geqslant 0$,这里$(n_1,n_2)$是单位外法线向量,且 $\alpha^1 = (-y_c)^{\frac{1}{2}} + 2(1+x)$,$\alpha^2 = 1 + y$,并且假设定理 32.2 的条件(2)—(4)均成立,则对所有 $T > 0$,有

(1)$u_{2h}^n \to u$ 在 $L_2(0,T;L_2(\Omega))$ 中强收敛,在 $L_2(0,T;W_2^1(\Omega,bd))$ 中弱收敛;

(2)$u_h^n \to 0$ 在 $L_2(0,T;L_2(\Omega))$ 中强收敛,在 $L_2(0,T;W_2^1(\Omega,bd))$ 中弱收敛;

(3)$u^n \to u$ 在 $L_2(0,T;L_2(\Omega))$ 中弱收敛.

其中 u 是问题(32.2)的广义解.

证明 由定理 32.1 和定理 32.2 的先验估计可知,存在一个子列(仍以下标 h 表示)满足当 $h \to 0$ 时,

存在函数 $u^* \in L_\infty(\mathbf{R}^+;L_2(\Omega)) \cap L_2(0,T;W_2^1(\Omega,bd))$，$\forall\, T>0$ 使得

$u_{2h}^n \to u^*$ 在 $L_2(0,T;W_2^1(\Omega,bd))$ 中弱收敛，在 $L_\infty(\mathbf{R}^+;L_2(\Omega))$ 中弱收敛　　(32.28)

$u_{2h,t}^n \to u_t^*$ 在 $L_2(0,T;W_2^1(\Omega,bd))$ 中弱收敛　　(32.29)

$u^n \to 0$ 在 $L_2(0,T;L_2(\Omega))$ 中强收敛，在 $L_2(0,T;W_2^1(\Omega,bd))$ 中弱收敛　　(32.30)

由式(32.28)及典型的紧性定理知

$u_{2h}^n \to u^*$ 于 $L_2(0,T;L_2(\Omega))$ 中强收敛，$\forall\, T>0$　　(32.31)

由式(32.28)和索伯列夫嵌入定理[①]得 $u_{2h}^n \to u^*$ 在 $L_2(0,T;L_q(\Omega))$ 中强收敛，$\forall\, T>0, 1<q<\infty$，由式(32.31)得 $u_{2h}^n \to u^*$，a. e. 在 Ω_t，即 $u_{2h}^n|u_{2h}^n|^\rho \to u^*|u^*|^\rho$ a. e. 在 Ω_t. 又因 $u_{2h}^n|u_{2h}^n|^\rho \in L_{\frac{2}{\rho+1}}(0,T;L_{\frac{2}{\rho+1}}(\Omega))$，故可得[②]

$u_{2h}^n|u_{2h}^n|^\rho \to u^*|u^*|^\rho$ 在 $L_{\frac{2}{\rho+1}}(0,T;L_{\frac{2}{\rho+1}}(\Omega))$ 中弱收敛　　(32.32)

由式(32.28)—(32.32)，并令式(32.9)中 $h\to 0$，得

$$\frac{\partial}{\partial t}(l(u^*),\psi_{2h,j})+(Tu^*,\psi_{2h,j})+$$

---

① Admas R A. Sobolev spaces[M]. New York: Academic Press, 1975.

② Ladyzhenskaya O A, Uralcava N N. Linear and quasi-linear equations of elliptic type[M]. Moscow: Izdat Nauka, 1973.

$$(Ru^* \mid u^* \mid^\rho, \psi_{2h,j}) = (f, \psi_{2h,j}) \quad (32.33)$$

及 $u_{2h}^n(0) \to u^*(0), j=1,\cdots,n$ 对 $\forall \psi_{2h,j} \in V_{2h}^*$ 成立，但由构造过程可知，V_{2h}^* 在 $W_2^1(\Omega, bd^*)$ 中稠密，从而 u^* 是问题(32.2)的广义解.

另外，因为问题(32.2)的广义解是唯一的，因此 $u^* = u$ 且收敛性(32.28)—(32.32)对整个序列 h 均成立，从而 $u^* \to u$ 在 $L_2(0,T;L_2(\Omega))$ 中强收敛. 定理证毕.

注 3 在定理 32.3 的证明中得到了 $u_{2h}^n \mid u_{2h}^n \mid^\rho$ 的弱收敛性(即式(32.32))，A. K. Aziz 等人未经任何论证便断言这一项的强收敛性结果，但这一断言是错误的①.

注 4 非线性发展问题的稳定性是非常重要的，Lar'kin 证明了如下意义下解的稳定性：$\| l(u_E) - l(u_S) \| \to 0$，其中 u_E 是发展问题的解，而 u_S 是定常问题的解，在非线性伽辽金方法中，稳定性分析已被 Temam 等加以改进②. 由类似的分析，我们可以得到离散逼近解 u_{2h}^n（以及 u^n）的进一步的稳定性结果.

注 5 对传统非线性伽辽金有限元方法，我们可以证明 u_{2h}^n 和 u^n 在空间 $L_2(0,T;W_2^1(\Omega,bd))$ 中强收敛于连续问题的广义解，但是对于非线性发展型特里谷米问题(32.1)，我们没有得到这一结果，原因是由于

① Lions J L, Magenes E. Non-bomogenuous boundary value problem and applications(1)[M]. New York: Springer-Verlag, 1972.

② Manon M, Temam R. Nonlinear Galerkin methods[J]. SIAM J. Numer Anal, 1989, 26(5): 1139-1157.

特里谷米算子是椭圆－双曲混合型，迄今未见关于 $T(u_{2h}^{n})$ 的先验性估计，这也是传统非线性伽辽金方法的抽象框架与我们所讨论的问题的主要差别所在.

第 33 章 特里谷米算子的基本解[1]

考虑含三个自变量的特里谷米方程

$$Tu = y(u_{x_1 x_1} + u_{x_2 x_2}) + u_{yy} = 0 \tag{33.1}$$

奇点为$(a,b,0)$的基本解，相对于二维的特里谷米方程. 由于其奇性的增强，用通常的分布论计算基本解时，得到的积分发散，以致无法用该方法得到基本解，此时有必要引入散度积分主部来定义分布论中的基本解. 复旦大学数学科学学院的屈爱芳教授在 2008 年利用特征线法在柯西主值意义下求得其基本解.

1. 引言与主要结果

基本解的存在性问题是偏微分方程研究中的一个基本问题. 一般的常系数偏微分算子的基本解的存在定理已被 Malgrange,

[1] 选自《数学学报》(中文版)，2008 年 7 月，第 51 卷第 4 期.

荷曼德尔等人得到[①]，但是对于变系数偏微分算子基本解的存在性的研究要复杂得多．我们很难确定一个一般的变系数偏微分算子的基本解是否存在，更不用说给出其基本解的具体表达式了．因此，如果能够得到某些在数学或物理中起重要作用的特殊算子的基本解，那将是很有意义的．形式简单的特里谷米方程

$$Tu = y^p \sum_{i=1}^{n} u_{x_i x_i} + u_{yy} = 0 \tag{33.2}$$

是一类基本的混合型方程．在 $y>0$ 区域内是椭圆型的，在 $y<0$ 区域内是双曲型的．由于其在气体动力学中的重要性（特里谷米方程及其应用[②]），早在20世纪50年代就有人开始研究其基本解，但是直到最近才有新的进展．其中Barros-Neto和盖尔方德（Gelfand）[③]具体研究了含两个自变量的二阶方程

$$Tu = yu_{xx} + u_{yy} = 0 \tag{33.3}$$

该方程对应于方程（33.2）中 $n=1, p=1$ 时的情形．他们利用高斯超几何函数的性质得到了该方程极点在 x 轴上的两个基本解，即方程 $TE=\delta(x-a, y)$ 的

① Barros-Neto J., An introduction to the theory of Distributions, Inc. New York: Marcel Decher, 1973, in Chinese, 1981.

Hörmander L. The analysis of linear partial differential equations of second order. New York: Springer-Verlag, 1983.

② Bers L., Mathematical aspects of subsonic and transonic gas dynamics. New York: Surveys Appl. Math. 3, Wiley, 1958.

③ Barros-Neto J, Gelfand I. M. Fundamental solutions for the tricomi operator, Duke Math. J., 1999, 98(3): 465-483.

Barros-Neto J., Gelfand I. M., Fundamental solutions for the Tricomi operator, Ⅱ, Duke Math. J., 2002, 111(3): 561-584.

解，其中 $\delta(x,y)$ 是 Dirac 测度，极点即 Dirac 测度的支集点，并且给出了此时基本解的具体表达式. 当 $n=1$，p 为奇数时他们的方法也适用，对应结果的一般表达式本章在注 1 中给出. 该方程的基本解有助于我们理解混合型方程解的性质. $n>1$ 时，由于解在原点处奇性的增强，用通常的分布论计算基本解时，所得到的积分是发散的，此时必须考虑其在原点的某种特殊形式的积分. 在已有文献结论的基础上，我们考虑方程(33.2)(即 $p=1,n=2$ 时的特里谷米方程) 极点为$(a,b,0)$ 时的基本解. 受到文 Chen S. X. 的启发①，本章引入柯西主值积分来寻求形式为 $E=C_0[9(x_1^2+x_2^2)+4y^3]^\beta$ 的基本解. 文中的方法对于 p 为奇数时的情况也成立，其结果见注 2. 由于特里谷米方程(33.1) 关于 x_1,x_2 具有平移不变性，只要得到 $TE=\delta(0,0,0)$ 的解 E，很容易就得到 $TE=\delta(a,b,0)$ 的解，故我们只需考虑其极点在原点时的基本解即可. 本章的主要结果如下：

定理 33.1 分布

$$E_c=C_0\cdot \mathrm{P.V.}(4y^3+9r^2)^{-2/3} \tag{33.4}$$

是方程(33.1) 的一个基本解，其中 P. V. 是通常意义下的柯西主值积分，C_0 为一个确定的常数，其倒数在式(33.47) 中给出.

注 1 $n=1$，p 为奇数时，定义

$$D_+=\{(x,y)\in \mathbf{R}:(p+2)^2x^2+4y^{p+2}>0\}$$

---

① Chen S. X. The fundamental of the keldysh operator, to appear.

$$D_-=\{(x,y)\in\mathbf{R}:(p+2)^2x^2+4y^{p+2}<0\}$$

分布 $F_+=C_+E_+(x,y)$ 和 $F_-=C_-E_-(x,y)$ 是特里谷米算子的两个基本解，其中

$$E_+(x,y)=\begin{cases}[(p+2)^2x^2+4y^{p+2}]^{-p/2(p+2)}, & (x,y)\in D_+\\ 0, & \text{其他}\end{cases}\tag{33.5}$$

$$C_+^{-1}=-4^{1/(p+2)}\sqrt{\pi}\left(1+\csc\frac{p\pi}{2(p+2)}\right)\frac{\Gamma\left(\frac{p+1}{p+2}\right)}{\Gamma\left(\frac{p}{2(p+2)}\right)}\tag{33.6}$$

$$E_-(x,y)=\begin{cases}|(p+2)^2x^2+4y^{p+2}|^{-p/2(p+2)}, & (x,y)\in D_-\\ 0, & \text{其他}\end{cases}\tag{33.7}$$

$$C_-^{-1}=2^{2/(p+2)}-4^{(2-p)/2(p+2)}\cdot\frac{p}{p+2}\int_1^{+\infty}\mu^{-(3p+4)/2(p+2)}(1+\mu)^{-p/(p+2)}\mathrm{d}\mu\tag{33.8}$$

注 2　$n=2$，p 为奇数时，分布

$$F=C\cdot\mathrm{P.V.}[(p+2)^2r^2+4y^{p+2}]^{-(p+1)/(p+2)}\tag{33.9}$$

为对应的特里谷米算子的一个基本解. C 的值如下

$$C=\frac{1}{2\pi}\left(\frac{1}{p+2}4^{-(3p+2)/2(p+2)}J_1-\frac{p+1}{(p+2)^2}4^{-p/(p+2)}J_2+\frac{p}{(p+2)^2}4^{-(3p+2)/2(p+2)}J_3\right)^{-1}\tag{33.10}$$

其中

$$J_1=\int_1^{+\infty}\mu^{-(p+1)/(p+2)}[(\mu+1)^{p/(p+2)}-(\mu-1)^{p/(p+2)}]\mathrm{d}\mu\tag{33.11}$$

$$J_2=\int_1^{+\infty}\mu^{-(2p+3)/(p+2)}\left[(\mu-1)(\mu+1)^{p/(p+2)}-(\mu+1)(\mu-1)^{p/(p+2)}\right]\mathrm{d}\mu \tag{33.12}$$

$$J_3=\int_1^{+\infty}\mu^{-(p+1)/(p+2)}\left[(\mu-1)(\mu+1)^{-2/(p+2)}-(\mu+1)(\mu-1)^{-2/(p+2)}\right]\mathrm{d}\mu \tag{33.13}$$

注 3　$n=3$ 时，即使 $p=1$，由于奇性的进一步增强用上面的方法分析遇到困难，计算柯西主值积分时得到的积分值是发散的.

2. 准备工作

引进变量 $r=\sqrt{x_1^2+x_2^2}$，$x_1=r\cos\theta$，$x_2=r\sin\theta$，$0\leqslant\theta\leqslant 2\pi$，则方程(33.1)变形为

$$Tu=y\left(u_{rr}+\frac{1}{r}u_r\right)+u_{yy}=0 \tag{33.1$'$}$$

在双曲区域($y<0$)中，方程(33.1)的特征方程为

$$y\sum_{i=1}^{2}\varphi_{x_i}^2+\varphi_y^2=0 \tag{33.14}$$

对应的特征曲面为

$$\varphi(x_1,x_2,y)=9r^2+4y^3=C \tag{33.15}$$

其中 C 为常数. 关于求解方程特征曲面的方法可参见 Chen S. X. 和 Courant R. 和 D. Helbert 的著作[①].

---

① Chen S. X. Introduction to modern partial differential equations. Beijing: Science Press, 2005(in Chinese).

Xu N., Yin H. C.. The weighted $W^{2,p}$ estimate on the solution of the Gellerstedt equation in the upper half space, Analysis in Theory and Applications, 2005, 21(2): 176-187.

Courant R., Helbert D., Methods of mathematical physics, Vol(Ⅱ). New York: Interscience Publishers, 1962.

$y<0$ 时,引进特征坐标

$$l=3r+2(-y)^{3/2},m=3r-2(-y)^{3/2}$$

于是有

$$r=\frac{l+m}{6},y=-\left(\frac{l-m}{4}\right)^{2/3}$$

$$lm=9r^2+4y^3,E_c=C_0\cdot \text{P. V.}(lm)^{-\frac{2}{3}}$$

由 E_c 的表达式可以看出,基本解沿着特征线具有代数奇性. 在后面将会看到,特征坐标的引入使我们的计算变得简单.

今记 $E(r,y)=(9r^2+4y^3)^{-2/3}$,于是有

$$E_r=-2(l+m)(lm)^{-5/3}$$

$$E_y=-2^{1/3}(l-m)^{4/3}(lm)^{-5/3}$$

$$E_{rr}=-12(lm)^{-5/3}+10(l+m)^2(lm)^{-8/3}$$

$$E_{yy}=16\left(\frac{l-m}{4}\right)^{2/3}(lm)^{-5/3}+160\left(\frac{l-m}{4}\right)^{8/3}(lm)^{-8/3}$$

$$\mathrm{d}r=\frac{1}{6}(\mathrm{d}l+\mathrm{d}m),\mathrm{d}y=\frac{(l-m)^{-1/3}}{3\sqrt[3]{2}}(\mathrm{d}m-\mathrm{d}l)$$

将 E 代入式(33.1)′,可知其是方程(33.1)′ 在 $9r^2+4y^3\neq 0$ 时的解.

引理 33.1　令 $r=\sqrt{\sum\limits_{i=1}^{n}x_i^2}$,则

$$u=[4y^{p+2}+(p+2)^2r^2]^{\frac{1}{p+2}-\frac{n}{2}} \tag{33.16}$$

是方程 $Tu=y^p\sum\limits_{i=1}^{n}u_{x_ix_i}+u_{yy}=0$($p$ 为奇数)在奇点外的解.

证明　令 $A=4y^{(p+2)}+(p+2)^2r^2,\beta=\frac{1}{p+2}-$

$\frac{n}{2}$,则 $u=A^{\beta}$

$$y^{p}\sum_{i=1}^{n}u_{x_{i}x_{i}}+u_{yy}=y^{p}\left(u_{rr}+\frac{n-1}{r}\right)+u_{yy} \tag{33.17}$$

而

$$u_{y}=\beta A^{\beta-1}\cdot 4(p+2)y^{p+1}$$

$$u_{yy}=\beta(\beta-1)A^{\beta-2}\cdot 4^{2}(p+2)y^{2p+2}+$$

$$4\beta(\beta+2)(\beta+1)A^{\beta-1}y^{p}$$

$$u_{r}=\beta A^{\beta-1}\cdot 2(p+2)^{2}r$$

$$u_{rr}=\beta(\beta-1)A^{\beta-2}\cdot 4(p+2)^{4}r^{2}+2\beta A^{\beta-1}(p+2)^{2}$$

将之代入 $y^{p}(u_{rr}+\frac{n-1}{r}u_{r})+u_{yy}$ 计算结果为 0.引理证毕.

定义 33.1 对任意 $t>0$,$\mathbf{R}_{x}^{n}$ 中的变换

$$d_{t}(x_{1},\cdots,x_{n})=(t^{d_{1}}x_{1},\cdots,t^{d_{n}}x_{n}) \tag{33.18}$$

称作以长度 t 作$(d_{1},\cdots,d_{n})$伸缩,或简称为 d 伸缩,其中 $d=(d_{1},\cdots,d_{n})$.

定义 33.2 如果存在$\lambda=\alpha+\mathrm{i}\beta\in\mathbf{C}$,$d=(d_{1},\cdots,d_{n})\in\mathbf{R}^{n}$,使得函数 $f(x)$ 满足

$$f(t^{d_{1}}x_{1},\cdots,t^{d_{n}}x_{n})=t^{\lambda}f(x_{1},\cdots,x_{n}),\forall x\in\mathbf{R}^{n} \tag{33.19}$$

我们就称 f 是λ 阶 d 齐次的.

如果 T 是一个分布,那么通过对偶来定义 λ 阶 d 次分布

$$\langle T,\varphi(t^{-d_{1}}x_{1},\cdots,t^{-d_{n}}x_{n})\rangle=t^{\lambda+|d|}\langle T,\varphi\rangle \tag{33.20}$$

其中 $\varphi \in C_c^\infty(\mathbf{R}^n)$ 是任意的试验函数.

显然,当 T 是光滑函数时,式(33.20)给出的定义与式(33.19)是一致的.另外,对任意的指标 d,通过上面的定义,Dirac 测度 δ 是一个 $-|d|$ 阶 d 齐次的分布.

3. 定理的证明

这部分将证明定理 33.1,我们只需证明

$$\langle TE,\varphi\rangle = C_0^{-1}\varphi(0,0,0) \tag{33.21}$$

对任意的试验函数 $\varphi \in C_c^\infty(\mathbf{R}^3)$ 成立即可.

取 a 足够大,使得圆周 $C_\varepsilon: r^2+y^2=a^2$ 包围了 φ 的支集.记 R_ε 为由 $\gamma_\varepsilon, A_\varepsilon, r=0, C_\varepsilon$ 所围成的区域与 $r=0, B_\varepsilon, C_\varepsilon$ 所围成的区域的并集,其中 γ_ε 待定,$A_\varepsilon, B_\varepsilon$ 为如下曲线

$$A_\varepsilon: 3r-2(-y)^{3/2}=3\varepsilon,\ \varepsilon<r<\infty,\ y<0$$

$$B_\varepsilon: 3r-2(-y)^{3/2}=-3\varepsilon,\ 0<r<\infty,\ y<0$$

由于 E 是局部可积的,我们有

$$\begin{aligned}\langle TE,\varphi\rangle &= \langle y(E_{x_1x_1}+E_{x_2x_2})+E_{yy},\varphi\rangle\\ &= \langle E_{x_1x_1}+E_{x_2x_2}, y\varphi\rangle + \langle E_{yy},\varphi\rangle\\ &= \langle E, y(\varphi_{x_1x_1}+\varphi_{x_2x_2})+\varphi_{yy}\rangle = \langle E, T\varphi\rangle\\ &= \lim_{\varepsilon\to 0}\int_{D_\varepsilon} E\left[y\left(\varphi_{rr}+\frac{1}{r}\varphi_r\right)+\varphi_{yy}\right]\mathrm{d}x_1\mathrm{d}x_2\mathrm{d}y\\ &= \lim_{\varepsilon\to 0}\int_0^{2\pi}\mathrm{d}\theta\int_{R_\varepsilon} E\left[y\left(\varphi_{rr}+\frac{1}{r}\varphi_r\right)+\varphi_{yy}\right]r\,\mathrm{d}r\mathrm{d}y\end{aligned} \tag{33.22}$$

其中 $D_\varepsilon=\{(x_1,x_2,y)\mid r=\sqrt{x_1^2+x_2^2},(r,y)\in R_\varepsilon\}$.

令 $I_\varepsilon=\int_{R_\varepsilon} E[y(\varphi_{rr}+\frac{1}{r}\varphi_r)+\varphi_{yy}]r\mathrm{d}r\mathrm{d}y$,则由引理

33.1 知

$$
\begin{aligned}
I_\varepsilon &= \int_{R_\varepsilon} E[(yr\varphi_r)_r + (r\varphi_y)_y]\mathrm{d}r\mathrm{d}y \\
&= \int_{R_\varepsilon} (Eyr\varphi_r)_r - yr\varphi_r E_r + (Er\varphi_y)_y - r\varphi_y E_y \\
&= \int_{\partial R_\varepsilon} Eyr\varphi_r \mathrm{d}y - Er\varphi_y \mathrm{d}r - \\
&\quad \int_{R_\varepsilon} (yr\varphi E_r)_r - \varphi(yrE_r)_r + (r\varphi E_y)_y - \varphi(rE_y)_y \\
&= \int_{\partial R_\varepsilon} Er(y\varphi_r \mathrm{d}y - \varphi_y \mathrm{d}r) - \varphi r(yE_r \mathrm{d}y - E_y \mathrm{d}r) + \\
&\quad \int_{R_\varepsilon} \varphi \left[y\left(E_{rr} + \frac{1}{r}E_r\right) + E_{yy} \right] r\mathrm{d}r\mathrm{d}y \\
&= \int_{\gamma_\varepsilon \cup A_\varepsilon \cup B_\varepsilon} Er(y\varphi_r \mathrm{d}y - \varphi_y \mathrm{d}r) - \varphi r(yE_r \mathrm{d}y - E_y \mathrm{d}r)
\end{aligned}
\tag{33.23}
$$

最后一个等号后的积分是沿着逆时针方向的曲线积分. 此时式(33.22) 变为

$$
\langle TE, \varphi \rangle = \lim_{\varepsilon \to 0} \int_0^{2\pi} I_\varepsilon \mathrm{d}\theta
$$

现在对$\langle TE, \varphi \rangle$的计算转换为对沿着$\gamma_\varepsilon, A_\varepsilon, B_\varepsilon$的曲线积分的计算, 记

$$
I_1 = \int_{\gamma_\varepsilon} Er(y\varphi_r \mathrm{d}y - \varphi_y \mathrm{d}r)
$$

$$
I_2 = \int_{\gamma_\varepsilon} \varphi r(yE_r \mathrm{d}y - E_y \mathrm{d}r)
$$

$$
I_3 = \int_{A_\varepsilon} Er(y\varphi_r \mathrm{d}y - \varphi_y \mathrm{d}r)
$$

$$
I_4 = \int_{A_\varepsilon} \varphi r(yE_r \mathrm{d}y - E_y \mathrm{d}r)
$$

$$I_5=\int_{B_\varepsilon}Er(y\varphi_r\mathrm{d}y-\varphi_y\mathrm{d}r)$$

$$I_6=\int_{B_\varepsilon}\varphi r(yE_r\mathrm{d}y-E_y\mathrm{d}r)$$

于是 $I_\varepsilon=I_1-I_2+I_3-I_4+I_5-I_6$.

(1) 沿 γ_ε 的积分.

由于 E 的(3,2)齐次性,我们选取 γ_ε 如下

$$r=\frac{\delta^3}{3}\cos\alpha,y=\frac{\delta^2}{2^{2/3}}\sin^{\frac{2}{3}}\alpha,0\leqslant\alpha\leqslant\pi/2$$

其中 $\delta^3=3\varepsilon\triangleq\sigma$,则

$$\mathrm{d}r=-\frac{\delta^3}{3}\sin\alpha\mathrm{d}\alpha,\mathrm{d}y=\frac{2^{1/3}}{3}\delta^2\sin^{-1/3}\alpha\cos\alpha\mathrm{d}\alpha$$

$$E=\delta^{-4},E_r=-4\delta^{-7}\cos\alpha,E_y=-2^{5/3}\delta^{-6}\sin^{4/3}\alpha \tag{33.24}$$

分别代入到 I_i 的表达式中,有

$$\begin{aligned}I_1&=\int_{\gamma_\varepsilon}Er(y\varphi_r\mathrm{d}y-\varphi_y\mathrm{d}r)\\&=\int_0^{\pi/2}\delta^{-4}\frac{\delta^3}{3}\cos\alpha\Big(\frac{\delta^2}{2^{2/3}}\sin^{2/3}\alpha\varphi_r\frac{2^{1/3}}{3}\delta^2\sin^{-1/3}\alpha\cdot\\&\quad\cos\alpha\mathrm{d}\alpha+\varphi_y\frac{\delta^3}{3}\sin\alpha\mathrm{d}\alpha\Big)\\&=\frac{\delta^2}{9}\int_0^{\pi/2}\cos\alpha\Big(\frac{\delta}{2^{1/3}}\sin^{1/3}\alpha\cos\alpha\varphi_r+\varphi_y\sin\alpha\Big)\mathrm{d}\alpha\end{aligned} \tag{33.25}$$

$$\begin{aligned}I_2&=\int_{\gamma_\varepsilon}\varphi r(yE_r\mathrm{d}y-E_y\mathrm{d}r)\\&=\int_0^{\pi/2}\varphi\frac{\delta^3}{3}\cos\alpha\Big[\frac{\delta^2}{2^{2/3}}\sin^{2/3}\alpha(-4)\delta^{-7}\cos\alpha\frac{2^{1/3}}{3}\cdot\\&\quad\delta^2\sin^{-1/3}\alpha\cos\alpha-2^{5/3}\delta^{-6}\sin^{4/3}\alpha\frac{\delta^3}{3}\sin\alpha\Big]\mathrm{d}\alpha\end{aligned}$$

$$=-\frac{2^{5/3}}{9}\int_0^{\pi/2}\varphi\left(\frac{\delta^3}{3}\cos\alpha\cos\theta,\frac{\delta^3}{3}\cos\alpha\sin\theta,\right.$$

$$\left.\frac{\delta^2}{2^{2/3}}\sin^{2/3}\alpha\right)\cos\alpha\sin^{1/3}\alpha\,\mathrm{d}\alpha \qquad (33.26)$$

I_1 和 I_2 的极限分别为

$$\lim_{\varepsilon\to 0} I_1=\lim_{\delta\to 0} I_1=0 \qquad (33.27)$$

$$\lim_{\varepsilon\to 0} I_2=\lim_{\delta\to 0} I_2=-\frac{2^{5/3}}{9}\int_0^{\pi/2}\cos\alpha\sin^{1/3}\alpha\,\mathrm{d}\alpha\varphi(0,0,0)$$

$$=-\frac{2^{5/3}}{9}\cdot\frac{1}{2}\frac{\Gamma\left(\frac{2}{3}\right)\Gamma(1)}{\Gamma\left(\frac{5}{3}\right)}\varphi(0,0,0)$$

$$=-\frac{1}{3\sqrt[3]{2}}\varphi(0,0,0) \qquad (33.28)$$

由上面的计算可知，I_1 和 I_2 在 $\varepsilon\to 0$ 时是收敛的.

(2) 沿着 A_ε 和 B_ε 的积分.

曲线 A_ε 和 B_ε 在特里谷米算子的双曲区域，我们利用特征坐标来进行计算.

令

$$\psi(l,m,\theta)=\varphi\left(\frac{l+m}{6}\cos\theta,\frac{l+m}{6}\sin\theta,-\left(\frac{l+m}{4}\right)^{2/3}\right)$$

则

$$\varphi_r=3(\psi_l+\psi_m),\varphi_y=3\cdot 2^{-2/3}(\psi_m-\psi_l)(l-m)^{1/3}$$

在特征坐标下

$$Er(y\varphi_r\mathrm{d}y-\varphi_y\mathrm{d}r)$$

$$=(lm)^{-2/3}\frac{l+m}{6}\left[-\left(\frac{l-m}{4}\right)^{2/3}\cdot 3(\psi_l+\psi_m)\cdot\right.$$

$$\frac{(l-m)^{-1/3}}{3\sqrt[3]{2}}(\mathrm{d}m-\mathrm{d}l)-3\cdot 2^{-2/3}(\psi_m-$$

$$\psi_l)(l-m)^{1/3}\frac{\mathrm{d}l+\mathrm{d}m}{6}\Big]$$

$$=\frac{\sqrt[3]{2}}{12}(lm)^{-2/3}(l+m)(l-m)^{1/3}(\psi_l\mathrm{d}l-\psi_m\mathrm{d}m)$$

(33.29)

$$\varphi r(yE_r\mathrm{d}y-E_y\mathrm{d}r)$$

$$=\psi\frac{l+m}{6}\Big[-\left(\frac{l-m}{4}\right)^{2/3}\cdot(-2)(l+m)(lm)^{-5/3}\cdot$$

$$\frac{(l-m)^{-1/3}}{3\cdot\sqrt[3]{2}}(\mathrm{d}m-\mathrm{d}l)+\sqrt[3]{2}(lm)^{-5/3}(l-m)^{4/3}\frac{\mathrm{d}l+\mathrm{d}m}{6}\Big]$$

$$=\psi_l\frac{\sqrt[3]{2}}{18}(lm)^{-5/3}(l+m)(l-m)^{1/3}(l\mathrm{d}m-m\mathrm{d}l)$$

(33.30)

① 沿着 A_ε 的积分.

沿着 A_ε：由 m 的定义知 $m=\sigma$ 为常数，从而 $\mathrm{d}m=0$，此时 l 取值从 σ 到 a，其中 a 的值取决于 R_ε 的半径的大小

$$I_3=\int_{A_\varepsilon}Er(y\varphi_r\mathrm{d}y-\varphi_y\mathrm{d}r)$$

$$=\frac{\sqrt[3]{2}}{12}\int_{A_\varepsilon}(lm)^{-2/3}(l+m)(l-m)^{1/3}\psi_l\mathrm{d}l$$

$$=\frac{\sqrt[3]{2}}{12}\int_\sigma^\alpha l^{-2/3}(l+\sigma)(l-\sigma)^{1/3}\psi_l\sigma^{-2/3}\mathrm{d}l \quad (33.31)$$

令 $l=\mu\sigma$，则有

$$I_3=\frac{\sqrt[3]{2}}{12}\int_1^{\alpha/\sigma}\mu^{-2/3}(\mu+1)(\mu-1)^{1/3}\psi_\mu(\mu\sigma,\sigma,\theta)\mathrm{d}\mu$$

(33.32)

分部积分，注意到 $\psi(\alpha,\sigma,\theta)=0$

$$I_3=\frac{\sqrt[3]{2}}{18}\int_1^{\alpha/\sigma}\psi(\mu\sigma,\sigma,\theta)\mu^{-5/3}(\mu+1)(\mu-1)^{1/3}\mathrm{d}\mu-$$

$$\frac{\sqrt[3]{2}}{12}\int_1^{\alpha/\sigma}\psi(\mu\sigma,\sigma,\theta)\mu^{-2/3}(\mu-1)^{1/3}\mathrm{d}\mu-$$

$$\frac{\sqrt[3]{2}}{36}\int_1^{\alpha/\sigma}\psi(\mu\sigma,\sigma,\theta)\mu^{-2/3}(\mu+1)(\mu-1)^{-2/3}\mathrm{d}\mu \tag{33.33}$$

$$\begin{aligned}I_4&=\int_{A_\varepsilon}\varphi r(yE_r\mathrm{d}y-E_y\mathrm{d}r)\\&=-\frac{\sqrt[3]{2}}{18}\int_{A_\varepsilon}\psi(l+m)(l-m)^{1/3}l^{-5/3}m^{-2/3}\mathrm{d}l\\&=-\frac{\sqrt[3]{2}}{18}\int_\sigma^\alpha\psi(l,\sigma,\theta)(l+\sigma)(l-\sigma)^{1/3}l^{-5/3}\sigma^{-2/3}\mathrm{d}l\\&=-\frac{\sqrt[3]{2}}{18}\int_1^{\alpha/\sigma}\psi(\mu\sigma,\sigma,\theta)\mu^{-5/3}(\mu+1)(\mu-1)^{1/3}\mathrm{d}\mu\end{aligned} \tag{33.34}$$

② 沿着 B_ε 的积分.

沿着 B_ε：与沿 A_ε 类似 $m=-\sigma,\mathrm{d}m=0,l$ 取值从 a 到 σ，类似于 I_3 和 I_4 的计算，我们有

$$\begin{aligned}I_5&=\int_{B_\varepsilon}Er(y\varphi_r\mathrm{d}y-\varphi_y\mathrm{d}r)\\&=\frac{\sqrt[3]{2}}{12}\int_{B_\varepsilon}(lm)^{-2/3}(l+m)(l-m)^{1/3}\psi_l\mathrm{d}l\\&=\frac{\sqrt[3]{2}}{12}\int_\alpha^\sigma l^{-2/3}(l-\sigma)(l+\sigma)^{1/3}\psi_l(-\sigma)^{-2/3}\mathrm{d}l\\&=-\frac{\sqrt[3]{2}}{18}\int_1^{\alpha/\sigma}\psi(\mu\sigma,-\sigma,\theta)\mu^{-5/3}(\mu-1)(\mu+1)^{1/3}\mathrm{d}\mu+\\&\quad\frac{\sqrt[3]{2}}{12}\int_1^{\alpha/\sigma}\psi(\mu\sigma,-\sigma,\theta)\mu^{-2/3}(\mu+1)^{1/3}\mathrm{d}\mu+\end{aligned}$$

$$\frac{\sqrt[3]{2}}{36}\int_{1}^{\alpha/\sigma}\psi(\mu\sigma,-\sigma,\theta)\mu^{-2/3}(\mu-1)(\mu+1)^{-2/3}\mathrm{d}\mu$$

(33.35)

和

$$\begin{aligned}I_6&=\int_{B_\varepsilon}\varphi r(yE_r\mathrm{d}y-E_y\mathrm{d}r)\\&=\int_{B_\varepsilon}\psi(l+m)(l-m)^{1/3}l^{-5/3}m^{-2/3}\mathrm{d}l\\&=-\frac{\sqrt[3]{2}}{18}\int_{\alpha}^{\sigma}\psi(l,-\sigma,\theta)(l-\sigma)(l+\\&\quad\sigma)^{1/3}l^{-5/3}(-\sigma)^{-2/3}\mathrm{d}l\\&=\frac{\sqrt[3]{2}}{18}\int_{1}^{\alpha/\sigma}\psi(\sigma\mu,-\sigma,\theta)(\mu-1)(\mu+1)^{1/3}\mu^{-5/3}\mathrm{d}\mu\end{aligned}$$

(33.36)

容易看到，当$\varepsilon\to0$(相应的$\sigma\to0$)时，I_3，I_4，I_5，I_6均是发散的，分别考虑I_3+I_5和I_4+I_6

$$\begin{aligned}I_3+I_5=&\frac{\sqrt[3]{2}}{18}\int_{1}^{\alpha/\sigma}\mu^{-5/3}(\mu-1)^{1/3}(\mu+1)^{1/3}[\psi(\mu\sigma,\sigma,\theta)\cdot\\&(\mu+1)^{2/3}-\psi(\mu\sigma,-\sigma,\theta)(\mu-1)^{2/3}]\mathrm{d}\mu-\\&\frac{\sqrt[3]{2}}{12}\int_{1}^{\alpha/\sigma}\mu^{-2/3}[\psi(\mu\sigma,\sigma,\theta)(\mu-1)^{1/3}-\\&\psi(\mu\sigma,-\sigma,\theta)(\mu+1)^{1/3}]\mathrm{d}\mu-\\&\frac{\sqrt[3]{2}}{36}\int_{1}^{\alpha/\sigma}\mu^{-2/3}(\mu+1)^{-2/3}(\mu-1)^{-2/3}\cdot\\&[\psi(\mu\sigma,\sigma,\theta)(\mu+1)^{5/3}-\\&\psi(\mu\sigma,-\sigma,\theta)(\mu-1)^{5/3}]\mathrm{d}\mu\end{aligned}\tag{33.37}$$

$$I_4+I_6=-\frac{\sqrt[3]{2}}{18}\int_{1}^{\alpha/\sigma}\mu^{-5/3}(\mu-1)^{1/3}(\mu+1)^{1/3}\cdot$$

$$[\psi(\mu\sigma,\sigma,\theta)(\mu+1)^{2/3}-$$

$$\psi(\mu\sigma,-\sigma,\theta)(\mu-1)^{2/3}]\mathrm{d}\mu \quad (33.38)$$

当 $\mu\to\infty$ 时

$$(\mu+1)^{2/3}-(\mu-1)^{2/3}=O(\mu^{-1/3}) \quad (33.39)$$

$$(\mu-1)^{1/3}-(\mu+1)^{1/3}=O(\mu^{-2/3}) \quad (33.40)$$

$$(\mu+1)^{5/3}-(\mu-1)^{5/3}=O(\mu^{2/3}) \quad (33.41)$$

所以,广义积分

$$J_1=\int_1^{\infty}\mu^{-5/3}(\mu-1)^{1/3}(\mu+1)^{1/3}[(\mu+1)^{2/3}-(\mu-1)^{2/3}]\mathrm{d}\mu$$

$$J_2=\int_1^{\infty}\mu^{-2/3}[(\mu-1)^{1/3}-(\mu+1)^{1/3}]\mathrm{d}\mu$$

$$J_3=\int_1^{\infty}\mu^{-2/3}(\mu-1)^{-2/3}(\mu+1)^{-2/3}[(\mu+1)^{5/3}-(\mu-1)^{5/3}]\mathrm{d}\mu$$

均收敛.

又因为

$$\lim_{\sigma\to 0}\psi(\mu\sigma,-\sigma,\theta)=\lim_{\sigma\to 0}\psi(\mu\sigma,-\sigma,\theta)=\varphi(0,0,0) \quad (33.42)$$

将式(33.42)分别代入式(33.37)和(33.38),取极限就有

$$\lim_{\sigma\to 0}(I_3+I_5)=\left(\frac{\sqrt[3]{2}}{18}J_1-\frac{\sqrt[3]{2}}{12}J_2-\frac{\sqrt[3]{2}}{36}J_3\right)\varphi(0,0,0) \quad (33.43)$$

$$\lim_{\sigma\to 0}(I_4+I_6)=-\frac{\sqrt[3]{2}}{18}J_1\varphi(0,0,0) \quad (33.44)$$

综合式(33.8),(33.9),(33.43)和(33.44)的结果,于

是有

$$\begin{aligned}\lim_{\varepsilon\to 0} I_\varepsilon &= \lim_{\sigma\to 0}(I_1 - I_2 + I_3 - I_4 + I_5 - I_6)\\ &= \left(-\frac{1}{3\sqrt[3]{2}} + \frac{\sqrt[3]{2}}{18}J_1 - \frac{\sqrt[3]{2}}{12}J_2 - \frac{\sqrt[3]{2}}{36}J_3 + \frac{\sqrt[3]{2}}{18}J_1\right)\varphi(0,0,0)\\ &= \left(-\frac{1}{3\sqrt[3]{2}} + \frac{\sqrt[3]{2}}{9}J_1 - \frac{\sqrt[3]{2}}{12}J_2 - \frac{\sqrt[3]{2}}{36}J_3\right)\varphi(0,0,0)\end{aligned} \tag{33.45}$$

所以

$$\begin{aligned}\langle TE,\varphi\rangle &= \lim_{\varepsilon\to 0}\int_0^{2\pi} I_\varepsilon \mathrm{d}\theta\\ &= 2\pi\left(-\frac{1}{3\sqrt[3]{2}} + \frac{\sqrt[3]{2}}{9}J_1 - \frac{\sqrt[3]{2}}{12}J_2 - \frac{\sqrt[3]{2}}{36}J_3\right)\varphi(0,0,0)\\ &= C_0^{-1}\varphi(0,0,0)\end{aligned} \tag{33.46}$$

其中

$$C_0^{-1} = 2\pi\left(-\frac{1}{3\sqrt[3]{2}} + \frac{\sqrt[3]{2}}{9}J_1 - \frac{\sqrt[3]{2}}{12}J_2 - \frac{\sqrt[3]{2}}{36}J_3\right) \tag{33.47}$$

为与 φ 无关的常数. 令 $E_c = C_0 \cdot \mathrm{P.V.}(9r^2 + 4y^3)^{-2/3}$，则 E_c 为特里谷米方程(33.1) 的基本解，于是定理获证.

二元混合型偏微分方程的弗兰克尔问题和特里谷米问题[①]

第34章

前人对二元混合型偏微分方程做了许多工作，对 Bitsadze 方程

$$\frac{\partial^2 u}{\partial x^2}+\operatorname{sgn}\, y\frac{\partial^2 u}{\partial y^2}=0 \qquad (34.1)$$

华罗庚[②]用复分析的方法得到了其特里谷米问题解的存在唯一性．普罗特[③]用 ABC 的方法得到了方程(34.1)在双曲型区域边界上成立 $x\mathrm{d}y-y\mathrm{d}x\geqslant 0$(逆时针方向上)时其弗兰克尔问题解的唯一性．陈恕行[④]研究了如下方程

① 选自《复旦学报》(自然科学版)，2012 年 8 月，第 51 卷第 4 期.

② Hua Loo-keng. On Lavrentiev partial differential equation of the mixed type[J]. Scientia Sinica, 1964, 13: 1755-1762.

③ Protter M H. Uniqueness theorems for the Tricomi problem, Ⅰ, Ⅱ[J]. J Rational Mech Anal, 1953, 2: 107-114, 1955, 4: 721-732.

④ Chen S X. Tricomi problem for a mixed equation of second order with discontinuous coefficients[J]. Acta Mathematica Scientia, 2009, 29B(3): 569-582.

$$\frac{\partial^2 u}{\partial x^2}+\operatorname{sgn} y\frac{\partial^2 u}{\partial y^2}+au=0 \tag{34.2}$$

得到了在 a 足够小的条件下其对应的特里谷米问题解的存在唯一性.

复旦大学数学科学学院的岳松教授在 2012 年研究了方程(34.1)的弗兰克尔问题

$$\begin{cases}\dfrac{\partial^2 u}{\partial x^2}+\operatorname{sgn} y\dfrac{\partial^2 u}{\partial y^2}=0 & (x,y)\in\Omega\\ u(x,y)=\varphi(x) & (x,y)\in\Gamma\\ u(x,y)=h(x) & (x,y)\in L_1\\ u(x,y)=l(x) & (x,y)\in L_4\\ u\text{ 在点}(\theta,0)\text{ 上连续}\end{cases} \tag{34.3}$$

其中:$0<\theta<1$,Ω 为 Γ,L_1,L_2,L_3,L_4 所围成的区域

$$\Gamma=\{(x,y)\mid y=r(x),0\leqslant x\leqslant 1\} \tag{34.4}$$

$$L_1=\left\{(x,y)\mid x+y=0,0\leqslant x\leqslant\frac{\theta}{2}\right\}$$

$$L_2=\left\{(x,y)\mid x-y=\theta,\frac{\theta}{2}\leqslant x\leqslant\theta\right\}$$

$$L_3=\left\{(x,y)\mid x+y=\theta,\theta\leqslant x\leqslant\frac{\theta+1}{2}\right\}$$

$$L_4=\left\{(x,y)\mid x-y=\theta,\frac{\theta+1}{2}\leqslant x\leqslant 1\right\}$$

以下记

$$\Omega^+=\Omega\cap\{(x,y)\mid y>0\}$$

$$\Omega^-=\Omega\cap\{(x,y)\mid y<0\}$$

为叙述方便,我们不妨假设 $\varphi(x),h(x),l(x)$ 为 C^∞ 函数.

我们首先利用达朗贝尔公式化约问题(34.3),把问题化成椭圆型方程问题,并利用能量积分的方法和

对偶方法证得其解的存在唯一性. 然后证明当方程(34.1)的弗兰克尔问题的边界条件给法趋向于其特里谷米问题的边界条件给法时,其解是一致趋近的. 最后研究方程(34.2)的弗兰克尔问题,证得其解是唯一的,并且当方程(34.2)的弗兰克尔问题的边界条件给法趋向于其特里谷米问题的边界条件给法时,其解也是一致趋近的.

1. 问题(34.3)解的存在唯一性

定理 34.1 问题(34.3)在 H^1 中存在唯一的解.

首先将弗兰克尔问题化约为椭圆型方程的非局部边值问题,然后通过处理椭圆型方程的边值问题来证明定理 34.1.

(1) 双曲型区域.

设 $u(x,0)=f(x)$, $u_y(x,0)=g(x)$. 利用达朗贝尔公式可得

$$u(x,y)=\frac{1}{2}(f(x-y)+f(x+y))+\frac{1}{2}\int_{x-y}^{x+y}g(\xi)\mathrm{d}\xi \tag{34.5}$$

将问题(34.3)中的边界条件代入,可得

$$\begin{cases}h(x)=\frac{1}{2}(f(0)+f(2x))-\frac{1}{2}\int_{0}^{2x}g(\xi)\mathrm{d}\xi \\ \qquad 0\leqslant x\leqslant\frac{\theta}{2} \\ l(x)=\frac{1}{2}(f(0)+f(2x-1))-\frac{1}{2}\int_{2x-1}^{1}g(\xi)\mathrm{d}\xi \\ \qquad \frac{\theta+1}{2}\leqslant x\leqslant 1\end{cases} \tag{34.6}$$

对式(34.6)中的两式分别求导并整理得到

$$
\begin{cases}
f'(x)-g(x)=h'\left(\dfrac{x}{2}\right) & 0\leqslant x\leqslant \theta \\
f'(x)+g(x)=l'\left(\dfrac{x+1}{2}\right) & \theta\leqslant x\leqslant 1
\end{cases}
\tag{34.7}
$$

(2) 椭圆型区域.

在椭圆型区域讨论如下问题

$$
\begin{cases}
\dfrac{\partial^2 u}{\partial x^2}+\dfrac{\partial^2 u}{\partial y^2}=0 & (x,y)\in \Omega^+ \\
u(x,y)=\varphi(x) & (x,y)\in \Gamma \\
u_x-u_y=h'\left(\dfrac{x}{2}\right) & 0\leqslant x\leqslant \theta, y=0 \\
u_x+u_y=l'\left(\dfrac{x+1}{2}\right) & \theta\leqslant x\leqslant 1, y=0 \\
u\ \text{在点}(\theta,0)\ \text{连续.}
\end{cases}
\tag{34.8}
$$

(3) 弗兰克尔问题解的存在唯一性.

首先构造函数把问题(34.8)的边界条件齐次化，其次利用能量积分和泛函分析的方法可证得问题(34.3)解的唯一性，最后再利用对偶问题就证得问题(34.3)的解的存在性.

引理 34.1　存在满足问题(34.8)的边界条件的连续函数 $t(x,y)$，即

$$\begin{cases} t=\varphi(x) & (x,y)\in\Gamma \\ t_x-t_y=h'\left(\dfrac{x}{2}\right) & 0\leqslant x\leqslant\theta,y=0 \\ t_x+t_y=l'\left(\dfrac{x+1}{2}\right) & \theta\leqslant x\leqslant 1,y=0 \end{cases} \tag{34.9}$$

证明　分 3 步来证明这个引理.

(1) 通过线性变换化简原问题.

令$\begin{cases} x=\dfrac{\xi}{2}-\dfrac{\eta}{2} \\ y=\dfrac{\xi}{2}+\dfrac{\eta}{2} \end{cases}$,则$\begin{cases} \xi=x+y \\ \eta=-x+y \end{cases}$.

变换如图 34.1 所示.

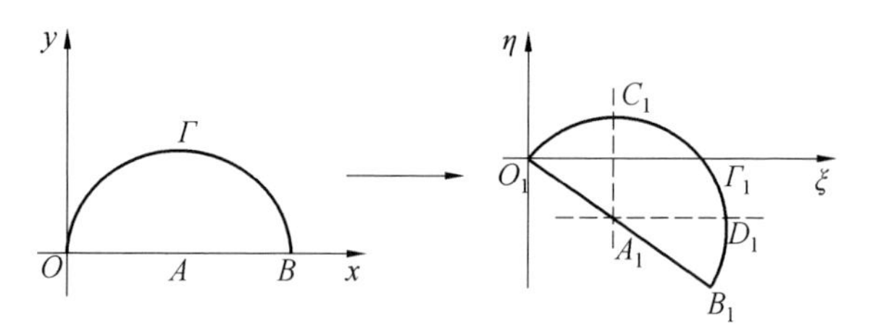

图 34.1　变换示意图

在该变换下曲线 $\Gamma: y=r(x)$ 变为

$$\frac{\xi}{2}+\frac{\eta}{2}=r\left(\frac{\xi}{2}-\frac{\eta}{2}\right) \tag{34.10}$$

当 $r'\left(\dfrac{\xi-\eta}{2}\right)\neq -1$ 时,由隐函数定理可得其对应的曲线 $\Gamma_1:\eta=r_1(\xi)$.

令 $U(\xi,\eta):=u\left(\dfrac{\xi-\eta}{2},\dfrac{\xi-\eta}{2}\right)$,则 $u(x,r(x))=\varphi(x)$ 相应地被变换为 $U(\xi,r_1(\xi))=\varphi_1(\xi)$.

问题(34.8)就化为

$$\begin{cases}\dfrac{\partial^2 U}{\partial \xi^2}+\dfrac{\partial^2 U}{\partial \eta^2}=0 & (\xi,\eta)\in \Omega_1^+\\ U=\varphi_1(\xi) & (\xi,\eta)\in \Gamma_1\\ U_\eta=-\dfrac{1}{2}h'(\xi) & (\xi,\eta)\text{ 在 }\overline{O_1A_1}\text{ 上}\\ U_\xi=\dfrac{1}{2}l'\left(\dfrac{\xi+1}{2}\right) & (\xi,\eta)\text{ 在 }\overline{A_1B_1}\text{ 上}\\ U\text{ 在点}(\theta,-\theta)\text{ 连续}\end{cases}$$

(34.11)

(2) 构造函数

$$\chi(\xi,\eta)=\frac{1}{2}h(-\eta)+l\left(\frac{\xi+1}{2}\right) \qquad (34.12)$$

易知 $\chi(\xi,\eta)$ 满足

$$\begin{cases}\chi_\eta=-\dfrac{1}{2}h'(-\eta)=-\dfrac{1}{2}h'(\xi) & (\xi,\eta)\text{ 在 }\overline{A_1B_1}\text{ 上}\\ \chi_\xi=\dfrac{1}{2}l'\left(\dfrac{\xi+1}{2}\right) & (\xi,\eta)\text{ 在 }\overline{O_1A_1}\text{ 上}\end{cases}$$

(34.13)

令 $U_1=U-\chi$ 代入式(34.11)中，问题(34.11)就化为

$$\begin{cases}\dfrac{\partial^2 U_1}{\partial \xi^2}+\dfrac{\partial^2 U_1}{\partial \eta^2}=-\Delta\chi(\xi,\eta)\triangleq F_1 & (\xi,\eta)\in \Omega_1^+\\ U_1=\varphi_1(\xi)-\chi(\xi,r_1(\xi))\triangleq \varphi_2 & (\xi,\eta)\in \Gamma_1\\ U_{1\eta}=0 & (\xi,\eta)\text{ 在 }\overline{O_1A_1}\text{ 上}\\ U_{1\xi}=0 & (\xi,\eta)\text{ 在 }\overline{A_1B_1}\text{ 上}\\ U_1\text{ 在点}(\theta,-\theta)\text{ 连续.}\end{cases}$$

(34.14)

(3) 构造函数 $\sigma(\xi,\eta)$ 满足

$$\begin{cases}\sigma(\xi,\eta)=\varphi_2 & (\xi,\eta)\in\Gamma_1 \\ \sigma_\eta(\xi,\eta)=0 & (\xi,\eta)\text{ 在}\overline{O_1A_1}\text{ 上} \\ \sigma_\xi(\xi,\eta)=0 & (\xi,\eta)\text{ 在}\overline{A_1B_1}\text{ 上} \\ \sigma\text{ 在点}(\theta,-\theta)\text{ 上连续} \end{cases} \tag{34.15}$$

构造过程如下：做截断函数 $\tau(\xi,\eta)$，使它在曲线$\widehat{C_1D_1}$足够小的邻域中为零. $W=\tau W+(1-\tau)W$. 记 $\Psi_1=(1-\tau)W(\xi,r_1(\xi))$，$\Psi_2=(1-\tau)W(r_1^{-1}(\eta),\eta)$，则 Ψ_1 在$\xi=\theta$ 附近为零，Ψ_2 在 $\eta=-\theta$ 附近为零. 令

$$\sigma_1=\begin{cases}\Psi_1 & \text{在区域 } O_1A_1C_1\text{ 中} \\ 0 & \text{在区域 } A_1C_1D_1\text{ 中} \\ \Psi_2 & \text{在区域 } A_1B_1D_1\text{ 中}\end{cases} \tag{34.16}$$

令 $\sigma_2=\tau W$. 由函数 τ 的定义知道，σ_2 在直线$\overline{O_1A_1B_1}$ 上为零. 令

$$\sigma=\sigma_1+\sigma_2$$

易验证 σ 就是满足条件的函数.

综合上面 3 个步骤，得到

$$\begin{aligned}t(x,y)&=\chi(\xi,\eta)+\sigma(\xi,\eta)\\&=\chi(x+y,x-y)+\sigma(x+y,x-y)\end{aligned} \tag{34.17}$$

引理 34.1 证毕.

令 $u_1(x,y)=u(x,y)-t(x,y)$，则 $u(x,y)=u_1(x,y)+t(x,y)$，将其代入式(34.8)中，则问题(34.8)就化为

$$
\begin{cases}
\dfrac{\partial^2 u_1}{\partial x^2}+\dfrac{\partial^2 u_1}{\partial y^2}=-\Delta t(x,y)\triangleq F_2 & (x,y)\in\Omega^+\\
u_1=0 & (x,y)\in\Gamma\\
u_{1x}-u_{1y}=0 & 0\leqslant x\leqslant\theta, y=0\\
u_{1x}+u_{1y}=0 & \theta\leqslant x\leqslant 1, y=0\\
u\text{ 在点}(\theta,0)\text{ 连续.}
\end{cases}
\tag{34.18}
$$

问题(34.18)与问题(34.8)解的存在唯一性是等价的.

下面来证明定理34.1.

证明　(1)首先利用能量积分的方法证明问题(34.18)解的唯一性.

将问题(34.18)中第一个方程的两边同乘以 u_1 并在 Ω^+ 上积分得

$$
\iint_{\Omega^+}\Delta u_1 u_1\mathrm{d}x\mathrm{d}y=-\iint_{\Omega^+}|\nabla u_1|\mathrm{d}x\mathrm{d}y-\int_0^1\frac{\partial u_1}{\partial y}u_1\mathrm{d}x-\iint_{\Omega^+}|\nabla u_1|\mathrm{d}x\mathrm{d}y-u_1^2(\theta,0)
\tag{34.19}
$$

整理得

$$
\begin{aligned}
&\iint_{\Omega^+}|\nabla u_1|\mathrm{d}x\mathrm{d}y+u_1^2(\theta,0)\\
=&-\iint_{\Omega^+}F_1u_1\mathrm{d}x\mathrm{d}y\\
\leqslant&\ \varepsilon\|u_1\|_{L^2}+\frac{1}{4\varepsilon}\|F_1\|_{L^2}
\end{aligned}
\tag{34.20}
$$

由弗雷德霍姆不等式可知,当 ε 足够小时,有

$$
\|u_1\|_{H^1}\leqslant C\|F_1\|_{L^2}
\tag{34.21}
$$

由先验估计式(34.21)可知问题(34.18)的解在 H^1 是唯一的.

(2) 通过构造问题(34.18)的对偶问题来证明其解的存在性.

算子 Δ 是自相伴的算子. 下面来构造对偶问题的边界条件

$$
\begin{aligned}
&\iint_{\Omega^+}(\Delta u_1 v - u_1 \Delta v)\mathrm{d}x\mathrm{d}y \\
=&\iint_{\partial\Omega^+}\left(v\frac{\partial u_1}{\partial n} - u_1\frac{\partial v}{\partial n}\right)\mathrm{d}s \\
=&\int_\Gamma\left(v\frac{\partial u_1}{\partial n} - u_1\frac{\partial v}{\partial n}\right)\mathrm{d}s + \int_0^1\left(v\frac{\partial u_1}{\partial y} - u_1\frac{\partial v}{\partial y}\right)\mathrm{d}x
\end{aligned}
\tag{34.22}
$$

由 u_1 的任意性可知,在 Γ 上 $v=0$,又

$$
\begin{aligned}
&\int_0^1\left(v\frac{\partial u_1}{\partial y} - u_1\frac{\partial v}{\partial y}\right)\mathrm{d}x \\
=&\int_0^\theta\left(v\frac{\partial u_1}{\partial x} - u_1\frac{\partial v}{\partial y}\right)\mathrm{d}x + \int_\theta^1\left(-v\frac{\partial u_1}{\partial x} - u_1\frac{\partial v}{\partial y}\right)\mathrm{d}x \\
=&2(u_1,v)(\theta,0) - \int_0^\theta u_1(v_x + v_y)\mathrm{d}x + \int_\theta^1 u_1(v_x - v_y)\mathrm{d}x
\end{aligned}
\tag{34.23}
$$

由 u_1 的任意性可得问题(34.18)的对偶问题为

$$
\begin{cases}
\dfrac{\partial^2 v}{\partial x^2} + \dfrac{\partial^2 v}{\partial y^2} = G & (x,y)\in\Omega^+ \\
v(x,y) = 0 & (x,y)\in\Gamma \\
v_x + v_y = 0 & 0\leqslant x\leqslant\theta, y=0 \\
v_x + v_y = 0 & \theta\leqslant x\leqslant 1, y=0 \\
v(\theta,0) = 0
\end{cases}
\tag{34.24}
$$

重复先验估计(34.21)的估计过程,同样可证明

$$\| v \|_{H^1} \leqslant C \| G \|_{L^2} \tag{34.25}$$

由对偶问题的先验估计(34.25)知问题(34.24)的解是唯一的.由两择性定理[①]知原问题(34.18)的解是存在的.于是得到问题(34.8)的解是唯一存在的.根据双曲性方程的解的存在唯一性定理可得到问题(34.3)在 Ω^- 里的解.由此知问题(34.3)的解是唯一存在的.

注 1　文中 Δ 表示 $\dfrac{\partial^2}{\partial x^2}+\dfrac{\partial^2}{\partial y^2}$,$\nabla$ 表示 $\dfrac{\partial}{\partial x}+\dfrac{\partial}{\partial y}$.

注 2　方程(34.1)对应的弗兰克尔问题与特里谷米问题解之间的关系

直接来看,弗兰克尔问题与特里谷米问题具有紧密的联系,下面将给出两个问题的解之间的关系.

方程(34.1)对应的特里谷米问题可化约为

$$\begin{cases} \dfrac{\partial^2 u}{\partial x^2}+\dfrac{\partial^2 u}{\partial y^2}=0 & (x,y)\in\Omega^+ \\ u(x,y)=\varphi(x) & (x,y)\in\Gamma \\ u_x-u_y=h'\left(\dfrac{x}{2}\right) & 0\leqslant x\leqslant 1 \\ u \text{ 在点 } y=0 \text{ 连续} \end{cases} \tag{34.26}$$

方程(34.1)对应的弗兰克尔问题可化约为(问题(34.8))

① 童裕孙.泛函分析教程[M].上海:复旦大学出版社,2004.

$$\begin{cases} \dfrac{\partial^2 v}{\partial x^2}+\dfrac{\partial^2 v}{\partial y^2}=0 & (x,y)\in\Omega^+ \\ v(x,y)=\varphi(x) & (x,y)\in\Gamma \\ v_x-v_y=h'\left(\dfrac{x}{2}\right) & 0\leqslant x\leqslant\theta, y=0 \\ v_x+v_y=l'\left(\dfrac{x+1}{2}\right) & \theta\leqslant x\leqslant 1, y=0 \\ v\text{ 在点}(\theta,0)\text{ 连续} \end{cases} \tag{34.27}$$

本部分的主要结果为定理 34.2.

定理 34.2 当 θ 趋近于 1 时,问题(34.26)的解在 H^1 中一致趋近于问题(34.27)的解.

证明 记问题(34.26)的解为 u(u 的存在唯一性的证明参见华罗庚的著作). 定义

$$g(x)=u_x+u_y$$

令 $w=u-x$,则 w 满足

$$\begin{cases} \dfrac{\partial^2 w}{\partial x^2}+\dfrac{\partial^2 w}{\partial y^2}=0 & (x,y)\in\Omega^+ \\ w(x,y)=0 & (x,y)\in\Gamma \\ w_x-w_y=0 & 0\leqslant x\leqslant\theta, y=0 \\ w_x+w_y=g(x)-l'\left(\dfrac{x+1}{2}\right) & \theta\leqslant x\leqslant 1, y=0 \\ w\text{ 在点}(\theta,0)\text{ 连续} \end{cases} \tag{34.28}$$

将式(34.28)的第一个方程两边同乘以 w,并在 Ω^+ 上积分,得

$$0=\iint_{\Omega^+}\Delta ww\mathrm{d}x\mathrm{d}y=-\iint_{\Omega^+}|\nabla w|^2\mathrm{d}x\mathrm{d}y-\int_0^1\frac{\partial w}{\partial y}w\mathrm{d}x \tag{34.29}$$

$$-\int_0^1\frac{\partial w}{\partial y}w\mathrm{d}x=-\int_0^\theta\frac{\partial w}{\partial y}w\mathrm{d}x-\int_\theta^1\frac{\partial w}{\partial y}w\mathrm{d}x \tag{34.30}$$

$$\begin{aligned}-\int_\theta^1\frac{\partial w}{\partial y}w\mathrm{d}x&=\int_\theta^1 w_x w\mathrm{d}x-\int_\theta^1\left(g(x)-l'\left(\frac{x+1}{2}\right)\right)w\mathrm{d}x\\&=-\frac{1}{2}w(\theta,0)-\int_\theta^1\left(g(x)-l'\left(\frac{x+1}{2}\right)\right)w\mathrm{d}x\end{aligned} \tag{34.31}$$

由于 w_x 在点$(\theta,0)$具有最高 1/2 的奇性①，于是由 $w(x),g(x),l'(x)$ 的连续性可知，当 $\theta\to 1$ 时，式(34.31)趋于零. 又

$$-\int_0^\theta\frac{\partial w}{\partial y}w\mathrm{d}x=-\frac{1}{2}w^2(\theta,0) \tag{34.32}$$

当 $\theta\to 1$ 时，$w(\theta,0)\to 0$. 代入方程(34.29)知

$$\iint_{\Omega^+}|\nabla w|^2\mathrm{d}x\mathrm{d}y\to 0 \tag{34.33}$$

综合上面的讨论就证得了当 $\theta\to 1$ 时，w 在 H^1 中一致趋于零.

3. 方程(34.1)加上 au 项后的弗兰克尔问题

这部分主要研究如下问题

① Grisvard P. Elliptic problems in nonsmooth domains[M]. Bath Avon: Pitman Press, 1985.

$$\begin{cases}\dfrac{\partial^2 u}{\partial x^2}+\operatorname{sgn} y\dfrac{\partial^2 u}{\partial y^2}+au=0 & (x,y)\in\Omega\\ u(x,y)=\varphi(x) & (x,y)\in\Gamma\\ u(x,y)=h(x) & (x,y)\in L_1\\ u(x,y)=l(x) & (x,y)\in L_4\\ u\ \text{在点}(\theta,0)\ \text{连续} & \end{cases}$$

(34.34)

问题(34.34)中的符号表示方式等同于问题(34.3)中的表示,其中 a 为常数.

(1) 对弗兰克尔问题的化约.

本节中将弗兰克尔问题化约为椭圆型方程的非局部边值问题,为此引入对应于方程

$$\frac{\partial^2 u}{\partial x^2}+\operatorname{sgn} y\frac{\partial^2 u}{\partial y^2}+au=0 \tag{34.35}$$

的黎曼函数.

设 $V(\xi,\eta;\xi_0,\eta_0)$ 为方程

$$\frac{\partial^2 V}{\partial\xi\partial\eta}+\frac{1}{4}aV=0 \tag{34.36}$$

所对应的解,满足 $V(\xi_0,\eta;\xi_0,\eta_0)=1, V(\xi,\eta_0;\xi_0,\eta_0)=1$. 通过计算可以得到

$$V(\xi,\eta;\xi_0,\eta_0)=\sum_{n=0}^{\infty}(-1)^n\frac{1}{(n!)^2}\left(\frac{a}{4}\right)^n(\xi-\xi_0)^n(\eta-\eta_0)^n \tag{34.37}$$

$V(\xi,\eta;\xi_0,\eta_0)$ 即为方程(34.35)在 $y<0$ 时对应的黎曼函数. 将黎曼函数(34.37)用于方程(34.35)在 $y<0$ 上的求解可得

$$u\left(\frac{\xi_0+\eta_0}{2},\frac{-\xi_0+\eta_0}{2}\right)=\frac{1}{2}(u(\eta_0,0)+u(\xi_0,0))-$$

$$\frac{1}{2}\int_{\eta_0}^{\xi_0}(vu_y-uv_y)\mathrm{d}\xi$$

(34.38)

其中

$$v=\sum_{n=0}^{\infty}(-1)^n\frac{1}{(n!)^2}\left(\frac{a}{4}\right)^n(\xi-\xi_0)^n(\eta-\eta_0)^n \tag{34.39}$$

$$v_y=v_\eta-v_\xi=\sum_{n=1}^{\infty}(-1)^n\frac{n}{(n!)^2}\left(\frac{a}{4}\right)^n\cdot (\xi-\xi_0)^{n-1}(\eta-\eta_0)^{n-1}(\xi-\xi_0-\eta+\eta_0) \tag{34.40}$$

当 $\eta_0=0$ 时,式(34.38)化为

$$u\left(\frac{\xi_0}{2},-\frac{\xi_0}{2}\right)=\frac{1}{2}(u(0,0)+u(\xi_0,0))-\frac{1}{2}\int_0^{\xi_0}(vu_y-uv_y)\mathrm{d}\xi \tag{34.41}$$

此式中

$$v(\xi,\xi;\xi_0,0)=\sum_{n=0}^{\infty}(-1)^n\frac{1}{(n!)^2}\left(\frac{a}{4}\right)^n(\xi-\xi_0)^n(\xi)^n \tag{34.42}$$

$$v_y(\xi,\xi;\xi_0,0)=\sum_{n=1}^{\infty}(-1)^n\frac{n}{(n!)^2}\left(\frac{a}{4}\right)^n\cdot (\xi-\xi_0)^{n-1}(\xi)^{n-1}(-\xi_0) \tag{34.43}$$

在式(34.41)中用 x 代替 ξ_0,可得

$$u\left(\frac{x}{2},-\frac{x}{2}\right)=\frac{1}{2}(u(0,0)+u(x,0))-\frac{1}{2}\int_0^{x}(vu_y-uv_y)\mathrm{d}\xi \tag{34.44}$$

其中

$$v(x,\xi)=\sum_{n=0}^{\infty}(-1)^n\frac{1}{(n!)^2}\left(\frac{a}{4}\right)^n(\xi-x)^n\xi^n \tag{34.45}$$

$$v_y(x,\xi)=\sum_{n=1}^{\infty}(-1)^n\frac{n}{(n!)^2}\left(\frac{a}{4}\right)^n(\xi-x)^{n-1}(\xi)^{n-1}(-x) \tag{34.46}$$

设

$$u(x,0)=f(x),u_y(x,0)=g(x)$$

将其代入式(34.44),并利用式(34.34)中 L_1 上给定的边界条件可得

$$h\left(\frac{x}{2}\right)=\frac{1}{2}(u(0,0)+u(x,0))-\frac{1}{2}\int_0^x(vg(\xi)-f(\xi)v_y)\mathrm{d}\xi \tag{34.47}$$

两边同时求导得

$$h'\left(\frac{x}{2}\right)=f'(x)-g(x)+\frac{ax}{4}f(x)-\int_0^x(v_xg(\xi)-f(\xi)v_{xy})\mathrm{d}\xi\quad(0\leqslant x\leqslant\theta) \tag{34.48}$$

其中

$$v_x(x,\xi)=\sum_{n=0}^{\infty}(-1)^n\frac{n}{(n!)^2}\left(\frac{a}{4}\right)^n\cdot(\xi-x)^{n-1}(\xi)^{n-1}(-\xi) \tag{34.49}$$

$$v_{xy}(x,\xi)=\frac{a}{4}\sum_{n=1}^{\infty}(-1)^{n+1}\frac{1}{(n!)^2}\left(\frac{a}{4}\right)^{n-1}(\xi-x)^{n-1}\cdot(\xi)^{n-1}+\frac{a}{4}\sum_{n=2}^{\infty}(-1)^n\frac{n(n-1)}{(n!)^2}\left(\frac{a}{4}\right)^{n-1}\cdot$$

$$(\xi-x)^{n-2}(\xi)^{n-2}\xi x \tag{34.50}$$

当 $\xi_0=1$ 时，式(34.38)可化为

$$u\left(\frac{\eta_0+1}{2},\frac{-1+\eta_0}{2}\right)=\frac{1}{2}(u(\eta_0,0)+u(1,0))-\frac{1}{2}\int_{\eta_0}^{1}(vu_y-uv_y)\mathrm{d}\xi \tag{34.51}$$

其中

$$v(\xi,\xi;1,\eta_0)=\sum_{n=0}^{\infty}(-1)^n\frac{1}{(n!)^2}\left(\frac{a}{4}\right)^n(\xi-1)^n(\xi-\eta_0)^n \tag{34.52}$$

$$v_y(\xi,\xi;1,\eta_0)=\sum_{n=1}^{\infty}(-1)^n\frac{1}{(n!)^2}\left(\frac{a}{4}\right)^n\cdot(\xi-1)^{n-1}(\xi-\eta_0)^{n-1}(\eta_0-1) \tag{34.53}$$

把式(34.34)中 L_4 上给定的边界条件带入式(34.51)，同时用 x 代换 η_0，得到

$$l\left(\frac{1+x}{2}\right)=\frac{1}{2}(f(x)+u(1,0))-\frac{1}{2}\int_{x}^{1}(vg(\xi)-f(\xi)v_y)\mathrm{d}\xi \tag{34.54}$$

其中

$$v(\xi,x)=\sum_{n=0}^{\infty}(-1)^n\frac{1}{(n!)^2}\left(\frac{a}{4}\right)^n\cdot(\xi-x)^n(\xi-1)^n \tag{34.55}$$

$$v_y(\xi,x)=\sum_{n=1}^{\infty}(-1)^n\frac{n}{(n!)^2}\left(\frac{a}{4}\right)^n\cdot$$

$$(\xi-1)^{n-1}(\xi-x)^{n-1}(x-1) \tag{34.56}$$

对式(34.54)两边求导可得

$$l'\left(\frac{x+1}{2}\right)=f'(x)+g(x)-\frac{a(1-x)}{4}f(x)-\int_x^1(v_x g(\xi)-f(\xi)v_{xy})\mathrm{d}\xi \quad (\theta\leqslant x\leqslant 1) \tag{34.57}$$

其中

$$v_x(x,\xi)=\sum_{n=1}^{\infty}(-1)^n\frac{n}{(n!)^2}\left(\frac{a}{4}\right)^n\cdot(\xi-x)^{n-1}(\xi-1)^{n-1}(1-\xi) \tag{34.58}$$

$$v_{xy}(x,\xi)=\frac{a}{4}\sum_{n=1}^{\infty}(-1)^n\frac{n}{(n!)^2}\left(\frac{a}{4}\right)^{n-1}(\xi-1)^{n-1}(\xi)^n+\frac{a}{4}\sum_{n=2}^{\infty}(-1)^n\frac{n(n-1)}{(n!)^2}\left(\frac{a}{4}\right)^{n-1}\cdot(\xi-1)^{n-2}(\xi-x)^{n-2}(\xi-1)(1-x) \tag{34.59}$$

式(34.48)与式(34.57)给出了方程(34.35)在 $y=0$ 上的连续条件.

在椭圆型区域 Ω^+,问题(34.35)化为

$$
\begin{cases}
\dfrac{\partial^2 u}{\partial x^2}+\dfrac{\partial^2 u}{\partial y^2}+au=0 \quad (x,y)\in\Omega^+ \\
u(x,y)=\varphi(x) \quad (x,y)\in\Gamma \\
u_x-u_y+\dfrac{ax}{4}u-\displaystyle\int_0^x(v_x g(\xi)-f(\xi)v_{xy})\mathrm{d}\xi=h'\left(\dfrac{x}{2}\right) \\
\qquad 0\leqslant x\leqslant\theta \\
\quad u_x+u_y+\dfrac{a(x-1)}{4}u-\displaystyle\int_x^1(v_x g(\xi)-f(\xi)v_{xy})\mathrm{d}\xi \\
=l'\left(\dfrac{x+1}{2}\right) \\
\qquad \theta\leqslant x\leqslant 1 \\
u\text{ 在点}(\theta,0)\text{ 连续}
\end{cases}
\tag{34.60}
$$

为以后运算的方便,我们引入几个线性算子来化约上述问题,设

$$K_1 g=\int_0^x k_1 g\mathrm{d}\xi=\int_0^x v_x g\,\mathrm{d}\xi$$

$$K_2 f=\int_0^x k_2 f\mathrm{d}\xi=\int_0^x v_{xy} f\,\mathrm{d}\xi$$

$$\overline{K_1}g=\int_x^1 \overline{k_1}g\mathrm{d}\xi=\int_x^1 v_x g\,\mathrm{d}\xi$$

$$\overline{K_2}f=\int_x^1 \overline{k_2}f\mathrm{d}\xi=\int_x^1 f(\xi)v_{xy}\,\mathrm{d}\xi$$

问题(34.60)又可以写成

$$\begin{cases}\dfrac{\partial^2 u}{\partial x^2}+\dfrac{\partial^2 u}{\partial y^2}+au=0 \quad (x,y)\in\Omega^+\\ u=\varphi(x) \quad (x,y)\in\Gamma\\ u_x-(I+K_1)u_y+\left(\dfrac{ax}{4}+K_2\right)u=h'\left(\dfrac{x}{2}\right)\\ \qquad 0\leqslant x\leqslant\theta\\ u_x+(I-\overline{K_1})u_y+\left(\dfrac{a(x-1)}{4}+\overline{K_2}\right)u=l'\left(\dfrac{x+1}{2}\right)\\ \qquad 0\leqslant x\leqslant 1\\ u\text{ 在点}(\theta,0)\text{ 连续}\end{cases} \tag{34.61}$$

(2) 问题(34.34)的解的唯一性.

本节中将对边界条件齐次化后的方程(34.61)求得其能量估计式,并由此证得方程(34.34)的解的唯一性.

定理 34.3 当 a 足够小时,方程(34.34)的解是唯一的.

在证明此定理之前,先证明两个引理.

引理 34.2 线性算子 K_1 和 K_2 为 $H^{-\frac{1}{2}}(0,\theta)\rightarrow H^{\frac{1}{2}}(0,\theta)$ 的算子,算子 $\overline{K_1}$ 和 $\overline{K_2}$ 为 $H^{-\frac{1}{2}}(\theta,1)\rightarrow H^{\frac{1}{2}}(\theta,1)$ 的线性算子.

证明 对任意 $g\in H^{-\frac{1}{2}}$

$$\frac{\mathrm{d}K_1 g}{\mathrm{d}x}=v_x g+\int_0^x v_{xx}g\,\mathrm{d}\xi\in H^{-\frac{1}{2}}$$

同理可验证 K_2 为 $H^{-\frac{1}{2}}(0,\theta)\rightarrow H^{\frac{1}{2}}(0,\theta)$ 的线性算子,算子 $\overline{K_1}$ 和 $\overline{K_2}$ 为 $H^{-\frac{1}{2}}(\theta,1)\rightarrow H^{\frac{1}{2}}(\theta,1)$ 的线性算子.

引理 34.3　当 a 足够小时,问题

$$\begin{cases}\dfrac{\partial^2 u}{\partial x^2}+\dfrac{\partial^2 u}{\partial y^2}+au=F \quad (x,y)\in\Omega^+ \\ u(x,y)=0 \quad (x,y)\in\Gamma \\ u_x-(I+K_1)u_y+\left(\dfrac{ax}{4}+K_2\right)u=0 \\ \qquad 0\leqslant x\leqslant\theta \\ u_x+(I-\overline{K_1})u_y+\left[\dfrac{a(x-1)}{4}+\overline{K_2}\right]u=0 \\ \qquad 0\leqslant x\leqslant 1 \\ u\text{ 在点}(\theta,0)\text{ 连续}\end{cases} \tag{34.62}$$

的解满足

$$\|u\|_{H^1}^2+u^2(\theta,0)\leqslant C\|F\|_{L^2}^2 \tag{34.63}$$

证明　对方程组(34.62)中第一个方程两边乘以 u 并在 Ω^+ 上积分,得到

$$\begin{aligned}\iint_{\Omega^+}Fu\mathrm{d}x\mathrm{d}y&=\iint_{\Omega^+}(\Delta u+au)u\mathrm{d}x\mathrm{d}y\\&=-\iint_{\Omega^+}|\nabla u|^2\mathrm{d}x\mathrm{d}y+\iint_{\Omega^+}au^2\mathrm{d}x\mathrm{d}y-\\&\quad\int_0^1 u\frac{\partial u}{\partial y}\mathrm{d}x\end{aligned} \tag{34.64}$$

移项后得到

$$\begin{aligned}&\iint_{\Omega^+}|\nabla u|^2\mathrm{d}x\mathrm{d}y-\iint_{\Omega^+}au^2\mathrm{d}x\mathrm{d}y\\&=-\int_{\Omega^+}Fu\mathrm{d}x\mathrm{d}y-\int_0^1 u\frac{\partial u}{\partial y}\mathrm{d}x\end{aligned} \tag{34.65}$$

为方便起见,记

$$I_1=-\int_0^\theta u\frac{\partial u}{\partial y}\mathrm{d}x,I_2=-\int_\theta^1 u\frac{\partial u}{\partial y}\mathrm{d}x$$

则

$$-\int_0^1 u\frac{\partial u}{\partial y}\mathrm{d}x=-\int_0^\theta u\frac{\partial u}{\partial y}\mathrm{d}x-\int_\theta^1 u\frac{\partial u}{\partial y}\mathrm{d}x=I_1+I_2 \tag{34.66}$$

下面将分别对 I_1 和 I_2 进行估计.

注意到

$$\int_0^\theta u\frac{\partial u}{\partial x}\mathrm{d}x=\frac{1}{2}u^2(\theta,0)$$

$$\int_\theta^1 u\frac{\partial u}{\partial x}\mathrm{d}x=-\frac{1}{2}u^2(\theta,0)$$

下面对 I_1进行估计

$$\begin{aligned}I_1&=-\int_0^\theta\Big[u(I+K_1)^{-1}u_x+u(I+K_1)^{-1}\cdot\\&\quad\left(\frac{ax}{4}+K_2\right)u-uu_x\Big]\mathrm{d}x-\frac{1}{2}u^2(\theta,0)\\&=-\int_0^\theta\Big[-u(I+K_1)^{-1}K_1u_x+u(I+K_1)^{-1}\cdot\\&\quad\left(\frac{ax}{4}+K_2\right)u\Big]\mathrm{d}x-\frac{1}{2}u^2(\theta,0)\end{aligned}$$

由引理 34.2 知道,线性算子 $K_1:H^{-\frac{1}{2}}(0,\theta)\to H^{\frac{1}{2}}(0,\theta)$,$K_2:H^{-\frac{1}{2}}(0,\theta)\to H^{\frac{1}{2}}(0,\theta)$.

定义 34.1 $\quad\|K_1\|=\sup\dfrac{\left\|\int_0^x K_1g\mathrm{d}x\right\|_{H^{\frac{1}{2}}(0,\theta)}}{\|g\|_{H^{-\frac{1}{2}}(0,\theta)}}$

$$\|K_2\|=\sup\frac{\left\|\int_0^x K_1f\mathrm{d}x\right\|_{H^{\frac{1}{2}}(0,\theta)}}{\|f\|_{H^{-\frac{1}{2}}(0,\theta)}}$$

对任意 $f,g\in H^{-\frac{1}{2}}(0,\theta)$.

注意到，当 $|a|<8$ 时，$|K_1|<a/4$.

$$\begin{aligned}\|K_1\|^2&=\int_0^\theta(1+|\xi|^2)^{\frac{1}{2}}\ |\hat{K}_1|^2\mathrm{d}\xi\\&<\sqrt{2}\int_0^\theta|\hat{K}_1|^2\\&\leqslant 2\sqrt{2\pi}\int_0^\theta|K_1|^2\mathrm{d}\xi<a^2\end{aligned}\quad(34.67)$$

所以当 $a<1/2$ 时，$\|(I+K_1)^{-1}\|<2$.

同理可证 $\|K_2\|<a$.

于是

$$\begin{aligned}&\int_0^\theta u(I+K_1)^{-1}K_1u_x\mathrm{d}x\\&\leqslant\|u\|_{L^2(0,\theta)}\cdot\|(I+K_1)^{-1}K_1u_x\|_{L^2(0,\theta)}\\&\quad\|(I+K_1)^{-1}K_1u_x\|_{L^2(0,\theta)}\\&\leqslant\|(I+K_1)^{-1}K_1u_x\|_{H^{\frac{1}{2}}(0,\theta)}\\&\leqslant\|(I+K_1)^{-1}\|\cdot\|K_1\|\cdot\|u_x\|_{H^{-\frac{1}{2}}(0,\theta)}\\&\leqslant 2a\|u_x\|_{H^{-\frac{1}{2}}(0,\theta)}\\&\leqslant Ca\|u_x\|_{L^2(\Omega^+)}\end{aligned}$$

$$-\int_0^\theta u(I+K_1)^{-1}\left(\frac{ax}{4}+K_2\right)u\mathrm{d}x$$

$$\leqslant\|u(x)\|_{L^2(0,\theta)}\cdot\|(I+K_1)^{-1}\left(\frac{ax}{4}+K_2\right)u\|_{L^2(0,\theta)}$$

$$\leqslant\|u(x)\|_{L^2(0,\theta)}\cdot\|(I+K_1)^{-1}\cdot$$

$$\left(\frac{ax}{4}+K_2\right)\|\ \|u(x)\|_{H^{-\frac{1}{2}}(0,\theta)}$$

$$\leqslant Ca\|u(x)\|_{H^{\frac{1}{2}}(\Omega^+)}\cdot\|u(x)\|_{L^2(\Omega^+)}$$

$$\leqslant Ca\|u_{(x)}\|^2_{H^1(\Omega^+)}$$

该证明过程中使用了迹定理,这样就证明了

$$I_1 \leqslant C(a \| u_{(x)} \|_{H^1(\Omega^+)}^2 - u^2(\theta,0)) \quad (34.68)$$

在 $\theta \leqslant x \leqslant 1$ 的情况下,对 I_2 进行估计

$$\begin{aligned} I_2 &= \int_\theta^1 \left\{ (-uu_x + u(I-\overline{K_1})^{-1}u_x + u(I-\overline{K_1})^{-1} \cdot \left[\frac{a(x-1)}{4} + \overline{K_2}\right]u \right\} \mathrm{d}x - \frac{1}{2}u^2(\theta,0) \\ &= \int_\theta^1 \left\{ (-u(I-\overline{K_1})^{-1}\overline{K_1}u_x + u(I-\overline{K_1})^{-1} \cdot \left[\frac{a(x-1)}{4} + \overline{K_2}\right]u \right\} \mathrm{d}x - \frac{1}{2}u^2(\theta,0) \end{aligned}$$

由引理 34.2 知道,算子 $\overline{K_1}$ 和 $\overline{K_2}$ 均为 $H^{-\frac{1}{2}}(0,\theta) \to H^{\frac{1}{2}}(0,\theta)$ 的线性算子.

定义 34.2 $\| \overline{K_1} \| = \sup \dfrac{\left\| \int_x^1 \overline{K_1} g \mathrm{d}x \right\|_{H^{\frac{1}{2}}(\theta,1)}}{\| g \|_{H^{-\frac{1}{2}}(\theta,1)}}$

$$\| \overline{K_2} \| = \sup \frac{\left\| \int_0^x \overline{K_1} f \mathrm{d}x \right\|_{H^{\frac{1}{2}}(\theta,1)}}{\| f \|_{H^{-\frac{1}{2}}(\theta,1)}}$$

对任意 $g, f \in H^{-\frac{1}{2}}(\theta,1)$.

重复 I_1 的估计过程可得

$$I_2 \leqslant C(a \| u(x) \|_{H^1(\Omega^+)}^2 - u^2(\theta,0)) \quad (34.69)$$

这样,当 a 足够小时,就证得

$$\| u(x) \|_{H^1(\Omega^+)}^2 + u^2(\theta,0) \leqslant C \| F \|_{L^2(\Omega^+)}^2 \quad (34.70)$$

下面将证明定理 34.3.

证明 由引理34.3的证明过程可知问题(34.61)在

H^1 中的解是唯一的，即问题(34.34)在 Ω^+ 的解是唯一的，由双曲方程的解的唯一性可得到问题(34.34)在 Ω^- 上也是唯一的.

(3) 方程(34.2)对应的弗兰克尔问题的解与其对应的特里谷米问题的解之间的关系.

方程(34.2)对应的特里谷米问题可化约为

$$\begin{cases} \dfrac{\partial^2 u}{\partial x^2}+\dfrac{\partial^2 u}{\partial y^2}+au=0 \quad (x,y)\in\Omega^+ \\ u(x,y)=\varphi(x) \quad (x,y)\in\Gamma \\ u_x-(I+K_1)u_y+\left(\dfrac{ax}{4}+K_2\right)u=h'\left(\dfrac{x}{2}\right) \\ \qquad 0\leqslant x\leqslant 1 \\ u \text{ 在 } y=0 \text{ 上连续} \end{cases} \tag{34.71}$$

方程(34.2)对应的弗兰克尔问题可化约为(问题(34.61))

$$\begin{cases} \dfrac{\partial^2 v}{\partial x^2}+\dfrac{\partial^2 v}{\partial y^2}+av=0 \quad (x,y)\in\Omega^+ \\ v(x,y)=\varphi(x) \quad (x,y)\in\Gamma \\ v_x-(I+K_1)v_y+\left(\dfrac{ax}{4}+K_2\right)v=h'\left(\dfrac{x}{2}\right) \\ \qquad 0\leqslant x\leqslant \theta \\ v_x+(I-\overline{K_1})v_y+\left[\dfrac{a(x-1)}{4}+\overline{K_2}\right]v=l'\left(\dfrac{x}{2}\right) \\ \qquad \theta\leqslant x\leqslant 1 \\ u \text{ 在点}(\theta,0)\text{ 连续} \end{cases} \tag{34.72}$$

本部分的主要结果为定理 34.4.

定理 34.4 a 足够小时，当 θ 趋近于 1 时问题(34.71) 的解在 H^1 中一致趋近于问题(34.72) 的解.

证明 记问题(34.71) 的解为 u(u 存在唯一性)，定义

$$g(x)=u_x+(1-\overline{K_1})u_y+\left[\frac{a(x-1)}{4}+\overline{K_2}\right]u$$

令 $w=u-x$，则 w 满足

$$\begin{cases}\dfrac{\partial^2 w}{\partial x^2}+\dfrac{\partial^2 w}{\partial y^2}+aw=0 \quad (x,y)\in\Omega^+\\ w(x,y)=0 \quad (x,y)\in\Gamma\\ w_x-(I+K_1)w_y+\left(\dfrac{ax}{4}+K_2\right)w=0\\ \qquad 0\leqslant x\leqslant\theta\\ w_x+(I-\overline{K_1})w_y+\left[\dfrac{a(x-1)}{4}+\overline{K_2}\right]w=\\ g(x)-l'\left(\dfrac{x+1}{2}\right) \quad \theta\leqslant x\leqslant 1\\ w\text{ 在点}(\theta,0)\text{ 连续}\end{cases} \tag{34.73}$$

将方程组(34.73) 中第一个方程两边乘以 w 并在 Ω^+ 积分，可得

$$\begin{aligned}0&=\iint_{\Omega^+}(\Delta w+aw)w\mathrm{d}x\mathrm{d}y\\&=-\iint_{\Omega^+}|\nabla w|\mathrm{d}x\mathrm{d}y+\iint_{\Omega^+}aw^2\mathrm{d}x\mathrm{d}y-\int_0^1\frac{\partial w}{\partial y}w\mathrm{d}x\end{aligned} \tag{34.74}$$

$$-\int_0^1\frac{\partial w}{\partial y}w\mathrm{d}x=-\int_0^\theta\frac{\partial w}{\partial y}w\mathrm{d}x-\int_\theta^1\frac{\partial w}{\partial y}w\mathrm{d}x \tag{34.75}$$

$$-\int_{\theta}^{1}\frac{\partial w}{\partial y}w\mathrm{d}x=\int_{\theta}^{1}w(I-\overline{K_1})^{-1}w_x+w(I-\overline{K_1})^{-1}\cdot\left[\frac{a(x-1)}{4}+\overline{K_2}\right]w\mathrm{d}x-\int_{\theta}^{1}\left[g(x)-l'\left(\frac{x+1}{2}\right)\right]w\mathrm{d}x \quad (34.76)$$

由于 w_x 在点 θ 具有最高 1/2 的奇性(由 $w(x)$,$g(x)$,$l'(x)$ 的连续性可知:当 $\theta\to 1$ 时,式(34.76) 趋于零

$$\begin{aligned}&-\int_{0}^{\theta}\frac{\partial w}{\partial y}w\mathrm{d}x\\&=-\int_{0}^{\theta}[w(I+K_1)^{-1}w_x+w(I+K_1)^{-1}\cdot(\frac{ax}{4}+K_2)w]\mathrm{d}x\\&=-\int_{0}^{\theta}[w(I+K_1)^{-1}K_1w_x+w(I+K_1)^{-1}\cdot(\frac{ax}{4}+K_2)w]\mathrm{d}x-\frac{1}{2}w^2(\theta,0)\end{aligned}$$

根据引理 34.3 的证明过程和式(34.68),可得

$$-\int_{0}^{\theta}\frac{\partial w}{\partial y}w\mathrm{d}x\leqslant C(a\parallel w(x)\parallel_{H^1(\Omega^+)}^2-w^2(\theta,0)) \quad (34.77)$$

代入式(34.74) 中,当 a 足够小时,成立

$$\parallel w(x)\parallel_{H^1}^2+w^2(\theta,0)\leqslant-C\int_{\theta}^{1}\frac{\partial w}{\partial y}w\mathrm{d}x \quad (34.78)$$

又由式(34.78) 知,当 $\theta\to 1$ 时,有

$$-\int_{\theta}^{1}\frac{\partial w}{\partial y}w\mathrm{d}x\to 0$$

综合上面的讨论我们证得了,当 $\theta\to 1$ 时,w 在 H^1

中趋于零.

注 2 令 $x=\varepsilon x_1, y=\varepsilon y_1$,方程(34.2) 化为

$$\frac{\partial^2 u}{\partial x_1^2}+\operatorname{sgn} y_1 \frac{\partial^2 u}{\partial y_1^2}+a\varepsilon^2 u=0 \qquad (34.79)$$

可知,以上的结论对 a 固定区域足够小也是成立的.

几何流方程和广义特里谷米方程的一些精确解[①]

第35章

35.1 绪论

近几十年来偏微分方程出现在越来越多的领域，构造它们的精确解也变得十分重要.精确解不仅可以帮助人们理解相应问题在特殊情况下的实际意义，而且还可以辅助验证数值计算结果和相关性质分析结论，从而作为数值计算和性质分析的基础.现在，在各种各样的方法构造偏微分方程的精确解，其中不变子空间法和李对称群法是非常有效的两种方法.2018年，安徽师范大学硕士储佩佩在其学位论文中应用拟设法和不变子空间方法考虑双

① 选自安徽师范大学硕士学位论文，作者储佩佩，2018年6月.

曲几何流方程和 Ricci 流方程的分离变量解，利用李对称群方法寻找广义特里谷米方程的群贤不变解.

1. 分离变量解和不变子空间方法

假设给定一个 $1+1$ 维非线性演化方程

$$u_t = E(x, u, u_x, u_{xx}, \cdots) \equiv \mathbf{E}[u] \qquad (35.1)$$

其中 E 是关于括号中变量任意光滑的函数，u 是依赖于两个相互独立的自变量 x 和 t 的未知函数，如果该方程有解形如

$$u=\varphi(x)\psi(t) \text{ 或 } u=\varphi(x)+\psi(t)$$

那么它们被称为该方程的乘法分离变量解或加法分离变量解；如果该方程有解形如

$$u=\varphi(x)\psi_1(t)+\psi_2(t)$$

那么它被称为该方程的非线性分离变量解；如果该方程有解形如

$$u=\sum_{i=1}^{n}\varphi_i(x)\psi_i(t) \qquad (35.2)$$

其中 $\varphi_i(x)(i=1,\cdots,n)$ 线性无关，那么它称为该方程的广义分离变量解；如果该方程有解形如

$$f(u)=\varphi(x)+\psi(t), f(u)\neq \ln u, u$$

那么称它为该方程的泛函分离变量解；如果该方程有解形如

$$f(u)=\sum_{i=1}^{n}\varphi_i(x)\psi_i(t), f(u)\neq \ln u, u \qquad (35.3)$$

那么称其为该方程的广义泛函分离变量解.

在研究偏微分方程的分离变量解时，有两个主要的问题. 问题一，给定方程寻求其分离变量解；问题

二，研究哪些方程具有分离变量解. 围绕这两个问题的研究，上述的各种分离变量解的概念得以提出，与此同时也产生了给出这些分离变量解的方法，包括李点对称法[1]、拟设法[2-7]、广义条件对称法[8-11]、群分叶法[12-13]和不变子空间法[14-15]等. 上述方法在各种不同方程及方程组中得到进一步推广和使用[16-25].

为了便于下文的叙述，这里以非线性演化方程(35.1)为例，对不变子空间方法进行简单的介绍. 设$\{\varphi_i(x), i=1,\cdots,n\}$为一个相互线性无关的函数集合，其中$n\geqslant 1$. W_n表示这些函数的线性扩张，记作

$$W_n = L\{\varphi_1(x),\cdots,\varphi_m(x)\}$$

如果$\mathbf{E}[W_n]\subseteq W_n$，那么称子空间$W_n$在给定算子$\mathbf{E}$作用下不变，或者称算子$\mathbf{E}$允许子空间$W_n$，在线性代数中，这意味着

$$\mathbf{E}\Big[\sum_{i=1}^{n} C_i\varphi_i(x)\Big] = \sum_{i=1}^{n} \Psi_i(C_1,\cdots,C_n)\varphi_i(x)$$

$$\forall\, \mathbf{C} = (C_1,\cdots,C_n)\in \mathbf{R}^n$$

其中$\{\Psi_i\}$表示以$\{\varphi_i\}$作为基时$\mathbf{E}[u]$在W_n中的表示系数. 如果方程(35.1)中的非线性微分算子$\mathbf{E}$允许子空间W_n，那么方程(35.1)具有广义分离变量解(35.2)，其中$\psi_i(t)(i=1,\cdots,n)$满足常微分方程组

$$\psi'_i(t) = \Psi_i(\psi_1(t),\cdots,\psi_n(t)),\ i=1,\cdots,n$$

在使用不变子空间方法时，结合使用一些未知函数的变换，可以构造非线性演化方程(35.1)的泛函分离变量解. 通过拟设法或者不变子空间方法理论中的不变条件可以得到非线性微分算子允许的不变子空间，具

体可以参考文献[15].

2. 李对称群方法

不变子空间方法是与条件李－贝克伦(Lie-Bäcklund)对称相关的一种方法,而这种对称法又是由李对称群方法演化而来.李于19世纪后期引入连续群的概念,用于统一和推广求解各种常微分方程的各种特殊方法.李证明,若单参数李点变换群作用下常微分方程是不变的,则该常微分方程可以降一阶.后来,李变换群概念又被应用于偏微分方程研究中,它可以对偏微分方程进行降维.利用李变换群概念研究微分方程的方法,又被称为对称方法.对称方法具有高度的算法化,适用于符号计算.下面将简单介绍主要应用于偏微分方程的李群的几个基本概念和结论[26-27].

定理 35.1 令

$$X=\xi(x,u)\frac{\partial}{\partial x_i}+\eta(x,u)\frac{\partial}{\partial u}$$

是李变换群

$$x^*=X(x,u;\varepsilon),\quad u^*=U(x,u;\varepsilon)\qquad(35.4)$$

的无穷小生成元,偏微分方程

$$F(x,u,\partial u,\partial^2 u,\cdots,\partial^k u)=0\qquad(35.5)$$

在李变换群(35.4)作用下不变,当且仅当

$$X^{(k)}F(x,u,\partial u,\partial^2 u,\cdots,\partial^k u)=0$$

对 $F(x,u,\partial u,\partial^2 u,\cdots,\partial^k u)=0$,其中 $x=(x_1,x_2,\cdots,x_n)$ 是自变量,u 表示因变量,$\partial^j u$ 表示具有分量

$$\frac{\partial^j u}{\partial x_{i_1}\partial x_{i_2}\cdots\partial x_{i_j}}=u_{i_1 i_2\cdots i_j}$$

$i_j=1,2,\cdots,n,j=1,2,\cdots,k$ 的坐标，它对应于 u 对 x 的所有 j 阶偏导数.

其 k 阶延拓无穷小生成元为

$$X^{(k)}=\xi_i(x,u)\frac{\partial}{\partial x_i}+\eta(x,u)\frac{\partial}{\partial u}+\eta_i^{(1)}(x,u,\partial u)\frac{\partial}{\partial u_i}+\cdots+\eta_{i_1 i_2\cdots i_k}^{(k)}(x,u,\partial u,\partial^2 u,\cdots,\partial^k u)\frac{\partial}{\partial u_{i_1 i_2\cdots i_k}}$$

其中

$$\xi(x,u)=(\xi_1(x,u),\xi_2(x,u),\cdots,\xi_n(x,u),\eta(x,u))$$

$$\eta_i^{(1)}=D_i\eta-(D_i\xi_j)u_j,i=1,2,\cdots,n$$

$$\eta_{i_1 i_2\cdots i_n}^{(k)}=D_{i_k}\eta_{i_1 i_2\cdots i_{k-1}}^{(k-1)}-(D_{i_k}\xi_j)u_{i_1 i_2\cdots i_{k-1}j}$$

$$i_l=1,2,\cdots,n,l=1,2,\cdots,k$$

定义 35.1　若 $\{X_s\mid X_s=\xi_{si}\partial_{x_i}+\eta_s\partial_u\}(s=1,\cdots,p)$ 为 p 参数李变换群的无穷小生成元，则其任意两个无穷小生成元 X_α 和 X_β 的换位子

$$[X_\alpha,X_\beta]=X_\alpha X_\beta-X_\beta X_\alpha$$

也是无穷小生成元.

定理 35.2　对于任意两个无穷小生成元的换位子，特别地

$$[X_\alpha,X_\beta]=\sum_{s=1}^{p}C_{\alpha\beta}^{s}X_s$$

其中系数 $C_{\alpha\beta}^{s}$ 称为结构常数 $\alpha,\beta,s=1,2,\cdots,p$. p 参数李变换群的无穷小生成元 $\{X_s\mid X_s=\xi_{si}\partial_{x_i}+\eta_s\partial_u\}(s=1,\cdots,p)$ 构成一个实数域上的 p 维李代数.

定义 35.2　函数 $u=\theta(x)$ 是李群(35.4)的不变

量当且仅当

$$X(u-\theta(x))=0$$

即 $\theta(x)$ 满足特征方程

$$\frac{dx_1}{\xi_1(x,u)}=\frac{dx_2}{\xi_2(x,u)}=\cdots=\frac{dx_n}{\xi_n(x,u)}=\frac{du}{\eta(x,u)}$$

函数 $u=\theta(x)$ 是方程(35.5)关于李变换群(35.4)的群不变解当且仅当 $u=\theta(x)$ 是李变换群(35.4)的群不变量,且满足方程(35.5).

35.2 几何流方程的分离变量解

本节将结合拟设法和不变子空间方法讨论双曲形式几何流和 Ricci 流的分离变量解. 为了刻画度量的波动性质,在文献[28]中提出了双曲几何流

$$\frac{\partial^2}{\partial t^2}g_{ij}=-2R_{ij}=-Rg_{ij}$$

其中,g_{ij} 表示黎曼度量,R_{ij} 表示 Ricci 张量,R 表示标量曲率. 在黎曼曲面 (M^2,g) 上,它可以改写为

$$u_{tt}=\Delta\ln u \tag{35.6}$$

其中,$u=u(x,y,t)>0$ 表示度量 g_{ij} 的共形因子,即 $g_{ij}=u(x,y,t)\delta_{ij}$. Ricci 流

$$\frac{\partial}{\partial t}g_{ij}=-2R_{ij}=-Rg_{ij}$$

可以表示为

$$u_t=\Delta\ln u \tag{35.7}$$

Ricci 流是由 Hamilton 于 1982 年在他的研究论文 *Three-manifolds with positive Ricci curvature* 中提

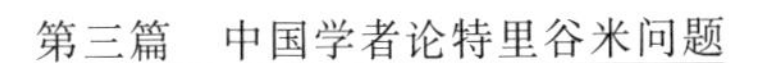

出的[29]. 众所周知，它是人们非常感兴趣的几何演化方程. 在2003年左右，Perelman应用Ricci流概念完成了Poincáre猜想的证明[30-32]，且Ricci流和量子理论也有相关性[33]. 李对称群是研究非线性微分方程非常有效的一种方法. Cimpoiasu 和 Constantinescu 在文献[34] 中给出了二维 Ricci 流的对称群和群不变量. 在文献[35] 中，他们利用李对称群和优化系统的方法讨论了 Ricci 流的不变解. 关于 Ricci 流的李对称群研究还可以参考文献[36－37]. 在文献[38] 中，Xu 通过变量变换 $w=\ln u$ 给出了方程(35.6) 和(35.7) 的李对称群. 在文献[39] 中，Galaktionov 和 Svirshchevskii 对这两个方程的群不变解也有研究. 最近，Wang 应用 Xu 的结果，并通过选择适当的优化系统给出了方程(35.6) 和(35.7) 的群不变解. 本章基于文献[40]，将在变量变换意义下，结合拟设法和不变子空间法考虑方程(35.6) 和(35.7) 的分离变量解. 这里得到的解包含了文献[40] 中所有的分离变量解. 同时，本文还给出了很多新的分离变量解，这些解在下文中用“u^*”来表示. 还对这些分离变量解的性质进行了分析，包括奇性分析和对时间的演化情况的分析.

35.3　广义特里谷米方程的对称群及群不变解

考虑广义特里谷米方程[41]

$$y^\gamma u_{xx}+u_{yy}=0 \tag{35.8}$$

在此方程中，当 $\gamma=0$ 时，该方程为二维调和方程. 当

$\gamma=1$ 时,方程(35.8)为

$$yu_{xx}+u_{yy}=0 \tag{35.9}$$

它被称为特里谷米方程[42],当 $\gamma=-1$ 时,在区域$\{(x,y):y\neq 0\}$,方程(35.8)可以改写为

$$u_{xx}+yu_{yy}=0 \tag{35.10}$$

它被称为 Keldysh 方程[43]. 方程(35.9)和(35.10)在上半平面 $y>0$ 上是椭圆型,在下半平面 $y<0$ 上是双曲型,在直线 $y=0$ 上是退化的. 这两个方程都是经典的混合型偏微分方程. 在方程(35.8)中,当 γ 取某些值时,它仍然是混合型方程. 在空气动力学方面,混合型偏微分方程有着重要的作用. 在这里及下文中,总假设 $\gamma\neq 0$,y 的取值使得 y^{γ} 有意义.

本章将考虑方程(35.8)的李对称群及其群不变解. 对称群理论在偏微分方程中的一个重要应用就是构造方程的群不变解,并且利用对称群方法还可以构造方程的基本解. 参考文献[26,27]较为系统地介绍了对称群方法,其中就通过一些例子介绍了如何利用对称群方法构造方程的基本解. 在文献[44 — 48]中,作者们也利用对称群方法进一步研究了一些方程的基本解. 基本解在偏微分方程理论的研究中起着非常重要的作用. 例如,在拉普拉斯方程中,基本解不仅自身具有一定的物理背景,通过它还给出了调和函数的基本积分公式. 已经有很多作者对特里谷米方程、Keldysh 方程,以及和它们相关方程的基本解进行了研究,在文献[48]中,作者们利用对称群方法研究了双曲型方程的基本解. 由此,也引发了本章对广义特

里谷米方程对称群的研究. 通过本章的研究发现，在上文中提到特里谷米方程和 Keldysh 方程的基本解都属于它们的群不变解.

1. 方程(35.8)的李对称群

考虑关于(x,y,u)的无穷小单参数李变换群

$$x^* = x + \varepsilon\xi(x,y,u) + O(\varepsilon^2)$$

$$y^* = y + \varepsilon\tau(x,y,u) + O(\varepsilon^2)$$

$$u^* = u + \varepsilon\eta(x,y,u) + O(\varepsilon^2)$$

其中 ε 为单参数，与之对应的李对称为

$$X = \xi(x,y,u)\frac{\partial}{\partial x} + \tau(x,y,u)\frac{\partial}{\partial y} + \eta(x,y,u)\frac{\partial}{\partial u}$$

由文献[26,27]知，若方程(35.8)允许李对称 X，当且仅当

$$X^{(2)}(y^\gamma u_{xx} + u_{yy})\big|_{y^\gamma u_{xx}+u_{yy}=0} = 0 \qquad (35.11)$$

其中 $X^{(2)}$ 为 X 的二阶延拓. 另外，由参考文献[27]知，这里 ξ,τ,η 具有如下形式

$$\xi = \xi(x,y),\ \tau = \tau(x,y),\ \eta = f(x,y)u(x,y) + g(x,y)$$

由式(35.11)可以得到 ξ,η,f,g 的决定方程组

$$y^\gamma\tau_x + \xi_y = 0 \qquad (35.12\text{a})$$

$$\gamma\tau + 2y\tau_y - 2y\xi_x = 0 \qquad (35.12\text{b})$$

$$2y^\gamma f_x - y^\gamma\xi_{xx} - \xi_{yy} = 0 \qquad (35.12\text{c})$$

$$-y^\gamma\tau_{xx} + 2f_y - \tau_{yy} = 0 \qquad (35.12\text{d})$$

$$y^\gamma f_{xx} + f_{yy} = 0 \qquad (35.12\text{e})$$

$$y^\gamma g_{xx} + g_{yy} = 0 \qquad (35.12\text{f})$$

方程(35.8)的解对应于平凡的无穷参数李点对称群，由决定方程(35.12a)—(35.12e)可以得到方程(35.8)的

非平凡点对称. 由(35.12a)—(35.12c) 可以得到

$$\tau=\frac{-4y}{\gamma}f-c_1 \tag{35.13}$$

这里及下文中 c_i 表示任意常数. 再由(35.12d) ~ (35.12e) 得到

$$(1+\frac{4}{\gamma})f_y=0 \tag{35.14}$$

下面根据 γ 的情况来进一步讨论.

情况 1 $\gamma\neq-4$.

此时,$1+\frac{4}{\gamma}\neq0$,f 只依赖于变量 x, 再由式(35.14), 得到

$$f=c_2x+c_3$$

另外, 由式(35.13) 和式(35.12a), 得到

$$\tau=-\frac{4y}{\gamma}(c_2x+c_3)-c_1,\xi_y=\frac{4c_2}{\gamma}y^{\gamma+1}$$

由 ξ 的表达式, 又可分成下列情况进行讨论.

情况 1.1 $\gamma\neq-2$.

此时

$$\xi=\frac{4c_2}{\gamma(\gamma+2)}y^{\gamma+2}+\xi_1(x)$$

由式(35.12b) 和 τ 的表达式, 得到

$$c_1=0,\ \xi_1(x)=-c_2(1+\frac{2}{\gamma})x^2-2c_3(1+\frac{2}{\gamma})x+c_4$$

从而

$$f=c_2x+c_3$$

$$\xi=\frac{4c_2}{\gamma(\gamma+2)}y^{\gamma+2}-(1+\frac{2}{\gamma})(c_2x^2+2c_3x)+c_4$$

$$\tau=-\frac{4c_2}{\gamma}xy-\frac{4c_3}{\gamma}y$$

情况 1.2　$\gamma=-2$.

此时

$$\tau=2yf-c_1=2y(c_2x+c_3)-c_1$$

$$\xi=-2c_2\ln y+\xi_1(x)$$

再由式(35.12b)，得到

$$c_1=0,\ \xi_1(x)=c_5$$

从而，在这种情况下有

$$f=c_2x+c_3,\ \xi=-2c_2\ln y+c_5,\ \tau=2c_2xy+2c_3y$$

情况 2　$\gamma=-4$.

此时，由式(35.13)和式(35.12d)知式(35.12e)自然成立，从而由决定方程组(35.12a)～(35.12e)不能给出ξ，τ，f. 这里将把方程(35.8)转化为方程组，讨论其相应的李对称. 方程(35.8)可改写为

$$v_x=u_y,\ u_x=-y^4v_y \tag{35.15}$$

方程(35.15)允许李对称形如

$$X=\xi(x,y,u,v)\frac{\partial}{\partial x}+\tau(x,y,u,v)\frac{\partial}{\partial y}+$$

$$\eta^u(x,y,u,v)\frac{\partial}{\partial u}+\eta^v(x,y,u,v)\frac{\partial}{\partial v}$$

当且仅当

$$X^{(1)}(v_x-u_y)\big|_{\{v_x=u_y,u_x=-y^4v_y\}}=0$$

$$X^{(1)}(u_x+y^4v_y)\big|_{\{v_x=u_y,u_x=-y^4v_y\}}=0 \tag{3.9}$$

其中$X^{(1)}$为X的一阶延拓. 由参考文献[27]中的结论知，这里ξ,τ,η^u,η^v具有如下形式

$$\xi=\xi(x,y),\tau=\tau(x,y)$$

$$\eta^u = f(x,y)u + g(x,y)v,\ \eta^v = k(x,y)v + l(x,y)u$$

由式(35.16) 得到关于 ξ,τ,f,g,k,l 的决定方程组

$$k_x - g_y = 0,\ l_x - f_y = 0,\ y^4 l + g = 0$$

$$y^4\xi_y + \tau_x = 0,\ y^4 l_y + f_x = 0,\ y(\xi_x - \tau_y) + 2\tau = 0$$

$$k - f + \tau_y - \xi_x = 0$$

求解后，得到

$$f = 3\beta x + \delta,\ g = -y\beta,\ k = -\beta x + \delta - 2\alpha$$

$$l = \beta y^{-3},\ \tau = 2\beta xy + \alpha y$$

$$\xi = -\alpha x + \beta(y^{-2} - x^2) + \gamma$$

其中 $\alpha,\beta,\gamma,\delta$ 是四个任意常数.

综上所述，有下面的定理成立.

定理 35.3 方程(35.8) 拥有的李对称情形如下：

(Ⅰ) 当 $\gamma \neq -4,-2$ 时，方程(35.8) 允许李对称

$$\begin{cases} X_1 = \left[\dfrac{4}{\gamma(\gamma+2)}y^{\gamma+2} - \left(1+\dfrac{2}{\gamma}\right)x^2\right]\dfrac{\partial}{\partial x} - \\ \qquad \dfrac{4}{\gamma}xy\dfrac{\partial}{\partial y} + xu\dfrac{\partial}{\partial u} \\ X_2 = -2\left(1+\dfrac{2}{\gamma}\right)x\dfrac{\partial}{\partial x} - \dfrac{4}{\gamma}y\dfrac{\partial}{\partial y} + u\dfrac{\partial}{\partial u} \\ X_3 = \dfrac{\partial}{\partial x} \end{cases} \tag{35.17}$$

(Ⅱ) 当 $\gamma = -2$ 时，方程(35.8) 允许李对称

$$\begin{cases} X_1 = -2\ln y\dfrac{\partial}{\partial x} + 2xy\dfrac{\partial}{\partial y} + xu\dfrac{\partial}{\partial u} \\ X_2 = 2y\dfrac{\partial}{\partial y} + u\dfrac{\partial}{\partial u} \\ X_3 = \dfrac{\partial}{\partial x} \end{cases} \tag{35.18}$$

（Ⅲ）当 $\gamma=-4$ 时，方程(35.8) 可以改写为方程组(35.15)，它允许李对称

$$\begin{cases} X_1=\dfrac{\partial}{\partial x} \\ X_2=-x\dfrac{\partial}{\partial x}+y\dfrac{\partial}{\partial u}-2v\dfrac{\partial}{\partial v} \\ X_3=(y^{-2}-x^2)\dfrac{\partial}{\partial x}+2xy\dfrac{\partial}{\partial y}+ \\ \qquad (3xu-yv)\dfrac{\partial}{\partial u}+(-xv+y^{-3}u)\dfrac{\partial}{\partial v} \\ X_4=u\dfrac{\partial}{\partial u}+v\dfrac{\partial}{\partial v} \end{cases} \tag{35.19}$$

2. 广义特里谷米方程的群不变解

在本节中，将分别考虑 $\gamma\neq-4,-2$，$\gamma=-2$，以及 $\gamma=-4$ 时，广义特里谷米方程的群不变解.

情况 1　$\gamma\neq-4,-2$.

此时，方程(35.8) 允许(35.17) 中的李对称，其交换关系如表 35.1 所示，其中 $\mu=\dfrac{\gamma+2}{\gamma}$.

表 35.1　式(38.17) 中李对称的交换关系

	X_1	X_2	X_3
X_1	0	$2\mu X_1$	$-X_2$
X_2	$-2\mu X_1$	0	$2\mu X_3$
X_3	X_2	$-2\mu X_3$	0

由表 35.1 可知源于无穷小生成元(35.17) 的李代数的交换关系是封闭的. 因此，式(35.17) 中的李对称构成

方程(35.8)的三维李代数.

现在，考虑方程(35.8)的对称约化和群不变解.

(1) X_1,其相似变量为

$$\zeta = x^2 y^{\frac{-\gamma-2}{2}} + \frac{4}{(\gamma+2)^2} y^{\frac{\gamma+2}{2}}, \frac{u}{y^{-\frac{\gamma}{4}}}$$

对应群不变解形如

$$u = y^{-\frac{\gamma}{4}} h(\zeta)$$

其中 $h(\zeta)$ 满足方程

$$4(\gamma+2)^2 \zeta^2 h''(\zeta) + 8(\gamma+2)^2 \zeta h'(\zeta) + (\gamma^2+4\gamma) h(\zeta) = 0 \tag{35.20}$$

该方程是一个欧拉方程，其特征方程为

$$4(\gamma+2)^2 \lambda^2 + 8(\gamma+2)^2 \lambda + \gamma^2 + 4\gamma = 0$$

求解后，得到方程(35.20)的通解

$$h(\zeta) = C_1 \zeta^{-\frac{1}{2}-\frac{1}{\gamma+2}} + C_2 \zeta^{-\frac{1}{2}+\frac{1}{\gamma+2}}$$

这里及下文中 C_1 和 C_2 均为任意常数. 因此，当 $\gamma \neq -4, -2$ 时，方程(35.8)有精确解

$$u = C_1 \frac{y}{\left[x^2 + \frac{4}{(\gamma+2)^2} y^{\gamma+2}\right] y^{\frac{1}{2}+\frac{1}{\gamma+2}}} + C_2 \frac{1}{\left[x^2 + \frac{4}{(\gamma+2)^2} y^{\gamma+2}\right] y^{\frac{1}{2}-\frac{1}{\gamma+2}}} \tag{35.21}$$

因此，对于经典的特里谷米方程($\gamma=1$)，有精确解

$$u = C_1 \frac{y}{(9x^2+4y^3)^{\frac{5}{6}}} + C_2 \frac{1}{(9x^2+4y^3)^{\frac{1}{6}}}$$

在利用对称群方法给出此精确的群不变解时，这里并没有严格讨论 x 和 y 的取值范围. 事实上，如果严格

讨论 x 和 y 的取值范围，可以看出由参考文献[49]给出的特里谷米方程的基本解 $F_{\pm}=C_{\pm}E_{\pm}$ 属于这类解，其中

$$E_{\pm}=\begin{cases}|9x^2+4y^3|^{-\frac{1}{6}}, & (x,y)\in D_{\pm}\\ 0, & (x,y)\in \mathbf{R}^2/D_{\pm}\end{cases}$$

$$D_{+}=\{(x,y)\in \mathbf{R}^2:9x^2+4y^3>0\}$$

$$D_{-}=\{(x,y)\in \mathbf{R}^2:9x^2+4y^3<0\}$$

$$C_{+}=-\frac{\Gamma(1/6)}{3\cdot 2^{2/3}\pi^{1/2}\Gamma(2/3)}$$

$$C_{-}=\frac{3\Gamma(4/3)}{2^{2/3}\pi^{1/2}\Gamma(5/6)}$$

对于 Keldysh 方程($\gamma=-1$)，有精确解

$$u=C_1\frac{y}{(x^2+4y)^{\frac{3}{2}}}+C_2(x^2+4y)^{\frac{1}{2}}$$

在参考文献[53]中，给出第一个主要结论就是给出 Keldysh 方程的基本解

$$E=\frac{7}{3}\text{p. v.}\frac{4y\operatorname{sgn}(x^2+4y)}{|x^2+4y|^{\frac{3}{2}}}$$

此基本解也属于这类群不变解. 在今后，还可以进一步讨论解(35.21)是否可以用于构造当 γ 为奇数时方程(35.8)的基本解. 而当 γ 为偶数时，解(35.21)为方程(35.8)的整体解.

(2)X_2，其相似变量为

$$\zeta=\frac{y^{\frac{\gamma+2}{2}}}{x},\quad \frac{u}{y^{-\frac{\gamma}{4}}}$$

相应的群不变解形如

$$u=y^{-\frac{\gamma}{4}}h(\zeta)$$

其中 $h(\zeta)$ 满足

$$[16\zeta^4+4(\gamma+2)^2\zeta^2]h''(\zeta)+32\zeta^3h'(\zeta)+(\gamma^2+4\gamma)h(\zeta)=0$$

求解后，得到

$$h(\zeta)={}_2F_1\left(\frac{\gamma}{4\gamma+8},\frac{3\gamma+4}{4\gamma+8};\frac{\gamma+1}{\gamma+2};-\frac{4\zeta^2}{(\gamma+2)^2}\right)\zeta^{\frac{\gamma}{2\gamma+4}}C_1+$$
$${}_2F_1\left(\frac{\gamma+4}{4\gamma+8},\frac{3\gamma+8}{4\gamma+8};\frac{\gamma+3}{\gamma+2};-\frac{4\zeta^2}{(\gamma+2)^2}\right)\zeta^{\frac{\gamma+4}{2\gamma+4}}C_2$$

其中 ${}_2F_1(a,b;c;\zeta)$ 为相应变量和参数的高斯超几何函数. 因此，当 $\gamma\neq-4,-2$ 时，方程(35.8)有解

$$u={}_2F_1\left(\frac{\gamma}{4\gamma+8},\frac{3\gamma+4}{4\gamma+8};\frac{\gamma+1}{\gamma+2};-\frac{4y^{\gamma+2}}{(\gamma+2)^2x^2}\right)x^{-\frac{\gamma}{2\gamma+4}}C_1+$$
$${}_2F_1\left(\frac{\gamma+4}{4\gamma+8},\frac{3\gamma+8}{4\gamma+8};\frac{\gamma+3}{\gamma+2};-\frac{4y^{\gamma+2}}{(\gamma+2)^2x^2}\right)\cdot$$
$$\frac{y}{x^{\frac{\gamma+4}{2\gamma+4}}}C_2$$

(3) X_3，其相似变量为 y 和 u，其相应的群不变解为 $u=u(y)$，它满足 $u_{yy}=0$. 考虑到方程(35.8)，则 $u=C_1+C_2y$.

注 这里关于高斯超几何函数，以及下文中提到的第一类和第二类修正的贝塞尔函数相关的性质可以参考文献[55].

情况 2 $\gamma=-2$.

此时，方程(35.8)为

$$y^{-2}u_{xx}+u_{yy}=0 \tag{35.22}$$

它允许(35.18)中的李对称，其交换关系如表 35.2 所示.

表 35.2 式(35.18)中的李对称交换关系

	X_1	X_2	X_3
X_1	0	$4X_3$	$-X_2$
X_2	$-4X_3$	0	0
X_3	X_2	0	0

由表 35.2 可知，此交换表是封闭的. 因此，式(35.18)中的李对称构成方程(35.22)的三维李代数. 下面考虑相应的对称约化和群不变解.

(1) X_1，其相似变量为

$$\zeta=\ln^2 y+x^2,\ y^{-\frac{1}{2}}u$$

相应的群不变解为 $u=y^{\frac{1}{2}}h(\zeta)$,其中 $h(\zeta)$ 满足约化方程

$$16\zeta h''(\zeta)+16h'(\zeta)-h(\zeta)=0$$

该约化方程经过变量变换 $s=\sqrt{\zeta}/2$，可以转化为虚宗量的标准贝塞尔方程

$$s^2h''(s)+sh'(s)-(s^2+\nu^2)h(s)=0\quad(\nu=0)$$

求解后，得到

$$h(s)=C_1I_0(s)+C_2K_0(s)$$

其中 $I_0(s)$ 和 $K_0(s)$ 分别为相应变量的第一类和第二类修正贝塞尔函数. 因此，方程(35.22)有解

$$u=y^{\frac{1}{2}}\left[C_1I_0\left(\frac{\sqrt{\ln^2 y+x^2}}{2}\right)+C_2K_0\left(\frac{\sqrt{\ln^2 y+x^2}}{2}\right)\right]$$

(2) X_2,其相似变量为 $x,y^{-\frac{1}{2}}u$，相应的群不变解为 $u=y^{\frac{1}{2}}h(x)$，其中 $h(x)$ 满足约化方程

$$4h''(x)-h(x)=0 \tag{35.23}$$

求解后，得到

$$h(x)=C_1 e^{\frac{1}{2}x}+C_2 e^{-\frac{1}{2}x}$$

因此，方程(35.22)有解

$$u=C_1 y^{\frac{1}{2}} e^{\frac{1}{2}x}+C_2 y^{\frac{1}{2}} e^{-\frac{1}{2}x}$$

(3) X_3，其相似变量为 y,u，相应的群不变解为 $u=u(y)$，满足 $u_{yy}=0$. 此时，方程(35.22)有解 $u=C_1+C_2 y$.

情况 3 $\gamma=-4$.

此时，方程(35.8)为

$$y^{-4}u_{xx}+u_{yy}=0 \tag{35.24}$$

在寻找其李对称时，该方程被转化为方程组(35.15)，它允许(35.19)中的李对称，其交换关系如表 35.3 所示.

表 35.3 式(35.19)中李对称交换表

	X_1	X_2	X_3	X_4
X_1	0	$-X_1$	$2X_2+3X_4$	0
X_2	X_1	0	$-X_3$	0
X_3	$-2X_2-3X_4$	X_3	0	0
X_4	0	0	0	0

此交换表是封闭的. 下面来讨论相应的对称约化和群不变解.

(1) X_1，其不变量是 y,u,v，相应的群不变解为

$$u=u(y),\ v=v(y)$$

代入方程组(35.15)，可以看出此时，u 和 v 均为常数.

(2)X_2，其不变量为$\zeta=xy, u$，以及$x^{-2}v$，相应的群不变量为

$$u=f(\zeta),\ v=x^2g(\zeta)$$

其中$f(\zeta)$和$g(\zeta)$满足方程组

$$2g(\zeta)+\zeta g'(\zeta)=f'(\zeta),\ f'(\zeta)+\zeta^3g'(\zeta)=0$$

求解后，得到

$$f(\zeta)=2C_1\zeta+C_2, g(\zeta)=C_1\zeta^{-2}+C_1$$

由此，得到方程组(35.15)的解

$$u=2C_1xy+C_2, v=C_1y^{-2}+C_1x^2$$

因此，方程(35.24)有解

$$u=2C_1xy+C_2$$

(3)X_3，其对应的特征方程为

$$\frac{\mathrm{d}x}{y^{-2}-x^2}=\frac{\mathrm{d}y}{2xy}=\frac{\mathrm{d}u}{3xu-yv}=\frac{\mathrm{d}v}{-xv+y^{-3}u} \tag{35.25}$$

特征方程(35.25)的第一个等号产生相似变量

$$\zeta=x^2y+y^{-1} \tag{35.26}$$

为了确定其他的不变量，考虑相应的一阶特征常微分方程组

$$\frac{\mathrm{d}x}{\mathrm{d}\varepsilon}=y^{-2}-x^2 \tag{35.27a}$$

$$\frac{\mathrm{d}y}{\mathrm{d}\varepsilon}=2xy \tag{35.27b}$$

$$\frac{\mathrm{d}u}{\mathrm{d}\varepsilon}=3xu-yv \tag{35.27c}$$

$$\frac{\mathrm{d}v}{\mathrm{d}\varepsilon}=-xv+y^{-3}u \tag{35.27d}$$

由式(35.27a)和(35.27b)，得

$$\frac{y\mathrm{d}x + x\mathrm{d}y}{\mathrm{d}\varepsilon} = y^{-1} + x^2 y$$

考虑到式(35.26)，有

$$\zeta^{-1}xy - \varepsilon = E$$

其中常数 E 与 ε 的平移变换作用下式(35.27a)—(35.27d)的不变性有关．不失一般性，令 $E=0$．从式(35.27a)—(35.27d)可得

$$\frac{\mathrm{d}^2 v}{\mathrm{d}\varepsilon^2} + 4x\frac{\mathrm{d}v}{\mathrm{d}\varepsilon} + 2(y^{-2} + x^2)v = 0$$

利用式(35.26)，有

$$yv = v^1\varepsilon + v^2 \tag{35.28}$$

其中 v^1, v^2 是积分常数．故由方程(35.27d)可得

$$u = y^2[v^1 - x(v^1\varepsilon + v^2)] \tag{35.29}$$

利用 $\varepsilon=\zeta^{-1}xy$，从式(35.28)和式(35.29)中可以消去 ε．因此，有

$$u = y^2[-x^2y\zeta^{-1}v^1 - xv^2 + v^1]$$

$$v = y^{-1}[xy\zeta^{-1}v^1 + v^2]$$

常数 ζ, v^1, v^2 是式(35.25)的无关不变量；ζ 是源于 X_3 的不变解的相似变量．用 ζ 的函数来代替 v^1, v^2，即 $v^1=F(\zeta), v^2=G(\zeta)$．从而给出相应的群不变解

$$u = y^2[-x^2y\zeta^{-1}F(\zeta) - xG(\zeta) + F(\zeta)]$$

$$v = y^{-1}[xy\zeta^{-1}F(\zeta) + G(\zeta)]$$

将它们代入方程组(35.15)中，知 $F(\zeta)$ 和 $G(\zeta)$ 满足方程组

$$xy[2G(\zeta) + \zeta G'(\zeta)] + [F'(\zeta) - \zeta^{-1}F(\zeta)] = 0$$

$$[2G(\zeta) + \zeta G'(\zeta)] - \frac{xy^2}{1 + x^2y^2} \cdot$$

$$[\zeta F'(\zeta)-F(\zeta)]=0$$

从而，有

$$2G(\zeta)+\zeta G'(\zeta)=0,\zeta F'(\zeta)-F(\zeta)=0 \tag{35.30}$$

求解约化方程组(35.30)，得

$$F(\zeta)=a\zeta,G(\zeta)=b\zeta^{-2}$$

其中 a，b 是任意常数. 因此，方程组(35.15)有解

$$u=ay-b\frac{xy^4}{(x^2y^2+1)^2},v=ax+b\frac{y}{(x^2y^2+1)^2}$$

因此，方程(35.24)有解

$$u=ay-b\frac{xy^4}{(x^2y^2+1)^2}$$

其中 a,b 为任意常数.

(4)X_4，其相似变量为 x,y 和 u/v. 此时，u 和 v 均为常数.

35.4　总结和讨论

本章在变量变换意义下，结合拟设法和不变子空间方法给出了几何流方程(35.6)和(35.7)的各种分离变量解，包括乘法分离变量解和广义泛函分离变量解；利用李对称群方法，讨论了广义特里谷米方程(35.8)的李对称群和群不变解. 根据本章的研究，我们做了如下的讨论：

(1)在本章35.2节中，得到的几何流方程(35.6)和(35.7)的解包含了文献[40]中应用李对称群方法给出的所有分离变量解，并给出了很多新的分离变量解. 例如,方程(35.7)的几个广义分离变量解. 本章还对得到的解在性质上进行了分析，包括奇性分析和解随时间演化情况的分析. 本章在利用不变子空间方法构造相关变形后的方程的广义变量分离解时，采用的是拟设法直接给出相关非线性微分算子的不变子空间. 这种拟设需要结合相关已知的结论以及一些经验. 事实上，在文献[15]中，有相关公式可以去求解非线性微分算子的不变子空间. 因此，在今后的研究工作中，可以利用文献[15]中的相关公式去求解文中涉及的非线性微分算子的不变子空间，理论上会有更加丰富的结果.

(2) 在本章35.3节中，采用的是传统的李对称群方法，即直接给出广义特里谷米方程的李对称群，随后直接计算对应的群不变解，并讨论其中得到的一些群不变解和已有的基本解之间的关系. 在今后的研究中，可以继续讨论在基本解应满足的相关条件下，利用李对称群方法(即初边值条件下的李对称群方法)给出相关的基本解讨论. 另外，还有高维形式下的广义特里谷米方程[56]，这类方程的李对称群及其相关群不变解也可以进一步被讨论.

参考文献

[1] MILLER W. Symmetry and Separation of Variables[M]. London: Cambridge UniversityPress, 1984.

[2] GALAKTIONOV V A. On new exact blow-up solutions for nonlinear heat conduction equations[J]. Diff Int

Equat, 1990, 3: 863-874.

[3] KING J R. Exact polynomial solutions to some nonlinear diffusion equations[J]. Physica D, 1993, 64: 35-65.

[4] ZHDANOV R Z. Separation of variables in the nonlinear wave equation[J]. J Phys A: Math Gen, 1994, 27: L291-L297.

[5] FUSCHYCH W I, ZHDANOV R Z. Antireduction and exact solutions of nonlinear heat equations[J]. J Nonlin Math Phys, 1994, 1: 60-64.

[6] ZHDANOV R Z, REVENKO I V, FUSHCHYCH W I. On the new approach to variable separation in the time-dependent Schrödinger equation with two space dimensions[J]. J Math Phys,1995, 36: 5506-5521.

[7] ZHDANOV R Z. Separation of variables in (1 + 2)-dimensional Schrödinger equations[J]. J Math Phys, 1997, 38: 1197-1217.

[8] QU CHANGZHENG, ZHANG SHUNLI, LIU RUOCHEN. Separation of variables and exact solutions to quasilinear diffusion equations with nonlinear source[J]. Physica D, 2000, 144: 97-123.

[9] ESTEVEZ P G, QU CHANGZHENG, ZHANG SHUNLI, et al. Separation of variables of a generalized porous medium equation with nonlinear source[J]. J Math Anal Appl, 2002, 275: 44-59.

[10] ESTEVEZ P G, QU CHANGZHENG, ZHANG SHUNLI. Separation of variables in a nonlinear wave equation with a variable wave speed[J]. Theor Math Phys, 2002, 133: 1490-1497.

[11] JIA HUABING, XU WEI, ZHAO XIAOSHAN, et al.

Separation of variables and exact solutions to nonlinear diffusion equation with x-dependent convection and absorption[J]. J Math Anal Appl, 2008, 339: 982-995.

[12] QU CHANGZHENG, ZHANG SHUNLI. Group foliation method and functional separation of variables to nonlinear diffusion equations[J]. Chin Phys Lett, 2005, 22: 1563-1566.

[13] HU JIAYI, QU CHANGZHENG. Functional separable solutions to nonlinear wave equations by group foliation method[J]. J Math Anal Appl, 2007, 330: 298-311.

[14] GALAKTIONOV V A. Invariant subspaces and new explicit solutions to evolution equations with quadratic nonlinearities[J]. Proc Roy Soc Edinburgh, 1995, 125: 225-246.

[15] GALAKTIONOV V A, SVIRSHCHEVSKII S R. Exact solutions and invariant subspaces of nonlinear partial differential equations in mechanics and physics[M]. London: Chapman and Hall/CRC, 2007.

[16] QU CHANGZHENG, ZHU CHUNRONG. Classification of coupled systems with two-component nonlinear diffusion equations by the invariant subspace method[J]. J Phys A: Math Theor, 2009, 42: 475201.

[17] JI LINA. Conditional Lie-Bäcklund symmetries and functionally generalized separable solutions to the generalized porus medium equations with source[J]. J Math Anal Appl, 2012, 389: 979-988.

[18] JI LINA. Conditional Lie-Bäcklund symmetries and invariant subspaces to nonlinear diffusion equations

with source[J]. Physica A, 2012, 391: 6320-6331.

[19] FENG WEI, JI LINA. Conditional Lie-Bäcklund symmetries and functional separable solutions of generalized inhomogeneous diffusion equations[J]. Physica A, 2013, 392: 618-627.

[20] QU CHANGZHENG, JI LINA. Invariant subspaces and conditional Lie-Bäcklund symmetries of inhomogeneous nonlinear diffusion equations[J]. Sci China Math, 2013, 56: 2187-2203.

[21] BARANNYK A F, BARANNYK T A, YURYK I I. Separation of variables for nonlinear equations of hyperbolic and Korteweg-De Vries type[J]. Reports Math Phys, 2011, 68: 97-105.

[22] BARANNYK A F, BARANNYK T A, YURYK I I. Generalized separation of variables for nonlinear equation $u_{tt} = F(u)u_{xx} + aF'(u)u_x^2$[J]. Reports Math Phys, 2013, 71: 1-13.

[23] JI LINA, QU CHANGZHENG. Conditional Lie-Bäcklund symmetries and invariant subspaces to nonlinear diffusion equations with convection and source[J]. Stud Appl Math, 2013,131: 266-301.

[24] DI YANMEI, ZHANG DANDA, SHEN SHOUFENG, et al. Conditional Lie-Bäcklund symmetries to inhomogeneous nonlinear diffusion equations[J]. Appl Math Model, 2014, 38: 4409-4416.

[25] JI LINA, QU CHANGZHENG, SHEN SHOUFENG. Conditional Lie-Bäcklund symmetry of evolution system and application for reaction-diffusion system[J]. Stud Appl Math, 2014, 133:118-149.

[26] OLVER P J. Applications of Lie Groups to Differential Equations[M]. New York: Springer, 1986.

[27] BLUMAN G W, KUMEI S. Symmetries and Differential Equations[M]. New York: 1989.

[28] KONG DEXING, LIU KEFENG. Wave character of metrics and hyperbolic geometric flow[J]. J Math Phys, 2007, 48: 103508.

[29] HAMILTON R S. Three-manifolds with positive Ricci curvature[J]. J Diff Geom, 1982, 17:255-306.

[30] PERELMAN G. Finite extinction time for the solutions to the Ricci flow on certain threemanifolds[EB/OL]. 2003, Arxiv: 0307245.

[31] PERELMAN G. Ricci fiow with surgery on three-manifolds[EB/OL]. 2003, Arxiv: 0303109.

[32] PERELMAN G. The entropy formula for the Ricci flow and its geometric applications[EB/OL]. 2002, Arxiv: 0211159.

[33] BAKAS I. Ricci flows and infinite dimensional algebras[J]. Fortsch Phys, 2004, 52: 464-471.

[34] CIMPOIASU R, CONSTANTINESCU R. Symmetries and invariants for the 2D-Ricci flow model[J]. J Nonlin Math Phys, 2006, 13: 285-292.

[35] CIMPOIASU R, CONSTANTINESCU R. Symmetries, integrability and exact solutions for nonlinear systems[EB/OL]. 2011, Arxiv: 1111.1377.

[36] CIMPOIASU R. Conservation laws and associated Lie symmetrries for the 2D Ricci flow model[J]. Rom J Phys, 2013, 58: 519-528.

[37] NADJAFIKHAH M, JAFARI M. Symmetry reduction

of the two-dimensional Ricci folw equation[J]. Geom, 2013, 373701.

[38] XU CHAO. Symmetries of geometric flows[EB/OL]. 2010, ArXiv: 1001.1394.

[39] GALAKTIONOV V A, SVIRSHCHEVSKII S R. Invariant solutions of nonlinear diffusion equations with maximal symmetry algebra[J]. J Nonlin Math Phys, 2011, 18: 107-121.

[40] WANG JINHUA. Symmetries and solutions to geometrical flows[J]. Sci China Math, 2013, 56: 1689-1704.

[41] GELLERSTEDT S. Quelques problèmes mixtes pour l'èequation $y^m z_{xx} + z_{yy} = 0$[J]. Ark für Mat Astr och Fys, 1937, 26A: 1-32.

[42] TRICOMI F G. Sulle equazioni lineari alle derivative parziali di 2 ordune di tipo misto[J]. Atti Accad Naz. dei Lincei, 1923, 15(5): 133-247.

[43] KELDYSH M V. On certain classes of elliptic equations with singularity on the boundary of the domain[J]. Dokl Akad Nauk SSSR, 1951, 77: 181-183.

[44] CRADDOCK M, PLATEN E. Symmetry group method for fundamental solutions[J]. J Diff Equat, 2004, 207(2): 285-302.

[45] CRADDOCK M, DOOLEY A. Symmetry group methods for heat kernels[J]. J Math Phys, 2001, 42(1): 390-418.

[46] CRADDOCK M. Symmetry groups of linear partial equations and representation theory: the Laplace and axially symmetric wave equations[J]. J Diff Equat, 2000, 166: 107-131.

[47] KANG JING, QU CHANGZHENG. Symmetry group and fundamental solutions for systems of parabolic

equations[J]. J Math Phys, 2012, 53: 023509 (10pp).

[48] 杨清建，郑克杰，潘祖梁. 方程$u_{xx}-x^2u_{tt}+pu_t=0$的不变变换群和基本解[J]. 高校应用数学学报，1987，2(1)：21-29.

[49] BARROS-NETO J, GELFAND I M. Fundamental solutions for the Tricomi operator[J]. Duke Math J, 1999, 98(3): 465-483.

[50] BARROS-NETO J, GELFAND I M. Fundamental solutions for the Tricomi operator II[J]. Duke Math J, 2002, 111: 561-584.

[51] BARROS-NETO J, GELFAND I M. Fundamental solutions for the Tricomi operator III[J]. Duke Math J, 2005, 128: 119-140.

[52] BARROS-NETO J. Bessel integrals and fundamental solutions for a generalized Tricomic operator, J Funct Anal, 2001, 183: 472-497.

[53] CHEN SHUXING. The fundamental solution of the Keldysh type operator[J]. Sci China Ser A, 2009, 52(9): 1829-1843.

[54] 费美琴. Tricomic 方程极点在椭圆区域的基本解[D]. 镇江：江苏大学理学院，2016.

[55] 王竹溪，郭敦仁. 特殊函数概论[M]. 北京：北京大学出版社，2010.

[56] ALGZIN O D. Exact solution to the Dirichlet problem for degerating on the boundary elliptic quation of Tricomi-Keldysh type in the half-space[EB/OL]. 2016, ArXiv:1603.05760v1.

一类特里谷米偏微分方程边值问题的奇摄动[①]

第36章

1. 引言

有关椭圆方程、抛物型方程边值问题奇摄动的研究已有大量的结果问世. 但带有奇性的偏微分方程的奇摄动的结果尚为少见[②]. 这类方程在研究空气动力学中的跨音速流问题时,将会遇到. 本章考虑的是下述形式的奇摄动问题

$$L_\varepsilon(u) \equiv \varepsilon \frac{\partial^2 u}{\partial y^2} + y \frac{\partial^2 u}{\partial x^2} - a(x,y)\frac{\partial u}{\partial x} - b(x,y)\frac{\partial u}{\partial y} - c(x,y)u = f(x,y) \quad (x,y) \in \Omega \qquad (36.1)$$

---

① 选自《数学物理学报》,1994,14(2):236-239.

② Grasman J and Matkowsky B J. A variational approach to singularly perturbed bounary value problems for ordinary and partial differential equations with turning points SIAM J. Appl. Math. ,1977, 32:588-597.

林宗池. 极限方程为退缩椭圆型的一类三阶偏微分方程边值问题的奇摄动. 数学学报,1992,35:257-261.

$$u(x,y,\varepsilon)|_{\partial\Omega}=g(x,y,\varepsilon)|_{\partial\Omega} \tag{36.2}$$

其中 $0<\varepsilon\ll 1$，$\Omega=\{(x,y):(x,y)\in(0,\alpha)\times(0,\beta),\alpha>0,\beta>0\}$. 下面先构造上述问题的形式渐近解，再在适当的假设下利用算子理论证得形式解的一致有效性，并给出几个注.

2. 形式解的构造及余项估计

首先假设：

(H_1) 方程(36.1)(36.2) 中出现的函数关于其变元充分光滑；

(H_2) $\int_y^B b(\tau,y)\mathrm{d}y>0,(x,y)\in\overline{\Omega}$；

(H_3) $\frac{1}{2}(a_x+b_y)-c\leqslant-\alpha<0,(x,y)\in\overline{\Omega}$；

(H_4) 退化问题解的存在唯一性满足.

设问题(36.1)(36.2) 的外部解具如下形式渐近展开式

$$U(x,y,\varepsilon)\sim\sum_{i=0}^{\infty}\varepsilon^j u_i(x,y) \tag{36.3}$$

将式(36.3) 代入式(36.1)，比较方程两端 ε^i 之系数得到确定 $u_i(x,y)(i=0,1,2,\cdots)$ 的递推方程

$$y\frac{\partial^2 u_0}{\partial x^2}-a(x,y)\frac{\partial u_0}{\partial x}-b(x,y)\frac{\partial u_0}{\partial y}-c(x,y)u_0=f(x,y) \tag{36.4}$$

$$y\frac{\partial^2 u_i}{\partial x^2}-a(x,y)\frac{\partial u_i}{\partial x}-b(x,y)\frac{\partial u_i}{\partial y}-c(x,y)u_i=-\frac{\partial^2 u_{i-1}}{\partial y^2} \tag{36.4$_i$}$$

上述方程仍为混合型的，即当 $y>0$ 时为二阶抛物型微分方程，$y=0$ 时退缩为一阶方程，其定解条件将在后面确定. 求得 $u_i(x,y)(i=0,1,2,\cdots)$ 后，即得形式外解(36.3). 通常(36.3)不能全部地满足条件(36.2)，即在某一部分边界上将出现边界层. 为此我们来构造边界层校正项.

在边界 $y=\beta,0\leqslant x\leqslant\alpha$ 附近引入两个不同的尺度

$$\rho=\frac{h(x,y)}{\varepsilon},y=y$$

上面的 $h(x,y)$ 为待定函数，ρ 即是伸长变量.

设边界层项具如下展式

$$V(x,\rho,y,\varepsilon)\sim\sum_{i=0}^{\infty}\varepsilon^i v_i(x,\rho,y)\qquad(36.5)$$

将式(36.5)代入(36.1)对应的齐次方程并比较 ε^i 之系数得到确定 $v_i(i=0,1,2,\cdots)$ 的微分方程

$$h_y^2\frac{\partial^2 v_0}{\partial\rho^2}-b(x,y)h_y\frac{\partial v_0}{\partial\rho}=0\qquad(36.6)$$

$$h_y^2\frac{\partial^2 v_i}{\partial\rho^2}-b(x,y)h_y\frac{\partial v_i}{\partial\rho}=F_i(v_0,v_1,\cdots,v_{i-1},\rho,x,y)\qquad(36.6_i)$$

其中 F_i 为 $v_0,v_1,\cdots,v_{i-1}$ 的已知多项式函数.

在式(36.6)中取 $h_y=-b(x,y)$，即取

$$h(x,y)=\int_y^{\beta}b(x,t)\mathrm{d}t$$

于是方程(36.6)有一解具下式形式

$$v_0(x,\rho,y)=c_0(x,y)\mathrm{e}^{-\rho}$$

继续地，从式(36.6_i)可知它有一形如下式的解

$$v_i(x,\rho,y)=c_i(x,y)\mathrm{e}^{-\rho}$$

其中的 $c_i(x,y)$ 可逐次地由二阶偏微分方程约束[①].

为保证条件(36.2)得到校正,给出 u_i 和 v_i 的定解条件如下,记 Ω 的四条边界线段为

$$\Gamma_1=\{(x,y)\mid 0\leqslant x\leqslant\alpha, y=0\}$$

$$\Gamma_2=\{(x,y)\mid 0\leqslant x\leqslant\alpha, y=\beta\}$$

$$\Gamma_3=\{(x,y)\mid x=0, 0\leqslant y\leqslant\beta\}$$

$$\Gamma_4=\{(x,y)\mid x=\alpha, 0\leqslant y\leqslant\beta\}$$

则

$$u_1\Big|_{\partial\Omega\backslash\Gamma_2}=\left[\frac{1}{i!}\ \frac{\partial' g(x,y,\varepsilon)}{\partial\varepsilon^j}\right]_{\varepsilon=0|_{\partial\Omega\backslash\Gamma_2}}\equiv g_i\ |_{\partial\Omega\backslash\Gamma_2} \tag{36.7}$$

$$v_i\Big|_{\Gamma_2}=\left[\frac{1}{i!}\ \frac{\partial' g(x,y,\varepsilon)}{\partial\varepsilon^j}\right]_{\varepsilon=0|_{\Gamma_2}}-u_i\ |_{\Gamma_2} \tag{36.8}$$

$$v_i(x,\rho,y)\to 0\quad(\rho\to\infty)$$

这样 u_i 和 v_i 就完全求得,再引入一个无限可微函数 $\psi(x,y)$

$$\psi(x,y)=\begin{cases}1 & (x,y)\in\{0\leqslant x\leqslant\alpha, 0\leqslant\beta-y<\frac{1}{3}\rho_0\}\\ 0 & (x,y)\in\{0\leqslant x\leqslant\alpha, \frac{2}{3}\rho_0\leqslant\beta-y\leqslant\beta\}\end{cases}$$

则 $\tilde{v}_i=\psi\cdot v_i$ 是整个区域Ω 上具边界层性质的函数. 以下仍记 v_i 为 $\tilde{v}_i$.

---

① 莫嘉琪. 一类半线性椭圆型方程 Dirichlet 问题的奇摄动. 数学物理学报,1987,7:395-401.

作

$$u_\varepsilon(x,y,\varepsilon)\sim\sum_{i=0}^{\infty}u_i(x,y)\varepsilon^i+\sum_{i=0}^{\infty}v_i(x,\rho,y)\varepsilon^i$$
$$=\sum_{i=0}^{N}u_i(x,y)\varepsilon^i+\sum_{i=0}^{N}v_i(x,\rho,y)\varepsilon^i+R_N(\varepsilon)$$
$$\equiv u_i^N(x,y,\varepsilon)+R_N(\varepsilon) \qquad (36.9)$$

我们将证明

$$\| R_N(\varepsilon)\|_{L_2}=O(\varepsilon^{N+1}),(x,y)\in\overline{\Omega}$$

先叙述一个引理：

引理 36.1[1]　对算子 L_ε，若存在正常数 K，使 $\langle L_\varepsilon u,u\rangle\geqslant K\| u\|_{L_2}$ 成立，则 L_ε 存在有界逆算子.

为应用上述引理，作

$$R_N(\varepsilon)=u_\varepsilon(x,y,\varepsilon)-u_\varepsilon^N(x,y,\varepsilon)$$

根据 u_ε^N 的求得方法可推出 $R_N(\varepsilon)$ 满足的方程

$$L_\varepsilon(R_N(\varepsilon))=G(x,y,\varepsilon)\quad (x,y)\in\Omega \qquad (36.10)$$

$$R_N(\varepsilon)|_{\partial\Omega}=H(x,y,\varepsilon)|_{\partial\Omega} \qquad (36.11)$$

其中 $H(x,y,\varepsilon)$，$G(x,y,\varepsilon)$ 均为已知函数，且具量级

$$G(x,y,\varepsilon)=O(\varepsilon^{N+1})$$
$$H(x,y,\varepsilon)=O(\varepsilon^{N+1})$$

定理 36.1　在假设 $(H_1)-(H_4)$ 之下，$\| R_N(\varepsilon)\|_{L_2}=O(\varepsilon^{N+1})$.

证明　记 $\widetilde{R}_N(\varepsilon)$ 为满足条件(36.11)的光滑函数

---

① Hillier F S and Lieberman G J. Introduction on operator research Oakland. California: Holden-Day. ,Inc. ,1980.

和成立估计式

$$\|\widetilde{R}_N(\varepsilon)\|_{L_2}=O(\varepsilon^{N+1}) \tag{36.12}$$

则构造 $\overline{R}_N(\varepsilon)=R_N(\varepsilon)-\widetilde{R}_N(\varepsilon)$ 满足下列齐次边值问题

$$L_\varepsilon(\overline{R}_N(\varepsilon))=\overline{G}(x,y,\varepsilon)$$

$$\overline{R}_N(\varepsilon)\,|_{\partial\Omega}=0$$

$$\overline{G}(x,y,\varepsilon)=O(\varepsilon^{N+1})$$

由于

$$\begin{aligned}
&\langle L_\varepsilon(\overline{R}_N(\varepsilon)),\overline{R}_N(\varepsilon)\rangle\\
&=\varepsilon\iint_\Omega \frac{\partial^2\overline{R}_N}{\partial y^2}\cdot\overline{R}_N\mathrm{d}Q+\iint_\Omega y\,\frac{\partial^2\overline{R}_N}{\partial x^2}\cdot\overline{R}_N\mathrm{d}Q-\\
&\quad\iint_\Omega a(x,y)\,\frac{\partial\overline{R}_N}{\partial x}\overline{R}_N\mathrm{d}Q-\iint_\Omega b(x,y)\,\frac{\partial\overline{R}_N}{\partial y}\overline{R}_N\mathrm{d}Q-\\
&\quad\iint_\Omega c(x,y)\overline{R}_N^2\mathrm{d}Q\\
&=-\varepsilon\iint_\Omega\left(\frac{\partial\overline{R}_N}{\partial y}\right)^2\mathrm{d}Q-\iint_\Omega y\left(\frac{\partial\overline{R}_N}{\partial x}\right)^2\mathrm{d}Q+\\
&\quad\frac{1}{2}\iint_\Omega a_x\overline{R}_N^2\mathrm{d}Q+\frac{1}{2}\iint_\Omega b_y\overline{R}_N^2\mathrm{d}Q-\\
&\quad\iint_\Omega c\overline{R}_N^2\mathrm{d}Q\\
&\leqslant\iint_\Omega\left[\frac{1}{2}(a_x+b_y)-c\right]\overline{R}_N^2\mathrm{d}Q\\
&\leqslant-\alpha(\overline{R}_N,\overline{R}_N)
\end{aligned}$$

由引理36.1知 $-L_\varepsilon$ 从而 L_ε 存在逆线性有界算子 L_ε^{-1}，故由式(36.10)知

$$\overline{R}_N(\varepsilon)=O(\varepsilon^{N+1}),\quad (x,y)\in\overline{\Omega} \tag{36.13}$$

所以由(36.12),(36.13)两式知

$$
\begin{aligned}
\| R_N(\varepsilon) \|_{L_2} &\leqslant \| R_N(\varepsilon) - \widetilde{R}_N(\varepsilon) \|_{L_2} + \| \widetilde{R}_N(\varepsilon) \|_{L_2} \\
&= \| \overline{R}_N(\varepsilon) \|_{L_2} + \| \widetilde{R}_N(\varepsilon) \|_{L_2} \\
&= O(\varepsilon^{N+1})
\end{aligned}
$$

从而定理得证.

注 1　上述方法对 a,b,c,f 中含 ε 的情形仍适用.

注 2　方程(36.1)中系数 y 可放宽为 $y^m (m>0)$.

注 3　本方法可处理自由边界问题.

第四篇

历史文献选录

偏微分方程系统的积分存在定理

第37章

37.1 柯西—柯瓦列夫斯卡娅定理

定理 37.1 设方程系统(S)

$$\begin{cases}\dfrac{\partial z_1}{\partial x_1}=f_1\left(x_i,z_j;\dfrac{\partial z_j}{\partial x_2},\cdots,\dfrac{\partial z_j}{\partial x_n}\right)\\ \dfrac{\partial z_2}{\partial x_1}=f_2\left(x_i,z_j;\dfrac{\partial z_j}{\partial x_2},\cdots,\dfrac{\partial z_j}{\partial x_n}\right)\\ \vdots \\ \dfrac{\partial z_s}{\partial x_1}=f_s\left(x_i,z_j;\dfrac{\partial z_j}{\partial x_2},\cdots,\dfrac{\partial z_j}{\partial x_n}\right)\end{cases} \tag{37.1}$$

$$i=1,2,\cdots,n,j=1,2,\cdots,s$$

的右侧在点

$$x_i=x_i^0,z_j=z_j^0,\frac{\partial z_j}{\partial x_i}=p_{ij}^0$$

的区域里是全纯的,而

$$\varphi_1(x_2,x_3,\cdots,x_n),\varphi_2(x_2,x_3,\cdots,x_n),\cdots,$$
$$\varphi_s(x_2,x_3,\cdots,x_n)$$

是 s 个任意函数，它们在点

$$x_2=x_2^0,x_3=x_3^0,\cdots,x_n=x_n^0$$

的区域里是全纯的并且在这点和它们的导数一起取值

$$\varphi_j=z_j^0,\frac{\partial\varphi_j}{\partial x_i}=p_{ij}^0$$

那么系统(S)只有一组积分，它在点(x_i^0)的区域是全纯的并且对 $x_1=x_1^0$ 取值

$$z_j=\varphi_j(x_2,x_3,\cdots,x_n),j=1,2,\cdots,s \quad (37.2)$$

首先指出，系统(S)的积分不但要满足系统(S)本身的方程，而且也须适合于方程(37.1)关于独立变数 $x_1,x_2,\cdots,x_n$ 的任意回数的陆续导微所得到的所有方程.称所有的这些方程(方程(37.1)本身及其所有的微分结果)的集合为延拓的系统；将以记号(S')来记它.关于初始条件(37.2)也可作这个注意：凡满足初始条件(37.2)的系统(S)的积分也满足那一些方程，就是从方程(37.2)经任意回数关于变数 $x_2,x_3,\cdots,x_n$ 的陆续导微之后所获得的方程.

现在把 z_j 的所有导数按其关于变数 x_1 的导微回数分成类，把函数 z_j 本身及其关于变数 $x_2,x_3,\cdots,x_n$ 的所有导数归到零类的导数，把零类导数关于 x_1 导微一回时所得到的所有那些导数归到第一类导数，把 $m-1$ 类导数关于 x_1 导微一回时所得到的所有那些导数归到 m 类导数.

如果注意到这个分类，那么就不难指出，零类导

数在点(x_i^0)的值是可以从方程(37.2)及其所有微分结果经过数值$x_2=x_2^0, x_3=x_3^0, \cdots, x_n=x_n^0$的代入之后得出来的. 系统(S)的方程及从它们按变数$x_2, x_3, \cdots, x_n$的导微所得到的延拓系统的那一些方程,在共左侧应包含第一类的所有导数,而且在其右侧仅包含零类导数. 把值$x_i=x_i^0$以及已经求到的零类导数值代进这里,便可计算第一类导数在点(x_i^0)的初值. 把所有这些方程关于x_1导微一回,便在左侧获得第二类导数的全部,而在右侧得到已知的第一类及零类导数,因而就可能算出第二类导数的初值等等. 这样一来,我们可以算出任意类导数;同时,每一导数仅能求得一次;所以我们不可能遭遇到什么矛盾.

这样一来,如果在点(x_i^0)的区域是全纯的积分系统存在,那么我们可按戴乐的公式把它们展开做差$x_i-x_i^0$的幂级数. 用附加的条件唯一地确定了在点(x_i^0)的区域是全纯的积分.

另外,如果这些级数收敛,且从而确定了某些函数z_j,那么容易证明,它们满足系统(37.1)的所有方程. 为此只需要证明,把所作的展开代进方程(37.1)之后,在每一方程的左右两则应得到$x_1, x_2, \cdots, x_n$的同一函数,或者更好地说,在展开左右两侧为差$x_i-x_i^0$的幂级数的时候,关于同幂

$$(x_1-x_1^0)^{\alpha_1}(x_2-x_2^0)^{\alpha_2}\cdots(x_n-x_n^0)^{\alpha_n}$$

的对应的系数相等.

因为泰勒级数中的每一系数等于对应的导数

$$\frac{1}{\alpha_1!\ \alpha_2!\ \cdots\alpha_n!}\cdot\frac{\partial^{\alpha_1+\alpha_2+\cdots+\alpha_n}f_k}{\partial x_1^{\alpha_1}\partial x_2^{\alpha_2}\cdots\partial x_n^{\alpha_n}}$$

在点(x_i^0)的值,所以我们就不得不从方程的两侧算出这些导数;而且证明它们对 $x_i=x_i^0$ 的值是一致的;然而从方程(37.1)的两侧的导微应获得延拓系统(S')的方程,而值 $x_i=x_i^0$ 的代进将导引到我们原来计算我们的展开的系数时所用的同一代数系统.因而,这些方程永恒成立,于是在函数 z_j 的代进之后,方程(37.1)也成立.

这样一来,积分存在定理的证明归结到所获得的展开的收敛性的证明.为这个目的,可以应用强函数(优越函数)方法.从引理着手.

引理 37.1 设函数

$$f(x_1,x_2,\cdots,x_n)=\sum_{\alpha_1,\alpha_2,\cdots,\alpha_n}^{0,1,\cdots,\infty}\alpha_{\alpha_1\alpha_2\cdots\alpha_n}x_1^{\alpha_1}x_2^{\alpha_2}\cdots x_n^{\alpha_n}$$

是由幂级数定义的,这幂级数对 $x_i=\rho_i>0$ 是绝对收敛的并且 M 是大于这级数的任何一项绝对值的正数(例如,级数各项的上限),那么函数

$$F(x_1,x_2,\cdots,x_n)=\frac{M}{\left(1-\frac{x_1}{\rho_1}\right)\left(1-\frac{x_2}{\rho_2}\right)\cdots\left(1-\frac{x_n}{\rho_n}\right)}$$

和

$$F_1(x_1,x_2,\cdots,x_n)=\frac{M}{1-\left(\frac{x_1}{\rho_1}+\frac{x_2}{\rho_2}+\cdots+\frac{x_n}{\rho_n}\right)}$$

乃是它的强函数.

按定义,如果在函数 F 的幂级数展开里所有的系数都是正数且大于函数 f 的幂级数展开的系数的绝对值,那么函数 F 关于函数 f 是强的.

因为

$$\frac{1}{1-\frac{x_i}{\rho_i}}=1+\frac{x_i}{\rho_i}+\left(\frac{x_i}{\rho_i}\right)^2+\cdots\quad(i=1,2,\cdots,n)$$

所以函数 F 的展开的一般项具有方式

$$M\left(\frac{x_1}{\rho_1}\right)^{\alpha_1}\left(\frac{x_2}{\rho_2}\right)^{\alpha_2}\cdots\left(\frac{x_n}{\rho_n}\right)^{\alpha_n}$$

它的系数是正数,而且因为按条件 M 是大于函数 f 的展开的任何项在点 $x_i=\rho_i$ 的绝对值,所以

$$|\alpha_{\alpha_1\alpha_2\cdots\alpha_n}|\rho_1^{\alpha_1}\rho_2^{\alpha_2}\cdots\rho_n^{\alpha_n}<M$$

且

$$|\alpha_{\alpha_1\alpha_2\cdots\alpha_n}|<\frac{M}{\rho_1^{\alpha_1}\rho_2^{\alpha_2}\cdots\rho_n^{\alpha_n}}$$

其实,右侧就是函数 F 的展开的系数,因而关于函数 F 已证明了引理.因为函数 F_1 的展开的一般项

$$M\left(\frac{x_1}{\rho_1}+\frac{x_2}{\rho_2}+\cdots+\frac{x_n}{\rho_n}\right)^{\alpha_1+\alpha_2+\cdots+\alpha_n}$$

关于 $x_1^{\alpha_1}x_2^{\alpha_2}\cdots x_n^{\alpha_n}$ 的系数不小于函数 F 的展开的对应的系数,所以关于函数 F_1 也证明了引理.

还须指出,当函数 f 的展开没有常数项时,可以采用差 $F-M$ 或 F_1-M 作为强函数.

现在回到基本定理的证明,我们指出:由解延拓系统(S')的方程所获得的系统的积分的展开中的系数的公式,是从函数 f_j 和 φ_j 按其变数的幂级数展开的系数仅用加法和乘法的运算构成的.如果用强函数 F_j 和 Φ_j 代换这些函数,便在新系统的积分 Z_j 的展开里获得关于 z_j 的展开的强展开.如果能证明强(优越)系

统的积分 Z_j 的展开是收敛的，那么同样就得证明积分 z_j 的展开的收敛性.

首先，我们化简初始条件. 若作代换

$$\bar{x}_i = x_i - x_i^0$$

$$\bar{z}_j = z_j - \varphi_j(x_2, x_3, \cdots, x_n) + a_j(x_1 - x_1^0)$$

并且再除去新变数的顶上一横，则得到与系统(37.1)具有同一方式的系统，但是有初值，对

$$x_1 = 0, z_1 = z_2 = \cdots = z_s = 0$$

并且同时我们可以利用任意的系数 a_j，使处在系统(S)的方程右侧中的函数按变数的幂级数展开时，它的常数项变成零.

对右侧 f_j 造出强函数，便得出方程系统

$$\frac{\partial Z_j}{\partial x_1} = \{M/[(1-(\alpha x_1 + x_2 + \cdots + x_n + Z_1 + Z_2 + \cdots + Z_s)/r)(1-(\frac{\partial Z_1}{\partial x_2} + \cdots + \frac{\partial Z_s}{\partial x_n})/\rho)]\} - M$$

$$j = 1, 2, \cdots, s \tag{37.3}$$

式中 α 是大于 1 的正数，且 M, r, ρ 是确定的正数(M 表示在函数 f_j 按其变数的幂级数的展开中，关于 $x_i = Z_j = r$ 及 $\frac{\partial Z_j}{\partial x_i} = \rho$ 的各项的绝对值的上限). 我们从右边减了 M，是因为现在在函数 f_j 的展开中没有常数项的缘故. 系数 $\alpha > 1$ 的导入并不损害强函数，因为它仅增大了展开的系数之故.

我们将求系统(37.3)的解，而假定所有的未知函

数都相等

$$Z_1 = Z_2 = \cdots = Z_s = Z$$

且作为单变数

$$X = \alpha X_1 + x_2 + \cdots + x_n$$

的函数来找寻这些解. 因为按混合函数的导微规划 $\frac{\partial Z}{\partial x_1} = \frac{\mathrm{d}Z}{\mathrm{d}X} \cdot \frac{\partial X}{\partial x_1} = \alpha \frac{\mathrm{d}Z}{\mathrm{d}X}$,所以系统(37.3)的所有方程现在变成同一方程

$$\alpha \frac{\mathrm{d}Z}{\mathrm{d}X} = \frac{M}{\left(1 - \frac{X + sZ}{r}\right)\left(1 - \frac{s(n-1)}{\rho} \cdot \frac{\mathrm{d}Z}{\mathrm{d}X}\right)} - M$$

$$\left(\alpha - \frac{s(n-1)}{\rho} M\right) \frac{\mathrm{d}Z}{\mathrm{d}X} = \alpha \frac{s(n-1)}{\rho}\left(\frac{\mathrm{d}Z}{\mathrm{d}X}\right)^2 + \frac{M}{1 - \frac{X + sZ}{r}} - M \qquad (37.4)$$

我们取这样大的 α,使 $\frac{\mathrm{d}Z}{\mathrm{d}X}$ 的系数是正的.

所论的方程的所有系数在点 $X=0, Z=0$ 的区域内是全纯的. 关于 $\frac{\mathrm{d}Z}{\mathrm{d}X}$ 的二次方程在点 $X=0, Z=0$ 有不同的根,即是:因为对 $X=0, Z=0$ 常数项变成零,其一根等于零,而因为 $\frac{\mathrm{d}Z}{\mathrm{d}X}$ 的系数不等于零,另一根不是零. 对 $\frac{\mathrm{d}Z}{\mathrm{d}X}$ 要选择在点 $X=0, Z=0$ 会变成零的那一个值;我们获得在点 $X=0$ 的区域是全纯的一个确定的解 Z.

这个积分的展开的所有系数都是正的. 实际上,

不难断定,从陆续的导微得出所有导数在点 $X=0$ 的值是正的. 如果把方程(37.4)写成形式

$$\frac{dZ}{dX}=A\left(\frac{dZ}{dX}\right)^2+\Phi(X,Z)$$

式中 A 是正的且

$$\Phi(X,Z)=\frac{M}{\alpha-\frac{s(n-1)}{\rho}M}\left(\frac{1}{1-\frac{X+sZ}{r}}-1\right)$$

$$=\frac{M}{\alpha-\frac{s(n-1)M}{\rho}}\left(\frac{X+sZ}{r}+\frac{(X+sZ)^2}{r^2}+\cdots\right)$$

是具有正系数的级数,那么从第一导微得出

$$\frac{d^2Z}{dX^2}=2A\frac{dZ}{dX}\cdot\frac{d^2Z}{dX^2}+\frac{\partial\Phi}{\partial X}+\frac{\partial\Phi}{\partial Z}\cdot\frac{dZ}{dX}$$

置

$$X=0,Z=0,\frac{dZ}{dX}=0$$

便获得

$$\left(\frac{d^2Z}{dX^2}\right)_0=\left(\frac{\partial\Phi}{\partial X}\right)_0>0$$

因为在右侧有函数 Φ 的展开的一个正系数之故.

这样,从所得到的积分 Z 的展开求出关于系统(S)的积分 z_j 的强级数. 按照关于常微分方程的全纯积分存在的柯西的定理积分 Z 必存在;因而,强级数在点 $X=0$ 的区域里收敛,所以关于积分 z_j 的展开在点 (x_i^0) 的区域里也收敛. 系统(S)有适合于初始条件的积分系统.

柯瓦列夫斯卡娅的定理 设 n 独立变数 x_1,

$x_2,\cdots,x_n$ 和 s 未知函数 $z_1,z_2,\cdots,z_s$ 的 s 个偏微分方程的系统是已知的，且关于某一变数各未知函数的 s 个最高阶导数是已经被解出的

$$\frac{\partial^{p_j} z_j}{\partial x_1^{p_j}}=f_j\left(x_1,x_2,\cdots,x_n,z_1,z_2,\cdots,z_s;\frac{\partial z_1}{\partial x_2},\cdots\right) \tag{37.5}$$

$$j=1,2,\cdots,s$$

如果处在右侧的函数是独立变数 x_i，未知函数 z_j 以及其不进入系统方程左侧的那一些导数的函数，并且这些函数 f_j 在点

$$x_i=x_i^0,z_j=z_j^0,\frac{\partial^{\alpha+\beta+\cdots+\zeta} z_j}{\partial x_1^{\alpha}\partial x_2^{\beta}\cdots\partial x_n^{\zeta}}=p_{j;\alpha,\beta,\cdots,\zeta}^0 \tag{37.6}$$

的区域里是全纯的，那么仅存在一个积分系统，它在点 (x_i^0) 的区域里是全纯的且满足初始条件

$z_j=\varphi_j(x_2,x_3,\cdots,x_n)$

$\frac{\partial z_j}{\partial x_1}=\varphi_{j;1}(x_2,x_3,\cdots,x_n)$，对 $x_1=x_1^0,j=1,2,\cdots,s$

$$\vdots$$

$$\frac{\partial^{p_j-1} z_j}{\partial x_1^{p_j-1}}=\varphi_{j;p_j-1}(x_2,x_3,\cdots,x_n) \tag{37.7}$$

式中所有的 φ 是其变数的任意函数，它们在点 (x_i^0) 的区域是全纯的，且在这点和它们的导数一起取值(37.6).

同以前一样，我们作出推断：初值(37.7)足以算出所有的未知函数 z_j 及其导数在点 (x_i^0) 的值. 实际上，从方程(37.7)及其微分结果(按 $x_2,x_3,\cdots,x_n$ 导微的结果),可以算出积分 z_j 本身及其到(p_j-1)类为止的导数(即包含对 x_1 不大于 p_j-1 回导微)在点(x_i^0)的值.按 $x_2,x_3,\cdots,x_n$ 导微方程(37.5),便找出 p_j 类导数在这点的值.把这些方程按 x_1 导微一回,便找出 p_j+1 类导数的值等.每一导数是仅求得一次,不遭到矛盾.

还要证明所得到的级数的收敛.导入每个未知的 z_j 到(p_j-1)阶为止的所有导数作为补助的未知函数,而来变换系统(37.5);就是,记作

$$\begin{cases} z_{j;\alpha_1,\alpha_2,\cdots,\alpha_n}=\dfrac{\partial}{\partial x_1}z_{j;\alpha_1-1,\alpha_2,\cdots,\alpha_n} \\ z_{j;0,\alpha_2,\cdots,\alpha_n}=\dfrac{\partial}{\partial x_2}z_{j;0,\alpha_2-1,\cdots,\alpha_n} \\ \quad\vdots \\ z_{j;0,0,\cdots,0,\alpha_n}=\dfrac{\partial}{\partial x_n}z_{j;0,0,\cdots,0,\alpha_n-1} \\ z_{j;0,0,\cdots,0}=z_j,j=1,2,\cdots,s \end{cases} \tag{37.8}$$

$\alpha_1+\alpha_2+\cdots+\alpha_n<p_j$ 且一切指数不是负的

由此得出

$$\begin{cases} \dfrac{\partial}{\partial x_1}z_{j;\alpha_1-1,\alpha_2,\cdots,\alpha_n}=\dfrac{\partial}{\partial x_2}z_{j;\alpha_1,\alpha_2-1,\cdots,\alpha_n} \\ \dfrac{\partial}{\partial x_2}z_{j;\alpha_1,\alpha_2-1,\cdots,\alpha_n}=\dfrac{\partial}{\partial x_3}z_{j;\alpha_1,\alpha_2,\alpha_3-1,\cdots,\alpha_n} \\ \quad\vdots \\ \dfrac{\partial}{\partial x_{n-1}}z_{j;\alpha_1,\cdots,\alpha_{n-1}-1,\alpha_n}=\dfrac{\partial}{\partial x_n}z_{j;\alpha_1,\cdots,\alpha_n-1} \\ j=1,2,\cdots,s \end{cases} \tag{37.9}$$

$\alpha_1+\alpha_2+\cdots+\alpha_n\leqslant p_j$ 且一切指数不是负的

把所有这些方程(37.8)和(37.9)联合到系统(37.5).关于新的未知函数,方程(37.5)变成第一阶方程

$$\frac{\partial z_{j;p_j-1,0,\cdots,0}}{\partial x_1}=f_j(x_1,x_2,\cdots,x_n;z_{j;0,\cdots,0,\cdots})\tag{37.10}$$

方程(37.10),(37.8)和(37.9)组成新的方程系统,我们用字母(S)来记它.

系统(S)容有系统(37.5)的所有积分.实际上,从任何积分系统 z_j 可按公式(37.8)算出量 $z_{j;\alpha_1,\alpha_2,\cdots,\alpha_n}$.把这些值代进系统(S)的方程(37.10),便恢复它们为方程(37.5)的形式,但由于 z_j 满足系统(37.5),所以它们也使方程(37.10)变成恒等式.最后,方程(37.9)是作为方程(37.8)的简单结论而成立的.

现在从系统(S)挑出那一些含有按 x_1 的导数在内的方程.首先列入这里面的是所有方程(37.10),再是第一列的方程(37.8)和第一列的方程(37.9);我们顺次记它们做(37.8)′和(37.9)′.关于 x_1 的导数来解这些方程.其时,方程(37.8)′确定了所有 $z_{j;\alpha_1,\alpha_2,\cdots,\alpha_n}$ 关于 x_1 的导数,其中指数之和 $\alpha_1+\alpha_2+\cdots+\alpha_n$ 小于或等于 p_j-2;方程(37.10)给定了这个和等于 p_j-1 且所有的 $\alpha_2,\alpha_3,\cdots,\alpha_n$ 都等于零的那些 $z_{i;\alpha_1,\alpha_2,\cdots,\alpha_n}$ 关于 x_1 的导数,而且方程(37.9)′给定了带有指数和等于 p_j-1 的其余的 $z_{j;\alpha_1,\alpha_2,\cdots,\alpha_n}$ 关于 x_1 的导数.这样一来,我们获得柯西类型的第一阶方程系统:它是关于所有未知函数按 x_1 的导数解出的.称它为系统(S_1),而其他一切的方程(37.8)和(37.9)为系统(S_2).

如前所述,系统(37.5)的任何积分一定满足系统(S),同样也使这系统的里面被记作(S_1)的那部分的方程变成恒等式.但是反过来却不成立:不是每个系统(S_1)的积分系统都能够满足方程(S_2),再不是都能满足方程系统(37.5).

作为柯西系统的系统(S_1)按前定理容有在点(x_i^0)的区域是全纯的而且适合于初始条件

$$z_{j;\alpha_1,\alpha_2,\cdots,\alpha_n}=\Phi_{j;\alpha_1,\alpha_2,\cdots,\alpha_n}(x_2,x_3,\cdots,x_n)$$

$$\text{对 } x_1=x_1^0 \tag{37.11}$$

$$j=1,2,\cdots,s;\alpha_1+\alpha_2+\cdots+\alpha_n<p_j$$

的积分.函数 Φ 是其变数的任意函数,在点(x_i^0)的区域里是全纯的,且在这点所取的值是位于方程(37.10)的右侧的全纯性区域之内的.在函数 Φ 的适当选择下,我们也获得系统(37.5)的积分 z_j.实际上,如果取

$$\Phi_{j;\alpha_1,0,\cdots,0}=\varphi_{j;\alpha_1},\alpha_1=0,1,2,\cdots,p_j-1$$

$$\Phi_{j;\alpha_1,\alpha_2,\cdots,\alpha_n}=\frac{\partial^{\alpha_2+\cdots+\alpha_n}\varphi_{j;\alpha_1}}{\partial x_2^{\alpha_2}\partial x_3^{\alpha_3}\cdots\partial x_n^{\alpha_n}}$$

其中 $\varphi_{j;\alpha_1}$ 是表(37.7)的函数,那么初始条件(37.7)都成立.z_j 的零类及最初 p_j-1 类的所有导数在点(x_i^0)是从方程(37.11)或即方程(37.7)的导微求到的.p_j 类及更高类导数是从方程(37.10)及其微分结果导出来的方程,而这些方程重合于系统(37.5)及其延拓系统的方程.

因为具有初始条件(37.11)的系统(S_1)的所有积

分在点(x_i^0)可以展开为收敛级数，所以关于系统(37.5)的积分z_j的级数也是收敛的. 因此，证明了柯西系统的积分的存在.

37.2　黎基叶的理论初始条件的经济原理

柯西方程系统乃是更普遍得多的黎基叶(Riquier)系统的特殊情况. 这里我们遇到以前在柯瓦列夫斯卡雅定理的证明里所看到的三个同样的问题：积分的幂级数展开的系数的计算以及把经这些展开的代入之后使系统的方程变成恒等式的证明，没有矛盾的保证和最后，所得到的级数的收敛. 不过，这些问题现在带有更独立的意义.

我们要假定已知的方程系统(S)具有关于所有的未知函数$z_1,z_2,\cdots,z_r(r\leqslant s)$的不同的导数解出的形式；同时要假定无论是这些导数之一，无论是这样导数的导数都不在右侧出现. 以后我们必须加上更有限制性的条件. 我们称处在左侧的导数以及这些导数的所有的导数为主要的导数，称其余的为参数的导数.

系统(S)的积分也满足延拓系统(S′)的所有方程. 这个系统在其左侧包含所有主要的导数，因为我们要把系统(S)看作为系统(S′)的一部分之故. 由于系统(S)的方程在右侧并不包含主要的导数，所以用简单的代换可从延拓系统的所有方程的右侧消去主要的导数.

可以有两种可能性：

可能发生这样的情况：在系统(S')的方程里发现左侧有同一个主要的导数的几个独立方程. 如果相互比较这些方程的右侧，我们一定会获得在参数的导数之间不能化为恒等式的关系，这和参数的导数作为在点(x_i^0)自由规定起来的量这个现象相矛盾. 必须从这样的方程中关于某一参数的导数解出来，这导数因而变为主要的，而且应把它联合到系统(S). 当系统(S)包含有导引新的独立方程的可能性时，我们应该可以称它为主动的系统.

可能发生这样的情况：关于主要的导数代数地解出延拓系统(S')，使得所有参数的导数(包括未知函数本身)仍然是完全任意的；称这样的系统为被动的. 句子"代数地解出"应该是这样：独立变数、未知函数及其所有导数(无论是主要的或参数的)被看作为独立的量，其间只由我们所解的系统(S')的方程所联系.

积分的初步确定 如果系统(S)是被动的，那么把未知函数z_j及其参数的导数在点(x_i^0)的已知的初值代进延拓系统的方程里，便找出所有主要的导数在同一点的值，而且可以写出积分z_j的按差$x_i-x_i^0$的幂级数展开.

由于这样对被动的系统所得到的所有参数的及主要的导数的初值满足延拓系统的所有方程，那么可以推断，所得到的展开恒等地满足系统(S). 实际上，把所得到的展开带到(S)的方程里，以替代未知函数z_j. 如果把所获得的等式关于变数$x_1,x_2,\cdots,x_n$任意多回导微且再置$x_i=x_i^0$的话，那么所得到的结果重合

于把参数的及主要的导数初值代进延拓系统中从(S)的方程用同一导微得出的那些方程里的结果，而这些值按条件满足延拓系统的方程. 由于从两全纯函数的所有导数在某一点的值相等这个事实导引到两函数的恒等，所以把所得到的展开代进(S)的方程之后，所获得的等式变成恒等式.

这样一来，对被动的系统来说，知道所有参数的导数的初值就足够来确定积分 z_j 的唯一系统，假如这样的系统存在的话. 这些已知值的集合可称它为积分的初步确定.

可使系统的积分的初步确定具有方便得多的形式.

初始条件的经济原理　考察某一积分 z_j 的幂级数展开

$$z_j = \sum_{\alpha_1, \alpha_2, \cdots, \alpha_n}^{0,1,\cdots,\infty} \alpha_{j\alpha_1\alpha_2\cdots\alpha_n} (x_1 - x_1^0)^{\alpha_1} \cdot (x_2 - x_2^0)^{\alpha_2} \cdots (x_n - x_n^0)^{\alpha_n} \qquad (37.12)$$

这里系数 $\alpha_{j\alpha_1\alpha_2\cdots\alpha_n}$ 除了一因数而外重合于积分 z_j 的导数在点(x_i^0)的值

$$\alpha_{j\alpha_1\alpha_2\cdots\alpha_n} = \frac{1}{\alpha_1!\ \alpha_2!\ \cdots\alpha_n!}\left(\frac{\partial^{\alpha_1+\alpha_2+\cdots+\alpha_n}}{\partial x_1^{\alpha_1}\partial x_2^{\alpha_2}\cdots\partial x_n^{\alpha_n}} z_j\right)_{x_i = x_i^0}$$

为了选出积分的初步确定，从展开(37.12)除掉所有主要的导数项. 做这工作是非常简单的.

在展开(37.12)里差式的乘积

$$(x_1 - x_1^0)^{\alpha_1}(x_2 - x_2^0)^{\alpha_2}\cdots(x_n - x_n^0)^{\alpha_n}$$

乃是系数 $\alpha_{j\alpha_1\alpha_2\cdots\alpha_n}$ 的因子；称它为每一项的文字部分，

并且假定系统(S)中有一个方程的左侧是导数

$$\frac{\partial^{\beta_1+\beta_2+\cdots+\beta_n}}{\partial x_1^{\beta_1}\partial x_2^{\beta_2}\cdots\partial x_n^{\beta_n}}z_j$$

那么在展开(37.12)里必须除掉那一个以乘积

$$X_\beta=(x_1-x_1^0)^{\beta_1}(x_2-x_2^0)^{\beta_2}\cdots(x_n-x_n^0)^{\beta_n}$$

作其文字部分的项，而且同样要除掉那一些以 X_β 能除尽其文字部分的所有项，因为关于某一变数 x_i 导微我们的方程的时候，关于这变数的导数的次数 β_i 要提高一个，且在 z_j 的展开里的对应项是以乘积

$$X_\beta\cdot(x_i-x_i^0)=$$

$$(x_1-x_1^0)^{\beta_1}\cdots(x_i-x_i^0)^{\beta_i+1}\cdots(x_n-x_n^0)^{\beta_n}$$

作其文字部分的，而这是被 X_β 除尽的缘故. 关于每一主要的导数应同样进行.

展开的剩余下来的部分仅包含参数的导数；我们要称它为参数的部分. 展开的这部分的系数是完全任意的数，但带有唯一的条件，即剩余下来的级数的收敛半径不等于零. 参数的部分也组成积分的初步确定. 它的所有项可以分成几群，使每群确定一个所求的积分或它的任何一个导数在某些独立变数取初始值时的展开.

例如，倘所需抹掉的项只是乘积 X_β 的倍数并且幂指数 β_1 不等于零，那么参数的部分包含：

(a) 用 $x_1-x_1^0$ 所除不尽的所有项；如果在展开 z_j 里置 $x_1=x_1^0$，便得到这些项，所以在 $x_2,x_3,\cdots,x_n$ 的任意函数的方式之下给定了 z_j 对 $x_1=x_1^0$ 的值；

(b) 包含有 $x_1-x_1^0$ 的一次幂的所有项；如果把 z_j

的展开关于 x_1 导微一回且再置 $x_1 = x_1^0$，便得到这些项；它们组成了 $\frac{\partial z_j}{\partial x_1}$ 对 $x_1 = x_1^0$ 的值；

$$\vdots$$

(e) 含有 $(x_1 - x_1^0)^{\beta_1 - 1}$ 的所有项，这些组成了值

$$\frac{1}{(\beta_1 - 1)!}\left(\frac{\partial^{\beta_1 - 1}}{\partial x^{\beta_1 - 1}} z_i\right)_{x_1 = x_1^0}$$

因为关于 x_1 导微 $\beta_1 - 1$ 回之后，凡含有较低次的 $x_1 - x_1^0$ 的所有项全部消减，而含有较高次的 $x_1 - x_1^0$ 的项当置 $x_1 = x_1^0$ 时都变成零的缘故；

(f) 用 $(x_1 - x_1^0)^{\beta_1}$ 除得尽且不含有 $x_2 - x_2^0$ 在内的所有项，但假定 $\beta_2 \neq 0$；如果把 z_j 的展开关于 x_1 导微 β_1 回，使得 $x_1 - x_1^0$ 的低幂的所有项消减，并且置 $x_2 = x_2^0$，使得包含 $x_2 - x_2^0$ 在内的项消减，便得到这些项. 它们给定了导数值

$$\frac{1}{\beta_1 !}\left(\frac{\partial^{\beta_1}}{\partial x^{\beta_1}} z_j\right)_{x_2 = x_2^0}$$

$$\vdots$$

(i) 用 $(x_1 - x_1^0)^{\beta_1}(x_2 - x_2^0)^{\beta_2}$ 除得尽且不包含 $x_3 - x_3^0$ 或包含其一次，二次等，以及 $(\beta_3 - 1)$ 次幂的所有项（假如 β_3 不等于零）；这些等于

$$\frac{1}{\beta_1 !\ \beta_2 !}\left(\frac{\partial^{\beta_1 + \beta_2}}{\partial x_1^{\beta_1} \partial x_2^{\beta_2}} z_j\right)_{x_3 = x_3^0}$$

等.

在积分的初步确定下决定任意函数的这个方法，将称它为初始条件的经济原理.

例 37.1　被动的系统(S)含有三独立变数 x_1,

x_2, x_3 的两未知函数 z_1, z_2 和关于导数

$$\frac{\partial^3 z_1}{\partial x_1 \partial x_2 \partial x_3}, \frac{\partial z_2}{\partial x_1}, \frac{\partial^2 z_2}{\partial x_2 \partial x_3}, \frac{\partial^3 z_2}{\partial x_2^3}$$

已解出的四个方程.确定解的宽度.

在 z_1 的展开里必须抹去用

$$(x_1 - x_1^0)(x_2 - x_2^0)(x_3 - x_3^0)$$

除得尽的项,经此之后可以把所有剩项表成方式

$$F_1(x_2, x_3) + (x_1 - x_1^0)F_2(x_1, x_3) +$$
$$(x_1 - x_1^0)(x_2 - x_2^0)F_3(x_1, x_2)$$

这里所有 F_i 都是其变数的任意函数,并且是按照这函数 z_1 对于 $x_1 = x_1^0$ 的值和导函数$\frac{\partial z_1}{\partial x_1}$对于 $x_2 = x_2^0$ 的值和$\frac{\partial^2 z_1}{\partial x_1 \partial x_2}$对于 $x_3 = x_3^0$ 的值可以确定起来的.实际上,如果在展开

$$z_1 = F_1(x_2, x_3) + (x_1 - x_1^0)F_2(x_1, x_3) +$$
$$(x_1 - x_1^0)(x_2 - x_2^0)F_3(x_1, x_2) +$$
$$(x_1 - x_1^0)(x_2 - x_2^0)(x_3 - x_3^0)\Phi(x_1, x_2, x_3)$$

中置变数 $x_2 = x_2^0$,然后再关于 x_1 来导微的话,我们得到

$$\left(\frac{\partial z_1}{\partial x_1}\right)_{x_2 = x_2^0} = \frac{\partial}{\partial x_1}[(x_1 - x_1^0)F_2(x_1, x_3)]$$

在 z_2 的展开里首先必须抹去用 $x_1 - x_1^0$ 除得尽的各项,在这以后留下幂级数 $x_2 - x_2^0$ 和 $x_3 - x_3^0$ 的任意展开.其次,从这里必须抹去用$(x_2 - x_2^0)(x_3 - x_3^0)$ 除得尽的各项,在这以后剩下仅含有 x_3 或仅有 x_2 的各项,就是剩下形式

$$G_1(x_3)+(x_2-x_2^0)G_2(x_2)$$

的展开，式中 G_1 和 G_2 是其变数的任意的幂级数展开. 最后，从这里必须抹去用 $(x_2-x_2^0)^3$ 除得尽的各项. 我们在剩余里得到

$$G_1(x_3)+A\cdot(x_2-x_2^0)+\frac{1}{2}B\cdot(x_2-x_2^0)^2$$

式中 A 和 B 是常数.

假如利用 Н·Н·鲁金(Лузин) 的图格的话，这些讨论将更为明显. 在二独立变数的时候它是特别合适的且是直角格子，其中行和列都有从 0 到 ∞ 的编号. 系统左侧的每一导数，例如

$$\frac{\partial^{i+k}z}{\partial x_1^i\partial x_2^k}$$

在号码 i 和 k 的方格里用圆来表示(浓影线的). 在三独立变数的时候格子乃是空间的. 为了避免在纸上绘图的困难，可以在每一水平层上描出个别的图，就是对 $x_3=0$，对 $x_3=1$ 等作变数 x_1 和 x_2 的格子.

在我们的例子里关于未知函数 z_2 只要描出两张图即对 $x_3=0$ 和对 $x_3=1$ 的两张(图 37.1)，就足以表示系统的一切(主要的) 导数. 在展开中被抹去的各项是由有影线的方格所表示. 用(没有补充影线的) 圆来表出第一层 $x_3=0$ 的圆在第二层 $x_3=1$ 上的射影.

这样一来，在层 $x_3=0$ 上抹掉以平行于正轴 x_1 和 x_2 的直线为边，而顶点在方格(1,0) 及方格(0,3) 里的各角，在这以后，仅留下三个空白的方格(0,0)，(0,1) 和(0,2). 在层 $x_3=1$ 上抹掉顶点在方格(0,1) 里的角，并且此外除掉层 $x_3=0$ 的被抹去的方格的射影. 剩下

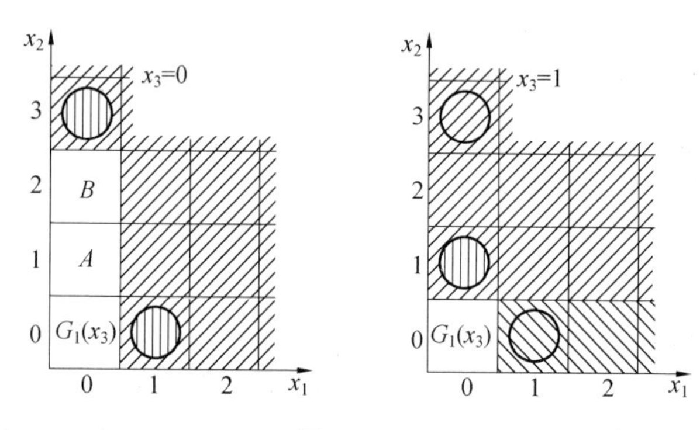

图 37.1

的只是一个空白的方格(0,0). 在其余所有的层 $x_3>1$ 上抹掉层 $x_3=1$ 的影线方格的射影,且留下一个方格(0,0). 凡射影到层 $x_3=0$ 上的方格(0,0)的所有方格,就是立在方格(0,0)之上且沿 x_3 轴的全无限长柱映象了任意函数 $G_1(x_3)$. 其余在层 $x_3=0$ 上的二空白方格对应于任意常数 A 和 B,或者更恰当地说,对应于展开的二项 $A\cdot(x_2-x_2^0)$ 和 $B\cdot(x_2-x_2^0)^2$.

表示初始条件的表格方式如下

对 $x_1=x_1^0, z_1=F_1(x_2,x_3)$

对 $x_2=x_2^0, \dfrac{\partial z_1}{\partial x_1}=F_2(x_1,x_3)$

对 $x_3=x_3^0, \dfrac{\partial^2 z_1}{\partial x_1\partial x_2}=F_3(x_1,x_3)$

对 $x_1=x_1^0, x_2=x_2^0, z_2=G_1(x_3)$

对 $x_1=x_1^0, x_2=x_2^0, x_3=x_3^0, \dfrac{\partial z_2}{\partial x_2}=A, \dfrac{\partial^2 z_2}{\partial x_2^2}=B$

同时要假定系统是被动的. 这意味着:按照左侧相同的两方程的比较(例如,经过左侧 $\dfrac{\partial z_2}{\partial x_1}$ 的第二方程关于

x_2 和 x_3 的导微之后，左侧 $\frac{\partial^2 z_2}{\partial x_2 \partial x_3}$ 的第三方程关于 x_1 的导微）来消去延拓系统的方程中的主要的导数，并不引导到单含有参数的导数在内的新方程.

但是，假如利用邪内(Janet)－托马斯(Thomas)的单式论，可更方便地作出这个问题的研究.

37.3　托马斯的单式论·按照因子的系统延拓

系统的单式族　为写法简便起见，假设独立变数的初值等于零；这只要把 $x_i - x_i^0$ 譬如用 $\overline{x}_i$ 替换且再除去新变数的顶上一横.

未知函数 z_j 的每一导数相当于 z_j 按 $x_1, x_2, \cdots, x_n$ 的幂级数展开中的一个定项. 称这项的文字部分 $x_1^{\alpha_1} x_2^{\alpha_2} \cdots x_n^{\alpha_n}$ 为这个导数的单式. 我们把它简写为

$$\mathscr{H}_\alpha = \alpha_1, \alpha_2, \cdots, \alpha_n$$

因而，导数 $\frac{\partial^{\alpha_1+\alpha_2+\cdots+\alpha_n}}{\partial x_1^{\alpha_1} \partial x_2^{\alpha_2} \cdots \partial x_n^{\alpha_n}} z_j$ 与单式 $\mathscr{H}_\alpha = \alpha_1, \alpha_2, \cdots, \alpha_n$ 相对应. 单式乘 x_i，一方面相当于指标 α_i 提高一个，另一方面相当于对应它的导数按变数 x_i 的导微.

如果方程系统(S)是已知的，那么处在方程左侧的导数的全集合按照这些导数所生成的函数分成几群. 一个函数 z_j 的每一导数群相当于一个单式族($\mathscr{H}_\alpha$).

让我们考察这些单式 $\mathscr{H}_\alpha$ 的指标 $\alpha_1, \alpha_2, \cdots, \alpha_n$. 在族的所有单式 $\mathscr{H}_\alpha$ 的中间挑选对变数 x_i 的幂数的最大指标 α_i 的值，且用文字 h_i 来记这个数. 托马斯称数的

集合

$$H=(h_1,h_2,\cdots,h_n)$$

为族的指数.我们将称它的每一支量 h_i 为族中的变数 x_i 的指数(绝对数).关于族($\mathscr{H}_a$)中的定单式

$$\mathscr{H}_a=a_1,a_2,\cdots,a_n$$

如果变数 x_i 的指标 a_i 等于它本身的指数 h_i 的话,那么称 x_i 为乘变数或简称为因子,而且如果 $a_i<h_i$ 的话,那么称它为非因子变数.假如族($\mathscr{H}_a$)包含单式

$$\mathscr{H}_h=h_1,h_2,\cdots,h_n=x_1^{h_1}x_2^{h_2}\cdots x_n^{h_n}$$

它的指标全部等于族的变数的指数,那么它的所有变数都是因子变数.我们称这样的单式为该指数的长单式.

例 37.2 对于按导数

$$\frac{\partial^3 z_1}{\partial x_1\partial x_2\partial x_3},\frac{\partial z_2}{\partial x_1},\frac{\partial^2 z_2}{\partial x_2\partial x_3},\frac{\partial^3 z_2}{\partial x_2^3}$$

解出的系统试写出各单式且确定其因子变数.

未知函数 z_1 对应于仅含有一个单式

$$\mathscr{H}=x_1x_2x_3=1,1,1$$

的单式族.每个变数 x_1,x_2 和 x_3 都是因子,因为族的指数重合于它的指标的全体的缘故.

未知函数 z_2 对应于三个单式

$$\mathscr{H}_1=1,0,0;\mathscr{H}_2=0,1,1;\mathscr{H}_3=0,3,0$$

族的指数是

$$H=(1,3,1)$$

因而,因子是

对 $\mathscr{H}_1$ 的 x_1,对 $\mathscr{H}_2$ 的 x_3,对 $\mathscr{H}_3$ 的 x_2

托马斯的绝对完备族　把单式 $\mathscr{H}_1,\mathscr{H}_2,\mathscr{H}_3$ 乘以它们的因子变数任意回数. 显而易见,我们得不到它们的所有倍数. 如果这样补足所论的单式族,使族的所有倍数单式都是从因子变数的单独乘法可以获得的,那么将称新的单式族为绝对完备族. 我们将以星号 $(\mathscr{H}_\alpha^*)$ 来记它.

族 $(\mathscr{H}_\alpha)$ 的单式及从它们乘它们的因子变数而获得的所有单式构成一集合,称这集合为族 $(\mathscr{H}_\alpha)$ 的单式类 $(\mathfrak{M})$;类似地可以定义关于族 $(\mathscr{H}_\alpha^*)$ 的类 $(\mathfrak{M}^*)$.

定理 37.2　族 $(\mathscr{H}_\alpha)$ 的类 $(\mathfrak{M})$ 的每一单式是从这族的一个而且仅一个单式乘因子变数之后所得到的.

实际上,如果 $\mathscr{H}_c$ 是类 $(\mathfrak{M})$ 的任何一个单式且 $\mathscr{H}_a$ 是族 $(\mathscr{H}_\alpha)$ 的这样单式,使从它乘因子变数之后得出 $\mathscr{H}_c$

$$\mathscr{H}_c=c_1,c_2,\cdots,c_n,\mathscr{H}_a=a_1,a_2,\cdots,a_n$$

那么按幂数可除尽性的定义每一除数指标 a_i 不大于对应的被除数指标 c_i

$$a_i\leqslant c_i$$

因为变数 x_i 只是那些包含它的幂数等于它的指数 h_i 的单式的因子变数,所以只有两场合是可能的

$$\begin{aligned}&\text{若 } c_i\geqslant h_i,\text{则 } a_i=h_i\\&\text{若 } c_i<h_i,\text{则 } a_i=c_i\end{aligned}\qquad(37.13)$$

由于这些条件完全确定了单式 $\mathscr{H}_a$,所以证明了定理.

这样一来,类 $(\mathfrak{M})$ 的所有单式可以分成这样的等级 $(\mathfrak{M}_a),(\mathfrak{M}_b),\cdots$,使得每一等级是从族 $(\mathscr{H}_\alpha)$ 的一个单式 $\mathscr{H}_a,\mathscr{H}_b,\cdots$ 出发的. 不妨称这个单式为它的等级中的所有单式的母式.

如果族($\mathscr{H}_\alpha$) 不包含由条件(37.13) 所确定的单式 $\mathscr{H}_a$,那么单式 $\mathscr{H}_c$ 就不可能属于类($\mathfrak{M}$),尽管它是被族($\mathscr{H}_\alpha$) 的某一个单式所能除尽. 因而,任意族($\mathscr{H}_\alpha$) 的单式($\mathfrak{M}$) 并不包含有($\mathscr{H}_\alpha$) 的所有倍数单式.

如果在指标 c_i 上不加任何的限制,就是说,可以给予它们所有的可能值,那么由公式(a) 所确定的单式族($\mathscr{H}_\alpha^*$) 将包含指数的长单式 $\mathscr{H}_h = h_1, h_2, \cdots, h_n$ 及它的所有因式. 反之,如果我们提出要求:类($\mathfrak{M}^*$) 仅能包含有族($\mathscr{H}_\alpha$) 的所有倍数单式,那么单式集合($\mathscr{H}_\alpha^*$) 除了单式 $\mathscr{H}_h$ 而外,应当是仅由它的那一些能被族($\mathscr{H}_\alpha$) 的单式所除尽的因式生成的. 彼此得到定理 37.3:

定理 37.3 完备的单式族($\mathscr{H}_\alpha^*$) 含有指数的长单式及它的作为族($\mathscr{H}_\alpha$) 的倍数单式的每一因式.

一个未知函数的所有主要的导数确定单式族($\mathscr{H}_\alpha$). 因为单式乘变数 x_i 相当于对应它的导数按独立变数 x_i 的导微,所以延拓系统(S′) 的主要的导数对应一些单式,为族($\mathscr{H}_\alpha$) 的倍数单式. 凡对应类($\mathfrak{M}$) 的单式的主要的导数是在系统(S) 的方程按它的因子变数的导微之下得来的. 称这样获得的系统(S'') 为按照因子的延拓系统.

因为类($\mathfrak{M}$) 的每一单式是从族($\mathscr{H}_\alpha$) 的一定单式 $\mathscr{H}_a$ 得来的,所以延拓系统的方程中的每一主要的导数是在(S) 的方程按它的因子变数的导微之下得来的而且只一回得来的. 因而,还可把已证的命题表述如下:

推论 37.1 当任意多次按照因子变数导微系统的微分方程的时候,我们不会遇到具有同一的主要的

导数的两个微分方程.

如果系统(S)是完备的,就是对应于其主要导数的单式族是完备的,那么这样便获得延拓系统的所有主要的导数.

在按所有的独立变数导微完备系统(S)的时候,我们所得到的也是这些主要的导数,但是每一个可能是在导微(S)的不同方程的时候得到若干次.这样的系统我们用记号(S′)来记它.

例 37.3 补足下列二单式族的单每一个为完备族:

(1)$\mathscr{H}=1,1,1$;

(2)$\mathscr{H}_1=1,0,0$;$\mathscr{H}_2=0,1,1$;$\mathscr{H}_3=0,3,0$.

第一族是一个单式生成的;它本身是指数的长单式,而同时也是完备族的唯一单式.

第二族的长单式是单式

$$\mathscr{H}_h=1,3,1$$

因而,完备族应含有

(a)$\mathscr{H}_1$ 的倍数单式

1,1,0;1,2,0;1,3,0;1,0,1;1,1,1;1,2,1;1,3,1

(b)$\mathscr{H}_2$ 的倍数单式,其中除上列的单式以外还有

$$0,2,1;0,3,1$$

$\mathscr{H}_3$ 的倍数单式已经列入以上的群里.

在H·H·鲁金的图格上每个单式被表现做圆里的文字 $\mathscr{H}_a$.完备族含有族的这样的倍数单式全部,它在图格上是有影线的,且处于包含有族的所有单式的最小直角平行面体之内部.在平行于底面的平截面

里,平行面体被表现做每一层里的包含有所有 $\mathscr{H}_\alpha$(圆里面)的相等矩形.仅处于平行面体的外缘(靠变数 x_i 的增加的一侧)的那些单式才有因子,并且因子是这样的变数 x_i,它的增加相当于 $\mathscr{H}_\alpha$ 单式(圆里面)经过平行面体边缘的运动.在图 37.2 表出前面考察过的例子的第二族的图格.

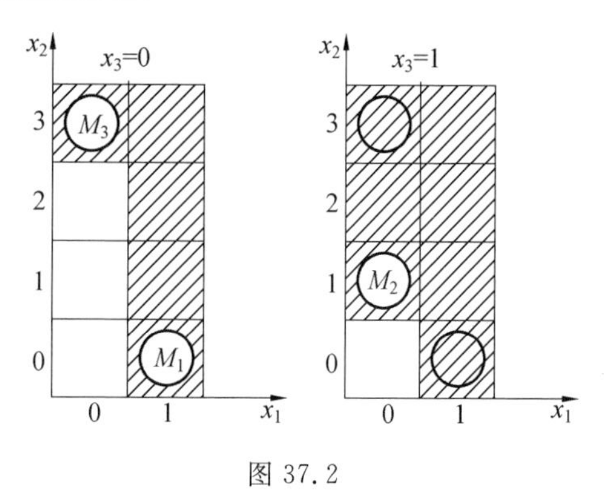

图 37.2

补充的单式 凡能除尽指数的长单式 $\mathscr{H}_h$ 且不属于完备族($\mathscr{H}_\alpha^*$)的所有单式被称为补充的单式($\mathscr{N}$).

例 37.4 写出前例的补充的单式.

第一完备族仅含有一个指数的长单式

$$\mathscr{H}_h=1,1,1$$

所有的它的因式都是补充的单式

$$0,1,1;0,0,1;0,1,0;0,0,0;1,0,1;1,0,0;1,1,0$$

第二完备族($\mathscr{H}^*$)包含有单式

$$\mathscr{H}_h=1,3,1$$

的这样的因式全部,它本身是被单式 $\mathscr{H}_1$,$\mathscr{H}_2$ 或 $\mathscr{H}_3$ 所除尽的.补充的单式是单式 $\mathscr{H}_h$ 的这样的因式,它不为这

些单式的任一个所除尽的. 为了单式$\mathscr{N}$不为$\mathscr{H}_1$所除尽起见,它的第一指标必等于零. 为了它不为$\mathscr{H}_3$所除尽,第二指标必须小于三. 最后,为了它不为$\mathscr{H}_2$所除尽,或者第二,或者第三指标必须是零. 从此,补充的单式是

$$0,0,0;0,0,1;0,1,0;0,2,0$$

定义 37.1　若在完备族的一个补充单式中,变数x_i的指标等于族的变数x_i的指数,那么称这变数x_i为补充单式的因子变数. 这样一来,关于补充单式的因子变数的定义重合于族的单式有关的同样的定义.

例 37.5　确定前例的补充单式的因子.

第一族有指数 $H=(1,1,1)$.

第一族补充单式的因子是:

补充单式	0,1,1	0,0,1	0,0,0	1,0,1	1,0,0	1,1,0	0,1,0
因　子	x_2,x_3	x_3		x_1,x_3	x_1	x_1,x_2	x_2

第二族有指数 $H=(1,3,1)$.

第二族补充单式的因子是:

补充单式	0,0,0	0,0,1	0,1,0	0,2,0
因　子		x_3		

在H·H·鲁金的图格上,在含有完备族的单式的矩形的内部,抹掉单式$\mathscr{H}_\alpha$及其所有倍数(图 37.2 中的影线方格),所剩下的空白方格是补充单式. 凡处在完备族的直角平行面体的缘上而具有对应的变数x_i的增加方面的补充单式才有因子.

定义 37.2 不归入类($\mathfrak{M}$)里的所有单式组成补充类($\mathfrak{N}$).

定理 37.4 补充类($\mathfrak{N}$)所包含的所有单式是从完备族($\mathscr{H}_a^*$)的补充单式乘它的因子变数得来的,而且每一个这样的乘积只一回列在类($\mathfrak{N}$)之中.

因为系统($\mathscr{H}_a^*$)是完备的,所以变数 $x_1,x_2,\cdots,x_n$ 的每个单式或者列在族($\mathscr{H}_a^*$)之中,或者是这族的补充单式,或者为族($\mathscr{H}_a^*$)的一个单式所除尽,或者为补充的($\mathscr{N}$)的一个单式所除尽.

实际上,如果任何单式的所有指标

$$\mathscr{H}_c=c_1,c_2,\cdots,c_n$$

等于或小于指数

$$c_i\leqslant h_i$$

那么单式 $\mathscr{H}_c$ 除得尽指数的长单式 $\mathscr{H}_h$,因而必属于完备族($\mathscr{H}_a^*$)或它的补充族.

如果对某指标 i

$$c_i>h_i$$

那么单式 $\mathscr{H}_c$ 是为下列条件所定义的单式 $\mathscr{H}_a=a_1,a_2,\cdots,a_n$ 除尽的

$$若\ c_i\leqslant h_i,则\ a_i=c_i$$

$$若\ c_j>h_j,则\ a_j=h_j$$

同时,$\mathscr{H}_c$ 被 $\mathscr{H}_a$ 所除的商仅能包含使第二种可能性成立的变数 x_j. 这些变数列在单式 $\mathscr{H}_a$ 之中,它的指标 a_j 等于指数 h_j,所以它是单式 $\mathscr{H}_a$ 的因子变数.

如果由我们的条件完全确定起来的母式 $\mathscr{H}_a$ 属于族($\mathscr{H}_a^*$)的话,那么我们所取的单式 $\mathscr{H}_c$ 便属于类

$(\mathfrak{M}^*)$;如果 $\mathscr{H}_a$ 是补充单式的话,那么单式 $\mathscr{H}_c$ 就不能属于类$(\mathfrak{M}^*)$,这是因为,这类的母式全部属于完备族$(\mathscr{H}_a^*)$;所以这样的单式 $\mathscr{H}_c$ 必须属于补充类$(\mathfrak{N})$.

这样一来,补充类$(\mathfrak{N})$ 按照它的母式 $\mathscr{N}_1,\mathscr{N}_2,\cdots$ 被区分为等级$(\mathfrak{N}_1),(\mathfrak{N}_2),\cdots$.

系统的初步确定　让我们从这样的假定出发,就是:系统(S) 是完备的且延拓系统(S') 等价于按因子所延拓的系统(S''),因而如果在点(x_i^0) 已知所有参数的导数初值的话,那么就可能找出在这点的所有主要的导数初值而没有矛盾(系统的被动性).

我们已经看到,类$(\mathfrak{M})$ 的单式是与主要的导数相对应的;因而,补充类$(\mathfrak{N})$ 的单式是与参数的导数相对应的. 补充类的母式即完备族的补充单式乘它的因子变数,便得到补充类的单式,而且单式乘变数 x_i 相当于对应这个单式的导数按独立变数 x_i 的导微.

因而,为了求出所有参数的导数即对应类$(\mathfrak{N})$ 的所有单式的那一些导数的初值,必要而充分的条件是:凡对应完备族的补充单式的导数必须是其所按照导微的那些变数的已知函数,但其余的一切独立变数都取初值. 这些初值必须从积分的麦克洛林级数展开所依据的起点(x_i^0) 的坐标中来选定. 由于我们不得不按所对应的单式的因子变数来导微参数的导数,所以在保持有关系统的被动性的一切预定条件的情况下,可以表述定理 37.4 为下列形式:

定理 37.5　系统(S) 至多有一个满足下面的初始条件的解:在这系统的主要导数的对应单式的完备

族中,确定其补充单式的那些未知函数的导数都把本身的因子变数的任意(全纯)函数取为它的初值,但其非因子变数的初值是来自点(x_i^0)的坐标的数值.

我们将称这个初步确定为初始条件 Ⅰ.

例如,关于导数

$$\frac{\partial^3 z_1}{\partial x_1 \partial x_2 \partial x_3}, \frac{\partial z_2}{\partial x_1}, \frac{\partial^2 z_2}{\partial x_2 \partial x_3}, \frac{\partial^3 z_2}{\partial x_2^3}$$

已解出的微分方程系统有二单式族,所以在系统的被动性的预定条件之下,这系统至多有一个采取下列的初值的解

$$\frac{\partial^2 z_1}{\partial x_2 \partial x_3} = \varphi_1(x_2, x_3) \text{ 对 } x_1 = x_1^0$$

$$\frac{\partial z_1}{\partial x_3} = \varphi_4(x_3) \text{ 对 } x_1 = x_1^0, x_2 = x_2^0$$

$$\frac{\partial^2 z_1}{\partial x_1 \partial x_3} = \varphi_2(x_1, x_3) \text{ 对 } x_2 = x_2^0$$

$$\frac{\partial z_1}{\partial x_2} = \varphi_5(x_2) \text{ 对 } x_1 = x_1^0, x_3 = x_3^0$$

$$\frac{\partial^2 z_1}{\partial x_1 \partial x_2} = \varphi_3(x_1, x_2) \text{ 对 } x_3 = x_3^0$$

$$\frac{\partial z_1}{\partial x_1} = \varphi_6(x_1) \text{ 对 } x_2 = x_2^0, x_3 = x_3^0$$

$$z_1 = \text{const. 对 } x_1 = x_1^0, x_2 = x_2^0, x_3 = x_3^0$$

$$\frac{\partial z_2}{\partial x_3} = \psi_1(x_3) \text{ 对 } x_1 = x_1^0, x_2 = x_2^0$$

$$z_2 = A, \frac{\partial z_2}{\partial x_2} = B, \frac{\partial^2 z_2}{\partial x_2^2} = C, A, B, C = \text{const}$$

$$\text{对 } x_1 = x_1^0, x_2 = x_2^0, x_3 = x_3^0$$

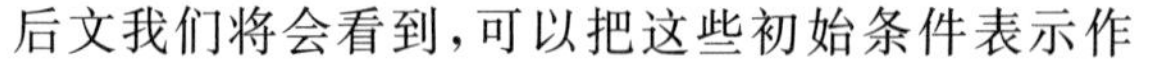

后文我们将会看到,可以把这些初始条件表示作

非常紧致的形式.

37.4　黎基叶的正排系统

为使上述定理生效,必须确保延拓系统关于主要的导数是可以代数地解出的.对柯西类型的系统这是自明的.在一般的场合下可能发生困难,而且为了建立那种方程系统使黎基叶理论对它要成立起见,我们就不得不导入一些限制.从初始条件获得了所有参数的导数在起点 $x_i=x_i^0$ 的数值,并且从延拓系统确定了所有主要的导数值之后,可以写下关于每一个未知函数的幂级数;这些级数的收敛性条件也是这些限制的来源之一.

黎基叶借助于他自己的标记系统建立起一种导数的特殊分类法,它乃是我们将讨论的关于方程范围分划的基础.

每个独立变数 $x_1,x_2,\cdots,x_n$ 和每个未知函数 $z_1,z_2,\cdots,z_r$ 都被我们赋予了标记,它是有任意 m 个非负的整数支量的整复素数(即 m 个非负的整数的集合)

$$x_i \text{ 的标记} \sim \mathfrak{a}_i=(1,\mathfrak{a}_2^i,\mathfrak{a}_3^i,\cdots,\mathfrak{a}_m^i)$$

$$z_j \text{ 的标记} \sim \mathfrak{b}_j=(\mathfrak{b}_1^j,\mathfrak{b}_2^j,\cdots,\mathfrak{b}_m^j)$$

任何独立变数的标记的第一支量等于1(如我们将要看到的,根据级数收敛的要求引起这个限制).

导数的标记等于未知函数的标记及独立变数的标记之和,但关于这变数有几回的导微,就要重复它这许多回数来算独立变数的标记

$$\frac{\partial^{p_1+p_2+\cdots+p_n}}{\partial x_1^{p_1}\partial x_2^{p_2}\cdots\partial x_n^{p_n}}z_j$$

的标记等于

$$\mathfrak{g}=\mathfrak{b}_j+p_1\mathfrak{a}_1+\cdots+p_n\mathfrak{a}_n$$

例 37.6 按独立变数及未知函数的定标记试求导数的标记.

设有定表：

独立变数	标记	未知函数	标记
x_1	(1,1,0)	z_1	(0,3,0)
x_2	(1,2,0)	z_2	(2,1,1)
x_3	(1,0,0)		

那么得到导数的标记表：

导数	$\frac{\partial^2 z_1}{\partial x_1^2}$	$\frac{\partial^4 z_1}{\partial x_1^2\partial x_3^2}$	$\frac{\partial^4 z_1}{\partial x_1\partial x_2^2\partial x_3}$	$\frac{\partial^2 z_2}{\partial x_2^2}$	$\frac{\partial^2 z_2}{\partial x_2^3}$
标记	(2,5,0)	(4,5,0)	(4,8,0)	(4,5,1)	(5,7,1)

这样一来，任何导微是把导数的标记提高了这导微所按照的独立变数的标记.

分划导数为递升标记的顺序，并且如果导数 D' 的标记大于导数 D 的标记

$$\mathfrak{g}'>\mathfrak{g}$$

我们将说，导数 D 走在导数 D' 之前，而导数 D' 跟在 D 之后

$$D\prec D'$$

同时，当第一个不等于零的差式是正的时候：即

$$\mathfrak{g}'_1-\mathfrak{g}_1=0,\mathfrak{g}'_2-\mathfrak{g}_2=0,\cdots,\mathfrak{g}'_{i-1}-\mathfrak{g}_{i-1}=0$$

$$\mathfrak{g}'_i - \mathfrak{g}_i > 0 \tag{37.14}$$

我们认定复素数 $\mathfrak{g}'$ 是大于数 $\mathfrak{g}$ 的. 在这里,$\mathfrak{g}_i$,$\mathfrak{g}'_i$ 是标记 $\mathfrak{g}$ 和 $\mathfrak{g}'$ 的支量.

在例 5 里,可以分划导数为序列

$$\frac{\partial^2 z_1}{\partial x_1^2} < \frac{\partial^4 z_1}{\partial x_1^2 \partial x_3^2} < \frac{\partial^2 z_2}{\partial x_2^2} < \frac{\partial^4 z_1}{\partial x_1 \partial x_2^2 \partial x_3} < \frac{\partial^3 z_2}{\partial x_2^3}$$

这个关于顺序的定义满足下列条件:

(1) 可递性

若 $D_1 < D_2$ 且 $D_2 < D_3$,则 $D_1 < D_3$

(2) 关于导微的不变性

$$若\ D < D',则\frac{\partial D}{\partial x} < \frac{\partial D'}{\partial x}$$

这是由于 D 和 D' 的导数的标记都增加了独立变数的标记之故;

(3) 标记对导微的提高

$$D < \frac{\partial D}{\partial x}$$

这是由于,$\dfrac{\partial D}{\partial x}$ 的标记的第一支量比 D 的标记的第一支量大一个,因此式(37.14)的第一差式就会是正的.

定义 37.3　如果立在方程左侧的导数(主要的导数)的标记大于其右侧的每个导数或未知函数的标记,称这方程为法式的. 这时不必把独立变数的标记计算在内.

假如一个方程系统满足条件:

(1) 它是关于一些不同的导数可以解出的且方程的右侧不包含主要的导数;

(2) 在适当的标记选择下系统的所有方程变成法式,那么称它为正排的(正规排列) 方程系统.

唯一性的定理 正排系统有不多于一组的这样的积分,它满足初始条件 Ⅰ:

对应于补充单式的参数的导数值是它的因子变数的任意已知的函数,这时非因子变数则从点(x_i^0) 的坐标数取它的初值.

所有的对应补充类($\mathfrak{N}$) 的单式的参数的导数在点(x_i^0) 的值是从这些初始条件按因子变数的导微得来的,这刚刚相当于类($\mathfrak{N}$) 的单式从($\mathcal{N}$) 的补充单式的构成手续. 剩下的只要阐明从延拓系统可以算出主要的导数.

首先指出,二导数的同时导微并不破坏它们的标记的不等式(根据导数的随从顺序关于导微运算的不变性). 所以方程的按项导微并不破坏它的法式性. 还有显而易见的,如果把一方程的右侧的任意导数,用另外一个也是法式的方程的右侧算式来替代的话,方程的法式性不受破坏,因为这时右侧中的导数的标记并不增加之故. 由此直接得出,延拓系统的所有方程都是法式的.

现在把按因子的延拓系统(S'') 的一切方程按照其主要的导数的标记的大小分群. 在按因子的延拓中,左侧不会有两个相同的导数. 由于每群的方程在右侧所包含的导数走在其左侧的导数之前, 所以除了参数的导数而外,这里仅可能有前一群里的主要的导数,假如照标记的增加顺序排列它们的话. 按部就班

地计算每群的主要的导数,我们不会遇到困难并且可以计算它们全部.由此得知:如果满足初始条件的积分系统存在的话,那么用唯一方式可以算出它的展开的各系数.就是说,这样的系统是唯一的,这也证明了定理.

37.5　邪内的单式论

托马斯的绝对完备族正如他自己所指出的,含有过多的单式.究其实,所必须的只是该族单式的所有倍单式,可以从完备族中的母单式乘它的因子变数得到,而且每个单式只能如此地得到一回.为此,只要对变数 x_i 引入任意而确定的编号,就可以采用狭窄得多的一族.同时,积分的初步确定也变成更紧凑,而且系统的被动性的研究只需要检查为数较少的恒等式.

这样,我们规定变数 x_i 的一定顺序,来确定它们的序号 $x_1,x_2,\cdots,x_n$.

取单式 $\mathscr{H}_a=a_1,a_2,\cdots,a_n$ 的指数做 n 个支量,但其顺序则相反;称所得到的整复素数

$$a=(a_n,a_{n-1},\cdots,a_1)$$

为单式 $\mathscr{H}_a$ 的秩.如果对于二单式的秩不等于零的第一差式是正的,即 $a_n-b_n=0,a_{n-1}-b_{n-1}=0,\cdots,a_{i+1}-b_{i+1}=0,a_i-b_i>0$,那么我们认为秩 $a=(a_n,a_{n-1},\cdots,a_1)$ 是大于秩 $b=(b_n,b_{n-1},\cdots,b_1)$ 的.

假设定族$(\mathscr{H}_a)$ 的单式按降秩的顺序已被排定.那么具有相同的 $n-i$ 个前面的指数的一系列单式组成

一群

$$[a^i]=[a_{i+1},a_{i+2},\cdots,a_n]$$

对每个群$[a_{i+1},a_{i+2},\cdots,a_n]$变数$x_i$有两个和它相关联的数:在群的单式之中关于变数$x_i$的指数$a_i$的最大值及最小值;我们称它们为变数$x_i$关于群的上指数$h^i_{[a]}$及下指数$k^i_{[a]}$.

关于变数x_n二指数$h^n_{[a]}=h_n$和$k^n_{[a]}=k_n$是关于全族$(\mathscr{H}_a)$来确定的;因而,h_n重合于托马斯的绝对指数.对于其余的变数,绝对指数h_i,k_i满足不等式

$$k_i\leqslant k^i_{[a]}\leqslant h^i_{[a]}\leqslant h_i$$

如果群$[a^i]$的单式不包含变数x_i,那么两个指数都等于零.如果群$[a^i]$是空的,就是在族$(\mathscr{H}_a)$的里面没有一个单式是具备群的指数$a_{i+1},a_{i+2},\cdots,a_n$的话,那么应该认为$h^i_{[a]}=0,k^i_{[a]}=1$.

把变数划分为单式$\mathscr{H}_a$的因子变数与非因子变数是在以前的基础上作成的:设单式$\mathscr{H}_a$属于群$[a^i]$;若x_i的指数a_i等于这群有关的变数的上指数$h^i_{[a]}$,则称x_i为群$[a^i]$的因子变数,同时也称它为单式$\mathscr{H}_a$的(邪内)因子变数;若$a_i<h^i_{[a]}$,则称x_i为非因子变数.

例 37.7 确定族的单式

$$\mathscr{H}_1=0,1,1;\mathscr{H}_2=0,3,0;\mathscr{H}_3=1,0,0$$

的因子变数.

各单式是按降秩顺序排列起来的.变数x_3仅对单式$\mathscr{H}_1$是因子变数;$\mathscr{H}_1$的x_3的指标等于绝对指数$h_3=1$.关于x_2可以把族的单式分为二群

$$[1]:\mathscr{H}_1=0,1,1;[0]:\mathscr{H}_2=0,3,0,\mathscr{H}_3=1,0,0$$

在第一群里 $h^2_{[1]}=1$，在第二群里 $h^2_{[0]}=3$；变数 x_2 是单式 $\mathscr{H}_1$ 和 $\mathscr{H}_2$ 的因子变数.

关于 x_1 可分单式为三群，每群只有一个单式

$$[1,1]:\mathscr{H}_1=0,1,1;[3,0]:\mathscr{H}_2=0,3,0$$

$$[0,0]:\mathscr{H}_3=1,0,0$$

在每个单式里 x_1 是因子变数.

单式的完备族　用族$(\mathscr{H}_\alpha)$的单式乘它的(邪内的)因子变数时，如前称所获得的单式集合为类$(\mathfrak{M})$.

如果族$(\mathscr{H}_\alpha)$的所有倍数单式属于类$(\mathfrak{M})$的话，那么称它为邪内的完备族.

由此得出，完备族的任意单式乘它的随便那一个非因子变数，其积必属于类$(\mathfrak{M})$，就是或者属于族$(\mathscr{H}_\alpha)$本身，或者可用族的一个单式乘它的因子变数求出来的.

邪内的完备族构成托马斯的绝对完备族的一部分或者和它重合. 实际上，托马斯的绝对指数 h_i 不小于群$[a^i]$有关的指数 $h^i_{[a]}$. 因而，按托马斯的每个因子变数也是按邪内的因子，可是反过来是不对的. 就是说，托马斯的绝对完备族满足邪内的完备性的条件，但是可能含有多余的单式，就是从族$(\mathscr{H}_\alpha)$的单式或补充族的追加单式乘那些在托马斯理论中是非因子的而在邪内理论中却是因子的变数的时候，所得到的所有单式是多余的. 我们将用记号$(\mathscr{H}^{\#}_\alpha)$表示邪内的完备族，借以区别绝对完备族$(\mathscr{H}^*_\alpha)$.

绝对完备族$(\mathscr{H}^*_\alpha)$中的多余单式的删除可按下列的一个运算的反复使用来进行：如果单式

$\mathscr{H}_c = c_1, c_2, \cdots, c_n$ 和 $\mathscr{H}'_c = c_1, \cdots, c_{i-1}, c_i - 1, c_{i+1}, \cdots, c_n$ 都属于族($\mathscr{H}_a^*$)且 $\mathscr{H}_c$ 不属于定族($\mathscr{H}_a$)，而关于变数 x_i 的乘幂指标 c_i 大于这变数在族($\mathscr{H}_a$)的单式群$[c_{i+1}, c_{i+2}, \cdots, c_n]$中的指数 $h^i_{[c]}$，那么可以约去单式 $\mathscr{H}_c$ 的 x_i，就是可以从完备族抽掉它而保留单式 $\mathscr{H}'_c$；从 $\mathscr{H}'_c$ 乘它的因子变数 x_i 可以得到单式 $\mathscr{H}_c$.

称这样的邪内的完备族的作法为按因子变数的单式抽调法. 在族($\mathscr{H}_a^*$)的所有化约之后实际上所得到的是邪内的完备族，这事实来自定理 37.6：

定理 37.6 绝对完备族($\mathscr{H}_a^*$)的任何单式属于族($\mathscr{H}_a^\#$)或者得自这族的一个定单式乘它的因子变数.

实际上，逐次按 $x_{n-1}, x_{n-2}, \cdots, x_1$ 化约族($\mathscr{H}_a^*$)的任意单式 $\mathscr{H}_c$，我们达到单式 $\mathscr{H}_a$，它是决定于下列公式的

$$\begin{aligned} &\text{若 } c_i \leqslant h^i_{[c]}, \text{则 } a_i = c_i \\ &\text{若 } c_i > h^i_{[c]}, \text{则 } a_i = h^i_{[c]} \end{aligned} \tag{37.15}$$

式中 $h^i_{[c]}$ 如常表示变数 x_i 的族($\mathscr{H}_a$)的单式群$[c^i]$里的上指数. 只在场合 $c_i > h^i_{[c]}$ 之下，不得不把 $\mathscr{H}_a$ 来乘变数 x_i 的 $c_i - h^i_{[c]}$ 次幂，但是在这场合下变数 x_i 在单式 $\mathscr{H}_a$ 之中有上指数 $h^i_{[c]}$ 的指标，所以是它的因子变数.

在 H · H · 鲁金的图格里邪内的完备族是从绝对完备族按因子变数的单式抽调得来的.

对例 37.7 中的最上级变数 x_3 只有托马斯的因子可能是邪内的因子；因而，单式的化约不会发生. 在图 3 上，朝着因子变数(先 x_2，然后 x_1)的方向的波纹线是表示单式抽调的. 邪内的完备族除了族的单式 $\mathscr{H}_1$，

$\mathscr{H}_2,\mathscr{H}_3$ 而外,还包含有三个单式,即用公式 $\mathscr{H}_3\cdot x_3,\mathscr{H}_3\cdot x_2,\mathscr{H}_3\cdot x_2^2$ 的写法来记出的三个单式.

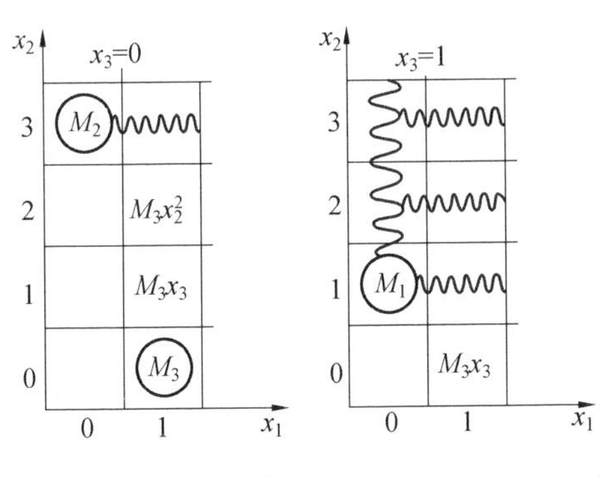

图 37.3

定理 37.7　完备族$(\mathscr{H}_\alpha^{\#})$的任意单式 $\mathscr{H}_b$ 乘任何非因子变数,其积等于这族的一个定单式 $\mathscr{H}_a$ 乘它的因子变数的乘积.同时,单式 $\mathscr{H}_a$ 的秩大于单式 $\mathscr{H}_b$ 的秩.

定理 7 直接来自定理 6.实际上,任何单式 $\mathscr{H}_b$ 乘它的非因子变数 x_e,其积不超出绝对完备族$(\mathscr{H}_\alpha^{*})$的范围之外,这是因为,非因子变数的幂数指标小于上指数 $h_{[b]}^e$,而就是说,积 $\mathscr{H}_b\cdot x_e=\mathscr{H}_c$ 含有 x_e 的幂数不大于绝对指数 h_e,所以属于族$(\mathscr{H}_\alpha^{*})$.如前所述,每一个这样的单式或者属于族$(\mathscr{H}_\alpha^{\#})$,或者从这族的一个定单式 $\mathscr{H}_a$ 乘它的因子变数 λ 作为其积得来的

$$\mathscr{H}_b\cdot x_e=\mathscr{H}_a\cdot\lambda \tag{37.16}$$

我们将称这等式为单式的比较公式.

剩下只需证明秩的不等式.

用 $h_{[a]}^i$ 和 $h_{[b]}^i$ 表示变数 x_i 在群$[a^i]=[a_{i+1},a_{i+2},\cdots,a_n]$和$[b^i]=[b_{i+1},b_{i+2},\cdots,b_n]$中的上指数.

作为 $\mathscr{H}_c=\mathscr{H}_b x_e$ 的母式的单式 $\mathscr{H}_a$ 是决定于公式(37.15)的.二单式 $\mathscr{H}_b$ 和 $\mathscr{H}_c$ 间的联系公式是

$$c_i=b_i,若\ i\neq e$$

$$c_e=b_e+1$$

由此得知,若 $i\neq e$,则在指数 $h^i_{[a]}=h^i_{[b]}=h^i$ 的等式之下,二指标 a^i 和 b^i 相等,这是因为:由于 $b_i\leqslant h^i$,所以 $c_i=b_i\leqslant h^i$,而这时 a_i 等于 c_i,因而等于 b_i.反之,若 $i=e$,那么 $c_e=b_e+1$ 而且由于 x_e 对单式 $\mathscr{H}_b$ 是非因子变数,它的指标 b_e 小于指数 h^e;因而,$a_e=c_e=b_e+1$,即 a_e 大于 b_e.

因为对于 $i=n$ 二指数 $h^i_{[a]}$ 和 $h^i_{[b]}$ 重合于绝对指数 h_i,所以在所有场合 $a_n\geqslant b_n$.反之,如果

$$a_n=b_n,a_{n-1}=b_{n-1},\cdots,a_{i+1}=b_{i+1}$$

的话,那么二群重合

$$[a_{i+1},\cdots,a_n]\equiv[b_{i+1},\cdots,b_n]$$

指数相等

$$h^i_{[a]}=h^i_{[b]}$$

于是得到

$$a_i\geqslant b_i$$

就是说,不等于零的第一个差式 a_i-b_i 一定是正的,从此便得知单式 $\mathscr{H}_a$ 的秩大于 $\mathscr{H}_b$ 的秩.

族的补充规律 为作出单式的完备族($\mathscr{H}^{\#}_\alpha$),可以指出把单式联合到族($\mathscr{H}_\alpha$)的正规步骤:

1. 把定族($\mathscr{H}_\alpha$)的单式按照降秩的顺序配分起来,我们分划它们为群,即从变数 x_n 的下指数 k_n 到上指数 h_n 的各群

$$[k_n],[k_n+1],\cdots,[h_n]$$

群$[k_n]$的所有单式乘x_n.在所得到的乘积之中，称那一些不为这群的其余的乘积或其次一群$[k_n+1]$的单式所能除尽的乘积为独立积.把所有的独立积联合到群$[k_n+1]$.补充群的单式乘x_n且把相互间独立而且和其次一群$[k_n+2]$也独立的那些乘积联合到群$[k_n+2]$.这样按顺序补充所有群一直到最后的$[h_n]$.

2.分划群$[k_n]$为支群

$$[k,k_n],[k+1,k_n],\cdots,[h,k_n]$$

式中

$$k=k^{n-1}_{[k_n]},h=h^{n-1}_{[k_n]}$$

第一支群的单式乘x_{n-1}且把独立积联合到第二支群,补充的第二支群的单式乘x_{n-1}且把独立积联合到第三支群且当还没有取尽所有支群的时候继续进行下去.对于每个群$[k_n+1]$,$[k_n+2]$,…,$[h_n]$重复这程序.

3.分划补充后所得到的每一个支群为关于变数x_{n-2}的新支群,每个新支群的单式乘x_{n-2}(从最低的一个开始)且把独立积联合到其次一个支群.

重复这程序,一直到取尽连x_1在内的所有变数为止.

不难指出,以上所述的程序保证了在补充系统的每一单式群$[a_{i+1},a_{i+2},\cdots,a_n]$里具有族$(\mathscr{H}_\alpha)$的这样的倍数单式,使它不为这群的其余的单式所能除尽,特别是在其中具有绝对完备族$(\mathscr{H}^*_\alpha)$的这样的所有单式,使它的关于变数$x_1,x_2,\cdots,x_i$的指数等于这些变数的下指数(关于它的群的每个变数的下指数).带有上指数的单式同样在内,因为它们经常属于族($\mathscr{H}_\alpha$)之故.实际上,为了变数 x_i 在群$[a^i]$里有上指数 $h^i_{[a]}$,在族($\mathscr{H}_\alpha$)里支群$[h_i,a_{i+1},\cdots,a_n]$必须是非空虚的.加之,补充族将含有每个变数 x_i 的一切中间乘幂,因为在补充之后没有一个支群会变成空的缘故.

例 37.8 补充单式群

$$\mathscr{H}_1=0,1,1;\mathscr{H}_2=0,3,0;\mathscr{H}_3=1,0,0$$

为(邪内的)完备族.

这些单式是照降秩顺序排列着的.关于变数 x_3 它们被分划为二群

$$[1]:\mathscr{H}_1=0,1,1,[0]:\mathscr{H}_2=0,3,0$$

$$\mathscr{H}_3\cdot x_3=1,0,1;\mathscr{H}_3=1,0,0$$

在第一群里仅带进斜体字式印出的乘积 $\mathscr{H}_3\cdot x_3$;放弃乘积 $\mathscr{H}_2\cdot x_3$,是因为它被 $\mathscr{H}_1$ 所除尽之故.

关于变数 x_2 分划群$[0]$为四个支群,其中两个是空的

$$[3,0]:\mathscr{H}_2=0,3,0;[2,0]:[1,0]:[0,0]:\mathscr{H}_3=1,0,0$$

$$\mathscr{H}_3\cdot x_2^2=1,2,0;\mathscr{H}_3\cdot x_2=1,1,0$$

用积 $\mathscr{H}_3\cdot x_2,\mathscr{H}_3\cdot x_2^2$ 来补充空的支群;放弃乘积 $\mathscr{H}_3\cdot x_2^3=1,3,0$,是因为它被 $\mathscr{H}_2$ 所除尽之故.

关于变数 x_2 分划群$[1]$为二个支群

$$[1,1]:\mathscr{H}_1=0,1,1;[0,1]:\mathscr{H}_3\cdot x_3=1,0,1$$

无须补充其中的第一个,因为积$(1,0,1)\cdot x_2=1,1,1$被 $\mathscr{H}_1$ 所除尽之故.

关于变数 x_1 无须补充所得到的一切支群,因为每

个支群仅含有一个单式之故.

这样一来,完备族含有六个单式

$\mathscr{H}_1=0,1,1;\mathscr{H}_2=0,3,0;\mathscr{H}_3\cdot x_2=1,1,0$

$\mathscr{H}_3\cdot x_3=1,0,1;\mathscr{H}_3\cdot x_2^2=1,2,0;\mathscr{H}_3=1,0,0$

补充的单式　凡不列在单式类($\mathfrak{M}$)的单式组成补充类($\mathfrak{N}$).借助于单式和因子变数的相乘来组成全类($\mathfrak{N}$)的那一些单式($\mathscr{N}$),称为族($\mathscr{H}_\alpha$)的补充单式.

同时,对补充单式$\mathscr{N}$来区别变数作因子变数与非因子变数的时候,是把这单式当作为属于族($\mathscr{H}_\alpha$)或者关于它所作的完备族($\mathscr{H}_\alpha^\#$)的单式一样来进行的.

定义37.4　称变数x_i为补充单式$\mathscr{N}$的因子变数,只要在这单式里关于变数x_i的幂指标a_i不小于这变数关于族($\mathscr{H}_\alpha$)的单式群$[a_{i+1},a_{i+2},\cdots,a_n]$的上指数$h_{[a]}^i$.

因为类($\mathfrak{M}$)仅由族($\mathscr{H}_\alpha$)的倍数单式所构成,所以补充单式($\mathscr{N}$)必须为族($\mathscr{H}_\alpha$)的一个单式所除不尽.因此,至少一个关于补充单式的某变数x_i的指标a_i必须小于这变数在单式群$[a_{i+1},\cdots,a_n]$里的下指数$k_{[a]}^i$.

当$a_i<k_{[a]}^i$时,族($\mathscr{H}_\alpha$)中的单式群$[a_i,a_{i+1},\cdots,a_n]$是空的,因为群$[a^i]$的每一单式必须含有幂数不低于$k_{[a]}^i$的变数x_i的缘故.所以对于标数j小于i的一切变数x_j来说,由于这个群$[a^{i-1}]$的每个支群$[a^j]$($j=1,2,\cdots,i-1$)也都是空的,上指数$h_{[a]}^j$应看作为零.所有的这些变数无论x_j的乘幂是如何地编入的,按定义,都应当是所考察的补充单式的因子变数.因为所有的这类单式是从一个含有各变数的零幂在内的单

式乘因子变数所导出的，所以就必须保持这个单式作为补充单式. 由此得出下列的补充单式的作法. 补充单式按变数 x_i 的个数 n 分成 n 群：

1. 对于变数 x_n，补充单式 $\mathscr{N}^n$ 是由从零到 (k_n-1) 的 k_n 个乘幂所组成的

$$\mathscr{N}^n : 1, x_n, x_n^2, \cdots, x_n^{k_n-1}$$

式中 k_n 是变数的下指数. 它们是以 x_n 以外的所有变数为因子的. 如果 $k_n=0$，那么这个补充单式群应当是空的.

2. 对于变数 x_{n-1} 组成族 $(\mathscr{H}_\alpha^\#)$ 的单式群 $[\alpha_n]$，其中 α_n 从一级变数 x_n 的下指数 $k=k_n$ 变动到上指数 $h=h_n$. 我们确定变数 x_{n-1} 在每群 $[\alpha^{n-1}]$ 的指数 $k_{[k]}^{n-1}$，$k_{[k+1]}^{n-1}, \cdots, k_{[h]}^{n-1}$. 补充单式的构成是以变数 x_n 的乘幂 $x_n^{\alpha_n}$ 来乘 x_{n-1} 的从零到 $(k'-1)$ 幂的结果（假如 $k'=k_{[\alpha_n]}^{n-1}$）

$$\mathscr{N}_{[\alpha_n]}^{n-1} : x_n^{\alpha_n}, x_{n-1}x_n^{\alpha_n}, \cdots, x_{n-1}^{k'-1}x_n^{\alpha_n}$$

因子乃是变数 $x_1, x_2, \cdots, x_{n-2}$ 和变数 x_n，而最后的变数 x_n 仅是对补充单式 $\mathscr{N}_{[h]}^{n-1}$ 而言的.

3. 对于变数 x_i 组成所有被包含在族 $(\mathscr{H}_\alpha^\#)$ 之中的可能的单式群 $[\alpha_{i+1}, \alpha_{i+2}, \cdots, \alpha_n]$. 在每个群 $[\alpha^i]$ 里确定变数 x_i 的下指数 $k_{[\alpha]}^i$. 关于每个群 $[\alpha^i]=[\alpha_{i+1}, \cdots, \alpha_n]$ 的补充单式是由乘积

$$\mathscr{N}_{[\alpha]}^i : x_{i+1}^{\alpha_{i+1}} \cdot x_{i+2}^{\alpha_{i+2}} \cdots x_n^{\alpha^n}, x_i \cdot x_{i+1}^{\alpha_{i+1}} \cdots x_n^{\alpha_n}, \cdots,$$

$$x_i^{k'-1} \cdot x_{i+1}^{\alpha_{i+1}} \cdots x_n^{\alpha_n}, k'=k_{[\alpha]}^i$$

生成的. 因子乃是 $j<i$ 的所有变数 x_j，以及指标 α_λ 等于上指数 $h_{[\alpha]}^\lambda$ 的那一些变数 x_λ 的全体.

例 37.9　对于完备族($\mathscr{H}_\alpha^\#$)

$$\mathscr{H}_1=0,1,1;\mathscr{H}_2=0,3,0;\mathscr{H}_3\cdot x_2=1,1,0$$

$$\mathscr{H}_3\cdot x_3=1,0,1;\mathscr{H}_3\cdot x_2^2=1,2,0;\mathscr{H}_3=1,0,0$$

试写出补充单式且指出它的因子.

下指数 k_3 等于零;因而没有补充单式 $\mathscr{N}^3$.

在二群[1]和[0]里下指数 $k_{[1]}^2$ 和 $k_{[0]}^2$ 都等于零;没有补充单式 $\mathscr{N}^2$.

从群$[\alpha_2,\alpha_3]$取其二个[1,1]和[3,0],下指数 $k_{[\alpha]}^1$ 都等于零,其余的都等于 1. 关于这些后面的几个群存在补充单式,就是

$$\mathscr{N}_{[0,1]}^1=x_3,\mathscr{N}_{[2,0]}^1=x_2^2,\mathscr{N}_{[1,0]}^1=x_2,\mathscr{N}_{[0,0]}^1=1$$

因为补充单式是对于变数 x_1 作出的,而 x_1 是序列中的第一个,所以关于补充单式的因子变数仅可能是关于对应群$[\alpha_2,\alpha_3]$的因子变数. 关于单式 $\mathscr{N}_{[0,1]}^1$ 这只是 x_3.

定理 37.8　补充类($\mathfrak{N}$)的所有单式可以分成这样的类别 $\mathfrak{N}_{[\beta]}^i$,使每个类别 $\mathfrak{N}_{[\beta]}^i$ 的单式是从母单式 $\mathscr{N}_{[\beta]}^i$ 乘它的因子变数得来的,并且只能一次地得到.

取类($\mathfrak{N}$)的任何单式 $\mathscr{N}_c=c_1,c_2,\cdots,c_n$. 如果 c_n 小于变数 x_n 的下指数 k_n,那么有补充单式

$$\mathscr{N}^n=x_n^{c_n}$$

关于它除 x_n 以外的所有变数都是因子变数. 这个单式就是关于单式 $\mathscr{N}_c$ 的母式,因为比 $\mathscr{N}_c:\mathscr{N}^n$ 只含有除数的因子变数的缘故. 如果 $c_n\geqslant k_n$,那么取族($\mathscr{H}_\alpha^\#$)的单式群$[a_n]$,其中

$$若\ c_n\leqslant h_n,则\ a_n=c_n$$

$$若\ c_n > h_n, 则\ a_n = h_n$$

并且用单式群$[a_n]$替换族$(\mathscr{H}_\alpha^\#)$而用变数x_{n-1}替换变数x_n,重复讨论.

让我们一下子假定:对所有的标数$j=i+1,i+2,\cdots,n$变数x_j的指标c_j不小于族$(\mathscr{H}_\alpha^\#)$的群$[a_{j+1},\cdots,a_n]$有关的下指数$h_{[a]}^j$,其中指标$a_{j+1},\cdots,a_n$的每一个决定于下列公式

$$\begin{cases} 若\ c_l \leqslant h_{[a]}^l, 则\ a_l = c_l \\ 若\ c_l > h_{[a]}^l, 则\ a_l = h_{l[a]} \end{cases}, l = j+1, \cdots, n \tag{37.17}$$

如果对$i=n,n-1,\cdots,2,1,c_i \geqslant k_{[a]}^i$,那么按照公式(37.17)唯一地确定单式$\mathscr{H}_a$,它除尽单式$\mathscr{N}_c$且同时又属于族$(\mathscr{H}_\alpha)$;因而,单式$\mathscr{N}_c$将属于类$(\mathfrak{M})$而矛盾于它是属于补充类$(\mathfrak{N})$的假设.

反之,如果存在最大的标数i,使$c_i < k_{[a]}^i$,那么找出补充单式

$$\mathscr{N}_{[a]}^i = x_i^{c_i} x_{i+1}^{a_{i+1}} \cdots x_n^{a_n} = 0,0,\cdots,0,c_i,a_{i+1},\cdots,a_n$$

它除尽单式$\mathscr{N}_c$,使得商$\mathscr{N}_c : \mathscr{N}_{[a]}^i$只能含有:

(1) 那一些变数x_j,其中$j<i$;每一个这样的变数是单式$\mathscr{N}_{[a]}^i$的因子变数;

(2) 那一些变数x_j,其中$j>i$而且在单式$\mathscr{N}_c$中它们的幂指标$c_j > a_j$,而按照公式(37.17)它们的指标a_j等于$h_{[a]}^j$,于是变数x_j是因子变数.

于是

$$\mathscr{N}_c = \mathscr{N}_{[a]}^i \cdot \lambda$$

式中λ只是单式$\mathscr{N}_{[a]}^i$的因子变数的乘积,且定理已被

证明了.

推论 37.2　如果在初始条件的定义里按照邪内的公式来确定补充单式和它的因子变数，那么关于正排系统的积分系统唯一性的定理(37.4节)仍旧生效.

我们将称这些初始条件为初始条件Ⅱ，借以区别于关于托马斯的补充单式所写出的初条件Ⅰ.两种初始条件都无异于所有参数的导数在起点的数值的给定，而新条件Ⅱ之所以有别于前条件Ⅰ只是由于它有更精致的形式.

37.6　被动的系统

如果方程系统(S)的延拓系统(S')是代数学地等价于系统(S'')，于此(S'')是从系统(S)仅按照托马斯的或邪内的(无区别)因子的延拓所获得的系统，那么称方程系统(S)为被动的.因而，如果按任意变数导微系统(S)的方程且借助于系统(S'')的方程消去主要的导数的时候，我们得不到对参数的导数的新关系，那么系统是被动的.

应用这定义，便可表述全部黎基叶理论中的基本定理如下：

存在定理　正排的微分方程的被动系统必有满足初始条件Ⅰ或Ⅱ的积分系统而且仅有一个系统.

如上所导入的，系统被动性的定义要求验算系统(S')中所有不属系统(S'')的方程.为使基本定理便于应用起见，需要以有限的而且仅可能少的恒等式的验算方式表示被动性的充要条件.在证明这个被动性特征的充分性的同时,也做出基本定理的证明,对我们是有方便的.现在我们来表述这个特征.

设正排系统(S)是已知的.用记号($\mathscr{H}_{j,\alpha}$)来表示那些所对应的未知函数 z_j 的主要的导数的单式族.把每族($\mathscr{H}_{j,\alpha}$)补充成为邪内的完备族($\mathscr{H}^{\#}_{j,\alpha}$);并且把延拓系统($S''$)中各该主要的导数相当于族($\mathscr{H}^{\#}_{j,\alpha}$)的单式的那一些方程联合到系统(S)去.称所得到的系统为完备系统而且用记号($S^{\#}$)表示它.

在定理37.7中曾经用了一连串恒等式(37.16)的方式

$$(\mathscr{H}_b \cdot x_e)=(\mathscr{H}_a \cdot \lambda)$$

来表达族($\mathscr{H}^{\#}_a$)的完备性条件,这些等式对于完备族($\mathscr{H}^{\#}_a$)的任意单式($\mathscr{H}_b$)以及在同一族的对应单式 $\mathscr{H}_a$ 和其因子变数乘积 $\lambda=x_1^{p_1}x_2^{p_2}\cdots x_m^{p_m}$ 的适当选择下,对于它的所有因子变数 x_e 都要成立.我们从这个条件可以表示被动性的必要的而以后也是充分的条件.

在系统($S^{\#}$)的每个方程里把所有项移到左侧而且用 $\mathscr{E}^j_a$ 来记这样的方程的左侧,它的主要的导数来自未知函数 z_j 且具有单式 $\mathscr{H}_a=a_1,a_2,\cdots,a_n$

$$\mathscr{E}^j_a=\frac{\partial^{a_1+a_2+\cdots+a_n}z_j}{\partial x_1^{a_1}\partial x_2^{a_2}\cdots\partial x_n^{a_n}}-\Phi_{j,a}\left(x_i,z_k;\frac{\partial z_k}{\partial x_i},\cdots\right) \tag{37.18}$$

我们给予方程 $\mathscr{E}^j_a=0$ 以它的主要导数的标记,它的单式和因子变数.

建立起相当于某一个恒等式(37.16)的导数差式

$$\frac{\partial \mathscr{E}_b^j}{\partial x_e}-\frac{\partial \mathscr{E}_a^j}{\partial \lambda},\frac{\partial}{\partial \lambda}=\frac{\partial^{p_1+p_2+\cdots+p_m}}{\partial x_1^{p_1}\partial x_2^{p_2}\cdots\partial x_m^{p_m}} \quad (37.19)$$

这差式并不包含被减式和减式的主要导数,因为根据等式(37.16)它们有同一个对未知函数 z_j 所取的单式,于是相减之后互相抵消的缘故.如果系统(S)是被动的,那么作为系统(S')的二方程之差的方程

$$\frac{\partial \mathscr{E}_b^j}{\partial x_e}-\frac{\partial \mathscr{E}_a^j}{\partial \lambda}=0$$

必须是按因子的延拓系统(S'')的代数的推论.换言之,按变数 x_e 导微函数 $\Phi_{j,b}$ 且按变数积 λ 导微 $\Phi_{j,a}$ 的时候,可能要出现主要的导数,在借助于系统(S'')的方程消去这些主要的导数之后,差式(37.19)关于参数的导数和独立变数必须变成恒等于零.

被动性的准衡定理 为正排系统(S)的被动性,必要而充分的条件是:对于它的完备系统($S^{\#}$)的每个方程 $\mathscr{E}_b^j=0$ 和它的每个因子变数 x_e 方程

$$\frac{\partial \mathscr{E}_b^j}{\partial x_e}-\frac{\partial \mathscr{E}_a^j}{\partial \lambda}=0 \quad (37.20)$$

要成为按因子的延拓系统(S'')的代数的推论,方程 $\mathscr{E}_a^j=0$ 和它的因子变数 λ 的选择是按照因系统的完备性而成立的恒等式(37.16)来做的.

这个被动性特征的充分性和黎基叶的存在定理的证明是可以同时导出的而且细分为二独立部分:

1.按照唯一性定理正排系统(S)至多有满足初始条件 Ⅰ 或 Ⅱ 的一个积分系统.我们可以把这些积分写成无穷幂级数的方式.为了能够讲到积分的存在起见,必须证明这些展开的收敛.我们要在37.8节做出

这点.

2. 在证明了所做的级数的收敛之后,我们可以讲到这些级数所定义的函数 z_j. 按本身的构成它们满足初始条件,且同样在起点(x_i^0)满足按因子的延拓系统(S'')的所有方程,或者换句话说,满足关于这方程的每个因子变数的任意值的系统($S^{\#}$)的所有方程,只要给予非因子变数以起点(x_i^0)的坐标中的常数值.

必须证明,在条件(37.20)的实现下这些函数 z_j 对所有独立变数的任意值必满足系统($S^{\#}$)的方程. 因而就证明了积分系统的存在,就是黎基叶的基本定理,而且同时也证明了系统的被动性,就是所提出的被动性特征的充分性. 实际上,原先从系统(S'')的方程确定了函数 z_j 的展开里的各系数,只要把起点(x_i^0)的坐标代进那里去并且关于主要的导数代数地解出所得到的方程. 现在它们对变数(x_i)的所有值将满足系统(S)的方程,因而也满足延拓系统(S')的所有方程. 这样一来,系统(S')是代数地等价于系统(S'')的.

我们即刻转到这第二部分的证明且分划它为几个单独的步骤.

(a) 关于全纯函数的按模比较的引理

首先我们证明关于全纯函数的比较的一般定理,以便于后文中的应用.

引理 37.2 如果函数

$$F(u_1, u_2, \cdots, u_n)$$

$$\varphi_i(u_1, u_2, \cdots, u_n), i=1,2,\cdots,n$$

对 $u_i=u_i^0$ 都变成零,在点(u_i^0)的近旁是全纯的,而且

雅可比式$\frac{\partial(\varphi_1,\varphi_2,\cdots,\varphi_n)}{\partial(u_1,u_2,\cdots,u_n)}$在这近旁不等于零,那么在同一区域里必存在这样的$n$个全纯函数$A_i$,使

$$F=\varphi_1A_1+\varphi_2A_2+\cdots+\varphi_nA_n \tag{37.21}$$

或者更简短地

$$F\equiv 0(\mathrm{mod}\ \varphi_1,\varphi_2,\cdots,\varphi_n)$$

实际上,在所作的假定之下,方程系统

$$\varphi_i(u_1,u_2,\cdots,u_n)=v_i,i=1,2,\cdots,n$$

关于u_i是可解的且确定了在点$v_i=0$的近旁是全纯的函数,使它对$v_i=0$取值$u_i=u_i^0$. 如果把这些解代进函数F里,那以便得到变数$v_1,v_2,\cdots,v_n$的函数,它在点$v_i=0$的近旁是全纯的且从而可以展开为收敛级数

$$F=F_0+v_1\frac{\partial F}{\partial v_1}+v_2\frac{\partial F}{\partial v_2}+\cdots+v_n\frac{\partial F}{\partial v_n}+\cdots$$

如果把值$u_i=u_i^0$代进这里来,那么按条件F变成零,但是同时,所有的v_i也当等于零,且我们得到

$$F_0=0$$

如果现在在函数F的展开里集拢被v_1除尽的所有项,且把v_1括出;从其余的项选出被v_2除尽的那一些项且把v_2括出,等等,那么我们得到

$$F=v_1A_1+v_2A_2+\cdots+v_nA_n$$

式中$v_i=\varphi_i(u_1,u_2,\cdots,u_n)$,且各系数$A_i$是变数$u_1$,$u_2,\cdots,u_n$的函数,它在$u_i=u_i^0$的近旁是全纯的.

(b) 关于e_k的方程系统的构成

按定理的条件(被动性特征)每个方程

$$\frac{\partial\mathscr{E}_b^j}{\partial x_e}-\frac{\partial\mathscr{E}_a^j}{\partial\lambda}=0$$

必须是延拓系统(S'')的方程的代数的推论."代数的推论"这句话意味着:我们必须把独立变数 x_i,未知函数 z_j 和它们的导数看作仅由系统(S'')的方程所联系的数量.

应当把独立变数和参数的导数算作任意给定的数量(参数),把主要的导数算作变数(未知数).如果在每个方程(37.20)的左侧把那里面可能发生的主要的导数用系统(S'')的方程所定的值来替代的话,那么左侧变成零.假定这时我们利用一些方程 $\mathscr{E}''_1=0,\mathscr{E}''_2=0,\cdots,\mathscr{E}''_q=0$.这些方程的每一个是从完备系统($S^{\#}$)的任何方程 $\mathscr{E}_1=0,\cdots,\mathscr{E}_q=0$ 按它们的因子变数的导微得来的.为表示这些导微,我们应用在公式(37.19)所导入的记号,使得方程 $\mathscr{E}''_i=0$ 可以写成方式

$$\frac{\partial\mathscr{E}_1}{\partial\lambda_1}=0,\frac{\partial\mathscr{E}_2}{\partial\lambda_2}=0,\cdots,\frac{\partial\mathscr{E}_q}{\partial\lambda_q}=0$$

式中 $\lambda_1,\lambda_2,\cdots,\lambda_q$ 是因子变数的单式.

因为关于主要的导数可以解这些方程,所以可以应用关于全纯函数的按模比较的引理到函数

$$F=\frac{\partial\mathscr{E}_b^j}{\partial x_e}-\frac{\partial\mathscr{E}_a^j}{\partial\lambda},\varphi_i=\frac{\partial\mathscr{E}_i}{\partial\lambda_i}$$

就得到恒等式

$$\frac{\partial\mathscr{E}_b^j}{\partial x_e}=\frac{\partial\mathscr{E}_a^j}{\partial\lambda}+A_1\frac{\partial\mathscr{E}_1}{\partial\lambda_1}+A_2\frac{\partial\mathscr{E}_2}{\partial\lambda_2}+\cdots+A_q\frac{\partial\mathscr{E}_q}{\partial\lambda_q} \tag{37.22}$$

式中 A_k 是导数 $\frac{\partial\mathscr{E}_1}{\partial\lambda_1},\cdots,\frac{\partial\mathscr{E}_q}{\partial\lambda_q}$,参数的导数和独立变数 x_i 的全纯函数.

给定任意的，但是选定的全纯函数

$$z_j=\varphi_j(x_1,x_2,\cdots,x_n) \tag{37.23}$$

系统($S^{\#}$)的每个方程的左侧经过代换(37.23)之后变成 x_i 的某一函数

$$e_a^j=(\mathscr{E}_a^j)_{z_k=\varphi_k(x_1,x_2,\cdots,x_n)} \tag{37.24}$$

由于函数(37.23)一般地是不重合于系统($S^{\#}$)的积分，这一般地不等于零.

所有的这些函数 e_a^j 满足方程(37.22)；现在这些方程变为下列方式

$$\frac{\partial e_b^j}{\partial x_e}=\frac{\partial e_a^j}{\partial \lambda}+A_1\frac{\partial e_1}{\partial \lambda_1}+A_2\frac{\partial e_2}{\partial \lambda_2}+\cdots+A_q\frac{\partial e_q}{\partial \lambda_q} \tag{37.25}$$

式中 $e_a^j,e_b^j,e_1,e_2,\cdots,e_q$ 表示在完备系统($S^{\#}$)的对应方程的左侧代进值(37.23)时所得到的函数.

(c) 所构成的系统的正排性

为了证明作为独立变数 x_i 和未知函数 $e_a^j,e_b^j,\cdots$ 的方程(37.25)的系统的正排性，对每个独立变数给予它在系统($S^{\#}$)中应有的那个标记；对每个未知函数 e_a^j 给予在系统($S^{\#}$)中方程 $\mathscr{E}_a^j=0$ 的主要导数的标记.

现在再用一个最后支量补充这些标记. 为这个目的，在一个标数 j 的范围内，按照方程 $\mathscr{E}_a^j=0$ 的主要导数所给定的族($\mathscr{H}_a^{\#}$)的单式的降秩配置未知的 e_a^j. 如果 k_a 是函数 e_a^j 的顺序号数(序数)，那么我们给它一个标记

$$\mathfrak{g}_{j,a}=(\mathfrak{g}_1^j,\mathfrak{g}_2^j,\cdots,\mathfrak{g}_m^j,k_a)$$

给每个独立变数 x_i 一个标记

$$\mathfrak{a}_i=(1,\mathfrak{a}_2^i,\cdots,\mathfrak{a}_m^i,0)$$

每个标记的最前面 m 个支量是取自系统($S^{\#}$)中的对应标记的.

那么,根据延拓系统(S')的所有方程的法式性,每个主要的导数经导微之后可能落在这样的方程的右侧,它的标记小于方程左侧中所含的导数的标记.方程$\frac{\partial \mathscr{E}_k}{\partial \lambda_k}=0$的导入是为了要消去那一些在方程(37.20)中按 x_e 或者按乘积变数λ导微的时候可能会得到的主要的导数.这些主要的导数作为在导微之后列入于延拓系统(S')的方程中的导数,它们有标记,小于在方程左侧中的主要的导数的标记,就是小于方程$\frac{\partial \mathscr{E}_b^j}{\partial x_e}=0$中处在第一位的主要的导数的标记.因而,系统($S^{\#}$)中的$\frac{\partial \mathscr{E}_b^j}{\partial x_e}$的主要的导数的标记大于方程$\frac{\partial \mathscr{E}_k}{\partial \lambda_k}=0$的任意一个主要的导数的标记,而就是说:系统(37.25)中的导数$\frac{\partial e_b^j}{\partial x_e}$的标记,因为它的最前面 m 个支量的选法必大于每个导数$\frac{\partial e_k}{\partial \lambda_k}$的标记.

两方程$\frac{\partial \mathscr{E}_b^j}{\partial x_e}=0$和$\frac{\partial \mathscr{E}_a^j}{\partial \lambda}=0$有同一的主要的导数,所以在系统($S^{\#}$)中有同一的标记,但是在系统(37.25)里,导数$\frac{\partial e_b^j}{\partial x_e}$和$\frac{\partial e_a^j}{\partial \lambda}$的标记的最后支量则不同.因为单式 $\mathscr{H}_a$ 的秩大于单式 $\mathscr{H}_b$ 的秩(定理 37.7),而未知函数 e_a^j 已经被配置为单式的降秩顺序,那么未知函数 e_b^j 的

序数大于 e_a^j 的序数，所以导数$\frac{\partial e_b^j}{\partial x_e}$ 的标记的最后一支量大于导数$\frac{\partial e_a^j}{\partial \lambda}$ 的.(37.25) 的每个方程是法式的且系统是正排的.

因而，系统(37.25) 至多有满足初始条件 Ⅱ 的一个积分系统.

(d) 对 e_b^j 的初始条件

为建立初始条件 Ⅱ，必须确定补充单式及其因子变数.

按照条件系统(37.25) 的左侧含有完备系统($S^\#$) 的所有方程左侧的导数，即所有未知函数 e_b^j 按每个方程 $\mathscr{E}_b^j=0$ 的非因子变数的导数.因而，关于每个未知函数 e_b^j 的定系统($\mathscr{H}_a$) 的单式重合于它的非因子变数.

每个号数的补充单式 $\mathscr{N}^{e_p}$ 的群都是空的，除了最后号数 $\mathscr{N}^{e_1}$ 的群是由一个单式 $x_1^0x_2^0\cdots x_n^0=1$ 生成的而外.这是因为，在族($\mathscr{H}_a$) 里有不含有其余的变数 x_{e_p}，$x_{e_{p-1}}$，…，x_{e_2} 的唯一单式，而且这单式含有第一乘幂的 x_{e_1}；下指数 $k_{[a]}^{e_1}=1$，且补充单式含有 $x_{e_1}^0=1$. 所有变数 x_{e_1}，x_{e_2}，…，e_{e_p} 都是它的非因子充数数，同样也是方程 $\mathscr{E}_b^j=0$ 的主要的导数的非因子变数；其他所有的 x_i 是因子变数，同样也是 $\mathscr{E}_b^j=0$ 的因子变数.

这样，系统(37.25) 的初始条件应是：每个未知的 e_a^j 取方程 $\mathscr{E}_a^j=0$ 的因子变数的任意已给函数为初始值，但要从点(x_i^0) 的坐标数中去取非因子变数的初值.

(e) 系统(S)的被动性

选定所得到的取收敛(根据我们的证明的第一部分)的幂级数形式的那些解作为函数(37.23). 这些函数会使系统(S'')的所有方程的左侧在起点(x_i^0)都变成零. 这些方程的左侧在起点所取的值还可以这样来求它,把函数 e_a^j 按因子变数导微任意回数,然后把 $x_i = x_i^0$ 代进去. 因而,e_a^j 按因子变数的所有导数在起点都等于零. 因为在非因子变数的初值下展开任意函数 e_a^j 为因子变数的幂级数时,所有系数都等于零,所以函数 e_a^j 本身对于所有非因子变数的初值也都等于零.

这样一来,把关于 z_j 所作的解代进完备系统($S^\#$)的方程之后,这些方程的左侧变成函数 e_a^j 的方式,这些函数满足正排系统(37.25)和初始条件:对于非因子变数的初值每个未知函数等于零.

正排系统至多有满足这样的初始条件的一个解,而且这个解是很明显的:系统(37.25)为值

$$e_a^j = 0$$

所满足. 这些解也满足所选取的初始条件. 带有这些初始条件的另外的解是不可能的. 因而,把所得到的展开 z_j 代到系统($S^\#$)的方程里,会使所有方程变成恒等式,这就证明了我们的定理.

37.7 关于被动性研究的注意

被动性的研究需要方程的导微和主要的导数的消去,所以在系统研究的过程中现出很繁重的运算.

我们希望尽可能简约恒等式验算的数目.它们全部来自单式的比较公式:完备族的任何单式乘它的每个非因子变数的积必须等于母式乘它的因子变数的积.

可是所有这样的恒等式远非相互无关的;其中某些个自动地成立,譬如说,只要在按非因子变数的导微编成完备族的时候,所比较的方程是从另外一个得出来的.所以在开始导微之前宜写出所有的单式的比较公式(完备族的特征)且从其中放弃相关的公式.

例 37.9　研究系统的被动性

$$\frac{\partial^2 z}{\partial x_2 \partial x_3}=\sin(x_1+x_2x_3)+x_2x_3\cos(x_1+x_2x_3)$$

$$\frac{\partial^3 z}{\partial x_2^3}=-x_3^3\sin(x_1+x_2x_3)$$

$$\frac{\partial z}{\partial x_1}=\sin(x_1+x_2x_3)$$

把族的单式排成降秩的顺序(独立变数则按号数排列)

$$\mathscr{H}_1=0,1,1;\mathscr{H}_2=0,3,0;\mathscr{H}_3=1,0,0$$

完备族的单式,它们的因子变数

及非因子变数(按照邪内)是:

单式	因子变数			非因子变数		
$\mathscr{H}_1=0,1,1$	3	2	1	—	—	—
$\mathscr{H}_3\cdot x_3=1,0,1$	3	—	1	—	2	—
$\mathscr{H}_2=0,3,0$	—	2	1	3	—	—
$\mathscr{H}_3\cdot x_2^2=1,2,0$	—	—	1	3	2	—
$\mathscr{H}_3\cdot x_2=1,1,0$	—	—	1	3	2	—
$\mathscr{H}_3=1,0,0$	—	—	1	3	2	—

单式的比较公式(完备性的特征)具有方式

$$(\mathscr{H}_3 \cdot x_3)x_2 = \mathscr{H}_1 \cdot x_1 \tag{37.26}$$

$$\mathscr{H}_2 \cdot x_3 = \mathscr{H}_1 \cdot x_2^2 \tag{37.27}$$

$$(\mathscr{H}_3 \cdot x_2^2)x_3 = \mathscr{H}_1 \cdot x_1 x_2$$

(37.26) 的推论

$$(\mathscr{H}_3 \cdot x_2^2)x_2 = \mathscr{H}_2 \cdot x_1 \tag{37.28}$$

$$(\mathscr{H}_3 \cdot x_2)x_3 = \mathscr{H}_1 \cdot x_1$$ (37.26) 的推论

$$(\mathscr{H}_3 \cdot x_2)x_2 \equiv \mathscr{H}_3 \cdot x_2^2$$

只有三个等式(37.26),(37.27) 和(37.28) 是独立的.

在 H·H·鲁金的图格上(图 37.4) 比较公式是用箭头来表示的,箭头是从族的每个单式发出,和图格的轴平行一直到与另外的单式的同样箭头相遇为止的.

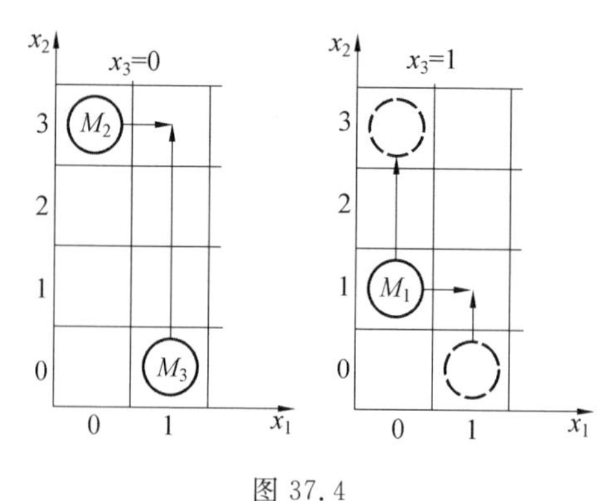

图 37.4

如果二单式在一个平截面上(例如$\mathscr{H}_2$ 和$\mathscr{H}_3$),那么这些箭头是可以直接看到的且借此得到公式

$$\mathscr{H}_2 \cdot x_1 = \mathscr{H}_3 \cdot x_2^3 \qquad \text{比较公式(37.28)}$$

如果它们在不同的平面上,那么不得不利用单式从第一平面到第二平面上的射影(点线的圆).例如,关于单式 $\mathscr{H}_1$ 和 $\mathscr{H}_2$ 得到公式

$$\mathscr{H}_2 \cdot x_3 = \mathscr{H}_1 \cdot x_2^2 \qquad \text{比较公式(37.27)}$$

其中从第一平面到第二平面的射影相当于乘 x_3,或者关于单式 $\mathscr{H}_1$ 和 $\mathscr{H}_3$

$$\mathscr{H}_1 \cdot x_1 = \mathscr{H}_3 \cdot x_2 x_3 \qquad \text{比较公式(37.26)}$$

在例 37.9 里比较公式仅包含三个独立的等式(37.26),(37.27),(37.28),从此导引到方程

$$\frac{\partial^2}{\partial x_2 \partial x_3}\sin(x_1 + x_2 x_3) = \frac{\partial}{\partial x_1}[\sin(x_1 + x_2 x_3) + x_2 x_3 \cos(x_1 + x_2 x_3)]$$

$$\frac{\partial}{\partial x_3}[-x_3^3 \sin(x_1 + x_2 x_3)] = \frac{\partial^2}{\partial x_2^2}[\sin(x_1 + x_2 x_3) + x_2 x_3 \cos(x_1 + x_2 x_3)]$$

$$\frac{\partial^3}{\partial x_2^3}\sin(x_1 + x_2 x_3) = \frac{\partial}{\partial x_1}[-x_3^3 \sin(x_1 + x_2 x_3)]$$

由于这些等式都是恒等地满足的,系统是被动的.

补充单式及其因子变数是:

单式	因子变数	非因子变数
$\mathscr{N}^1_{[0,1]} = 0,1,1$	3　—　—	—　2　1
$\mathscr{N}^1_{[2,0]} = 0,2,0$	—　—　—	3　2　1
$\mathscr{N}^1_{[1,0]} = 0,1,0$	—　—　—	3　2　1
$\mathscr{N}^1_{[0,0]} = 0,0,0 = 1$	—　—　—	3　2　1

初始条件

$$对\ x_1=x_1^0, x_2=x_2^0, \frac{\partial z}{\partial x_3}=\varphi(x_3)$$

$$对\ x_1=x_1^0, x_2=x_2^0, x_3=x_3^0, \frac{\partial^2 z}{\partial x_2^2}=A, \frac{\partial z}{\partial x_2}=B$$

$$z=C$$

式中 A,B,C 是常数且 $\varphi(x_3)$ 是独立变数 x_3 的任意函数.

可是,直接可以看到一般积分是

$$z=-\cos(x_1+x_2x_3)+\frac{1}{2}Ax_2^2+Bx_2+\psi(x_3)$$

其中 $x_i^0=0$ 且 $\psi'(x_3)=\varphi(x_3)$.

例 37.10 研究关于一个未知函数 z 和五个独立变数 x_i 的六个方程的系数

$$z_{45}=z_{11}, z_{35}=z_{14}, z_{25}=z_{13}$$

$$z_{44}=z_{13}, z_{34}=z_{12}, z_{33}=z_{24}$$

$$z_{ik}=\frac{\partial^2 z}{\partial x_i \partial x_k}$$

系统是正排的:它是关于各样的导数解出的,并且在下列的独立变数和导数的选择之下,所有的方程变成法式的

x_1…………(1,1,0)

x_2…………(1,0,0)

x_3…………(1,1,0)

x_4…………(1,1,1)

x_5…………(1,2,1)

z_{45}…………(2,3,2)

$$z_{35} \cdots\cdots\cdots\cdots (2,3,1)$$

$$z_{44} \cdots\cdots\cdots\cdots (2,2,2)$$

$$z_{14}, z_{25}, z_{34} \cdots\cdots\cdots\cdots (2,2,1)$$

$$z_{11}, z_{13}, z_{33} \cdots\cdots\cdots\cdots (2,2,0)$$

$$z_{24} \cdots\cdots\cdots\cdots (2,1,1)$$

$$z_{12} \cdots\cdots\cdots\cdots (2,1,0)$$

把对应主要的导数的单式排成降秩的顺序(独立变数则按号数的顺序来排列):

单式	因子变数	单式的比较公式
		$\mathscr{H}_2 \cdot x_4 = \mathscr{H}_1 \cdot x_3$
$\mathscr{H}_1 = 0,0,0,1,1$	5 4 3 2 1	$\mathscr{H}_3 \cdot x_4 = \mathscr{H}_1 \cdot x_2$
$\mathscr{H}_2 = 0,0,1,0,1$	5 — 3 2 1	$\mathscr{H}_3 \cdot x_3 = \mathscr{H}_2 \cdot x_2$
$\mathscr{H}_3 = 0,1,0,0,1$	5 — — 2 1	$\mathscr{H}_4 \cdot x_5 = \mathscr{H}_1 \cdot x_4$
$\mathscr{H}_4 = 0,0,0,2,0$	— 4 3 2 1	$\mathscr{H}_5 \cdot x_5 = \mathscr{H}_1 \cdot x_3$
$\mathscr{H}_5 = 0,0,1,1,0$	— — 3 2 1	$\mathscr{H}_5 \cdot x_4 = \mathscr{H}_4 \cdot x_3$
$\mathscr{H}_6 = 0,0,2,0,0$	— — 3 2 1	$\mathscr{H}_6 \cdot x_5 = \mathscr{H}_2 \cdot x_3$
		$\mathscr{H}_6 \cdot x_4 = \mathscr{H}_5 \cdot x_3$

单式族是完备的.所有的比较公式互相独立而且从此导引到方程

$$\underline{z_{144}} - z_{113} = 0, \underline{z_{134}} - z_{112} = 0, \underline{z_{133}} - z_{124} = 0$$

$$\underline{z_{135}} - z_{114} = 0, \underline{z_{125}} - z_{113} = 0, \underline{z_{124}} - z_{133} = 0$$

$$\underline{z_{245}} - z_{134} = 0, \underline{z_{244}} - z_{123} = 0$$

按照主要的导数(下有横线的)借助于延拓系统方程的消去,这些化为恒等式.

补充单式是:

补充单式	因子变数
$\mathcal{N}^3_{[1,0]}=x_4$	$---\ x_2\ x_1$
$\mathcal{N}^3_{[0,0]}=x_3$ 和 1	$---\ x_2\ x_1$
$\mathcal{N}^2_{[0,0,1]}=x_5$	$x_5\ ---\ x_1$

$\mathcal{N}^5,\mathcal{N}^5_{[a]},\mathcal{N}^1_{[a]}$ 都是空群.

初始条件

对 $$x_3=x_3^0,x_4=x_4^0,x_5=x_5^0$$

$$z=\varphi_1(x_2,x_1),\frac{\partial z}{\partial x_3}=\varphi_2(x_2,x_1),\frac{\partial z}{\partial x_4}=\varphi_3(x_2,x_1)$$

$$\text{对 } x_2=x_2^0,x_3=x_3^0,x_4=x_4^0$$

$$\frac{\partial z}{\partial x_5}=\varphi(x_1,x_5)$$

37.8 存在定理

我们现在过渡到所作的展开的收敛性的证明.

定理 37.9 正排被动的偏微分方程系统(S)的一个积分系统一定存在,它们在点(x_i^0)的区域内是全纯的而且满足初始条件:

对应于主要导数的补充单式的那些偏导数在它的非因子变数的初值是点(x_i^0)的坐标中的一个的情况下,取因子变数的任意已给函数,但带有条件,即所有的函数在点(x_i^0)的区域里必须是全纯的而且在这点所取的值必须落在(S)的方程右侧的全纯性区域之内.

我们以三回动作导引证明.

1. 关于旧导数为线性的系统(S_1)

定理 37.10　任何正排的被动系统(S)可以代换做另外一个仍为正排被动的系统(S_1),它带有同一积分系统,积分按差 $x_i - x_i^0$ 的幂级数展开也是同样的,但是关于每个未知函数的所有主要的导数都必须是同一阶的而且系统的所有方程关于这阶的导数必须是线性的.

称系统中的导数标记的第一支量为导数的"阶".推广的"阶"等于导微的阶数与未知函数的第一支量之和,而且如果这个支量等于零,那么它变成普通的阶.

设 δ 和 Δ 顺次是系统(S)中的主要的导数的最小"阶"和最大"阶".

按照因子延拓这系统且分划延拓系统(S'')的方程为主要的导数的增"阶"顺序的类别

$$S''_{\delta}, S''_{\delta+1}, \cdots, S''_{\Delta}, S''_{\Delta+1}, S''_{\Delta+2}, \cdots$$

每一类别 S''_{g_i} 含有这样的一些方程,其中主要的导数的"阶"等于 g_i.在 S''_{δ} 到 S''_{Δ} 的第一段里写着第一群的类别.

系统(S)的方程必须被包含在延拓系统(S'')之中:它们仅能列在第一群的方程里面.所以从类别 $S''_{\Delta+1}$ 开始,其次的每个类别的"阶"比前面的大一个,它是由其方程的一回导微所得到的.

让我们考察第($\Delta+1$)类别的方程系统

$$(S_1) \equiv S''_{\Delta+1}$$

这系统具有[①]从第$(\Delta+1)$类别的方程开始而和系统(S)相同的延拓系统的方程序列,不过缺少了第一群的所有方程. 所以系统(S_1)的所有主要导数都是系统(S)的主要导数,但是反过来不成立:从类别S''_δ到S''_Δ的第一群方程的主要导数对系统(S_1)都是参数的导数. 因此,(S)的方程的任何积分系统满足系统(S_1),但是反过来不成立. 为了得出系统(S)的积分,把系统(S_1)积分起来,应该:

(1) 对系统(S)也是参数的系统(S_1)的所有参数的导数,保持它们在原系统所具备的同样的初值;

(2) 在系统(S)里曾经是主要的导数而在系统(S_1)里却是参数的那一些导数取这样的初值,使它们是在原系统里解类别S''_δ到S''_Δ的第一群方程的时候得来的.

在这些初始条件之下,两系统中的积分有同一的按差式$x_i-x_i^0$的幂级数展开. 如果其一收敛,那么其他也收敛.

与其同时,在系统(S_1)的所有方程里主要的导数有同一的"阶"$\Delta+1$. 每个未知函数的所有的主要的导数有同一阶数,它等于数$\Delta+1$与这函数的标记的第一支量之差. 此外,新系统$(S_1)=S''_{\Delta+1}$的方程是从前一类别S''_Δ用一回导微求出来的,而且同时,方程的右侧是作为混合函数来导微的(右侧按每个项目的导数乘

① 不难指出,凡同时由系统(S)和系统(S_1)的主要的导数所构成的单式顺次具有同一个因子变数.

这项目按变数导微的导数). 所以对每个未知函数的最高阶导数线性地列在系统(S_1)的所有方程之内.

2. 第一阶的系统(S_2)

定理 37.11　导入辅助的未知函数的时候,可以变换任何正排被动系统(S)使它成为第一阶正排被动系统(S_2);同时每个积分系统(除了辅助的未知函数而外)在两系统里有同一的按差式 $x_i - x_i^0$ 的幂级数展开.

假设正排系统(S)包含独立变数 $x_1, x_2, \cdots, x_n$,未知函数 $z_1, z_2, \cdots, z_r$ 及其关于每个函数 z_j 的 p_j 阶为止的导数. 为叙述简便起见,我们要假定变换 1 已经实施且所有的主要的导数有同一的广义的"阶"$\Delta + 1$,于是长导数的阶 p_j 和未知函数 z_j 的标记的第一支量 $\mathfrak{b}_1^j$ 之间是由关系式

$$p_j + \mathfrak{b}_1^j = \Delta + 1$$

联系着的.

我们借助于下列方程来导入每个函数 z_j 的从 1 阶到 $p_j - 1$ 阶为止的导数作为辅助的未知函数

$$\frac{\partial}{\partial x_n} z_{j;\alpha_1,\alpha_2,\cdots,\alpha_n - 1} = z_{j;\alpha_1,\alpha_2,\cdots,\alpha_n}$$

$$\vdots$$

$$\frac{\partial}{\partial x_2} z_{j;\alpha_1,\alpha_2 - 1,0,\cdots,0} = z_{j;\alpha_1,\alpha_2,0,\cdots,0}$$

$$\frac{\partial}{\partial x_1} z_{j;\alpha_1 - 1,0,\cdots,0} = z_{j;\alpha_1,0,\cdots,0}$$

$$j = 1, 2, \cdots, r \qquad (37.29)$$

$$\alpha_1 + \alpha_2 + \cdots + \alpha_n < p_j$$

而且所有的标数不是负数，其中

$$z_{j;0,\cdots,0}=z_j$$

对这些方程还联上它们的微分推论

$$\frac{\partial}{\partial x_1}z_{j;\alpha_1-1,\alpha_2,\cdots,\alpha_n}=\frac{\partial}{\partial x_2}z_{j;\alpha_1,\alpha_2-1,\cdots,\alpha_n}=\cdots=\frac{\partial}{\partial x_n}z_{j;\alpha_1,\alpha_2,\cdots,\alpha_n-1}\qquad(37.30)$$

$$j=1,2,\cdots,r;\alpha_1+\alpha_2+\cdots+\alpha_n\leqslant p_j$$

称标数之和 $\alpha_1+\alpha_2+\cdots+\alpha_n$ 为函数的指数.

系统(S)在代换(37.29)之后变成(旧的未知函数的)最大指数 p_j-1 的函数 $z_{j;\alpha}$ 的第一阶偏微分方程系统.它们组成第一群方程 Σ_1.方程(37.29)构成第二群 Σ_2.方程(37.30)再组成三群.

如果函数的指数 $\alpha_1+\alpha_2+\cdots+\alpha_n$ 小于 p_j-1(新的未知函数),那么其一导数[在等式(37.30)的一列里占据最后位置的那一个]可按照公式(37.29)用指数大一个的另外的未知函数来替换它.把在这样的代换之后所得到的方程(37.30).关于列(37.30)中的其他所有导数解出来且集成一群 Σ_3.

关于旧的未知函数的方程(37.30)我们应该把它们和 Σ_1 的方程一起来考察.如果在导数列(37.30)里发现有系统 Σ_1 中的主要的导数,那么就要借助于 Σ_1 的方程消去它;所获得的方程全体构成群 Σ_4.如果(37.30)的一列的所有导数在系统 Σ_1 里都是参数的,那么我们关于按最大号数 i 的独立变数 x_i 的导数解出这些方程;这些方程组成最后的一群 Σ_5.

从 Σ_1 到 Σ_5 的总共五群构成一个与系统(S)等价

的系统(Σ).实际上,从系统(S)的积分 z_j 的每个系统可以按照公式(37.29)算出指数从1到 p_j-1 的函数 $z_{j;\alpha_1,\alpha_2,\cdots,\alpha_n}$,这些要满足方程(37.30)作为方程(37.29)的微分推论,并且要满足 Σ_1 的方程,因为从系统(S)的方程经(37.29)的代换得到这些方程之故;因而,它们是系统(Σ)的积分.反过来说,系统(Σ)的任何积分系统 $z_{j;\alpha}$ 要满足方程(37.29)和(37.30),所以它是函数 $z_{j;0}=z_j$ 的从1阶到 p_j-1 阶为止的偏导数系统,而且满足系统(S),因为从系统 Σ_1 可按公式(37.29)用 $z_{j;\alpha}$ 到 z_j 的反代换来求出系统(S)之故.

就是说,如果系统(S)是被动的,那么系统(Σ)也是被动的.不难阐明,系统(Σ)是正排的.

实际上,系统(Σ)的方程是关于主要的导数解出的.Σ_2 和 Σ_3 的方程的右侧并不包含导数,于是它也是法式的.如果给变数 x_i 和 z_j 赋予它们在系统(S)里原有的同一标记 $\mathfrak{a}_i$ 和 $\mathfrak{b}_j$,且给每个函数 $z_{j;\alpha}$ 以标记

$$\mathfrak{b}_j+\alpha_1\mathfrak{a}_1+\alpha_2\mathfrak{a}_2+\cdots+\alpha_n\mathfrak{a}_n$$

那么系统(Σ)中的每个导数所具有的标记和系统(S)中与它相同的导数所具有的标记相同.所以,如果系统(S)的方程都是法式的话,那么群 Σ_1 和 Σ_4 的方程也都是法式的.

在群 Σ_5 里的方程中主要的和参数的导数有同一标记,因为它们都等于系统(S)中的同一导数的缘故.现在让我们再用一个最后的支量来补充所有的标记,使这支量对于所有的未知函数 $z_{j;\alpha}$ 等于零且对于每个独立变数 x_i 等于号数 i.由于群 Σ_5 的方程是关于最大

号数的导数解出的,那么这些方程也都是法式的.

因为从系统(S)和(Σ)得到未知函数 $z_{i;0}=z_j$ 的按差式 $x_i-x_i^0$ 的同一幂级数展开,所以它们的收敛是可以同时证明的.与其同时,系统(Σ)是第一阶一次方程系统(S_2).任何一个新的未知函数的所有导数都是主要的.

3.关于第一阶系统的存在定理

根据前面二定理我们可以限定考察 n 个独立变数 $x_1,x_2,\cdots,x_n$ 和 r 个未知函数 $z_1,z_2,\cdots,z_r$ 有关的第一阶线性方程的正排被动系统.设系统的方程具有方程

$$\frac{\partial z_j}{\partial x_i}=\sum_{\alpha,\beta}a_{\alpha\beta}^{(ij)}\frac{\partial z_\beta}{\partial x_\alpha}+b^{(ij)} \tag{37.31}$$

其中 $a_{\alpha\beta}^{(ij)}$ 和 $b^{(ij)}$ 是 $x_1,x_2,\cdots,x_n;z_1,z_2,\cdots,z_r$ 的函数,且总和是扩展到所有的参数的导数的.

如果

$$x_i=x_i^0,z_j=\varphi_j(x_{\alpha_1},x_{\alpha_2},\cdots,x_{\alpha_k})$$

组成积分系统的初步确定,那么用代换

$$\bar{x}_i=x_i-x_i^0,\bar{z}_j=z_j-\varphi_j$$

可化所有的初值为零而不破坏系统(37.31)的特点.我们将假定这个变换已实施.

(a)关于变数相乘的引理　对于正排系统的主要的及参数的导数族和任意的正数 ε 可以找出正常数因子 ξ_i,ζ_j,使得代换

$$\bar{x}_i=\xi_i x_i,\bar{z}_j=\zeta_j^{-1}z_j \tag{37.32}$$

对导数

$$\frac{\partial z_j}{\partial x_i}=\xi_i\zeta_j\frac{\partial\bar{z}_j}{\partial\bar{x}_i}$$

给出这样的系数 $\xi_i\zeta_j$，它的关于任何二导数的比即超前的[①] $\xi_\alpha\zeta_\beta$ 与跟后的 $\xi_i\zeta_j$ 之比要小于 ε

$$\frac{\xi_\alpha\zeta_\beta}{\xi_i\zeta_j}<\varepsilon \tag{37.33}$$

这引理虽然是对于第一阶系统(37.31)表述出来的，但是它对于任何的正排系统也成立.

如果给变数 x_i, z_j 以标记

$$\mathfrak{a}_i=(1,\mathfrak{a}_2^i,\mathfrak{a}_3^i,\cdots,\mathfrak{a}_m^i)$$

$$\mathfrak{b}_j=(\mathfrak{b}_1^j,\mathfrak{b}_2^j,\mathfrak{b}_3^j,\cdots,\mathfrak{b}_m^j)$$

那么我们借助于新的数量 v 给定因子 ξ_i, ζ_j 为方式

$$\xi_i=v_1 v_2^{\mathfrak{a}_2^i}\cdots v_m^{\mathfrak{a}_m^i}$$

$$\zeta_j=v_1^{\mathfrak{b}_1^j} v_2^{\mathfrak{b}_2^j}\cdots v_m^{\mathfrak{b}_m^j}$$

使附属于导数的因子

$$\xi_i\zeta_j=v_1^{\mathfrak{g}_1} v_2^{\mathfrak{g}_2}\cdots v_m^{\mathfrak{g}_m} \tag{37.34}$$

在各标数里具有导数标记的支量

$$\mathfrak{g}_k=\mathfrak{a}_k^i+\mathfrak{b}_k^i$$

如果 $m=1$，就是各标记有一支量，那么附属于导数的所有因子都是一个量 v_1 的乘幂

$$\xi_i\zeta_j=v_1^{\mathfrak{g}_1},\ \xi_\alpha\zeta_\beta=v_1^{\mathfrak{g}'_1}$$

如果导数 $\frac{\partial z_j}{\partial x_i}$ 跟在导数 $\frac{\partial z_\beta}{\partial x_\alpha}$ 之后，那么第一个的标记 $\mathfrak{g}_1$ 要大于第二个的标记 $\mathfrak{g}'_1$，因而

$$\mathfrak{g}_1-\mathfrak{g}'_1>0$$

---

① 如果导数 $\frac{\partial z_\beta}{\partial x_\alpha}$ 的标记小于导数 $\frac{\partial z_j}{\partial x_i}$ 的标记，那么第一个超前于第二个.

如果我们置

$$v_1 = 1 + \varepsilon^{-1} = \frac{1+\varepsilon}{\varepsilon}$$

那么

$$\frac{\xi_\alpha \zeta_\beta}{\xi_i \zeta_j} = v_1^{g'_1 - g_1} = \left(\frac{\varepsilon}{1+\varepsilon}\right)^{g_1 - g'_1} < \varepsilon$$

现在假定这引理对于带有$(\mu - 1)$支量的标记是正确的，并且考察带有μ个支量的标记的场合. 同时，假如在公式(37.34)里置$v_1 = 1$，用文字K表示这些因子$\xi_i \zeta_j$的全体.

如果带有μ个支量的标记的第一支量g_1, g'_1重合，那么条件(37.33)根据假设成立了，因为在比值(37.33)的组成里文字v_1相消的缘故.

如果第一支量不相同，那么g_1大于g'_1，因为导数$\frac{\partial z_j}{\partial x_i}$跟在导数$\frac{\partial z_\beta}{\partial x_\alpha}$之后，于是$g > g'$的缘故. 为了在这场合要保持不等式(37.33)，应该选择量v_1，使它满足所有的不等式

$$v_1^{g'_1 - g_1} q < \varepsilon \tag{37.35}$$

式中q表示关于族K的因子$\xi_i \zeta_j$的比(37.33)的值. 不等式(37.35)的对每一对的导数$\frac{\partial z_j}{\partial x_i}, \frac{\partial z_\beta}{\partial x_\alpha}$写出来的. 因为原系统的主要的及参数的导数的数目无论它们怎样，总是有限的并且所有不等式是一个意义，所以可用一个不等式来替代它们. 由此得出引理的真实性.

这样一来，对于任何的正数ε系统(37.31)在乘法(37.32)之后采取方式

$$\frac{\partial \bar{z}_j}{\partial \bar{x}_i}=\sum_{\alpha,\beta} a_{\alpha\beta}^{(ij)} \frac{\xi_\alpha \zeta_\beta}{\xi_i \zeta_j} \frac{\partial \bar{z}_\beta}{\partial \bar{x}_\alpha}+\frac{b^{(ij)}}{\xi_i \zeta_j} \tag{37.36}$$

这时对于所有标数

$$\frac{\xi_\alpha \zeta_\beta}{\xi_i \zeta_j}<\varepsilon$$

(b)优越系统的建成　假定函数 $a_{\alpha\beta}^{(ij)}$，$\frac{b^{(ij)}}{\xi_i \zeta_j}$ 在坐标原点近旁是全纯的，而且在点 $x_i=z_j=\rho>0$ 都被展开为绝对收敛级数. 设 M 及 N 是大于对应展开的任意项绝对值的二正数. 那么作出函数

$$A=\frac{M}{1-\frac{X+Z_1+\cdots+Z_r}{\rho}}, B=\frac{N}{1-\frac{X+Z_1+\cdots+Z_r}{\rho}}$$

其中

$$X=\bar{x}_1+\bar{x}_2+\cdots+\bar{x}_n$$

按照37.1节的引理这些都是系数 $a_{\alpha\beta}^{(ij)}$，$\frac{b^{(ij)}}{\xi_i \zeta_j}$ 的强函数，而且系统

$$\frac{\partial Z_j}{\partial \bar{x}_i}=\sum_{\alpha,\beta} A \frac{\xi_\alpha \zeta_\beta}{\xi_i \zeta_j} \frac{\partial Z_\beta}{\partial \bar{x}_\alpha}+B \tag{37.37}$$

是系统(37.36)的强系统.

为证明强系统(37.37)的积分的存在，我们要找出具有一个项目 X 的函数方式的解

$$Z_1=Z_2=\cdots=Z_r=Z$$

目前却须指出，所有方程(37.37)在这些假定之下相互重合而只变成一个方程

$$\frac{\mathrm{d}Z}{\mathrm{d}X}=A \frac{\mathrm{d}Z}{\mathrm{d}X} \sum_{\alpha,\beta} \frac{\xi_\alpha \zeta_\beta}{\xi_i \zeta_j}+B$$

或者,如果把 A 和 B 的值代进这里且除去分母

$$\frac{\mathrm{d}Z}{\mathrm{d}X}\left(1-M\sum_{\alpha,\beta}\frac{\xi_{\alpha}\zeta_{\beta}}{\xi_{i}\zeta_{j}}-\frac{X+rZ}{\rho}\right)=N \quad (37.38)$$

根据已证的引理关于导数 $\frac{\mathrm{d}Z}{\mathrm{d}X}$ 的系数在原点 $X=0,Z=0$ 满足不等式

$$1-M\sum_{\alpha,\beta}\frac{\xi_{\alpha}\zeta_{\beta}}{\xi_{i}\zeta_{j}}>1-Mp\varepsilon$$

式中 p 是系统的参数的导数的数目,且 ε 是任意的正数. 如果这样选择 ε,使

$$1-Mp\varepsilon>0,\text{即 }\varepsilon<\frac{1}{Mp}$$

那么 $\frac{\mathrm{d}Z}{\mathrm{d}X}$ 的系数在原点是正的. 由此得知 Z 的任意阶导数在点 $X=Z=0$ 常有正的符号. 由于强函数的选择这些导数的初值大于任意函数 $\bar{z}_j$ 的展开的系数的绝对值.

另一方面,$\frac{\mathrm{d}Z}{\mathrm{d}X}$ 的系数对 $X=Z=0$ 是正的,也自然异于零. 根据这事实,方程(37.38)必有对 $X=0$ 采取值 $Z=0$ 的全纯的积分 Z. 由此得知,Z 按 X 的展开收敛,因而,未知函数 $\bar{z}_j$ 的展开收敛. 所以 z_j 按 x_i 的幂级数展开也收敛,于是证明了积分系统的存在定理.

37.9 托马斯的标准系统

托马斯做了黎基叶理论的主要补充,他拓广了这理论到那一些未解出主要的导数的方程上去. 对于那

些方程系统，它关于未知函数及其导数（无论是主要的，或参数的）为代数的，他达到了最好的结果.

考察这样的方程（$f=0$）和不等式（$g\neq 0$）系统；用文字（S）来记它.

给予独立变数 x_i 和未知函数 z_j 以 $n+2$ 支量的标记

$$\mathfrak{a}_i=(1,0,\delta_n^i,\cdots,\delta_1^i),\delta_k^i=\begin{cases}1,当\ k=i\\0,当\ k\neq i\end{cases}$$

$$\mathfrak{b}_j=(1,j,0,\cdots,0),i=1,2,\cdots,n;j=1,2,\cdots,r$$

那么所有的导数（和未知函数 z_j）的分划是：

（1）按照导微的阶数；

（2）一个阶数的导数按照未知函数 z_j 的递升号数；

（3）在一个未知函数的一个阶数的导数范围内按照其秩.

这样一来，二导数不会有同一个标记.

配置所有的导数（和未知函数）为标记递升的顺序，而在代数的变换的期间内，用一个文字来记它们：$y_1,y_2,\cdots,y_\alpha,\cdots,y_r$. 称这样的分划为规范分划，且称顺序号数 α 为导数 y_α 的序数.

称多项式 f 所包含的导数 y_α 的最高序数为多项式 f（方程 $f=0$ 或不等式 $f\neq 0$）的序数. 称这导数为多项式（方程或不等式）的首领；每个多项式 f 要按照首领 y_α 的降幂来写出，而且首领的乘幂的各系数是按照下一个变数 $y_{\alpha-1}$ 的幂数作为多项式而写出的，等等.

系统（S）的所有方程 $f=0$ 和不等式 $g\neq 0$ 分成这

样的类别 $S_1,S_2,\cdots,S_r$,使每一类别包含一个序数 α 的方程(和不等式).

代数的变换 让我们逐步实现系统(S)的下列五种代数变换:

1. 从最高序数开始,在每一类别 S_α 的每一多项式 f(方程 $f=0$ 或不等式 $f\neq 0$)里,考察首领 y_α 的最高幂的系数 a_0(初系数),它一般是关于 $y_{\alpha-1}$ 的多项式.我们假定它是不等于零的,而对系统赋予不等式 $a_0\neq 0$,并且以特别场合的方式分出用方程 $a_0=0$ 它补充的系统.

2. 把头两个系数 a_0,a_1 看作为其首领的多项式而组成它们的终结式[①] $R,R_1,\cdots,R_p$.如果根据系统(S)的方程得到 $R=R_1=\cdots=R_{p-1}=0$ 且 R_p 不是零,那么对系统赋予不等式 $R_p\neq 0$ 且找出最大公因子 $ОНД(a_0,a_1)$,而拣出 $R_p=0$ 为特别场合.这样继续进行,找出 $ОНД(a_0,a_1,\cdots)$ 即所有系数的最大公因子且从 $f=0$(或 $f\neq 0$)约掉它,因为根据 $a_0\neq 0$ 最大公因子变成零的情况必须除外的缘故.

① 此地把终结式 $R(a_0,a_1)$ 写成西尔维斯脱行列式的方式(范·德尔·瓦尔甸,近世代数,俄译本第2版,第Ⅰ卷,116页,中译本卷上,111页),除去最初 p 行和最后 p 行,最初 p 行和对于第二多项式的最初 p 列之后,便获得 $R_p(a_0,a_1)$.在 $R_p\neq 0$ 之下 R_{p-1} 变做零是 p 次最大公因子 $ОНД(a_0,a_1)=h$ 存在的充要条件,同时 $(R_p)^2a_0=h\varphi_1$,$(Rp)^2a_1=h\varphi_2$.为了 h 要变成关于所有变数 y_k 的多项式,因子 $(Rp)^2$ 是必要的.

3. 逐步确定判别式[①] $D(f), D_1(f), \cdots, D_q(f)$. 如果根据系统(S), $D=D_1=\cdots=D_{q-1}=0$, 而判别式 D_q 则不恒等于零的话,那么对系统赋予 $D_q\neq 0$ 且从方程 $f=0$ 约去 $OHД(f,f')$,使新方程只一回含有每个根. 我们分出场合 $D_q(f)=0$.

完全同样地变换每个不等式 $f\neq 0$.

4. 如果方程 $f=0$ 和方程 $g=0$(或不等式 $g\neq 0$)是同一序数 α 的(属于同一类别 S_α),那么我们建立终结式 $R(f,g), R_1(f,g), R_2(f,g), \cdots$. 设根据系统(S)的方程, $R=R_1=\cdots=R_{p-1}=0$ 且终结式 R_p 不恒等于零,使得 $OHД(f,g)=\varphi$ 是 p 次多项式且 $(R_p)^2 f=\varphi f_1$, $(R_p)^2 g=\varphi g_1$, 式中 f_1 及 g_1 都是序数 α 的多项式.

如果 $p=0$ 即没有公因子的话,那么方程 $f=0$ 和 $g=0$ 是不相容的,且应该除外这个场合(这个系统),而等式 $f=0$ 和不等式 $g\neq 0$ 的总体等价于一个方程 $f=0$,因为 $f=0$ 的每个根不会使 g 变成零之故. 因而在系统(S)里可以放弃不等式 $g\neq 0$. 如果 $p>0$ 且公因子 φ 存在,那么两方程 $f=0$ 和 $g=0$ 等价于一个方程 $\varphi=0$,而方程 $f=0$ 和不等式 $g\neq 0$ 等价于一个方程 $f_1=0$.

因而,可以用一个新方程来替换一个类别 S_α 的所有方程和不等式,只要这个类别至少包含一个方程的

① 此地 $D_q(f)=R_q(f,f')$,式中 f' 表示多项式 f 关于它的首领的导数.

话.反之,如果类别 S_α 只包含不等式,那么连乘这些全部,而把全类别这样地归结到一个新不等式.

这样一来,我们由 S_r 到 S_1 变换所有类别.经过变换之后,新类别 $s_1, s_2, \cdots, s_r$ 在每个类别里或者有一个方程 $f=0$,或者有一个不等式 $g \neq 0$.

也许类别 s_α 是空的.这时候称这序数的导数为自由导数.如果类别 s_α 包含方程 $f=0$,那么称它的导数 y_α 为系统的主要的导数.称其余的一切导数(连自由导数也在内)为参数的导数.

因而,参数的导数是不等式的首领或者它的类别是空的.

称方程 $f=0$ 关于本身的首领 y_α 的次数为系统(S)关于导数 y_α 的次数.

最后让我们来实现末了一个变换.

5.考察类别 S_β 的等式 $G=0$ 或不等式 $G \neq 0$ 的左侧多项式 G.把它按文字 $y_{\alpha+1}, y_{\alpha+2}, \cdots, y_\beta$ 的次数排列起来.这个展开的每个系数是带有序数 α(或更低的)的首领 y_α 的多项式.可能发生这样的情况,这些系数的一个 g 是关于本身的首领 y_α 的多项式,它的次数高于系统(S)关于 y_α 的次数,就是高于方程 $f=0$(它的首领乃是 y_α)的次数.那么我们按模 f 可以化约多项式 g,就是用 f 来除 g(按多项式除法,预先用多项式 f 的初系数 a_0 的适当乘幂来乘 G,免得在系数里发生分数)且用这除法的剩余 g_1(g_1 关于 y_α 的次数低于 f 的次数)替换 g.

单纯系统 在所有变换之后得到具有下列性质

的系统(S)：

1. 系统被分划为 r 类别 $S_1,S_2,\cdots,S_\alpha,\cdots,S_r$；每个不空的类别 S_α 包含一个方程 $f=0$ 或一个不等式 $f\neq 0$，其中并不包含 $y_{\alpha+1},\cdots,y_r$(根据变换 4).

2. 类别 S_α 的多项式 f($f=0$ 或 $f\neq 0$) 的初系数和判别式 D 根据前面的类别 $S_1,S_2,\cdots,S_{\alpha-1}$ 都不等于零(根据变换 1,3).

3. 类别 S_α 的多项式 f($f=0$ 或 $f\neq 0$) 没有不包含 y_α 的因子(根据变换 2).

4. 如果导数 y_α 是主要的(类别 S_α 包含方程 $f=0$)，那么在所有系统(S) 中(类别 $S_{\alpha+1},\cdots,S_r$) 只能包含导数 y_α 的乘幂，它的标数小于多项式 f 的次数(根据变换 5).

称这样的系统为单纯系统.

从我们的讨论得出：

定理 37.12　任何无矛盾的代数系统可以分成有限个单纯系统. 各种单纯系统除了第一个以外是在所分出的特殊的场合(a_0，判别式等变成零) 的考察下得来的.

37.10　代数系统的初始条件

单纯系统以其方程的序数增加的顺序被排列时，从最低类别到最高类别可以代数地逐步解它. 为了确定系统的一个根作为独立变数 x_i 的函数系统 y_α 的根，应该给定

1. 起点，就是对于独立变数的定值 $x_i=x_i^0$ 满足系统的数值 $y_\alpha=y_\alpha^0$ 的集合.

逐步解系统 $S(0)$，可以得到这样的数值系统，其中 $S(0)$ 是从系统(S)把 $x_i=x_i^0$ 代进那里去的时候所得到的. 实际上，第一类别 S_1 的方程 $f=0$ 或者不等式 $f\neq 0$ 只包含一个独立的 y_1. 如果 S_1 包含方程 $f=0$，应该拿多项式 f 的一根来做 y_1 的初值；或者，如果 S_1 包含不等式 $f\neq 0$，就拿不等于一根的任意数；或者，如果 S_1 是空的类别，就拿一般任意值. 假如从低序数的方程已经解出变数 $y_1,y_2,\cdots,y_{\alpha-1}$ 的话，那么类别 S_α 的多项式 f($f=0$ 或 $f\neq 0$) 变成 y_α 有关的常系数的多项式，从此按前面的规律完成 y_α 的数值的确定.

2. 初步确定，就是作为 $x_1,x_2,\cdots,x_n$ 的任意函数的所有参数的导数 y_α 的值，但须满足一个要求——必须采取 $x_i=x_i^0$ 为起点的坐标值.

因为系统的方程没有重根，所以对 $x_i=x_i^0$ 给定数值 y_α^0，便可完全确定一意的函数 y_α，使它满足类别 S_α 的方程 $f=0$，在那里我们要从(关于参数的导数) 初步确定采取它们的值或者从前面的类别的方程所得到的解(关于主要的导数) 以代替变数 $y_1,y_2,\cdots,y_{\alpha-1}$.

这样一来，有了定理 13：

定理 37.13 如果单纯系统的最小序数不等于零，那么可以代数地解它.

如果最小序数等于零，那么系统必包含没有一个未知数 y_α 在内的方程. 这样的方程是有矛盾的，因为独立变数不能以任何关系互相联系的缘故. 因而，凡

最小序数等于零的系统是不相容的.

如果最小序数不等于零,那么按起点及初步确定就完全定义了系统的一根.

标准系统　直到现在我们观察了作为代数的系统(S),假定了诸量 $y_1,y_2,\cdots,y_r$ 单由系统的方程(或不等式 $f\neq 0$)相互联系起来.如果把它看作为微分方程系统,且把各量 y_α 看作为未知函数 $z_1,z_2,\cdots,z_r$ 按独立变数 x_i 的各阶导数的话,那么除了系统(S)而外,必须考察延拓系统(S′)的方程.

关于独立变数 x 导微系统(S)的任何方程

$$f\equiv a_0y^m+a_1y^{m-1}+\cdots+a_m=0$$

便得到

$$\delta f\equiv f'\delta y+\delta a_0y^m+\cdots+\delta a_m=0,\delta=\frac{\partial}{\partial x},f'=\frac{\partial f}{\partial y}$$

新方程的首领是导数 δy,它的标记等于变数 y 和 x 的标记之和;它的初系数及判别式都重合于导数 f',而由于系统(S)是单纯的,f' 不等于零.这样一来,延拓系统方程的赋予并不破坏系统单纯性的前两条件.利用这些,我们实施两个运算:

a.对系统(S)赋予延拓系统(S″)的方程,使系统的主要的导数所赋予的单式族是完备的($\mathscr{H}_\alpha^{\#}$).

b.新系统($S^{\#}$)的方程 $g=0$(或不等式 $g\neq 0$)可以包含导数 δy,其中 y 是系统的另外方程 $f=0$ 的首领.我们曾经看到,δy 是方程 $\delta f=0$ 的首领.对系统赋予方程 $\delta f=0$.

由于导数 δy 的标记时常小于方程 $g=0$ 的首领的

标记，那么我们在序列 $S_1, S_2, \cdots, S_r$ 里只要补充空的类别. 用有限回的补充结束这过程，并且在所得到的系统化成单纯方式之后(假如它的单纯性要被破坏的话) 我们获得被称为标准的且带有下列性质的系统：

(1) 在代数的意义下，系统(S) 是单纯系统.

(2) 单式的完备族($\mathscr{H}_{\alpha}^{\#}$) 是用主要的导数建成的.

(3) 每个主要的导数首先是在类别 $S_1, S_2, \cdots, S_r$ 的规范列里作为方程的首领出现的.

标准系统的初始条件和代数系统的时候一样，是由那两部分形成的，不过它包含更少的自由度，因为现在变数 y_{α} 是被来自系统的微分性质的新条件所限制之故. 它们是从下列的规定所构成的：

① 起点即满足系统的数值 $y_{\alpha} = y_{\alpha}^{0}, x_i = x_i^{0}$ 的全体的给定；

② 初步确定即对应补充族的单式的参数的导数，取作它的因子变数的任意函数，其中非因子变数取初值；函数选择的自由度按照一个条件，即 $x_i = x_i^{0}$ 必须采取起点的坐标值.

定理 37.14 标准系统至多有满足初始条件的一个解.

实际上，在这些条件下，不但系统(S) 而且延拓系统(S'') 的所有方程在起点可以一意地解出来.

被动的标准系统 按照完备族单式的比较公式

$$\mathscr{H}_b \cdot x_e = \mathscr{H}_a \cdot \lambda$$

可以写出被动性的条件.

设两单式 $\mathscr{H}_b$ 和 $\mathscr{H}_a$ 对应于首领 y_b 和 y_a 的方程

$f_b=0$ 和 $f_a=0$；顺次按照变数 x_e 和积变数 $\lambda=\bar{x}_1^{p_1}\bar{x}_2^{p_2}\cdots\bar{x}_m^{p_m}$［参照公式(37.19)］导微这些方程，便获得

$$f'_b\frac{\partial y_b}{\partial x_e}+g_b=0, f'_a\frac{\partial y_a}{\partial\lambda}+g_a=0$$

式中

$$f'_a=\frac{\partial f_a}{\partial y_a}, f'_b=\frac{\partial f_b}{\partial y_b}$$

导数$\frac{\partial y_a}{\partial\lambda}=\frac{\partial y_b}{\partial x_e}$(旧的导数)根据比较公式(37.17)相等而且多项式 g_a 和 g_b 的序数小于所得到的方程的共同首领的序数.消去旧的导数,便得到方程

$$f'_bg_a-f'_ag_b=0 \tag{37.39}$$

对应于独立的比较公式(37.17)的所有方程(37.39)的全体形成被动性的条件.

定理 37.15 被动的标准系统必有满足初始条件的一系积分.

如果注意到:当每个方程关于它的首领被解出的时候,系统直接变成正排被动系统,那么定理 15 成为明显的.

化系统为被动性 如果条件(37.39)因系统(S)和它的延拓系统的方程而变成恒等式的话,那么系统是被动的,并且积分存在定理成立.如果它们根据系统(S″)不化为恒等式的话,那么赋予独立方程到系统去且变换新系统使成为标准的.新系统的首领全体包含所有的旧首领在内而且此外还包含若干个在系统(S)里曾经是参数的而现在是主要的那些导数.

如果新系统不是被动的，那么应该再一次延拓它. 同时每度出现新首领，这些只是从参数的导数全体之中取来的. 如下列引理所示，这样的过程必须在有限回的步骤之后结束.

引理 37.3 具有非负的支量的整数复素数 $\alpha=(\alpha_1,\alpha_2,\cdots,\alpha_n)$ 的非增加序列 $P(\alpha)$ 是有限的.

如果对于接在序列的数 a 之后的任何一数 b，至少有一差式

$$b_1-a_1,b_2-a_2,\cdots,b_n-a_n$$

是负的，那么在支量的任意顺序下序列不会增大.

设 $a=(a_1,a_2,\cdots,a_n)$ 是序列 $P(\alpha)$ 的第一项.

当 $n=1$ 时，引理 37.3 是明显的，这是因为，由于现在支量 α_1 单调减少且全部是正的，它们决不大于支量 a_1 里所有单位的个数.

从我们的序列 $P(\alpha)$ 的项来组成支序列 P_l^k，使它仅包含这样的数 α，它的支量 α_k 等于数 l. 这样的支序列 P_l^k 具有标数 $l=0,1,2,\cdots,a_k,k=1,2,\cdots,n$，一部分是重复排列着的；它的个数是有限的.

可以把每个支序列 P_l^k 看作含有 $n-1$ 支量的项的序列，因为它的各项的所有支量 α_k 都等于 l 之故. 如果假定引理 37.3 对于 $n-1$ 支量的项的序列是真的，那么每个序列 P_l^k 包含有限个的项，因而序列 $P(\alpha)$ 也是有限的.

推论 37.3 设一个单式序列中的每个单式不能被前面的一个所除尽，那么这序列是有限的.

只需要把单式 $\mathscr{H}_\alpha=\alpha_1,\alpha_2,\cdots,\alpha_n$ 看作整数的复素

数，便可得出推论的正确性，而且从此直接得到定理37.16：

定理 37.16 任何标准系统经有限回的运算之后，或者化成被动的系统，或者揭露出它的不相容性.

实际上，在系统延拓的时候，由于新首领不可能是旧首领的导数，那么由它们所对应的单式不能被原来系统的族($\mathscr{H}_a$)的单式所除尽.

例 37.11 研究系统

$$f_1 \equiv p^2 - (x+y+1)p + x + y = 0, p = \frac{\partial z}{\partial x}$$

$$f_2 \equiv q^2 - (x+1)q + x = 0, q = \frac{\partial z}{\partial y}$$

这系统是单纯的. 实际上：

(1) 如果把独立变数排成字母的顺序 $x_1 = x, x_2 = y$，那么导数 p 的序数等于1，q 的序数等于2，且二类别 $S_1(f_1), S_2(f_2)$ 各包含一个方程；

(2) 初系数及判别式 $D(f_1) = (x+y-1)^2$，$D(f_2) = (x-1)^2$ 不等于零(独立变数不能有方程的联系)；

(3) 因为初系数都等于1，所以方程的各系数没有共同因子；

(4) 在方程 $f_2 = 0$ 里导数 p 全不在内.

系统的单式族是完备的. 列表于下：

单式	因子变数	单式的比较公式
$\mathscr{H}_1 = x = 1,0$	x —	$\mathscr{H}_1 \cdot y = \mathscr{H}_2 \cdot x$
$\mathscr{H}_2 = y = 0,1$	x y	

按变数 y 和 x 导微多项式 f_1 和 f_2，便得到

$$\frac{\partial f_1}{\partial y} \equiv [2p-(x+y+1)]s-p+1=0$$

$$\frac{\partial f_2}{\partial x} \equiv [2q-(x+1)]s-q+1=0$$

$$s=\frac{\partial^2 z}{\partial x \partial y}$$

从此消去 s 的结果，得着唯一的被动性条件

$$f_3 \equiv (1-x)p+(x+y-1)q-y=0$$

因为这个等式不能根据(S) 化成恒等式，所以赋予它到系统里.

经过第一个延拓之后，系统按序数的增加顺序被分成二类别：$S_1(f_1)$，$S_2(f_2, f_3)$.

第二类别包含二方程 $f_2=0$ 和 $f_3=0$. 因而，按照变换 4 的规律组成 f_2，f_3 作为主要文字 q 的多项式的终结式

$$R(f_2, f_3)=\begin{vmatrix} 1 & -(x+1) & x \\ 0 & x+y-1 & (1-x)p-y \\ x+y-1 & (1-x)p-y & 0 \end{vmatrix}$$

$$=-(1-x)^2 f_1$$

$$R_1(f_2, f_3)=x+y-1$$

因为 R 根据 $f_1=0$ 是等于零的且 $R_1 \neq 0$，所以 *OHД*(f_2, f_3) 是第一次，就是根据 $f_1=0$，多项式 f_2 被 f_3 所除尽. 就是说，我们不妨放弃方程 $f_2=0$，而仅保持

$$S_1(f_1), S_2(f_3)$$

因为系统 $f_1=0, f_3=0$ 代数学上包括系统 $f_1=0$, $f_2=0$(第一系统的所有根必满足第二系统),而且系统 $f_1=0, f_2=0$ 的被动性条件归到方程 $f_3=0$,所以没有必要来重复系统 $f_1=0, f_3=0$ 的被动性:根据系统本身的方程被动性条件化为恒等式.

补充单式和它的因子变数是:

补充单式	因子变数
$\mathcal{N}^2$— 空群 $\mathcal{N}^1_{[0]}=1=0,0$ $\mathcal{N}^1_{[1]}$— 空群	— —

初步确定

$$z=C=\text{const.} \text{ 当 } x=x_0, y=y_0$$

如果取初值 $x_0=y_0=0$,那么方程采取方式

$$f_1=p^2-p=0, f_3=p-q=0$$

从此得到起点

$$(p,q,x,y)=(0,0,0,0) \text{ 或 } (p,q,x,y)=(1,1,0,0)$$

第一个对应于方程 $f_1=0$ 中的根 $p=x+y$,从此解方程 $f_3=0$,得到 $q=x$;积分的结果,获得

$$z=\frac{1}{2}x^2+xy+C$$

第二个起点对应于根 $p=1$ 和 $q=1$;因而

$$z=x+y+C$$

虽然,多项式 f_1, f_2 分解为因子

$$f_1=(p-x-y)(p-1), f_2=(q-x)(q-1)$$

从此很快地得到同一结果,只要考察四系统

$$p=x+y, p=x+y, p=1, p=1$$
$$q=x, q=1, q=x, q=1$$

而其中只有第一和第四是相容的.

37.11 拓　　广

1.托马斯的基本系统

托马斯拓广单纯系统概念到一些方程系统的场合去,其中每个方程关于它的首领 y_α 是代数的,但是它的系数是 $y_1, y_2, \cdots, y_{\alpha-1}$ 和 x_i 的解析函数.

变换 1 ~ 4 可以适用于这样的系统而无困难,只是不具多项式的方式的不等式列进来而已.这样的不等式是靠着变数变更区域的缩小而可以把它除去的.

起点的存在是要假定的,而这时在已知的初步确定之下,根的唯一性的理由是从隐函数的存在定理得来的.

过渡到微分的系统并不招致困难,同时相应地可以推广标准系统的概念.化约为被动系统的工作,因为不可能指出延拓系统的起点(假如它存在的话)的找法而陷于僵局.

2.黎基叶的正排系统的拓广

据所见,黎基叶的正排系统是关于主要导数解出的这样的最一般的系统,对于它可以证明一定存在积分系统,使它的参数的导数(补充单式)的初步确定是因子变数的不被任何限制所约束的任意函数.

不难指出,如果在所解出的方程里,左侧的导数

比留在右侧的导数有较低的阶数，那么就没有可能来建立积分存在定理.形式上作出积分的幂级数，可能没有有限的收敛半径.譬如，索菲·柯娃列夫斯卡雅所考察的方程

$$\frac{\partial^2 z}{\partial x^2}=\frac{\partial z}{\partial y}$$

就是这样的.

如果把$\frac{\partial^2 z}{\partial x^2}$算作主要的导数，那么这是柯西类型的方程且有唯一全纯积分满足下列的初始条件

$$z=\varphi(y),\frac{\partial z}{\partial x}=\psi(y),\text{当 } x=x_0$$

式中 $\varphi(y)$ 和 $\psi(y)$ 是各项目的任意解析函数.

如果把$\frac{\partial z}{\partial y}$算作主要的导数，那么方程在标记的任何选择下不会满足正排性的要求，因为对于一个支量的标记(系统中的导数的推广的“阶”) 主要的导数的标记已经是小于参数的导数的标记之故.如果方程的积分存在的话，那么按照初始条件

$$z=f(x),\text{当 } y=y_0$$

其中 $f(x)$ 是 x 的任何解析函数，可以一意地写出它的幂级数展开.这样的展开一般没有有限的收敛半径并且仅在函数 $f(x)$ 的完全特殊选择下才可确定积分.

密历(Méray) 和黎基叶最初注意到方程

$$\frac{\partial^2 z}{\partial x\partial y}=f\left(x,y,z;\frac{\partial z}{\partial x},\frac{\partial z}{\partial y},\frac{\partial^2 z}{\partial x^2},\frac{\partial^2 z}{\partial y^2}\right)$$

不是正排的，这是因为，对于变数 x,y 的标记的任何选

择主要导数的标记绝不可能同时大于参数的导数$\frac{\partial^2 z}{\partial x^2}$和$\frac{\partial^2 z}{\partial y^2}$的标记，但是对于单支量的标记（推广的“阶”）左右两侧的标记相同. 按照系统的对应单式的一般理论所写成的初始条件，此地采取如下的方式

$$z=\varphi(x), \text{当 } y=y_0$$

$$\frac{\partial z}{\partial y}=\psi(y), \text{当 } x=x_0$$

在这些初值之上所建立的 z 的幂级数展开将有有限的收敛半径，只要在起点 $x=x_0$, $y=y_0$ 方程右侧按项目$\frac{\partial^2 z}{\partial x^2}$和$\frac{\partial^2 z}{\partial y^2}$的偏导数的积的模数不超出$\frac{1}{4}$.

黎基叶给了一般定理而确定了条件，使在它之下，可以断定解的存在而且确定它的自由度. 这些条件可以分成两部分：

1. 延拓系统（S'）的所有方程关于主要的导数是可解而不会撞到矛盾的，使参数的导数仍然是完全任意的；

2. 主要的导数的推广“阶”不低于参数的“阶”，这就是赋予每个未知函数以适当的正数，且假定独立变数的标记等于 1，便可得到对每个方程的主要的导数，它的单项标记（一个支量）不小于方程右侧中任何导数的标记.

在这些条件下必存在每个未知函数的唯一幂级数展开，使它的参数的导数的值取其因子变数的任意的已给函数. 如果已给的任意函数在起点所取的数值

为若干个不等式相联系,那么这些级数具备有限的收敛半径.

关于二阶方程的密历－黎基叶的结果,君铁尔(Гюнтер)曾经做了很显著的改进.对于一阶方程系统的索伯列夫的进一步工作,在未知函数的初值(在起点的值)空间把那些缺口装置好,以前为了所决定的积分系统能够存在起见,曾经对原方程系统删除了它们.

微分方程理论和数学物理的某些尚未解决的问题

第38章

В. И. 阿诺德的问题

1. n 次多项式的球函数的零点集，把球最多能分作几部分？

[已知柯朗定理(对二维球)给出上界为 $n^2/2+O(n)$，而 В. Н. Карпушкин 的例子给出下界为 $n^2/4+O(n)$.]

这样函数的极大值最大个数是怎样的？

2. 求非退化齐次方程 $\dot{x}=P(x)$ $(x\in\mathbf{R}^n)$ 的空间分量的个数，P 的分量是除坐标原点外无公共零点的二次齐次多项式.

[几何问题(当 $n=4$ 时)化为研究四个一套二次曲面(椭圆面)在投影空间的变形.这些二次曲面容许退化,甚至消失,但不容许在一起有公共点.问:互相不是同伦的四个一套共有几套?(当 $n=3$ 时——三个一套椭圆;在此情形回答是2套.一个三个一套的椭圆互相不相交,而对另一个三个一套,每个椭圆隔开另外两个椭圆的两个交点.)]

3. n 个可积多项式的组在 n 次多项式小扰动时可以生成多少个极限环?

[问题化为研究积分 $I(h)=\oint\frac{P\mathrm{d}x+Q\mathrm{d}y}{M}$ 的零点的个数,其中 I 是沿着具有积分因子 M 的,方程组 $\dot{x}=X(x,y)$, $\dot{y}=Y(x,y)$ 的围路 $H=h$ 上的积分, X,Y,P,Q 都是 n 次多项式.这个问题连在 $n=2$ 时还尚未解决,且甚至在当 H 是多项式, $M=1$ 的情形也未解决.在当 $M=1$, H,P,Q 都是固定次数的多项式的情形,对零点的个数有一致的上界估计(А. Н. Варченко, А. Г. Хованский),但是这个估计对解决原问题尚无裨益.]

4. 回旋形数序列定义如下:

1,1,2,3,8,14,42,81,….设有一条无穷的河,从西南流向东方,用 n 座桥和一条无穷的大道相交,这大道从西一直通向东,这些桥沿着大道从西到东用数字 $1,\cdots,n$ 来标记.在河上碰到桥的次序定义了数 $1,\cdots,n$ 的回旋形排列.回旋形数 M_n 是由 n 个元组成的回旋形排列.

[回旋形数具有绝妙的性质,例如, M_n 非偶当且仅

当n是二的阶(С. К. Ландо).]求出M_n当$n\to\infty$时的渐近性.[已知,$c4^n < M^n < C16^n$,c,C为常数.]

5. Navier-Stokes方程(譬如,在二维环面上)最小吸引子的Hausdorff维数的极小随雷诺数的增大而增大,是否正确?

[甚至连存在至少有某些极小吸引子,其维数随雷诺数增大这一点也未证明.已知的只是用雷诺数的幂次给出所有吸引子的维数的上界估计(Ю. С. Ильяшенко,М. И. Впшик和А. В. Бабин的结果).]

М. И. Вишик 的问题

1. (a) 考虑含有小参数λ的反应扩散方程组

$$\partial_t u = \Delta u - f(x,u,\lambda) - g(x) \equiv A(u,\lambda) \tag{38.1}$$

$$u=(u^1,\cdots,u^m), f=(f^1,\cdots,f^m)$$

$$|\lambda| \leqslant \lambda_0, x \in \Omega \subset \mathbf{R}^n$$

$$u|_{t=0} = u_0(x), \left.\frac{\partial u}{\partial v}\right|_{\partial\Omega} = 0 \tag{38.2}$$

当f和g满足某些条件时,问题(38.1),(38.2)对应于作用在空间$E=(H_1(\Omega))^m$的半群$\{S_t(\lambda), t \geqslant 0\}$($S_t(\lambda)u_0 = u(t,\lambda)$,这里$u(t,\lambda)$是问题(38.1),(38.2)的解),对任意的$t\geqslant 0$. $S_t(\lambda): E \to E$.如果$\lambda=0$时$f(x,u,0)=\nabla_u F(x,u)$,那么在满足某些条件下,建立$u(t,\lambda)$($u(t,\lambda)\in E, \forall t, \forall \lambda$)关于$\lambda$的稳定渐近的主要项$\tilde{u}_0(t)$,这个渐近关于$t$和$u_0$($\|u_0\|_E \leqslant R$)是一致的.函数$\tilde{u}_0(t)=\tilde{u}_0(t,\lambda)$关于$t$分片连续,它依赖于

λ,它的连续部分满足 $\lambda=0$ 时的极限方程组

$$\begin{aligned}&\partial_t\tilde{u}_0(t)=A(\tilde{u}_0(t),0)\\&\tilde{u}_0\mid_{t=0}=u_0=u_0(x)\end{aligned}\tag{38.3}$$

所有 $\tilde{u}_0(t)$ 的连续部分,除了第一片外,属于(38.3)的解的有限参数族.同时有估计

$$\begin{aligned}&\sup_{0\leqslant t<\infty}\|u(t,\lambda)-\tilde{u}_0(t)\|_E\leqslant C\mid\lambda\mid^q\\&q>0,C=C(R)\end{aligned}\tag{38.4}$$

问题在于求 $u(t,\lambda)$ 的稳定渐近的下一项,即建立关于 t 分片连续的这样的矢量函数 $\tilde{u}_1(t)\in E$,它第一个连续片外,属于曲线的有限参数族且满足估计

$$\sup_{t\geqslant0}\|u(t,\lambda)-\tilde{u}_0(t)-\tilde{u}_1(t)\|\leqslant C_1\mid\lambda\mid^{q_1},q_1>q\tag{38.5}$$

(b) 对具有耗散的、在 ∂_t^2u 前含有小参数 λ 的双曲型方程

$$\lambda\partial_t^2u+\gamma\partial_tu=\Delta u-f(u)-g(x),u\mid_{\partial\Omega}=0,\gamma>0\tag{38.6}$$

$$u\mid_{t=0}=u_0,\partial_tu\mid_{t=0}=p_0\tag{38.7}$$

在 $f(u)$ 和 $g(x)$ 满足某些条件下求出了解 $u(t,\lambda)$ 关于 λ 稳定渐近的主要项 $\tilde{u}_0(t)$,它满足形如(38.4)的估计,其中 $E=H_1$.函数 $\tilde{u}_0(t)$ 关于 t 分片连续,在间断点外是下列极限抛物型方程的解

$$\begin{aligned}&\gamma\partial_t\tilde{u}_0(t)=\Delta\tilde{u}_0(t)-f(\tilde{u}_0(t))-g\\&\tilde{u}_0\mid_{t=0}=u\mid_{t=0}=0\end{aligned}\tag{38.8}$$

$\tilde{u}_0(t)$ 的所有连续片,除第一片外,属于(38.8)的解的有限参数族.

问题在于求 $u(t,\lambda)$ 的稳定渐近的这样的下一项

$\tilde{u}_1(t)$，它满足估计式(38.5).

(c) 还可提出关于求依赖于小参数 λ 的半群 $\{S_t(\lambda)\}$ 的轨迹 $u(t,\lambda)$ 的稳定渐近的第二项的类似问题. 这时假定半群 $\{S_t(\lambda)\}$，$|\lambda|\leqslant\lambda_0$，满足类似于问题(38.1)，(38.2) 或(38.6)，(38.7) 相对应的半群所满足的条件.

2. 在对大雷诺数 Re 的情形求二维 Navier-Stokes 方程组吸引子 $\mathscr{U}$ 的 Hausdorff 维数的下界估计. 定义指标 q，对它有估计式

$$C(\mathrm{Re})^q \leqslant \dim_H \mathscr{U} \tag{38.9}$$

($\dim_H \mathscr{U}$ 是 $\mathscr{U}$ 的 Hausdorff 维数).

注 1 对关于 x_1 有周期 $2\pi/a$(a 是小参数) 关于 x_2 有周期 2π 的 Колмогоров 周期流，在(38.9) 中可以取 $q=1$. 看来，这个估计可以改进.

3. 设已给方程组

$$\partial_t \tilde{u} = f(\tilde{u}), \tilde{u} = (\tilde{u}^1, \cdots, \tilde{u}^m), f = (f^1, \cdots, f^m) \tag{38.10}$$

$f'_u \geqslant -C\boldsymbol{I}$($\boldsymbol{I}$ 是单位矩阵). 此外，对 f 可能添加补充条件. 假定方程组(38.10) 具有紧的最大吸引子. 设 $u(t, x, \varepsilon)$ 是下列偏微分方程边值问题的解

$$\partial_t u = \varepsilon \Delta u + f(u), \varepsilon > 0, x \in T^n, T^n \text{ 是环面} \tag{38.11}$$

$$u|_{t=0} = u_0(x) \tag{38.12}$$

问题在于求解 $u(t,x,\varepsilon)$ 关于 ε 的稳定渐近的主要项 $\tilde{u}$，这个渐近关于 $t(0\leqslant t<+\infty)$ 和 $u_0(x)(\|u_0(x)\|_C\leqslant R)$ 是一致的. 同时对 $\tilde{u}$ 有估计

$$\sup_{0\leqslant t<+\infty}|u(t,x,\varepsilon)-\tilde{u}(t,x,\varepsilon)|\leqslant C\varepsilon^{q}$$

$$q>0,C=C(R)$$

Ю. С. Ильяшенко 的问题

所提问与第 16 问题紧密相联. 这个问题有几个互相加强的形式. 中间形式是这样的:证明:对任意 n 存在这样的 N,使得在实平面上 n 次多项式矢量场有不多于 N 个极限环. 在 20 世纪初,当问题被提出时,最自然的矢量场的有限参数族曾是固定次的多项式族. 在现时已普遍用《典型的》有限须数族.

1. Hilbert-Arnold 问题. 证明:在二维球上对光滑(即 C^{∞} 类)的矢量场的典型有限参数族存在这样的 N,使得族的方程有不多于 N 个极限环. 假定族的基是紧的. 这个问题与 Arnold 所提的问题接近,由此而得此名. 族的典型性条件是本质的,这是因为个别的 C^{∞} 类矢量场可以有可数个极限环. 注意到,在典型的有限参数族中所遇到的光滑函数多数像是解析的.

下列两个问题是对前面的补充.

2. 初等复形环的分歧. 矢量场在平面上的奇点称作初等的,如果相应的线性场在这点的本征值至少有一个值不等于零. 复形环(分界线多边形)被称作初等的,如果所有它的奇点都是初等的.

考虑平面上光滑矢量场的初等复形环. 假定它的单值变换有非恒等的 Dirac 级数. 要求证明:在任意有限参数光滑族中的这种复形环可分歧产生极限环,它的个数不超过一个常数,这个常数依赖于形变场,但不依赖于形变.

注 2　所作假定不成立，也即，Dirac 级数的修正等于零，这个条件分出余维为无穷的矢量场集合；由这个集合导出的方程，在典型的有限参数族中碰不到.

3. 族中奇异性的分解. Bendixson-Дюмортье 经典定理确证；解析矢量场的孤立奇点或光滑矢量场的有限重奇点，经有限个 σ — 过程之后，可以分解成有限个初等奇点. 对矢量场的局部族类似的定理是否成立？在二维相空间和有限维参数空间 B 的乘积空间的点 $(0,0)$ 的领域中，详细考虑微分方程族 $\dot{x}=v(x,\varepsilon)$. 是否存在流形 M 和 M 上方向场 α，使得图 38.1 是可交换的，且满足下面这些要求：

$$\begin{array}{ccc} M & \xrightarrow{H} & U \\ \downarrow{\scriptstyle\tilde{\pi}} & & \downarrow{\scriptstyle\pi} \\ \tilde{B} & \xrightarrow{h} & B \end{array}$$

图 38.1

$\tilde{B}$ 是和 B 有相同维数的解析流形，h 是不一定一一单值的解析映射；π 是投影 $(x,\varepsilon)\rightarrow\varepsilon$；$M$ 是维数为 $\dim B$-2 的解析流形；$\tilde{\pi}$ 是解析映射，它的层是二维流形；方向场 a，在解析映射 H 的作用下，转化为这样的方向场，它是由 U 上的矢量场 $(v,0)$ 生成的；场 a 切于映射 $\tilde{\pi}$ 的层；在每一点附近将场 a 限制在每一层上，就产生只有初等奇点的矢量场.

A. C. Калашников 的问题

1. 令 $\Omega_T=\{(x,t)\mid x\in\mathbf{R}^N,0<t<T\}$，其中 $0<T\leqslant+\infty$，在 Ω_T 中考虑下列方程组

$$\frac{\partial u_i}{\partial t}a_i\Delta_x(u_i^m i)-b_iu_1^{p_i}u_2^{q_2},i=1,2\quad(38.13)$$

和初始条件

$$u_i(x, +0) = u_{0i}(x), i = 1, 2 \qquad (38.14)$$

的柯西问题.这里

$$\begin{cases} a_i > 0, m_i \geqslant 1, p_i > 0, q_i > 0, i = 1, 2 \\ b_1 > 0, b_2 \geqslant 0 \text{ 是常数} \\ u_{0i} \in L^{\infty}(\mathbf{R}^N), u_{0i}(x) \geqslant 0 \\ i = 1, 2, \text{对几乎所有 } x \in \mathbf{R}^N \end{cases} \qquad (38.15)$$

问题(38.13),(38.14)在 Ω_T 的广义解是矢量函数 $(u_1, u_2): \Omega_T \to (\overline{\mathbf{R}}_+)^2$，属于 $(L^{\infty}(\Omega_T))^2$，且在 $\mathscr{D}'(\Omega_T)$ 中满足(38.13)和在 $\mathscr{D}'(\mathbf{R}^N)$ 中满足(38.14).

问题(38.13),(38.14)在 Ω_∞ 的广义解的存在性能由其他结果导出.

下列问题尚未研究：

(a) 问题(38.13),(38.14)在 Ω_∞ 的广义解是否唯一?

(b) 它的正则性如何?

2. 设(u_1, u_2)是问题(38.13),(38.14)在 Ω_∞ 的广义解,它满足假定(38.15)及下列补充条件

$$m_1 = m_2 = 1, a_1 = a_2, b_2 > 0, p_1 < 1, q_2 < 1, q_1 \geqslant q_2 \qquad (38.16)$$

$$\operatorname*{ess\,inf}_{\mathbf{R}^n}\{(1 - p_1 + p_2)^{-1} b_2 [u_{01}(x)]^{1-p_1+p_2} - (1 + q_1 - q_2)^{-1} b_1 [u_{02}(x)]^{1+q_1-q_2}\} > 0 \qquad (38.17)$$

于是,有如下结论：

(a) $\operatorname*{ess\,inf}_{\Omega_\infty} u_1(x, t) > 0$;

(b) 存在这样的 T,使得 $u_2(x,t)=0$ 对几乎所有 $(x,t)\in\mathbf{R}^N\times[T,+\infty]$. 如果(38.17)不成立,那么结果 a) 和 b) 也不成立.

问题 1 可不可以减弱条件(38.16),特别是容许 $m_i>1, m_1\neq m_2, a_1\neq a_2$?

3. 设(u_1,u_2)是问题(38.13),(38.14)在 Ω_∞ 的广义解,它满足假定(38.15)及下面的补充条件

$$p_1\geqslant 1, b_2\geqslant 0, m_i>1$$

$$u_{0i}(x)\text{ 是有界支集函数}(i=1,2), u_{01}(x)\not\equiv 0 \tag{38.18}$$

于是根据关于存在有限扰动传播速度的已知结果,对几乎所有的 $t\geqslant 0$,函数 $u_i(x,t)$ 关于 x 是有界支集函数$(i=1,2)$. 当满足(38.18)及不等式

$$q_1>m_2-1+2/N \tag{38.19}$$

时,$u_1(x,t)$ 的支集与集合$\{(x,t)\in\Omega_\infty, |x|>L\}$(不论 $L>0$ 为何数)有非空的交;如果

$$q_1<m_2-1+2/N \tag{38.20}$$

和

$$m_1>m_2, b_2=0, N=1 \tag{38.21}$$

那么函数 $u_1(x,t)$ 被空间局部化,即 $u_1(x,t)=0$ 对几乎所有这样的(x,t): $|x|\geqslant L_0, 0\leqslant t<+\infty$,这里 L_0 是属于$(0,+\infty)$的某个常数.

问题 2 (a) 在满足(38.19)的情形,当 $t\to+\infty$ 时,$u_1(x,t)$ 的支集的边界的渐近性是怎样的?(b) 在满足(38.20)而不满足(38.21)时,函数 $u_1(x,t)$ 是否被空间局部化?

4. 现在将假定(38.15)改成下列形式

$$b_1 < 0, p_1 > 1, a_i > 0, m_i \geqslant 1, q_i \geqslant 0, i = 1, 2$$

$$b_2 \geqslant 0, p_2 \geqslant 0 \qquad (38.22)$$

由于(38.22)中开头两个不等式，问题(38.13)，(38.14)在 Ω_T 中，一般说来，仅对充分小的 $T > 0$ 可解. 如果除(38.22)外还满足下列不等式

$$|b_1|(p_1 - 1)(\text{ess sup } u_{01}(x))^{p_1 - 1} \cdot$$
$$(\text{ess sup } u_{02}(x))^{1+q_1-q_2} <$$
$$b_2(1 + q_1 - q_2)(\text{ess inf } u_{01}(x))^{p_2} \qquad (38.23)$$

那么问题(38.13)，(38.14)在 Ω_∞ 的广义解存在，但是，当(38.23)不满足时，这个结论就将不成立.

问题 3　当(38.23)不满足时，对怎样的 T 可以保证问题(38.13)，(38.14)在 Ω_T 的广义解存在?

В. А. Кондратьев 的问题

考虑抛物型方程

$$\frac{\partial u}{\partial t} = \sum_{i,j=1}^{n} \frac{\partial}{\partial x_i} a_{ij}(x,t) \frac{\partial u}{\partial x_j} \qquad (38.24)$$

其中 $x = (x_1, \cdots, x_n)$，$(x,t) \in Q = \{(x,t) : |x - x_0| \leqslant a, t_0 < t < t_0 + \beta\}$，$a = \text{const} > 0$，$\beta = \text{const} > 0$. 假定 $a_{ij}(x,t)$ 是 Q 中有界可测函数且

$$\sum_{i,j=1}^{n} a_{ij}(x,t)\xi_i\xi_j \geqslant \lambda \sum_{i=1}^{n} \xi_i^2, \lambda = \text{const} > 0$$

方程(38.24)的(广义)解是这样的函数：$u(x,t) \in L_2(Q)$，$\dfrac{\partial u}{\partial x_i} \in L_2(Q)$，$i \leqslant n$，且

$$-\int_Q u \frac{\partial \Psi}{\partial t} \mathrm{d}x\mathrm{d}t + \int_Q \left[\sum_{i,j=1}^n a_{ij} \frac{\partial u}{\partial x_j} \frac{\partial \Psi}{\partial x_i}\right] \mathrm{d}x\mathrm{d}t = 0$$

$$\forall \psi(x,t): \psi \in L_2(Q), \frac{\partial \psi}{\partial x_i} \in L_2(Q)$$

$$\psi \mid_{|x-x_0|=a} = 0, \psi \mid_{t=t_0+\beta} = 0$$

1. $a_{ij}(x,t)$ 满足怎样的条件，使得$\frac{\partial u}{\partial t} \in L_2(Q)$ 成立？［如果 $|a_{ij}(x,t+h) - a_{ij}(x,t)| \leqslant Lh^\gamma, i,j = 1,\cdots,n, \gamma = \text{const} > \frac{1}{2}$，那么这个断言不难证明.］是否能将限制 $\gamma > \frac{1}{2}$ 减弱？

2. 不难证明：$u(x,t) \in H^{0,\frac{1}{2}}(Q)$，即

$$\int\limits_{|x-x_0|\leqslant a} \iint\limits_{\substack{t_0<t<t_0+\beta \\ t_0\leqslant\tau\leqslant t_0+\beta}} \frac{|u(x,t)-u(x,\tau)|^2}{|t-\tau|^2} \mathrm{d}x\mathrm{d}t\mathrm{d}\tau < \infty$$

是否能证明，对任何 $s > \frac{1}{2}$ 有 $u(x,t) \in H^{0,s}$？

С. Н. Кружков 的问题

1. 设 $u_0(x) \in L_\infty(\mathbf{R}^1)$，$u(t,x) \in L_\infty(\Pi_T)$，这里 $\Pi_T = (0,T] \times \mathbf{R}^1$，而且在 Π_T 有 $u_t + (u^2/2)_x = 0$，$(u^2/2)_t + (u^3/3)_x \leqslant 0$，并在广义函数理论意义下 $u(t,x) \to u_0(x)$ 当 $t \to +0$.

考虑在给定函数 $u_0(x)$ 时关于函数 $u(t,x)$ 的唯一性问题.

2. 设 $u=(u^1,u^2) \in \mathbf{R}^2$，$\varphi(u) = (\varphi^1(u), \varphi^2(u))$，其中 $\varphi^1(u), \varphi^2(u)$ 是 $\mathbf{R}^2$ 上的光滑函数，而且雅可比矩阵

$\varphi'(u)$ 有实的和不同的本征值. 在 $\mathbf{R}^2$ 上考虑线性双曲组

$$\varphi_{u^1}^{1_1} F_{u^1} + \varphi_{u^1}^{2_1} F_{u^2} = G_{u^1}$$
$$\varphi_{u^2}^{1_2} F_{u^1} + \varphi_{u^2}^{2_2} F_{u^2} = G_{u^2}$$

(可缩写为 $\varphi'(u)F_u = G_u$),其中 $F(u)$ 和 $G(u)$ 是 $\mathbf{R}^2$ 上两个李普希茨连续的标量函数,它们几乎处处满足这个方程组.

问:在 $\varphi(u)$ 满足什么条件下,存在一族依赖于参数 $k=(k^1,k^2)\in\mathbf{R}^2$ 的解 $F(u,k)$ 和 $G(u,k)$,它们具有下列性质:

(1) $F(u,k)=F(k,u)$, $G(u,k)=G(k,u)$;

(2) $F(u,k)\geqslant 0$ 且 $F(u,k)=0 \Leftrightarrow u=k$;

(3) 在任意紧集 $K\subset\mathbf{R}^2\times\mathbf{R}^2$ 上满足不等式 $|G(u,k)|\leqslant C_k F(u,k)$, $C_k=\text{const}$;

(4) 函数 $F(u,k)$ 关于 u 和关于 k 都是凸的? 考虑这个问题,对拟线性双曲型方程组理论,不论是整体提法还是局部提法,都是有意义的.

3. 设矢量函数 $\varphi(u)$ 满足前面问题的条件,而函数 $u_0(x)=(u_0^1(x),u_0^2(x))$ 的分量属于 $C_0^\infty(\mathbf{R}^1)$. 考虑抛物型方程组 $u_t^\varepsilon+(\varphi(u^\varepsilon))_x=\varepsilon u_{xx}^\varepsilon$ ($\varepsilon=\text{const}>0$) 具有初始条件 $u^\varepsilon(0,x)=u_0(x)$ 的柯西问题.

是否存在这样的 $\varphi(u)$ 和 $u_0(x)$,使得对应的解 $u^\varepsilon(t,x)$ 当 $\varepsilon\to+0$ 时一致有界,而它们关于 x 的变差在不论怎样的固定区间上关于 ε 不是一致有界的?

4. 对抛物型方程 $u_t=u_{xx}+\operatorname{sgn} u_x$ 建立柯西问题和基本边值问题的理论.

5. 描述对 KdV 方程 $u_t+uu_x=u_{xxx}$ 具有初始条件 $u(0,x)=u_0(x)$ 的柯西问题广义解的可能的奇异性，其中 $u_0(x)$ 仅属于 $L_2(\mathbf{R}^1)$.

E. M. Ландис 的问题

1. 设 $\Omega\subset\mathbf{R}^n$ 是有界域，$L=\sum\limits_{i,j=1}^{n}a_{ij}(x)\dfrac{\partial^2}{\partial x_i\partial x_j}$ 是 Ω 中具有可测有界系数的一致椭圆型算子. 设 f 是 $\partial\Omega$ 上的连续函数. 函数 $v(x)\in C^2(\Omega)\cap C(\bar{\Omega})$，在 Ω 满足 $Lv\leqslant 0(Lv\geqslant 0)$ 和 $v|_{\partial\Omega}\geqslant f(v|_{\partial\Omega}\leqslant f)$，被称之为 Dirichlet 问题上(下)函数. 令 $u^+(x)=\inf v(x)$，这里下界是对所有上函数取的. 对应地，$u^-(x)=\sup v(x)$，这里上界是对所有下函数取的.

问题 4 (a)$u^+(u^-)$ 局部地满足 Hölder 条件，是否正确？

(b) 设 $x_0\in\partial\Omega$ 是区域边界的正则点. 当 $x\to x_0$ $(x\in\Omega)$，$u^1(x)\to f(x_0)$ 是否正确？

(c) 设 $a_{ij}^h(x)$ 是系数 a_{ij} 的平均值

$$L^h=\sum_{i,j=1}^{n}a_{ij}^h(x)\frac{\partial^2}{\partial x_i\partial x_j}$$

$\partial\Omega$ 的所有点都是 $e-$ 正则的(可以认为 Ω 是球)且 $u^{(h)}$ 是 Dirichlet 问题：$L^hu^{(h)}=0$，$u^{(h)}|_{\partial\Omega}=f$ 的解. 由 Н. В. Крылов 和 М. В. Сафонов 定理及 $e-$ 正则性条件导出，存在这样的序列 $\{u^{(h_k)}\}$，$h_k\to 0$，使得 $u^{(h_k)}\underset{\rightarrow}{\rightarrow}u^*$.

问：$u^-\leqslant u^*\leqslant u^+$ 是否正确？

(d)$u^- \equiv u^+$ 是否正确？

2. 设 C_ρ 是半圆柱：$C_\rho=\{x\in \mathbf{R}^n, |x'|<\rho, 0<x_n<\infty\}, \rho>0, x'=(x_1,\cdots,x_{n-1})$. 设 $u(x)$ 是方程 $\Delta u=uf(|u|)$ 在 C_ρ 的解，其中 $f(t), t>0$，是正的单调递增函数. 令 $M(t)=\sup\limits_{|x_n|=t}|u(x)|$. 若

$$\int_0^1 \frac{\mathrm{d}t}{t\sqrt{f(t)}}<\infty \tag{38.25}$$

则在 C_ρ 存在解 $u(x)\not\equiv 0$，它对充分大的 x_n 等于零. 若 $\Delta u=0$ 或 u 是方程 $\Delta u=uf(|u|)$ 具有有界的 $f(t)$ 的解，则当 $x_n\to\infty$ 时，$M(x_n)$ 递减的极限速度（在此速度时 $u\not\equiv 0$）有阶

$$\exp(-A\exp x_n) \tag{38.26}$$

($A>0$ 依赖于 ρ). 可以证明，这个非零解的递减极限速度至少一直保持到 $f(t)\leqslant|\ln t|^{2-\delta}, \delta>0$（仅改变 A）. 但是，在 $|\ln t|^{2-\delta}$，$|\ln t|^2$ 的中间某处，这个非零解的递减极限速度开始变化，因为存在这样的 $f(t)\leqslant C|\ln t|^2$，使得解可以以速度 $\exp(-\exp(\exp\cdot\cdots\cdot\exp t))$ 递减，而当 $f(t)\geqslant|\ln t|^{2+\delta}$ 时，式(38.25)自然成立.

要求：(a) 求 $f(t)$ 当 $t\to+0$ 时增长速度的准确界限，对此界限，当 $x_n\to\infty$ 时非零解的递减极限速度有式(38.26)的形式；

(b) 求函数

$$\varphi(\varepsilon)=\int_\varepsilon^1 \frac{\mathrm{d}t}{t\sqrt{f(t)}}$$

当 $\varepsilon\to 0$ 时增长的速度和 $M(x_n)$ 当 $x_n\to\infty$ 时递

减的可容许速度之间的依赖关系.

3. 设 $\Omega \subset \mathbf{R}^n$，$n > 2$ 是有界域且坐标原点 O 属于 $\partial\Omega$. 假设在点 O 邻近 $\partial\Omega$ 包含在锥 $\{x \in \mathbf{R}^n : |x'| \leqslant a|x_n|, x_n \geqslant 0\}$ 之内，这里 $a > 0$，$x' = (x_1, \cdots, x_{n-1})$，超平面 $x_n = 0$，除点 O 外，属于点 O 邻近的 Ω. 设 f 是 $\partial\Omega$ 上的连续函数且 u_f 是 Dirichlet 问题 $\Delta u_f = 0$，$u_f|_{\partial\Omega} = f$ 按 Wiener 定义的广义解. 以 $v(x')$ 表示 u_f 在超平面 $x_n = 0$（带有被挖去的坐标原点）上的界限. 令 $E_k = \{x \in \mathbf{R}^n : 2^{-(k+1)} < |x| < 2^{-k}, x \overline{\in} \Omega\}$. 已知，若 m 是非负整数，$0 < a < 1$ 且

$$\sum_{k=1}^{n} \operatorname{cap} E_k \cdot 2^{k(n-2)+m+a} < \infty \qquad (38.27)$$

则 $v(x')$ 可以在点 O 预先定义，使得在点 O 邻近有 $v \in C^{m,a}$. 条件(38.27) 是精确的.

要求这样地改变条件(38.27)，使得 v：

(a) 属于给定的 Gevrey 类；

(b) 成为解析函数且使得所求出的条件都是精确的.

В. М. Миллионщиков 的问题

1. 对每一个整数 $k > 2$ 说明方程

$$x^{(k)} + (\cos t + \sin\sqrt{2}\,t)x = 0$$

的零解是否稳定.（$k = 2$ 是不稳定的，这由 А. Ф. Филиппов 证明了.）

2. 是否存在 $a \in \mathbf{R}$，对此值方程

$$x + (\cos t + a\sin\sqrt{2}\,t)x = 0$$

(a) 是不可约的;(b) 不是几乎可约的;(c) 不是正则的?

O. A. Олейник 的问题

1. 考虑定常的线性弹性理论方程组

$$\frac{\partial}{\partial x_i} a_{kh}^{ij}(x) \frac{\partial u_j}{\partial x_h} = f_k, k = 1, \cdots, n \quad (38.28)$$

其中

$$u = (u_1, \cdots, u_n), x = (x_1, \cdots, x_n), f = (f_1, \cdots, f_n)$$

$$a_{kh}^{ij}(x) = a_{ih}^{kj}(x) = a_{hk}^{ij}(x)$$

$$\lambda_1 \mid \eta \mid^2 \leqslant a_{ih}^{kj} \eta_i^k \eta_h^j \leqslant \lambda_2 \mid \eta \mid^2, \eta_i^k = \eta_k^i, \mid \eta \mid^2 = \eta_i^k \eta_i^k$$

这里和下面都假定重复指标是从 1 到 n 求和. 对方程组(38.28) 在层带 $\Omega = \{x: 0 < x_n < 1\}$ 中考虑具有边界条件

$$\sigma_k(u) \equiv a_{kh}^{ij}(x) \frac{\partial u_j}{\partial x_h} \boldsymbol{\nu}_i = 0$$

$$\text{在 } x_n = 0 \text{ 和 } x_n = 1 \text{ 上}, k = 1, \cdots, n \quad (38.29)$$

的边值问题,其中 $\boldsymbol{\nu} = (\nu_1, \cdots, \nu_n)$ 是 $\partial\Omega$ 的外法向单位矢量. 可以证明,当 $f = 0$ 时只要假定

$$\mathscr{D}(u, \Omega) = \int_\Omega \sum_{i,j=1}^n \left(\frac{\partial u_i}{\partial x_j}\right)^2 \mathrm{d}x < \infty$$

问题(38.28),(38.29) 的解仅是矢量函数 $\boldsymbol{u} = \boldsymbol{A}x + \boldsymbol{B}$, 这里 $\boldsymbol{A}$ 是斜对称($n \times n$) 常矩阵,$\boldsymbol{B}$ 是常矢量. 有兴趣的是考虑问题(38.28),(38.29) 这样的解类,使得能量积分

$$E(u, \Omega) = \int_\Omega \sum_{i,j=1}^n \left(\frac{\partial u_i}{\partial x_j} + \frac{\partial u_j}{\partial x_i}\right)^2 \mathrm{d}x < \infty$$

是否能断言：当 $f=0$ 时，问题(38.28)，(38.29)在 Ω 的这个解类中，仅有形如 $\boldsymbol{u}=\boldsymbol{A}x+\boldsymbol{B}$ 的解？对怎样的无界区域这个断言是不对的？

2. 对在域 $\Omega\subset\mathbf{R}^2$ 中的重调和方程

$$\Delta\,\Delta u=f \tag{38.30}$$

和边界条件

$$u=0,\mathrm{grad}\ u=0,\text{在 }\partial\Omega\text{ 上} \tag{38.31}$$

的 Dirichlet 问题在 Соболев 空间 $W_2^2(\Omega)$ 中的广义解，它在属于 Ω 的边界 $\partial\Omega$ 的点 O（点 O 取作坐标原点）邻近，满足估计式

$$|u(x)|\leqslant C_1|x|^{1+\delta(\omega)},C_1=\mathrm{const} \tag{38.32}$$

其中 $\delta(\omega)$ 是超越方程

$$\sin^2(\omega\delta)=\delta^2\sin^2\omega$$

的解；常数 ω 由点 O 邻近中域 Ω 的几何结构所决定：即任意包含在交 $\Omega\cap\{x:|x|=t\}$ 中的弧长不超过 ωt. 估计式(38.32)在所指定的域类中是精确的，当 $1.24\pi\leqslant\omega\leqslant 2\pi$ 时.（估计式(38.32)在下述意义下是精确的；如果将(38.32)的右端改为 $C_1|x|^{1+\delta(\omega)+\varepsilon}$，$\varepsilon=\mathrm{const}>0$，那么它将是不对的.）

有兴趣的问题是：当 $0<\omega<1.24\pi$ 时也能得到精确估计.

А. Ф. Филиппов 的问题

设 $F(t,x)$ 在 $\mathbf{R}^n$ 中是紧的，连续地依赖于 t,x. 假设具有初始条件 $x(t_0)=x_0$ 的微分包含 $\dot{x}\in F(t,x)$ 的所有解当 $t_0\leqslant t\leqslant t^*$ 时存在，且 M 是点 (t_0,x_0) 的积分

“漏斗”(воронка),即在这样一些解的图上点(t,x)的集合,$A(t_1)$是这个漏斗和平面$t=t_1$的交,这里$t_0<t_1<t^*$,M^+和M^-分别是漏斗M在半空间$t\geqslant t_1$和$t\leqslant t_1$的部分.集合

$$T(B,x)=\overline{\lim_{h\to+0}}\frac{1}{h}(B-x)$$

称作在点x切于集合B的上切锥(拓扑上限).已知,当$x_1\in A(t_1)$时$T(M^+,(t_1,x_1))$是(在t,y切空间的)集合,它和平面$\tau=t-t_1\geqslant 0$的交用公式$T(A(t_1),x_1)+(t-t_1)F(t_1,x_1)$来表达.

1. 描述集合$T(M^-,(t_1,x_1))$.

2. 在怎样的条件下(不假定$F(t,x)$和$A(t)$的凸性)在点$x_1\in\partial A(t_1)$切于$A(t_1)$的上切锥和用$\underline{\lim}$代替$\overline{\lim}$类似定义的下切锥相重合?

M. A. Шубин 的问题

1. 任何一组数$0=\lambda_1<\lambda_2<\cdots<\lambda_N$可以作为具有自由边界的平面薄膜的最初$N$个本征值,即算子$(-\Delta)$在Neumann边值条件下在某个平面域中的最初$N$个本征值.

对固定边界的膜提类似的问题:怎样一组正数$\lambda_1<\lambda_2<\cdots<\lambda_N$是算子$(-\Delta)$在某个平面域中具有Dirichlet边界条件的最初N个本征值?

一系列结果表明,答案是十分复杂的.例如,已知有下列这些不等式:$\lambda_{j+1}\leqslant 3\lambda_j$对所有$j=1,2,\cdots$,$\lambda_3+\lambda_2\leqslant 6\lambda_1$,$\lambda_3+\lambda_2\leqslant(3+\sqrt{7})\lambda_1$,$\lambda_2/\lambda_1\leqslant 2.657\ 8$,$\lambda_3\leqslant$

$\lambda_1+\lambda_2+\sqrt{\lambda_1^2-\lambda_1\lambda_2+\lambda_2^2}$. 注意到域的同位相似给出了所有的数 $\lambda_1, \cdots, \lambda_N$ 乘以同一个正系数的可能性.

猜想：$\max \lambda_{n+1}/\lambda_n$ 对所有膜和所有 $n=1,2,\cdots$ 在圆的情形达到，且当 $n=1$ 时达到（对圆）$\lambda_2/\lambda_1=2.538\ 73\cdots$. 证明这个猜想或许会给出某些信息来回答前面所提的问题. 然而注意到，甚至连 $\max \lambda_2/\lambda_1$ 在圆上达到，至今尚未能证明.

一般问题的另一个有趣的局部情形：对所有平面薄膜 $\max \lambda_3/\lambda_2$ 是怎样的？[由上面所作猜想推出，这个极大值在这样的域上达到，这个域由两个不相交的同样的圆组成.（对一个圆有 $\lambda_2=\lambda_3$，对一对同样的圆有 $\lambda_1=\lambda_2$，而 $\lambda_3=\lambda_4=\lambda_5=\lambda_6$ 则和一个圆的本征值 λ_2 重合.）注意到，在所有的矩形域中 $\max \lambda_3/\lambda_2$ 是在具有边长比为 3∶8 的矩形域上达到（且等于 1.75）].

2. 设 X 是紧的黎曼流形，M 是它的具有诱导度量的万有覆盖. 在 M 上考虑 p 一形式上的热传导方程，且设 $\mathscr{E}_p=\mathscr{E}_p(t,x,y)$ 是它的基本解.（算子 $\exp(-t\Delta_p)$ 的 Schwarz 核，这里 $\Delta_p=\mathrm{d}\delta+\delta\mathrm{d}$ 是外 p 一形式上的 Laplace 算子.）设 $L_p=L_p(x,y)$ 是 M 上平方可积调和 p 一形式的正交投影算子的核，即是热传导方程稳定解的形式. 于是，可以期待，核

$$R_p(t,x,y)=\mathscr{E}_p(t,x,y)-L_p(x,y)$$

当 $t\to+\infty$ 时递减.

假设 存在这样的 $\varepsilon_p>0$，使得

$$R_p(t,x,y)=O(t^{-\varepsilon}p)$$

关于 x,y 一致地成立. 上面的估计将给出对非单连通

流形定义 Roy-Singer 型 Neumann 扭转的可能性. 此外,可能的数 ε_p 的上确界 $\bar{\varepsilon}_p$ 不依赖于 X 上的度量,且是非单连通光滑流形 X 的不变量.

能否用已知的微分拓扑不变量来表达不变量 $\bar{\varepsilon}_p$?